"十四五"职业教育国家规划教材
国家林业和草原局职业教育"十三五"规划教材

森林植物

(第3版)

隆卫革　彭　丽　王刚狮　主编

中国林业出版社
China Forestry Publishing House

图书在版编目(CIP)数据

森林植物/隆卫革,彭丽,王刚狮主编. —3版. —北京:中国林业出版社,2021.5(2024.10重印)
"十四五"职业教育国家规划教材　国家林业和草原局职业教育"十三五"规划教材
ISBN 978-7-5219-1240-1

Ⅰ.①森…　Ⅱ.①隆…②彭…③王…　Ⅲ.①森林植物–植物学–职业教育–教材　Ⅳ.①Q948.521

中国版本图书馆CIP数据核字(2021)第124890号

| 责任编辑:范立鹏 | 责任校对:曹漾文　苏　梅 |
| 电　话:(010)83143626 | 传　真:(010)83143516 |

出版发行　中国林业出版社(100009　北京市西城区刘海胡同7号)
　　　　　E-mail:jiaocaipublic@163.com
　　　　　https://www.cfph.net
印　刷　北京中科印刷有限公司
版　次　2006年8月第1版(共印7次)
　　　　2014年12月第2版(共印8次)
　　　　2021年9月第3版
印　次　2024年10月第5次印刷
开　本　787mm×1092mm　1/16
印　张　37
字　数　877千字
定　价　65.00元

数字资源

未经许可,不得以任何方式复制或抄袭本书之部分或全部内容。

版权所有　侵权必究

《森林植物》（第3版）编写人员

主　　编：隆卫革　彭　丽　王刚狮

副主编：杨善云　王纯华

编　　者：（按姓氏笔画排序）

　　　　　王刚狮　（山西林业职业技术学院）

　　　　　王纯华　（黑龙江大兴安岭职业学院）

　　　　　王博轶　（云南林业职业技术学院）

　　　　　刘郁林　（江西环境工程职业学院）

　　　　　刘瑞霞　（山西林业职业技术学院）

　　　　　阮淑明　（福建林业职业技术学院）

　　　　　李美芸　（广西生态工程职业技术学院）

　　　　　杨善云　（广西生态工程职业技术学院）

　　　　　时宝凌　（山西林业职业技术学院）

　　　　　余　鸽　（杨凌职业技术学院）

　　　　　周志光　（江西环境工程职业学院）

　　　　　俞　群　（福建林业职业技术学院）

　　　　　唐宗英　（云南林业职业技术学院）

　　　　　隆卫革　（广西生态工程职业技术学院）

　　　　　彭　丽　（江西环境工程职业学院）

　　　　　蒋其忠　（安徽林业职业技术学院）

　　　　　傅欣蕾　（安徽林业职业技术学院）

《森林植物》（第2版）编写人员

主　编：何国生

副主编：崔　红　隆卫革

编　者：(按姓氏笔画排序)

　　　　王博轶　齐艳秋　何国生　时宝凌

　　　　阮淑明　崔　红　崔爱萍　隆卫革

《森林植物》（第1版）编写人员

主　编：何国生

副主编：崔玲华

编　者：(按姓氏笔画排序)

　　　　何国生　周　鑫　赵　锐　殷华林

　　　　崔　红　崔玲华　崔爱萍

第3版前言

"森林植物"作为高职高专教育林业技术专业的核心课程,教学大纲已于2005年通过了审定。作为该课程建设的配套建设内容,教育部高职高专教育林业类专业教学指导委员会规划教材——《森林植物》于2006年实现出版。2013年11月,"森林植物"教学大纲进行了再次审定,《森林植物》第2版被同时列为"十二五"职业教育国家规划教材和全国林业职业教育教学指导委员会"十二五"规划教材,并于2014年完成了修订出版工作。新时代职业教育进入了大改革、大发展的快车道,职业教育教材建设工作也迎来新的历史机遇期,在国家教材管理体制不断优化、政策保障进一步加强、建设环境进一步优化的背景下,我们总结了《森林植物》第2版在使用过程中存在的问题,充分吸纳学生、教师和其他读者的意见和建议,结合职业教育改革和"森林植物"教学的要求对教材进行此次修订。

在此次修订中,本教材在沿用《森林植物》第2版编写框架基础上,对部分内容进行了调整,精选林业岗位就业必需掌握及林业技术专业其他课程涉及的植物,力求体现植物学研究最新成果。本教材根据"森林植物"课程特点,结合高职高专教育要求进行组织编排,设置了植物的形态和解剖构造、植物的生长和发育生理、主要森林植物识别3大模块。同时,为强化实验实训教学,顺应新时期林业生产实践对本课程教学提出的新要求,绪论部分增加了对森林的生态教育作用的介绍,单元9新增了被子植物APG分类系统的介绍。本教材为新型纸电融合教材,数字内容包含植物彩色图片、教学课件和视频,涵盖了教学的主要知识点。这些资源可通过扫描本教材数字资源二维码进行查阅和学习,为授课教师和学生提供了更好的教学体验。

本教材按100计划教学时数编写,教学实训时间1周另计。种子植物识别内容包括了我国代表性的主要科、属、种,也部分兼顾了地区性的代表树种,各院校可根据当地特点选择讲授;对其中需要重点掌握的科、属、种主要特征,均以色彩加以标注。为配合强化专业实训技能需求,本教材各单元知识点都编写了相应的实训项目,各校可根据课时安排需要选择开设或合并其中的相关项目。本教材主要适用于全国高职教育的林业技术专业及相关专业群,也可作为林业企业的职业培训教材,还可供高职高专森林保护、林政资源管理、水土保持等有关专业师生和林业职工学习参考。

本教材由隆卫革、彭丽、王刚狮担任主编;杨善云、王纯华任副主编。编写人员具体分工如下:隆卫革编写绪论、单元9、单元11的木兰科至蝶形花科;彭丽编写单元11的杨柳科至杜仲科;王刚狮编写单元11的玄参科至菊科;杨善云编写单元6、单元11的棕榈科至兰科;王纯华编写单元2~3;时宝凌编写单元1;阮淑明编写单元4~5;李美芸编写单元 7~8；周志光编写单元 10；刘瑞霞编写编写单元 11 的安息香科至杨柳科；王博轶编写单元 11 的杨梅科至杜仲科；蒋其忠编写单元 11 的天料木科至蒺藜科；傅欣蕾编写单元 11 的大戟科至越橘科；刘郁林编写单元 11 的桃金娘科至胡颓子科；余鸽编写单元 11 的鼠李科至楝科；俞群编写单元的 11 无患子至夹竹桃科；唐宗英编写单元 11 的茜草科至茄科。教学课件由相应章节的编写人员负责制作；教学视频由杨善云、李美芸组织制作。本教材最后由隆卫革负责统稿和整理，何国生主审。

本教材的编写主要得到了《森林植物》第 2 版编写组的传承和指导，得到了国家林业和草原局职业教育研究中心、林业职业教育教学指导委员会、各编写人员所在院校等有关单位的大力支持和帮助，还得到中国林业出版社高兴荣、范立鹏两位编辑的鼎力相助，在此一并表示衷心的感谢！本教材在编写中参考和引用了其他相关教材等文献资料，受篇幅所限，未能在文中一一标注，在此谨向所有的作者表示感谢。

由于编者水平有限，不足之处在所难免，敬请读者提出宝贵意见，以供修订提高。

编 者

2021 年 6 月

第2版前言

2012年林业高职高专教育教学指导委员会启动教育部《高职高专教育林业类专业"十二五"国家规划教材编写工作》，确定"森林植物"等9门课程为高职高专教育林业技术专业的核心课程。其教学大纲已在2013年11月通过审定。

本教材根据我国林业行业当前特点，精选林业岗位就业所必需，并与林业技术专业其他课程相配套的植物学、树木学、植物生理学、木材学4大模块中的主要知识点，按高职高专教育特色需求进行组织编排，在强调理论知识够用的基础上，加强实验实训教学，强化实验实训内容，力求满足新时期林业事业和生产实践对本课程教学提出的新要求。

本教材按108计划教学时数编写，教学实习时间1.5周另计。由于我国幅员辽阔，东西南北各地的植物种类差异较大，为适应全国各地教学的需要，种子植物识别内容包括了全国有代表性的主要科、属、种，也部分兼顾了地区性的代表树种，各校可根据当地特点选择讲授，对其中需要重点掌握的科、属、种主要特征，均以着重点加以标注。为强化专业实训技能，本教材各章节知识点都编写了相应的实训，各校可根据课时安排需要选择开设或合并其中的某些项目。本教材主要适用于全国高职教育的林业技术专业，也可作为林业企业的职业培训教材，还可用作高职高专森林保护、水土保持等有关专业师生和林业职工学习参考。

本教材由福建林业职业技术学院何国生任主编并负责统稿，伊春职业学院崔红和广西生态工程职业技术学院隆卫革任副主编。具体编写分工是：何国生编写绪论、第9单元、第11单元木兰科至蝶形花科，杨柳科至杜仲科、棕榈科至兰科和第12单元；隆卫革编写第11单元天料木科至菊科；时宝凌编写第1单元；崔红编写第2~3单元；阮淑明编写第4~5、7单元；崔爱萍编写第6、8单元；齐艳秋编写第10单元；王博轶编写第11单元的安息香科至悬铃木科。

本教材在编写过程中，得到了国家林业局职业教育研究中心、林业职业教育教学指导委员会、中国林业出版社、福建林业职业技术学院、广西生态工程职业技术学院、山西林业职业技术学院、伊春职业技术学院、黑龙江林业职业技术学院、云南林业职业技术学院及有关方面的大力支持和帮助，在此表示衷心的感谢！

本教材编写过程中参考和引用了国内有关教科书和文献资料，书中插图也多引自书中所列的有关教科书和专著，由于篇幅所限，未在文中一一标注，在此向这些书的所有作者致谢。

由于编者水平所限，时间也较紧迫，书中缺点和错误之处在所难免，敬请读者提出宝贵意见，以供今后改进修订。

编　者

2014年1月

第1版前言

2005年教育部委托林业高职高专教育教学指导委员会开展《高职高专教育林业类专业教学内容与实践教学体系研究》，确定《森林植物》等9门课程为高职高专教育林业技术专业的核心课程。本教材是与该项整体教学改革相配套的课程体系之一。其教学大纲已在2005年11月通过审定。

本教材根据我国林业行业当前特点，精选林业岗位就业所必需，并与林业技术专业其他课程相配套的植物学、树木学、植物生理学、木材学等4门课程中的主要知识点，按高职高专教育特色需求进行组织编排，在强调理论知识够用的基础上，加强实验实训教学，强化实验实训内容，力求满足新时期林业事业和生产实践对本课程教学提出的新要求。

本教材按108计划教学时数编写(不包括教学实习时间1.5周)。由于我国幅员辽阔，东西南北方的植物种类差异较大，为适应全国各地教学的需要，种子植物识别内容包括了全国有代表性的主要科、属、种，也部分兼顾了地区性的代表树种，各校可根据当地特点选择讲授。本教材主要适用于全国高职高专教育林业技术专业。也可作为林业企业的职业培训教材，还可用作高职高专森林保护、水土保持等有关专业师生和林业职工学习和参考。

本教材由福建林业职业技术学院何国生任主编并负责统稿，河南科技大学林业职业技术学院崔玲华任副主编。具体编写分工是：何国生编写绪论、第9、11单元的木兰科至蝶形花科，杨柳科至兰科和第12单元；殷华林编写第1单元；崔红编写第2、3单元；崔玲华编写第4、5、6、7单元；崔爱萍编写第8单元；周鑫编写第10单元；赵锐编写第11单元的安息香科至悬铃木科。

本教材在编写过程中，得到了国家林业局职业教育研究中心、中国林业出版社、福建林业职业技术学院、河南科技大学林业职业技术学院、安徽林业职业技术学院、黑龙江林业职业技术学院、山西林业职业技术学院、云南林业职业技术学院、伊春职业技术学院以及有关方面的大力支持和帮助，得到贺建伟、关继东、苏孝同和陈利等同志的具体指导，在此表示衷心的感谢！

本教材编写过程中参考和引用了国内有关教科书、文献，由于篇幅所限，未能在文中一一标注，在此向这些书的所有作者表示致谢。

由于编者水平所限，时间也较紧迫，书中缺点和错误之处在所难免，敬请读者提出宝贵意见，以供今后改进修订。

编　者
2006年5月

目 录

第 3 版前言
第 2 版前言
第 1 版前言

绪　论 …………………………………………………………………………… 1
　　0.1　植物的基本特征和多样性 ………………………………………… 1
　　0.2　植物在自然界的作用 ………………………………………………… 3
　　0.3　森林与人类的关系 …………………………………………………… 4
　　0.4　植物科学的发展简史 ………………………………………………… 6
　　0.5　本课程的学习方法和要求 …………………………………………… 7

模块一　植物的形态和解剖构造　/ 9

单元 1　植物的细胞和组织 ……………………………………………………… 10
　　1.1　植物细胞的形态和构造 ……………………………………………… 10
　　1.2　植物细胞的繁殖 ……………………………………………………… 22
　　1.3　植物的组织 …………………………………………………………… 27

单元 2　植物的营养器官 ………………………………………………………… 43
　　2.1　种子和幼苗 …………………………………………………………… 44
　　2.2　根 ……………………………………………………………………… 49
　　2.3　茎 ……………………………………………………………………… 63
　　2.4　叶 ……………………………………………………………………… 81

单元 3　植物的生殖器官 ………………………………………………………… 99
　　3.1　花 ……………………………………………………………………… 99
　　3.2　果实 …………………………………………………………………… 112

模块二　植物的生长和发育生理　/ 127

单元 4　植物的呼吸作用 ………………………………………………………… 128
　　4.1　植物生理基础 ………………………………………………………… 128
　　4.2　呼吸作用的概念和意义 ……………………………………………… 135
　　4.3　呼吸作用的基本过程 ………………………………………………… 136

— 1 —

4.4　呼吸作用的影响因素 ………………………………………………… 139
　　4.5　呼吸调控在林业生产上的应用 ……………………………………… 142
单元5　植物的光合作用 …………………………………………………………… 148
　　5.1　光合作用的概念与意义 ……………………………………………… 148
　　5.2　叶绿体色素 …………………………………………………………… 149
　　5.3　光合作用的基本过程 ………………………………………………… 152
　　5.4　光合作用的影响因素及生产潜力 …………………………………… 154
　　5.5　光合产物的运输与分配规律在林业生产上的应用 ………………… 157
单元6　植物的水分代谢 …………………………………………………………… 164
　　6.1　水在植物生命活动中的作用 ………………………………………… 164
　　6.2　植物对水分的吸收和运输 …………………………………………… 166
　　6.3　植物的蒸腾作用 ……………………………………………………… 172
　　6.4　植物的水分代谢规律与林业生产应用 ……………………………… 177
单元7　植物的矿质营养 …………………………………………………………… 184
　　7.1　植物必需元素的确定 ………………………………………………… 184
　　7.2　植物必需矿质元素的生理作用 ……………………………………… 186
　　7.3　植物对矿质元素的吸收、运输和利用 ……………………………… 189
　　7.4　合理施肥的生理基础及在林业生产中的应用 ……………………… 192
单元8　植物的生长发育 …………………………………………………………… 199
　　8.1　植物的生长物质 ……………………………………………………… 199
　　8.2　植物的营养生长 ……………………………………………………… 207
　　8.3　植物的生殖生长 ……………………………………………………… 217

模块三　主要森林植物识别　/231

单元9　植物分类的方法 …………………………………………………………… 232
　　9.1　植物分类的基础知识 ………………………………………………… 232
　　9.2　植物界的基本类群 …………………………………………………… 238
　　9.3　植物标本的采集与制作 ……………………………………………… 247
单元10　裸子植物识别 …………………………………………………………… 255
　　10.1　苏铁科 ……………………………………………………………… 255
　　10.2　银杏科 ……………………………………………………………… 256
　　10.3　松科 ………………………………………………………………… 257
　　10.4　杉科 ………………………………………………………………… 273
　　10.5　柏科 ………………………………………………………………… 277
　　10.6　罗汉松科 …………………………………………………………… 282
　　10.7　三尖杉科 …………………………………………………………… 283
　　10.8　红豆杉科 …………………………………………………………… 284
　　10.9　麻黄科 ……………………………………………………………… 286

单元11 被子植物识别 ·· 290
Ⅰ. 双子叶植物纲 ·· 291
  11.1 木兰科 ·· 291
  11.2 五味子科 ·· 299
  11.3 八角科 ·· 299
  11.4 连香树科 ·· 300
  11.5 樟科 ·· 301
  11.6 蔷薇科 ·· 309
  11.7 含羞草科 ·· 322
  11.8 苏木科 ·· 327
  11.9 蝶形花科 ·· 331
  11.10 安息香科 ··· 344
  11.11 山矾科 ··· 345
  11.12 山茱萸科 ··· 345
  11.13 蓝果树科 ··· 348
  11.14 五加科 ··· 350
  11.15 忍冬科 ··· 352
  11.16 金缕梅科 ··· 355
  11.17 悬铃木科 ··· 359
  11.18 杨柳科 ··· 360
  11.19 杨梅科 ··· 369
  11.20 桦木科 ··· 370
  11.21 壳斗科 ··· 374
  11.22 榛科 ··· 390
  11.23 胡桃科 ··· 391
  11.24 木麻黄科 ··· 396
  11.25 榆科 ··· 397
  11.26 桑科 ··· 402
  11.27 杜仲科 ··· 407
  11.28 天料木科 ··· 408
  11.29 山龙眼科 ··· 409
  11.30 柽柳科 ··· 409
  11.31 椴树科 ··· 411
  11.32 杜英科 ··· 414
  11.33 梧桐科 ··· 416
  11.34 木棉科 ··· 418
  11.35 锦葵科 ··· 419
  11.36 蒺藜科 ··· 421

11.37	大戟科	422
11.38	山茶科	428
11.39	猕猴桃科	433
11.40	龙脑香科	434
11.41	杜鹃花科	436
11.42	越橘科	437
11.43	桃金娘科	438
11.44	八角枫科	443
11.45	石榴科	444
11.46	冬青科	445
11.47	卫矛科	447
11.48	胡颓子科	448
11.49	鼠李科	449
11.50	葡萄科	451
11.51	柿(树)科	452
11.52	芸香科	454
11.53	苦木科	459
11.54	橄榄科	460
11.55	楝科	462
11.56	无患子科	466
11.57	漆树科	470
11.58	槭树科	474
11.59	七叶树科	479
11.60	木樨科	480
11.61	夹竹桃科	489
11.62	茜草科	490
11.63	紫葳科	493
11.64	马鞭草科	496
11.65	蓼科	498
11.66	藜科	500
11.67	茄科	500
11.68	玄参科	501
11.69	毛茛科	504
11.70	十字花科	505
11.71	伞形科	506
11.72	唇形科	507
11.73	菊科	508

Ⅱ. 单子叶植物纲 ·· 514
　11.74　棕榈科 ··· 515
　11.75　禾本科 ··· 523
　11.76　莎草科 ··· 537
　11.77　百合科 ··· 538
　11.78　天南星科 ·· 539
　11.79　薯蓣科 ··· 540
　11.80　兰科 ·· 541

参考文献 ·· 551
中文名索引 ·· 553
学名索引 ··· 566

绪　论

　　森林是地球上面积最大、结构最复杂的陆地生态系统，植物则是森林中最重要的组成部分。森林与人类的生产和生活有着密切的关系。从事森林的培育、经营、管理和研究是林业部门和林业专业的重要任务。我国国土辽阔，但人口众多，森林资源按人口平均计算偏少，分布也不均匀，要满足我国经济建设和人民生活水平的需要，必须大力发展我国的林业事业。"森林植物"是高等职业院校林业类专业的一门重要专业基础课，它是以组成森林的乔木、灌木、藤本、草本等植物作为主要学习和研究对象，涵盖了林业类各专业所必需的植物形态、生理和分类方面的基本知识和基本技能，适应了林业行业生产和管理方面各职业岗位对本门课程知识的需求，融合了传统林业专业的"植物学""植物生理学""树木学""木材学"4门课程知识的一门课程。其主要学习内容包括：植物细胞、植物组织的有关知识；种子植物器官的形态和解剖构造及功能；植物的生长发育及其代谢生理；植物分类和植物界主要类群的有关知识；我国森林植物重要科、属、种的特征、习性、分布和用途的分类及识别；以及常见木材的识别等。通过本课程的学习，掌握林业生产和管理工作中所必需的森林植物方面的知识，为进一步学习"森林生态环境""林业苗木生产技术""森林培育技术""森林调查技术""森林经理"和"森林病虫害防治"等专业课程打下一定基础，满足新时期林业产业发展和规模扩大对林业技术专门人才的要求。

　　在学习本课程之初，需要了解和掌握以下一些与本课程有关的相关知识和概念。

0.1　植物的基本特征和多样性

　　自然界的生物种类繁多，人们根据其外部特征、内部结构和生活方式的不同，将它们分为动物界和植物界两个界，由于人们对生物认识的不断加深，近代也有人将它们细分为原核生物界、原生生物界、真菌界、植物界和动物界等五界或更多的界。生物界究竟应该分成几个界，各国的学者看法各不相同，仍属于人们探讨的问题。因此，本书按照基本习惯，仍基于动物界和植物界两界系统介绍相关内容。

0.1.1　植物的基本特征

　　植物具有的特征包括：绝大多数都具有细胞壁，含有叶绿素类的质体，能进行光合作用制造有机养料满足自身生长需要，具有自养能力，没有运动器官和感觉器官，生长时可以不断产生新的组织和器官，需要固着在一定位置生长。

0.1.2 植物的多样性

自然界的生物种类繁多，形态多样，并与周围的环境形成了多种多样的生态复合体，人们把这种现象称为生物多样性。生物多样性包括基因、细胞、组织、器官、种群、物种、群落、景观和生态系统等多个层次和水平，其中植物在地球上具有较大多样性意义的主要有以下4个方面。

(1) 物种多样性

地球上的植物经历了数十亿年的进化繁衍，形成的植物种类现已达到 50 多万种，分成藻类、菌类、地衣、苔藓植物、蕨类植物和种子植物六大类群，其中以种子植物种类最多，分布最广，形态最多样，景观也最丰富。全世界已发现的种子植物种类多达 25 万种以上，是森林的主要组成部分，也是物种多样性的最典型体现。

(2) 形态多样性

由于物种的多样性，植物体的形态结构也就非常复杂多样，有单细胞的，也有多细胞的；有乔木、灌木，也有藤本和草本；其形态从高达 100 m、寿命长达数千年的参天巨杉，到高不到 1 cm、寿命仅几个月的小浮萍，甚至单细胞的藻类；从遍身是刺的仙人掌，到瑰丽无比的牡丹；从供熊猫吃的竹子，到吃虫子的猪笼草，都显示了植物形态的丰富多样性。

(3) 景观多样性

众多的种类，丰富的形态变化，复杂的环境，塑造了森林、草原、荒漠、田园、芦荡和草甸等各种植被景观类型，遍布山区平原、戈壁荒漠、河湖沼泽的各个角落。从陆生、水生到海生，以致盐生、沙生、树生等生长环境的多种变化形式，充分显示出植物丰富的景观多样性。

(4) 遗传多样性

遗传多样性也称为基因多样性。广义的概念是指地球上所有生物所携带的遗传信息的总和；狭义的概念是指种内个体之间或一个群体内不同个体遗传变异的总和。它是物种多样性和形态、景观多样性的基础。任何一个物种都具有独特的基因库和遗传组织形式，人们正是运用这种基因多样性培育出数以万计不同花色的菊花、玫瑰、郁金香，以及水稻、茶叶等各种新品种，就是遗传多样性的一种显示。

正是植物丰富的多样性，为人类和各类动物提供了丰富的食物和良好的生存空间，构成了整个地球丰富的生物多样性。我国是世界上植物多样性最丰富的国家和地区之一，有着丰富的植物种类，其中种子植物近 30 000 种，木本植物 8000 余种，优良用材和特用经济树种 1000 余种，还成功引种了国外优良树种 100 多种。这些数量众多的植物种类，组成我国丰富多样的森林类型，也是我们学习和研究的主要对象。

0.2 植物在自然界的作用

植物在地球上分布广、种类多,在自然界中的能量转化、物质循环等多方面发挥了巨大的作用。其主要作用有以下 2 个方面。

0.2.1 绿色植物的光合作用

光合作用是绿色植物利用太阳能将二氧化碳和水等无机物合成为糖类有机物,同时放出氧气,从而把光能转变为化学能的一种现象和过程。全世界绿色植物固定太阳能的结果是非常巨大的。据研究估计,1 hm^2 森林每天进行光合作用产生的有机物质除用于呼吸作用外,还产生相当于 75~300 kg 葡萄糖的干物质,每一生长季节能产生相当于 1.8~7.7 t 葡萄糖的有机物。植物光合作用产物除供植物本身利用外,剩余部分贮藏在各器官中,有些可以成为人类和动物的食物、能源和其他可供利用的产品。人类的许多生活资料,如粮食、蔬菜、油料、木材、药材等都取自植物,许多工业原料,如纸张、纺织纤维、橡胶、油脂、油漆,一些医药原料如生物碱、抗菌素等,也都来源于植物。因此,植物的光合作用是地球上规模最大的将无机物转化为有机物、将太阳能转化为化学能的天然化工厂,也是地球上生命活动所需能量的基本源泉(表 0-1)。

表 0-1 森林群落总生产量和净生产量

森林类型	地点	总生产量 [t/(hm^2·a)]	净生产量 [t/(hm^2·a)]	呼吸消耗 [t/(hm^2·a)]	呼吸消耗占总生产量百分比 (%)
热带低地	象牙海岸	52.5	13.4	39.4	75
热带雨林	泰国南部	77.4	28.5	48.9	63
蚊母树林	九州南部	73.1	21.6	52.4	72
萨哈林冷杉林	北海道南部	47.7	21.4	26.4	55
欧洲水青冈	丹麦	23.5	13.5	10.0	43

资料来源:《不列颠百科全书》第 7 卷。

0.2.2 植物在自然界物质循环中的作用

自然界的物质总是在不断地运动,绿色植物在光合作用过程中吸收了氮、磷、钾、钙、镁等各种矿物质,形成各种有机物。这些有机物一部分被绿色植物自身及较高等生物吸收消化;另一部分随着时间的推移,在有机体死亡后,被细菌、真菌等微生物分解还原为无机物,再回到自然界中,进入新的循环,如此生生不息。因此,绿色植物和非绿色植物共同完成了自然界的物质循环过程。

0.3 森林与人类的关系

森林是指以木本植物为主体(包括乔木、灌木、藤本),与草本、苔藓、地衣以及动物、微生物共同组成的生态系统。森林群落的形成与发展受外界环境的推动与制约,同时也在一定限围内对环境起着改造作用。森林对人类来说是一种非常重要的自然资源。众所周知,森林能为人类提供大量的木材、能源和多种多样的林副产品,对人类生产有很大的直接效益。更重要的是,森林在保护环境、维护生态平衡方面,其产生的间接效益远远大于提供林产品的直接效益,但目前很多人对森林的这种效益还不够了解。有关森林在自然界的作用及与人类的关系可以归纳为以下几个方面。

0.3.1 森林的直接效益

森林的直接效益主要指木材及其副产品的利用。

(1) 木材

木材是国家经济建设的重要原料,其价值仅次于钢铁、煤和石油。木材是建筑业的基本材料之一,工农业、国防、文化、教育、体育、卫生等事业的发展都需要大量的木材,楼房建筑、铁路、桥梁、矿山等建设都大量使用木材。

(2) 纸张

随着文化事业的发展,纸张需求量越来越大,世界上每年就要消耗数十亿立方米的木材用于造纸,因此,造纸已成为森林的最大消费行业。

(3) 油料

许多森林植物为人类提供多种多样的油料,如油茶、油桐、油橄榄等油料树种;樟树、肉桂、桉类、桂花、枫香等芳香油类植物。

(4) 药材

如杜仲、厚朴、砂仁、三七、天麻、人参、牡丹、白术、柴胡等药用植物。

(5) 粮食或干果

如板栗、锥栗、柿、枣、香榧、银杏等木本粮食植物和干果植物。

(6) 其他林副产品

松脂、橡胶、生漆、单宁、白蜡等工业原料。这些林副产品用途广、经济价值高,尤其在倡导生态可持续发展的大背景下,森林在经济建设和人民生活中占有极其重要的地位。

0.3.2 森林的间接效益

(1) 涵养水源、保持水土

人类的生产与生活离不开水。森林一般具有多层结构,降水经过森林中的乔木层、灌木层、活地被层、死地被层才能到达土壤表面，这些层次对降水有阻留和吸收作用，起到调节径流，防止洪涝灾害、水土流失、沙化，涵养水源的作用。这种作用在降水强度大时特别显著，我国人民对森林涵养水源的作用早有正确认识，"山上多栽树，等于修水库；雨天它能吞，晴天它能吐"就是森林涵养水源和保持水土作用的生动概括。

(2) 调节气候

森林有调节小气候的作用。炎热的夏天，在城市或开阔的地方，树木的树冠能遮蔽阳光辐射，在树荫下有凉爽宜人的感觉。在夏季，尤其是白天，一般森林内的气温可比林外低 1~3 ℃，冬季和夜间则相反；林内相对湿度和绝对湿度都比林外高，风速则远远低于林外，往往形成独特的森林小气候。在公园里群植树木，由于树荫与外面的温度差异，还能产生对流的微风。

森林还能增加局部地区的空气湿度。据测定，一株中等大小的杨树在夏季白天每小时会蒸腾 25 kg 的水分，一天蒸腾量可达 0.5 t 之多。由于森林能增加局部空气湿度，所以也能增加局部降雨，据统计，森林可增加降雨 5%~20%，有时可达 30%。

(3) 防风固沙

森林可以防风，主要是树干、树枝、树叶对风产生摩擦作用，从而消耗风的动能。森林又能够改变气流的结构，风通过林带时，由于森林的阻隔分散作用，将原来的大股气流分散为若干小股气流，它们之间互相碰击，从而降低了风速。实际上，在接近林缘几百米的地方，由于森林的阻挡作用，风速就开始逐渐降低，进入林内至背风面更是大大减弱。世界干旱、半干旱地区约占陆地面积的 1/3，这些地区森林少，气候条件恶劣，风沙、尘暴灾害严重，要改变这种情况，只有营造防护林。现在世界各国对此都十分重视，我国于 1987 年开始动工营造三北（西北、华北、东北）防护林体系，近年沿海各省也都在营造沿海防护林体系，在那些风沙危害严重的地区营造了大面积的防护林，促进了农业及其他各业的发展，取得了很好的效果。

(4) 净化大气、提高环境质量

森林具有降低噪声、阻滞烟尘和吸收有毒气体、吸收 CO_2 释放 O_2、减少雾霾的作用。许多树木的叶可吸收空气中的有毒物质，分解转化为无毒或低毒物质。据测定，银桦和悬铃木吸氯能力较强，垂柳、臭椿、悬铃木、女贞、刺槐等树种吸硫能力较强。一些树冠浓密、叶面粗糙或多毛树种，有较强的阻滞微尘、减霾能力，如榆树、朴树、木槿、重阳木、楝树等阻滞微尘能力都很强。噪声也是对城市环境的一种污染，一般噪声超过 70 dB，对人体就有不利的影响。树木对噪声有一定的减弱作用，据测定，较好的隔音树种有雪松、圆柏、龙柏、水杉、悬铃木、垂柳、柏木、鹅掌楸、樟树、榕树、柳杉、桂花、女贞等。

据测算，1 hm^2 一般阔叶林在生长季节每天能吸收 1 t CO_2，产生 730 kg O_2；一个人平均每天约消耗 0.75 kg O_2，排出 0.9 kg CO_2。因此，一个人约需 10 m^2 面积的森林，才能维持 CO_2 与 O_2 的平衡。森林环境中空气负离子含量也较高，使人有空气清新的感觉。因此，在当前 CO_2 超量排放、全球气候变暖、环境恶化的情况下，森林对维护人类健康显得更有意义。

(5) 生态教育作用

地球是人类和所有生物的共同家园，保护地球环境，维护地球生态系统平衡是每个人的共同职责。

近年来，国家反复强调生态文明建设的重要性和紧迫性。随着我国城市化的不断发展，森林城市建设日益受到中央和地方各级政府的重视，森林生态科普教育基地建设成为森林城市建设的重要指标。因此，以森林为依托的各类森林公园兼而成为民众接受生态教育的重要平台，是"森林课堂"的重要构成，其在落实科学发展观，构建社会主义和谐社会，推进生态文明建设，传播森林文化和生态理念中发挥重要作用。

森林对人类是一种非常重要的可再生自然资源和生态屏障。许多国家对森林的间接效益都进行了经济评价，据测算，芬兰森林的间接效益比木材价值大3倍；美国大9倍，日本大7倍，因此，世界上许多国家都十分重视保护森林。

0.4 植物科学的发展简史

人类在认识自然和改造自然的过程中，形成了众多的自然科学学科，植物科学是以植物为研究对象，并使之为人类服务的科学，它是在人类生产实践中逐渐发展起来的。从神农尝百草，李时珍编《本草纲目》，到现代的杂交水稻、基因工程，人类对植物科学的研究经历了从简单到复杂，从表面到深层，从宏观到微观，从单学科到多学科的发展历程。17世纪，人类发明了显微镜，为探索植物内部结构创造了条件，进而产生了植物解剖学、植物细胞学等学科。18世纪植物学家林奈、19世纪生物学家达尔文研究并发展了植物分类学，奠定了现代植物分类基础；20世纪60年代电子显微镜的发明，使人类对植物的研究从显微结构水平发展到超微水平。20世纪末基因图谱、基因工程的研究进展，标志着人类对植物科学的研究进入更加深入的阶段。

目前，植物科学在不断总结、发展前人工作的基础上，已经形成了许多分支学科。

(1) 植物分类学和植物系统学

它是根据植物的特征和植物间的亲缘关系、演化顺序，对植物进行分类，并在研究的基础上建立和逐步完善植物各级类群的进化系统的科学。两者常常混用，但植物系统学更强调植物间的系统关系。20世纪50年代以来，随着其他学科的发展，已产生植物化学分类学、植物细胞分类学、植物超微结构分类学和植物数量分类学等进一步细化的分支学科；尤其是80年代后期发展起来的分子系统学为植物的系统发育研究提供了新的手段。

(2) 植物形态学

它是研究植物个体构造、发育及系统发育中形态建立的科学，已进一步发展为植物器官学、植物解剖学、植物胚胎学及植物细胞学。

(3) 植物生理学

它是研究植物生命活动及其规律的科学。近代植物生理学中各分支学科如细胞生理、种子生理、光合生理、呼吸生理、水分生理、营养生理、开花或生殖生理及生态生理等已有很大发展，有的已形成专门学科，如植物分子生理学、植物代谢生理学、植物发育生理学等。

(4) 植物遗传学

它是研究植物的遗传和变异规律的科学。由于细胞学和分子生物学的发展，又发展出了植物细胞遗传学和植物分子遗传学。

(5) 植物生态学

它是研究植物与环境间相互关系的科学。它又可分成植物个体生态学、植物种群生态学、植物群落生态学及生态系统生态学。

(6) 植物资源学

它是研究自然界所有植物的分布、数量、用途及开发的科学，它与药用植物学、植物分类学和保护生物学有密切关系。

(7) 分子植物学

它是近30年来随着生物大分子(核酸、蛋白质)结构以及基因结构和功能的研究而发展起来的学科，指专门研究和揭示植物材料的核酸、蛋白质等大分子结构和功能以及基因的结构和功能规律的科学。

此外，还形成了植物地理学、植物化学、环境植物学、历史植物学等多个分支学科。现代植物科学的各个分支相互渗透，常围绕一个中心，从多个方面进行研究。如新近建立起来的系统和进化植物学，是建立在植物分类学、形态学、解剖学、胚胎学、孢粉学、细胞学、遗传学、植物化学、生态学、古植物学等学科基础上的一门综合性的学科。

0.5 本课程的学习方法和要求

要学好"森林植物"这门课程，需要注意以下几个方面。

首先，要有明确的学习目的，热爱林业事业，树立保护森林资源与环境，维持国土生态安全的意识。要了解我国的国情，了解森林与人类生产生活的密切关系，懂得林业在我国国计民生中的重要地位和国家生态安全方面的重要意义以及历史赋予林业专业人才的使命感。

其次，要尊重科学，热爱自然，逐步培养对森林植物课程的兴趣，提高科学观察和辩证思维能力，提高分析解决问题的能力，扩大知识视野，努力掌握各种森林植物的生活和发育规律，为更好地开发利用植物资源和控制改造植物，使之朝着有益于人类需要的方向发展。

最后，要讲究方法，"森林植物"课程属于自然科学范畴，学习自然科学，需要有科学的学习方法。本课程包含的内容丰富，植物名称、专业名词较多，学习时要通过课堂讲授、实验实训、辅导和野外实习等各个教学环节，较好地掌握有关的基础理论知识。要学会观察，注意比较各种植物的特征和现象，提高观察和鉴别水平，在实验实训中加深理解，经常采用对比、分析、归纳和辩证思维的学习方法，这样，一般都能取得良好的学习效果。

复习思考题

1. 垃圾及秸秆焚烧对生态环境有哪些危害？
2. 当代大学生如何在日常生活中倡导生态文明？
3. 你是否了解"碳汇技术"？

模块一

植物的形态和解剖构造

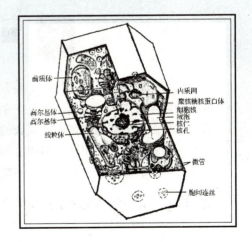

单元1　植物的细胞和组织

知识目标

1. 了解细胞学说的基本内容，掌握真核细胞的一般构造与功能。
2. 熟悉植物细胞分裂特点，掌握有丝分裂各过程的细胞特征，了解有丝分裂与减数分裂的区别及生物学意义。
3. 熟悉植物组织的概念，掌握组织的分类、各类组织的功能、细胞特点及在植物体中的分布位置。

技能目标

1. 学会显微镜的使用技术和保养方法。
2. 学会临时装片的制作技术。
3. 学会利用显微镜识别植物细胞的构造、处于有丝分裂各时期的细胞及植物组织类型。

1.1 植物细胞的形态和构造

植物界的种类形形色色、千差万别，但就植物体的构造来说，都是由细胞构成的。单细胞的低等植物，一个细胞就是一个个体，一切生命活动，包括新陈代谢、生长、发育和繁殖，都由一个细胞来完成。复杂的高等植物，一个个体是由无数个细胞构成的，细胞之间有了机能上的分工和形态结构上的分化，它们相互依存、彼此协作，共同保证着整个有机体正常生活的进行。所以说，植物细胞是植物体形态结构和生理功能的基本单位。

1.1.1 细胞学说的发展

人类对细胞的认识要追溯到17世纪。1665年，英国学者虎克（Robert Hooke）用他自制的显微镜观察了一小片软木，发现软木薄片是由许多蜂窝状的小室构成，他将小室称为cell（英文词意是"小室"）。实际上，当时虎克在显微镜下看到的只是植物死的细胞壁及其围成的腔隙，而不是完整的生活细胞。

虎克的发现引起了人们对生物显微结构的兴趣，广泛用显微镜观察各种动植物材料。1838—1839年，德国植物学家施莱登(M. J. Schleiden)和动物学家施旺(Th. Schwann)根据对植物和动物观察的大量资料提出：一切动植物有机体都由细胞组成；每个细胞是相对独立的单位，既有自己的生命，又与其他细胞共同组成整体生命。第一次明确地指出了细胞是生物有机体结构的基本单位，是生命活动的基本单位，从而创立了细胞学说(cell theory)。细胞学说论证了整个生物界在结构上的统一性以及在进化上的共同起源，有力地推动了生物学向微观领域的发展。恩格斯将它列为19世纪自然科学三大发现之一。

经过深入的研究，人们还了解到：植物细胞具有全能性，即一个植物细胞也可以通过繁殖、分化而长成一株完整的植物。一个植物细胞就是一个独立的个体，一切生命活动都可以由这一个细胞完成。植物细胞构成了植物体，植物的生命活动是通过细胞的生命活动体现出来的。所以说，植物细胞是植物体结构和功能的基本单位。到了20世纪初，人们研制出电子显微镜，使得细胞学的研究水平从显微结构发展到超微结构。近代物理、化学的发展以及一些新技术的应用，使细胞学又进一步深入到分子结构的水平。20世纪末，生命科学又有了飞跃发展，基因工程、克隆技术、纳米技术、基因图谱等方面都取得重大突破。但人类认识世界是永无止境的，细胞学说和研究也在不断深化之中。

1.1.2 植物细胞的形状和大小

1.1.2.1 植物细胞的形状

植物细胞的形状是多样的，因为细胞在系统演化中为了适应功能的变化而分化成不同的形状。单细胞的细菌和藻类，形状多为简单的球状体；种子植物的细胞，由于分工精细，它们的形状变化也更多样，有球状体、多面体、纺锤形和柱状体等（图1-1），如纤维

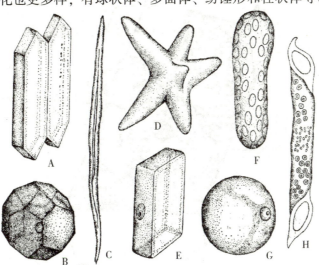

A. 长梭形（形成层原始细胞）；B. 多面体；C. 纤维；D. 星形；
E. 长方形；F. 长柱形；G. 球形；H. 长筒形（导管）。

图 1-1　植物细胞的形状

细胞一般呈长梭形,并聚集成束,从而具有加强和支持的作用;输送水分和养料的细胞(导管分子和筛管分子)呈长柱形,并连接成相通的"管道",以利于物质的运输;幼根表面吸收水分的细胞,常常向着土壤延伸出细管状突起(根毛),以扩大吸收表面。细胞形状的多样性,反映了细胞形态与其功能相适应的规律。

1.1.2.2 植物细胞的大小

植物细胞的体积一般很小。在种子植物中,细胞的直径一般为 10~100 μm,肉眼一般不能直接分辨,必须借助于显微镜。少数植物的细胞较大,如番茄果肉和西瓜瓤的细胞直径可达 1 mm,肉眼可以分辨出来;棉种子上的表皮毛可长达 75 mm;苎麻茎中的纤维细胞,最长可达 550 mm,但这些细胞的横向直径仍然很小。

在同一植物体内,不同部位细胞的体积有明显差异,这种差异与细胞的代谢活动及细胞功能有关。一般来说,生理活跃的细胞常常较小,而代谢弱的细胞往往较大。如根、茎顶端的分生组织细胞,就比代谢较弱的各种贮藏细胞明显要小些。另外,细胞的大小也受水、肥、光照、温度等许多外界条件的影响。如植物种植过密时,植株往往长得细而高,这是因为它们的叶相互遮光,导致体内生长素积累,引起茎秆细胞特别伸长的缘故。

1.1.3 植物细胞的结构

植物细胞由细胞壁和原生质体两部分组成。细胞壁是包围在原生质体外面的坚韧外壳;原生质体则是细胞壁内一切物质的总称,由生命物质——原生质所构成,它是细胞各类代谢活动进行的主要场所,是细胞最重要的部分(图1-2)。

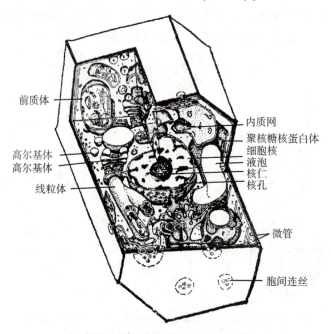

图 1-2 未分化的植物细胞超微结构模式图

植物细胞结构可简要概括为：

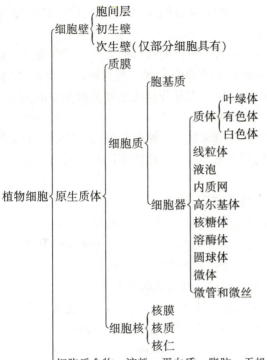

细胞后含物：淀粉、蛋白质、脂肪、无机晶体、酶、维生素、植物激素等物质

1.1.3.1 细胞壁

细胞壁是包围在原生质体外面的坚韧外壳，是植物细胞特有的结构，与液泡、质体一起构成了植物细胞与动物细胞相区别的三大结构特征。

细胞壁具有维持细胞形状、保护原生质体和控制细胞生长的作用。此外，在多细胞植物体中，各类不同细胞的细胞壁，具有不同的厚度和成分，从而影响着植物的吸收、保护、支持、蒸腾和物质运输等重要的生理活动。有人将细胞壁比喻成植物的皮肤、骨骼和循环系统。

(1) 细胞壁的层次

细胞壁根据形成的时间和化学成分的不同分成胞间层、初生壁和次生壁三层(图1-3)。

①胞间层。又称中层，位于两个相邻细胞之间，是细胞壁的最外层，主要成分是果胶质。它有助于将相邻细胞粘连在一起，并可缓冲细胞间的挤压。果胶很易被酸或酶等溶解，如番茄、柿、桃等果实成熟时，果肉细胞的胞间层被溶解，致使细胞发生分离，使果肉变软。

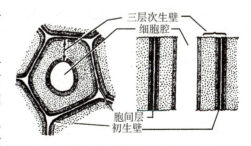

图1-3 细胞壁的结构

②初生壁。位于胞间层内侧，是细胞停止生长前原生质体分泌形成的细胞壁，主要成分是纤维素、半纤维素和果胶。初生壁的厚度一般较薄，1~3 μm；质地较柔软，具

有较大的可塑性,既可使细胞保持一定形状,又能随细胞生长而延展。许多细胞在形成初生壁后,如不再有新壁层的积累,初生壁便成为它们永久的细胞壁,如薄壁组织细胞。

③次生壁。部分植物细胞在停止生长后,在初生壁内侧继续积累产生的细胞壁。位于初生壁和质膜之间。主要成分为纤维素,并常有木质存在。次生壁较厚,一般 5~10 μm,而且质地较坚硬,具有增强细胞壁机械强度的作用。大部分具次生壁的细胞在成熟时,原生质体死亡。纤维和石细胞是典型的具次生壁的细胞。

有些植物的细胞壁,在形成时常有其他物质填充其中,使细胞壁为适应一定的生理功能而发生角质化、栓质化、木质化和矿质化等变化。这些变化能不同程度地增加细胞的抗性,对植物体有很好的保护作用。

(2)纹孔和胞间连丝

细胞壁生长时并不是均匀增厚的。在初生壁上具有一些明显较薄的凹陷区域,称为初生纹孔场。在初生纹孔场上分布着许多微细小孔,相邻细胞间有许多原生质细丝穿过这些小孔彼此相连。这种穿过细胞壁,沟通相邻细胞的原生质细丝称为胞间连丝,它是细胞原生质体之间物质和信息直接联系的桥梁,是多细胞植物体成为一个结构和功能上统一的有机体的重要保证(图1-4)。

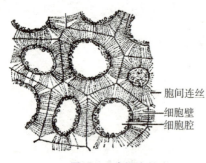

图 1-4 胞间连丝

当细胞形成次生壁时,次生壁上具有一些中断的部分,这些部分也就是初生壁完全不被次生壁覆盖的区域,称为纹孔。相邻细胞的纹孔常成对发生,称为纹孔对。纹孔对中的纹孔膜是由2层初生壁和1层胞间层组成。

细胞壁上初生纹孔场、纹孔和胞间连丝的存在,都有利于细胞与环境以及细胞之间的物质交流,尤其是胞间连丝,它把所有生活细胞的原生质体连接成一个整体,从而使多细胞植物在结构和生理活动上成为一个统一的有机体。

1.1.3.2 原生质体

构成细胞的生活物质称为原生质,它是细胞生命活动的物质基础。细胞内由原生质组成的各种结构统称为原生质体,包括质膜、细胞质和细胞核。

(1)质膜

质膜又称细胞膜,是紧贴细胞壁,包围在细胞质表面的一层膜。

质膜的主要功能是控制细胞与外界环境的物质交换。这是因为质膜具有"选择透性",这种特性表现为不同的物质透过能力不同,使细胞能从周围环境不断地取得所需要的水分、盐类和其他必需的物质,而又阻止有害物质的进入;同时,细胞也能将代谢的废物排除出去,而又不使内部有用的成分任意流失,从而保证细胞具有相对稳定的内环境。此外,质膜还有许多其他重要的生理功能,例如主动运输、接受和传递外界的信号,抵御病菌的感染,参与细胞间的相互识别等。

生物膜的选择透性与它的分子结构密切相关，一般认为，生物膜是脂质层与蛋白质相结合的产物。为此，科学家提出了"膜的流动镶嵌模型"学说(图 1-5)，认为在膜上有许多球状蛋白，以各种方式镶嵌在磷脂双分子层中，构成膜的磷脂和蛋白质都具有一定的流动性，膜的选择透性主要与膜上蛋白质有关，膜蛋白大多是特异的酶类，在一定的条件下，它们具有"识别""捕捉"和"释放"某些物质的能力，从而对物质的透过起到控制作用。

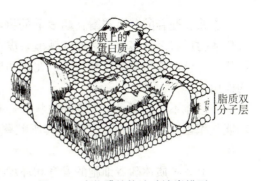

图 1-5　生物膜结构流动镶嵌模型

(2) 细胞质

质膜以内、细胞核以外的原生质称为细胞质。包括胞基质和细胞器两大部分。

①胞基质。细胞质中除细胞器以外均质半透明的液态胶状物质称为胞基质。

细胞器及细胞核都包埋于胞基质中。它的化学成分很复杂，包含水、无机盐、溶解的气体、糖类、氨基酸、核苷酸等小分子物质，也含有一些生物大分子，如蛋白质、RNA等，其中包括许多酶类。它们是细胞生命活动不可缺少的部分。

生活细胞中，胞基质处于不断的运动状态，它能带动其中的细胞器，在细胞内作有规则的持续的流动，这种运动称胞质运动。胞质运动对于细胞内物质的转运具有重要的作用，促进了细胞器之间生理上的相互联系。

②细胞器。细胞器是基质内具有一定形态、结构和功能的微结构或微器官。重要的细胞器包括以下类型。

质体　质体是植物细胞特有的细胞器，根据其所含色素和功能的不同，可将质体分成叶绿体、有色体和白色体3种类型。

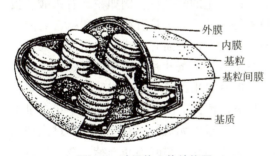

图 1-6　叶绿体立体结构图

叶绿体是进行光合作用的细胞器(图1-6)，只存在于植物的绿色细胞中。叶绿体含有叶绿素、叶黄素和胡萝卜素，其中叶绿素是主要的光合色素，它能吸收和利用光能，直接参与光合作用。其他两类色素不能直接参与光合作用，只能将吸收的光能传递给叶绿素，起辅助光合作用的功能。植物叶片的颜色与细胞叶绿体中这3种色素的比例有关。一般情况，叶绿素占绝对优势，叶片呈绿色，但当营养条件不良、气温降低或叶片衰老时，叶绿素含量降低，叶片便出现黄色或橙黄色。某些植物秋天叶变红色，就是因叶片细胞中的花青素和类胡萝卜素(包括叶黄素和胡萝卜素)占了优势的缘故。在生产上，常可根据叶色的变化判断植物的生长状况，及时采取相应的施肥、灌水等栽培措施。

有色体只含有胡萝卜素和叶黄素，由于二者比例不同，可分别呈黄色、橙色或橙红色。它们经常存在于果实、花瓣或植物体的其他部分，例如辣椒、柿子、柑橘的橙红色果实;连翘、迎春的黄色花瓣;胡萝卜的橙红色的根,都是细胞中含有许多有色体的缘故。有色体的形状多种多样,例如红辣椒果皮中的有色体呈颗粒状,旱金莲花瓣中的有色体呈针状。有色体能积聚淀粉和脂类,在花和果实中具有吸引昆虫和其他动物传粉及传播种子的作用。

白色体不含色素,呈无色颗粒状,普遍存在于植物体各部分的贮藏细胞中。白色体的功能是积累贮藏营养物质,根据其所贮藏营养物质的不同可分为造粉体、造油体和造蛋白体。

以上3种质体随着细胞的发育和环境条件的变化,在一定条件下可以互相转化。如白萝卜的根,在光照条件下会变绿,这是白色体向叶绿体的转化;柑橘的果实幼嫩时绿色,成熟时则变成橙色,这是叶绿体向有色体转化的缘故。

线粒体 线粒体是细胞进行呼吸作用的主要场所,细胞内糖、脂肪、蛋白质的最终氧化都在线粒体内进行,因此是能量代谢的中心。线粒体多呈杆状或颗粒状,具有100多种酶,分别存在于膜上和基质中,其中极大部分参与呼吸作用。线粒体呼吸释放的能量,能透过膜转运到细胞的其他部分,提供各种代谢活动的需要,因此,线粒体被喻为细胞中的"动力工厂"。细胞中线粒体的数目以及线粒体中嵴的多少,与细胞的生理状态有关。当代谢旺盛,能量消耗多时,细胞就具有较多的线粒体,其内有较密的嵴;反之,代谢较弱的细胞,线粒体较少,内部嵴也较疏(图1-7)。

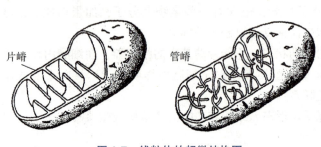

图1-7 线粒体的超微结构图

液泡 液泡是植物细胞特有的细胞器,由单层膜包被,内含细胞液。细胞液是含有多种有机物和无机物的复杂的水溶液,有的是细胞代谢产生的贮藏物,例如糖、有机酸、蛋白质、磷脂等;有的是排泄物,如草酸钙、花色素等。甘蔗的茎具有浓厚的甜味,是因为细胞液中含有大量蔗糖;一些果实的细胞液含有丰富的有机酸而有酸味;柿子因含大量单宁而具涩味;有些植物含丰富的植物碱,如烟草含尼古丁,茶叶和咖啡含咖啡碱等。许多植物细胞液中溶解有花色素,从而使花瓣、果实或叶片显出红色、紫色或蓝色。花色素的显色与细胞液pH值有关,酸性时呈红色,碱性时呈蓝色,中性时呈紫色,牵牛花在早晨为蓝色,以后渐转红色,就是这个缘故。细胞液还含有很多无机盐,有些盐类因过饱和而成结晶,常见的如草酸钙结晶。高浓度的细胞液,使细胞在低温时不易冻结,在干旱时不易丧失水分,提高了抗寒和抗旱的能力。

液泡中的代谢产物不仅对植物细胞本身具有重要的生理意义,而且也是人们开发利用植物资源的重要来源之一,例如,从甘蔗的茎、甜菜的根中提取蔗糖,从罂粟果实中提取鸦片,从盐肤木、化香树中提取单宁作为栲胶的原料等。近年来,开发新的野生植物资源已成为当前国内外十分重视的一个研究领域。

成熟的植物细胞具有一个大的中央液泡,这是植物细胞区别于动物细胞的一个显著特征。幼小的植物细胞(分生组织细胞),液泡小而分散,随着细胞的生长,小液泡也膨大并相互合并,最后在细胞中央形成一个大的中央液泡,占据细胞内90%以上的空间,而把细胞质和细胞核挤成紧贴细胞壁的一个薄层(图1-8)。

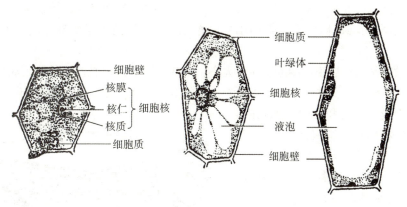

图1-8 细胞的生长和液泡的形成

内质网 内质网是分布于细胞质中由一层膜构成的网状管道系统。管道以各种形状延伸和扩展,成为各类管、泡、腔交织的状态。在超薄切片中,内质网看起来是2层平行的膜,必须借助电子显微镜才能辨别(图1-9)。内质网分两类,一类是膜上附着核糖体颗粒的称为粗糙型内质网,另一类是膜上光滑、没有核糖体附在上面的,称为光滑型内质网。内质网具有合成、包装与运输蛋白质、类脂和多糖的功能。

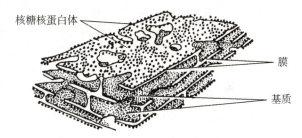

图1-9 内质网的立体图

高尔基体 高尔基体是由一叠扁平的囊所组成的结构(图1-10)。高尔基体的功能是参与细胞的分泌活动。分泌物主要是多糖和多糖—蛋白质复合体。这些物质主要用来提供细胞壁的生长,或分泌到细胞外面去。在有丝分裂形成新细胞壁的过程中,可以看到大量高尔基小泡,运送形成新壁所需要的多糖类物质,参与新细胞壁的形成。也有实验证明,根的根冠细胞分泌黏液,松树的树脂道上皮细胞分泌树脂等,也都与高尔基体活动有关。

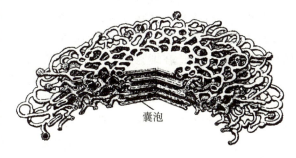

图1-10 高尔基体的立体构型

核糖体 核糖体又称为核糖核蛋白体,是一种颗粒状无膜包被的细胞器。它的主要成分是RNA和蛋白质。核糖体分布在粗糙型内质网的膜上或分散在细胞质中,此外,在细胞核、线粒体和叶绿体中也存在。核糖体是细胞中蛋白质合成的中心。

溶酶体 溶酶体是由单层膜包围内含多种水解酶类的囊泡状结构。它们能分解所有的生物大分子,因此得名。溶酶体在细胞内对贮藏物质的利用起重要作用,在细胞分化过程中对消除不必要的结构组成,以及在细胞衰老过程中破坏原生质体结构也都起特定的作用。

圆球体 圆球体是膜包裹着的圆球状小体。是一种贮藏细胞器,是脂肪积累的场所,当大量脂肪积累后,圆球体便变成透明的油滴,内部颗粒消失。圆球体还具有溶酶体的性质。

微体 微体是由单层膜包围的小体,大小、形状与溶酶体相似,二者的区别在于含有不同的酶。在油料种子萌发时,它能与圆球体和线粒体相配合,把贮藏的脂肪转化成糖类。

微管和微丝 微管和微丝是细胞内呈管状或纤丝状的两类细胞器。它们在细胞中相互交织,形成一个网状的结构,成为细胞的骨架(图1-11)。微管的生理功能主要是保持细胞一定的形状,参与细胞壁的形成和生长,控制细胞内细胞器的运动方向。微丝是比微管更细的纤丝,与微管共同构成细胞内的支架,维持细胞的形状,并支持和网络各类细胞器。

(3) 细胞核

细胞核是细胞遗传与代谢的控制中心。植物中除最低等的类群——细菌和蓝藻等原核生物外,所有的生活细胞都

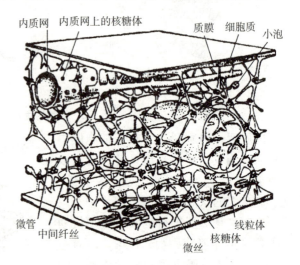

图1-11 细胞骨架模型

具有细胞核,称为真核细胞。通常1个细胞只有1个核,但有些细胞也有2个以上的核,例如乳汁管等。细胞内的遗传物质(DNA)主要集中在核内,因此,细胞核的主要功能是储存和传递遗传信息,在细胞遗传中起重要作用。

真核细胞的细胞核一般呈球形或椭圆形(图1-12)。细胞核的结构随着细胞周期的改变而相应地变化。在细胞间期,细胞核的结构可分为核膜、核质和核仁三部分。核膜是细胞核外与细胞质分界的一层薄膜,膜内充满均匀透明的胶状物质,称为核质,其中有1至数个折光强的球状小体,称为核仁。当细胞固定染色后,核质中被染成深色的部分,称染色质,其余染色浅的部分称核液。核液是核内没有明显结构的基质,含有蛋白质、RNA和多种酶。

核膜起着控制核与细胞质之间物质交流的作用。电子显微镜观察到核膜由外膜和内膜组成。膜上还具有许多核孔。这些孔能随着细胞代谢状态的不同进行启闭,所以,不仅小分子的物质能有选择地透过核膜,而且某些大分子物质,如RNA或核糖核蛋白体颗粒等,也能通过核孔而出入,使细胞核与细胞质之间具有密切而能控制的物质交换,对调节细

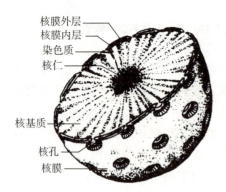

图1-12 细胞核超微结构模式图

胞的代谢具有十分重要的作用。

核仁是核内合成和贮藏 RNA 的场所,它的大小随细胞生理状态而变化,代谢旺盛的细胞,如分生区的细胞,往往有较大的核仁,而代谢较慢的细胞,核仁较小。

染色质是细胞中遗传物质存在的主要形式,在电子显微镜下显出一些交织成网状的细丝,主要成分是 DNA 和蛋白质。当细胞进行有丝分裂时,这些染色质丝便转化成粗短的染色体。

1.1.4 植物细胞的后含物

植物细胞后含物是植物细胞内贮藏的营养物、代谢产物和次生物质的统称。它们可以在细胞生活的不同时期产生和消失,主要有淀粉、蛋白质、脂类、无机晶体和多种次生物。

(1) 淀粉

淀粉是细胞中碳水化合物最普遍的贮藏形式,在细胞中以颗粒状态存在,称为淀粉粒。所有的薄壁细胞中都有淀粉粒的存在,尤其在各类贮藏组织中更为集中,如种子的胚乳和子叶中,植物的块根、块茎、球茎和根状茎中都含有丰富的淀粉粒(图 1-13)。

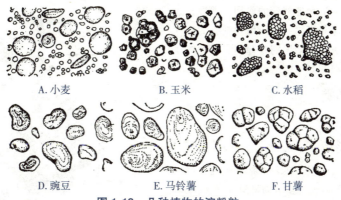

图 1-13 几种植物的淀粉粒

(2) 蛋白质

细胞中的贮藏蛋白质呈固体状态,可以是结晶的或是无定形的。结晶的蛋白质因具有晶体和胶体的二重性,因此称拟晶体。蛋白质拟晶体有不同的形状,但常呈方形,如马铃薯块茎近外围的薄壁细胞中,就有这种方形结晶的存在。无定形的蛋白质常被一层膜包裹成圆球状的颗粒,称为糊粉粒。糊粉粒较多地分布于植物种子的胚乳或子叶中(图 1-14),在许多豆类种子(如大豆、落花生等)子叶的薄壁细胞中,普遍具有糊粉粒。

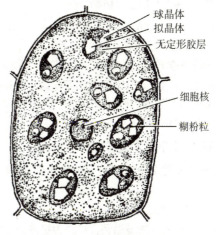

图 1-14 蓖麻胚乳的糊粉粒

(3)脂类

脂类是含能量最高而体积最小的贮藏物质。在常温下为固体的称为脂肪，液体的则称为油类。它们常成为种子、胚和分生组织细胞中的贮藏物质，以固体或油滴的形式存在于细胞质中。

(4)晶体

在植物细胞中的液泡中，无机盐常形成各种晶体。晶体有单晶、针晶和簇晶3种形状。单晶呈棱柱状或角锥状。针晶是两端尖锐的针状，并常集聚成束。簇晶是由许多单晶联合成的复式结构，呈球状，每个单晶的尖端都突出于球的表面(图1-15)。

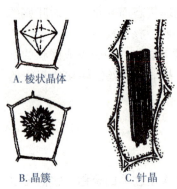

图1-15　晶体常见的类型

实训1-1　植物细胞构造的观察

一、实训目标

了解显微镜的结构和各部分的作用，掌握显微镜的使用方法和保养措施；认识植物细胞的构造；学会徒手切片法，学会识别叶绿体、有色体及淀粉的形态特征。

二、实训场所

森林植物实验室。

三、实训形式

在实验室内6人一组，在老师指导下独立制作临时切片，使用显微镜观察植物材料。

四、实训备品与材料

按每6人一组配备：显微镜6台，擦镜纸1本，软布1块，二甲苯1瓶，蒸馏水1瓶，碘液1瓶，10%糖液1瓶，载玻片12片，盖玻片12片，镊子6把，解剖针6只，解剖剪刀6把，培养皿6个，洋葱、菠菜、红辣椒或胡萝卜、大葱或紫鸭跖草、马铃薯块茎各6份。

五、实训内容与方法

(一)显微镜的结构、使用方法和保养措施

(1)显微镜结构的认识

通常使用的生物显微镜，可分为机械装置和光学系统两大部分(图1-16)。

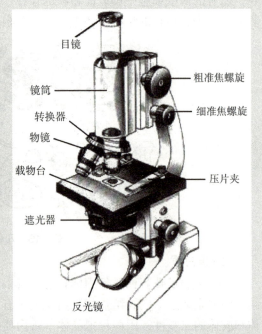

图1-16　显微镜结构

机械部分：包括镜座、镜柱、镜臂、倾斜关节、载物台、镜筒、物镜转换盘、调节轮。

光学部分：包括目镜、物镜、反光镜、光调节器。

(2)显微镜的使用方法

取镜：拿取显微镜时，必须一手紧握镜臂，一手平托镜座，使镜体保持直立。放置显微镜时动作要轻，避免震动。

对光：先将低倍物镜头转到载物台中央，正对通光孔。用左眼接近目镜观察，同时用手调节反光镜和集光器，使镜内光亮适宜。镜内所看到的范围称为视野。

放片：把切片放在载物台上，使要观察的部分对准物镜头，用压夹或移动架固定切片。

对焦观察：先用低倍物镜，转动粗调节轮，使镜筒缓慢下降，用左眼从目镜向内观察，转动调节轮直至看到物像为止；再转动细调节轮，将物像调至最清晰。在低倍物镜下观察后，如果需要进一步使用高倍物镜观察，先要将放大的部位移到视野中央，再把高倍物镜转至载物台中央，对正通光孔，一般可粗略看到物像，然后再用细调节轮调至物像最清晰。

还镜：使用完毕后，应先将物镜移开，再取下切片。把显微镜擦拭干净，各部分恢复原位。使低倍物镜转至中央通光孔，下降镜筒，使接物镜接近载物台。将反光镜转直，放回箱内并上锁。

（3）显微镜的保养措施

显微镜是精密贵重的仪器，必须认真爱护，妥善保养。显微镜各部零件不要随便拆开，也不要随意在显微镜之间调换镜头或其他附件。不要随便把目镜头从镜筒取出，以免落入灰尘。要防止振动。不要用手指或粗布揩擦镜头，要用清洁柔软的薄绸布或擦镜纸轻轻擦拭。镜头上如沾有不易擦去的污物，可先用擦镜纸蘸上少许二甲苯擦拭干净，再换用干净的擦镜纸擦拭一遍。

（二）压片的制作

（1）洋葱鳞叶表皮细胞的观察

撕取洋葱（紫色）外表皮，剪成 3~5 mm 的小方块。在载玻片上滴 1 滴水或加 1 滴碘液，将剪好的表皮浸入水滴内（注意表皮的外面应朝上），并用解剖针挑平，再加盖玻片。加盖玻片的方法是先从一边接触水滴，另一边用针顶住慢慢放下，以免产生气泡。如盖玻片内的水未充满，可用滴管吸水从盖玻片的一侧滴入；如果水太多浸出盖玻片外，可吸水纸将多余的水吸去，这样装好的片子就可以进行镜检。

（2）叶绿体的观察

在载玻片上先滴 1 滴 10% 糖液，取菠菜叶，先撕去下表皮，再用刀刮取叶肉少量，放入载玻片糖液中均匀散开，盖好盖玻片。先用低倍镜观察，可见叶肉细胞内有很多绿色的颗粒，这就是叶绿体。再换用高倍镜观察，注意叶绿体的形状。

（3）白色体的观察

撕取大葱葱白内表皮制成装片后，进行显微镜观察即可看到白色体。若用紫鸭跖草幼叶，沿叶脉处撕取下表皮制成装片进行显微镜观察，效果更好。

（4）有色体的观察

取红辣椒（或胡萝卜），用徒手切片法取红辣椒果肉的薄片。装片后用显微镜观察，可见细胞内含有橙红色的颗粒，这就是有色体。也可用胡萝卜的肥大直根做徒手切片，其皮层细胞内的有色体为橙红色的结晶体。

（5）淀粉粒的观察

将马铃薯条徒手切片装片后用显微镜观察，可见细胞内有许多卵形发亮的颗粒，就是淀粉粒。许多淀粉粒充满在整个细胞内，还有许多淀粉粒从薄片切口散落到水中，把光线调暗些，还可见淀粉粒上的轮纹。如用碘液染色，则淀粉粒都变成蓝色（图 1-17）。

图 1-17　马铃薯细胞中的淀粉粒

（三）徒手切片法练习

① 将胡萝卜切成 1 cm×1 cm×(3~4) cm 的长方条。

② 用左手的拇指和食指拿着上述长方条，使长方条上端露出 1~2 mm 高，并以无名指顶住材料，用右手拿着刀片的一端（图 1-18）。

A. 徒手切片　　B. 从刀片上取下切片

图 1-18　徒手切片的方法

③把材料上端和刀刃先蘸些水，并使材料成直立方向，刀片成水平方向，自外向内把材料上端切去少许，使切口成光滑的断面，并在切口蘸水，接着按同法把材料切成极薄的薄片。切时注意要用臂力，不要用腕力及指力，刀片切割方向由左前方向右后方拉切，拉切的速度宜较快，不要中途停顿。把切下的切片用小镊子或解剖针拨入培养皿的清水中，切时材料的切面经常蘸水，起润滑作用。

④初切时必须反复练习，并多切一些，从中选取最好的薄片进行装片观察。

⑤装片时将载玻片先滴上水，用解剖针选最好的薄片放在水滴上，用盖玻片轻轻盖住切片，用吸水纸将盖玻片周围的水吸掉，放在显微镜的载物台上观察。

六、实训报告要求

①绘制几个洋葱表皮细胞图，并注明细胞壁、细胞质和细胞核。

②将观察到的叶绿体、白色体和有色体的结构绘制成生物图。

③将观察到的马铃薯的淀粉粒绘制成生物图。

④要求图形要能够正确反映出观察材料的形态、结构特征，注意绘图比例适当，线条粗细均匀，图面清晰。

1.2 植物细胞的繁殖

种子植物从受精卵发育成胚，再由胚发育成幼苗，进而根、茎、叶不断生长，最后开花、结果，这一系列的生长发育过程都是以细胞繁殖为前提的。细胞繁殖就是细胞数目的增加，这种增加通过细胞分裂来实现。细胞分裂有3种方式：无丝分裂、有丝分裂和减数分裂。

1.2.1 无丝分裂

无丝分裂又称直接分裂。它是一种简单、快速的分裂方式。分裂时，核内不出现纺锤丝和染色体。无丝分裂有多种形式，最常见的是横缢式分裂，细胞核先延长，然后在中间缢缩、变细，最后断裂成两个子核，在两核之间产生新壁，形成两个子细胞（图1-19）。

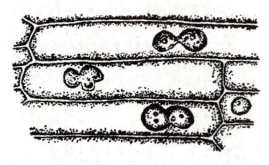

图1-19 无丝分裂

无丝分裂在低等植物中普遍存在，在高等植物中也常见，如在胚乳发育过程中以及植物形成愈伤组织时。即使在一些正常组织的细胞分裂中，如薄壁组织、表皮、分生组织、花药的绒毡层细胞等，也都有发生，其现象和意义还有待进一步深入地研究。无丝分裂过程简单，分裂速度快，消耗能量少，但遗传物质不是平均分配到两个子细胞中，所以子细胞的遗传可能是不稳定的。

1.2.2 有丝分裂

有丝分裂又称间接分裂，是植物真核细胞分裂最普遍的方式。植物的根尖、茎尖以及形成层的细胞都是以这种方式进行分裂。在分裂过程中，细胞内出现了染色体和纺锤丝，故称有丝分裂。

1.2.2.1 有丝分裂的过程

有丝分裂是一个连续的过程，为了叙述方便，一般人为地将其划分成以下 5 个时期。

(1) 间期

间期是从前一次分裂结束，到下一次分裂开始的一段时期，它是分裂前的准备时期。处于间期的细胞，细胞核呈球形，具有核膜、核仁，染色质不规则地分散于核液中，细胞质很浓，细胞核位于中央并占很大比例，核仁明显，反映出这时的细胞具有旺盛的代谢活动。间期细胞进行着大量的生物合成和 DNA 的复制，为细胞分裂进行物质上的准备。同时，细胞内也积累足够的能量，提供分裂活动的需要。间期结束后，细胞便进入分裂期。分裂期包括前期、中期、后期和末期 4 个时期。

(2) 前期

前期的特征是细胞核内出现染色体，随后核膜和核仁消失，同时纺锤丝开始出现。核内出现染色体是进入前期的标志。当细胞分裂开始，染色质通过螺旋化作用，逐渐缩短变粗，成为染色体。最初，染色体呈细丝状，以后越缩越短，逐渐成为粗线状或棒状体。在前期的稍后阶段，细胞核的核仁逐渐消失，最后核膜瓦解，核内的物质和细胞质彼此混合。同时，细胞中出现了许多细丝状的纺锤丝。

(3) 中期

中期的细胞特征是染色体排列到细胞中央的赤道面上，纺锤体明显出现。染色体在染色体牵丝的牵引下，向着细胞中央移动，最后都排列到细胞中间的赤道面上。这个时期的染色体彼此分开，有较固定的形状，是观察染色体形态和数目的最佳时期。

(4) 后期

后期的细胞特征是染色体分裂成两组子染色体，两组子染色体分别朝相反的两极运动。当所有的染色体排列到赤道面上以后，构成每一条染色体的 2 条染色单体便在着丝点处裂开，分成 2 条独立的单位，称子染色体。同一条染色体分裂成的 2 条子染色体，在大小和形态上是相同的。接着它们就开始分成 2 组，向细胞相反的两极移动，直到末期。

(5) 末期

末期的特征是染色体到达两极，直至核膜、核仁重新出现，形成新的子核。当染色体到达两极以后，它们便成为密集的一团，外面重新出现核膜，进而染色体通过解螺旋作用，又逐渐变得细长，最后分散在核内，成为染色质。同时，核仁也重新出现，新的子核回复到间期细胞核的状态。

在分裂末期，染色体接近两极时，纺锤丝收缩集结于赤道面上，并在 2 个子核之间产生细胞板，将细胞质从中间隔开，同时在细胞板两侧形成新的质膜。以后出现新的细胞壁，形成两个子细胞。至此，有丝分裂的过程完成(图 1-20)。

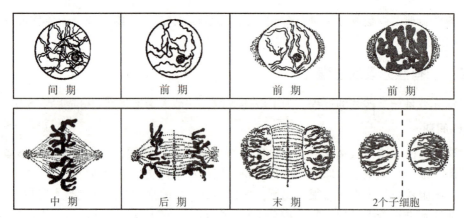

图 1-20 有丝分裂模式图

1.2.2.2 有丝分裂的特点和意义

有丝分裂过程中有明显的纺锤丝出现,在分裂前,母细胞中的每个染色体都准确地复制成两条染色单体,分裂时,两条染色单体分开,平均分配给两个子细胞,这样就保证了每个子细胞具有与母细胞相同数量和类型的染色体。因此,每个子细胞就有着和母细胞同样的遗传组成,保证了细胞遗传的稳定性。

1.2.3 减数分裂

减数分裂是植物在有性生殖的过程中进行的细胞分裂。在减数分裂过程中,细胞连续分裂2次,但染色体只复制1次,因此,一个母细胞分裂成4个子细胞,子细胞的染色体数只有母细胞的一半,减数分裂由此而得名。减数分裂的全过程包括2次连续的分裂过程,根据细胞中染色体形态和位置的变化,各自划分成前期、中期、后期和末期。

1.2.3.1 减数分裂的过程

(1) 第一次分裂(简称分裂Ⅰ)

①前期Ⅰ。这一时期发生在核内染色体复制已完成的基础上,整个时期比有丝分裂的前期所需时间要长,变化更为复杂。根据染色体形态,又可分为以下5个时期:

细线期 细胞核内出现细长、线状的染色体,细胞核和核仁继续增大。这时,每条染色体含有2条染色单体,它们仅在着丝点处相连接。

偶线期 又称合线期。细胞内的同源染色体(即来自父本和母本的2条相似形态的染色体)两两成对靠拢,这一现象称为联会。如果原来细胞中有20条染色体,这时候便配成10对。每一对含4条染色单体,构成一个单位,称四联体。

粗线期 染色体继续缩短变粗,同时,在四联体内,同源染色体上的一条染色单体与另一条同源染色体的染色单体彼此交叉组合,并在相同部位发生横断和片段的互换,使该2条染色单体都有了对方染色体的片段,从而导致了父母本基因的互换。

双线期 发生交叉互换的染色单体开始分开,但在交换处仍然相连,因此染色体呈现出 X、V、8、0 等各种形状。

终变期 染色体更为缩短，达到最小长度，并移向核的周围靠近核膜的位置。以后，核膜、核仁消失，开始出现纺锤丝。

②中期Ⅰ。各成对的同源染色体双双移向赤道面。细胞质中形成纺锤体。

③后期Ⅰ。由于纺锤丝的牵引，使成对的同源染色体各自发生分离，并分别向两极移动。这时，每极的染色体数目只有原来母细胞的一半，每条染色体仍包含两条染色单体。

④末期Ⅰ。到达两极的染色体又聚集起来，重新出现核膜、核仁，形成 2 个子核；同时，在赤道面形成细胞板，将母细胞分隔为 2 个子细胞。由上可知，这 2 个子细胞的染色体数目，只有母细胞的一半。然后，新生成的子细胞紧接着发生第二次分裂。也有新细胞板不立即形成，而连续进行第二次分裂的。

(2) 第二次分裂(简称分裂Ⅱ)

分裂Ⅱ一般与分裂Ⅰ末期紧接，或出现短暂的间歇。这次分裂与前一次不同，在分裂前，核不再进行 DNA 的复制和染色体的加倍，而整个分裂过程与有丝分裂相同，分成前期、中期、后期、末期 4 个时期，前期较短，而不像分裂Ⅰ那样复杂。

1.2.3.2 减数分裂的特点和意义

减数分裂发生在有性生殖细胞形成过程中，减数分裂时，一个母细胞要经历连续两次的分裂，形成 4 个子细胞。但由于染色体只复制了 1 次，所以每个子细胞的染色体数只有母细胞的 1/2。第一次分裂过程中，染色体有配对、交换和分离的现象。染色体的减半就发生在第一次分裂末期。

减数分裂具有重要的生物学意义。通过减数分裂导致了有性生殖细胞(配子)的染色体数目减半，而在以后发生有性生殖时，雌雄配子相结合，形成合子，合子的染色体重新恢复到亲本的数目。这样周而复始，使有性生殖的后代始终保持亲本固有的染色体数目和类型，从而保持了物种的遗传稳定性。同时，在减数分裂过程中，由于同源染色体发生联会、交叉和片段互换，使同源染色体上父母本的基因发生重组，从而产生了新类型的单倍体细胞，使子代产生变异，有利于物种的进化。

有丝分裂与减数分裂的特点对照见表 1-1 和如图 1-21 所示。

表 1-1 有丝分裂与减数分裂特点比较

对照	有丝分裂	减数分裂
不同点	分裂后形成的是体细胞	分裂后形成的是有性生殖细胞
	一个母细胞产生 2 个子细胞	一个母细胞产生 4 个子细胞
	子细胞的染色体数目不变	子细胞的染色体数目减少 1/2
	同源染色体无联合、交叉互换、分离行为；非同源染色体无自由组合	同源染色体有联合、交叉互换、分离行为；非同源染色体发生自由组合
	子细胞之间、子细胞与母细胞之间遗传组成相同	杂合体产生的配子间，遗传组成出现不同
相同点	细胞分裂的过程中均出现纺锤丝构成的纺锤体，减数分裂第二次分裂的特点与有丝分裂的特点相同	

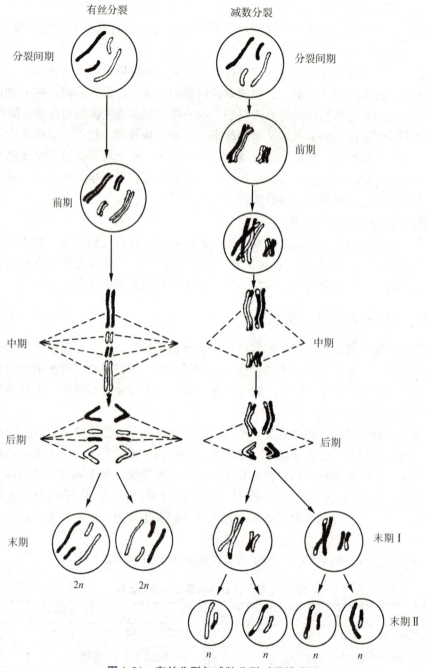

图 1-21 有丝分裂与减数分裂对照模式图

实训 1-2 细胞有丝分裂的观察

一、实训目标

识别植物细胞有丝分裂各期的主要特征；初步掌握制作根尖有丝分裂临时装片的技术。

二、实训场所

森林植物实验室。

三、实训形式

6人一组，在老师指导下独立制作临时切片，观察植物细胞的有丝分裂。

四、实训备品与材料

按每6人一组配备：显微镜6台，擦镜纸1本，软布1块，洋葱（预先培养生根处理），载玻片、盖玻片各12片，剪刀6把，镊子6个，玻璃皿12个，滴管1个，吸水纸6张，解析液1瓶（15%盐酸+95%乙醇混合液1∶1），醋酸洋红液1瓶。

五、实训内容与方法

（1）幼根的培养

于实验前3~4 d，将鳞茎置于广口瓶上，瓶内装满水，使洋葱底部浸入水中，置温暖处，每天换水1~2次，待根长到5 cm时，取生长健壮的根尖制片观察。

（2）材料的解离

剪取根尖2~3 mm（最好在每天的10:00~14:00取根，因此时间是洋葱根尖有丝分裂高峰期），立即放入盛有解析液的玻璃皿中，在室温下解离3~5 min。

（3）漂洗

待根尖酥软后，用镊子取出，放入盛有清水的玻璃皿中漂洗约10 min。

（4）染色

把洋葱根尖放进盛有醋酸洋红溶液的玻璃皿中，染色3~5 min。

（5）压片

取一片干净的载玻片，在中央滴1滴清水，将染色的根尖用镊子取出，放入载玻片的水滴中，盖上盖玻片，将一小块吸水纸放在盖玻片上。左手按住载玻片，用右手拇指在吸水纸上对准根尖部分轻轻挤压，将根尖压成均匀的薄层。用力要适当，不能将根尖压烂，并且在用力过程中不能移动盖玻片。

（6）观察

先用低倍镜观察，找出靠近根尖先端的分生区（生长点）细胞，它的特点是细胞呈正方形，排列紧密，有的细胞正在分裂。

找到分生区的细胞后，把低倍镜移走，换用高倍镜观察，仔细观察，找到处于有丝分裂的前期、中期、后期、末期和间期的细胞。

观察时，应根据有丝分裂各时期的特点，仔细辨认。由于间期长，视野中多数细胞均处于此时期，易于观察。对于其他时期，可先找出细胞分裂期的中期，然后再找到前期、后期、末期的细胞。仔细观察各个时期内染色体的变化特点。在同一视野中，很难找全处于各个时期的细胞，可以慢慢地移动装片，在不同视野下寻找。

六、实训报告要求

在观察清楚有丝分裂各个时期的细胞以后，绘出洋葱根尖细胞有丝分裂的各个时期的简图。

1.3 植物的组织

开花植物的植物体由根、茎、叶等器官组成，而每种器官又是由各种组织所组成。植物组织是由来源相同、形态结构相似、功能相同的1种或数种类型的细胞群组成的结构和功能单位。在个体发育中，组织的形成是植物体内细胞分裂、生长、分化的结果。

1.3.1 植物组织的形成

1.3.1.1 植物细胞的生长

细胞生长就是指细胞体积的增长，包括细胞纵向的延长和横向的扩展。一个细胞经生长以后，体积可以增加到原来大小的几倍、几十倍，某些细胞如纤维，在纵向上可能增加几百倍、几千倍。由于细胞的这种生长，就使植物体表现出明显的伸长或扩大，例如根和茎的伸长，幼小叶子的扩展，果实的长大，都是细胞数目增加和细胞生长的共同结果，而细胞生长常常在其中起主要的作用。

1.3.1.2 植物细胞的分化

多细胞植物体中，细胞的功能具有分工，与之相适应，在细胞形态上就出现各种变化。例如，绿色细胞专营光合作用，适应这一功能，细胞中发育出大量的叶绿体；表皮细胞行使保护功能，细胞内不发育出叶绿体，而在细胞壁结构上特化，发育出明显的角质层；具有贮藏功能的细胞，一般没有叶绿体，也没有特化的细胞壁，但往往具有大的液泡和大量的白色体。细胞的这种在结构和功能上的特化，就称为细胞的分化。

细胞分化是多细胞植物体形态发生的基础。在种子植物中，受精卵经历一系列的细胞分裂和细胞分化，形成胚，进而形成种子。种子萌发后，又长成新的植株。在整个植物生长发育过程中，又由于顶端分生组织细胞不断分裂、生长和分化，形成各种组织和器官，最后开花结实完成其生活史。

植物体在系统发育上，越是进化，细胞分工越细致，细胞的分化就越剧烈，植物体的内部结构也就越复杂。被子植物是最高等的植物，细胞分工最精细，物质的吸收、运输、养分的制造、贮藏，植物体的保护、支持等各种功能，几乎都由专一的细胞类型分别承担，因此，被子植物是结构最复杂，功能最完善的植物类型。

1.3.2 植物组织的类型

根据组织的发育程度、生理功能和形态结构的不同，植物组织分成分生组织和成熟组织两大类。具体可简要概括为下列括弧式表：

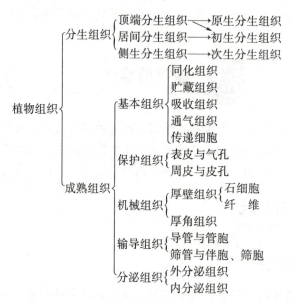

1.3.2.1 分生组织

(1) 分生组织的概念

具有分裂能力的细胞群称为分生组织。它是分化产生成熟组织的基础,由于分生组织的存在,使种子植物的个体总保持生长的能力或潜能。

(2) 分生组织的类型

①按在植物体上的位置可分为以下3类(图1-22)。

顶端分生组织　顶端分生组织位于茎与根主轴的和侧枝的顶端(图1-23)。它们的分裂活动可以使根和茎不断伸长,并在茎上形成侧枝和叶,使植物体扩大营养面积。茎的顶端分生组织还将产生生殖器官。顶端分生组织细胞的特征是:细胞小而等径,壁薄,细胞核大且位于中央,液泡小而分散,原生质浓厚。

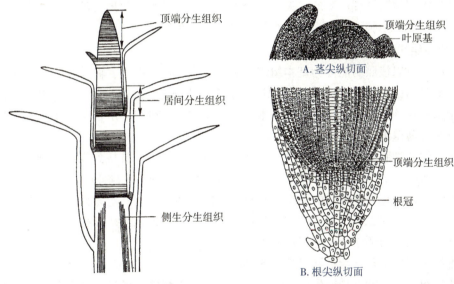

图1-22　分生组织在植物体中的分布位置图解

图1-23　顶端分生组织

侧生分生组织　侧生分生组织位于根和茎的外侧周围,靠近器官的边缘,包括形成层和木栓形成层。形成层的活动能使根和茎不断增粗。木栓形成层的活动使长粗的根、茎表面或受伤的器官表面形成新的保护组织。侧生分生组织主要存在于裸子植物和木本双子叶植物中。草本双子叶植物和单子叶植物的根和茎没有明显的侧生分生组织。侧生分生组织与顶端分生组织细胞特征不同,形成层细胞大部分呈纺锤形,液泡明显,细胞质不浓。

居间分生组织　居间分生组织是夹在已经分化的成熟组织区域之间的分生组织,它是顶端分生组织在某些器官中局部区域的保留。典型的居间分生组织存在于许多单子叶植物的茎和叶中,例如竹类,在茎的节间基部保留居间分生组织,竹笋出土后使茎急剧长高。葱、蒜、韭菜的叶子剪去上部还能继续伸长,是因为叶基部的居间分生组织活动的结果。居间分生组织与前两种分生组织相比,细胞持续分裂活动的时间较短,分裂一段时间后,所有细胞完全转变成成熟组织。

②按分生组织的来源和性质分为以下3类。

原分生组织 是直接由胚细胞保留下来的,一般具有持久而强烈的分裂能力,位于根端和茎端较前的部分。

初生分生组织 是由原分生组织刚衍生的细胞组成,这些细胞在形态上已出现了最初的分化,但细胞仍具有很强的分裂能力。它是一种边分裂、边分化的组织,也可看作是由分生组织向成熟组织过渡的组织。

次生分生组织 是由已分化的成熟组织的细胞,经历生理和形态上的变化,脱离原来的成熟状态(即反分化),重新恢复分裂能力而形成的分生组织。

1.3.2.2 成熟组织

(1)成熟组织的概念

由分生组织细胞分裂产生的,失去了分裂能力,生长和分化形成的各种具有特定形态结构和生理功能的细胞群,称为成熟组织,也称为永久组织。

(2)成熟组织的类型

成熟组织可以按照功能分为基本组织、保护组织、机械组织、输导组织和分泌组织。

①基本组织(薄壁组织)。基本组织遍布于植物体的各个部位,根、茎、叶、花、果实和种子中都有这种组织,是植物体的基本部分,故称基本组织。由于基本组织都是薄壁细胞,所以又称薄壁组织。

基本组织的细胞较大,细胞壁薄,液泡大,细胞核较小,被挤到靠近细胞壁;细胞排列疏松,具有明显的细胞间隙;相邻细胞常具有大型纹孔对(图1-24)。

基本组织是分化程度较低的组织,具有较大的可塑性,在一定条件下,可以恢复分裂能力,形成次生分生组织。这对于创伤愈合、扦插、嫁接和组织培养等有实际意义。另外,基本组织还参与侧生分生组织的发生。

基本组织根据生理功能不同可分成5种类型。

同化组织 主要特点是原生质体中发育出大量的叶绿体,可进行光合作用。同化组织分布于植物体的一切绿色部分,如叶肉、幼茎的皮层,发育中的果实和种子中,尤其是叶肉,是典型的同化组织(图1-25)。

贮藏组织 主要存在于各类贮藏器官,如块根、块茎、球茎、鳞茎、果实和种子中,

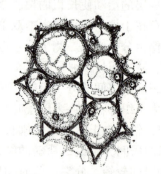

图1-24 茎的基本组织

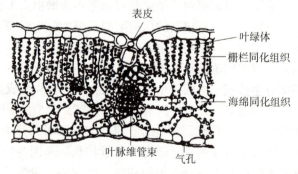

图1-25 叶片中的同化组织

根、茎的皮层和髓以及其他薄壁组织也都具有贮藏的功能(图1-26)。

吸收组织　具有从外界吸收水分和营养物质的生理功能。例如根尖的表皮细胞向外突出,形成根毛(图1-27)。

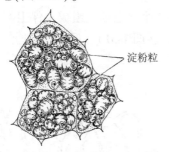

图1-26　马铃薯块茎的贮藏组织图

图1-27　幼根外表的吸收组织

通气组织　水生或湿生植物体内的细胞间隙发达,形成气道和气腔,在体内形成一个相互贯通的通气系统,使生于水下的根等器官能得到氧气。如水稻、莲等的根、茎、叶中的通气组织,可以使叶光合作用产生的氧气通过它进入根中(图1-28)。

传递细胞　也称转输细胞或转移细胞,是一类特化的薄壁细胞,这种细胞最显著的特征是具有内突生长的细胞壁和发达的胞间连丝。主要生理功能是在细胞间高效率运输和传递物质。传递细胞是活细胞,普遍存在于叶的小叶脉中,茎或花序轴节部的维管组织中,分泌结构中,在种子的子叶、胚乳或胚柄等部位也有分布(图1-29)。

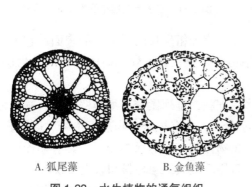

图1-28　水生植物的通气组织

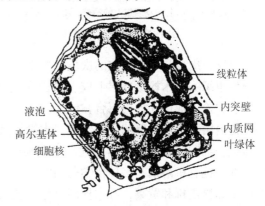

图1-29　菜豆茎初生木质部中的一个传递细胞

②保护组织。保护组织是覆盖于植物体表起保护作用的组织。它的作用是减少体内水分的蒸腾,控制植物与环境的气体交换,防止病虫害侵袭和机械损伤等。保护组织包括表皮和周皮。

表皮　表皮又称表皮层,是幼嫩的根和茎、叶、花、果实等的表面层细胞。表皮一般只有一层细胞,呈各种形状的板块状,排列紧密,除气孔外,没有其他的细胞间隙。细胞内一般不具叶绿体,但常有白色体和有色体,细胞内贮藏有淀粉粒和其他代谢产物如色素、单宁、晶体等。

植物茎和叶等部分的表皮细胞,在细胞壁的表面有1层角质层,可以减少水分蒸腾,防止病菌的侵入和增加机械支持。有些植物如葡萄、苹果的果实,在角质层外还具有1层蜡质,具有防止病菌孢子在体表萌发的作用。有些植物的表皮还具有各种单细胞或多细胞的表皮毛,具有保护和防止水分丧失的作用(图1-30)。

叶表皮上有气孔,是气体出入的门户。气孔由2个保卫细胞组成。保卫细胞内有叶绿体。禾本科植物的保卫细胞旁侧,还有1对副卫细胞(图1-31)。保卫细胞通过调节气孔开闭,来调节植物的水分蒸腾和气体交换。

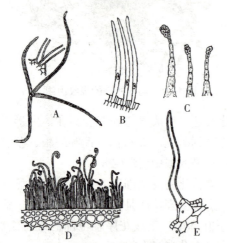

A.棉属叶上的簇生毛;B.棉种皮上的幼期表皮毛;
C.烟草的腺毛;D.甘薯茎表皮上的蜡被;E.大豆的表皮毛。

图1-30　表皮附属物

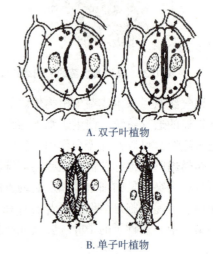

A. 双子叶植物

B. 单子叶植物

图1-31　双子叶植物和单子叶植物的气孔

周皮　周皮是取代表皮的次生保护组织,存在于有加粗生长的根和茎的表面。它由侧生分生组织——木栓形成层形成。木栓形成层细胞向外分化成木栓,向内分化成栓内层。木栓、木栓形成层和栓内层合称周皮。

栓内层是一层薄壁的生活细胞。木栓层具多层细胞,排列紧密,细胞壁较厚,并且强烈栓化,细胞腔内通常充满空气。具有高度不透水性,并有抗压、隔热、绝缘、质地轻、具弹性、抗有机溶剂和多种化学药品的特性,对植物体起有效的保护作用。具有厚栓皮层的树木如栓皮栎和黄檗,其木栓层可作工艺品、日用、轻质绝缘材料和救生设备等。

在周皮的形成过程中,在原有的气孔下面,木栓形成层细胞向外衍生出一种与木栓细胞不同,并具有发达细胞间隙的组织。它们突破周皮,在树皮表面形成各种形状的小突起,称为皮孔。皮孔是周皮上的通气结构,周皮内的生活细胞,植物主要通过它们与外界进行气体交换。皮孔的颜色和形状,常作为冬季识别落叶树种的依据。

③机械组织。机械组织是对植物起巩固、支持作用的成熟组织。它们的细胞壁发生不同程度的加厚,有很强的抗压、抗张和抗曲挠的能力,使植物枝干挺立,树叶平展,能经受外力的侵袭。根据细胞的形态和细胞壁加厚的方式不同,机械组织可分为厚角组织和厚壁组织两类。

厚角组织　厚角组织细胞最明显的特征是细胞壁具有不均匀的增厚,通常在几个细胞邻接处的角隅上增厚明显,故称厚角组织(图1-32)。厚角组织分布于茎、叶柄、叶片、花柄等器官的外围，是正在生长的茎和叶的支持组织，由于它的厚角组织分化较早，壁的初生性质使它能随着周围细胞的延伸而扩展，因此，它既有支持作用，又不妨碍幼嫩器官的生长。

厚壁组织 厚壁组织细胞具有均匀增厚的次生壁，并且常常木质化。细胞成熟时，原生质体通常死亡分解，成为只留有细胞壁的死细胞。根据细胞的形态，厚壁组织可分为石细胞和纤维2类。

石细胞：多为等径或略为伸长的细胞，有些具不规则的分枝成星芒状，也有的较细长。它们通常具有很厚的、强烈木质化的次生壁。

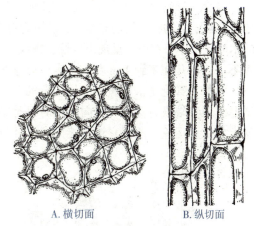

A. 横切面　　　　　B. 纵切面
图1-32　薄荷茎的厚角组织

细胞成熟时原生质体通常消失，只留下空而小的细胞腔（图1-33）。石细胞广泛分布于植物的茎、叶、果实和种子中，有增加器官的硬度和支持的作用。如梨果肉中坚硬的颗粒，便是成簇的石细胞。茶树的叶片中，具有单个的分枝状石细胞。核桃、桃、枣子等果实坚硬的核，便是多层连续的石细胞组成的内果皮。

纤维：是二端尖细成梭状的细长细胞，长度一般比宽度大许多倍。细胞壁明显地次生增厚。纤维广泛分布于成熟植物体的各部分。纤维通常在体内相互重叠排列，紧密地结合成束，使它具有大的纤维抗压能力和弹性，成为成熟植物体中主要的机械组织（图1-34）。根据细胞壁的组成成分及在植物体中存在的部位，纤维分为韧皮纤维和木纤维两类。

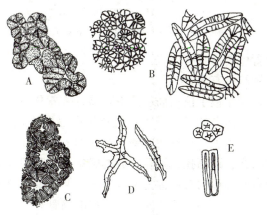

A. 核桃壳的石细胞；B. 椰子内果皮石细胞；
C. 梨果肉中的石细胞；D. 山茶属叶柄中的石细胞；
E. 菜豆种皮中的石细胞。
图1-33　厚壁组织——石细胞

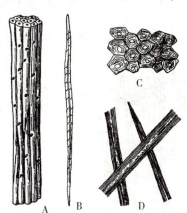

A. 纤维束；B. 纤维细胞；
C. 亚麻韧皮纤维细胞横切面；
D. 黄麻韧皮纤维细胞部分放大。
图1-34　厚壁组织——纤维

④输导组织。输导组织是植物体内用于长距离输导水分、无机盐及同化产物的组织。这种组织贯穿于植物体内，构成一个复杂而完善的运输系统。根据运输物质的不同，输导组织可分为两类：一类是主要运输水分和无机盐溶液的导管和管胞；另一类是主要运输溶解状态同化产物的筛管和筛胞。

导管 导管是由许多长筒形、细胞壁木质化的,具有胞壁穿孔的死细胞纵向连接而成。导管是被子植物特有的输导组织,普遍存在于被子植物的木质部中,其次生壁具有各种式样的木质化增厚,在壁上呈现出环纹、螺纹、梯纹、网纹和孔纹的各种式样(图1-35)。导管长短不一,由几厘米到1 m左右,有些藤本植物可长达数米。因此具有较高的输水效率。

管胞 管胞是末端楔形、长梭形的单个细胞。管胞的次生壁也具有各种式样的木质化增厚,但壁端没有穿孔,纵向连接时只是细胞的端部紧密地重叠,水分和无机盐通过管胞壁上的纹孔运输,所以它输导能力远不如导管(图1-36)。

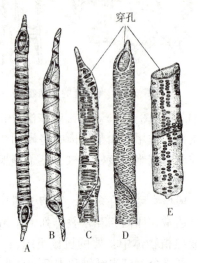

A. 环纹导管;B. 螺纹导管;C. 梯纹导管;
D. 网纹导管;E. 孔纹导管。

图1-35 导管的主要类型

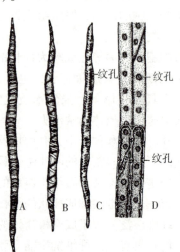

A. 环纹管胞;B. 螺纹管胞;
C. 梯纹管胞;D. 孔纹管胞。

图1-36 管胞的主要类型

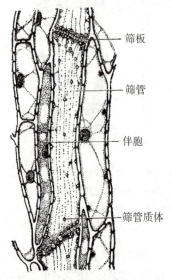

图1-37 烟草茎韧皮部中的筛管与伴胞纵切面

所有维管植物都具有管胞,而且大多数蕨类植物和裸子植物,只有管胞没有导管。

筛管 筛管是被子植物韧皮部中输导有机养分的管状结构。它由一列长筒形的筛管分子在植物体中纵向连接而成。筛管分子是生活细胞,只具初生壁。在它的上下端壁上分化出许多较大的孔,称筛孔,筛孔常成群聚集于稍凹的区域形成筛域,分布有筛域的端壁称为筛板。相连两个筛管分子的原生质形成联络索,穿过筛孔使上下邻接的筛管分子的原生质体密切相连(图1-37)。

筛管分子的侧面通常有1个或1列伴胞,伴胞是与筛管分子起源于同一个原始细胞的薄壁细胞,具有细胞核及各类细胞器,与筛管分子相邻的壁上有稠密的筛域。筛管的运输功能与伴胞的代谢紧密相关。

筛胞 筛胞是主要存在于裸子植物和蕨类植物中运输有机物的输导结构。筛胞通常比较细长,末端渐尖,或形成很大倾斜度的端壁。它没有筛板和伴胞,细胞壁上只有筛域,在组织中互相重叠而生,原生质丝只能从侧壁和末端上的筛孔通过,运输能力较弱。

⑤分泌组织。植物体中产生、贮藏、输导分泌物质的细胞或细胞组合称为分泌组织或分泌结构。植物分泌物的种类繁多,有糖类、挥发油、有机酸、生物碱、单宁、树脂、油类、蛋白质、酶、杀菌素、生长素、维生素及多种无机盐等,这些分泌物在植物的生活中起着多种作用。例如,根的细胞分泌有机酸到土壤中,使难溶性的盐类转化成可溶性的物质,容易被植物吸收利用;植物分泌蜜汁和芳香油,能引诱昆虫前来采蜜,帮助传粉;某些植物分泌物能抑制或杀死病菌,有利于保护自身。许多植物的分泌物具有重要的经济价值,例如橡胶、生漆、芳香油、蜜汁等。根据分泌物是否排出体外,分泌结构可分成外分泌组织和内分泌组织两类。

外分泌组织 外分泌组织的细胞能分泌物质到植物体的表面。常见的类型有腺表皮、腺毛、蜜腺和排水器等(图 1-38)。

具有分泌功能的表皮细胞称为腺表皮。如矮牵牛、漆树等许多植物花的柱头表皮即是腺表皮,细胞成乳头状突起,能分泌出含有糖、氨基酸、酚类化合物等组成的柱头液,利于黏着花粉和控制花粉萌发。

腺毛是各种复杂程度不同的、具有分泌功能的表皮毛状附属物。腺毛一般具有头部和柄部两部分,如烟草、天竺葵等植物的茎和叶上的腺毛,但荨麻属的腺毛是单个的分泌细胞。许多木本植物如梨属、山核桃属、

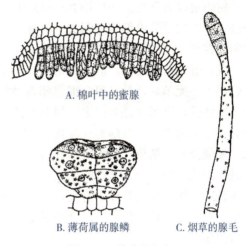

图 1-38 外分泌组织
A. 棉叶中的蜜腺
B. 薄荷属的腺鳞
C. 烟草的腺毛

桦木属等,在幼小的叶片上具有黏液毛,分泌树胶类物质覆盖整个叶芽,仿佛给芽提供了一个保护性外套。

排水器是植物将体内过剩的水分排出到体表的结构。排水器由水孔、通水组织和维管束组成,水孔大多存在于叶尖或叶缘,是一些变态的气孔;当植物体内水分多余时,水通过小叶脉末端的管胞,流经通水组织的细胞间隙,从水孔排出体外,称为吐水。

蜜腺是一种分泌糖液的外分泌组织。存在于虫媒花植物的花部的称花蜜腺,存在于植物茎、叶、叶柄和苞片等部位的蜜腺称花外蜜腺。刺槐的花蜜腺是在雄蕊和雌蕊之间的花托表皮上,乌桕的花外蜜腺则成盘状生于叶柄上。

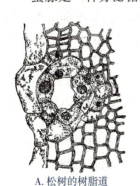
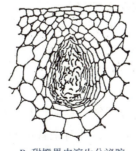

A. 松树的树脂道　　B. 甜橙果皮溶生分泌腔
图 1-39 内分泌组织

内分泌组织 分泌物不排到体外而在体内积贮的分泌结构称为内分泌组织。常见的有分泌细胞、分泌腔、树脂道、乳汁管等(图 1-39)。

分泌细胞是细胞腔内积聚有特殊分泌物的单个细胞。它们一般为薄壁细

胞，分散于其他细胞之中。根据分泌物质的类型，可分为油细胞(樟科、木兰科、蜡梅科)、黏液细胞(锦葵科、椴科等)、含晶细胞(桑科等)、鞣质细胞(葡萄科、豆科、蔷薇科等)。

分泌腔是由多细胞组成的贮藏分泌物的腔室结构。可分为溶生分泌腔和裂生分泌腔两类。溶生分泌腔是由部分具分泌能力的薄壁细胞溶解后形成的腔室结构，细胞破裂后原来的分泌物便贮存到溶生的腔内。如柑橘叶及果皮中通常看到的黄色透明小点是原来部分细胞中分泌的芳香油。裂生分泌腔是由具分泌能力的细胞群的胞间层溶解，细胞相互分开而形成的腔室结构。如桉属的一些植物。

树脂道是管状的内分泌结构，管道内贮存分泌物质。它也分为溶生和裂生两类，以裂生的树脂道较为常见。如松柏类木质部中的树脂道和漆树韧皮部中的漆汁道都是裂生型的分泌道，它们是分泌细胞之间的中层溶解形成的纵向或横向的长形细胞间隙，完整的分泌细胞衬在树脂道的周围，树脂或漆液由这些细胞排出，积累在管道中。

乳汁管是能分泌乳汁的管状结构。根据其形态发生特点通常分为无节乳汁管和有节乳汁管两类。无节乳汁管是单个细胞随着植物体的生长不断伸长和分枝而形成的分泌结构。无节乳汁管长度可达几米以上。如夹竹桃、桑树和乌桕等树木的乳汁管便是这种类型。有节乳汁管是由多个管状细胞在发育过程中相互连接后，连接处壁融化消失而形成的管状结构。如蒲公英、罂粟、番木瓜、甘薯、三叶橡胶树等植物的乳汁管就是这种类型。乳汁管内乳汁的成分很复杂，含有碳水化合物、蛋白质、脂肪、单宁物质、植物碱、盐类、树脂及橡胶等。如罂粟的乳汁含有大量的植物碱，是重要的药用成分；番木瓜的乳汁含木瓜蛋白酶，有很高的营养价值。乳汁还对植物有保护作用，植物受到伤害后流出的乳汁有利于伤口封闭。

1.3.2.3 复合组织

复合组织是由多种类型细胞构成的组织。表皮、周皮、木质部、韧皮部、维管束等都是复合组织。如木质部由导管、管胞、木薄壁细胞、木纤维等组织组成；韧皮部由筛管、伴胞、筛胞、韧皮薄壁细胞、韧皮纤维等组织组成。木质部和韧皮部又合称维管组织。植物体中的木质部和韧皮部经常结合在一起形成分离的束状结构，称为维管束。如叶片中的叶脉、丝瓜的瓜络等。

维管束是由原形成层分化、产生的几种组织共同构成的复合组织，由韧皮部、木质部和形成层三部分组成，形成层位于韧皮部和木质部之间，是一层具有分裂能力的细胞。根据维管束中有无形成层和维管束能否继续发展扩大，可将其分为有限维管束和无限维管束两类。裸子植物与双子叶植物的维管束中具形成层，能产生次生维管组织，使维管束增大，称为无限维管束；单子叶植物的维管束中没有形成层，不能产生次生维管组织，称为有限维管束。

植物体内的维管束互相连接成一个连续系统，构成植物体的骨干，是植物体的主要的运输和支持系统。在蕨类和种子植物的器官中，都有维管束的存在，因此蕨类和种子植物也被称为维管束植物。

实训 1-3　植物组织观察

一、实训目标
掌握使用显微镜观察植物组织的方法；学会区别 7 种组织的类型和在植物体的存在位置。

二、实训场所
森林植物实验室。

三、实训形式
6 人一组，在老师指导下独立操作显微镜，观察 7 种植物组织材料并绘图。

四、实训备品与材料
按每 6 人一组配备：显微镜 6 台，载玻片、盖玻片、镊子、解剖针、剪刀培养皿各 6 件，6 种植物组织切片各 6 份。

五、实训内容与方法
（1）观察分生组织
取洋葱根尖切片，在显微镜下观察。
（2）观察保护组织
取蚕豆叶横切和蚕豆叶表切片，在显微镜下观察。
（3）观察薄壁组织
取蚕豆叶横切和蚕豆幼茎横切片，在显微镜下观察。
（4）观察机械组织
取南瓜茎横切片或徒手切片进行观察厚角组织和厚壁组织。取梨靠近中部的一小块果肉，挑取其中一个沙粒状的组织置载玻片上，处理后置显微镜下观察石细胞。
（5）观察输导组织
取南瓜茎纵切片，在显微镜下观察导管、筛管和伴胞等。
（6）观察分泌组织
观察柑橘果皮的切片，注意它的溶生分泌腔。也可观察松树针叶的横切片，可见到树脂道。

六、实训报告要求
将通过目镜观察到的植物组织分别绘制成生物图，并标明细胞特点。要求图形要能够正确反映出观察材料的形态，结构特征，注意绘图比例适当，线条粗细均匀，图面清晰。

拓展知识 1

细胞工程

细胞工程是生物工程的一个重要方面。总的来说，它是应用细胞生物学和分子生物学的理论和方法，按照人们的设计蓝图，进行在细胞水平上的遗传操作及进行大规模的细胞和组织培养。当前细胞工程所涉及的主要技术领域有细胞培养、细胞融合、细胞拆合、染色体操作及基因转移等方面。通过细胞工程可以生产有用的生物产品或培养有价值的植株，并可以产生新的物种或品系。

根据设计要求，按照需要改造的遗传物质的不同操作层次，细胞工程学可分为染色体工程、染色体组工程、细胞质工程和细胞融合工程等几个方面。

染色体工程：染色体工程是按人们需要来添加或削减一种生物的染色体，或用别的生物的染色体来替换。可分为动物染色体工程和植物染色体工程两种。动物染色体工程主要采用对细胞进行微操作的方法（如微细胞转移方法等）来达到转移基因的目的。植物细胞工程目前主要是利用传统的杂交回交等方法来达到添加、消除或置换染色体的目的。

染色体组工程：染色体组工程是整个改变染色体组数的技术。自从 1937 年秋水仙素用于生物学后，多倍体的工作得到了迅速发展，例如得到四倍体小麦、八倍体小黑麦等。

细胞质工程：又称细胞拆合工程，是通过物理或化学方法将细胞质与细胞核分开，再进行不同细胞间核质的重新组合，重建成新细胞。可用于研究细胞核与细胞质的关系的基础研究和育种工作。

细胞融合工程：是用自然或人工的方法使2个或几个不同细胞融合为1个细胞的过程。可用于产生新的物种或品系(植物上用得多，动物上用得少)及产生单克隆抗体等。其中单克隆抗体技术利用克隆化的杂交瘤细胞分泌高度纯一的单克隆抗体，具有很高的实用价值，在诊断和治疗病症方面有着广泛的应用前景。

根据细胞类型的不同，可以把细胞工程分为植物细胞工程和动物细胞工程两大类。

植物细胞工程：常用技术手段是植物组织培养和植物体细胞杂交。其理论基础是植物细胞的全能性。植物组织培养技术应用于快速繁殖、培育无病毒植物，通过大规模的植物细胞培养来生产药物、食品添加剂、香料、色素和杀虫剂等。植物体细胞杂交是用两个来自于不同植物的体细胞融合成一个杂种细胞，并且把杂种细胞培育成新的植物体的方法。

动物细胞工程：常用的技术手段是动物细胞培养、动物细胞融合、单克隆抗体、胚胎移植、核移植等。动物细胞能够分泌蛋白质，如抗体等。利用动物细胞培养技术可生产许多有重要价值的蛋白质生物制品，如病毒疫苗、干扰素、单克隆抗体等。动物细胞融合技术最重要的用途，是制备单克隆抗体。单克隆抗体与药物、酶或放射性同位素配合形成"生物导弹"，可将药物定向带到癌细胞所在部位，消灭了癌细胞而不伤害健康细胞。

细胞工程的应用：细胞工程作为科学研究的一种手段，已经渗入生物工程的各个方面，成为必不可少的配套技术。在农林、园艺和医学等领域中，细胞工程正在为人类做出巨大的贡献。

(1) 粮食与蔬菜生产

利用细胞工程技术进行作物育种，是迄今人类受益最多的一个方面。我国在这一领域已达到世界先进水平，以花药单倍体育种途径，培育出的水稻品种或品系有近百个，小麦有30个左右。其中河南省农科院培育的小麦新品种，具有抗倒伏、抗锈病、抗白粉病等优良性状。

在常规的杂交育种中，育成一个新品种一般需要8~10年，而用细胞工程技术对杂种的花药进行离体培养，可大大缩短育种周期，一般提前2~3年，而且有利优良性状的筛选。前面已介绍过的微繁殖技术，在农业生产上也有广泛的用途，其技术比较成熟，并已取得较大的经济效益。例如，我国已解决了马铃薯的退化问题，日本麒麟公司已能在1000 L容器中大量培养无病毒微型马铃薯块茎作为种薯，实现种薯生产的自动化。通过植物体细胞的遗传变异，筛选各种有经济意义的突变体，为创造种质资源和新品种的选育发挥了作用。现已选育出优质的番茄、抗寒的亚麻，以及水稻、小麦、玉米等新品系。有希望通过这一技术改良作物的品质，使它更适合人类的营养需求。

蔬菜是人类膳食中不可缺少的成分，它为人体提供必需的维生素、矿物质等。蔬菜通常以种子、块根、块茎、扦插或分根等传统方式进行繁殖，化费成本低。但是，在引种与繁育、品种的种性提纯与复壮、育种过程的某些中间环节，植物细胞工程技术仍大有作为。例如，从国外引进蔬菜新品种，最初往往只有几粒种子或很少量的块根、块茎等。要进行大规模的种植，必须先大量增殖，这就可应用微繁殖技术，在较短时间内迅速扩大群体。在常规育种过程中，也可应用原生质体或单倍体培养技术，快速繁殖后代，简化制种程序。另外，还可结合植物基因工程技术，改良蔬菜品种。

（2）园林花卉

在果树、林木生产实践中应用细胞工程技术主要是微繁殖和去病毒技术。几乎所有的果树都患有病毒病，而且多是通过营养体繁殖代代相传的。用去病毒试管苗技术，可以有效地防止病毒病的侵害，恢复种性并加速繁殖速度。目前，香蕉、柑橘、山楂、葡萄、桃、梨、荔枝、龙眼、核桃等十余种果树的试管苗去病毒技术，已基本成熟。香蕉去病毒试管苗的微繁殖技术已成为产业化商品化的先例之一。因为香蕉是三倍体植物，必须通过无性繁殖延续后代，传统方法一般采用芽繁殖，感病严重，繁殖率低；而采用去病毒的微繁殖技术不仅改进了品质，亩产量提高 30%~50%，很容易被蕉农接受。

近年来，对经济林木组织培养技术的研究也受到很大的重视。采用这一技术可比常规方法提前数年进行大面积种植。特别是有些林木的种子休眠期很长，常规育种十分费时。据不完全统计，现已研究成功的林木植物试管苗已达百余种，如松属、桉树属、杨属中的许多种，还有泡桐、国槐、银杏、茶、棕榈、咖啡、椰子树等。其中桉树、杨树和花旗松等大面积应用于生产，澳大利亚已实现桉树试管苗造林，用幼芽培养每年可繁殖 40 万株。

植物细胞工程技术使现代花卉生产发生了革命性的变化。1960 年，科学家首次利用微繁殖技术将兰花的愈伤组织培养成植株后，很快形成了以组织培养技术为基础的工业化生产体系——兰花工业。现在，世界兰花市场上有 150 多种产品，其中大部分都是用快速微繁殖技术得到的试管苗。从此，市场供应摆脱了气候、地理和自然灾害等因素的限制。至今，已报道的花卉试管苗有 360 余种。已投入商业化生产的有几十种。我国对康乃馨、月季、唐菖蒲、菊花、非洲紫罗兰等品种的研究较为成熟，有的也已商品化，并有大量产品销往港澳及东南亚地区。

（3）临床医学与药物

自 1975 年英国剑桥大学的科学家利用动物细胞融合技术首次获得单克隆抗体以来，许多人类无能为力的病毒性疾病遇到了克星。用单克隆抗体可以检测出多种病毒中非常细微的株间差异，鉴定细菌的种型和亚种。这些都是传统血清法或动物免疫法所做不到的，而且诊断异常准确，误诊率大大降低。例如，抗乙型肝炎病毒表面抗原（HBsAg）的单克隆抗体，其灵敏度比当前最佳的抗血清还要高 100 倍，能检测出抗血清的 60% 的假阴性。

近年来，应用单克隆抗体可以检查出某些还尚无临床表现的极小肿瘤病灶，检测心肌梗死的部位和面积，这为有效的治疗提供方便。单克隆抗体并已成功地应用于临床治疗，主要是针对一些还没有特效药的病毒性疾病，尤其适用于抵抗力差的儿童。人们正在研究"生物导弹"——单克隆抗体作载体携带药物，使药物准确地到达癌细胞，以避免化疗或放射疗法把正常细胞与癌细胞一同杀死的副作用。

单克隆抗体可以精确地检测排卵期。新一代免疫避孕药也在研制之中，其基本原理是用精子、卵透明带或早期胚胎来制备单克隆抗体，将它们注入妇女体内，人体就会产生对精子的免疫反应，从而起到避孕作用。人类体外受精技术的日趋成熟，使人类对生育活动有了较大的选择余地,促进优生优育,提高人口素质,也为不孕症患者或不宜生育的人带来福音。

生物药品主要有各种疫苗、菌苗、抗生素、生物活性物质,抗体等,是生物体内代谢的中间产物或分泌物。过去制备疫苗是从动物组织中提取,得到的产量低而且很费时。现在,通过培养、诱变等细胞工程或细胞融合途径,不仅大大提高了效率,还能制备出多价菌苗,可以同时抵御两种以上的病原菌的侵害。用同样的手段,也可培养出能在培养条件下长期生长、分裂并能分泌某种激素的细胞系。1982年美国科学家用诱变和细胞杂交手段,获得了可以持续分泌干扰素的体外培养细胞系,现已走向应用。

(4) 繁育优良品种

目前,人工受精、胚胎移植等技术已广泛应用于畜牧业生产。精液和胚胎的液氮超低温(-196 ℃)保存技术的综合使用,使优良公畜、禽的交配数与交配范围大为扩展,并且突破了动物交配的季节限制。另外,可以从优良母畜或公畜中分离出卵细胞与精子,在体外受精,然后再将人工控制的新型受精卵种植到种质较差的母畜子宫内,繁殖优良新个体。综合利用各项技术,如胚胎分割技术、核移植细胞融合技术、显微操作技术等,在细胞水平改造卵细胞,有可能创造出高产奶牛、瘦肉型猪等新品种。特别是干细胞的建立,更展现了美好的前景。

复习思考题

一、名词解释

1. 植物细胞;2. 原生质;3. 原生质体;4. 细胞器;5. 胞间连丝;6. 细胞周期;7. 细胞后含物;8. 植物组织;9. 分生组织;10. 成熟组织;11. 维管组织;12. 维管束;13. 无限维管束;14. 有限维管束;15. 同源染色体;16. 有丝分裂;17. 减数分裂;18. 细胞的分化;19. 细胞的脱分化;20. 纹孔。

二、填空题

1. 植物细胞的形态是和它的(　　　　)相适应的。
2. 植物细胞主要由(　　　　)和(　　　　)组成。
3. 原生质体包括(　　　　)、(　　　　)和(　　　　)三部分。
4. (　　　　)、(　　　　)和(　　　　)是植物细胞特有的结构。
5. 具有膜结构的细胞器有(　　　　　　　　)。
6. 参与细胞壁形成的细胞器是(　　　　)。
7. 蛋白质合成的主要场所是(　　　　)。
8. 细胞壁的结构可分为(　　　　)、(　　　　)、(　　　　)3层。
9. 次生壁的特化有(　　　　)、(　　　　)、(　　　　)、(　　　　)。
10. 植物细胞内主要的贮藏物质有(　　　　)、(　　　　)、(　　　　)。
11. 构成细胞的生活物质称为(　　　　)。
12. 植物的生长主要是由于植物体内细胞的(　　　　)、(　　　　)和(　　　　)的结果。

13. 植物细胞的繁殖方式有（　　　　）、（　　　　）、（　　　　）3 种。
14. 有丝分裂过程中，观察染色体形状和数目的最好时期是（　　　　）。
15. 最常见、最普遍的细胞分裂方式是（　　　　）。
16. （　　　　）是植物有性生殖中的一种细胞分裂方式。
17. 分生组织的类型：根据在植物体位置的不同可分为（　　　　）、（　　　　）、（　　　　）。根据来源的不同可分为（　　　　）、（　　　　）、（　　　　）。
18. 成熟组织按照形态和功能的不同可分为（　　　　）、（　　　　）、（　　　　）、（　　　　）、（　　　　）。
19. 植物体内分布最广、数量最多的组织是（　　　　）。
20. 机械组织的特征是（　　　　），可分为（　　　　）和（　　　　）两类。

三、选择题

1. 含有 DNA 和核糖体的细胞器是（　　）。
    A. 叶绿体　　　　B. 线粒体　　　　C. 细胞核　　　　D. 内质网
2. 细胞胞间层（中层）的主要物质组成是（　　）。
    A. 果胶　　　　B. 纤维素　　　　C. 蛋白质　　　　D. 淀粉
3. 下列分生组织的细胞，既开始分化，而又仍有分裂能力的是（　　）
    A. 原生分生组织　　　　　　B. 初生分生组织
    C. 次生分生组织　　　　　　D. 木栓形成层
4. 导管和管胞存在于（　　）。
    A. 皮层　　　　B. 韧皮部　　　　C. 木质部　　　　D. 髓
5. 筛管和伴胞存在于（　　）。
    A. 皮层　　　　B. 韧皮部　　　　C. 木质部　　　　D. 髓
6. 双子叶植物的韧皮部由（　　）组成。
    A. 筛管　　　　B. 伴胞　　　　C. 导管　　　　D. 纤维
    E. 薄壁细胞
7. 细胞壁化学性质上有哪些变化？（　　）
    A. 木化　　　　B. 栓化　　　　C. 矿化　　　　D. 角化
    E. 老化
8. 绿色植物细胞中，呼吸作用的主要场所是（　　）。
    A. 叶绿体　　　　B. 线粒体　　　　C. 有色体　　　　D. 核糖体
9. 绿色植物细胞中，光合作用的主要场所是（　　）。
    A. 叶绿体　　　　B. 线粒体　　　　C. 有色体　　　　D. 核糖体
10. 绿色植物细胞中，蛋白质合成的主要场所是（　　）。
    A. 叶绿体　　　　B. 线粒体　　　　C. 有色体　　　　D. 核糖体
11. 筛管老化丧失输导能力，往往是由于产生了（　　）。
    A. 侵填体　　　　B. 胼胝体　　　　C. 有色体　　　　D. 核糖体
12. 导管老化丧失输导能力，往往是由于产生了（　　）。
    A. 侵填体　　　　B. 胼胝体　　　　C. 有色体　　　　D. 核糖体

13. 植物细胞的后含物主要存在于( )。
    A. 胞基质　　　B. 细胞器　　　C. 内质网　　　D. 液泡
14. 表皮上，植物体进行气体交换的通道是( )。
    A. 皮孔　　　B. 气孔　　　C. 穿孔　　　D. 筛气
15. 周皮上，植物体进行气体交换的通道是( )。
    A. 皮孔　　　B. 气孔　　　C. 穿孔　　　D. 筛气
16. 植物细胞所特有的细胞器是( )。
    A. 叶绿体　　　B. 线粒体　　　C. 内质网　　　D. 核糖体
17. 根据组织的来源，木栓形成层属于( )。
    A. 原生分生组织　　　B. 初生分生组织
    C. 次生分生组织　　　D. 侧生分生组织
18. 在一定条件下，生活的薄壁组织细胞经过( )可恢复分裂能力。
    A. 再分化　　　B. 脱分化　　　C. 细胞分化　　　D. 组织分化
19. 在周皮中，对植物起保护作用的是( )。
    A. 木栓层　　　B. 栓内层　　　C. 表皮　　　D. 木栓形成层
20. 对细胞生命活动起控制作用的是( )。
    A. 叶绿体　　　B. 线粒体　　　C. 细胞核　　　D. 酶

四、简答题

1. 原生质、细胞器和原生质体三者有什么区别？
2. 生物膜有哪些主要生理功能？
3. 简要说明原生质各部分的主要功能和结构特征。
4. 3种质体之间有哪些区别和联系？
5. 植物细胞壁可分为哪几层？其主要成分、特点和生理作用各是什么？
6. 液泡是怎样形成？它有哪些重要生理功能？
7. 说明植物细胞有丝分裂过程及各个时期的主要特点。
8. 有丝分裂和减数分裂有哪些区别，它们各有什么意义？
9. 植物有哪些主要组织类型？说明它们的功能和分布及主要细胞特征。
10. 木质部和韧皮部在结构和功能上有哪些区别？
11. 胞间连丝的主要功能是什么？

单元2 植物的营养器官

> **知识目标**

1. 了解植物营养器官的功能、来源。
2. 熟悉各营养器官的基本类型、发育与结构,营养器官与林业生产的关系。
3. 掌握植物营养器官的基本形态及营养器官的变态知识。

> **技能目标**

1. 学会观察根、茎的初生构造和次生构造以及叶的解剖构造。
2. 掌握叶的形态描述、木材三切面的辨别以及根、茎、叶变态的观察识别等基本方法。

种子植物是地球上种类最多、进化程度最高的植物类群,是森林最重要的组成部分。种子植物的重要特征是能产生种子,并用种子繁殖。种子植物不仅具有复杂完善的各种组织,而且还形成了具有不同形态构造和功能的器官。器官是植物体内具有一定形态结构,一定生理功能,由数种组织按照一定的排列方式构成的植物体的组成单位。一般种子植物可区分为根、茎、叶、花、果实、种子六类器官(图2-1),其中,根、茎、叶与植物营养物质的吸收、合成、运输和贮藏有关,称为营养器官;花、果实和种子与植物产生后代有关,称为繁殖器官。因为种子植物的生长发育多数都从种子开始,然后逐渐产生出根、茎、叶等营养器官,为了学习的方便,本单元将从种子开始,分别介绍各种器官的形态构造和功能。

图2-1 种子植物的六种器官

2.1 种子和幼苗

2.1.1 种子的形态、构造和类型

2.1.1.1 种子的形态

种子是种子植物所特有的器官,其主要作用是繁殖后代,它通常由种皮、胚及胚乳三部分组成(图2-2、图2-3)。由于种子在形成的过程中,产生了种皮这种特殊保护构造,保护着种子内的胚,避免了水分丧失、机械损伤和病虫害的侵入,增强了抵抗严寒和干旱等不良环境的能力,使得种子植物在地球上能够生长得异常繁茂。种子的形态、大小、色彩等常随着植物种类不同而各有所异,如椰子的种子直径可大至15 cm,芝麻、萝卜的种子小至3~5 mm,烟草、桉树种子甚至细如尘土;马尾松种子具有翅的构造,而红松种子则无翅;油茶种子表面粗糙,而八角茴香种子却很光滑;银杏种子有肉质种皮而刺槐种子种皮坚硬。其形状有肾形、圆球形、扁形、椭圆形等;颜色有黄、青、褐、白、黑等各种,还有具彩纹的。在林业生产采种育苗的工作中,可以根据种子这些方面的特征来识别种子。

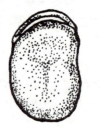 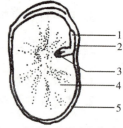

A. 种子外形　　B. 切去一半子叶的种子

1. 胚根;2. 胚轴;3. 胚芽;4. 子叶;5. 种皮。

图2-2　蚕豆种子的结构

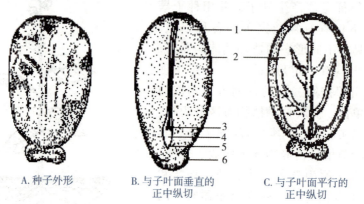

A. 种子外形　　B. 与子叶面垂直的正中纵切　　C. 与子叶面平行的正中纵切

1. 胚乳;2. 子叶;3. 胚芽;4. 胚轴;5. 胚根;6. 种阜。

图2-3　蓖麻种子的结构

2.1.1.2 种子的构造

(1)种皮

种皮包围在种子外面,具有保护种子不受外力机械损伤和防止病虫害入侵的作用。有

些种皮厚而硬，如红松种子；有些种皮很薄，如花生、向日葵的种子；有些种皮肉质可食，如石榴。种皮通常分为两层，外层由多层细胞组成，常有角化或木化加厚的表皮，表皮细胞外常被有蜡质及其他附属物。如乌桕种皮外有白蜡层，棉花种子外有长的白色纤维毛，这些附属物可加强表皮的保护功能，防止水分的蒸发及病虫害的侵入，还有助于种子的传播。种皮细胞内含有色素使种子呈现不同的颜色。种子成熟时，种皮细胞均已死亡。

成熟种子的种皮上一般还有种脐、种孔和种脊等结构。种脐是种子成熟后与果实脱离时留下的痕迹，在豆类种子中最显著。种脐的一端是种孔，种孔是原来胚珠时期的珠孔；当种子发芽时，种皮沿种孔处裂开，伸出胚根。种脐的另一端略为隆起的部分是种脊，进入种子的维管束在此分布。种脐和种孔是植物种子都具有的构造，而种脊却不是每种植物都具有。

(2) 胚

胚是种子的最重要部分，是包在种子内的幼小植物体。胚由胚芽、胚根、胚轴和子叶四部分组成。胚轴是胚的中轴，上端连着胚芽，下端连着胚根，子叶着生在胚轴上段的两侧或周围；种子萌发后，胚芽发育为地上的茎和叶，胚根发育为根，子叶则留在土中或随胚轴伸长而伸出土面。有些种子的子叶贮藏着养料，供种子萌芽和幼苗成长时利用；有些种子的子叶薄片状，不贮藏养料而是从胚乳中吸收养料供胚生长。发芽时伸出土面的子叶能变绿而进行光合作用，制造养料提供幼苗生长的需要。

种子中的子叶数目依植物种类而不同，在被子植物中分为两类：只有一个子叶的称单子叶植物，具有两个子叶的称双子叶植物。裸子植物的子叶数目不定，有些只有2个，如金钱松、扁柏；也有2~3个，如银杏、杉木；而松属常有7~8个，称多子叶植物。

(3) 胚乳

胚乳位于种皮与胚之间，是种子内贮藏养料的场所。这些养料供种子发芽生长所需。有些植物在种子生长发育过程中，胚乳的养料被胚吸收，转入子叶中贮存，所以成熟时，种子中无胚乳存在，营养物质贮藏在子叶里。胚乳或子叶贮藏的物质，因植物种类而异。如红松种子的胚乳以及核桃的子叶贮存大量的脂肪；银杏的胚乳及大豆的子叶贮藏大量蛋白质；水稻的胚乳及板栗的子叶贮藏大量淀粉。此外还可贮存各种糖类、有机酸及单宁等物质。

有些植物的种皮外面，还有由珠柄、胎座等部分发育而来的假种皮，如荔枝、龙眼的肉质可食部分，就是由珠柄发育而来的假种皮。

2.1.1.3 种子的类型

根据种子成熟后胚乳的有无，可把种子分为以下两种类型。

(1) 有胚乳种子

有胚乳种子在种子成熟后具有胚乳，胚乳占具了种子的大部分，胚相对较小。所有裸子植物、大多数单子叶植物以及许多双子叶植物的种子属于这种类型。

裸子植物如马尾松、油松等在外种皮上还有膜质的翅。内种皮白色膜质。在内种皮内方有白色的胚乳。胚乳呈筒状，其中包藏着一个细长而白色的棒状体——胚。胚根位于种子尖细的一端，胚轴上端轮生着多数子叶，子叶中间包着细小的胚芽(图2-4)。

双子叶植物的有胚乳种子，如油桐、蓖麻、梧桐、玉兰等。剥开外种皮，内方是膜质的内种皮。内种皮内方有白色的胚乳，胚乳成两瓣状对合生长，腹面紧贴子叶外方，子叶两片，膜质，有显著脉纹，子叶基部生于短短的胚轴上，胚轴下方是胚根，胚芽夹在两片子叶中间(图2-3)。

大多数单子叶植物，如稻、麦、毛竹，都是有胚乳种子，这些种子的种皮与果皮愈合而生，不能分开，既是种皮也是果皮。所以这些种子实际上是包括果皮在内的果实及种子，特称为颖果。颖果的果皮(种皮)内方

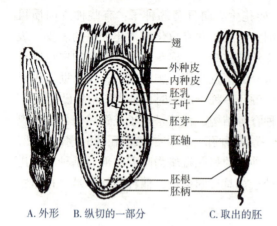

图2-4 松属种子的构造

是胚乳，在基部的一侧有一小型的胚。胚芽和胚根由极短的胚轴连接，上端为胚芽，外有胚芽鞘包围，下端为胚根，外有胚根鞘包围，在胚与胚乳之间，有一肉质盾状子叶，特称盾片(内子叶)，在胚的外侧与盾片相对的部位有一小突起称为外子叶，它是由胚根鞘向上延伸而形成的(图2-5)。

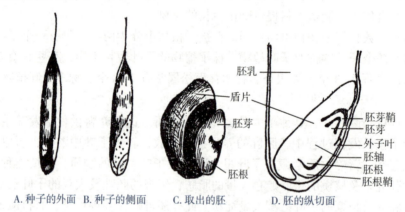

图2-5 毛竹种子(颖果)的结构

(2) 无胚乳种子

许多双子叶植物如豆类、板栗、刺槐等植物的种子以及少部分单子叶植物种子都缺乏胚乳，属无胚乳种子。无胚乳种子只有种皮和胚两部分，在种子成熟过程中，胚乳不发育，胚乳中的贮藏养料转移到子叶中，因此常常具有肥厚的子叶，如花生、蚕豆的种子等。剥开种皮可见两片白色肉质肥厚的子叶，子叶无脉纹，着生于胚轴上。两片子叶之间为胚芽，胚芽另一端为胚根，露于子叶的下方(图2-2)。

2.1.2 种子的萌发和幼苗的类型

种子形成幼苗的过程称为种子的萌发。种子萌发所需要的外界条件是：充足的水分，适宜的温度，充足的氧气。在适宜的条件下，种子内部的胚细胞被激活，经过一系列的生

理生化变化，胚开始生长发育，逐步长出根、茎、叶，形成幼苗。

2.1.2.1 种子的寿命和休眠

种子的寿命是指种子成熟到完全丧失发芽能力的期限。种子的生活力表现在胚是否具有生命。不同植物种子的寿命有一定的差异，长者可达数百年，如古莲；短者仅能存活几天或几周，如柳树和槭树等。造成这种差异的原因首先是植物本身的遗传性，另一个原因是种子的成熟度和贮藏条件。未完全成熟的种子容易丧失其生活力；贮藏条件对种子的寿命有很大的影响，一般在干燥、低温的条件下，种子呼吸弱，代谢降低，消耗少，可以延长种子的寿命；若温度高，湿度大，则呼吸作用加强，消耗大量贮藏物质，种子的寿命自然就短；过于干燥的条件也不利于种子保持生活力，因为这时种子的生命活动完全停止，实际上种子在贮藏期间，代谢虽缓慢，但依然是生活的。

有些植物的种子成熟后在适宜的条件下也不能萌发，必须经过一段相对静止的时期才能萌发，这一特性称为种子的休眠。休眠是种子的一种有利的适应特征，秋天种子成熟后若立即萌发、生长，幼苗难以度过严酷的冬季，休眠可以使种子以低代谢的状态存在于土壤中，第二年春天萌发；而不休眠的种子，常在生产上带来损失，如小麦和水稻没有休眠，收获季节如遇高温多雨天气，种子在植株上萌发，造成粮食品质下降和减产。

2.1.2.2 幼苗的形成

由胚长成的具有根、茎、叶的幼小植物，称为幼苗。种子形成幼苗的过程是一个复杂的过程，首先干燥的种子吸足了水分，称为吸涨。吸涨后，坚硬的种皮软化，酶的活性增加，呼吸作用加强，子叶或胚乳中的营养物质分解成简单物质运往胚，胚细胞吸收这些营养物质后，细胞分裂并开始生长，胚根和胚芽相继顶破皮，把胚芽或连同子叶一起推出土面，之后胚根继续向下生长形成主根，继而形成根系，而胚芽向上生长形成茎叶系统。

2.1.2.3 幼苗的类型

根据种子萌发过程中，胚轴生长和子叶出土情况，可把幼苗分为子叶出土的幼苗和子叶留土的幼苗两种类型。

(1)子叶出土型

这类植物的种子在萌发时，下胚轴迅速伸长，将上胚轴和胚芽一起推出土面。大多数裸子植物和双子叶植物的幼苗属这种类型，如松属、苦楝、刺槐、黄豆、蓖麻等(图2-6)。

(2)子叶留土型

这类植物的种子在萌发时上胚轴伸长，而下胚轴不伸长，只是上胚轴和胚芽向上生长形成幼苗主茎，因而子叶留在土中。一部分双子叶植物如核桃、油茶等及大部分单子叶植物如毛竹、棕榈等属这种类型(图2-7)。

子叶出土或留土为播种深浅的栽培措施提供了依据。一般子叶出土的植物覆土宜浅，子叶留土的则可较深。

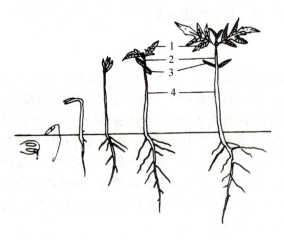

1. 真叶；2. 上胚轴；3. 子叶；4. 下胚轴。

图 2-6　苦楝的子叶出土型幼苗

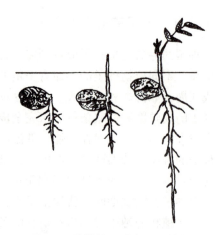

图 2-7　核桃的子叶留土型幼苗

实训 2-1　种子和幼苗的观察

一、实训目标

学会识别有胚乳种子、无胚乳种子、子叶出土型幼苗和子叶留土型幼苗的特征和区别。

二、实训场所

森林植物实验室。

三、实训形式

利用所学知识要求每个学生逐一观察有胚乳种子、无胚乳种子、子叶出土型幼苗和子叶留土型幼苗。

四、实训备品与材料

按人数准备显微镜、放大镜、刀片、镊子、托盘；浸泡过的蚕豆、黄豆、花生、蓖麻、梧桐、玉米种子各一批；绿豆芽和当地子叶出土型幼苗和蚕豆芽子叶留土型幼苗各一些。

五、实训内容与方法

（1）有胚乳种子结构观察

取浸泡过的蓖麻、梧桐、玉米种子，观察种皮结构，并在放大镜下区分出种皮、胚和胚乳三大部分后，进行详细观察。

（2）无胚乳种子结构观察

取浸泡过的蚕豆、黄豆、花生种子，观察种皮结构，并在放大镜下区分出种皮、胚和子叶三大部分后，进行详细观察。

（3）子叶出土型幼苗特征观察

取浸泡过的绿豆芽，当地子叶出土型幼苗若干，观察幼苗结构，并在放大镜下区分出种皮、胚芽、胚根、上下胚轴和子叶等部分后，进行详细观察。

（4）子叶留土型幼苗特征观察

取浸泡过的蚕豆芽，当地子叶留土型幼苗若干，观察幼苗结构，并在放大镜下区分出种皮、胚芽、胚根、上下胚轴和子叶等部分后，进行详细观察。

六、注意事项

先观察区分出种子、幼苗的各部分后，再详细对照观察各种细部特征。

七、实训报告要求

①绘制当地实训中使用的有胚乳种子、无胚乳种子结构图，注明各部分名称。

②比较有胚乳种子、无胚乳种子的结构有何异同。

2.2 根

根是种子植物重要的营养器官,是植物长期演化过程中适应陆生生活的产物。它与植物的生长、生活有着密切的关系。

2.2.1 根的形态和功能

正常的根外形是长圆柱体,由于生长在土壤中受挤压而呈各种弯曲状态,先端有圆锥状的生长锥。根没有节和节间的分化,不能产生叶和固定位置的芽,但能产生侧根。根的主要功能是吸收土壤中的水分及溶于水中的无机盐,同时使植物体固着于土壤中。有些植物的根能形成不定芽而具繁殖作用;有些植物的根贮藏大量的养料,如甘薯;或含有生物碱,如人参、大黄、甘草等。根还能合成氨基酸、细胞分裂素等物质,促进地上部分的生长发育。

不定根具有和定根同样的构造与生理功能,同样能产生侧根,但也有少数植物的不定根具有特殊的功能,如玉米茎基节上的不定根用以支撑、固定植株;榕树侧枝上生长的下垂不定根有吸收和支撑的功能;生长在海边的红树具有伸出地面的呼吸根。不定根的发生,是植物长期适应环境的结果。例如田野中常见杂草刺儿菜,当它的根被切断后,每段都能成长为一植株,以适应动物的伤害而保证其繁殖。在林业生产中,利用植物产生不定根的特性进行营养繁殖,是常用的育苗方法。

2.2.2 根的来源和种类

根可以分为主根、侧根和不定根。根最早来源于种子的胚根,种子萌发时,胚根最先突破种皮向外生长,这是植物最早生出来的根,称为主根。主根生长到一定长度时,在一定部位从内部生出许多侧向支根,称为侧根。侧根和主根往往形成一定角度,侧根达到一定长度时,又能生出新的侧根。主根和侧根都来源于胚根,其生长位置相对固定,称为定根。许多植物除产生定根外,还可以从茎、叶、老根或胚轴上生出根,这些根发生的位置不固定,称为不定根。农、林生产中,可以利用植物茎、叶能产生不定根的习性,进行扦插、压条、组织培养等营养繁殖。

2.2.3 根系类型及其在土壤中的分布

2.2.3.1 根系类型

一株植物根的总体称为根系。根系有直根系和须根系两种类型(图2-8)。有明显的主侧根之分的根系称为直根系,大多数双子叶植物和裸子植物的根系属于这种类型,如松、柏、杨等。主根不发育或早期就停止生长,由茎的基部(或胚的中胚轴)产生许多粗细相似的不定根,主根和侧根区别不明显,或者全由不定根组成,称为须根系。单子叶植物的根系属于这种类型,如竹、棕榈、百合等。

A. 麻栎的直根系　　B. 马尾松的直根系　　C. 棕榈由不定根组成的须根系　　D. 柳树枝条扦插产生的不定根与定根

图 2-8　根的种类与根系类型

2.2.3.2　根系在土壤中的分布及其与林业生产的关系

根系在土壤中的分布是非常广泛的。在良好土壤条件下,种子萌发后不久,其根系的扩展范围远远大于地上部分,有些果树甚至可以超过其树冠范围的 2~5 倍。根据根系在土壤中的生长情况,可分为深根系和浅根系两类,大部分双子叶植物,具有主根发达的直根系,常分布在较深土层,属于深根性,如马尾松 1 年生苗的主根可达 20~30 cm,成年后可达 5 m 以上。而浅根系则主根不发达,侧根或不定根向四面扩展,根系多分布在 80~120 cm 的浅土层,如刺槐、悬铃木等。根系在土壤中分布的深度和广度与植物种类、土壤条件及人为因素都有关系。不同树种的这种特性,是长期适应环境而产生的。如生长在河流两岸或低湿地的柳、枫杨等,由于它们在土壤表层就能获得充足水分,所以根系一般较浅;而生长在干旱地区或沙漠中的植物,根系必须深入土壤深层才能吸收到水分,所以根系入土很深。因此,林业生产中,选择良好的土壤条件,或采用深耕施肥促进根系的发育,是取得林木速生丰产的重要措施。此外,人为因素也可改变根系的发育,用种子繁育的实生苗,主根明显,根系深;而压条、扦插、幼苗期移植和表面灌溉的易于形成浅根。

不同树种的根系生长特性,也是选择造林树种的依据之一。营造防护林带,应选择深根性、抗风力强的树种;营造水土保持林,宜选择侧根发达,固土面积大的树种;营造混交林时,选择深根性及浅根性树种合理搭配,有利于根系的发育以及对土壤水肥的利用。

2.2.4 根尖的分区与构造

种子发芽时，胚根首先伸出，随着胚根的伸长，它的后端逐渐产生细密的根毛。从着生根毛的区域开始至先端的一段称为根尖，通常为 0.5~2 cm。根尖是根的伸长生长、水分养料吸收以及侧根发生等的重要部位。主根、侧根或不定根都同样具有根尖。根尖是根生命活动最活跃的部分，根的伸长生长、水分与养料吸收以及根内组织的形成与分化等，都主要在根尖进行。根尖从顶端起依次分为根冠、分生区、伸长区和成熟区四部分。各区由于生理功能不同，因而在形态结构上也表现出不同特征。除根冠外，其他三部分是逐渐过渡的，无明显的界限（图 2-9）。

(1) 根冠

根冠位于根尖最先端，像帽子一样套在分生区外面，保护其内幼嫩的分生组织细胞不至于暴露于土壤中。根冠由许多活的薄壁细胞构成，排列不整齐，无细胞间隙（图 2-10）。外层细胞排列疏松，细胞壁常分泌黏液，能润滑土粒，保护根尖免受土壤颗粒的磨损，有利于根尖在土壤中生长。随着根尖生长，根冠外层的薄壁细胞与土壤颗粒摩擦，不断脱落、死亡，又由其内的分生组织细胞不断分裂补充到根冠，使根冠保持一定的形状与厚度。除一些寄生性的种子植物和有些具菌根的植物外，所有植物的根上都有根冠，但根冠的发育情况受环境条件的影响，将正常生长在土壤中的植物进行水培后，有些植物根尖上可能不再产生根冠。

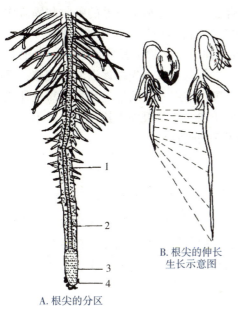

A. 根尖的分区

B. 根尖的伸长生长示意图

1. 根毛区；2. 伸长区；3. 分生区；4. 根冠。

图 2-9 根尖的分区及根尖的生长

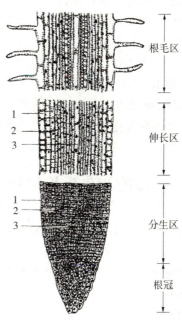

1. 表皮原；2. 皮层原；3. 中柱原。

图 2-10 根尖纵切图解

(2) 分生区

分生区位于根冠内方，全部由顶端分生组织细胞构成，分裂能力强，在根的生活过程中,分生区细胞始终保持分裂能力,经分裂产生的细胞一部分补充到根冠,以补偿根冠中损伤脱落的细胞;大部分细胞进入根后方的伸长区,是产生和分化成根各部分结构的基础;同时,仍有一部分分生细胞始终存在而保持分生区的体积和功能。

根的顶端分生组织包括原分生组织和初生分生组织。原分生组织位于前端,由原始细胞及其最初的衍生细胞构成,细胞较少分化;初生分生组织位于原分生组织后方,由原分生组织的衍生细胞组成,这些细胞开始出现初步的分化,逐渐分化为原表皮、基本分生组织和原形成层三部分。原表皮位于最外层,以后发育为表皮;原形成层位于中央,以后发育成中柱;基本分生组织位于原形成层和原表皮之间,以后发育成皮层。

(3)伸长区

伸长区位于分生区后方,细胞来源于分生区,伸长区的细胞分裂已逐渐停止,体积增大,细胞沿根的长轴方向显著伸长,伸长的幅度可为原有细胞的数十倍。根不断向前生长是分生区细胞的分裂、增大和伸长区细胞的延伸共同作用的结果,但主要是由于伸长区细胞的延伸,使根显著伸长,根尖不断向土壤深处推进,有利于吸收更多的矿质营养。伸长区除细胞的显著延伸外,细胞也加速了分化,开始出现最早的一般是筛管和环纹导管。

(4)成熟区

成熟区由伸长区细胞分化形成,位于伸长区的后方,该区各部分的细胞停止伸长,分化出各种成熟组织。表皮通常有根毛产生,因此又称根毛区。根毛是由表皮细胞外侧壁向外延伸形成的半球形突起,以后突起伸长成前端封闭的管状,根毛长 0.5~10 mm,直径 5~15 μm。根毛的细胞壁物质主要是纤维素和果胶质,壁中黏性的物质与吸收功能相适应,使根毛在穿越土壤空隙时,和土壤颗粒紧密结合在一起,有利于根毛的吸收和固着作用。根毛的数目很多,1 mm^2 可达数百根,数目的多少因植物种类而异,如玉米约为 420 根,苹果约为 300 根,根毛的存在扩大了根的吸收表面。根毛的生长速度快,但寿命很短,一般 10~20 d 后死亡,表皮细胞也同时随之死亡。根的发育由先端逐渐向后成熟,靠近伸长区的根毛是新生的,随着根毛的延伸,根在土壤中推进,老的根毛死亡,靠近伸长区的细胞不断分化出新根毛,以代替枯死的根毛行使功能。随着根尖生长,根毛区不断进入土壤中新的区域,使根毛区能够更换环境,有利于根的吸收。

2.2.5 根的初生生长和初生结构

由根尖的顶端分生组织经过细胞分裂、生长和分化而形成成熟的根,这个生长过程称为根的初生生长。在初生生长过程中形成的各种成熟组织所组成的结构称为初生结构。在根尖的成熟区作一横切面,可以看到根的全部初生结构,由外至内分为表皮、皮层和维管柱三部分(图 2-11)。

(1)表皮

表皮是根最外一层细胞,由原表皮发育而来。每个表皮细胞的形态略呈长方柱体,其长轴与根的纵轴平行,在横切面上近似于长方形,其细胞壁薄,由纤维素和果胶组成,有利于水分和溶质渗透和吸收,外壁通常无或仅有一薄层角质层,无气孔分布。部分表皮细胞的外壁向外延伸形成细管状的根毛,扩大了根的吸收面积。水生植物和个别陆生植物根

单元2　植物的营养器官

的表皮不具有根毛，某些热带兰科附生植物的气生根表皮也无根毛，由表皮细胞形成根被，具有吸水、减少蒸腾和机械保护的功能。

(2) 皮层

皮层位于表皮和维管柱之间，由基本分生组织分化而来，由多层薄壁细胞组成，在幼根中占有相当大的比例。皮层薄壁细胞的体积比较大，排列疏松，有明显的细胞间隙，皮层除了有贮藏营养物质的功能外，还有横向运输水分和矿物质至维管柱的作用，一些水生植物和湿生植物的皮层中可发育出气腔和通气道等。此外，根的皮层还是合成作用的主要场所，可以合成一些特殊的物质。

皮层最内的一层细胞排列整齐紧密，无细胞间隙，称为内皮层。在大多数双子叶植物和裸子植物中，内皮层细胞的径向壁（两侧的细胞壁）和横向壁（上下的细胞壁）上有一条木质化和栓质化的带状增厚，称为凯氏带（图 2-12）。凯氏带对根内水分和物质的运输起着控制作用，使得由皮层进入维管柱的水分和矿质离子被凯氏带所阻隔，不能通过细胞间隙、细胞壁或质膜之间进入，而必须全部经过内皮层的质膜及原生质体才能进入中柱，起到选择通透作用。同时也减少了溶质的散失，维持中柱内一定浓度的溶液，保证水分源

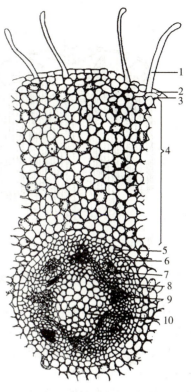

1. 根毛区；2. 表皮；3. 外皮层；4. 皮层；
5. 内皮层；6. 中柱鞘；7. 初生韧皮部；
8. 形成层；9. 初生木质部；10. 髓。

图 2-11　根的初生结构（刺槐）

源不断进入导管。单子叶植物根中的内皮层细胞，其径向壁、横向壁和内切向壁（近中柱一侧的切向壁）也木栓化而增厚，在横切面上呈马蹄形（图 2-13）。

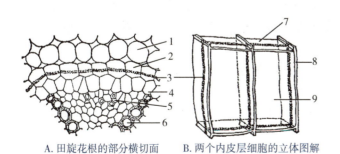

A. 田旋花根的部分横切面　　B. 两个内皮层细胞的立体图解

1. 皮层；2. 内皮层；3. 凯氏带；4. 中柱鞘；5. 初生韧皮部；
6. 初生木质部；7. 横向壁；8. 径向壁；9. 切向壁。

图 2-12　内皮层的结构

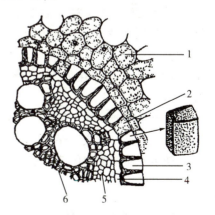

1. 皮层薄壁组织；2. 通道细胞；3. 内皮层；
4. 中柱鞘；5. 韧皮部；6. 木质部。

图 2-13　单子叶植物根根毛区横切面的一部分

— 53 —

(3) 维管柱

维管柱也称中柱,是指皮层以内的部分,包括所有起源于原形成层的维管组织和非维管组织,即中柱鞘、初生木质部、初生韧皮部和薄壁组织四部分(图2-14)。

① 中柱鞘。中柱鞘是中柱的最外层组织。其外侧与内皮层相接,通常由一层薄壁细胞组成,有些植物的中柱鞘也可由数层细胞组成。中柱鞘细胞具有潜在的分裂能力,侧根、不定芽、乳汁管和树脂道等都起源于此。在中柱鞘的内方即根的中心部分是维管束,由初生木质部与初生韧皮部组成。

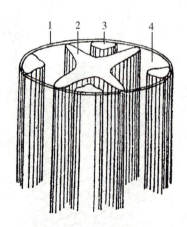

1. 中柱鞘;2. 初生木质部;3. 初生韧皮部;
4. 薄壁组织。

图 2-14 根的维管柱初生结构的立体图解

② 初生木质部。初生木质部位于根的中央,其主要功能是输导水分。横切面呈辐射状,其紧接中柱鞘内侧的部位较早分化成熟,由口径较小的环纹导管或螺纹导管组成,称为原生木质部。初生木质部渐近轴心的部分成熟较晚,由管腔较大的梯纹、网纹或孔纹导管组成,称为后生木质部。初生木质部这种由外开始逐渐向内发育成熟的方式称为外始式,是根发育解剖上的一个重要特点,在生理上有其适应意义。最先形成的导管接近中柱鞘和内皮层,缩短了水分横向输导的距离;而后期形成的导管,管径大,提高了输导效果,更能适应植株长大时对水分供应量增加的需要。另外,原生木质部分化早,根仍在生长,环纹导管和螺纹导管壁次生增厚部分少,可以随根的生长而拉伸以适应生长的需要。在木质部分化成熟过程中,如果后生木质部没有分化至中柱的中央,就会形成髓,如花生、蚕豆等的主根;如果后生木质部分化至中柱的中央,便没有髓的存在。双子叶植物中的有些草本植物和多数木本植物以及多数单子叶植物的根存在有髓。

③ 初生韧皮部。初生韧皮部的主要功能是输导有机物质。初生韧皮部分布于初生木质部辐射角之间,与初生木质部相间排列,这是幼根中柱中最为突出的特征。初生韧皮部的束数在同一根中与初生木质部的束数相等。初生韧皮部的发育方式也是外始式,即原生韧皮部在外方,后生韧皮部在内方。前者常缺伴胞,后者主要由筛管和伴胞组成。

④ 薄壁细胞。初生韧皮部与初生木质部之间常分布有1至数层薄壁组织细胞,在双子叶植物中,是原形成层保留的细胞,将来发育成形成层的一部分。单子叶植物根初生韧皮部与初生木质部之间的薄壁细胞不能恢复分裂能力,不产生形成层。以后,其细胞壁木化而变为厚壁组织。

2.2.6 侧根的形成

在根的伸长生长过程中,除了形成根毛以及产生初生结构以外,在根毛区的后方还能产生分支形成侧根。侧根起源于根毛区的中柱鞘,发生时中柱鞘的某些细胞细胞质变浓，液泡消失，恢复分裂能力，先进行切向分裂，使细胞层次增加，以后进行各个方向的分裂，形成一个根的新生长点，它继续分裂、生长和分化，形成根的原始体，最后穿过皮层，突破表皮，深入土中而形成侧根（图2-15）。

由于侧根起源部位接近主根的输导组织，因此侧根中的输导组织分化后很快就与主根中的输导组织互相衔接，形成贯通全植物体的输导系统。侧根在生长过程中又可再次分枝，陆续产生多级侧根，形成庞大的根系。

主根和侧根有着密切的联系，当主根切断时，能促进侧根的产生和生长。因此，在农、林、园艺工作中，利用这个特性，在移苗时常切断主根，以引起更多侧根的发生，保证植株根系的旺盛发育，从而促使整个植株能更好生长或便于以后移栽。

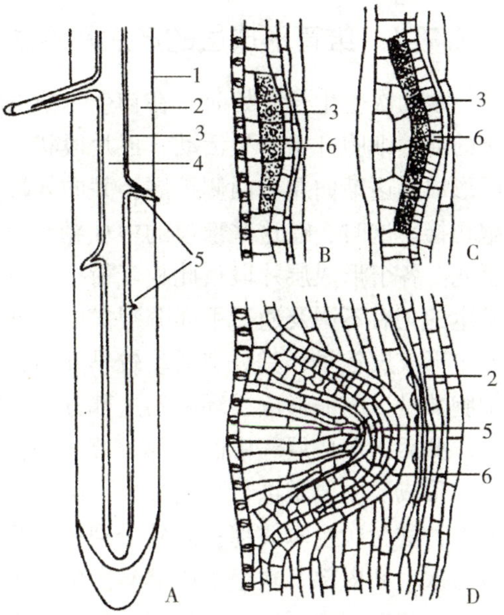

A. 侧根发生的图解；B～D. 侧根发生各期。
1. 表皮；2. 皮层；3. 中柱鞘；4. 中柱；
5. 侧根；6. 内皮层。

图 2-15　侧根的发生

2.2.7　根的次生生长和次生结构

大多数裸子植物和木本双子叶植物的根，在完成初生生长之后，由于次生分生组织（维管形成层和木栓形成层）的发生和活动，不断产生次生维管组织和次生保护组织，使根的直径增粗，这种生长过程称为次生生长或增粗生长（图2-16）。在次生生长过程中产生的次生维管组织和次生保护组织共同组成的结构，称为次生结构。

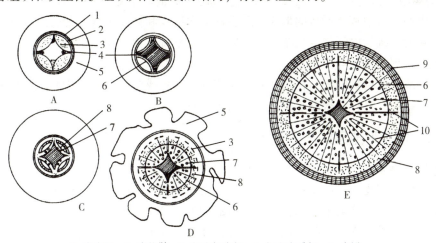

1. 内皮层；2. 中柱鞘；3. 初生韧皮部；4. 初生木质部；5. 皮层；
6. 形成层；7. 次生木质部；8. 次生韧皮部；9. 周皮；10. 射线。

图 2-16　根的次生生长过程示意图

（A→E 示根的次生生长过程）

2.2.7.1 维管形成层的产生及活动

根的次生生长开始时，在初生木质部与初生韧皮部之间，由原形成层保留下来的未分化的薄壁细胞开始分裂活动，成片段状，为维管形成层（以下简称形成层）的主要部分。随后形成层逐渐向左右两侧扩展，并向外推移，直到初生木质部角端处，在该处和中柱鞘细胞相接。这时，在这些部位的中柱鞘细胞也恢复分裂能力产生细胞，参与形成层的形成。至此，各个形成层片段彼此相互衔接，成为完整连续的形成层环。由于形成层环不同部位发生的先后不同及通过平周分裂向内、外产生新细胞的速度的差异，初生韧皮部的内凹处产生形成层较早，其分裂活动较早开始，同时向内方分裂增加的细胞数量多于向外分裂的细胞数量，因而形成层环中的这部分向外推移，结果形成层环逐渐发展成为一较整齐的圆形。此后，形成层环中的各部分等速进行分裂，形成根的次生结构。

形成层主要是进行平周分裂，向内分裂产生的细胞形成新的木质部，加在初生木质部外方，称为次生木质部；向外分裂所产生的细胞形成新的韧皮部，加在初生韧皮部内方，称为次生韧皮部。次生木质部与次生韧皮部为内外相对排列，这与初生维管组织中初生木质部与初生韧皮部二者的相间排列完全不同。随着形成层的逐渐分裂，内方次生木质部的增生更为显著，使根的直径不断增大，形成层环的位置逐渐向外推移。形成层细胞除了主要进行平周分裂外，还进行垂周分裂，扩大其周径，以适应根径增粗的变化。在根次生增粗过程中，形成层向内分生的次生木质部成分较多，向外分生的次生韧皮部成分较少。同时，早期形成的韧皮部，尤其是初生韧皮部由于承受内方生长的压力较大，早被挤毁消失，而新产生的次生木质部总是加在早期形成的木质部外方，对早期形成的木质部影响较小，以致初生木质部能在根中央被保存下来。因此，在根的次生结构中，次生木质部所占的比例远大于次生韧皮部。

形成层除了产生次生韧皮部和次生木质部外，在正对初生木质部辐射角处，由中柱鞘发生的形成层段也分裂形成径向排列的薄壁细胞，称维管射线。在较粗的老根中，次生木质部和次生韧皮部中都有射线的形成，分别称为木射线和韧皮射线。射线有横向运输水分和养料的功能。维管射线组成根维管组织内的径向系统，而导管、管胞、筛管、伴胞和纤维等组成维管组织的轴向系统。

多年生双子叶植物的根，在每年生长季节内，其形成层的细胞分裂活跃，不断产生新的次生维管组织，这样，根就年复一年地长粗。

2.2.7.2 木栓形成层的产生及活动

随着次生维管组织的继续增加，根的直径不断扩大。到一定程度，外方的成熟组织，即表皮和皮层，因受内部组织增加所形成的压力而胀破、剥落。这时伴随而发生的现象是中柱鞘细胞恢复分生能力形成木栓形成层（图 2-17）。木栓形成层的细胞主要是向外分裂产生木栓层，它由数层木栓细胞组成，覆盖在根外层起保护作用；同时也向内分裂产生由薄壁细胞组成的栓内层。木栓形成层和它所形成的木栓层、栓内层三者合称为周皮，是根加粗过程中形成的次生组织。木栓层形成后，其外方的表皮和皮层因得不到水分和营养物质的供应而脱落。

单元2 植物的营养器官

在多年生植物的根中，形成层的活动延续多年，而木栓形成层则每年都重新产生，以配合形成层的活动。木栓形成层的发生位置逐年内移，可深至次生韧皮部的薄壁组织或韧皮射线部分发生。因周皮逐年产生和死后的连续积累，可以形成较厚的根树皮。

2.2.7.3 根的次生结构

根的维管形成层和木栓形成层活动的结果形成了根的次生结构：自外向内依次为周皮（木栓层、木栓形成层、栓内层）、成束的初生韧皮部（常被挤毁）、次生韧皮部（含径向的韧皮射线）、形成层和次生木质部（含木射线）。辐射状的初生木质部仍保留在根中央。

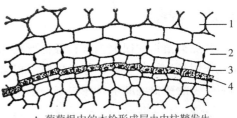

A. 葡萄根中的木栓形成层由中柱鞘发生

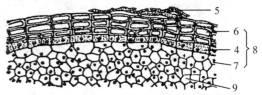

B. 橡胶树根中木栓形成层活动的结果，形成周皮

1. 皮层；2. 内皮层；3. 中柱鞘；4. 木栓形成层；
5. 皮层残留部分；6. 木栓层；7. 栓内层；
8. 周皮；9. 韧皮部。

图 2-17 根的木栓形成层

根的次生结构有如下特点。

第一，次生维管组织内，次生木质部居内，次生韧皮部居外，相对排列，与初生维管组织中初生木质部和初生韧皮部二者的相间排列完全不同。维管射线是新产生的组织，它的形成使维管组织内有轴向和径向系统之分。

第二，形成层每年向内、外增生新的维管组织，特别是次生木质部的增生，使根的直径不断增大。因此，形成层也增大，位置不断外移，所以，形成层的细胞分裂，除主要进行切向分裂外，还有径向分裂及其他方向的分裂，使形成层周径扩大，才能适应内部的增长。

第三，次生结构中以次生木质部为主，而次生韧皮部所占比例较小，这是由于新的次生维管组织总是增加在老韧皮部的内方，老韧皮部因受内方的生长而遭受的压力最大。越是在外方的韧皮部，受到的压力越大，到一定时候，老韧皮部就遭受破坏，丧失作用。尤其是初生韧皮部，很早就被破坏，以后就依次轮到外层的次生韧皮部。而形成层向内产生的次生木质部数量较多，新的木质部总是加在老木质部的外方，因此，老木质部受到新组织的影响小。所以，初生木质部能在根中央被保存下来，其他的次生木质部有增无减。因此，在粗大的植物根中，几乎大部分是次生木质部，而次生韧皮部仅占极小比例。

2.2.8　根与土壤微生物的共生关系

植物根系的生长与土壤微生物有密切的联系。有些微生物能侵入植物的组织，从中得到可供它们生活的营养物质，而植物也由于微生物的作用而获得它所需要的物质，这种植物和微生物之间的互利关系，称为共生关系。常见的共生关系有根瘤和菌根两种类型。

— 57 —

2.2.8.1 根瘤

一些豆类植物的根上，常有各种形状的瘤状突起，这是土壤中根瘤细菌与豆类植物的根相互作用产生的共生体，称为根瘤。根瘤的产生是由于土壤中的根瘤菌受根毛分泌物吸引，聚集生活在根毛周围，在根皮层细胞中迅速繁殖，而皮层细胞因受到根瘤菌分泌物的刺激不断分裂，产生大量新细胞，致使该部分皮层体积膨大，结果在根表面形成瘤状突起的根瘤（图2-18）。

根瘤菌在从根皮层细胞中吸取它生活所需要的水分和养料时，也把空气中游离的氮转变成含氮化合物，这类含氮化合物可以被植物吸收，这种现象称为固氮作用。豆科植物和根瘤菌之间的关系是绿色植物和非绿色植物之间的互利共生关系。有根瘤菌伴生的植物，一部分含氮化合物可以从植物的根分泌到土壤中，一些根瘤也

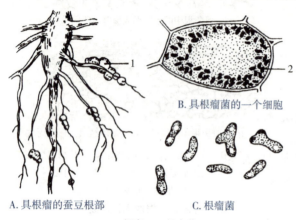

A. 具根瘤的蚕豆根部　　B. 具根瘤菌的一个细胞　　C. 根瘤菌

1. 根瘤；2. 根瘤菌。

图2-18　根　瘤

可以自根上脱落或随根留在土壤中，这样就能增加土壤的肥力，减少施肥，降低生产成本，提高单位面积的产量。因此生产上采用种植紫云英、苜蓿、草木樨等作为绿肥，用根瘤菌肥拌种，或从有根瘤菌的地上取土拌种，都是为了这个目的。

除豆类植物外，在自然界中还发现100多种植物能形成根瘤，并具固氮能力。主要有桦木科、木麻黄科、蔷薇科、胡颓子科和禾本科等科的植物。近年来，把固氮菌中的固氮基因转移到农作物和某些经济植物中已成为分子生物学和遗传工程的研究目标，尤其是在农作物的玉米、小麦栽培中推广根瘤菌实用技术，已取得显著成效。

2.2.8.2 菌根

自然界中有许多高等植物的根与土壤中的真菌形成共生关系，这种同真菌的共生体称为菌根（图2-19）。根据菌根形态学及解剖特征，可将其分为外生菌根、内生菌根和内外生菌根3种类型。

(1) 外生菌根

与根共生的真菌菌丝体包围宿主植物幼根外表，形成菌丝鞘，菌丝一般不穿透组织细胞，而仅在细胞壁之间延伸生长。形成菌根的根一般较粗，顶端分为二叉，根毛稀少或无，由菌丝代替了根毛的作用，扩大了根的吸收作用。只有少数植物如松科、桦木

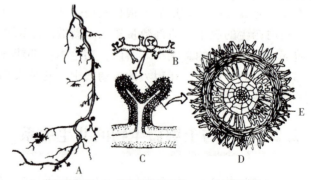

A. 菌根的外形；B. 外生菌根的分枝；C. 分枝纵切放大；
D. 分枝横切；E. 菌丝体。

图2-19　马尾松的外生菌根

科、山毛榉科和杜鹃花科等植物的根能形成这类菌根。

(2) 内生菌根

真菌菌丝分布于皮层细胞间隙或侵入细胞内部形成不同形状的吸器，如泡囊和树枝状菌丝体。这类菌根宿主植物的根一般无形态及颜色变化。90%以上的植物都能形成内生菌根，如兰花、核桃、银杏、葡萄、五角槭、侧柏等。内生菌根具有促进根内物质的运输以及加强吸收的功能。

(3) 内外生菌根

有外生菌根和内生菌根的某些形态学或生理特征。真菌菌丝不仅包围根尖，也侵入皮层细胞及其间隙中。内外生菌根主要发生于松科、桦木属、杜鹃花科以及水晶兰科植物上。

真菌与绿色植物共生，可以从根中得到它生长发育所需的糖类，其菌丝则同根毛一样，可以从土壤中吸收水和无机盐供植物利用，增进吸收作用；还能产生激素，对根的发育有促进作用，使植物生长良好，提高苗木移栽、扦插成活率等。因此，在林业上，常用人工方法接种真菌以利于菌根形成而提高造林成功率。

2.2.9 根的变态

前面所介绍的根在生长过程中形成的结构，为绝大多数被子植物所具有，称为正常结构。但有些植物的根在形态、功能发生了可遗传变化，结构上也出现了不同于正常结构的变化，这种变化现象称为变态根。根据其形状和功能的变化一般分成以下几种类型。

2.2.9.1 贮藏根

贮藏根生长在地下，肥厚多汁，形状多样，常见于二年生或多年生的草本双子叶植物。贮藏根适于贮藏大量营养物质，是越冬植物的一种适应，所贮藏的养料可供来年生长发育时需要，使根上能抽出枝来，并开花结果。根据来源，可分为肉质直根和块根两类。

(1) 肉质直根

肉质直根主要由主根发育而成。一株植物上仅有1个肉质直根，并包括下胚轴和节间极短的茎，如萝卜、胡萝卜和甜菜。

(2) 块根

与肉质直根不同，块根主要由不定根或侧根发育而成，因此，在一株上可形成多个块根。如甘薯、大丽花的块根等。

2.2.9.2 气生根

露出地面，生长在空气中的根均称为气生根。气生根因生理功能不同分为以下几种类型。

(1) 支柱根

支柱根是生长在地面上空气中的根，如玉米、高粱、甘蔗和榕树等。这些在较近地面茎节上的不定根不断延长后，根先端伸入土中，并继续产生侧根，成为增强植物整体支持力量的辅助根系，因此，称为支柱根。

（2）攀缘根

藤本植物的茎多细长柔软，不能直立。有些藤本植物从茎的一侧产生许多很短的不定根，这些根的先端扁平，常可分泌黏液，易固着在其他树干、山石或墙壁等物体的表面攀缘上升，这类气生根称为攀缘根。如常春藤等（图2-20A）。

（3）呼吸根

普通土壤孔隙中都含有大量的空气来满足地下根呼吸的需要，但淤泥中则缺乏根系呼吸所必需的气体。一些生长在沼泽或热带海滩地带的植物如水松、红树等（图2-20B），可产生一些垂直向上生长、伸出地面的呼吸根，这些根中常有发达的通气组织，称为呼吸根。

A. 常春藤的攀缘根　　　　B. 红树的呼吸根

图 2-20　部分根的变态

2.2.9.3　寄生根

寄生植物如菟丝子，以茎紧密回旋缠绕在寄主茎上，叶退化成鳞片状，营养全部依靠寄主，并以突起状的根伸入寄主茎组织内，彼此维管组织相通，吸取寄主体内的养料和水分，这种根称为寄生根，也称为吸器。菟丝子的寄生根由茎上产生，是不定根的变态。

桑寄生也有寄生根，并深入寄主组织内，但它本身具绿叶，能制造养料，它只是吸取寄主的水分和无机盐，因此是半寄生植物。

实训2-2　根的初生构造观察

一、实训目标

学会识别双子叶植物和单子叶植物根的初生结构，并能找出二者的区别。

二、实训场所

森林植物实验室。

三、实训形式

利用所学知识，每个学生在显微镜下逐一观察根的初生结构切片。

四、实训备品与材料

按人数准备显微镜；双子叶植物幼根横切制片、单子叶植物鸢尾根横切制片。

五、实训内容与方法

（1）双子叶植物根的初生结构观察

取植物幼根横切片，观察根的初生结构。在低倍镜下区分出表皮、皮层和中柱三大部分后，再换高倍镜由外向内进行详细观察。

表皮：位于幼根最外层，细胞较小，排列紧密。

皮层：表皮以内、中柱以外的部分，由多层薄壁细胞组成，注意观察其所占比例。它可分为三部分：外皮层、皮层薄壁细胞和内皮层。

中柱：中柱是内皮层以内的中轴部分，由中柱鞘、初生木质部、初生韧皮部和薄壁细胞等组成。

（2）单子叶植物根的初生结构观察

取鸢尾根横切制片在低倍镜下观察，可分为表皮、皮层和中柱三部分，中央具髓。再用高倍镜仔细观察各部分。

六、注意事项

先在低倍镜下观察区分出表皮、皮层、中柱三大部分后，再换高倍镜由外向内详细观察。

七、实训报告要求

①绘制植物幼根轮廓图，注明各部分名称。

②比较双子叶植物和单子叶植物根的初生结构有何异同。

实训 2-3　根的次生构造观察

一、实训目标

进一步了解根维管形成层的发生及次生构造的形成，掌握根的次生构造特征。

二、实训场所

森林植物实验室。

三、实训形式

以班级为单位，在教师指导下观看电视显微镜或投影显微镜。

四、实训备品与材料

显微镜、蚕豆根维管形成层发生过程的横切制片、刺槐根部分的永久切片、棉花老根横切制片各一。

五、实训内容与方法

（1）观察维管形成层和木栓形成层的发生

观察蚕豆根维管形成层发生过程的横切制片。

（2）观察根的次生构造

在低倍镜下观察棉花老根横切片，分清楚周皮、韧皮部、形成层、次生木质部、初生木质部和射线所在位置，然后转换高倍镜，由外而内仔细观察其周皮、次生维管组织、初生木质部等各部分。

（3）观察根的次生结构

取刺槐根的次生结构或其他花生等植物老根横切面永久切片，观察。

六、注意事项

棉花老根横切制片要先在低倍镜下观察区分出周皮、韧皮部、形成层、次生木质部、初生木质部和射线所在位置后，再换高倍镜由外而内仔细观察各部分。

七、实训报告要求

①绘制棉花老根的次生结构图，注明各部分名称。

②绘出刺槐根的次生结构细胞图，并注明各部分结构的名称。

实训 2-4　根的变态类型观察

一、实训目标

了解根的不同变态类型的生物学意义，学会识别根的变态类型。

二、实训场所

森林植物实验室或田间、野外。

三、实训形式

利用所学知识，对所给新鲜标本逐一进行观察识别。

四、实训备品与材料

萝卜、胡萝卜、甜菜、甘薯、大丽花、玉米

(高粱、甘蔗)、榕树、常春藤、红树、菟丝子、槲寄生。

五、实训内容与方法

（1）观察贮藏根

①取萝卜、胡萝卜或甜菜根，观察肉质直根形态特征。这类变态根主要由主根发育而成。一株植物上仅有一个肉质直根，并包括下胚轴和节间极短的茎。

②取甘薯或大丽花根，观察块根形态特征。与肉质直根不同，块根主要由不定根或侧根发育而成，因此，在一株上可形成多个块根。它的组成不含下胚轴和茎的部分。

（2）观察气生根

①取玉米、高粱或毛竹根，观察支柱根形态特征。这类变态根在近地面茎节上的不定根不断延长，先端伸入土中，并继续产生侧根，成为增强植物整体支持力量的辅助根系。

②取常春藤或常春卫矛根，观察攀缘根形态特征。这类变态根从茎的一侧产生许多很短的不定根，固着在其他物体的表面攀缘上升。

③取水龙或红树根，观察呼吸根形态特征。这类变态根常产生一些垂直向上生长、伸出地面的呼吸根，供给地下根进行呼吸。

（3）观察寄生根

取菟丝子或桑寄生、槲寄生根，观察寄生根形态特征。这类变态根常以变态的根伸入寄主组织内，吸取寄主体内的养料和水分。

六、注意事项

各地可根据实际情况选择不同种类的变态根进行观察。

七、实训报告要求

写出观察到了哪些变态根，了解变态根有哪些类型？它们各有何意义？

实训2-5 根瘤与菌根的特征观察

一、实训目标

了解根瘤与菌根的意义，学会识别根瘤与菌根，掌握其在林业生产中的应用。

二、实训场所

森林植物实验室或田间、野外。

三、实训形式

以小组为单位利用所学知识，分别观察根瘤和菌根的新鲜标本及切片。

四、实训备品与材料

按小组准备显微镜，大豆新鲜植株（具根瘤）、具外生菌根的杜鹃花新鲜植株；具根瘤的大豆根横切制片、具内生菌根的葡萄根横切制片、具内外生菌根的油松（或杜鹃花）根横切制片。

五、实训内容与方法

（1）根瘤特征观察

观察大豆新鲜植株，发现在根上有很多的瘤状突起，这是豆科植物根与土壤微生物根瘤细菌相互作用产生的共生体，即根瘤。

在显微镜下观察具根瘤的大豆根横切制片，可见根瘤为根的皮层细胞受根瘤菌刺激迅速分裂所形成的瘤状突起。根瘤之外为周皮，内部为皮层受刺激所产生的薄壁细胞，中央被感染的薄壁细胞中含大量的根瘤菌，染色较深。未被感染的薄壁细胞间有维管束与根的维管束相连。由于细胞强烈分裂和体积的增大，使皮层部分畸形增大，形成瘤状突出物，结果使的中柱以非常小的比例偏向一侧。

（2）菌根特征观察

高等植物的根与土壤中的真菌形成的共生体称为菌根。根据菌根形态学及解剖学特征，可将菌根分为外生菌根、内生菌根和内外生菌根3种类型。

外生菌根：真菌菌丝体包围宿主植物幼根外表，形成菌丝鞘，菌丝一般不穿透组织细胞。形成菌根的根一般较粗，顶端分为二叉，根毛稀少或无。如杜鹃花科的外生菌根。

内生菌根：在显微镜下观察具内生菌根的葡萄根横切制片。可见真菌菌丝分布于皮层细胞间隙或侵入细胞内部形成不同形状的吸器。这类菌根宿主植物的根一般无形态及颜色变化。

内外生菌根：既有外生菌根又有内生菌根的

形态学或生理特征。在显微镜下观察具内外生菌根的油松(或杜鹃花)根横切制片,发现真菌菌丝不仅包围根尖,也侵入皮层细胞及其间隙中形成不同形状的吸器。

六、 注意事项

根瘤和菌根是由不同的菌类形成的,应加以区别。

七、 实训报告要求

①比较根瘤与菌根的异同。
②阐述根瘤和菌根与植物体间的相互影响。
③阐述林业生产中如何发挥根瘤和菌根的积极作用。

2.3 茎

茎是植物体地上部分的枝干,是联系根和叶,输送水、无机盐和有机养料的营养器官。通常将带有叶和芽的茎称为枝条。最早的茎和叶由胚芽发育而成。茎除少数生于地下外,一般都生长在地上。多数植物茎的顶端能无限向上生长,连同着生的叶形成庞大的枝系。高大乔木和藤本植物的茎,往往长达几十米,甚至百米以上;而有些矮小的草本植物,如蒲公英、车前等,茎可能极度缩短。茎具有支持枝叶及运输养料的功能。枝条使叶充分接受阳光以加强光合作用,并且将根吸收的物质传送到叶,又将叶所制造的养料运送到根、花、果及种子中利用或贮藏,把植物体的生理活动联成一个整体。此外,有些植物的茎还能形成不定根,具有繁殖作用。林业生产上常利用这一特性进行扦插繁殖。

2.3.1 茎的形态

2.3.1.1 茎的形态特征

大多数植物的茎为圆柱形,有些植物的茎外形有所变化,如莎草科植物的茎为三棱形,薄荷、益母草等唇形科植物的茎为四棱形,芹菜的茎为多棱形,仙人掌等植物的茎则为扁形。

茎具有节和节间;茎上着生叶的部位称为节;相邻两个节之间的部分称为节间。茎的顶端和叶腋处着生有芽。着生叶和芽的茎称为枝条。由于枝条伸长的情况不同,影响到节间的长短。节间长短随植物种类、植物体不同部位、生育期和生长条件变化而有差异。苹果、梨、银杏等果树,它们的植株上有长枝和短枝之分,长枝的节与节之间的距离较远,短枝的节与节之间相距很近。短枝是开花结果的枝条,故又称为花枝或果枝(图2-21)。

木本植物的枝条,其叶片脱落后留下的疤痕,称为叶痕。叶痕中的点状突起是枝条与叶柄间的维管束断离后留下的痕迹,称为维管束痕。枝条外表往往可以看到一些小的皮孔,这是枝条与外界进行气体交换的通道。有的枝条上还规律地分布有芽鳞痕,芽鳞痕是顶芽开放时,其芽鳞片脱落后在枝条上留下的密集痕迹(图2-22)。根据芽鳞痕的数目和相邻芽鳞痕的距离,可以判断枝条的生长年龄和生长速度。

模块一 植物的形态和解剖构造

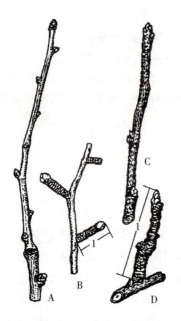

A. 银杏的长枝；B. 银杏的短枝；
C. 苹果的长枝；D. 苹果的短枝。
1. 短枝。

图 2-21 长枝和短枝

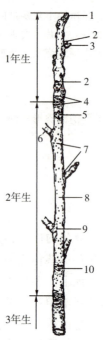

1. 顶芽；2. 腋芽；3. 花芽；4. 芽鳞痕；5. 叶痕；
6. 分枝；7. 节间；8. 皮孔；9. 节；10. 维管束痕。

图 2-22 核桃树的 3 年生冬枝

2.3.1.2 芽的结构和类型

(1) 芽的概念

芽是处于幼态而未伸展的枝、花或花序。以后发展成枝的芽称为枝芽，有时俗称为叶芽；发展成花或花序的芽称为花芽。枝芽的结构决定着主干和侧枝的关系和数量，即决定着植株的长势和外貌。如许多高大乔木，树冠的大小和形状，正是各级分枝上的枝芽逐年不断地开展形成长短不一、疏密不同的各种分枝所决定的。花芽决定花和花序的结构和数量，并决定开花迟早和结果多少。

(2) 芽的结构

现以枝芽为例，说明芽的一般结构(图 2-23)。把任何一种植物的枝芽纵向切开，用解剖镜或放大镜观察，从上到下可以看到生长锥、叶原基、幼叶和腋芽原基。生长锥是叶芽中央顶端的分生组织。叶原基是近生长点下面的一些突起，是叶的原始体，即幼叶发育的早期。由于芽的逐渐生长和分化，叶原基越向下越长，较下的已长成较

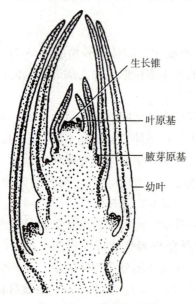

图 2-23 枝芽的纵切面

大的幼叶。腋芽原基是在幼叶叶腋内的突起，将来形成腋芽，腋芽以后又发展成侧枝。

(3) 芽的类型

依据芽在枝上的位置、芽鳞有无、形成器官的性质和它的生理活动状态等特点来划分，芽可分为以下几种类型：

①按芽在枝上的位置。可分为定芽和不定芽。定芽又分为顶芽和腋芽。顶芽是生在主干或侧枝顶端的芽，腋芽是在枝的侧面叶腋内的芽，也称侧芽(图2-24)。在1个叶腋内，通常只有1个腋芽，如杨、柳、苹果等。但有些植物如金银花、桃和桑等的部分或全部叶腋内，腋芽不止1个，其中后生的腋芽称为副芽。有的腋芽生长位置较低，被覆盖在叶柄基部内，直到叶落后，芽才显露出来，称为叶柄下芽，如悬铃木、刺槐等的腋芽。

芽不是生长在枝顶或叶腋内的，称为不定芽。如甘薯、蒲公英、榆和刺槐等生在根上的芽，落地生根和秋海棠叶上的芽，桑、柳等老茎或创伤切口上产生的芽，都属不定芽。不定芽可进行植物的营养繁殖，因此在农、林、园艺上具有重要意义。

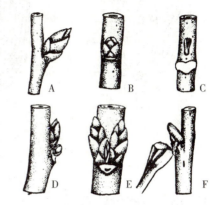

A. 毛白杨的鳞芽；B. 丁香的鳞芽；C. 枫杨的裸芽；D. 紫穗槐的叠生副芽；E. 桃树的并生副芽；F. 悬铃木的叶柄下芽。

图 2-24　芽的类型

②按芽鳞的有无。可分为裸芽和鳞芽。多数多年生木本植物的越冬芽，不论是枝芽或花芽，外面有鳞片，称为鳞芽。芽鳞是叶的变态，有厚的角质层，有时还覆被着毛茸或分泌的树脂黏液，借以降低蒸腾和防止干旱、冻害，保护幼嫩的芽。它对生长在温带地区的多年生木本植物，如悬铃木、杨、桑等的越冬起保护作用。所有一年生植物、多数二年生植物和少数多年生植物的芽，外面没有芽鳞，只被幼叶包着，称为裸芽，如枫杨等。

③按芽形成的器官。可分为枝芽、花芽和混合芽。枝芽包括顶端分生组织和外围的附属物，如叶原基、腋芽原基和幼叶(图2-25B)。花芽是产生花或花序的雏体，由1个花原基或花序原基组成，没有叶原基和腋芽原基。花芽的顶端没有分生组织，不能无限生长。当花或花序的各部分形成后，顶端就停止生长，花芽结构比较复杂，变化也大(图2-25A)。1个芽含有枝芽和花芽的组成部分，可以同时发育成枝和花的，称为混合芽(图2-25C)，如梨、苹果、丁香和海棠等的芽。

④按芽的生理活动状态。可分为活动芽和休眠芽。活动芽是在生长季节活动的芽，即能在当年生长季节中形成新枝、花或花序的芽。温带的多年生木本植物，许多枝上往往只有顶芽和近上端的一些腋芽活动，大部分腋芽在生长季节不生长，不发展，保持休眠状态，称为休眠芽。休眠芽的形成，能够调节养料，在一段时间内有限量的集中使用，控制侧枝发生，使枝叶在空间上合理安排，并保持充沛的后备力量，从而使植株得以稳健生长和生存，是植物长期适应外界环境的结果。

一个具体的芽，由于分类依据不同，可给予不同的名称。如水稻、小麦的顶芽，是活跃生长着的，可称活动芽；它将来能发育成穗，可称花芽；它没有芽鳞包被，又可称裸芽。同样，梨的鳞芽可以是顶芽或侧芽，也可以是休眠芽，又可以是混合芽。

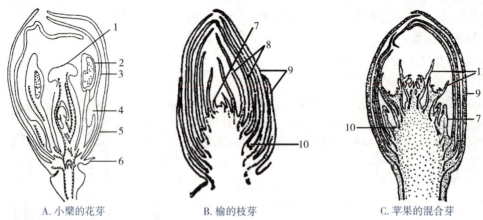

A. 小檗的花芽　　B. 榆的枝芽　　C. 苹果的混合芽
1. 雌蕊；2. 雄蕊；3. 花瓣；4. 蜜腺；5. 萼片；6. 苞片；7. 叶原基；
8. 幼叶；9. 芽鳞；10. 枝原基；11. 花原基。
图 2-25　芽的类型

2.3.1.3　茎的分枝方式

茎在生长时，由顶芽和腋芽形成主干和侧枝，由于顶芽和腋芽活动的情况不同，所产生枝的组成和外部形态也不同，在长期进化过程中，每一种植物都会形成一定的分枝方式。

植物茎的分枝方式主要有下列几种类型（图2-26）。

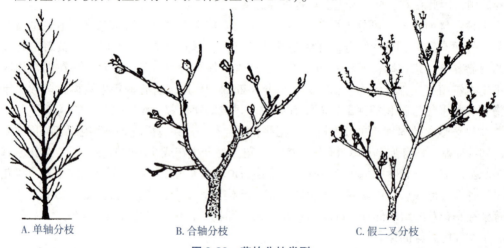

A. 单轴分枝　　B. 合轴分枝　　C. 假二叉分枝
图 2-26　茎的分枝类型

(1) 单轴分枝

从幼苗形成开始，主茎的顶芽不断向上生长，形成直立而明显的主干，主茎上侧枝再形成各级分枝，但它们的生长均不超过主茎，主茎的顶芽活动始终占优势，这种分枝方式称为单轴分枝，又称总状分枝（图2-26A）。大多数裸子植物和部分被子植物具有这种分枝方式，如松、杉、白杨等。这种分枝方式能获得粗壮通直的木材。

(2) 合轴分枝

顶芽发育到一定时候，生长缓慢、死亡或形成花芽，由其下方的一个腋芽代替顶芽继续生长形成侧枝，以后侧枝的顶芽又停止生长，再由它下方的腋芽发育，如此反复不断，这样，主干实际上是由短的主茎和各级侧枝相继接替联合而成，因此，称为合轴分枝（图 2-26B）。大多数被子植物具有这种分枝方式，如桑、榆等。

(3)假二叉分枝

在具有对生叶序的植物中，顶芽停止生长或分化为花芽后，由它下面对生的两个腋芽发育成两个外形大致相同的侧枝，呈二叉状，每个分枝又经同样方式再分枝，如此形成许多二叉状分枝，称为假二叉分枝（图 2-26C）。它实际上是合轴分枝的一种特殊形式，如丁香、茉莉和泡桐等都具有这种分枝方式。

2.3.2 茎的发育

2.3.2.1 顶端分生组织

茎的顶端分生组织和根端的相似。在细胞和组织发育过程中，从分生组织状态过渡到成熟组织状态，是经过由不分化逐渐变为分化的，因而顶端分生组织的最先端部分，包括原始细胞和它紧接着所形成的衍生细胞，可以看作是未分化或最小分化的部分，称原分生组织。在原分生组织下面，随着不同分化程度细胞的出现，逐渐开始分化出未来的表皮、皮层和维管柱的分生组织，即原表皮、基本分生组织和原形成层，总称为初生分生组织（图 2-27）。初生分生组织活动和分化的结果，形成了成熟组织。所以，顶端分生组织包括原分生组织和初生分生组织。

2.3.2.2 叶和芽的起源

(1)叶的起源

叶是由叶原基逐步发育而来的（图 2-28）。在裸子植物和双子叶植物中，一般在顶端分生组织表面的第二层或第三层发生叶原基的细胞分裂。其细胞平周分裂的结果，促使叶原基侧面突起。突起的表面出现垂周分裂，以后这种分裂在较深入的各层中和平周分裂同时进行。单子叶植物叶原基的发生，则由表层细胞平周分裂开始。

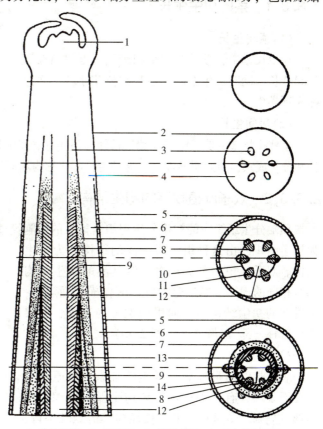

1. 分生组织；2. 原表皮；3. 原形成层；4. 基本分生组织；
5. 表皮；6. 皮层；7. 初生韧皮部；8. 初生木质部；
9. 维管形成层；10. 束间形成层；11. 束中形成层；
12. 髓；13. 次生韧皮部；14. 次生木质部。

图 2-27 茎尖的纵切面和不同部位上横切面的图解

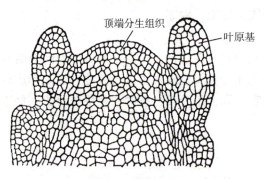

图 2-28 枝芽顶端的纵切面,示叶原基

(2) 芽的起源

顶芽发生在茎端(枝端),包括主枝和侧枝上的顶端分生组织,而腋芽起源于腋芽原基。大多数被子植物的腋芽原基发生在叶原基的叶腋处,腋芽原基的发生晚于叶原基。腋芽的起源很像叶,在叶腋处的一些细胞经过平周分裂和垂周分裂形成突起,细胞排列与茎端的相似,并且其本身也可能开始形成叶原基。茎上的叶和芽起源于分生组织表面第一层或第二、三层细胞,这种起源方式称为外起源。

2.3.3 茎的初生生长和初生结构

2.3.3.1 茎的初生生长

(1) 顶端生长

在生长季节,顶端分生组织细胞不断进行分裂、伸长生长和分化,使茎的节数增加,节间伸长,同时产生新的叶原基和腋芽原基。这种由于顶端分生组织的活动而引起的生长称为顶端生长。

(2) 居间生长

某些植物茎的伸长除了顶端生长外,还伴有居间生长。随着居间分生组织细胞的分裂生长和分化成熟,节间明显伸长,这种生长方式称为居间生长,如竹笋生长成竹的生长过程。

2.3.3.2 双子叶植物茎的初生结构

顶端分生组织中的初生分生组织所衍生的细胞经过分裂、生长、分化而形成的组织称为初生组织,由这种组织所组成的结构称为初生结构。双子叶植物种类很多,但其茎的初生结构都有相同的规律。通过茎尖成熟区作横切面观察,可见茎的初生结构自外向里依次分为表皮、皮层和维管柱三部分(图 2-29、图 2-30)。

(1) 表皮

表皮是幼茎最外面一层生活细胞,由原表皮发育而来,具有保护作用,为初生保护组织,细胞形状规则,多呈长方形,长径与茎的纵轴平行,排列紧密,无细胞间隙,有少数气孔。表皮细胞一般不含叶绿体。有的植物茎的表皮含花青素,使茎呈红色或紫色(如蓖麻)。表皮细胞外壁较厚,常角质化,具角质层。有的还有蜡被;有的表皮上

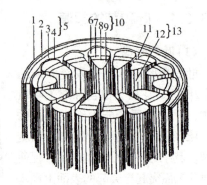

1. 表皮;2. 厚角组织;3. 含叶绿体的薄壁组织;
4. 无色的薄壁组织;5. 皮层;6. 韧皮纤维;
7. 初生韧皮部;8. 形成层;9. 初生木质部;
10. 维管束;11. 髓射线;12. 髓;13. 维管柱。

图 2-29 双子叶植物茎初生结构的立体图解

还分化出表皮毛和腺毛,加强保护作用。表皮的这些特点,既有保护作用,又有控制蒸腾的功能。

(2) 皮层

皮层位于表皮和维管柱之间,由基本分生组织发育而来,由多层细胞组成,包含多种组织,其中最主要的是薄壁组织。紧接表皮的几层细胞,常为厚角组织,一般连成筒状,环绕在表皮内方,在横切面上呈圆环状,如向日葵。也有呈束状分布的,如蚕豆的方茎,芹菜的多棱茎。厚角组织细胞是生活细胞,有时也含有叶绿体,能进行光合作用,但主要是起支持作用。厚角组织内方为薄壁组织,由多层细胞组成,细胞呈球形或椭圆形,细胞壁薄,具叶绿体,能进行光合作用,有的细胞内具贮藏物质。

(3) 维管柱

维管柱是皮层以内的柱状部分,占较大体积,这一点与根不同,也不存在中柱鞘。因此,皮层和维管柱的界线难以划分,多数双子叶植物茎的中柱由维管束、髓和髓射线组成。

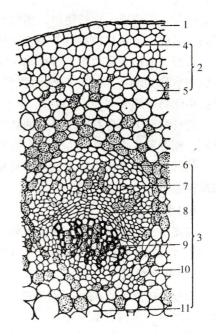

1. 表皮(外有角质层); 2. 皮层; 3. 维管柱;
4. 厚角组织; 5. 薄壁组织; 6. 韧皮纤维;
7. 初生韧皮部; 8. 束中形成层; 9. 初生木质部; 10. 髓射线; 11. 髓。

图 2-30 梨茎(木质茎)横切面的一部分,示初生结构

①维管束。维管束由原形成层发育而来,包括初生木质部和初生韧皮部,为复合组织。多数植物茎中,初生韧皮部位于初生木质部外方,为外韧维管束;有些双子叶植物,如甘薯、烟草、马铃薯和南瓜等的幼茎中的维管束,在初生木质部的内方还有内生韧皮部存在,称为双韧维管束。草本双子叶植物幼茎横切面上,维管束呈椭圆形,各维管束之间的距离较大,它们环形排列于皮层内侧。多数木本植物茎内的维管束,彼此间距很小,几乎连成完整的环。在立体结构中,各维管束是彼此交织贯连的。

茎的维管束在发育过程中,其初生韧皮部从原形成层的远轴区(外侧)开始,由外至内进行向心发育,为外始式。但初生木质部却是从原形成层的近轴区(内侧)开始形成原生木质部,然后进行离心式发育,逐渐分化形成后生木质部,茎初生木质部的这种发育顺序为内始式。这与根初生木质部的外始式发育顺序有根本的不同。

双子叶植物茎的维管束中,当初生结构形成后,在初生韧皮部与初生木质部之间,还保留一层分生组织细胞,以后发育为束中形成层,这是茎继续进行次生生长的基础。

②髓和髓射线。髓和髓射线是维管柱内的薄壁组织,由基本分生组织发育而来。位于幼茎中央部分的称为髓;位于相邻两个维管束之间连接皮层与髓的薄壁组织,称为髓射线。髓具有贮藏作用,还可作为茎内径向输导的途径。

2.3.3.3 单子叶植物茎的结构

单子叶植物的茎和双子叶植物的茎在结构上有许多不同。大多数单子叶植物的茎只有

初生结构，所以结构比较简单。少数单子叶植物茎虽有次生结构，但也和双子叶植物的茎不同。下面以禾本科植物竹类为例说明单子叶植物茎初生结构的最显著特点。

竹的外形和大多数禾本科植物一样，茎上具有明显的节和节间。除实心竹以外，节间一般中空称为髓腔。竹秆的壁称竹壁，外层幼嫩时常为绿色，称竹青；内层黄色，称竹黄；中间部分称竹肉（图2-31）。

竹秆的节上通常有两个隆起的圆环，下面的称箨环，是笋箨脱落后的痕迹；上面的称秆环，侧芽着生于箨环上方，由它发育为带叶的侧枝。

竹秆的解剖结构也和其他禾本科植物一样，在节间的横切面上，可分表皮、基本组织和维管束三部分（图2-32）。

（1）表皮

表皮由一层细胞构成，细胞排列紧密，壁厚，外壁硅质化或角质化，有少数气孔。表皮内方有几层小而壁厚的细胞，是茎外方的机械组织。

（2）基本组织

表皮以内除维管束外，均为薄壁组织。靠近表皮的薄壁组织细胞小而密，常含叶绿体，呈绿色；靠内方细胞较大，有间隙，不含叶绿体，茎中央的薄壁组织在发育过程中破裂而形成髓腔。髓腔周围的竹黄由十多层细胞组成，十分坚硬。随着竹龄增加，薄壁组织细胞壁逐渐增厚并木质化，成为坚硬的竹秆。

（3）维管束

维管束散生在薄壁组织内，靠外方的维管束小，排列较密，维管束只有机械组织，少有输导组织分化。越近内方的维管束越大，分布越稀疏。每个维管束外方被厚壁的纤维细胞包围，称为维管束鞘。维管束包括初生木质部和初生韧皮部，韧皮部在外方，木质部在内方。木质部通常只有3个导管，常排列成"V"字形（图2-33）。木质部和韧皮部间无形成层。

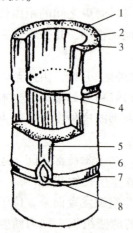

1. 竹青；2. 竹肉；3. 竹黄；
4. 横隔板；5. 竹沟；6. 秆环；
7. 箨环；8. 芽。

图2-31 毛竹茎秆

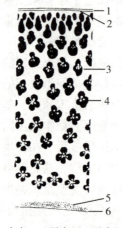

1. 表皮；2. 下皮；3. 基本组织；
4. 维管束；5. 石细胞；
6. 髓腔边缘组织。

图2-32 毛竹秆横切

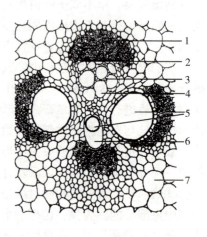

1. 纤维；2. 被挤碎的原生韧皮部；3. 伴胞；
4. 筛管；5. 导管；6. 空腔；7. 基本组织。

图2-33 毛竹茎的维管束

上述竹秆的解剖结构，也是其他禾本科植物茎结构的特征。总之，维管束散生于基本组织中以及缺乏形成层等，是单子叶植物茎结构的基本特征。

2.3.4 茎的次生生长和次生结构

大多数双子叶植物和裸子植物茎完成初生生长后，由于次生分生组织的活动，使茎不断增粗，这种增粗生长称为次生生长，也称加粗生长。次生生长所形成的次生组织组成了次生结构（图2-34）。多年生木本植物，不断地增粗和增高，必然需要更多的水分和营养，同时，也需要更大的机械支持力，因此必须相应地增粗。次生结构的形成和不断发展，才能满足多年生木本植物在生长和发育上的这些要求，这也正是植物长期生活过程中产生的适应性。少数单子叶植物的茎也有次生结构，但性质不同，加粗也是有限的。

2.3.4.1 维管形成层的产生及其活动

(1) 维管形成层的来源

初生木质部与初生韧皮部之间保留的一层具分裂能力的细胞发育为束中形成层，构成了形成层的主要部分。此外，在与束中形成层相接的髓射线中的一层细胞，恢复分裂能力，发育为形成层的另一部分，因其位居维管束之间，故称为束间形成层。束中形成层和束间形成层相互衔接后，形成完整的形成层环。

(2) 维管形成层的细胞组成及活动

维管形成层细胞的组成有纺锤状原始细胞和射线原始细胞两种类型。前者细胞长而扁，和茎的长轴平行排列；后者近乎等径，分布于纺锤状原始细胞之间。

维管形成层分裂活动时，纺锤状原始细胞进行平周分裂形成的新细胞向外逐渐

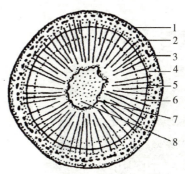

A. 横的切面图解

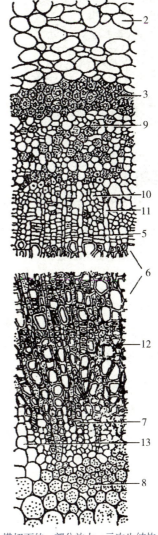

B. 横切面的一部分放大，示次生结构

1. 周皮；2. 皮层；3. 韧皮纤维；4. 韧皮部；5. 形成层；
6. 次生木质部；7. 初生木质部；8. 髓；9. 初生韧皮部；
10. 次生韧皮部；11. 韧皮射线；12. 木射线；13. 髓射线。

图2-34 梨茎横切面，示次生结构

分化为次生韧皮部，向内形成次生木质部，构成轴向的次生维管组织系统。纺锤状原始细胞也可进行垂周分裂，增加自身细胞的数目以及衍生出新的射线原始细胞，从而使形成层环的周径不断扩大，包围整个增大中的次生木质部。射线原始细胞平周分裂的结果，形成径向排列的次生薄壁组织系统，即次生维管射线。其中，位于次生木质部中的部分称为木射线；位于次生韧皮部的部分称为韧皮射线，它们构成茎内横向运输系统。形成层活动过程中，往往形成数个次生木质部分子之后，才形成一个次生韧皮部分子，随着次生木质部的较快增加，形成层的位置也逐渐向外推移(图2-35)。

①次生木质部。形成层分裂活动所形成的次生木质部的量远大于次生韧皮部的量，生长2~3年的木本植物的茎，绝大部分都是次生木质部。生长年数越多，次生木质部所占的比例越大，10年以上的木质茎中，几乎都是次生木质部。次生木质部的细胞组成包含导管、管胞、木纤维和木薄壁细胞。

早材与晚材 维管形成层的活动易受外界环境条件的影响，在有明显冷暖季节交替的温带和亚热带，或有干湿季节交替的热带，形成层的活动随季节更替，表现出明显的节奏性变化。形成层的活动有强有弱，形成的细胞有大有小，壁有厚有薄，颜色有深有浅，从而在次生木质部的形态结构上表现出明显差异。温带的春季或热带的

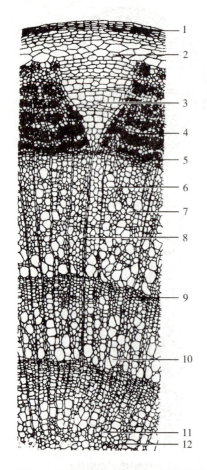

1. 周皮；2. 皮层；3. 韧皮射线；4. 次生韧皮部；
5. 维管形成层；6. 维管射线；7. 次生木质部
(3年年轮)；8. 木射线；9. 晚材；10. 早材；
11. 后生木质部；12. 原生木质部。

图2-35 椴树3年生茎(局部)横切面

湿季，由于温度高、水分足，形成层活动旺盛，形成的次生木质部细胞多，细胞径大而壁薄，木材颜色较浅，木材质地较疏松，称之为早材；温带的夏末秋初或热带的旱季，形成层活动逐渐减弱，形成的细胞数目减少，细胞径小而壁厚，木材颜色深，木材质地较紧密，称之为晚材。

年轮 年轮也称生长轮或生长层。在1个生长季内，早材和晚材共同组成一轮显著的同心环层，代表着1年中形成的次生木质部。在有显著气候变化的地区，植物的次生木质部在正常情况下，每年形成1轮，因此，习惯上称为年轮(图2-36)。但有不少植物在1年内的正常生长中，不只形成1个年轮，如柑橘属植物的茎，1年中可产生3个年轮，也就是3个年轮才能代表1年的生长，因此，又称假年轮，即1个生长季内形成多个年轮。此外，气候的异常，虫害的发生，出现多次寒暖或叶落的交替，造成树木内形成层活动盛衰的起伏，使树木的生长时而受阻，时而复苏，都可能形成假年轮。没有

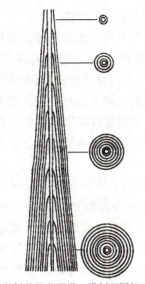 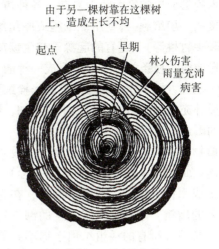

A. 10年树龄的茎干纵、横剖面图解，
示不同高度年轮数目的变化

B. 树干横剖面，示生态条件对
年轮生长状况的影响

图 2-36 树木的年轮

干湿季节变化的热带地区，树木的茎内一般不形成年轮。所以，严格地说，年轮这一名词并不完全正确。

树干基部的年轮通常可作为推断树木年龄的参考。年轮还可以反映出树木历年生长情况，结合当地当时气候条件和抚育管理措施的实际，进行比较和分析，可以从中总结出树木快速生长的规律，便于指导林业生产；还可以从树木年轮的变化中，了解到一地历年及远期气候变化情况和规律。有些树龄已达百年、千年之久的树木，以及地下深埋的具有年轮的树木茎段化石，都是研究早期气候、古气候变迁的可贵依据。

心材与边材　多年生木本植物随着年轮增多，茎干不断增粗。靠近树皮部分的木材是近几年形成的次生木质部，颜色较浅，导管有输导功能，木薄壁细胞是活动的，称为边材。而靠近中央部分的木材，是较早形成的次生木质部，颜色较深，其中，导管由于被其周围薄壁细胞侵入，在导管腔中形成侵填体，并积累单宁、树脂、色素等物质，因而被堵塞，失去输导能力，木薄壁细胞和木射线细胞也成为死细胞，此部分木材即为心材。

②次生韧皮部。次生韧皮部位于形成层外方，由筛管、伴胞、韧皮薄壁细胞和韧皮纤维组成，有的具有石细胞。形成层形成的次生韧皮部的数量远较次生木质部的少。次生韧皮部维持输导作用的时间较短，通常筛管只有1~2年的输导能力。部分衰老的筛管由于筛板上形成胼胝体，堵塞筛孔，失去输导作用，同时随着次生生长的继续进行，远离形成层先期产生的次生韧皮部，受到里面增大的木质部的压力也越来越大，筛管和一些薄壁细胞甚至被挤毁。当木栓形成层在次生韧皮部处形成后，木栓形成层以外的韧皮部就完全死亡，成为干死的组织而参与树皮的形成。

2.3.4.2　木栓形成层的产生及其活动

木本植物茎干的次生生长活跃，增粗显著，表皮不能适应茎内的不断增粗生长，以致最终死亡、脱落,而由木栓形成层产生的周皮代替了表皮的功能。

茎中木栓形成层的来源较为复杂,各种植物有所不同。多数植物的木栓形成层起源于与表皮邻接的一层细胞(薄壁组织细胞或厚角组织细胞),但也有的起源于表皮细胞(如柳树、苹果和夹竹桃等),还有的起源于初生韧皮部中的薄壁组织细胞(如葡萄、茶等)。

周皮形成时,枝条的外表同时形成一种通气结构,称为皮孔。皮孔常发生于原先气孔的位置,此处内方的木栓形成层不形成木栓细胞,而形成许多圆球形的、排列疏松的薄壁细胞,组成补充组织。由于补充组织的增加,向外突起,将表皮胀破,形成裂口,即为皮孔。皮孔的形成改善了老茎的通气状况。

有些植物的木栓形成层的寿命较长,最初形成的木栓形成层可以保持多年甚至终生不失其效能(如栓皮栎),但多数植物木栓形成层的寿命较短,在短时期内木栓形成层本身也转变成木栓组织了,在此情况下,在它内方发生出新的木栓形成层,再形成新周皮。随着茎的增粗,木栓形成层发生的部位逐渐向内推移,甚至可达次生韧皮部。新周皮形成后,其外方所有的活组织由于得不到养料和水分的供应以及被挤压而死亡,这些失活的组织,包括多次形成的周皮以及周皮以外的死亡组织组成了树皮(脱落皮层或树皮),但也有将形成层以外的所有组织统称为树皮的,这是树皮的广义概念。另外树皮色泽、形状以及皮孔和芽的形态特征常依植物不同而有差别,可作为鉴别冬季落叶树种的依据。

2.3.4.3 单子叶植物茎的次生结构

大多数单子叶植物没有次生生长,因而也就没有次生结构。茎的增粗是由于细胞的长大或初生分生组织平周分裂的结果。但少数热带或亚热带的单子叶植物茎,除一般初生结构外,有次生生长和次生结构出现,如龙血树、朱蕉、丝兰和芦荟等的茎中,它们的维管形成层的发生和活动,不同于双子叶植物,一般是在初生维管组织外方产生形成层,形成新的维管组织(次生维管束),因植物不同而有各种排列方式。现以龙血树(图 2-37)为例,加以说明。

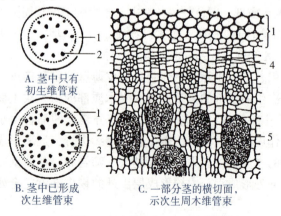

A. 茎中只有初生维管束
B. 茎中已形成次生维管束
C. 一部分茎的横切面,示次生周木维管束

1. 皮层;2. 初生维管束;3. 次生维管束;
4. 形成层;5. 周木维管束。

图 2-37 龙血树茎的横切面,示次生加厚

龙血树茎内,在维管束外方的薄壁组织细胞能转化成形成层,它们进行切向分裂,向外产生少量的薄壁组织细胞,向内产生一圈基本组织,在这一圈组织中,有一部分细胞直径较小,细胞较长,并且成束出现,将来能分化形成次生维管束。这些次生维管束也是散生的,比初生的更密,在结构上不同于初生维管束,因为所含韧皮部的量较少,木质部由管胞组成,并包于韧皮部的外周,形成周木维管束。而初生维管束为外韧维管束,木质部由导管组成。

2.3.4.4 裸子植物茎的结构

裸子植物都是木本植物,茎的结构基本和双子叶木本植物茎大致相同,二者都由表皮、皮层和维管柱等部分组成,长期存在着形成层,产生次生结构,使茎逐年加粗,并有显著的年轮,不同之处是维管组织的组成成分上存在差异。其特点如下:

①多数裸子植物茎的次生木质部主要由管胞和射线组成,无导管和典型的木纤维,管胞兼有输送水分和支持的双重作用。在横切面上,结构显得均匀整齐(图2-38)。和双子叶植物茎的次生木质部相同,裸子植物的次生木质部中也存在着早材与晚材、边材与心材的分化。

②裸子植物次生韧皮部的结构较简单,由筛胞、韧皮薄壁组织和射线组成,没有筛管、伴胞和韧皮纤维。有些松柏类植物茎的次生韧皮部中,也可能产生韧皮纤维和石细胞。

③有些裸子植物(特别是松柏类植物)茎的皮层、维管柱(韧皮部、木质部、髓甚至髓射线)中,常分布着许多管状的分泌组织即树脂道。松脂产生于松树的树脂道,这在双子叶木本植物茎中是没有的(图2-39)。

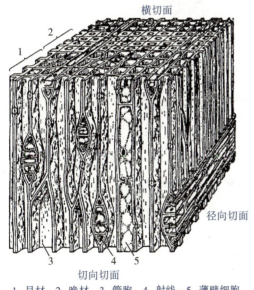

1. 早材;2. 晚材;3. 管胞;4. 射线;5. 薄壁细胞。

图 2-38　裸子植物茎木质部的立体图解

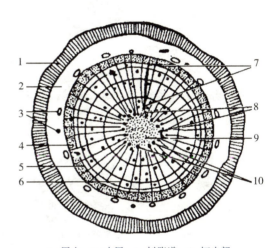

1. 周皮;2. 皮层;3. 树脂道;4. 韧皮部;
5. 维管形成层;6. 髓射线;7. 次生木质部;
8. 叶隙;9. 髓;10. 初生木质部。

图 2-39　油松幼茎的次生结构图解

2.3.5　茎的变态

茎的变态可以分为地上茎变态和地下茎变态两种类型。

2.3.5.1　地上茎的变态

(1) 茎刺

由茎转变而成的刺称为茎刺或枝刺,如山楂、酸橙的单刺,皂荚的分枝刺。茎刺有时

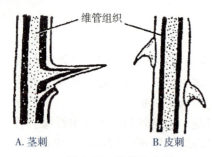

A. 茎刺　　　　　B. 皮刺
图 2-40　茎刺和皮刺

分枝生叶,它的位置常在叶腋,蔷薇茎上的皮刺是由表皮形成的,与维管组织无联系,与茎刺有显著区别(图 2-40,图 2-41A、B)。

(2) 茎卷须

许多攀缘植物的茎细长,不能直立,其侧枝变成卷须,称为茎卷须或枝卷须。茎卷须的位置或与花枝的位置相当(如葡萄),或生于叶腋(如南瓜、黄瓜)(图 2-41C)。

(3) 叶状茎

茎转变成叶状,扁平,呈绿色,能进行光合作用,称为叶状茎或叶状枝。假叶树的侧枝变为叶状枝,叶退化为鳞片状,叶腋内可生小花。由于鳞片过小,不易辨识,故常被误认为是"叶"(实际上是叶状枝)上开花(图 2-41E);天门冬的叶腋内也产生叶状枝;竹节蓼的叶状枝极显著,叶小或全缺(图 2-41D)。

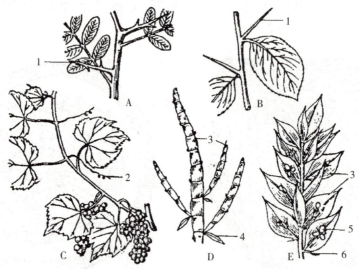

A. 皂荚;B. 山楂;C. 葡萄;D. 竹节蓼;E. 假叶树。
1. 茎刺;2. 茎卷须;3. 叶状茎;4. 叶;5. 花;6. 鳞叶。
图 2-41　茎的变态

2.3.5.2　地下茎的变态

植物的茎一般都生在地上,生在地下的茎与根相似,但由于仍具茎的特征(有节和节间,叶一般退化成鳞片,脱落后留有叶痕,变态叶腋内有腋芽),因此,容易和根区别。常见的地下茎变态有 4 种(图 2-42)。

(1) 根状茎

简称根茎,横卧地下,较长,形状似根,竹、莲、芦苇等都有根状茎。根状茎贮有丰富的养料,春季,腋芽可以发育成新的地上枝。藕就是莲的根状茎,其节间处有退化小叶,叶腋内可抽出花梗和叶柄。竹鞭是竹的根状茎,有明显的节和节间,笋是由竹鞭的叶腋内伸出地面的腋芽,可发育成竹的地上枝。竹、芦苇和一些杂草,由于有根状茎,可蔓

1. 鳞叶；2. 节间；3. 节；4. 不定根；5. 鳞茎盘；6. 顶芽；7. 腋芽；8. 块茎。

图 2-42 地下茎的变态

生成丛，杂草的根状茎，翻耕割断后，每一小段就能独立发育成一新植株。

(2) 块茎

块茎中最常见的是马铃薯。马铃薯的块茎上有许多凹陷，称为芽眼，幼时具退化鳞叶，后脱落。整个块茎上的芽眼作螺旋状排列。芽眼内(相当于叶腋)有 3~20 个芽，通常具 3 芽，但仅有 1 芽发育，同时，先端亦具顶芽。菊芋也具块茎，其块茎俗称洋姜。

(3) 鳞茎

由许多肥厚的肉质鳞叶包围的扁平或圆盘状的地下茎，称为鳞茎。如百合、洋葱、蒜等。百合的鳞茎，本身呈圆盘状，称鳞茎盘(或鳞茎座)，四周具瓣状的肥厚鳞叶，鳞叶间具腋芽，鳞叶每瓣分明，富含淀粉，为食用部分。洋葱的鳞茎也呈圆盘状，但四周的鳞叶不成显著的瓣，而是整片将茎紧紧围裹。每一鳞叶是地上叶的基部，外方的几片随地上叶的枯死而成为干燥的膜状鳞叶包在外方，有保护作用。内方的鳞叶肉质，在地上叶枯死后仍然存活，富含糖分，是主要的食用部分。此外，葱、水仙、石蒜等都是鳞茎。

(4) 球茎

球状的地下茎，如荸荠、华夏慈姑、三棱草等，它们都是根状茎先端膨大而成。球茎有明显的节和节间，节上具褐色膜状物，即鳞叶，为退化变形的叶。球茎具顶芽，荸荠更有较多的侧芽，簇生在顶芽四周。

实训 2-6　茎的形态、芽的类型与结构、分枝类型

一、实训目标

了解枝芽的构造；熟悉茎的形态术语；掌握茎的基本形态和分枝类型；在生产中能熟练辨别芽的类型。

二、实训场所

森林植物实验室和校园内。

三、实训形式

每个学生利用所学知识，在教师指导下观察

茎的基本形态、芽的类型和枝芽的结构、茎的分枝方式。

四、实训备品与材料

胡桃、小叶杨、枫杨、落叶松、紫丁香、家榆、水曲柳、山楂、梨、稠李、胡桃楸、黄波罗等的枝条。

五、实训内容与方法

（1）茎的基本形态观察

取木本植物的多年生枝条，观察其以下形态特征：节与节间，顶芽与腋芽（侧芽），叶痕与叶迹（维管束痕），芽鳞痕，皮孔。

以上特征可先在室内观察，然后在室外观察。

（2）芽的类型和枝芽的构造观察

任选一种植物的枝芽，用双面刀片将其从正中纵剖为二，放在解剖镜下观察：生长锥、叶原基、腋芽原基，鳞芽的芽鳞。

在校园内选取丁香、榆、水曲柳、杨、枫杨、山楂和梨等的枝条，从芽着生的位置、结构、生理状态来判断枝条上芽的类型。辨别芽的性质，枝芽还是花芽。

（3）分枝类型

芽展开后形成枝、花或花序，根据顶芽和腋芽的生长相关性，判断植物分枝类型。

六、注意事项

采集枝和芽对树木损伤较大，尽可能在树体上直接观察。

七、实训报告要求

详细说明木本植物冬态的主要鉴别特征依据有哪些。

实训 2-7　茎尖及茎的初生构造观察

一、实训目标

学会观察识别双子叶植物茎的初生结构和单子叶植物茎的结构，并能找出二者的区别；观察茎尖的结构，区别分生区、伸长区、成熟区的细胞形态的变化；了解茎尖结构与茎伸长生长的关系。

二、实训场所

森林植物实验室。

三、实训形式

在教师指导下，每个学生利用所学知识在显微镜下观察茎尖以及双子叶植物茎的初生结构和单子叶植物茎的结构。

四、实训备品与材料

按人数准备显微镜，丁香茎尖纵切制片、向日葵茎横切制片、梨树茎横切制片、毛竹茎横切制片。

五、实训内容与方法

（1）茎尖的观察

观察茎尖的结构，区别分生区、伸长区、成熟区的细胞形态的变化。了解茎尖结构与茎伸长生长的关系。

（2）草本双子叶植物茎的初生构造

取向日葵茎横切片，先在低倍镜下观察，可见幼茎初生结构由表皮、皮层和维管柱三部分组成。维管束呈束状，环状排列为一圈，束间有髓射线，中央为发达的髓。再转换高倍镜详细观察各部分细胞组成与结构特点。

①表皮。由原表皮发育而来，位于幼茎最外一层。细胞较小，排列紧密，外壁有角质化的角质层。有的表皮细胞分化成单细胞或多细胞的表皮毛。另外表皮上还有无气孔。

②皮层。位于表皮以内，维管柱以外的部分。

③维管柱。比较发达，所占面积比例较大，可分为维管束、髓射线和髓三部分。

维管束：每个维管束都由外方的初生韧皮部、束中形成层和内方的初生木质部组成，属于无限维管束。初生木质部一般分为早期形成的原生木质部和后期生成的后生木质部。原生木质部靠近茎中心，木薄壁细胞发达；而后生木质部在外方，靠近束中形成层，发生较晚，有的细胞壁还未栓化，染色较浅或未染色，木纤维较发达，原生木质部比后生木质部导管的管腔小。其发育方式为内始式。束中形成层：是原形成层保留下来的、仍有分裂能力的分生组织。在横切面上，细胞呈扁平状，壁薄，色浅，夹生在韧皮部和木质部之间。初生韧皮部：在发育过程中自外向内成熟，故为外始式。在维管束的最外方，还有较大比例的被染成红色的原生韧皮纤维，在其内方才是筛管、伴胞和韧皮薄壁细胞。

髓射线：位于维管束之间的薄壁细胞，外连皮层，内通髓，是横向运输的通道，并兼具贮藏功能，是由原形成层束之间的基本分生组织分裂分化而来。在草本植物茎中髓射线较宽。

髓：位于茎中央，是维管柱中心的薄壁细胞，排列疏松，常具贮藏功能，也是由基本分生组织细胞分裂分化来的。

（3）木本双子叶植物茎的初生构造

取梨树茎横切片，先在低倍镜下观察，然后再置于高倍镜下仔细观察，注意比较其初生结构与向日葵茎的初生结构有何不同。

（4）单子叶植物茎的结构

绝大多数单子叶植物茎中无形成层，因此，只有初生结构，不能进行增粗生长，与双子叶植物茎比较，主要不同点是其维管束内无束中形成层，维管束呈散生状态，分布于基本组织中，因此没有皮层和髓的明显界限。常见的有两种类型，一种是具髓腔茎（空心茎），如毛竹；另一种是不具髓腔茎（实心茎），如玉米。

取毛竹茎横切制片观察其结构。

在毛竹节间的横切面上，可分表皮、基本组织和维管束三部分。

①表皮。由一层细胞构成，细胞排列紧密，壁厚，外壁硅质化或角质化，有少数气孔。表皮内方有几层小而壁厚的细胞，是茎外方的机械组织。

②基本组织。表皮以内除维管束外，均为薄壁组织。靠近表皮的薄壁组织细胞小而密，常含叶绿体，呈绿色；靠内方细胞较大，有间隙，不含叶绿体，茎中央的薄壁组织在发育过程中破裂而形成髓腔。髓腔周围的竹黄由十多层细胞组成，十分坚硬。随着竹龄增加，薄壁组织细胞壁逐渐增厚并木质化，成为坚硬的竹秆。

③维管束。维管束散生在薄壁组织内，靠外方的维管束小，排列较密，维管束只有机械组织，少有输导组织分化。愈近内方的维管束愈大，分布愈稀疏。每个维管束外方被厚壁的纤维细胞包围，称为维管束鞘。维管束包括初生木质部和初生韧皮部，韧皮部在外方，木质部在内方。木质部通常只有3个导管，常排列成"V"字形，木质部和韧皮部间无形成层。

六、注意事项

木本双子叶植物茎的初生构造在理论知识部分已作了比较详细的介绍，所以这里重点介绍草本双子叶植物茎的初生构造。要求找出二者的区别。

七、实训报告要求

①绘制丁香茎尖纵切图，并注明各部结构的名称。

②绘制双子叶植物茎的初生结构，并注明各部分结构的名称。

③比较双子叶植物茎初生结构与单子叶（禾本科）植物茎的初生结构异同点。

实训 2-8　茎的次生构造观察

一、实训目标

了解茎的次生结构形成；掌握双子叶植物茎的次生结构和裸子植物茎的次生结构的特点。

二、实训场所

森林植物实验室。

三、实训形式

在教师指导下，每个学生在显微镜下观察茎的次生结构切片。

四、实训备品与材料

显微镜，椴树3年生茎横切制片、油松幼茎横切制片。

五、实训内容与方法

（1）观察双子叶木本植物茎的次生结构

观察椴树茎次生结构，并了解各部分的细胞特点。

①表皮。随着茎的增粗，逐渐破碎、断裂、枯萎，其保护作用由周皮代替。

②周皮。表皮下方的数层扁平的细胞。由木栓层、木栓形成层和栓内层组成。注意观察木栓形成层的来源。周皮已代替表皮行使保护功能。有的可以看到皮孔。

③皮层。细胞特点与栓内层明显不同，仅由数层染成紫红色的厚角组织和薄壁组织组成，有些薄壁组织细胞内含有簇晶。

④韧皮部。在皮层和形成层之间，整个轮廓呈梯形，与髓射线薄壁细胞相间排列。

⑤形成层。实际只有1层细胞，但因刚分裂出来的幼嫩细胞还未分化成木质部和韧皮部的各种细胞，所以看上去有4~5层等径排列的扁平薄壁细胞。

⑥木质部。形成层以内被染成红色的部分，所占比例较大，主要是外方的次生木质部和内方较少的初生木质部。

⑦髓。位于茎的中心，除少数石细胞外，多数为薄壁细胞，其外缘有围成的环髓带。一般髓细胞内含物较丰富，除有淀粉粒和晶簇外，还含有单宁和黏液等，所以部分细胞染色较深。

⑧射线。径向排列的薄壁细胞，包括髓射线和维管射线。从射线的长度、宽度及所在位置，如何区分髓射线和维管射线？前者数目随着茎的生长而增加，而后者数目是定数的、与维管束数目相同。

（2）观察裸子植物茎的次生结构

取油松幼茎横切片观察，注意裸子植物茎和一般双子叶木本茎的结构基本相同，都有表皮、周皮等。但松茎皮层、维管柱中具大量的树脂道；在韧皮部内只有筛胞而无筛管。

六、注意事项

注意比较裸子植物（松）茎和双子叶植物（椴）茎在结构组成方面的异同点。

七、实训报告要求

绘制3年生椴树茎横切面轮廓简图，并从外至内依次注明各个部分。

实训2-9　茎的变态类型观察

一、实训目标

了解茎的不同变态类型的生物学意义；学会识别茎的变态类型。

二、实训场所

森林植物实验室或田间、野外。

三、实训形式

每个学生利用所学知识，对所给新鲜标本逐一进行观察识别。

四、实训备品与材料

按人数准备放大镜、镊子、解剖刀、解剖针、马铃薯、洋葱、黄精、荸荠、山里红、葡萄、假叶树、仙人掌等。

五、实训内容与方法

（1）观察地下茎的变态

地下茎外形与根相似，而其主要区别为：有退化之叶（鳞叶）存在；有节或芽眼以及内部构造上与根不同。

①块茎。取马铃薯块茎观察，可见马铃薯的块茎是地下茎的先端膨大而成，块茎外部为黄色木栓层，茎上有许多凹陷的芽眼，每一芽眼上面有2~3个芽。剖开块茎用肉眼观察由外向内识别各部分。可见木栓层、外皮、维管束、基本组织和髓等部分。

②鳞茎。取洋葱鳞茎观察，可见为一种十分短缩的地下茎，将其纵剖，见其下方有一短缩的鳞茎，之上有许多肥大的鳞叶。

③根茎。取黄精的根茎观察，其外形似根但不是根而是茎，因为茎上有节和节间，于节上能形成芽。

④球茎。取荸荠观察，它为一种短而膨大的地下茎，内有养料，外部生有鳞片。

（2）观察地上茎的变态

①茎刺。观察山里红的茎有刺针，即为茎的变态，称为茎刺，不易折断。

②茎卷须。葡萄的茎生有卷须，为茎的变态，借此可攀缘于其他物体之上。

③叶状茎。观察假叶树，见叶退化成小鳞片状而茎及枝则变成叶状，并且可代替叶进行光合作用。

另外，仙人掌的茎变成扁平状，肉质肥厚，色绿能进行光合作用，并能贮藏大量水分，适应于沙漠地区生活。

六、注意事项

各地可根据实际情况选择不同种类的变态茎进行观察。

七、实训报告要求

①记录观察到的变态茎，列出你知道的变态茎并注明它们分别有何意义。
②列出区别根与地下茎的方法。

2.4 叶

叶是种子植物重要的营养器官，是植物体生长过程中能量供应和干物质积累的主要源泉。由于长期自然选择和功能适应的结果，其形态变化非常多样，也是鉴别植物种类的重要依据之一。叶的主要生理功能是进行光合作用、蒸腾作用和气体交换。光合作用能制造植物生长所需要的有机物质；蒸腾作用可以促进植物水分及无机盐的吸收与运输，同时调节体温，免遭烈日灼伤；光合作用与呼吸作用中的气体交换，也在叶中进行。此外，有些植物的叶，在一定条件下能用以繁殖新植株，或用以贮藏养料。

2.4.1 叶的形态

2.4.1.1 叶的组成

植物的叶，一般由叶片、叶柄和托叶三部分组成（图2-43）。具叶片、叶柄和托叶三部分的叶，称为完全叶，例如梨、桃、朱槿等植物的叶。如果缺少其中一或两个部分的，称为不完全叶。其中以无托叶的现象最为普遍，例如茶、丁香等植物的叶。

2.4.1.2 叶片的形态

各种植物的叶片大小不同，形态各异，也最显而易见，是识别植物的重要特征依据。

(1) 叶片的大小

叶片的大小差别极大。如柏木的叶细小，呈鳞片状，长仅几毫米；芭蕉的叶片长达1~2 m；而亚马孙酒椰的叶片长可达22 m，宽达12 m。

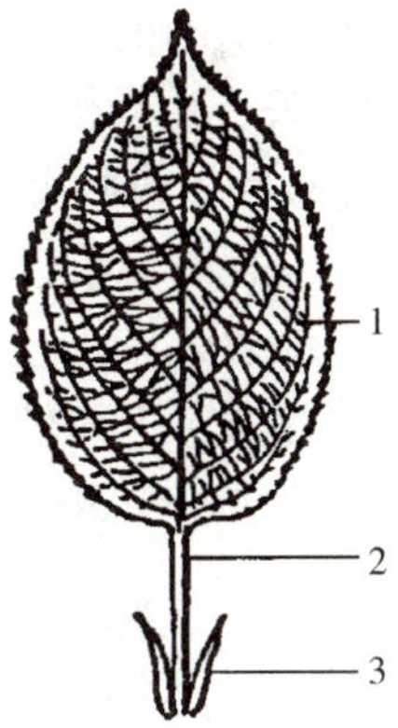

(2) 叶片的形状

叶片的形状差异也很悬殊，常见的形状多以几何图形来命名，典型的有以下几种（图2-44）。

①针形。叶细长，先端尖锐，如松、雪松等的叶。
②线形。也称条形，叶片狭长，全部的宽度约略相等，如水杉、冷杉的叶。

1. 叶片；2. 叶柄；3. 托叶。
图2-43 叶的外形

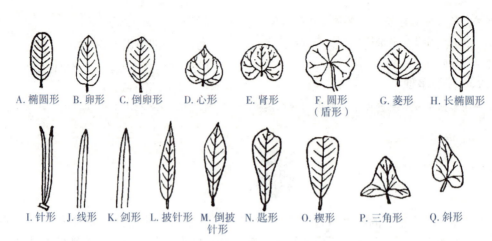

图 2-44 叶形的类型

③披针形。叶片狭长，中部以下最宽，至先端渐次狭尖，如柳、桃的叶。

④椭圆形。叶片中部宽而两端较狭，两侧叶缘成弧形，如樟树的叶。

⑤卵形。叶片下部圆阔，上部稍狭，如女贞的叶。

⑥菱形。叶片成等边斜方形，如菱的叶。

⑦心形。与卵形相似，但叶片下部更为广阔，基部凹入成尖形，似心形，如紫荆的叶。

⑧肾形。叶片基部凹入成钝形，先端钝圆，横向较宽，似肾形，如积雪草、冬葵的叶。

还有一些特殊的形状，如鳞形、钻形、扇形、剑形、盾形、箭形、三角形、圆形、匙形等，即使这些形态术语也还无法描述出众多的叶形，所以人们还需用多重的形态术语来描述某种植物的叶形，即将两种几何图形名称连接在一起，并将"长""广""倒"等字眼冠在上述术语的前面，如夹竹桃叶称为长椭圆状披针形；火棘称为倒卵状披针形等。

叶尖、叶基和叶缘也有各自的形状，可分别作以下描述。

(3) 叶尖的形状

叶尖的形状有以下一些主要类型(图 2-45)。

①渐尖。叶尖较长，或逐渐尖锐，如垂柳、山杏等。

②急尖。叶尖较短而尖锐，如女贞、荞麦。

③钝形。叶先端钝或近圆形，如厚朴、木通等。

④截形。叶尖如横切成平边状，如鹅掌楸、蚕豆。

⑤具短尖。叶尖具有突然生出的小尖，如树锦鸡儿、紫穗槐等。

⑥具骤尖。叶尖尖而硬，如虎杖、吴茱萸等。

⑦微缺。叶尖具浅凹缺，如越橘、凹叶厚朴等。

图 2-45 叶尖的类型

⑧倒心形。叶尖具较深的尖形凹缺，而叶两侧稍内缩，如酢浆草。

(4)叶基的形状

叶基的形状有钝形、心形、截形、楔形、耳形、箭形、戟形、匙形、偏斜形等(图2-46)。

①耳形。叶基两侧下垂如耳垂状。如白英、狗舌草等。

②箭形。叶基二裂片尖锐下指，直伸如箭。如慈姑、箭叶蓼。

③戟形。二裂片向两侧外指，如菠菜、旋花。

④匙形。叶基向下逐渐狭长，如金盏菊。

⑤偏斜形。叶基两侧不对称，如秋海棠、朴树。

A.钝形　B.心形　C.耳形　D.戟形　E.渐尖

F.箭形　G.匙形　H.截形　I.偏斜形

图2-46　叶基的类型

(5)叶缘的形状

叶缘的形状有下面一些类型(图2-47)。

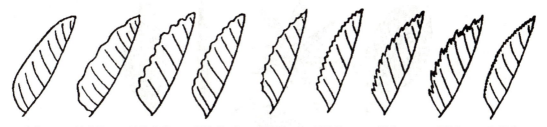

A.全缘　B.波状缘　C.皱缩状缘　D.圆齿状　E.圆缺　F.牙齿状　G.锯齿　H.重锯齿　I.细锯齿

图2-47　叶缘的类型

①全缘。叶缘平整，不具任何齿缺，如女贞、玉兰、丁香、含笑等。

②波状。叶缘稍显凸凹而呈波纹状的，如胡颓子。

③皱缩状。叶缘波状曲折较波状更大，如羽衣甘蓝。

④齿状缘。叶片边缘凹凸不齐，裂成齿状的，称为叶缘齿状，依齿的粗细形式分为锯齿、牙齿、重锯齿、圆齿几种类型。齿尖锐而齿尖朝向叶先端的，称为锯齿，如月季。锯齿较细小的，称为细锯齿，如猕猴桃。齿尖直向外方的，称为牙齿，如茨藻。锯齿上又出现小锯齿的，称为重锯齿，如樱草。齿不尖锐而成钝圆的，称为圆齿，如水青冈。

⑤缺裂。叶片边缘凹凸不齐，凹入和凸出的程度较齿状缘大而深，称为缺裂。缺裂的深浅和形式有多种。缺裂的形式有以下2种：一种是裂片呈羽状排列的，称为羽状缺裂(图2-48A~C)，如蒲公英、辽东栎、山楂、银桦等；另一种是裂片呈掌状排列的，称为掌状缺裂(图2-48D~F)，如五角槭、梧桐、悬铃木等。依裂入的深浅讲，又分为浅裂、深裂、全裂3种。浅裂，也称半裂，缺裂最深达到叶片的1/2，如梧桐；深裂的缺裂部分超过叶片1/2，如荠菜；全裂，也称全缺，缺裂可深达中脉或叶片基部，如茑萝、铁树。

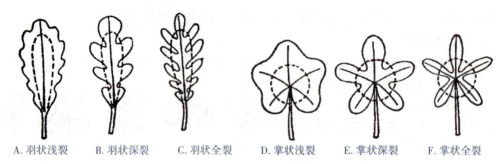

A. 羽状浅裂　　B. 羽状深裂　　C. 羽状全裂　　D. 掌状浅裂　　E. 掌状深裂　　F. 掌状全裂

图 2-48　叶的缺裂类型

（虚线为叶片一半的界线）

2.4.1.3　脉序

叶脉是贯穿在叶肉内的输导和支持结构，由维管束和其他有关组织组成。叶脉在叶片上呈现出各种有规律的分布称为脉序。脉序主要有平行脉、网状脉和叉状脉3种类型（图2-49）。

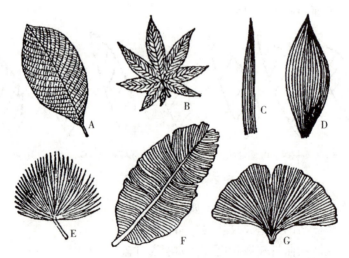

A、B. 网状脉（A. 羽状网脉；B. 掌状网脉）；C~F. 平行脉（C. 直出脉；
D. 弧形脉；E. 射出脉；F. 侧出脉）；G. 叉状脉。

图 2-49　叶脉的类型

(1) 平行脉

平行脉的各叶脉平行排列。多见于单子叶植物。其中各脉由基部平行直达叶尖的，称为直出平行脉或直出脉，如水稻、小麦；中央主脉显著，侧脉垂直于主脉，彼此平行，直达叶缘的，称侧出平行脉或侧出脉，如芭蕉、美人蕉；各叶脉自基部以辐射状态分出的，称辐射平行脉或射出脉，如蒲葵、棕榈；各脉自基部平行出发，稍作弧状，最后集中在叶尖汇合的，称为弧状平行脉或称弧形脉，如车前。

(2) 网状脉

网状脉具有明显的主脉，并向两侧发出许多侧脉，各侧脉之间，又一再分枝形成细脉，组成网状，是多数双子叶植物的脉序。其中具一条明显的主脉，两侧分出许多侧脉，侧脉间又多次分出细脉的，称为羽状网脉，如女贞、桃、李等大多数双子叶植物的叶；其中由叶基分出多条主脉，主脉间又一再分枝，形成细脉的，称为掌状网脉，如梧桐、枫树等。

(3) 叉状脉

叉状脉各脉作二叉分枝，为较原始的脉序，如银杏。此外叉状脉在蕨类植物中较为普遍。

2.4.1.4 单叶和复叶

一个叶柄上如只生长一个叶片，称为单叶；一个叶柄上如生长2个以上叶片，称为复叶。复叶的叶柄称为叶轴或总叶柄，叶轴上所生的叶，称为小叶，小叶的叶柄，称为小叶柄。

复叶依小叶排列的不同状态而分为羽状复叶、掌状复叶和三出复叶(图2-50)。

(1) 羽状复叶

小叶类似羽毛状排列在叶轴的左右两侧，如紫藤、国槐等。

羽状复叶依小叶数目的不同，分为奇数羽状复叶和偶数羽状复叶。一个羽状复叶上的小叶总数为单数的，称为奇数羽状复叶，如月季、刺槐；一个羽状复叶上的小叶总数为双数的，称为偶数羽状复叶，如落花生、皂荚等。

羽状复叶又因叶轴分枝与否及分枝情况，而再分为1回、2回、3回和多回羽状复叶。1回羽状复叶：叶轴不分枝，小叶直接生在叶轴左右两侧，如刺槐、落花生。2回羽状复叶：叶轴分枝1次，再生小叶，如合欢、云实。3回羽状复叶：叶轴分枝2次，再生小叶，如南天竹。多回羽状复叶：叶轴多次分枝，再生小叶的称之。

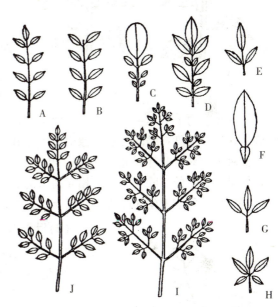

A. 奇数羽状复叶；B. 偶数羽状复叶；C. 大头羽状复叶；
D. 参差羽状复叶；E. 三出羽状复叶；F. 单身复叶；
G. 三出掌状复叶；H. 掌状复叶；I. 3回羽状复叶；
J. 2回羽状复叶。

图 2-50 复叶的主要类型

(2) 掌状复叶

掌状复叶是指小叶都生在叶轴的顶端，排列如掌状，如牡荆、七叶树等。掌状复叶也可因叶轴分枝情况，而再分为1回、2回等。

(3) 三出复叶

三出复叶是指每个叶轴上生3个小叶。如果3个小叶柄是等长的，称为三出掌状复叶，如橡胶树；如果顶端小叶柄较长，就称为三出羽状复叶，如秋枫。

(4) 单身复叶

复叶除以上 3 种类型外，还有一个叶轴只具 1 个叶片的，称为单身复叶，如橙、柚的叶(图 2-50F)。单身复叶可能是由三出复叶退化而来，叶轴具关节，表明原先是三小叶同生在叶节处，后来两小叶退化消失，仅存先端的 1 个小叶所成。

2.4.1.5 叶序和叶镶嵌

(1) 叶序

叶在茎上按一定规律的排列方式，称为叶序。叶序基本上有 3 种类型，即互生、对生和轮生(图 2-51)。

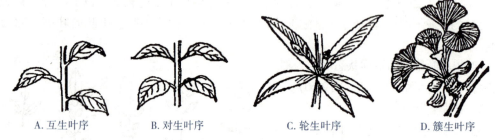

图 2-51 叶 序

①互生。每节上只生 1 叶，交互而生，称为互生。如樟、白杨、悬铃木等。其中如果叶着生在茎节极度短缩的枝上，像很多叶子在一起，称为簇生，如银杏、落叶松等。

②对生。对生叶序是每节上生 2 叶，相对排列，如丁香、女贞、石竹等。对生叶序中，如果一节上的 2 叶，与上下相邻一节的 2 叶交叉成十字形排列，称为交互对生。

③轮生。每节上生 3 叶或 3 叶以上，称为轮生叶序，如夹竹桃、梓树等。

(2) 叶镶嵌

叶在茎上的排列，不论是哪一种叶序，相邻两节的叶，总是不相重叠而成镶嵌状态，这种同一枝上的叶，以镶嵌状态的排列方式而不重叠的现象，称为叶镶嵌(图 2-52)。

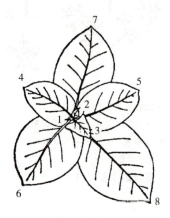

图 2-52 叶镶嵌
(幼小烟草植株的顶面观，
图中数字显示叶的顺序)

2.4.1.6 异形叶性

一般情况下，一种植物具有一定形状的叶，但有些植物，却在一个植株上有不同形状的叶。这种同一植株上具有不同叶形的现象，称为异形叶性(图 2-53)。异形叶性的发生，有以下两种情况。一种是叶因枝的老幼不同而叶形各异，例如蓝桉，嫩枝上的叶较小，卵形无柄，对生，而老枝上的叶较大，披针形或镰刀形，有柄，互生，且常下垂。又如金钟柏幼枝上的叶为针形，老枝上的叶为鳞形。我们常见的白菜、油菜，基部的叶较大，有显著的带状叶柄，而上部的叶较小，无柄，抱茎而生。另一种是由于外界环境的影响，而引起异形叶性。例如中华慈姑，有3种不同形状的叶：气生叶，箭形；漂浮叶，椭圆形；而流水叶，呈带状。又如水毛茛，气生叶扁平宽阔；沉水叶，却细裂成丝状。

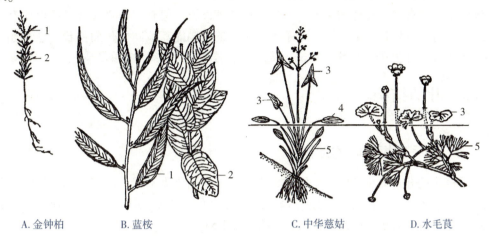

A. 金钟柏　　　B. 蓝桉　　　　　　C. 中华慈姑　　　D. 水毛茛

1. 次生叶；2. 初生叶；3. 气生叶；4. 漂浮叶；5. 沉水叶。

图 2-53　植物的异形叶性

2.4.2　叶的发生和生长

叶发生于茎尖基部的叶原基(图 2-54)。叶原基发生时，茎尖周缘分生组织区一定部位的表层下面 1~2 层细胞进行平周分裂，平周分裂产生的细胞和表层细胞又进行垂周分裂，形成一个向外的突出物，即叶原基。叶原基首先进行顶端生长，顶端部分的细胞继续分裂，使整个叶原基长长，成为一个锥体，叫作叶轴，是没有分化的叶片和叶柄。具有托叶的植物，叶原基基部的细胞迅速分裂、生长、分化为托叶，包围着叶轴。

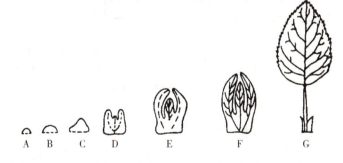

A、B. 叶原基形成；C. 叶原基分化成上下两部分；D~F. 托叶原基与幼叶形成；G. 成熟的完全叶。

图 2-54　完全叶的形成过程

在叶轴伸长的早期，叶轴边缘的两侧出现两条边缘分生组织，边缘分生组织进行分裂，使叶原基向两侧生长(边缘生长)，同时叶原基还进行一些平周分裂，使叶原基的细胞层数有所增加，这样，叶原基成为具有一定细胞层数的扁平形状，形成幼叶。叶轴基部没有边缘生长的部位，分化形成叶柄。由于各个部位边缘分生组织分裂速度不一致，可形成不同程度的分裂叶；如果有的部位有边缘分生组织，有的部位无，就形成复叶。

当叶片各个部分形成后，细胞继续分裂和长大，增加幼叶的面积（居间生长），直到叶片成熟。由于不同部位居间生长的速度不同，结果形成不同形状的叶。

叶的生长期有限，在达到一定大小后，生长就停止。但有的植物在叶基部保留有居间分生组织，可以有较长的生长期，如禾本科植物的叶鞘能随节间生长而伸长；葱、韭菜等剪去上部叶片，叶仍然能够继续生长，就是由于居间分生组织活动的结果。

2.4.3 叶的结构

2.4.3.1 双子叶植物叶的结构

被子植物的叶片为绿色的扁平结构，由于上下两面受光不同，因此内部结构也有所不同。一般把向光的一面称为上表面（近轴面），相反的一面称为下表面（远轴面）。叶片的内部结构通常分为表皮、叶肉和叶脉三部分（图2-55）。

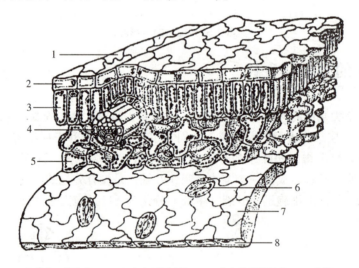

1. 上表皮（表面观）；2. 上表皮（横面观）；3. 叶肉的栅栏组织；4. 叶脉；
5. 叶肉的海绵组织；6. 气孔；7. 下表皮（表面观）；8. 下表皮（横面观）。

图2-55 叶片结构的立体图解

（1）表皮

表皮来源于原表皮，覆盖着整个叶的表面，有上表皮和下表皮之分，上表面的是上表皮，下表面为下表皮。大多数植物叶的表皮由1层细胞构成，如棉花、女贞；少数植物叶的表皮是由多层细胞构成的，称为复表皮，夹竹桃和海桐的表皮为2~3层细胞组成的复表皮。表皮主要由表皮细胞、气孔器、表皮附属物和排水器组成。

①表皮细胞。是表皮的主要组成成分。表皮细胞多为有波纹边缘的不规则的扁平体，细胞彼此紧密嵌合，没有胞间隙。在横切面上，表皮细胞的形状十分规则，呈扁长方形，外切向壁比较厚，并覆盖有角质膜。角质膜有减少蒸腾，并在一定程度上防御病菌和异物侵入的作用，它较强的折光性能够防止强光对叶片造成灼伤，在热带植物中这种保护作用

更为明显。角质膜也不是完全不通透的，植物体内的水分可通过叶片表皮角质膜蒸腾散失一部分。生产上采用叶面施肥，便是应用溶液喷洒于叶面后，一部分通过气孔进入叶内，还有一部分透过表皮角质膜进入细胞的原理。表皮细胞中通常不含叶绿体，在一些阴地或水生植物中可能具有叶绿体（如眼子菜）。有的植物表皮细胞含有花青素，使叶片呈现红、蓝、紫色。表皮细胞还是一个有效的紫外线过滤器，照射到叶片上的紫外线大部分被表皮截留，避免了紫外线对内部结构的伤害。

②气孔器。叶表皮上分布有许多气孔器，这与叶片光合作用和蒸腾作用密切相关。双子叶植物的气孔器通常呈散乱的状态分布，没有一定规律。气孔器由两个肾形的保卫细胞围合而成。两个保卫细胞之间的裂生胞间隙称为气孔，它们是叶片与外界环境之间气体交换的孔道。有些植物如甘薯等，在保卫细胞之外，还有较整齐的副卫细胞。

一般植物在正常气候条件下，昼夜之间气孔的开闭具有周期性。气孔常于晨间开启，有利于光合作用；午前张开到最高峰，此时，气孔蒸腾也迅速增加，保卫细胞失水渐多；中午前后，气孔渐渐关闭；下午当叶内水分增加之后，气孔再度张开；到傍晚后，因光合作用停止，气孔则完全闭合。气孔开闭的周期性随气候和水分条件、生理状态和植物种类而有差异。了解气孔开闭的昼夜周期变化和环境的关系，对于选择根外施肥的时间有实际意义。

气孔在表皮上的数目、位置和分布，随植物种类而异，且与生态条件有关。大多数植物 1 cm^2 的下表皮平均有气孔 10 000~30 000 个。一般来说，双子叶草本植物如棉花、马铃薯、豌豆的气孔，下表皮多而上表皮少，木本双子叶植物如茶、桑等的气孔，都集中在下表皮，睡莲叶的气孔器仅在上表皮分布，沉水植物的叶一般没有气孔器。

③表皮附属物。表皮上常有表皮毛，它是由表皮细胞向外突出分裂形成的。其类型、功能和结构因植物而异。如棉花叶，有单细胞簇生的毛和乳头状的腺毛。茶幼叶下表皮密生单细胞的表皮毛，在表皮毛周围，分布有许多腺细胞，能分泌芳香油，加强表皮的保护作用。甘薯叶表皮上有腺鳞，顶部能分泌黏液。荨麻叶上的蜇毛能分泌蚁酸，可防止动物的侵害。

④排水器。有些植物的叶尖和叶缘有一种排出水分的结构，称为排水器。排水器由水孔和通水组织构成。水孔是气孔的变形，结构与气孔相似，但它的保卫细胞分化不完全，没有自动调节开闭的作用。排水器内部有一群排列疏松的小细胞，与脉梢的管胞相连，称为通水组织。在温暖的夜晚或清晨，空气湿度较大时，叶片的蒸腾微弱，植物体内的水分就从排水器溢出，在叶尖或叶缘集成水滴，这种现象称为吐水。吐水现象是根系吸收作用正常的一种标志。

（2）叶肉

叶肉是上、下表皮之间的绿色组织的总称，是叶的主要部分，由基本分生组织发育而来。叶肉通常由薄壁细胞组成，内含丰富的叶绿体，是进行光合作用的主要场所。由于叶两面受光的影响不同，双子叶植物的叶肉细胞在上表面分化成栅栏组织，在下表面分化成海绵组织，这种叶称为两面叶或异面叶，如棉花、女贞的叶。有的双子叶植物叶肉没有栅栏组织和海绵组织分化，或者在上、下表皮内侧都有栅栏组织的分化，称为等面叶，如柠檬桉、夹竹桃的叶。

①栅栏组织。栅栏组织是 1 列或几列长柱形的薄壁细胞,其长轴与上表皮垂直相交,呈栅栏状排列。栅栏组织细胞之间形成发育良好的胞间隙系统,保证了每个细胞与气体充分接触,有利于光合作用时大量的气体交换。栅栏组织细胞内含有较多、较大的叶绿体,在生长季节里,叶绿素含量高,类胡萝卜素的颜色为叶绿素的颜色所遮蔽,故叶色浓绿;秋天,叶绿素减少,类胡萝卜素的黄橙色便显现出来,于是叶色变黄。

②海绵组织。海绵组织位于栅栏组织与下表皮之间,是形状不规则、含少量叶绿体的薄壁组织。细胞排列疏松,胞间隙很大,特别是在气孔内方,形成较大的气孔下室。由于海绵组织细胞内含叶绿体较少,故叶片背面的颜色较浅。海绵组织的光合强度低于栅栏组织,气体交换和蒸腾作用是其主要功能。

(3)叶脉

叶脉是叶片内的维管束,在主脉和较大侧脉的维管束周围还有薄壁组织和机械组织。叶脉的主要功能是输导水分、无机盐和养料,并对叶肉组织起机械支持作用。双子叶植物的叶脉多为网状脉,在叶的中央纵轴有一条最粗的叶脉,称为中脉,从中脉上分出的较小分枝为侧脉,侧脉再分枝出更小的细脉,细脉末端称脉梢。

随着叶脉分枝,叶脉的结构越来越简单。首先是形成层和机械组织消失,其次是木质部和韧皮部的组成分子逐渐减少。细脉末端,韧皮部中有的只有数个狭短筛管分子和增大的伴胞,有的只有 1~2 个薄壁细胞,木质部中最后也仅有 1~2 个螺纹管胞。

2.4.3.2 单子叶植物叶的结构

单子叶植物的叶片也是由表皮、叶肉和叶脉三部分组成的,但各部分的结构和双子叶植物有所不同,下面简要介绍竹类叶子的结构特征。竹类的叶生于小枝的节上,主要包括叶鞘和叶片两部分。叶鞘包裹着小枝的节间,叶片狭长或披针形,具平行脉。在叶鞘与叶片连接处的内侧,有膜质的小片称叶舌。叶舌两侧有毛状物称叶耳。通过竹叶的叶片作横切面,可以看到表皮、叶肉和维管束三部分(图 2-56)。

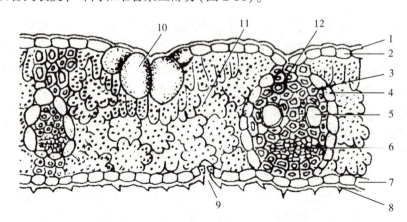

1. 角质层;2. 上表皮;3. 维管束内鞘;4. 维管束外鞘;5. 木质部;6. 韧皮部;
7. 下表皮;8. 硅质突起;9. 气孔;10. 运动细胞;11. 叶肉;12. 机械组织。

图 2-56 毛竹叶的横切面

(1) 表皮

竹叶表皮分上表皮和下表皮。表皮细胞除外壁角质化外，还有硅质或栓质。在相邻两叶脉之间的上表皮有几个特殊形态的大型薄壁细胞，称泡状细胞。在横切面上，泡状细胞排列成扇形，中间的细胞最大，两侧的较小。细胞内具有大液泡，天气干燥时，细胞失水收缩，使叶片向上卷曲成筒状以减少水分的蒸腾；天气湿润时，又吸水膨胀，使叶片展开。因此泡状细胞又称运动细胞。

竹叶的上、下表皮上还分布纵行排列的气孔，下表皮分布较多。气孔器由两个哑铃形的保卫细胞以及两个梭形的副卫细胞构成，副卫细胞位于保卫细胞外方。哑铃形的保卫细胞两端壁薄，中间壁厚。当保卫细胞吸水时，两端壁薄部分膨大而将气孔撑开，失水时气孔闭合。

(2) 叶肉

竹叶的叶肉细胞，靠上表皮的为圆柱形，排列整齐；下方的形状不一。叶肉细胞的细胞壁向内折叠，以扩大光合作用面积。

(3) 叶脉

竹叶叶脉平行排列于叶肉组织中，在横切面上可以看到大小叶脉相互交替排列。大的叶脉由维管束及其外围的维管束鞘组成。维管束包括木质部与韧皮部，木质部在上方，韧皮部在下方。木质部与韧皮部之间无形成层。竹类的维管束鞘为两层，外层是薄壁细胞，内层为厚壁细胞。

上述竹叶的构造特征，如具泡状细胞；叶肉无明显分化的栅栏组织和海绵组织；维管束有维管束鞘包围；气孔的保卫细胞哑铃形，有副卫细胞等，是禾本科植物叶构造的共同特征。

2.4.3.3 裸子植物叶的结构

裸子植物的叶多是常绿的，如松柏类，少数植物如银杏是落叶的；叶的形状常呈针形、条形或鳞片状。松属植物的叶为针形，生长在短枝上，大多是两针一束，如油松、马尾松；也有三针一束的，如白皮松和云南松；五针一束的，如红松、华山松。两针一束的叶横切面呈半圆形，三针和五针一束的呈三角形。现以松属植物马尾松的叶为例来说明裸子植物叶的结构。马尾松叶的横切面可分为表皮、下皮层、叶肉和维管组织四个部分（图 2-57）。

(1) 表皮

裸子植物表皮由一层细胞构成，细胞壁显著加厚并强烈木质化，外面有厚的角质膜，细胞腔很小。表皮下有多层厚壁细胞称为下皮，气孔在表皮上成纵行排列，保卫细胞下陷到下皮层中，副卫细胞拱盖在保卫细胞上方（图 2-58）。保卫细胞和副卫细胞的壁均有不均匀加厚并木质化。冬季气孔被树脂性质的物质所闭塞，可减少水分蒸发。

(2) 下皮层

下皮层在表皮内方，为数层木质化的厚壁细胞。发育初期为薄壁细胞，后渐木质化，形成硬化的厚壁细胞。下皮层除了防止水分蒸发外，还有使松叶具有坚挺的作用。

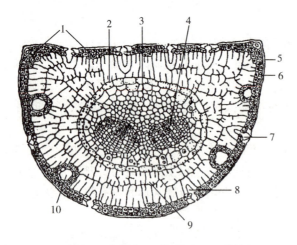

1. 下皮层；2. 内皮层；3. 薄壁组织；4. 维管束；
5. 角质层；6. 表皮；7. 下陷的气孔；8. 孔下室；
9. 叶肉细胞；10. 树脂道。

图 2-57　马尾松叶的横切面

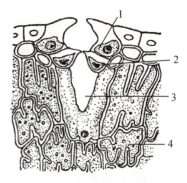

1. 副卫细胞；2. 保卫细胞；3. 孔下室；
4. 叶肉细胞(绿色折叠薄壁细胞)。

图 2-58　马尾松叶的气孔器

(3) 叶肉

下皮层以内是叶肉，叶肉没有栅栏组织和海绵组织的分化。细胞壁向内凹陷，形成许多突入细胞内部的皱褶。叶绿体沿皱褶边缘排列，这样的皱褶可以扩大叶绿体的分布面积，增加光合作用面积，弥补了针形叶光合面积小的不足。在叶肉组织中含有若干树脂道。不同种类树脂道的数目和分布位置不同，可作为分种的依据之一。

叶肉细胞以内有明显的内皮层，维管组织两束(松属的其他种类有仅具一束维管组织的)，居叶的中央。木质部在近轴面，韧皮部在远轴面。初生木质部由管胞和薄壁组织组成，初生韧皮部由筛胞和薄壁组织组成，在韧皮部外方常分布一些厚壁组织。

2.4.4　叶的变态

叶的变态主要有以下几种类型(图 2-59)。

(1) 苞片

苞片是着生在花柄上、在花之下的变态叶，具有保护花和果实的作用，通常小于正常叶，苞片数多而聚生在花序外围的称为总苞，如菊科植物花序外面的总苞。

(2) 鳞叶

叶变态成鳞片状，称为鳞叶。木本植物(如杨树、胡桃等)鳞芽外面的鳞叶，也称芽鳞，具有保护幼芽的作用。另一种是地下茎上的鳞叶，有肉质和膜质两种，如洋葱、百合的鳞茎盘周围着生的许多肉质鳞片就是鳞叶；洋葱肉质鳞叶外面、荸荠球茎上有膜质鳞叶。

(3) 叶卷须

叶的一部分变成卷须状，称为叶卷须。叶卷须适于攀缘生长，如豌豆、西葫芦等。

(4) 叶刺

有些植物的叶或叶的某一部分变为刺状，对植物有保护作用，称为叶刺。如仙人掌、

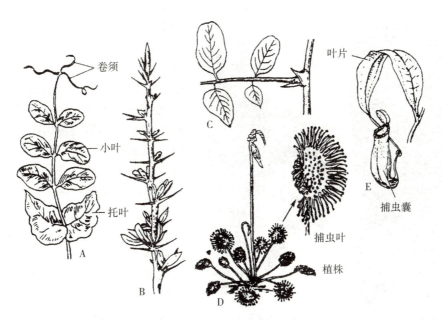

A. 豌豆的叶卷须；B. 小檗的叶刺；C. 刺槐的托叶刺；D. 茅膏菜的植株及捕虫叶；E. 猪笼草的捕虫囊(叶柄的变态)。

图 2-59　叶的变态

小檗的叶刺，刺槐、酸枣叶柄基部的一对托叶刺等。

(5) 捕虫叶

食虫植物的部分叶可特化成瓶状、囊状及其他一些形状，其上有分泌黏液和消化液的腺毛，能捕捉昆虫并将昆虫消化吸收，如猪笼草等。

2.4.5　落叶和离层

叶有一定寿命。多数植物的叶生活到一定时期便会从枝上脱离下来，这种现象称为落叶。有的多年生木本植物的叶可以生活一个生长季，冬天来临时叶全部脱落，称为落叶树，如杨、柳、银杏等；而松树、女贞等植物的叶寿命较长，可以活 1 年或几年，在植株上次第脱落，互相交替，称为常绿树。草本植物的叶随植株死亡。落叶是植物渡过不良环境(如低温、干旱)的一种适应形式。冬季寒冷干旱，根系吸水困难，叶脱落可以减少蒸腾，渡过不良环境，植物得以生存。

叶在脱落之前，要经历衰老变化。衰老和脱落是两个连续的过程。有时这两个过程可以独立发生，如突然的霜害和机械损伤会导致叶脱落；一些二年生植物的叶，植株死亡后也不脱落。叶衰老时，代谢活动降低，叶肉细胞间隙扩大，水分不足，气孔关闭早，光合效率下降，叶内同化产物和可溶性蛋白质向叶外运输量降低，叶绿素分解，只剩下叶黄素和胡萝卜素两类色素。靠近叶柄基部的几层细胞发生细胞学和化学上的变化，形成离区(图 2-60)。

从外表看，有的植物叶柄基部有一个浅的凹槽，有的没有凹槽但在此处的表皮具有不同颜色，这个部位就是离区。离区细胞和邻近细胞相比，体积小，缺乏扩张能力，离区内的维管组织通常集中在叶柄中心，机械组织不发达或没有，组织分化程度低。落叶前在离区范围内进一步分化产生离层和保护层：离区中的几层细胞形成离层，叶柄从离层处与枝条断离。落叶前，紧接离层下面的细胞其细胞壁木栓化，有时还有胶质、木质等物质沉积于细胞壁和胞间隙内，形成了保护层。保护叶脱落后所暴露的表面不受干旱和寄生物的侵袭。有的植物在落叶后的疤痕下继续产生周皮，增强保护作用。

叶脱落后，在茎上遗留的痕迹称为叶痕。叶痕内有凸起的小斑点，是茎与叶柄间维管束断离后的遗迹，叫做维管束痕或束痕。不同植物叶痕的形状、束痕的数目及排列方式等各不相同，根据这些性状可以用来鉴定冬季落叶的树种。

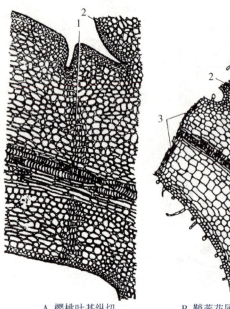

A. 樱桃叶基纵切，示离层的形成　　B. 鞘蕊花属落叶后的茎-叶基纵切，示保护层

1. 离层；2. 腋芽；3. 保护层。

图 2-60　离层和保护层

实训 2-10　叶的组成及叶的形态观察

一、实训目标

掌握叶的组成及外部形态基本特征；学会用形态术语正确描述叶的外部形态；掌握区别单叶和复叶及鉴别复叶类型的方法。

二、实训场所

森林植物实验室或野外。

三、实训形式

每个学生利用所学知识，独立观察、识别和鉴定。

四、实训备品与材料

各种植物的叶片。

五、实训内容与方法

（1）叶的组成观察

观察叶片、叶柄、托叶的基本特点。

（2）叶片形态的观察

①叶形。观察线形、针形、剑形、披针形、倒披针形、椭圆形、卵形、倒卵形、圆形、匙形、三角形、菱形、盾形、肾形等各类叶代表形。

②叶先端。观察渐尖、急尖、钝形、截形等各类先端代表形。

③叶基。观察渐尖、急尖、钝形、心形、截形、耳形、箭形、戟形、匙形、偏斜形等各类叶基代表形。

④叶缘。观察全缘、波状、齿状、缺刻等各类叶缘代表形。

⑤叶脉。观察平行脉、网状脉和叉状脉 3 种脉序代表形。

（3）单叶和复叶

区分单叶和复叶；区分羽状复叶、掌状复叶和三出复叶、1 回、2 回、3 回和多回羽状复叶。

六、注意事项

注意总叶柄和小枝及单叶全裂的裂片与复叶中小叶的区别，才能准确区分单叶和复叶。

七、实训报告要求

观察各种植物的叶，试用准确的形态术语描述其外部形态特征。

实训 2-11　叶的解剖构造特点观察

一、实训目标

了解双子叶植物、单子叶植物和裸子植物叶的构造特点；学会观察识别叶的基本结构，并能找出3种类型叶的区别。

二、实训场所

森林植物实验室。

三、实训形式

每个学生利用所学知识，在显微镜下逐一观察叶的解剖构造切片。

四、实训备品与材料

显微镜，紫丁香叶、毛竹叶、松针叶横切制片。

五、实训内容与方法

（1）观察双子叶植物叶片（两面叶）的结构

取丁香叶横切片，首先在低倍物镜下分清上下表皮、叶肉和叶脉3个基本部分。然后再换高倍物镜，观察其结构。

①表皮。表皮位于叶的最外层，有上、下表皮之分，表皮细胞排列整齐而紧密，横切面呈长方形，外壁覆被角质层，有明显的细胞核，注意观察有无叶绿体。

②叶肉。叶肉位于上下表皮之间，是绿色同化组织，有栅栏组织和海绵组织的分化，所以是异面叶（两面叶）。

③叶脉。叶脉是叶肉中的维管组织和机械组织，从主脉到侧脉再到脉梢，维管组织逐级简化，在叶肉细胞中有时还可见到维管束的纵切面。

（2）观察单子叶植物叶片的结构

取毛竹叶片横切制片，先在低倍物镜下观察，可区分为表皮、叶肉和维管束3个部分，然后再换高倍镜观察。

①表皮。表皮细胞除外壁角质化外，还有硅质或栓质。在相邻两叶脉之间的上表皮有大型薄壁细胞称泡状细胞。

②叶肉。叶肉细胞靠上表皮的为圆柱形，排列整齐；下方的形状不一，细胞壁向内折叠。

③叶脉。竹叶叶脉平行排列于叶肉组织中，竹类的维管束鞘为两层，外层是薄壁细胞，内层为厚壁细胞。

（3）观察裸子植物叶的结构

裸子植物的叶常呈针形、短披针形或鳞片状。取松针叶横切片观察裸子植物叶的结构。

①表皮系统。表皮系统包括表皮和下皮层。表皮细胞壁厚，腔小，排列紧密，并覆盖1层角质层。在表皮以内，有1至多层厚壁细胞组成的下皮层。气孔下陷到下皮层内，由1对保卫细胞和一副卫细胞组成，内陷的气孔则形成下陷的气腔。

②叶肉。叶肉是指下皮层以内、内皮层以外的一种同化组织，其细胞壁内褶，富含叶绿体。注意观察树脂道在叶中的分布位置。树脂道的位置根据种的不同而异，可作为分类的参考依据。

③维管组织。注意观察其形状和特征。

六、注意事项

先在低倍镜下观察区分出表皮、叶肉、叶脉3个基本部分后，再换高倍镜观察。

七、实训报告要求

①用简图表示双子叶植物叶（异面叶）与松针叶（等面叶）在解剖构造上的区别。

②比较双子叶植物叶（两面叶）和单子叶禾本科植物叶（等面叶）的结构异同点。

③松针的结构有哪些特点？它是如何与生态环境相适应的？

实训 2-12　叶的变态类型观察

一、实训目标

了解叶的不同变态类型的生物学和生态学意义；学会识别叶的变态类型。

二、实训场所

森林植物实验室或田间、野外。

模块一 植物的形态和解剖构造

三、实训形式
利用所学知识对所给标本逐一进行观察识别。

四、实训备品与材料
按人数准备放大镜、镊子、解剖刀、解剖针，各种叶变态的代表植物的典型部位。

五、实训内容与方法
观察下列几种叶的变态类型。

①鳞叶。芽鳞型鳞叶，如核桃楸。

芽鳞：木本植物鳞芽外面的鳞叶，为叶的变态，有时外被茸毛用以防寒和减少蒸腾。如核桃楸。

地下茎上的鳞叶：百合的鳞茎盘周围着生的肉质鳞叶；荸荠球茎上的膜质鳞叶。

②叶刺。如仙人掌、小檗的叶刺。

③苞片。苞片数多而聚生在花序外围的称为总苞，如榛子。

④叶卷须。如豌豆、铁线莲。

⑤捕虫叶。如猪笼草。

六、注意事项
各地可根据实际情况选择不同植物的变态叶进行观察。

七、实训报告要求
①说说你观察到了哪些变态叶，你知道的变态叶还有哪些？它们有何适应意义？

②对实验室内陈列的植物进行鉴别，指出其变态器官、变态后的功能及鉴别依据。

复习思考题

一、名词解释
1. 根系；2. 定根；3. 不定根；4. 初生结构；5. 次生结构；6. 初生生长；7. 次生生长；8. 外始式；9. 内始式；10. 通道细胞；11. 根瘤；12. 菌根；13. 节；14. 节间；15. 叶痕；16. 束痕；17. 芽鳞痕；18. 芽；19. 维管束鞘；20. 心材；21. 边材；22. 早材；23. 晚材；24. 年轮；25. 等面叶；26. 异面叶；27. 海绵组织；28. 栅栏组织。

二、填空题
1. 胚是构成种子的最重要部分，它由（   ）、（   ）、（   ）和（   ）四部分组成。

2. 有胚乳种子由（   ）、（   ）和（   ）三部分组成。

3. 根的主要生理功能是（   ）和（   ）。

4. 种子植物的主根是由（   ）发育而来。

5. 根系据其来源及形态不同分为（   ）和（   ）。

6. 维管形成层细胞通过平周分裂向外产生（   ），向内产生（   ）。

7. 一般菌根可分为（   ）、（   ）和（   ）。

8. 茎的主要生理功能是（   ）和（   ）。

9. 芽按其在枝条上的着生位置分为（   ）和（   ）。

10. 叶的主要生理功能是（   ）和（   ）。

三、单项选择题
1. 下列植物中具须根系的是（   ）。

    A. 大豆   B. 槐   C. 七叶树   D. 小麦

2. 凯氏带存在于双子叶植物根的(　　)。
   A. 外皮层　　　B. 内皮层　　　C. 中柱鞘　　　D. 韧皮部
3. 根尖吸收水分和无机盐的主要部位是(　　)。
   A. 根冠　　　　　　　　　　　　B. 分生区
   C. 伸长区　　　　　　　　　　　D. 成熟区(根毛区)
4. 菌根中与根共生的是(　　)。
   A. 细菌　　　　B. 固氮菌　　　C. 真菌　　　　D. 放线菌
5. 根中初生韧皮部的发育方式是(　　)。
   A. 外起源　　　B. 内起源　　　C. 外始式　　　D. 内始式
6. 通过根尖的哪个区做横剖面能观察到根的初生构造(　　)。
   A. 伸长区　　　B. 根毛区　　　C. 分生区　　　D. 根冠区
7. 玉米叶干旱时卷曲是由于其具有(　　)。
   A. 泡状细胞　　B. 通道细胞　　C. 传递细胞　　D. 表皮细胞
8. 植物可以自动关闭的小孔是(　　)。
   A. 水孔　　　　B. 纹孔　　　　C. 穿孔　　　　D. 气孔
9. 双子叶植物茎的初生构造中，维管束一般是(　　)。
   A. 环状排列　　　　　　　　　　B. 散生状态
   C. 内外两轮排列　　　　　　　　D. 集中于茎中央辐射状排列
10. 木本植物茎增粗时，细胞数目最明显增加的部分是(　　)。
    A. 韧皮部　　　B. 维管形成层　C. 木质部　　　D. 周皮
11. 裸子植物的木材被称为无孔材是因为结构中(　　)。
    A. 无管胞　　　B. 无导管　　　C. 无筛胞　　　D. 无筛管
12. 葡萄的茎属于(　　)。
    A. 直立茎　　　B. 匍匐茎　　　C. 攀缘茎　　　D. 缠绕茎
13. 在木材径向切面上，可以看到木射线的(　　)。
    A. 长度与高度　B. 宽度　　　　C. 宽度与高度　D. 长度与宽度
14. 叶子脱落后在枝条上留下的痕迹是(　　)。
    A. 叶迹　　　　B. 叶痕　　　　C. 束痕　　　　D. 枝痕
15. 树大面积剥皮后会引起死亡，是由于树皮中包含有(　　)。
    A. 韧皮部　　　B. 木质部　　　C. 周皮　　　　D. 形成层

四、多项选择题

1. 茎的基本特征是具有(　　)。
   A. 芽　　　　　B. 芽鳞痕　　　C. 叶痕　　　　D. 节
   E. 节间
2. 树皮包括(　　)。
   A. 历年产生的周皮和各种死亡组织　　B. 次生韧皮部
   C. 初生韧皮部　D. 形成层　　　E. 最后一次木栓形成层和栓内层

3. 维管射线所具有的基本作用是(　　)。
   A. 输导作用　　　B. 支持作用　　　C. 吸收作用　　　D. 同化作用
   E. 贮藏作用
4. 心材与边材相比，其特点是(　　)。
   A. 色泽深　　　B. 色泽淡　　　C. 薄壁细胞死亡　　　D. 具侵填体
   E. 防腐力强
5. 在茎横切面上，年轮通常包括一个生长季内形成的(　　)。
   A. 早材　　　B. 散孔材　　　C. 心材　　　D. 晚材
   E. 边材

五、判断题（正确的打√；错误的打×，并加以改正）

1. 根系有两种类型，直根系由主根发育而来，须根系由侧根组成。(　　)
2. 营养器官就是没有繁殖能力的器官。(　　)
3. 一棵椴树茎横切面年轮组成的同心圆环有8个，则可以判断该椴树为8年生树木。(　　)
4. 一些老树在砍伐后，老茎切口所长出的不定芽，能长成一株新植物。(　　)
5. 由于木射线是薄壁细胞组成，较为脆弱，因此木材干燥时常从此射线处裂缝。(　　)
6. 一株植物只有一个顶芽，但可以有很多腋芽。(　　)
7. 叶子脱落后留在茎上的痕迹称为叶迹。(　　)
8. 从叶部产生的根和芽分别称为不定根和不定芽。(　　)
9. 双子叶植物叶一般为复叶，单子叶植物叶都是单叶。(　　)
10. 具有栅栏组织和海绵组织分化的叶称为异面叶。(　　)

六、简答题

1. 一般种子包含哪几部分？举例说明。
2. 种子发芽需要哪些基本条件？
3. 子叶出土和子叶留土类型的幼苗播种时要注意什么？
4. 试述根尖分区及各区的细胞特点和功能。
5. 侧根是怎样发生的？发生的部位有什么规律？
6. 双子叶植物老根由外向内包括哪些部分？各有何功能？
7. 试述双子叶植物根的初生构造及次生构造。
8. 比较根尖及茎尖的不同点。
9. 用所学知识解释"树怕剥皮"及"老树中空仍能生存"的道理。
10. 为什么向日葵和玉米不能像树木那样长高和长粗，并形成周皮？
11. 试述双子叶植物茎的初生构造。
12. 试述木本双子叶植物茎次生分生组织的产生及活动。
13. 简述裸子植物松针叶的结构，并指出哪些特征体现了其抗旱性。
14. 试述双子叶植物叶的解剖构造。

单元3 植物的生殖器官

知识目标

1. 了解植物生殖器官的发育过程,果实和种子的传播方式。
2. 掌握植物生殖器官的结构和类型。
3. 熟悉花程式和花图式的意义及表示方法,以及裸子植物球果的特点。

技能目标

掌握观察和识别花、花序、果实、种子的方法。

3.1.1 花的发生和组成

3.1.1.1 花的发生

植物营养生长到一定阶段,具备了各种内外因素条件,其中一些芽的分化发生了质的变化,芽内的顶端分生组织不再分化为叶原基,而是形成若干轮的小突起,称为花各部分的原基,由外向内依次为萼片原基、花瓣原基、雄蕊原基和雌蕊原基(图3-1),这一过程称为花芽分化。分化的花芽继续发育成花萼、花冠、雄蕊和雌蕊;当花芽中的雄蕊和雌蕊发育成熟时,花芽中紧包着的花萼和花冠逐渐开放,露出雄蕊和雌蕊,形成了开花现象。

花芽的分化与外界条件有密切关系,

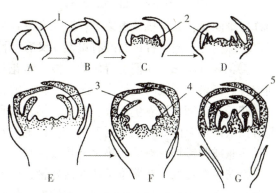

A~G. 花芽的分化发育过程。
1. 苞片(或芽鳞);2. 花萼;3. 花冠;4. 雄蕊;5. 雌蕊。
图3-1 花芽的分化发育过程示意图

如充足的养分、光照和适宜的气温都是花芽分化的重要条件。采取施肥、修枝以及施用人工生长素等措施,可以促进花芽分化,达到多开花结果的目的。一些果树的花芽在开花前数月便已分化完成。如桃、梨、苹果等一些落叶树种在开花前一年夏季即开始花芽分化,以后转入休眠,翌年春季,花芽继续发育至开花。柑橘、油橄榄等春、夏开花的常绿树木,它们的花芽分化大多在冬季或早春进行。而茶、枇杷等秋、冬开花的植物则在当年夏季进行花芽分化。

植物的成花过程常受遗传因子控制和外界环境条件的影响。不同植物的成花年龄有很大差别,一年生植物如辣椒、茄子在播种后1个月便已开始花芽分化,油菜和番茄还要早些。一些多年生木本植物常要生长多年,如桃2~3年,梅5年,竹子需数十年之久才开始花芽分化。大多数多年生木本植物和草本植物到了成熟期后,能年年重复成花,但竹类植物一生只能开1次花,花后植株即死亡。了解掌握植物花芽分化和成花过程,在林业生产上大有作用。

3.1.1.2 花的组成

(1)花的组成

一朵完全花可分为花柄、花托、花萼、花冠、雄蕊群和雌蕊群六部分(图3-2)。花萼和花冠合称花被。花被保护着雄蕊和雌蕊,并有助于传粉,雄蕊和雌蕊是完成花的有性生殖过程的重要部位。

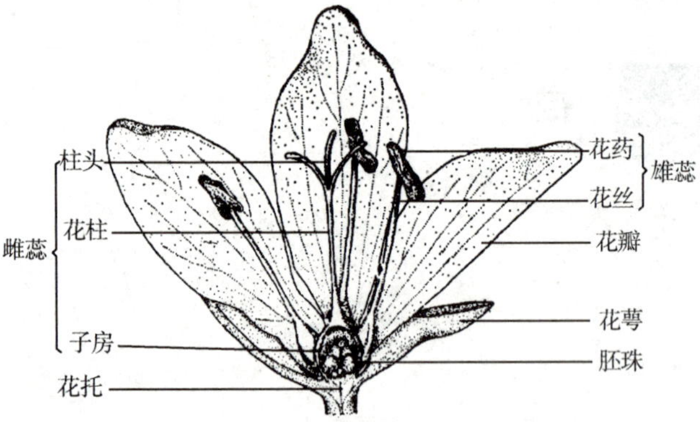

具有花萼、花冠、雄蕊群和雌蕊群四部分的花称完全花,如桃、李、泡桐等。缺少其中某些部分的,称为不完全花。其中缺少花萼与花冠的称无被花;缺少花萼或缺少花冠的称单被花;缺少雄蕊或缺少雌蕊的称单性花。在单性花中,仅有雄蕊的称雄花;仅有雌蕊的称雌花。雌花和雄花生在同一植株上的称雌雄同株,如核桃、板栗等;雌花和雄花分别生在两个不同的植株上称雌雄异株,如杨树、棕榈等。同一种植物既有单性花又有两性花,称杂性花,如南酸枣等。

图3-2 花的组成结构

①花柄与花托。花柄是特化的小枝,是花与茎的连接通道,可以使花展布在一定的空间位置。当果实形成时花柄成为果柄。花柄的长短因植物种类不同而异。

花托是花柄顶端着生花萼、花冠、雄蕊群和雌蕊群的部分。花萼、花冠、雄蕊群、雌蕊群依次由外至内成轮状排列着生于花托上。花托的形状在不同植物中变化较大,有的伸长呈棒状或圆锥形,有的凹陷呈杯状或壶状。

②花萼和花冠。花萼位于花的最外轮,由若干萼片组成,其结构和色泽与叶相似,各自分离或多个联合,具有保护幼蕾和幼果的作用。萼片完全分离的称离萼;萼片合生的称合萼。合萼花一般上部分离的部分称为萼片,基部连合的部分称为萼筒。有些花具有两轮花萼,其中外轮花萼称副萼,如朱槿、棉花等。花萼通常花后脱落,但也有果实成熟后仍

然存在的，称宿萼，如柿子、茄子等。

　　花冠位于花萼内轮，由若干花瓣组成，排为1轮或几轮，有分离或联合的不同形式，具有保护雌蕊、雄蕊的作用。花瓣细胞内常含有花青素或有色体，因而具有各种美丽的色彩，有些还具有挥发油类，放出特殊香气，用以引诱昆虫传播花粉。

　　花瓣分离的花称离瓣花，如桃、莲、槐等；花瓣合生的称合瓣花，如牵牛花、泡桐等。合瓣花通常基部连合而先端裂成多瓣，根据裂片数可判断花瓣原来的数目。花冠的形状有多种多样(图3-3)，其中各花瓣大小相似的称整齐花(或称为辐射对称花)，有蔷薇形、十字形、漏斗形、钟状、筒状花冠等。各花瓣大小不等的，称不整齐花(或称为两侧对称花)，有蝶形、唇形、舌状花冠等。花冠的形状常用作被子植物分类的重要依据。

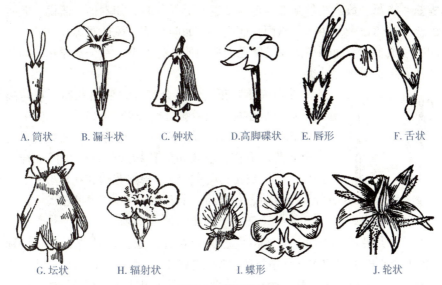

图3-3　花冠的形状

　　萼片与花瓣在花芽中的排列方式，常见有回旋状、覆瓦状和镊合状3种形式。

　　花萼和花冠如果分为内外两轮，二者在形状、大小和颜色上有明显区别的花称为两被花，如桃、茶等；而花萼和花冠在形状、大小和颜色上没有明显区别的花称为单被花，如玉兰、樟树等；杨属、柳属等植物的花萼和花冠均退化不存在，称为无被花。

　　③雄蕊群。一朵花内所有的雄蕊总称为雄蕊群。一朵花中雄蕊的数目常随植物种类不同而不同，如桂花有2个雄蕊，泡桐有4个雄蕊，桃和茶花具多数雄蕊。雄蕊位于花冠的内轮，由花丝和花药两部分构成，花丝常细长，基部着生在花托或贴生在花冠上，先端着生花药，花药是花丝顶端膨大成囊状的部分，花粉囊内会产生花粉粒。在雄蕊群中，根据花丝与花药的分离或连合，以及花丝的长短分为下列几种类型(图3-4)。

　　二强雄蕊　雄蕊4个，花丝分离，其中2个较长，2个较短。如泡桐、黄荆等。

　　四强雄蕊　雄蕊6个，花丝分离，其中4个较长，2个较短。为十字花科植物所特有，如油菜、萝卜等。

　　单体雄蕊　雄蕊多数，花丝全部合生成筒状，包围着雌蕊。如锦葵科木槿、楝科苦楝等。

 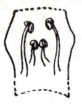   

A. 二强雄蕊　　B. 四强雄蕊　　C. 单体雄蕊　　D. 二体雄蕊　　E. 聚药雄蕊

图 3-4　雄蕊的类型

二体雄蕊　雄蕊 10 个，其中 9 个花丝连合，1 个单生，为蝶形花科植物常有，如紫藤、黄檀等。

多体雄蕊　雄蕊多数，花丝基部连合为多组，上部分离。如木棉、蒲桃、椴树等。

聚药雄蕊　雄蕊数个，花丝分离而花药连合，如向日葵、凤仙花等。

雄蕊的类型很多，上面列举的仅是常见而典型的几种类型。在分类学中，可以根据雄蕊的数目及其着生状况进行分类。

A. 纵裂　　B. 瓣裂　　C. 孔裂

图 3-5　花药的开裂方式

花药成熟后花粉囊壁会裂开，散出花粉。花药裂开方式最常见的是在两个花粉囊之间裂开，称为纵裂花药。但茄科、杜鹃花科植物的花药成熟时，在花药的顶端成孔状开裂，称孔裂花药。樟科、小檗科的花粉囊外壁像窗门一样自下而上揭开，称瓣裂花药（图 3-5）。根据花药在花丝上的着生形式可分为全着药、背着药、个着药、丁着药等类型。

④雌蕊群。一朵花内所有的雌蕊总称为雌蕊群。雌蕊位于花的中央部分，是花的最内轮。雌蕊由变态的叶卷合而成，这种变态的叶特称为心皮（图 3-6）。由 1 个心皮组成的雌蕊称单雌蕊（单心皮雌蕊），由 2 个以上的心皮连合组成的雌蕊称复雌蕊（合心皮雌蕊），由 2 个以上彼此分离的心皮组成的雌蕊称为离心皮雌蕊（图 3-7）。

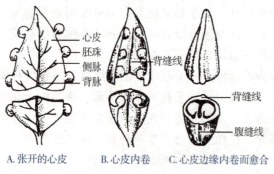 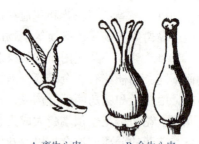

A. 张开的心皮　B. 心皮内卷　C. 心皮边缘内卷而愈合　　　　A. 离生心皮　　B. 合生心皮

图 3-6　心皮形成雌蕊过程的示意图　　　　　　　　　　图 3-7　雌蕊类型

心皮是构成雌蕊的基本单位。心皮卷合成雌蕊时，其边缘连合的地方称腹缝线，它的背部相当于叶的中脉部分称背缝线，胚珠通常着生在腹缝线上。每一个心皮一般卷合成一个腔室，称为子房室。雌蕊心皮的数目，常作为分类的依据。要鉴别雌蕊的心皮数目，通常可通过子房横切面显示的子房室数加以判别。有的复雌蕊仅子房合生，而花柱、柱头都分离，或者柱头分离，分类时可以根据柱头的数目判断心皮数。

雌蕊通常分化为柱头、花柱和子房三部分。柱头位于雌蕊上部，是承受花粉的地方，常扩展成各种形状。花柱位于柱头和子房之间，是花粉萌发后，花粉管进入子房的通道，其长短随各种植物而不同。子房是雌蕊基部膨大的部分，外为子房壁，内为1至多个子房室。胚珠着生在子房室内。受精后整个子房发育成果实，子房壁形成果皮，胚珠发育为种子。

雌蕊中子房与胎座的形状和位置的关系因植物而异，通常有以下变化类型：

子房位置 根据子房与花托连生的情况以及花其他各部分生长的位置关系，分为下列几种类型（图3-8）。

A.下位花（上位子房）　B.周位花（上位子房）　C.周位花（半下位子房）　D.上位花（下位子房）

图3-8　子房的位置

子房上位（下位花）：子房仅底部与花托相连，花托不凹入，花萼、花瓣、雄蕊生于子房基部的花托上，如茶、紫藤等。

子房上位（周位花）：子房仅以底部与杯状花托的底部相连，花被与雄蕊群着生于杯状花托的边缘，如桃、李、梅等。

子房半下位（周位花）：花托凹入成杯状，子房的下半部埋在花托中并与花托愈合，上半部露出，如桉树、忍冬等。

子房下位（上位花）：花托凹入成壶状，整个子房埋在壶状花托中并与花托愈合，花的其他部分着生于壶状花托口的边缘，如梨、苹果等。

有些植物在雌蕊的下面还具有特殊的附属结构，如花盘、蜜腺等。

胎座的类型 子房内胚珠通常着生于心皮的腹缝线边缘。子房内胚珠着生的部位称为胎座。胎座通常是由子房内壁向内突起形成的软组织，如西瓜的食用部分或番茄的果肉都是胎座的部位。由于不同植物心皮数目及连合情况不同，形成不同的胎座类型，常见的有下列几种（图3-9）。

A.边缘胎座　B.侧膜胎座　C.中轴胎座

D.特立中央胎座　E.顶生胎座　F.基生胎座

图3-9　胎座的类型

边缘胎座：由单心皮雌蕊构成的1室子房，胚珠着生在腹缝线上，如豆类各种植物。

基生胎座：由1或2心皮构成的1室子房，胚珠着生在子房基部，如向日葵、桃等。

侧膜胎座：多心皮雌蕊构成的1室子房，各心皮边缘突入子房内，但未在中央会合，故形成1室，胚珠着生在各心皮边缘缝上，如葫芦、兰花等。

中轴胎座：多心皮雌蕊构成的多室子房，各心皮边缘突入子房内，并在中央会合形成中轴，胚珠着生于中轴上，如茄科、百合科、山茶科的植物。

特立中央胎座：多心皮雌蕊构成的1室子房，各心皮的边缘突入子房内，在中央会合，但子房室间的隔膜消失，形成1室，胚珠着生于由子房基部向上突起的轴上。如报春花科、石竹科、马齿苋科的植物。

花托、花萼、花冠、雄蕊和雌蕊的形态各类植物一般都有所不同，通常作为植物分类学的重要依据。

（2）禾本科植物的花及小穗

水稻、小麦和一些竹子等禾本科植物的花（图3-10）与双子叶植物花的组成不同。其每一朵花的外面有两个由苞片变成的片状结构，称为稃片，外边的叫外稃，里边的叫内稃。在子房基部有2~3个小的片状结构称为浆片，是退化的花被片，浆片内侧有3个或6个雄蕊，雌蕊子房位于花的中央部位。

禾本科植物的花和内、外稃形成的组合通常称为小花，由1至多朵小花与其基部的1对颖片组成小穗。颖片着生于小穗基部，相当于花序分枝基部的小总苞。不同的禾本科植物可由许多小穗集合成不同的花序类型。

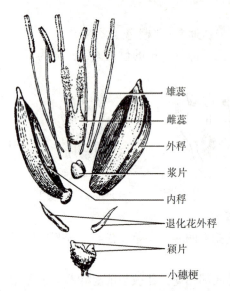

图 3-10　禾本科植物的花及小穗

3.1.1.3　花程式和花图式

花程式和花图式是人们用公式或图案把一朵花的各部分表示出来的简单方式，可以简单明了地说明一朵花的结构，花各部分的组成、排列位置和相互关系，前者称花程式，后者称花图式。

（1）花程式

花程式也称花公式，是用拉丁名词缩写和符号表示花的各部分结构，通常用 K 代表花萼，C 代表花冠，A 代表雄蕊群，G 代表雌蕊群。如果花萼、花冠不能区分，可用 P 代表花被，♂代表雄花，♀代表雌花，↑代表不整齐花，＊代表整齐花。每一字母的右下角可以记上一个数字来表示各轮的实际数目。如果缺少某一轮，可记为"0"；如果数目极多，可用"∞"表示；如果某一部分的各单位互相联合，可在数字外加上"（　）"的符号；如果某一部分不止1轮，而有2轮或3轮，可在各轮的数字间加上"+"号。子房位置也可在公式中表示出来，如果是子房上位，可在 G 字下加上一画；子房下位，则在 G 字上加一画；中位子房，则在 G 字上下各加一画。在 G 字右下角写上一个数字，可以表示心皮的数目，数字后再加上一个数字，可代表子房的室数，两数字间可用"："号相连。

例如，百合的花程式是：百合 $*P_{3+3}A_{3+3}\underline{G}_{(3:3)}$。表示百合为整齐花，花被6片，2轮，各轮3片；雄蕊6枚，2轮排列，各为3枚；雌蕊由3心皮组成，合生，子房3室，上位。

柳的花程式：♂，↑$K_0C_0A_2$；♀，＊$K_0C_0G_{(2:1)}$。表示柳为单性花，雄花为不整齐花，

无花萼、花冠,只有2枚雄蕊;雌花为整齐花,无花萼和花冠;子房上位,2心皮1室。

(2)花图式

是用花的横剖面简图来表示花各部分的数目、离合情况,以及在花托上的排列位置,也就是花的各部分在垂直于花轴平面所作的投影图。现以百合和蚕豆的花为例说明(图3-11)。图中最外层的实心弧线表示苞片,内方的实心弧线表示花冠,带横线条的弧线表示花萼。雄蕊和雌蕊就以它们的实际横切面图表示。图中也可以看到联合或分离,整齐或不整齐的排列情况。

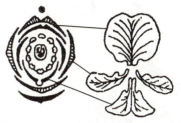

A. 百合的花图式   B. 蚕豆的花图式

图 3-11 花图式

3.1.1.4 花序及其类型

被子植物的花,有的是单独一朵生于枝顶或叶腋部位,称单生花,如玉兰、牡丹、桃等;但大多数植物的花是成丛成串地按一定规律排列在花轴上的,称为花序。花序的总花柄或主轴称花轴,也称花序轴。花序上每朵小花的基部若有一变态叶,称为苞片。如果苞片多片集生于花序的基部时,则称为总苞。根据花轴上花的排列方式,以及花轴的分枝和花的着生状况,花序可分为无限花序与有限花序两大类。

(1)无限花序

无限花序的特点是花序的主轴在开花期间,可以继续向上伸长生长,不断产生苞片和花芽,犹如单轴分枝,所以也称单轴花序。各花的开放顺序是花轴基部的花先开,然后向上方顺序推进,依次开放。如果花序轴短缩,各花密集呈一平面或球面时,开花顺序是先从边缘开始,然后向中央依次开放。无限花序又可以分成以下几种类型(图3-12)。

①总状花序。花互生于不分枝的花轴上,各小花的花柄几乎等长,开花顺序由下而上,如紫藤、刺槐等。

②伞房花序。是变形的总状花序,与总状花序区别在于小花的花柄不等长,下部的较长,上部的渐短,如苹果、梨等。

③伞形花序。花轴短缩,花的排列像伞形,每朵花有近于等长的花柄,开花的顺序是由外向内,如五加、人参、常春藤等。

④穗状花序。花的排列与总状花序相似,但小花无柄或近于无柄,如车前、马鞭草等。

⑤柔荑花序。与穗状花序相似,但花为单性花,花轴柔软下垂,开花后一般整个花序一起脱落,如杨、栎、枫杨等。也有不下垂的,如柳、杨梅等。

⑥肉穗花序。与穗状花序相似,但花轴肥大肉质,花轴粗短,上生多数单性无柄的小

图 3-12 无限花序类型图

花,如玉米、香蒲的雌花序。有的肉穗花序外面还包有一片大型苞叶,称为佛焰苞,因而这类花序又称佛焰花序,如马蹄莲等天南星科及棕榈科植物。

⑦头状花序。花轴极度缩短,顶端膨大如头状,小花无柄,着生于头状花轴上,如枫香。若花轴顶端膨大如盘状,花序基部有总苞,如向日葵、蒲公英等,则称为篮状花序,篮状花序为菊科植物所特有。

⑧隐头花序。花轴特别肥大而内凹,很多无柄小花全部隐没着生在凹陷的内壁上,仅留一小孔与外方相通,为昆虫进出腔内传粉的通道。小花多单性,雄花分布内壁上部,雌花分布在下部。隐头花序为桑科榕属所特有,如无花果、榕树等。

有些植物花轴形成分枝,小花着生于分枝的花轴上,形成复花序。常见的如小麦的复穗状花序;胡萝卜的复伞形花序;花楸的复伞房花序;女贞的复总状花序等。复总状花序又称圆锥花序,习惯上圆锥花序还包括由其他花序组成的花丛,其中有些是由聚伞花序组成的。

(2) 有限花序

有限花序的花轴呈合轴分枝或二叉分枝,它的特点是花序主轴的顶端先开花,自上而

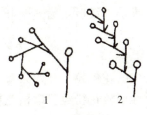  

A. 单歧聚伞花序　　　　B. 二歧聚伞花序　　　　C. 多歧聚伞花序
1. 卷伞花序；2. 蝎尾状聚伞花序。

图 3-13　有限花序示意图

下或自中心向四周顺序开放。各花的开放顺序是由上而下，或由内而外。可分为以下类型（图 3-13）。

①单歧聚伞花序。花轴的顶端先开一花，然后下面一侧的苞腋中又发生侧枝，侧枝的顶端又开花，同样自上而下推移，如唐菖蒲和紫草科植物。如果侧枝一直在同一侧的苞腋发生，整个花序就会卷曲，特称为卷伞花序。

②二歧聚伞花序。花轴的顶端开花后，下面相对的两侧苞腋中同时产生分枝，在分枝的顶端又形成花，这样反复分枝，就形成二叉分枝的花序，如大叶黄杨和石竹科植物。

③多歧聚伞花序。主轴顶端发育一花后，顶花下的主轴上又分出 3 个以上的分枝，各分枝又自成一小聚伞花序，如泽漆、益母草等的花序。花若无梗，数层轮生，称轮伞花序。

3.1.2　被子植物生殖器官的发育及生殖过程

3.1.2.1　雄蕊的发育与结构

花芽中的雄蕊原基形成后，经过生长、分化，基部伸长形成花丝，顶端发育为花药。花丝外面有表皮包被，内方是薄壁组织，中央有一维管束，是花药水分养料运输的通道。花药是孕育花粉粒的组织，花粉粒在花粉囊中成熟后散出，借风或虫传粉。

（1）花药的发育与构造

花药在早期是一团具有分裂能力的细胞，外面有一层表皮包被。随后，在这团组织角隅的表皮内方出现一些大核细胞，称孢原细胞。孢原细胞分裂形成内外两层，外层称壁细胞，内层称造孢细胞。壁细胞能继续分裂、分化形成花粉囊壁，造孢细胞形成花粉粒。壁细胞分裂为 3~5 层细胞。除花药外方原有的表皮以外，其中紧接表皮的一层是不均匀加厚的细胞，称为纤维层；内方由 1~3 层活的薄壁细胞组成，称中层；中层的内方有一层较大并排列规则的细胞，称为绒毡层细胞，这层细胞的细胞质浓，核大，常分裂成为多核。绒毡层细胞含有丰富的养料供花粉粒发育时需要。

在花粉囊壁发育的同时，花粉囊内的造孢细胞分裂形成多数花粉母细胞，每个花粉母细胞进行减数分裂，形成 4 个子细胞，称四分体（图 3-14），以后每个子细胞发育成为一个花粉粒，花粉粒是一个只具有原来母细胞染色体半数的单倍体。花粉粒发育完成后，花药也告成熟。此时，中层及绒毡层在花粉母细胞发育过程中已作为养料被消耗而解体，花粉

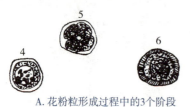

A. 花粉粒形成过程中的3个阶段

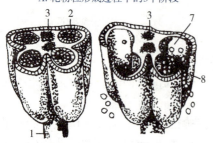

B. 未成熟的花药　　C. 已成熟的花药，示花粉囊开裂，散出花粉粒

1. 花丝；2. 未成熟的花粉囊；3. 药隔；4. 小孢子母细胞；5. 四分体；6. 成熟花粉粒；7. 已成熟的花粉囊；8. 花粉粒。

图 3-14　花药横切立体模式图

囊壁只剩下表皮及纤维层。最后花粉囊壁开裂，花粉粒散出。

(2) 花粉粒的发育

通过减数分裂产生的花粉粒，开始只有一个核在细胞的中央，此时称单核花粉粒。单核花粉粒继续生长发育，产生液泡，核被挤向细胞壁。此时，花粉粒的壁分化为两层，内壁薄而有弹性，易吸水而膨胀；外壁厚而坚硬，壁上留有1至多个不增厚的圆孔，称萌发孔。随后，花粉粒中的细胞核经有丝分裂分为两个核，每核各自包围着一团细胞质，成为两个无壁的细胞。这两个细胞一大一小，大的为营养细胞，小的称生殖细胞，此时的花粉粒称为二核期花粉粒，最后生殖细胞再分裂一次，成为两个精子，称三核期花粉粒(图3-14)，如水稻、小麦的花粉粒属此发育方式。

掌握各种植物花粉粒的发育时期，在人工授粉、杂交育种工作中有重要意义。例如，对不能自然结实的树种进行人工授粉而获得种子，或者通过人工杂交进行育种，都必须掌握父本植株花粉粒的发育时期，以便及时进行采集花粉或母本的去雄工作。近年来，用花粉粒培育单倍体植株，保持良种植物的遗传性状，避免杂交后的变异，已成为植物育种的手段之一。

3.1.2.2　雌蕊的发育与结构

花芽中的雌蕊原基形成后，经过生长和分化，上部发育为花柱及柱头，基部卷合成子房。柱头是传粉时承受花粉的部分。大多数植物的柱头表皮上有乳头状突起，产生分泌物以促使花粉粒萌发。花柱连接着柱头和子房，是花粉粒萌发进入子房时必经的通道。

子房外面是子房壁，子房壁的内外各有一层表皮，两层表皮之间是薄壁组织。在子房壁的外面常具有气孔、表皮毛或蜡质等附属物。子房内是由心皮卷合而成的腔室，其中着生着胚珠。胚珠的数目随植物种类而不同。受精后胚珠发育成种子。

(1) 胚珠的结构与胚囊的形成

胚珠着生于子房内的胎座上，开始是一团幼嫩的组织，称为珠心。后来在珠心的基部产生小突起，逐渐向上延伸包围珠心，形成珠被。珠被发育时，顶端留有孔称为珠孔，与珠孔相对处的珠心基部称合点。胚珠的基部有珠柄与胎座连接。珠被通常分为内外两层，分别称为内珠被和外珠被。

在珠被发育的同时，珠心薄壁组织中近珠孔的一端有一个细胞体积增大发育为胚囊母细胞。胚囊母细胞有浓厚的细胞质和大的细胞核，经减数分裂后，产生4个单倍染色体的核(四分体)，纵向排成一列，其中近珠孔的3个逐渐消失，只有近合点端的一个继续增大并发育为单核胚囊(图3-15)。

（2）胚囊的发育

单核的胚囊继续发育，体积增大，并侵蚀四周的珠心组织，最后占据大部分的珠心位置。同时核进行了 3 次有丝分裂。第一次分裂产生的两个核，各移向胚囊的两端，然后各自继续分裂两次，此时胚囊两端各有 4 个核，每核各自包围着一团浓厚的细胞质，成为无壁的细胞。此后，两端各有一个核移至胚囊中心，这两个核称为极核。极核与周围的细胞质一起组成胚囊中最大的细胞，称为中央组织。此时，留在珠孔端的 3 个核，其中一个分化为卵细胞，其余两个称助细胞。在合点端的 3 个核，分化为反足细胞。至此胚囊发育成 7 个细胞（八核）的成熟胚囊（图 3-15）。经过受精，受精卵细胞发育为胚，受精的极核发育为胚乳，胚珠发育为种子。

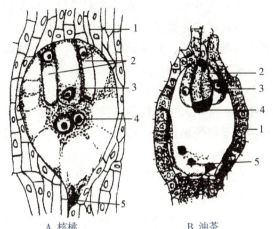

A. 核桃　　　　　　　B. 油茶
1. 珠心组织；2. 助细胞；3. 卵细胞；
4. 极核细胞；5. 反足细胞。

图 3-15　成熟的胚囊

3.1.2.3　开花、传粉与受精

（1）开花与传粉

当雌蕊、雄蕊发育成熟后花被张开的现象称为植物开花。一年生植物当年开花，结果后即死亡。二年生植物第二年才开花，结果后即死亡。多年生植物要到一定年龄才开花，例如桃的实生苗需 3~5 年才开花，椴树要 20~25 年才开花，以后每年均可开花。只有少数的多年生植物如毛竹，一生只开一次花，开花后即死亡。

开花的季节及花期的长短因各种植物而不同，如樱花、梨花的花期只有数天，而月季、瓜类的花芽陆续形成，陆续开花，开花期可维持数月。花期的长短与植物的遗传特性有关，此外，还与肥料、温度、湿度等外界条件的影响有关。各种植物花的寿命也不同，寿命最短的是昙花，开花时间仅 1~2 h 即凋谢；菊花、蜡梅花的寿命较长；热带的兰科植物，每朵花可开放 1~2 个月。掌握植物的开花期，在植物栽培与杂交育种工作中显得特别重要。

开花以后，花粉传到柱头上的过程称为传粉，在自然界中，有自花传粉和异花传粉两种现象。如果雄蕊的花粉落在同一朵花的柱头上称自花传粉（果树栽培中，把同一品种间的不同植物进行传粉也称自花传粉，在林业生产中有把同种植物间的传粉称作自花传粉的）。自花传粉的植物可产生闭花受精现象，即在花未开放前，在花内已进行授粉，如豌豆、花生等。一朵花的花粉传送到另一朵花的柱头上，称异花传粉，包括同株上各花之间相互传粉以及不同植株之间或者同种内不同品种植株间的异花传粉，但通常仅指同品种不同植株间的传粉。

异花传粉必须借助外力传送花粉，自然界中主要靠风力及昆虫传送。借风力传送花粉的花称风媒花，如麻栎、桦木、核桃等。借昆虫传送花粉的花称虫媒花，如泡桐、茶、油桐等。

一般风媒花的花被很小或无被，无鲜艳色彩，也无蜜腺及香气，但花粉数量多，粒小而轻，容易被风吹送。一些风媒花植物具有长而下垂的柔荑花序，随风飘摇，散出花粉，或花比叶先开放，柱头通常成羽毛状，易于接受花粉。

虫媒花的花被通常具有鲜艳的色彩，有气味或蜜腺以引诱昆虫传粉；花粉粒常较大，有些还黏合成块，易于被昆虫携带。大多数的果树和花卉都是虫媒花。常见的传粉昆虫有蜂、蝶、蚂蚁、蛾等。

在自然界中，还有些植物靠水传送花粉，如水生植物中的金鱼藻。在植物栽培及育种工作中，常用人工授粉的方法进行传粉。人工授粉用于有目的地进行人工杂交，或者为不易传粉受精的植物进行授粉。例如，雪松的雌、雄花不同时成熟，可以采用人工授粉的方法以达到结籽的目的。

（2）花粉管的萌发及受精过程

在高等植物的授粉过程中，花粉与柱头利用各自表面的特异蛋白质相互识别亲缘关系的远近，近者则两种蛋白质相互作用后，花粉粒就萌发生长，进而完成受精过程；反之，花粉粒则不能萌发，受精过程无法进行。

花粉粒被传送到柱头上以后，柱头上的分泌物粘着花粉，促使花粉在柱头上萌发。花粉粒萌发时，首先吸水膨胀，内壁从萌发孔突出并逐渐伸长形成花粉管。花粉粒中的营养细胞也同时进入花粉管内。

花粉管沿着花柱向子房生长，在中空的花柱中沿空道向下生长，在实心花柱中，花粉管穿过细胞间隙向下生长。此时，花粉粒的生殖细胞进入花粉管内，营养细胞在前，生殖细胞居后并分裂成为两个精子（图3-16），大多数植物都属这种类型。有些植物在授粉前已经发育为三核花粉粒，则营养细胞及两个精核同时进入花粉管中。

花粉管进入子房后，通常穿过珠孔而进入珠心。也有通过合点而进入珠心的（图3-17）如木麻黄。花粉管到达胚囊后管壁破裂，其内的内含物、营养细胞及精子都进入胚囊。营养细胞很快消失，而进入胚囊后的两个精子，其中一个与卵细胞融合形成受精卵（合子），另一个精子与两个极核融合。这种两个精子分别与卵细胞及极核融合的现象称为双受精。

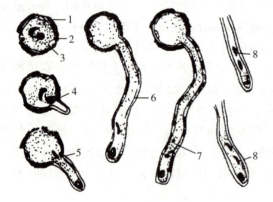

1. 外壁；2. 内壁；3. 萌发孔；4. 营养核；
5. 生殖核；6. 花粉管；7. 精子形成；8. 精子。

图3-16　花粉粒的萌发和花粉管的发育

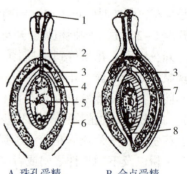

A. 珠孔受精　　B. 合点受精

1. 花粉粒；2. 花粉管；3. 珠孔；4. 珠被；
5. 胚囊；6. 子房；7. 珠心；8. 合点。

图3-17　珠孔受精和合点受精

受精后，受精卵逐渐发育为种子的胚，受精的极核则发育为种子的胚乳。通常被子植物由两个极核受精后发育成三倍体的胚乳。

通过有性生殖，精子与卵细胞的融合，能形成具有双重遗传性的合子，恢复植物体原有的染色体数($2n$)，同时，以三倍体的胚乳细胞作为营养物质，因而产生了具有较强生活力与适应性的后代。因此，双受精是植物界有性生殖过程中最进化的方式。双受精现象为被子植物所独有，这也是被子植物在植物界进化中成为最高级类群的原因之一。

3.1.3 裸子植物生殖器官的发育及生殖过程

裸子植物是较被子植物原始的种子植物，其中很多种类是组成森林的重要树种，如松属、杉属、冷杉属、云杉属及落叶松属等。裸子植物没有真正的花，而产生有大、小孢子叶球，大孢子叶球又称雌球花，小孢子叶球又称雄球花。现以松属为代表，说明裸子植物的生殖器官及其发育和生殖过程。

松属植物在生殖时，在当年的枝条基部产生许多黄色的雄球花，在同一枝条的顶端生长数个雌球花。雄、雌球花都由许多鳞片组成，鳞片螺旋状着生于中轴上。雄球花的每一鳞片背面着生两个花粉囊。花粉囊内产生花粉粒。雌球花的每一鳞片腹面基部着生两个胚珠，所以也称珠鳞，珠鳞的背面有苞片，称苞鳞。胚珠在珠鳞上裸生，因此称为裸子植物（图3-18）。

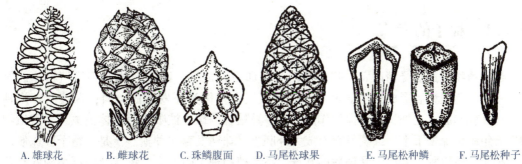

A. 雄球花　　B. 雌球花　　C. 珠鳞腹面　　D. 马尾松球果　　E. 马尾松种鳞　　F. 马尾松种子

图3-18　裸子植物的生殖器官

松属雄球花花粉囊的囊壁由多层细胞组成，中间为造孢组织，造孢组织分裂发育成多数花粉母细胞，花粉母细胞经过减数分裂产生单倍体的花粉粒，花粉发育过程与被子植物相似。但松属是风媒植物，花粉粒具有两个气囊，有利于随风传播。雌球花每一鳞片腹面基部着生的胚珠，其结构与被子植物相似，但仅有一层珠被。

裸子植物的生殖过程与被子植物不同，花粉粒开始只有一核，称单核花粉粒。后来核分裂为一大一小的两个核，其中小核称第一原叶细胞，大的又分裂为二，其中一个称第二原叶细胞，另一个再分裂一次，形成一个粉管细胞和一个生殖细胞。此时，花粉粒中共有四个核（带原生质的核），即已发育成熟。以后，第一、第二原叶细胞逐渐消失，只剩下粉管细胞和生殖细胞。

与花粉粒发育的同时，胚珠的珠心内产生1个大孢子母细胞（相当于被子植物的胚囊母细胞）。大孢子母细胞进行减数分裂，形成4个单倍体的大孢子（四分体），其中3个消失，1个继续发育(这一过程与被子植物相同,剩下的一个大孢子相当于被子植物的单核胚囊);大孢子经过多次分裂,产生很多游离核(在被子植物中,分裂成为八核胚囊即成熟),这些游离核后来逐渐产生细胞壁,构成单倍体的胚乳组织(未经受精产生的胚乳)。然后,在胚乳组织的先端近珠孔部分产生3~5个颈卵器,颈卵器内有卵细胞。裸子植物的胚珠发育至此即成熟。

当花粉粒成熟时,借风力传送到雌球花上。此时的雌球花珠鳞张开,花粉落在胚珠上,然后珠鳞闭合。花粉粒在珠孔上萌发,产生花粉管,穿过胚乳组织到达颈卵器。在花粉管伸长的同时,花粉管中的生殖细胞又分裂为二,一个称为体细胞,一个称为柄细胞。体细胞再分裂成为两个精子,花粉管到达颈卵器内,先端破裂,其中一个精子与卵细胞融合,成为具有二倍体的受精卵。柄细胞及另一精子消失。受精后的卵细胞在颈卵器内发育为胚,颈卵器外的胚乳细胞发育为胚乳,珠被发育为种皮。

裸子植物的生殖过程具有以下特点:①花粉管中虽然也有两个精子发育,但仅有一个精子进行受精,另一个精子消失,没有双受精现象;②胚乳是由经过减数分裂而未受精的单倍体细胞发育而成;③卵细胞在颈卵器内发育。

3.2 果实

3.2.1 种子的发育

被子植物经过双受精以后,胚囊中的受精卵发育成胚,胚是形成新一代植物体的雏形;中央细胞受精后形成初生胚乳核,发育成胚乳,作为胚发育的养料;珠被发育成种皮,包在胚和胚乳之外,起着保护作用;大多数植物的珠心被吸收而解体消失,少数植物的珠心组织被保留下来,继续发育而成为外胚乳;珠柄发育成种柄。于是,整个胚珠便发育成种子。所以种子来源于受精后的胚珠,不同植物种子的大小、形状及内部结构各有差异,但它们的发育过程却大致相同。

3.2.1.1 胚的发育

卵细胞受精后便成为受精卵,称为合子,合子是胚的第一个细胞。合子产生一层纤维素的细胞壁而进入休眠状态。休眠期的长短,因植物种类不同而异。经过休眠后,合子便开始分裂,逐步发育成胚。由于该休眠期的存在,一般情况下,胚发育的起始时间,迟于胚乳发育的起始时间。

合子是一个高度极性化的细胞,它的第一次分裂,大多数是不均等的横裂,成为2个细胞。其中,靠近珠孔端的一个称为基细胞,其个体较大;靠近合点端的一个称为顶细胞,其个体较小。顶细胞和基细胞在生理上存在很大差异。顶细胞具有浓厚的细胞质,丰富的细胞器和细胞核,具有胚性;基细胞具有大的液泡,细胞质比较稀薄,不具有胚性,只具有营养功能。细胞的这种异质性,是由合子的生理极性决定的,这两细胞间有胞间连丝相通。

胚在没有出现分化前的阶段，称为原胚。顶细胞和基细胞形成后，即为2细胞原胚。以后顶细胞进行多次分裂而形成胚体。基细胞分裂或不分裂，主要形成胚柄，或也部分参加形成胚体。胚柄在胚的发育过程中并不是一个永久的结构，随着胚体发育，胚柄逐渐被吸收而消失，在成熟种子中仅留痕迹。

下面以荠菜为例来说明双子叶植物胚的发育过程：荠菜的合子经休眠后，不均等的横向分裂为基细胞和顶细胞，基细胞稍大于顶细胞。基细胞连续多次横向分裂后，形成一列由6~10个细胞组成的胚柄。顶细胞经两次相互垂直的纵向分裂后，形成4个细胞，即为四分体原胚时期，然后每个细胞再分别进行一次横向分裂而成为8个细胞，即为八分体原胚时期。以后八分体原胚先进行一次平周分裂，再进行多次的各个方向分裂，而成为一团细胞，此时称为球形原胚时期。以上各个时期都属于原胚阶段。以后球形原胚顶端两侧分裂生长较快，形成了两个突起，称为子叶原基，经过初步分化，此时为心形胚时期。心形胚进一步分化，顶端的子叶原基逐渐发育成为两片子叶；在两片子叶中间的凹陷部分逐渐分化出胚芽；心形胚的基部和胚柄顶端的一个细胞发育成胚根；心形胚的中部即胚根与胚芽间的部分发育成胚轴。胚体在进一步发育过程中，子叶和胚轴不断延长，由于胚珠内空间的局限，子叶弯曲，使胚体呈马蹄形，称为马蹄形胚（图3-19）。至此，成熟而完整的胚体就形成了，胚柄逐渐退化消失。

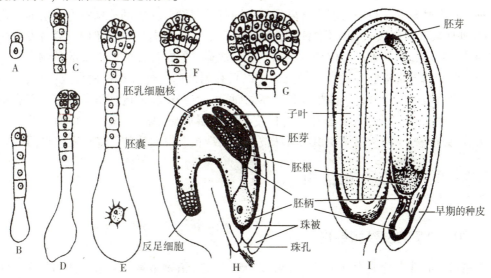

A. 合子的第一次分裂，形成两个细胞，上为顶细胞，下为基细胞；B~E. 基细胞发育为胚柄（包括一列细胞），顶细胞经多次分裂形成球形胚的过程；F、G. 胚继续发育；H. 胚在胚珠中已初步发育完成，出现胚的各部分结构；I. 胚和种子初步形成，胚乳消失。

图3-19　荠菜胚的发育

3.2.1.2　胚乳的发育

被子植物双受精时，极核受精形成三倍体的初生胚乳核。初生胚乳核通常不经过休眠，就开始发育而形成胚乳。所以，胚乳比胚的发育时间早，这有利于给胚的发育提供营养。

被子植物的胚乳是三核融合的产物，它含有三倍体的染色体，由母本提供2组，父本提供1组，它同样具有父本和母本的双重遗传性。三倍体的胚乳给胚的发育提供了重要的营养保障，因此，由胚发育而来的子代变异性更大，生活力更强，适应性也更加广泛。需要指出的是，裸子植物种子中的胚乳是由雌配子体转化而来的，为单倍体。

在种子发育形成过程中，通常都有胚乳的形成。有的植物在形成种子时，胚乳没有被胚完全吸收而保留于成熟种子中，形成有胚乳种子，如禾本科植物种子、蓖麻种子等。但是，还有一些植物在形成种子时，随着胚的形成，胚乳中的养料即被胚吸收，贮存在肥大子叶中，所以种子里看不到有胚乳存在，这些是无胚乳种子，如豆类、瓜类的种子。

在胚和胚乳的发育过程中，一般助细胞、反足细胞逐渐解体，作为营养被吸收。胚囊周围的珠心组织往往要作为养料供给胚、胚乳的发育利用。所以珠心一般遭到破坏而消失。但在少数植物中，珠心始终存在，且在种子中发育成类似于胚乳的贮藏营养组织，称为外胚乳。外胚乳与胚乳所起的作用是一致的，但二者的来源不同，外胚乳为二倍体。具有外胚乳的种子可以是无胚乳结构的，如苋属、石竹属等；也可以是有胚乳的种子，如胡椒、姜等。

3.2.1.3 种皮的发育

种皮是由胚珠的珠被随着胚和胚乳发育的同时一起发育而成的。珠被有1层的，也有2层的（外珠被和内珠被）。前者发育成的种皮只有1层，如向日葵、胡桃；后者发育成的种皮通常为两层，即外种皮和内种皮，如蓖麻和油菜。但在许多两层珠被的植物中，一部分珠被组织和营养常被胚的发育所吸收，所以只有剩余的一部分珠被发育成种皮，而且，被胚的发育所吸收的珠被种类随植物种类不同而异，有些植物的内珠被被吸收，而有些植物的外珠被被吸收。因此，有些种子的种皮是由两层珠被中的外珠被发育而成的，如蚕豆、大豆；有些种子的种皮则是由两层珠被中的内珠被发育而成的，如小麦、水稻。

3.2.2 果实的发育和结构

3.2.2.1 果实的发育和结构

受精后的胚珠发育成为种子时，能合成吲哚乙酸等植物激素，刺激雌蕊的子房，使其新陈代谢加速，于是整个子房迅速生长而发育为果实。单纯由子房发育而成的果实叫做真果，多数植物的果实为真果，如花生、柑橘、桃和杏等的果实。而有些植物，其果实是由子房及花的其他部分，如花托、花萼、花冠以至整个花序共同参与发育而成的，把这种果实称为假果，如梨、苹果、瓜类、凤梨、桑葚和无花果等。

(1) 真果的结构

真果外为果皮，内含种子。果皮由子房壁发育而成，一般可分为外果皮、中果皮和内果皮三层结构。外果皮上常有气孔、角质、蜡质和表皮毛等。中果皮在结构上变化较大，有些植物的中果皮是由多汁的、贮有丰富营养物质的薄壁细胞组成，成为果实中的肉质可食用部分，如桃、李、杏等；而有些植物的中果皮则常变干收缩，成膜质或革质，如蚕豆、花生等。内果皮在不同植物中也各有其特点，有些植物的内果皮肥厚多汁，如葡萄等；而有些植物的内果皮则是由骨质的石细胞构成，如桃、杏、李和胡桃等。

果实在发育过程中，除了形态上的变化外，通常在颜色、质地及化学成分上也都有相应的变化。幼嫩的果实，一般由于含有大量叶绿体，所以呈现青绿色；而成熟时，果皮中由于产生了花青素或有色体，所以颜色便显得特别鲜艳。幼嫩果实中的细胞排列紧密，质地较硬；而发育成熟的果实中细胞则排列较疏松。幼嫩的未成熟的果实中由于含有较多有机酸和单宁，所以口感酸涩；而在成熟过程中，由于单宁逐渐消失，有机酸也逐渐转化成了糖分，于是口感甜美，如葡萄、番茄、杏等。

(2)假果的结构

假果是由子房及花的其他部分(如花托、花萼、花冠以至整个花序)共同参与发育而成的果实。因此，其结构较真果复杂，除由子房壁发育而成的果皮部分外，还有花的其他成分。例如梨、苹果的食用部分，主要由花托杯发育而成，占较大比例，中部才是由子房发育而来的部分，占的比例较小，但仍能区分出外果皮、中果皮和内果皮三部分结构，内果皮以内为种子(图3-20)。

严格地讲，果皮是指成熟的子房壁，如果果实的组成部分，还包括其他的附属结构，如花托、花被等，则果皮的含义也可扩大到非子房壁的附属结构或组织部分。

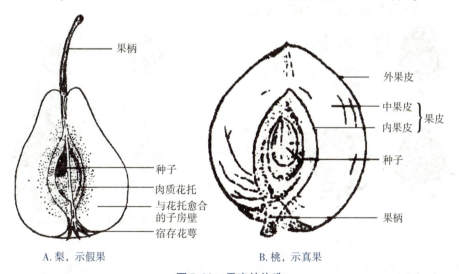

图 3-20　果实的构造

3.2.2.2　单性结实

果实的形成，一般与受精作用有密切关系，受精以后，胚珠发育成种子，子房壁发育成果皮，这是正常现象。但也有一些植物不经过受精作用，子房便可直接发育成果实，这种形成果实的过程称为单性结实。单性结实的果实里不含种子，所以称这类果实为无籽果实。

单性结实有两种情况：一种是子房不经传粉或任何其他刺激，便可自发形成无籽果实,这种单性结实称为自发单性结实或营养单性结实,如香蕉、柑橘、柠檬等;另一种是子房必须经过一定的刺激才能形成无籽果实,称为刺激单性结实或诱导单性结实,刺激物是同科异属的花粉或激素。例如,用马铃薯的花粉刺激番茄柱头,用苹果的花粉刺激梨柱头,用爬墙虎的花粉刺激葡萄柱头等,都可得到无籽果实。

单性结实必然产生无籽果实,但并非所有的无籽果实都是由于单性结实所致。有些植物在开花、授粉和受精以后,其胚珠在发育为种子的过程中受到阻碍,这样也可以形成无籽果实。如无籽西瓜可以通过三倍体的杂交种子获得。

3.2.3 果实的类型

果实的类型可以从不同方面来划分。果实的果皮单纯由子房壁发育而成的,称为真果,多数植物的果实是这一情况。除子房外,还有其他部分参与果实组成的,如花被、花托以至花序轴,这类果实称为假果,如苹果,瓜类、凤梨等。

另外,一朵花中如果只有一枚雌蕊,以后只形成一个果实的,称为单果;单果中有些是真果,也有些是假果。如果一朵花中有许多离生心皮雌蕊,以后每一雌蕊形成一个小果,聚生在同一花托之上,称为聚合果,如莲、草莓、悬钩子等(图3-21)。如果果实是由整个花序发育而来的,这就称为聚花果或称花序果,也称复果,如桑、凤梨、无花果等(图3-22)。从发育来源上看,聚花果都是假果。

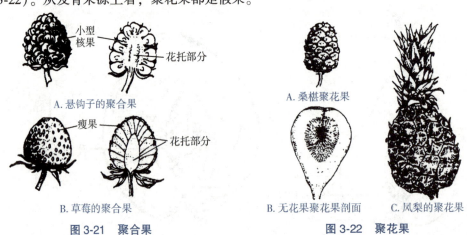

图 3-21 聚合果   图 3-22 聚花果

如果按果皮的性质来划分,肥厚肉质的,称肉果;果实成熟后,果皮干燥无汁的,称干果。肉果和干果又各区分为若干类型。

3.2.3.1 肉果

肉果果皮肉质,往往肥厚多汁。肉果又可按果皮来源和性质不同而分为以下几类(图3-23)。

(1)浆果

浆果是肉果中最常见的一类。由1个或几个心皮形成的果实,果皮除表面几层细胞外,一般柔嫩,肉质而多汁,内含多数种子,如葡萄、番茄、柿等。

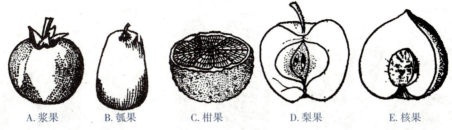

图 3-23　各种肉质果的类型

葫芦科植物的果实，如南瓜、冬瓜和西瓜等多种瓜类，是浆果的另一种，一般称为瓠果。果实的肉质部分是子房和花托共同发育而成的，所以属于假果。

柑橘类的果实也是一种浆果，称柑果或橙果，是由多心皮具中轴胎座的子房发育而成。它的外果皮坚韧革质，有很多油囊分布。中果皮疏松髓质，有维管束"橘络"分布其间。内果皮膜质，分为若干室，室内充满含汁的长形丝状细胞，称汁胞，是这类果实的食用部分，如柑橘、柚、柠檬等。

（2）核果

核果外果皮薄，中果皮厚而肉质，内果皮坚硬形成果核，由石细胞组成，这种果核对种子有良好的保护作用。如桃、梅、李、杏等的果实。

（3）梨果

梨果由合生心皮的下位子房构成，梨果的花托与萼筒发育为肥厚的果肉，果皮与花托愈合成为纸质或革质的果心，如梨、苹果、山楂、枇杷等。

3.2.3.2　干果

果实成熟以后，果皮干燥，其中有的果皮能自行开裂，为裂果；果实成熟时果皮仍闭合不开裂的，为闭果。根据心皮结构的不同，又可区分为如下几种类型。

（1）裂果类

裂果果实成熟后果皮自行裂开，可分为以下类型。

①荚果。单心皮，上位子房，边缘胎座发育而成的果实，成熟后，果皮沿背缝线和腹缝线两面开裂，如豆类植物。有的虽具荚果形式，但并不开裂，如黄檀、紫荆等；也有的荚果呈分节状，成熟后也不开裂，而是节节脱落，每节含种子 1 粒，这类荚果，称为节荚，如决明、含羞草、山蚂蝗等；有的荚果螺旋状，外有刺毛，如苜蓿的果实；或圆柱形分节，作念珠状，如槐的果实（图 3-24）。

②蓇葖果。蓇葖果是由单心皮或离生心皮发育而成的果实，成熟后只由一面开裂。有沿心皮腹缝线开裂的，如梧桐、牡丹、芍药、八角茴香等的果实。也有沿背缝线开裂的，如木兰、白玉兰等（图 3-25）。

③蒴果。由两心皮以上的复雌蕊的子房发育而成，由于心皮连合的方式不同，成熟时有多种开裂方式，如棉花、油茶、乌桕等果实在各心皮的背缝线上开裂，称室背开裂；牵牛、杜鹃花等果实在各心皮之间的腹缝线开裂，称室间开裂。此外还有孔裂，如罂粟；盖裂，如马齿苋、桉树等（图 3-26）。

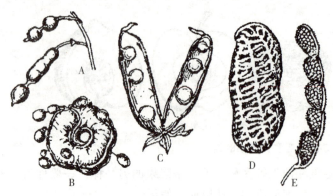

A. 槐的荚果；B. 猴儿环的荚果；C. 豌豆的荚果；
D. 落花生的荚果；E. 山蚂蝗的荚果。

图 3-24　各种荚果

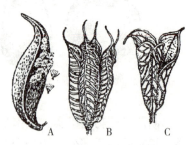

A. 马利筋的蓇葖果；B. 耧斗菜的蓇葖果；
C. 飞燕草的蓇葖果。

图 3-25　蓇葖果的类型

A. 紫堇的蒴果　　B. 曼陀罗的蒴果　　C. 罂粟的蒴果　　D. 海绿的蒴果

图 3-26　蒴果的各种类型

A. 油菜的长角果　　B. 荠菜的短角果

图 3-27　角　果

④角果。是由 2 心皮组成的雌蕊发育而成的果实。子房 1 室，后来由心皮边缘合生处向中央生出隔膜，将子房分隔成 2 室，这一隔膜，称为假隔膜。果实成熟后，果皮由基部向上沿 2 腹缝裂开，成 2 片脱落，只留假隔膜，种子附于假隔膜上。十字花科植物多具这类果实。角果有细长的，长超过宽好多倍，称为长角果，如萝卜、甘蓝等；另有一些短形的，长宽之比几相等，称为短角果，如荠菜、独行菜等（图 3-27）。

（2）闭果类

闭果果实成熟后，果皮仍不开裂。可分为以下类型（图 3-28）。

①坚果。坚果是外果皮坚硬木质，含 1 粒种子的果实。成熟果实多附有原花序的总苞，称为壳斗，如栎、榛和栗等果实。通常一个花序中仅有一个果实成熟，也有同时有二三个果实成熟的，如板栗。

②瘦果。果实成熟时只含一粒种子，果皮与种皮可以分离，如向日葵、蒲公英、喜树等。

③翅果。翅果的果实本身属瘦果或坚果性质，但果皮延展成翅状，有利于随风飘飞，如榆、槭、臭椿等植物的果实。

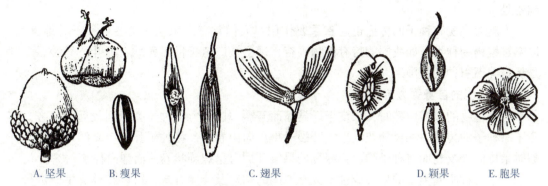

A. 坚果　　B. 瘦果　　　　　C. 翅果　　　　　D. 颖果　　E. 胞果

图 3-28　闭果的各种类型

④颖果。果皮与种皮愈合不能分离，通常被称为种子，实际上是果实。是毛竹、水稻、小麦、玉米等禾本科植物的特有果实类型。

⑤胞果。也称"囊果"，是由合生心皮形成的一类果实，具 1 枚种子，成熟时干燥而不开裂。果皮薄，疏松地包围种子，极易与种子分离，如藜、滨藜、地肤等的果实。

⑥双悬果。双悬果是由 2 心皮的子房发育而成的果实。伞形科植物的果实，多属这一类型。成熟后心皮分离成两瓣，并列悬挂在中央果柄的上端，种子仍包于心皮中，以后脱离。果皮干燥，不开裂，如胡萝卜、小茴香的果实。

3.2.4　果实和种子的传播

植物果实和种子成熟后，依靠自身或外力的作用散布开去，称为传播。传播扩大了各种植物的分布范围，获得更有利生长条件，有利于植物的种群繁衍。在长期的自然选择中，各种植物都有自己特殊的果实与种子传播方式及特征，归纳起来主要有以下几种。

(1) 风力传播

这些植物的果实和种子大都小而轻，而且往往带有翅或毛等附属物以便于随风吹送，如槭树、榆树及白蜡树的果实以及云杉、松等的种子均有平展的宽翅，杨、柳等植物的种子外面具有细长的茸毛，蒲公英的果实上生有降落伞状的冠毛，白头翁的果实上带有宿存的羽状柱头，酸浆的果实外包有花萼形成的气囊，都能借助风力传播到较远的地方。

(2) 水力传播

水生植物或沼泽植物的果实和种子多借水力传播。最常见的是莲，莲的坚果长在"莲蓬"里面，成熟后能漂浮水面，而将种子传到远方。陆生植物的果实也有利用水传播的，如椰子就具有富含纤维疏松的中果皮，可以使椰果随水飘洋过海而完成传播。

(3) 借助人类和动物的活动传播

适应于人或动物传播的果实或种子常具有针刺状突起或有可食的果肉。例如，鬼针草、窃衣的果皮有针刺，当人或动物触及时，能黏附于人的衣服或动物的毛皮上，被带到各地传播；樱桃、葡萄等果实具有美味的果肉，常为动物所吞食而随粪便排出，散布到各处。

人类对果实和种子的传播也起着重要作用,人们常有意识地采集各种种子易地繁殖,以丰富植物的种类;如我国的特有植物银杏,现已被广植于世界各地,烟叶、马铃薯等则是从南美洲引种到我国来。

(4) 果实的自身弹力传播

有些植物的果实成熟时,果皮干燥卷缩而开裂,以弹力将种子弹射到较远的地方,实现了对种子的传播。如凤仙花的果实开裂时果皮向内卷缩,将种子弹出;老鹳草的果实开裂时果皮向外反卷而将种子弹出;绿豆的果实开裂时呈螺旋状卷曲而弹出种子。

由于各种不同类型的果实或种子具有不同的构造及传播方式,所以在林业生产进行采种工作中,就必须根据不同特点而采用不同的方法。例如松属、杉属的球果,必须在球果成熟而未裂开以前采收,然后干燥处理而获得种子。借果实本身弹力传播的种子也必须在果实成熟而果皮未干燥前采收。

实训 3-1　花的形态、组成及结构观察

一、实训目标

了解被子植物花的外部形态及其各组成部分的特点;了解被子植物花的几种主要的结构类型;学会使用花程式描述花的方法。

二、实训场所

森林植物实验室。

三、实训形式

在教师指导下,学生利用所学知识观察花的形态、组成及结构。

四、实训备品与材料

解剖镜、放大镜、镊子、解剖针、载玻片、各类植物的花。

五、实训内容与方法

(1) 花的各部观察

①观察梨花各部。

花柄:注意长短。

花托:注意花托的形态。

花萼:注意萼片的数目、形状、颜色、分离或连合。

花冠:注意花瓣的数目、形态、颜色及是否连合。

雄蕊群:注意雄蕊的数目、是否连合?区别花丝和花药,属何种雄蕊类型?

雌蕊群:是由 5 个心皮结合而成;注意观察其 3 个组成部分:柱头、花柱及子房。

②花的对称现象观察。区分整齐花和不整齐花。

③子房的位置观察。区分子房上位(下位花);子房半下位(中位花);子房下位(上位花)。

④花程式和花图式。仔细观察梨花的结构,写出花程式和花图式。

⑤单性花和两性花观察。区分雌雄同株花、雌雄异株花、杂性同株花、杂性异株花。

(2) 花的结构观察

选典型单被花(如木兰科的花)、典型两被整齐花(如蔷薇科、十字花科的花),不整齐花(如蝶形花科的花),合瓣花(如唇形科、杜鹃花科的花及其他有代表性的花)进行观察。观察内容包括花被、花性、花冠形状、排列形式、雄蕊特征、子房位置、胎座形式等。

六、注意事项

实验材料根据各地情况酌情选取;如无新鲜材料,可用经甲醛溶液浸制的标本代替。

七、实训报告要求

①将观察到的各种花的特征记载下来。

②分析 5~6 种花的组成,并用花程式描述花的构造。

实训 3-2 花序类型观察

一、实训目标
学会识别常见花序。

二、实训场所
野外或森林植物实验室。

三、实训形式
利用所学知识,对给出的花序类型进行逐一识别。

四、实训备品与材料
当地所产的各类植物花序。

五、实训内容与方法
（1）各种无限花序类型的观察

以当地的各种无限花序类型材料为对象,分别观察十字花科总状花序,车前草穗状花序,芹菜、窃衣的伞形花序,梨的伞房花序,无花果或榕树的隐头花序,菊花、向日葵的头状花序,栗或栎属的柔荑花序,棕榈的肉穗花序及其他有代表性的花序类型、形状和构造。

（2）复合花序各种类型观察

以当地的各种复合花序类型材料为对象,分别观察：圆锥花序、复穗状花序、复伞形花序、复伞房花序的形状和构造。

（3）有限花序各种类型观察

以当地的各种有限花序类型材料为对象,分别观察：单歧聚伞花序、二歧聚伞花序、多歧聚伞花序的形状和构造。

六、注意事项
本次实训如果条件允许最好在野外进行。如果在实验室进行,实验材料可根据各地情况酌情选取,"实训内容与方法"中列出的种类仅供参考。

七、实训报告要求
分别写出本地常见森林植物名称及其花序类型。

实训 3-3 被子植物花的发育与结构观察

一、实训目标
了解花药不同发育时期的结构及花粉粒的形成过程；了解胚囊的发育过程；掌握子房、胚珠的结构。

二、实训场所
森林植物实验室。

三、实训形式
每个学生利用所学知识,在教师指导下独立观察百合未成熟花药与成熟花药横切制片、百合子房横切制片、小麦成熟花药切片；幻灯片集体观看。

四、实训备品与材料
百合和小麦花药发育和花粉粒形成过程电子幻灯片、百合和小麦胚囊发育过程电子幻灯片、电视显微镜或投影显微镜,按人数准备显微镜,百合未成熟花药与成熟花药横切制片、百合子房横切制片、小麦成熟花药切片。

五、实训内容与方法
（1）花药的发育与结构观察

①观察未成熟（幼嫩）花药结构。取未成熟百合花药横切片,先用低倍镜观察,可见花药形似蝴蝶,选一个清晰完整的花粉囊置于视野正中,转换高倍物镜观察花粉囊壁和花药室。

②观察成熟花药结构。

③观察成熟花粉粒的结构。

④花药发育与花粉粒形成。观看百合和小麦花药发育和花粉粒形成过程的幻灯片,掌握花药和花粉粒的发育过程。

（2）百合子房的结构与胚囊的发育

①百合子房的结构观察。观察百合子房横切片。

②胚囊的发育。观看百合和小麦胚囊发育过程的系列电子幻灯片。

六、注意事项

花的发育和结构比较复杂，只需作一般了解。

七、实训报告要求

绘制百合未成熟花药横切面轮廓图及一个成熟花粉囊的细胞图。

实训 3-4　裸子植物生殖器官的发育与结构

一、实训目标

了解大小孢子叶球以及雌雄配子体的构造和发育；掌握松类成熟胚珠的结构。

二、实训场所

森林植物实验室。

三、实训形式

以小组为单位，在教师指导下进行观察，并对观察结果进行讨论。

四、实训备品与材料

电视显微镜或投影显微镜、显微镜、体视显微镜、镊子、解剖针、培养皿、松属当地种类带大小孢子叶球的枝条、大小孢子叶球纵切制片、成熟胚珠纵切制片。

五、实训内容与方法

（1）松大、小孢子叶球及雌雄配子体的构造和发育

①以松属当地种类枝条观察小孢子叶球和大孢子叶球的形状和生长位置。

②观察小孢子叶球及雄配子体的构造与发育。用镊子取一个小孢子叶球进行观察，可见许多小孢子叶螺旋状排列于中轴上。取一个小孢子叶置于体视显微镜下观察，可见小孢子叶背面并列生有两个长椭圆形的小孢子囊（花粉囊）。幼时囊中充满核大而细胞质浓的造孢细胞，造孢细胞进一步分裂发育成小孢子母细胞（花粉母细胞）经减数分裂形成四个细胞叫四分体。它再分离成四个小孢子（花粉粒），小孢子是单倍体细胞。用解剖针挑破囊壁，可见到许多黄色的花粉（小孢子），取少量花粉做临时装片，用显微镜观察其形态。或取小孢子叶球纵切制片观察小孢子叶的排列方式和花粉囊内小孢子的形态。

③观察大孢子叶球及雌配子体的构造与发育。用镊子取一个大孢子叶球，用镊子和解剖针剥下一片大孢子叶，在体视显微镜下观察，可见木质鳞片状的珠鳞和膜质的苞鳞相分离。用镊子取下一片完整的珠鳞，在其腹面基部可见着生两个胚珠。

观看雌配子体的发育过程电子幻灯片，注意比较与被子植物有何不同。

（2）松成熟胚珠的构造和发育

取松成熟胚珠纵切片仔细观察：珠鳞、珠被、珠孔、珠心、雌配子体、颈卵器各部分结构。

六、注意事项

本实训应重点掌握与被子植物花在结构方面的区别。

七、实训报告要求

绘裸子植物的雌性生殖器官基本构造图。

实训 3-5　果实的组成、构造和类型观察

一、实训目标

了解果实的组成及构造，学会分辨果实的各部分结构。掌握果实主要类型的特征，学会分辨各种果实的类型。

二、实训场所

森林植物实验室。

三、实训形式

以小组为单位解剖果实后，每个学生要独立

观察。每个学生利用所学知识,对实验室陈列的各种果实进行观察,指出每一种果实的类型。

四、实训备品与材料

每个小组准备解剖刀、镊子各一套,桃果实一只,苹果果实两只,各类果实标本一套(新鲜标本、液浸标本或干制标本)。

五、实训内容与方法

(1)真果的组成及构造

以桃果实为例进行观察。

(2)假果的组成及构造

观察苹果新鲜果实的纵切面和横切面。

(3)肉质果的观察

分别观察浆果、瓠果、柑果、核果、梨果。

(4)干果的观察

分别观察:

①裂果类。荚果、蓇葖果、蒴果、角果。

②闭果类。瘦果、颖果、翅果、坚果、双悬果、胞果。

(5)聚合果的观察

分别观察玉兰、绣线菊、草莓、悬钩子等的果。

(6)聚花果

分别观察桑葚、凤梨、无花果等的果。

六、注意事项

果实种类可根据当地条件选择,各种类型的果实齐全即可。

七、实训报告要求

根据观察结果,以表列出各种果实的名称、类型和特征。

复习思考题

一、名词解释

1.花;2.单雌蕊;3.复雌蕊;4.完全花;5.不完全花;6.心皮;7.真果;8.假果;9.单果;10.聚合果;11.聚花果。

二、填空题

1.雄蕊一般由( )和( )两部分组成。

2.花药、花粉囊壁的各层中( )与花粉囊开裂有关,( )为花粉粒的发育提供营养。

3.( )和( )合称为花被。

4.传粉的方式分为( )和( )。

5.心皮边缘相互联合的缝线称( ),心皮背部相当于主脉的部分称( )。

6.单核花粉粒又称( ),单核胚囊又称( )。

7.典型被子植物的花包括四部分即( )、( )、( )、( )。

8.一朵花中所有的花瓣总称为( )。

9.花瓣的大小、形状相同的花为( ),反之则为( )。

10.各花瓣之间彼此完全分离的花称( );部分或全部联合在一起的花称( )。

11.子房是( )基部膨大成中空囊状部分,其外为( ),内部为( )。

12.胚珠一般着生在子房的( ),着生的部位称为( )。

13.由一个心皮形成的子房称为( ),由多个心皮形成的子房称为( )。

14.一个发育成熟的胚珠由( )、( )、( )、( )和( )等部分构成。

15.肉果可按果皮来源和性质不同而分为( )、( )和( )三类。

三、单项选择题

1. 花药中绒毡层的细胞来自(　　)。
   A. 造孢细胞　　　B. 花粉母细胞　　　C. 孢原细胞　　　D. 四分体
2. 从起源上讲，1 至数个心皮构成了花的(　　)。
   A. 萼片　　　　　B. 花瓣　　　　　　C. 雌蕊　　　　　D. 雄蕊
3. 二细胞(二核)时期的花粉粒中含有(　　)。
   A. 一个营养细胞和一个精子　　　　　B. 两个精子
   C. 一个营养细胞和一个生殖细胞　　　D. 两个生殖细胞
4. 胚囊外珠被上的小孔叫(　　)。
   A. 纹孔　　　　　B. 珠孔　　　　　　C. 皮孔　　　　　D. 气孔
5. 双受精后，发育成种子胚乳的是(　　)。
   A. 珠被　　　　　B. 珠心　　　　　　C. 助细胞　　　　D. 中央细胞
6. 花药的纤维层是由(　　)。
   A. 表皮发育而来　　　　　　　　　　B. 药室内壁发育而来
   C. 中层发育而来　　　　　　　　　　D. 绒毡层发育而来
7. 染色体是单倍体的是(　　)。
   A. 造孢细胞　　　B. 胚囊母细胞　　　C. 合子　　　　　D. 卵细胞
8. 受精后的卵细胞发育成(　　)。
   A. 种子　　　　　B. 种皮　　　　　　C. 胚乳　　　　　D. 胚
9. 成熟胚囊中的助细胞有(　　)。
   A. 1 个　　　　　B. 2 个　　　　　　C. 3 个　　　　　D. 4 个
10. 成熟胚囊中最大的细胞是(　　)。
    A. 卵细胞　　　　B. 助细胞　　　　　C. 中央细胞　　　D. 反足细胞
11. 被子植物的减数分裂发生于(　　)。
    A. 根器官中　　　B. 茎器官中　　　　C. 叶器官中　　　D. 花器官中
12. 被子植物的胚乳是极核受精发育而成，一般是(　　)。
    A. 单倍体的　　　B. 二倍体的　　　　C. 三倍体的　　　D. 四倍体的
13. 下列属于浆果的是(　　)。
    A. 杏　　　　　　B. 苹果　　　　　　C. 橘子　　　　　D. 番茄
14. 下列果实属于假果的是(　　)。
    A. 无花果　　　　B. 桃　　　　　　　C. 玉米　　　　　D. 柑橘
15. 下列果实不属于闭果的是(　　)。
    A. 荚果　　　　　B. 瘦果　　　　　　C. 颖果　　　　　D. 坚果

四、多项选择题

1. 一朵完全花包括(　　)。
   A. 花冠　　　　　B. 雄蕊　　　　　　C. 雌蕊　　　　　D. 花萼
   E. 花轴

2. 风媒花的主要特点是（　　）。
   A. 花被小　　　　B. 花被鲜艳　　　　C. 无香味　　　　D. 花粉粒小
   E. 花粉粒最大
3. 下列属于单倍体细胞的有（　　）。
   A. 花粉母细胞　　B. 卵细胞　　　　　C. 营养细胞　　　D. 助细胞
   E. 中央细胞
4. 虫媒花的特征是（　　）。
   A. 花大而鲜艳　　B. 花小而无花被　　C. 有特殊香味　　D. 花粉粒小
   E. 花粉粒表面粗糙

五、判断题（正确的打√；错误的打×，并加以改正）

1. 花受精后，受精卵发育成胚乳，受精极核发育成胚。（　　）
2. 双受精是进化过程中种子植物所特有的现象。（　　）
3. 进行自花传粉的花一般均为两性花，而进行异花传粉的花一定是单性花。（　　）
4. 构成被子植物花的花萼、花冠、雄蕊群、雌蕊群都是叶的变态。（　　）
5. 只有花萼的花称单被花。（　　）
6. 成熟花粉粒具有一个营养细胞和两个精子。（　　）
7. 植物的果实纯由子房发育而来，这种果实称为真果。（　　）
8. 凤梨的果是聚花果。（　　）
9. 椰子的果实为浆果。（　　）
10. 干果根据其成熟后果皮能否开裂分为闭果和裂果。（　　）

六、简答题

1. 何谓传粉？植物对异花传粉有何适应性特征？
2. 自花传粉和异花传粉有何生物学意义？
3. 虫媒花和风媒花各有何特点？
4. 试述双受精的过程及生物学意义。
5. 简要说明花药发育及花粉粒形成过程。
6. 简要说明胚珠发育及胚囊形成过程。
7. 简要说明受精后花各个部分的变化。
8. 果实和种子对传播的适应有哪些特点？

模块二

植物的生长和发育生理

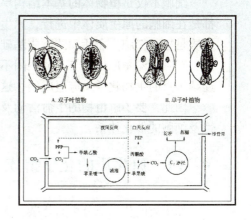

单元4 植物的呼吸作用

> **知识目标**

1. 认识植物细胞原生质状态与植物生命的关系。会熟悉酶的定义及酶促反应的影响条件。
2. 能明确生产上果蔬与鲜切花贮藏、种子贮藏、植物栽培与呼吸作用的关系。

> **技能目标**

1. 能够熟练进行植物呼吸强度的测定。
2. 在果蔬与鲜切花贮藏、种子贮藏、植物栽培中能够正确调节植物的呼吸作用。

4.1 植物生理基础

　　细胞不仅是植物体的基本结构单位,也是生命活动的基本功能单位。植物的生命活动都是在细胞的原生质体中进行,原生质体是由生活物质——原生质组成的。由此可见,原生质是植物细胞生命活动的物质基础。植物最重要、最基本的特征就是不断地进行新陈代谢,新陈代谢是原生质与环境之间不断进行物质和能量的交换过程,是由一系列有秩序并连续进行的生物化学反应组成的,这些反应是在一种特殊的物质——酶作用下进行的。

　　因此,要了解植物的生命活动及其规律,首先要了解原生质的化学组成、原生质的特性及细胞的催化体系。

4.1.1 原生质的化学组成

　　原生质的化学成分极为复杂,而且随着原生质的生命活动不断发生变化,但它们都有着相似的基本组成成分,即无机物和有机物两大类,无机物包括水和无机盐,将在"水分代谢"和"矿质营养"章节中详细介绍;有机物有糖类、脂类、蛋白质、核酸、木质素、激素等,比较重要的有以下4类。

(1) 糖类

　　糖类是植物体的主要成分之一,是植物光合作用的主要产物,占干物质的60%~90%。

糖类是构成植物体骨架的主要物质，也是植物体内新陈代谢和能量贮藏的基本物质。

糖类在植物体内的存在形式有3类，即单糖(三碳糖~七碳糖)、寡糖(蔗糖和麦芽糖)和多糖(淀粉、纤维素、半纤维素、果胶质等)。

(2) 蛋白质

蛋白质是以氨基酸为基本单位的高分子化合物，是生活细胞最重要的组成成分。它不仅是细胞的结构物质，而且直接参与细胞内活跃的代谢活动。所以，蛋白质是生命的主要体现者。

根据蛋白质在植物体内的功能将之分为3类，即酶蛋白、结构蛋白和贮藏蛋白。其中酶蛋白是细胞中数量最多的蛋白质。

(3) 核酸

核酸是以核苷酸为基本单位的高分子化合物，是生物的遗传物质。

细胞中的核酸有核糖核酸(RNA)和脱氧核糖核酸(DNA)两类。RNA 又分为信使核糖核酸(m-RNA)、转移核糖核酸(t-RNA)和核糖体核糖核酸(r-RNA)3种类型。DNA 主要存在于细胞核中，是染色体的组成成分，是遗传信息的携带者。

(4) 脂类

植物细胞中重要的脂类化合物有真脂、磷脂和糖脂。真脂是很好的贮藏物质。磷脂和糖脂在细胞内的特殊的排列方式，使得它们成为生物膜的骨架物质。

4.1.2 原生质的胶体特性

原生质的主要组成成分如蛋白质、核酸、多糖等均为大分子物质，分子直径一般在 0.001~0.1 μm，与胶体粒子大小相当，所以使原生质成为胶体状态，呈现胶体的性质。

(1) 亲水性

因为原生质大分子有机物上有许多亲水基团(—NH$_2$、—OH、—COOH 等)，能吸附较多的水分，所以原生质是一种复杂的亲水胶体。

根据水分在原生质胶粒周围的存在状况，可将原生质中的水分分为束缚水和自由水两种(图4-1)。束缚水是指被原生质胶粒紧密吸附，不能自由流动，低温时不易结冰，高温时不易蒸发的水分；自由水是指离原生质胶粒较远，不受胶粒吸附或吸附很弱，可以自由流动，随着温度的变化易结冰、易蒸发的水分。

自由水可直接参与植物的生化反应和生理过程，而束缚水则不能。因此，自由水/束缚水比值高时，植物代谢活跃、生长较快，但抗逆性较差；反之则代谢弱、生长缓慢，但具有较强的抗逆性。

(2) 溶胶和凝胶

当原生质中的自由水多或温度升高时，原生质中的胶粒相互分离，胶体能自由流动。这时的原生质呈溶胶状态，具有流动性。当原生质中的自由水少或温度降低时，原生质中的胶粒彼此靠近，相互连接成链并交织成网状，胶体不能流动，近似于固体。这时的原生质呈凝胶状态，具有弹性和黏性。

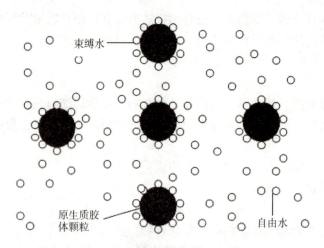

图 4-1　原生质中的自由水与束缚水

可见，原生质以哪种胶体状态出现，与原生质中自由水的含量及温度有关。原生质的胶体状态又决定着植物代谢活动的强弱。当细胞的代谢活动趋于旺盛时，如生长季节到来时，凝胶可以通过胶溶作用变为溶胶，使各种代谢活动能顺利进行；当细胞的代谢活动减弱时，如秋冬季节，溶胶可以通过胶凝作用变为凝胶，使植物对不良环境的抵抗力提高。

4.1.3　酶的基础知识

4.1.3.1　酶的概念及组成

(1) 酶的概念

酶是指由生活细胞产生的具有特殊催化能力的蛋白质。生物体内几乎所有的生化反应都是由各种不同的酶来催化的，所以，酶又称为生物催化剂。

在生化反应中，由酶所催化的反应称为酶促反应，可用下式表示：

$$E+S \rightleftharpoons E \cdot S \longrightarrow E+P$$

式中，被酶(E)作用的物质(S)称为底物，反应中形成的酶与底物的复合物(E·S)称为中间产物，反应结束后形成的物质(P)称为产物。由上式可以看出，酶在反应前后不变。

(2) 酶的组成

按化学组成的不同，可将酶分为单纯蛋白酶和结合蛋白酶两类。

①单纯蛋白酶类。完全由蛋白质组成的酶，水解后只产生氨基酸，不含其他任何物质。催化水解反应的水解酶多属于此类。如蛋白酶、脂肪酶、淀粉酶等。

②结合蛋白酶类。除蛋白质外，分子中还含有其他非蛋白质部分的酶。大多数氧化还原酶属于此类。如过氧化氢酶、细胞色素氧化酶、脱氢酶等。

在结合蛋白酶中，蛋白质部分称为酶蛋白，非蛋白质部分称为辅因子，两者结合在一起称为全酶。即

全酶 = 酶蛋白 + 辅因子

结合蛋白酶在催化反应时，酶蛋白的结构决定着酶与底物结合的专一性，辅因子则决定着酶催化反应的特性。因此，结合蛋白酶只有在酶蛋白和辅因子同时存在时才起作用，这两部分单独存在时均无催化活性。辅因子是指那些能直接参加催化反应的物质，它们包括一些金属离子、辅酶、辅基。

另外，酶在催化反应时，不是整个酶分子与底物结合才起催化作用，而是酶分子上的一个基团或一个特殊结构与底物结合，并将底物催化为产物。我们把酶分子上与底物结合并催化底物为产物的部位称为活性中心。

4.1.3.2 酶的作用特性

(1) 酶催化作用的高效性

酶的催化效率特别高，是普通催化剂的 $10^6 \sim 10^{13}$ 倍。例如，在 0 ℃ 时，1 s 内 1 mol 的无机催化剂 Fe^{3+} 可以分解 10^{-5} mol 的过氧化氢，而在同样条件下，1 mol 过氧化氢酶能分解 10^5 mol 的过氧化氢。酶的催化效率如此之高，是因为酶能大大降低反应所需的活化能，增加活化分子的数量，使反应的速度加快（图 4-2）。所以植物细胞里只要有极少量的酶，就可以使代谢反应高速有效进行，这对植物的生命活动是有很大意义的。

(2) 酶催化作用的专一性

酶对它所作用的底物有着严格的选择性，一种酶往往只对一类甚至一种物质起催化作用。这与一般的无机催化剂很不相同。如 H^+ 可催化淀粉、脂肪、蛋白质、蔗糖水解，而蔗糖酶只能催化蔗糖水解，蛋白酶只能催化蛋白质水解。这些酶对其他任何物质都没有催化作用。

酶催化作用的专一性是酶最重要的特性，它能使植物体内复杂的代谢活动包含的许多化学反应有序高效地进行。如果代谢过程中某一环节的酶遭到破坏或缺失，就会引起代谢失调。

酶催化作用的专一性与酶和底物形成中间产物时二者的空间结构必须相吻合有关。当酶与底物相距较远时，二者的空间结构不适于结合；当二者接近至一定程度时，受底物诱导，酶的构象发生有利于二者结合的变化，二者在此基础上相互结合，形成中间复合物（图 4-3），进而发生反应。

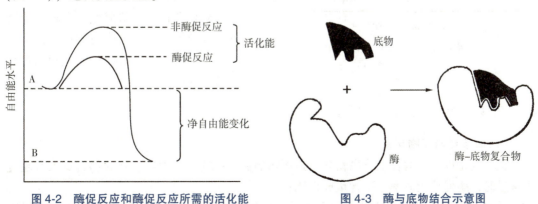

图 4-2　酶促反应和酶促反应所需的活化能　　　　图 4-3　酶与底物结合示意图

4.1.3.3 酶的命名和分类

(1) 酶的命名

酶的命名有习惯命名法和国际命名法两种。习惯命名法根据酶所作用的底物名称、催化的反应性质、酶的来源或其他特点来进行命名,如淀粉酶、蛋白酶、脱氢酶、水解酶、琥珀酸脱氢酶、胃蛋白酶等。国际系统命名法由于过分复杂而未得到普遍使用。

(2) 酶的分类

1961 年,国际生化学会酶委员会根据酶所催化的反应类型,把酶分为以下六大类。

① 氧化还原酶类。指能催化氧化还原反应的酶类,可分为脱氢酶、氧化酶、过氧化物酶和加氧酶等。

$$AH_2+B \longleftrightarrow A+BH_2$$

② 转移酶类。指能催化有机物分子间某种基团的交换或转移的酶类。如转磷酸基酶、转氨酶、转醛酶、转酮酶等。

$$AX+B \longleftrightarrow A+BX$$

③ 水解酶类。指能催化各种复杂有机物水解作用的酶类,如脂肪酶、蛋白酶、核酸酶、淀粉酶、蔗糖酶等。

$$AB+HOH \longleftrightarrow AOH+BH$$

④ 裂解酶类。指能催化一种化合物分子的化学键断裂,产生两种化合物或其逆反应的酶类。

$$A \cdot B \longleftrightarrow A+B$$

⑤ 异构酶类。指能催化同分异构体相互转化的酶类,包括异构酶和变位酶。

$$A \longleftrightarrow B$$

⑥ 合成酶类。这类酶利用 ATP (图 4-4) 水解时释放的能量,催化有机物的合成。

$$A+B+ATP \longleftrightarrow AB+ADP+Pi$$

ATP 含有高能磷酸键,水解时能释放较多能量,是生物体内能量转换反应的重要物质,是生物体内能量的储存者和提供者。

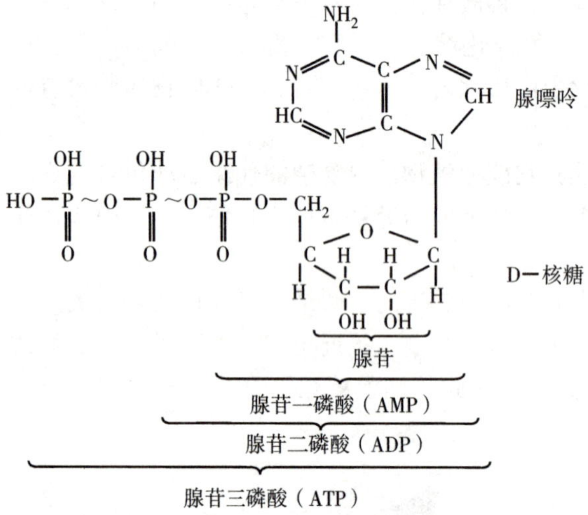

图 4-4 AMP、ADP、ATP 的结构
(~代表高能键)

4.1.3.4 影响酶促反应的因素

(1) 酶含量与底物含量

在一定条件下,酶含量与底物含量是影响酶促反应的主要因素。当底物含量大大超过酶含量时,酶促反应速率与酶含量成正比。

反之,当酶含量大大超过底物含量时,酶促反应的速度则由底物含量来决定。当底物含量从 0 开始增加时，随着底物含量的增加，反应速度急剧增加，二者成正比；当底物含量增加到一定程度时，反应速度的增加变慢；当反应速度达到最大后，即使底物含量再继续增加，反应速度也不会再提高（图 4-5）。其中的道理可以用中间产物理论来解释。

（2）温度

在一定的温度范围内，酶促反应随着温度的升高而加快；当温度升高到一定程度时，酶促反应的速率达到最高；继续升温，酶蛋白逐渐变性，酶促反应的速率急剧减慢以至停止（图 4-6）。

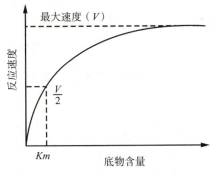

图 4-5　底物含量对酶促反应的影响

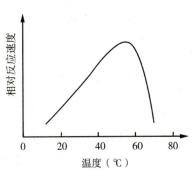

图 4-6　温度对蛋白酶作用的影响

能使酶发挥最大催化效率的温度称为酶作用的最适温度（一般在 40～50 ℃）。使酶促反应能够进行的最低温度称为酶作用的最低温度（多数在 0 ℃ 左右）。低于这个温度，酶促反应不能发生。使酶促反应能够进行的最高温度称为酶作用的最高温度（多数在 70～80 ℃）。超过最适温度酶即开始变性，温度越高、持续时间越长，变性的酶就越多。超过最高温度，酶全部失去活性。这就是所谓的"温度三基点现象"。

（3）pH 值

每种酶只能在一定的 pH 值范围内显示出最大的催化效率，这个 pH 值范围称为酶的最适 pH 值。大多数酶的最适 pH 值在 4.0～6.5，如淀粉酶在 pH 值 4.0～5.2，麦芽糖酶在 pH 值 6.1～6.8。对于这些酶来说，高于或低于最适 pH 值范围，酶的活性都会明显下降。

（4）抑制剂

凡是能降低或抑制酶活性的物质统称为抑制剂。根据抑制剂的作用特点，可将之分为两类。

①不可逆抑制剂。抑制剂以共价键与酶的活性中心相结合，不能用透析、超滤等物理方法除去，称为不可逆抑制剂。如有机磷农药、一些重金属离子、氰化物等均能造成不可逆抑制。

②可逆抑制剂。抑制剂与酶结合后可以用透析超滤等物理方法除去，使酶恢复活性，称为可逆抑制剂。根据抑制剂与底物的关系，可分为竞争性和非竞争性两种。

竞争性抑制剂　这类抑制剂与底物的分子结构相似，能同底物竞争着与酶分子相结合，使酶与底物不能形成复合物，影响酶促反应的进行（图 4-7）。竞争性抑制可通过增加底物浓度的方法来解除或减弱。

非竞争性抑制剂　这类抑制剂和底物同时结合在酶的不同部位上,二者与酶的结合不存在竞争关系,形成的酶、底物、抑制剂复合物(ESI)不能进一步形成产物,从而抑制酶促反应的进行(图4-8)。所以,这类抑制剂的作用是不能用增加底物含量来缓解的。如 Ag^+、Hg^{2+}、Cu^{2+} 等重金属离子均属这类抑制剂。

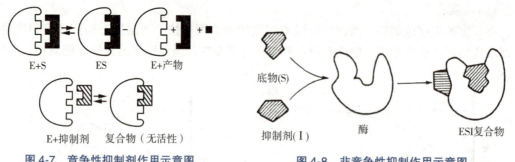

图4-7　竞争性抑制剂作用示意图　　　图4-8　非竞争性抑制作用示意图

(5)激活剂

凡是能增加或激活酶的活性的物质统称为激活剂。激活剂包括一些无机离子、辅助因子(辅酶或辅基)及一些大分子的蛋白类物质。

实际上,激活剂和抑制剂的作用是相对的,一种激活剂可以增强某种酶的催化作用,对另一种酶则可能产生抑制作用。如 HCN 是木瓜蛋白酶的激活剂,而对其他酶却是剧毒的抑制剂。

4.1.3.5　植物细胞中的酶

(1)植物细胞中的酶

酶在植物体内的分布不是杂乱无章的。在细胞中,一定的酶分布在细胞的一定部位,又在一定的位置上执行着不同的功能,这些部位就成为进行一定生理活动的专门场所。不同的酶在细胞中有严格的活动区域。正因如此,才使细胞的生理活动在时间上、空间上能有顺序地、高效率地进行。

(2)同工酶、诱导酶

同工酶是指能催化相同化学反应,但结构和性质不同的一类酶。它们对环境的温度、pH 值、抑制剂和激活剂的反应上都可能不同,催化速率也不完全相同。因此,当同工酶中的某一个成员受到影响时,另一成员仍能发挥催化作用,以保证植物的正常代谢能够得以顺利进行,使植物能更好地适应多变的环境。在植物体上研究最多的是过氧化物酶,它有18种之多的同工酶。此外,淀粉酶、磷酸酶、多酚氧化酶、乙醇脱氢酶等都有不同种的同工酶。在育种方面,我国利用同工酶酶谱预测杂种优势,使杂交育种工作克服盲目性。

实验证明,酶除了能在植物体内合成和分解外,还能在特定的外界因素诱导下形成。如水稻在没有硝酸盐的水田中萌发和生长,体内就没有硝酸盐还原酶,当施用了硝酸盐类肥料后,幼苗体内就可以合成硝酸还原酶,所以这种酶称为"诱导酶"。

4.2 呼吸作用的概念和意义

呼吸作用是一切生物共有的生理过程，凡是有生命的细胞和组织，就会不断地进行呼吸作用，因此，呼吸作用在植物的生命活动中有着举足轻重的作用。

4.2.1 呼吸作用概念

呼吸作用是所有生物细胞的共同特征。所谓呼吸作用是指生活细胞中的有机物在一系列酶的作用下逐步氧化分解，同时释放能量的过程。

在呼吸作用过程中被氧化分解的物质叫呼吸基质或呼吸底物。糖类、有机酸、脂肪、蛋白质等都可以作为呼吸基质，但最主要、最直接的呼吸基质是葡萄糖。

4.2.2 呼吸作用的类型

根据植物呼吸过程中对氧气需求的差异，可将呼吸分为有氧呼吸和无氧呼吸两种类型。

(1) 有氧呼吸

有氧呼吸是指生活细胞在氧气的参与下，把有机物质彻底氧化分解为二氧化碳和水，同时释放出大量能量的过程。有氧呼吸是植物呼吸作用的主要方式，一般所说的呼吸作用即指有氧呼吸。常以下列反应式表示：

$$C_6H_{12}O_6 + 6O_2 \rightarrow 6CO_2 + 6H_2O + 2871.6 \text{ kJ}$$

(2) 无氧呼吸

无氧呼吸是指在无氧条件下，生活细胞中某些有机物质发生不彻底的氧化分解，同时释放较少能量的过程。这个过程在微生物中称为发酵。酵母菌的发酵产生乙醇，称为乙醇发酵，其反应式如下：

$$C_6H_{12}O_6 \rightarrow 2C_2H_5OH + 2CO_2 + 100 \text{ kJ}$$

多数高等植物的无氧呼吸产生乙醇，如苹果、香蕉、大枣贮藏久了会产生酒味，即是其无氧呼吸产生乙醇的结果。

乳酸菌的发酵产生乳酸，称为乳酸发酵，其反应式如下：

$$C_6H_{12}O_6 \rightarrow 2CH_3CHOHCOOH + 100 \text{ kJ}$$

一些高等植物，如马铃薯块茎、甜菜块根、玉米胚、胡萝卜的无氧呼吸产生乳酸。

无氧呼吸是一些植物正常呼吸的一部分，如一些植物具有肥大的器官(如甜菜的块根和马铃薯块茎)或肉质的果实(如苹果)，其深层的组织往往因缺氧而进行着一定程度的无氧呼吸；很多植物的发芽种子，在种皮透气微弱时，也进行着一定程度的无氧呼吸。另外，植物暂时遭水淹时，即以无氧呼吸的方式提供能量，维持生命。因此，无氧呼吸是植物适应生态多样性的表现，有利于植物渡过短暂的缺氧环境。

长期的无氧呼吸会使有机物消耗过多并发生乙醇中毒，严重时可导致植物死亡。如作物长期淹水会死亡；种子播种后久雨不晴会发生烂种；湿度大的种子，堆放时间长了会发热，产生酒味，使种子变质等，都是由于长时间无氧呼吸的结果。但如果短暂无氧呼吸之后恢复有氧条件，植物就可恢复正常生长。如浸种催芽的谷堆，内部出现酒味时，及时翻开，使其恢复有氧呼吸，从而使乙醇分解，酒味消除。

4.2.3 呼吸作用的意义

呼吸作用是生物极其重要的生理活动，任何生活的细胞，都在不停地进行着呼吸作用，一旦呼吸停止，生命也就停止了。呼吸作用的意义主要表现在以下方面。

(1) 为一切生命活动提供能量

绿色植物通过光合作用将太阳光能贮存于有机物中。这些能量只有通过呼吸作用才能释放出来。呼吸作用释放出来的能量，一部分以热能的形式散失，另一部分贮存在 ATP 中，用于植物的生命活动，如吸收水分和矿质元素，有机物的合成、转化与运输，细胞分裂、器官形成、开花和受精等。因此，呼吸作用的停止就意味着生命的结束。

(2) 为各种有机物的合成提供原料

呼吸作用是由一系列生化反应构成的复杂生理过程，整个过程分许多步骤进行，形成很多中间产物。其中不少中间产物可作为合成蛋白质、核酸、脂肪、纤维素、激素、维生素和色素等重要有机物的原料。所以，呼吸作用与植物体内有机物质的合成与转化有着密切的关系，成为有机物质代谢的中心，活跃的呼吸作用是植物新陈代谢旺盛的标志。

(3) 可以增强植物对伤、病的抵抗力

植物受伤时，受伤部位细胞的呼吸作用迅速增强，有利于伤口的愈合，使伤口迅速木质化或栓质化，阻止病菌侵染。植物染病时，病菌分泌毒素，为害植物，但染病的组织呼吸作用往往迅速提高，促使毒素氧化分解以消除毒性，或合成一些抗病物质，从而抵御病菌危害。

由此可见，呼吸作用是维持植物生命活动不可缺少的生理过程，是植物能量代谢的中心，物质代谢的枢纽，它将植物体内糖、蛋白质、脂肪、核酸等有机物的代谢联系起来。因此，呼吸作用的强弱必然影响植物的生长发育，进而影响农林作物的产量和品质。

4.3 呼吸作用的基本过程

现已发现，高等植物呼吸作用的代谢途径有多条。不同植物、同一植物的不同器官或组织,当处于不同的生育期、不同的生理状态、不同的环境条件,或者利用不同的呼吸底物时,呼吸途径都可能不同。虽然不同的呼吸途径由不同的酶系统所催化,但各途径可通过某些共同的中间产物相互交叉、相互联系。因此,当一条代谢途径受阻时,可通过另一条代谢途径继续维持正常的呼吸作用,这是植物在长期进化过程中形成的适应现象。下面主要介绍有氧呼吸的两条代谢途径。

4.3.1 糖酵解-三羧酸循环途径(EMP-TCA 途径)

(1)糖酵解(EMP)

葡萄糖在一系列酶的催化下氧化分解为丙酮酸的过程称为糖酵解(图 4-9)。这一过程发生在细胞质中,无氧进行。丙酮酸形成后,如果在缺氧条件下,就进入无氧呼吸途径,即进行乙醇发酵或乳酸发酵;在有氧条件下,则进入三羧酸循环被彻底氧化分解。

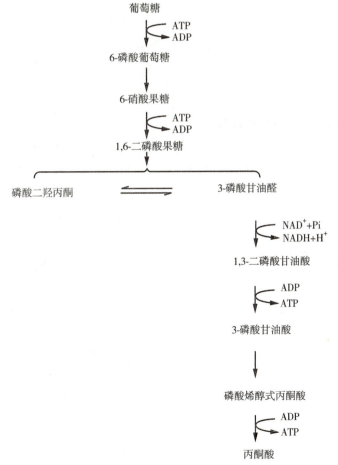

图 4-9 糖酵解过程简图

(2)三羧酸循环(TCA)

在有氧条件下,丙酮酸从细胞质进入线粒体中,在一系列酶的作用下被逐步氧化分解为 CO_2 和 H。由于该过程产生含有 3 个羧基的柠檬酸,因而被称为三羧酸循环(图 4-10)。

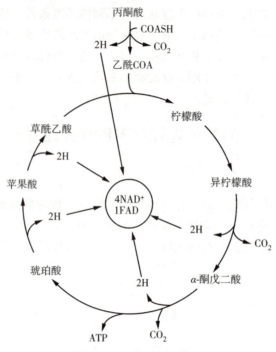

图 4-10 三羧酸循环简图

(3) 氢和电子的传递与氧化磷酸化

经过糖酵解和三羧酸循环，1 分子葡萄糖被氧化分解为 6 分子 CO_2 和 12 对 H。这 12 对 H 在线粒体内膜上经过一系列氢和电子传递体传递，最终传递给氧气而生成水。线粒体中的这一氢和电子的传递系统称为呼吸链(图 4-11)。

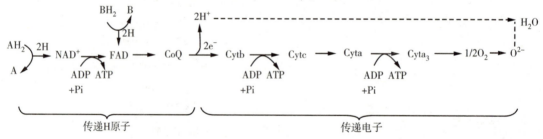

图 4-11 呼吸链的电子传递和氧化磷酸化

AH_2 和 BH_2 为呼吸作用的中间产物；CoQ 为辅酶 Q；Cyt 为细胞色素

氢或电子在呼吸链中传递，逐渐释放能量，其中一部分能量推动 ADP 与磷酸合成为 ATP，这个过程称为氧化磷酸化。其反应式如下：

$$ADP+Pi \xrightarrow{线粒体} ATP$$

4.3.2 磷酸戊糖途径(PPP 途径)

磷酸戊糖途径发生在细胞质中，在环境中有氧时才能进行(图 4-12)。该途径的中间产物非常丰富，可为 DNA、RNA、生长素、木质素等重要有机物和咖啡酸、绿原酸等酚类化合物、植物防御素等多种抗病物质的合成提供原料。因此，在植物染病、受伤时，磷酸戊糖途径明显加强。

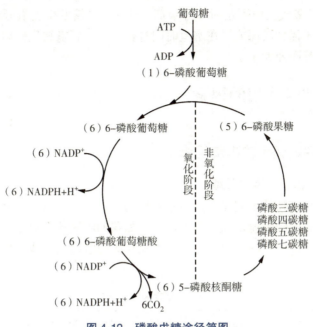

图 4-12　磷酸戊糖途径简图

4.4　呼吸作用的影响因素

植物的呼吸作用随植物的种类、年龄、器官和组织的生理状态的不同而不同，也受到温度、气体等外界因素的影响，表示植物呼吸高低的生理指标是呼吸强度和呼吸商。

4.4.1　呼吸作用的指标

(1) 呼吸速率

呼吸速率也称为呼吸强度，指单位时间内，单位重量的植物材料进行呼吸作用所释放的 CO_2 或吸入 O_2 的量。常用单位是 $CO_2 mg/(dwg \cdot h)$ 或 $CO_2 mg/(fw100 g \cdot h)$ 或 $O_2 mL/(dwg \cdot h)$。它是表示呼吸作用快慢的指标。

(2) 呼吸商

呼吸商指在一定时间内，植物呼吸作用释放的二氧化碳量与吸入的氧气量之比，用 RQ 表示。

$$RQ = \frac{CO_2 \text{摩尔数}}{O_2 \text{摩尔数}} \tag{4-1}$$

呼吸底物的种类是影响呼吸商最关键的因素。如果呼吸底物是糖类，被完全氧化分解时,呼吸商为1;呼吸底物是富含氧的有机酸,因吸收氧较少,呼吸商大于1;呼吸底物是富含氢的脂肪和蛋白质,因吸收氧较多,呼吸商小于1。

另外,呼吸商大小还受到氧气供应状况的影响。以糖类为呼吸底物,氧气供应充足时,呼吸商为1;若氧气供应不足时,呼吸商大于1;当仅发生无氧呼吸时,呼吸商无穷大。生产中,当种子播种较深或浸在水里时间过长,由于环境缺氧,组织内进行一部分无氧呼吸,从而导致呼吸商大于1。

4.4.2 影响呼吸作用的因素

4.4.2.1 影响呼吸速率的内部因素

(1)植物种类、器官、组织类型

不同植物、同种植物的不同器官、同一器官的不同组织呼吸速率不同(表4-1)。同一植物体上,生殖器官的呼吸速率高于营养器官,如花的呼吸比叶高3~4倍;同一器官中,分生组织的呼吸速率高于成熟组织。总之,生长旺盛的植物或植株上生长旺盛的部分呼吸速率高。

表4-1 植物的呼吸速率

植物材料	温度(℃)	每克干重所释放的CO_2量(mg/h)	每克鲜重吸收的O_2量(mL/h)
小麦幼根	15~20	2.23	
小麦叶	15~20	5.78	
椴树叶	15~20	3.85	
椴树芽(休眠)	15~20	0.30	
丁香芽(休眠)	15~20	0.48	
白蜡树干韧皮部			13.9
白蜡树干形成层			18.3
白蜡树干边材(外)			6.5
白蜡树干边材(内)			2.58

(2)植物的发育阶段

植物的呼吸速率随着发育时期的变化而变化。一年生植物种子开始萌发时,生长迅速,呼吸速率很高;到达一定时期后,随着生长变慢,呼吸速率逐渐下降并趋于平稳;后期开花时,呼吸速率又有所上升。多年生植物的呼吸速率表现为有节奏的四季变化,在春季发芽及开花时最高,冬季降到最低点。

在果实的发育过程中,呼吸速率随果实的发育时期而变化。果实发育期间呼吸速率的变化有两种类型:一种是坐果之后呼吸速率由高到低逐渐下降,果实发育后期呼吸平稳;另一种是呼吸速率下降至最低水平后,在果实即将成熟时,呼吸速率又急剧升高,这种现象称为呼吸高峰或呼吸跃变(图 4-13)。苹果、梨、番茄等具有明显的呼吸高峰。呼吸高峰出现后,果实即完全成熟。

4.4.2.2 影响呼吸速率的外部因素

(1)温度

温度主要通过影响酶的活性而影响呼吸速率。在呼吸作用的最低温度和最适温度之间,呼吸速率随温度增高而加快;超过最适温度,随温度升高而下降(图 4-14)。大多数植物呼吸作用的最低温度为 $-10\sim0\ ℃$。呼吸作用的最低温度与植物种类和植物的生理状况有关,如松、柏等耐寒树种的越冬器官(芽和针叶),在冬季 $-25\ ℃$ 时呼吸仍未停止,但在夏季,人工降温到 $-5\sim-4\ ℃$ 时,呼吸则完全停止。

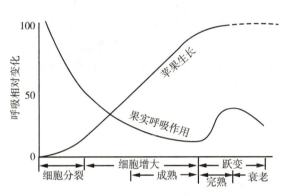

图 4-13 苹果的果实生长与呼吸高峰

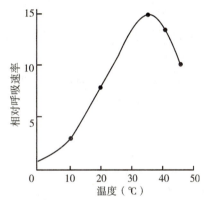

图 4-14 温度对豌豆幼苗呼吸速率的影响

植物呼吸作用的最适温度一般在 $25\sim35\ ℃$,比光合作用和生长的最适温度高。因此,在高温条件下,特别是兼有光照不足时,呼吸消耗大于光合作用积累,植物就会生长不良。

呼吸作用的最高温度在 $45\sim55\ ℃$。最高温度在短时间内可使呼吸速率提高,但很快就会急剧下降甚至停止。这是因为高温会破坏原生质的结构,使酶失去活性。

在 $10\sim35\ ℃$ 生理温度范围内,温度每升高 $10\ ℃$,大多数植物的呼吸速率增加 $1\sim1.5$ 倍。

(2)水分

细胞原生质的含水量对呼吸作用影响很大。表现最为显著的是成熟风干的种子,含水量很低,呼吸作用极其微弱,这时若种子的含水量稍有提高,呼吸速率就会大大增加。特别是当种子的含水量超过某一临界值时,呼吸速率急剧增强,这时的含水量称为临界含水量。临界含水量的高低因种子不同而异,淀粉种子为 $14\%\sim15\%$;油料种子为 $8\%\sim9\%$(图 4-15)。因此,贮藏种子时要严格控制种子的含水量在临界含水量范围内,以降

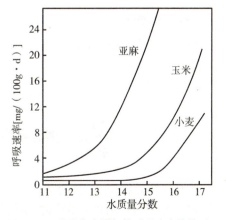

图 4-15 种子含水量与其呼吸速率的关系

低呼吸速率,达到安全贮藏的目的。

植物的根、茎、叶、花和果实等多汁器官,当其失水过多发生萎蔫时,呼吸作用暂时上升而后下降。上升是因为这些植物组织缺水时,酶的水解活动加强,使淀粉水解为可溶性糖,增加了直接的呼吸基质的缘故。

(3)氧气和二氧化碳

氧是植物进行有氧呼吸的必要条件,植物的有氧呼吸随着氧浓度的升高而增大(图4-16)。缺氧会使植物无氧呼吸增大,对植物生长不利。植物根系虽然能适应较低的氧浓度,但氧浓度低于5%~8%时,其呼吸速率也将下降。一般通气不良的土壤中氧浓度仅为2%,而且很难透入土壤深层。因此,生产上经常中耕松土,保证良好的土壤通气状况是非常必要的。但过高的氧浓度(70%~100%)对植物有毒害作用,这可能与活性氧代谢形成自由基有关。

二氧化碳是呼吸作用的最终产物。试验证明,当空气中 CO_2 浓度高于5%时,有氧呼吸受到显著抑制(图4-17)。在通气不良的土壤中, CO_2 可达4%~10%,甚至更高,不利于根的呼吸。一般来说, CO_2 浓度超过15%时,会因无氧呼吸产生过多的乙醇而使原生质中毒。

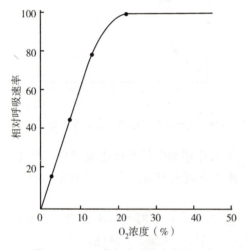

图4-16 O_2 浓度对呼吸速率的影响

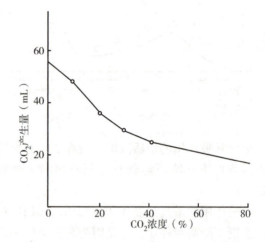

图4-17 CO_2 浓度对白芥发芽种子呼吸速率的影响

(4)机械创伤

植物组织受伤时,伤口处的呼吸速率往往显著增强,这有利于伤口愈合,减少病菌侵染的机会。但在生产上,如采收、起苗、包装、运输及贮藏时,应尽可能防止机械损伤,以减少有机物的消耗。

4.5 呼吸调控在林业生产上的应用

呼吸作用是植物代谢的中心,与其他各种生命活动都有密切的关系。维持正常的呼吸可以促进有机物转化和能量代谢,促进生长发育。但呼吸又是消耗有机物的过程,因此适当控制呼吸有利于提高产量、减少贮藏期间养分的消耗以及防止贮藏植物材料变质。

4.5.1 呼吸作用与植物栽培

林业、园林和农业生产上采取的许多栽培措施，都是为了保证植物呼吸作用的正常进行。

(1) 种子萌发

在林木种子播种前浸种催芽时用温水淋种并不时翻种，低温层积催芽时种子与干净湿润的沙子（或泥炭、木屑）混合；播种时确定适当的播种深度，播种后覆土厚度要适宜，覆土材料可用疏松透气的苗床土、黄心土、火烧土、沙子、林地表土、锯屑等，都是为了促进种子的呼吸，使种子顺利萌发。

(2) 扦插

确定适当的扦插深度，选择疏松透气的河沙、蛭石、云母、珍珠岩等作为扦插基质，从而保证插穗的有氧呼吸，促进插穗生根。

(3) 栽培植物

深耕、中耕松土、黏土掺沙、低洼地开沟排水、整地时作高床等是为了改善土壤通气条件，有利于栽培植物根系的呼吸，促进根系的发育；无土栽培过程向培养液中充气，盆栽植物要求配制疏松透气的盆土，也是为了促进根系的呼吸作用。

在温室栽培植物、薄膜育苗和组织培养时，采取昼温高、夜温低的方法减少物质消耗，增加有机物积累，促进生长；高温弱光的白天适时开窗或揭开塑料薄膜通风降温，以降低呼吸消耗，使植物健壮生长。

(4) 林木与果树修枝

果树夏剪中去萌蘖，林木人工整枝和抚育间伐，有利于林内的通风透光，降低林冠内温度，适当控制呼吸，降低呼吸消耗，促进林、果树的生长发育，并可减少病虫害。

4.5.2 呼吸作用与种子贮藏

在种子贮藏中，控制种子含水量和环境温、湿度条件，对控制种子呼吸有重要意义。如果种子含水量和温度较高，种子的呼吸旺盛，呼吸作用产生的水和热致使霉菌滋生、昆虫活跃，会引起种子变质、霉烂。

大多数种子的临界含水量较低，可用干藏法贮藏，即把风干的种子贮藏于干燥（相对湿度25%~65%）环境中。如果结合低温、密封以及密封容器中加干燥剂等条件，效果更好。目前采用气调法，即用真空充 N_2、充 CO_2 或密封自行缺氧的方法，抑制种子的呼吸，可大大延长种子的贮藏期。还有的用化学保管法，即用活力抑制剂，如磷化氢、硫化钾等抑制种子生霉发热，使种子呼吸作用保持微弱状态。

对临界含水量较高或干藏效果不好的种子，如栎属、板栗、核桃、榛子、油茶、楠木、樟树等，可采用湿藏法贮藏。湿藏时要求通气良好以防止发热，适度的低温以控制霉菌并抑制发芽。主要有露天坑藏或室内堆藏法。坑藏即将纯净种子与手握成团不滴水的湿沙以 1∶3 混合或分层放置于室外高燥处 60~90 cm 深的坑中，坑中央竖插一束秸秆以便通气，坑上覆土和秸秆等。坑内温度一般控制在 0~10 ℃。可通过增减覆盖物调节坑内温度，我国北方较多采用。室内堆藏在平地上进行，其他与坑藏类似，适宜于我国高温多雨的南方。

4.5.3 呼吸作用与果蔬、鲜切花贮藏

水果、蔬菜和鲜切花的水分含量高，不适于用干藏法贮藏。因为干燥会引起萎蔫或皱缩，导致呼吸增强，养分消耗加快，使之失去新鲜状态，故应将之贮藏在温度较低和湿度较高的环境中。大多数果蔬和鲜切花适宜贮藏在 0~5 ℃、相对湿度 80%~95% 的环境中。

也可通过降低 O_2 浓度和提高 CO_2 浓度的方法控制果蔬、鲜切花的呼吸。气调冷藏的原理即是如此。例如苹果贮藏在 5% CO_2，2% O_2 及 93% 的 N_2 中，于 4~5 ℃ 下可贮藏 8~10 个月，而在普通空气中 0 ℃ 条件下仅能贮藏 5~6 个月。减压贮藏是气调冷藏的发展，即用真空泵抽出贮藏环境中的大部分空气，使氧含量降至约 2%，乙烯的含量也随之大大下降，同时维持高湿、低温条件，可使果蔬、鲜切花长期保持新鲜状态。另外，保鲜膜(袋)结合低温以及大窖套小窖等措施，都是利用植物自身的呼吸，自动调节 CO_2 和 O_2 的浓度，抑制呼吸，延长贮藏时间的简便方法。

最近研制成功一种可食用的果蔬保鲜剂，是由蔗糖、淀粉、脂肪酸和聚酯物调配成的半透明乳液。这种保鲜剂可在果蔬表面形成一层薄膜，能阻止氧气进入果蔬内。可用喷雾、涂刷或浸渍的方法将之覆盖于柑橘、苹果、西瓜、香蕉、番茄和茄子表面，保鲜期可长达 200 d 以上。

对于鲜切花等非食用性植物材料，还可采用某些化学物质处理以降低呼吸。如采用氯化钴、硫代硫酸银、甲氧基乙烯基甘氨酸、2,5-降冰片二烯、氨乙基乙烯基甘氨酸、6-苄基腺嘌呤等处理后，将之贮于低温、高湿、高 CO_2、低 O_2 环境中，可有效抑制乙烯的生成，显著延长其贮存时间。

实训 4-1 呼吸速率的测定(广口瓶法)

一、实训目标

明确广口瓶法测定植物呼吸速率的原理；学会用广口瓶法测定植物的呼吸速率。

二、实训内容

植物在广口瓶中进行呼吸作用，放出的 CO_2 被瓶内过量的 $Ba(OH)_2$ 溶液吸收，生成不溶性的 $BaCO_3$，剩余的 $Ba(OH)_2$ 用草酸溶液滴定。呼吸作用放出的 CO_2 越多，则剩余的 $Ba(OH)_2$ 越少，消耗草酸溶液的量也就越少。因此从空白和样品消耗草酸溶液量的差，即可求得植物材料呼吸放出的 CO_2 量。

三、实训药品与材料

按两人一组计算，每组配备：药物天平 1 架(每大组一架)、500 mL 广口瓶(带 3 孔胶塞)1 个、钠石灰管 1 支、酸式、碱式滴定管各 1 支、滴定架 1 个、温度计 1 支、量筒(50 mL)2 支、木窗风钩圈或大头针 1 枚、纱布 1 块、透明胶带适量或小胶塞 1 个、线一根；1/44 mol/L 草酸溶液 (称取 2.865 g 草酸，加蒸馏水定容至 1000 mL)、1/20 mol/L $Ba(OH)_2$ 溶液[称取 8.6 g $Ba(OH)_2$，加煮沸的蒸馏水溶解，冷却后用煮沸冷却后的蒸馏水定容至 1000 mL]、1% 酚酞指示剂 (称取 1 g 酚酞溶于 100 mL 无水乙醇中)；发芽的种子或木本植物的

茎、叶、花、果等。

四、实训步骤

（1）呼吸装置的制备

取 500 mL 广口瓶 1 个，配三孔胶塞。一孔插入钠石灰管，使进入瓶中的空气不含 CO_2；另一孔插入温度计；第三孔插入小胶塞或用透明胶带临时封上，供滴定和加指示剂时用。瓶塞下部装上用风钩圈或大头针制成的小铁钩，以便挂放植物材料。

（2）空白滴定

用碱式滴定管从孔口向瓶中准确加入 20 mL $Ba(OH)_2$ 溶液，封好孔。轻轻摇动广口瓶约 3 min（以破坏 $BaCO_3$ 薄膜），待瓶内 CO_2 被充分吸收后，再从孔口加入 3 滴酚酞指示剂，使溶液变成粉红色，最后用草酸溶液从孔口滴定至无色，记录草酸溶液用量 V_1。倒出废液，将广口瓶洗净，待用。

（3）样品滴定

从孔口向瓶中准确加入 20 mL $Ba(OH)_2$ 溶液，封好孔。称取约 10 g 实验材料，用纱布包好，使袋内保持疏松，用线将口扎牢，并结一小线圈。快速打开瓶盖，挂上纱布袋，立即盖紧瓶塞并开始计时。经常轻轻摇动广口瓶。30 min 后，打开瓶塞，迅速取下材料袋，盖好瓶塞，从孔口加 3 滴酚酞指示剂，再用草酸滴定至无色，记录草酸用量 V_2。

测定绿色材料的呼吸速率时，应在瓶外包遮光纸，防止进行光合作用。滴定时将纸去掉。

（4）计算

$$呼吸速率[mg\ CO_2/(fw100 \cdot h)] = \frac{V_1 - V_2}{材料鲜重(g) \times 时间(min)} \times 60 \times 100 \quad (4\text{-}2)$$

五、注意事项

酸碱管不可用错；加碱液和指示剂、滴定时不要滴到瓶塞上；线不要过长且摇瓶要轻，以防纱布袋沾上碱液；挂、取植物材料时动作要快；小心滴定，防止过量。

六、实训报告要求

每人独立完成一份书面实训报告。报告要写明实训目标、原理、方法步骤、计算过程和结果。

复习思考题

一、名词解释

1. 自由水；2. 束缚水；3. 酶；4. 酶作用的三基点；5. 同功酶；6. 全酶；7. 呼吸作用；8. 有氧呼吸；9. 无氧呼吸；10. 呼吸速率；11. 呼吸商；12. 临界含水量。

二、填空题

1. 除水以外，原生质的化学成分有（　　）、（　　）。其中有机物主要包括（　　）、（　　）、（　　）、（　　）四大类。

2. 酶可分为（　　）和（　　）两类。酶的作用特性是（　　）、（　　）。

3. 酶的辅因子有（　　）、（　　）、（　　）三类。

4. 同功酶对植物的意义在于（　　　　　　　　　　　　）。

5. 酶所催化的反应称为（　　），其反应物称为（　　），影响酶反应的因素是（　　）、（　　）、（　　）、（　　）、（　　）。

6. 有氧呼吸的特点有（　　）参加，底物氧化降解（　　），释放的能量（　　）。

7. 无氧呼吸的特点无（　　）参加，底物氧化降解（　　），释放的能量（　　）。

8. 高等植物通常以（　　）呼吸为主，在缺氧条件下也可进行（　　）。

9. 一般植物生殖器官的呼吸速率比营养器官（　　），受伤组织较正常组织呼吸速率(　　　　)。

10. 一般油料种子的临界含水量(　　　　)淀粉种子的临界含水量。

三、选择题

1. 酶加快反应速率是通过(　　　)实现的。
   A. 提高反应活化能　　　　　　　B. 增加反应的自由能
   C. 改变反应的平衡点　　　　　　D. 降低反应的活化能

2. 关于酶的描述，下列选项中不正确的是(　　　)。
   A. 所有的蛋白质都是酶　　　　　B. 强酸强碱能使酶失活
   C. 酶是生物催化剂　　　　　　　D. 酶具有专一性

3. 底物浓度达到饱和后，再增加底物浓度(　　　)。
   A. 反应速率随底物浓度增加而增加
   B. 随底物浓度的增加酶逐渐失活
   C. 酶的结合部位全部被底物占据，反应速率不再增加
   D. 再增加酶浓度反应不再加速

4. 植物受旱或受伤时，PPP 所占的比例(　　　)。
   A. 下降　　　　　B. 上升　　　　　C. 不变　　　　　D. 无法确定

5. 生产上适时中耕松土，主要是为了(　　　)，从而保证根系的呼吸以促进根系生长。
   A. 降低土壤中 O_2 的浓度而提高土壤中 CO_2 的浓度
   B. 降低土壤中 O_2 与 CO_2 的浓度
   C. 提高土壤中 O_2 的浓度而降低土壤中 CO_2 的浓度
   D. 提高土壤中 O_2 与 CO_2 的浓度

6. 临界含水量较低的林木种子可用(　　　)贮藏，但临界含水量较高的林木种子可用(　　　)贮藏。
   A. 干藏法、干藏法　　　　　　　B. 干藏法、湿藏法
   C. 湿藏法、湿藏法　　　　　　　D. 湿藏法、干藏法

7. 呼吸作用的主要生理意义在于(　　　)。
   A. 为生命活动提供能量　　　　　B. 分解有机物，产生光合作用所需的 CO_2
   C. 产生植物体所需的重要中间产物　D. 增强植物的抗病能力

8. 马铃薯块茎、甜菜块根、苹果在贮藏过程产生酒味是因为进行了(　　　)。
   A. 抗氰呼吸　　B. 乙醇发酵　　C. 糖酵解　　D. 乳酸发酵

9. 制作泡菜过程是进行了(　　　)。
   A. 抗氰呼吸　　B. 乙醇发酵　　C. 糖酵解　　D. 乳酸发酵

10. 果蔬和鲜切花的贮藏与保鲜应尽量在避免机械损伤的基础上，控制(　　　)。
    A. 水分　　　　　　　　　　　　B. CO_2 的浓度
    C. 温度、湿度和空气成分　　　　D. 光照

四、判断题(正确的打√；错误的打×，并加以改正)

1. 原生质是一种复杂的亲水胶体，具有胶体的特性。　　　　　　　　(　　)

2. 凡原生质黏性和弹性强的植物，其抵抗不良环境的能力较弱。　　（　）
3. 酶蛋白与辅因子单独存在时没有催化活性。　　（　）
4. 大多数酶的最适 pH 值为 7.0~8.0。　　（　）
5. 温度越高，酶促反应越快。　　（　）
6. 酶在细胞中的位置是不确定的。　　（　）
7. 无氧呼吸是植物对暂时缺氧的一种适应。　　（　）
8. 总的来说，呼吸作用是一个释放能量的氧化还原过程。　　（　）
9. 植物的呼吸速率随温度的升高而增大。　　（　）
10. 呼吸作用的最适温度也是植物生长的最适温度。　　（　）

五、简答题

1. 简述酶促反应高效性、专一性的原因。
2. 温度和 pH 值如何影响酶促反应？
3. 呼吸作用对植物有何意义？
4. 果实成熟时呼吸作用有何变化？
5. 为什么种子的含水量超过临界含水量时，种子的呼吸速率会急剧上升？
6. 植物栽培时应如何调控其呼吸作用？

单元 5　植物的光合作用

知识目标

1. 会认识光合作用的概念与意义，明确叶绿体色素是光合作用的物质基础，认识叶绿体色素的种类、特点和合成条件。
2. 会明确光合产物的运输与分配规律。

技能目标

1. 能熟练进行植物叶绿体色素的提取、分离，并用分光光度法进行含量测定。
2. 能明确提高光能利用率的途径和措施。
3. 能将分配规律在林业生产上合理应用。

5.1　光合作用的概念与意义

绿色植物通过光合作用生产有机物，是地球上分布广泛的自养型生物。光合作用为生命活动提供氧气和食物，为人类和动物提供生存的基础。光合作用是地球上一切生命存在、繁荣和发展的根本源泉。

5.1.1　光合作用的概念

光合作用是绿色植物利用光能，把二氧化碳和水合成为有机物并释放氧气的过程。光合作用合成的有机物主要是糖类，因此，光合作用常以下式表示：

$$CO_2 + H_2O \xrightarrow[\text{绿色植物}]{\text{光}} (CH_2O) + O_2 \uparrow$$

光合作用的反应场所是叶绿体，反应动力是太阳光能，原料是二氧化碳和水，糖类和氧气是光合作用的产物。

5.1.2 光合作用的意义

(1) 制造有机物

植物通过光合作用,将无机物转变为有机物。据估计,地球上的植物每年通过光合作用制造 $4\times10^{11} \sim 5\times10^{11}$ t 有机物。这些有机物不仅用于满足植物本身生长发育的需要,也为一切异养生物提供了营养。人类的食物和某些生产原料,如粮食、果蔬、油料、肉、蛋、奶、药物、纤维、木材、橡胶、皮革等都直接或间接来自绿色植物的光合作用。

(2) 蓄积太阳能

植物在同化二氧化碳的同时,把太阳能转变为化学能贮存在有机物中。这些有机物中的化学能是包括植物本身在内的所有生物生命活动所需能量的来源。此外,人类生活、生产所需的能源——煤、石油、天然气、薪柴等所含的能量,都是远古时代或近期光合作用所蓄积的太阳能。因此,提高绿色植物的覆盖率与光合速率、培育能源植物以及研究与模拟植物的光合功能将为解决能源危机提供新途径。

(3) 净化空气

生物的呼吸和各种燃烧过程都消耗大量 O_2 并释放大量 CO_2。特别是现代工业排放出大量的 CO_2,使大气中 CO_2 含量以每年 1 μL/L 的速度增加,预计 21 世纪末将达到 375~400 μL/L。大量的 CO_2 排放已引起严重的"温室效应"。光合作用能有效地平衡大气中 O_2 和 CO_2 的含量。若能不断扩大光合作用的规模,将能显著减轻温室效应,改善当今人类的生活环境。另外,光合作用放出的 O_2 中的一部分转化为臭氧(O_3),在大气平流层形成臭氧层,能滤去太阳光中对生物有强烈破坏作用的紫外线,使生物可在地球上生息和繁衍。

因此光合作用被称为"地球上最重要的化学反应",是农业、林业及其他一切种植业、畜牧业和水产养殖业的基础,是地球上生命存在、繁荣和发展的根本源泉。

5.2 叶绿体色素

叶绿体是植物进行光合作用的场所,叶绿体中存在着能进行光合作用的化学活性物质——叶绿体色素。从鲜叶中分离出来的叶绿体,在适当的介质和条件下,可以完成光合作用的全过程。

5.2.1 叶绿体色素的种类

高等植物的叶绿体含有两类色素,即绿色的叶绿素和黄色的类胡萝卜素。叶绿素包括蓝绿色的叶绿素 a 和黄绿色的叶绿素 b,类胡萝卜素包括橙黄色的胡萝卜素和黄色的叶黄素。叶绿体 4 种色素的结构式如图 5-1 和图 5-2 所示。

叶绿体色素都含有大量的共轭双键，因而具有吸光性。少数特殊状态的叶绿素 a 不仅可以吸收光能，还能受光激发而射出一个高能电子，称为反应中心色素。其他叶绿体色素起着吸收光能并向反应中心色素传递光能的作用，因此又称聚光色素或天线色素。

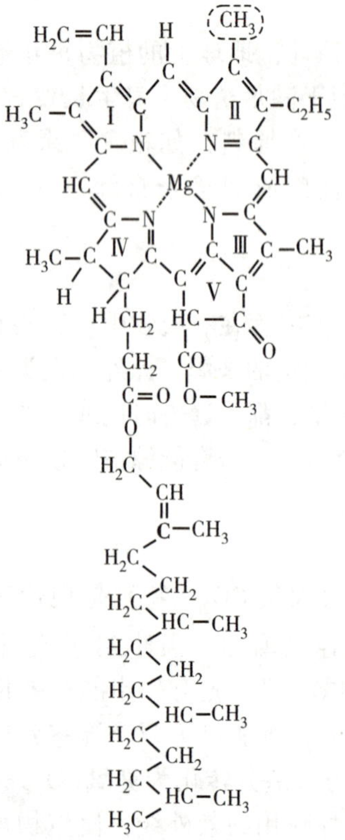

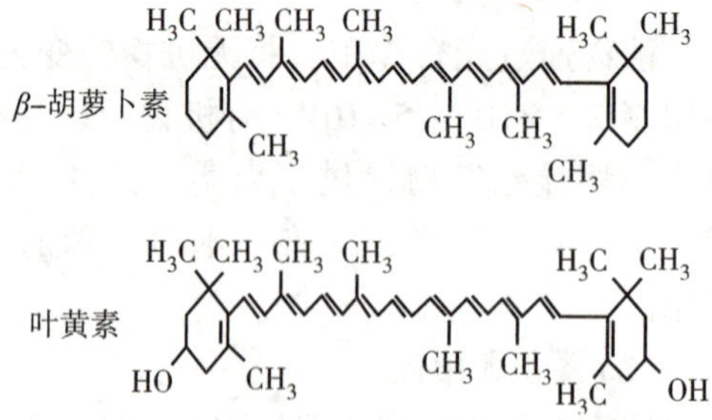

图 5-2 胡萝卜素和叶黄素的分子结构

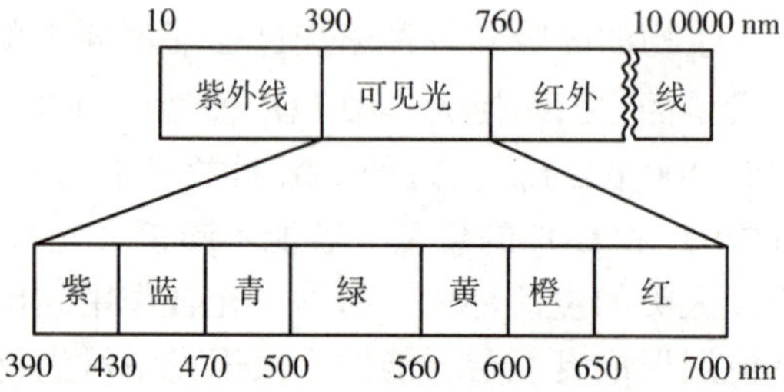

图 5-1 叶绿素 a 的分子结构
（当上部"—CH_3"为"—CHO"时，即为叶绿素 b 的分子结构）

图 5-3 太阳的连续光谱

5.2.2 叶绿体色素的吸收光谱

5.2.2.1 太阳光谱

太阳光是一种自然光，它由各种不同波长的光所构成，波长在 390~760 nm 的光为可见光，波长小于 390 nm 的光为紫外光（线），波长大于 760 nm 的光为红外光（线），可见光是由红、橙、黄、绿、青、蓝、紫等单色光组成复合光，称为太阳的连续光谱（图 5-3）。

5.2.2.2 叶绿体色素的吸收光谱

如果在太阳光入射处和分光镜之间放置叶绿体色素溶液，则太阳连续光谱中的部分单色光被吸收而呈现暗带，这就是色素的吸收光谱。用分光光度计定量测定叶绿素的吸收光谱，发现其对波长为 640~660 nm 的红光和 430~450 nm 的蓝紫光吸收最多，对橙、黄光吸收较少，尤对绿光的吸收最少（图 5-4）。胡萝卜素和叶黄素的吸收光谱表明，它们主要吸收波长为 380~500 nm 的蓝、紫光（图 5-5）。

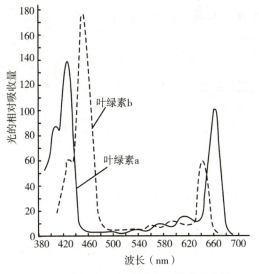

图 5-4　叶绿素 a 和叶绿素 b 的吸收光谱

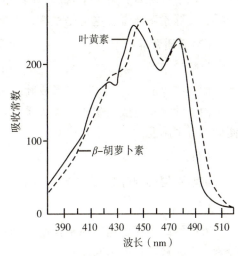

图 5-5　胡萝卜素和叶黄素的吸收光谱

太阳的直射光含红光较多，散射光含蓝紫光较多。因此，植物不但在直射光下可保持较强的光合速率，而且在阴天或背阴处，也可以利用散射光进行一定程度的光合作用。

5.2.2.3　植物的叶色

植物的叶色是各种色素的综合表现，色素数量与植物种类、叶片老嫩、生育期及季节有关。正常叶内绿色叶绿素与黄色类胡萝卜素的之比为 3∶1（其中叶绿素 a∶叶绿素 b 为 3∶1，叶黄素∶胡萝卜素为 2∶1），所以含大量叶绿素的叶子呈绿色。当秋天来临或其他逆境时，叶绿素较易被破坏或降解，数量减少，而类胡萝卜素性质比较稳定，叶片呈现黄色。秋天降温后，植物体内积累较多糖分以适应寒冷，形成较多的花色素苷（红色）时，叶子就呈红色。枫树叶子秋季变红，绿肥紫云英在冬春寒潮来临后叶茎变红，都是这个道理。但花色素苷吸收的光不传递到叶绿素，不能用于光合作用。

5.2.2.4　叶绿素形成的条件

叶绿素在植物体内处于不断的合成与分解之中。据测定，菠菜的叶绿素 72 h 内更新 95.8%，而烟草的叶绿素 19 d 内更新 50%。

叶绿素需要在一定的条件下才能形成，这些条件主要包括：

(1) 光照

光是叶绿素形成的主要条件。缺光使植物茎、叶细软发黄，称作黄化现象。黄化植株见光后，在暗中形成的原叶绿素（无色）转变为叶绿素，植株很快由黄变绿。黑暗使植物黄化的原理常被应用于蔬菜生产中，如韭黄、蒜黄、芹黄、白芦笋、豆芽菜、葱白、大白菜等，鲜嫩可口，但缺乏绿色。

(2) 温度

一般叶绿素形成的最低温度为 2~4 ℃，最适温度为 20~30 ℃，最高温度为 40 ℃ 左右。高温下叶绿素分解大于合成，因而夏天绿叶蔬菜存放不到 1 d 就变黄；相反，温度较低时，叶绿素解体慢，这也是植物低温保鲜的原因之一。

(3) 矿质营养

植物缺乏 N、Mg、Fe、Mn、Cu、Zn 时，出现缺绿症。因为 N、Mg 是叶绿素的组成元素，而 Fe、Mn、Cu、Zn 则是形成叶绿素的必要条件。

由于叶绿素合成与矿质营养关系密切，故生产中常以叶色来判断植物的营养状况，以便做到合理施肥。

(4) 水分

缺水不但抑制叶绿素的合成，而且会加速叶绿素的分解，因此，干旱时叶子会变黄。

(5) 遗传

叶绿素的形成受遗传因素控制，如水稻、玉米的白化苗以及花卉中的斑叶不能合成叶绿素。有些病毒也能引起斑叶。

农林业生产中的许多栽培措施如施肥，合理密植等的目的就是促进叶绿素的形成，延缓叶绿素的降解，维持植物叶片绿色，使之更多地吸收光能，用于光合作用，生产更多的有机物。由于叶绿素的形成受多种因素影响，所以在农林业生产中应对植物叶色发黄的现象做细致的观察和分析，找准原因，以便做到"对症下药"。

5.3 光合作用的基本过程

根据能量转变的性质，光合作用的过程分为原初反应、电子传递和光合磷酸化、CO_2 同化 3 个阶段。前两个阶段在有光的条件下才能进行，称为光反应；后一阶段与光没有直接关系，可在暗中进行，称为暗反应。

5.3.1 光合作用的基本过程

5.3.1.1 原初反应（光能的吸收、传递和转换过程）

原初反应是光合作用的起点，是光合色素吸收光能所引起的一系列物理化学反应，光物理反应是指色素分子对光能的吸收与传递；光化学反应是指由受光激发的叶绿素中心色素分子把光能转化为电能，以高能电子的形式存在（图 5-6）。

5.3.1.2 电子传递与光合磷酸化

高能电子在一系列电子传递体之间移动，释放能量并通过光合磷酸化作用把释放出来的电能转化为活跃的化学能（NADPH 和 ATP），作为能量载体的电子是从水分子中夺取的，水分子失去电子，自身分解放出氧气，这是光合作用所释放的氧气的来源。

$$H_2O \xrightarrow{光} 2H^+ + 2e + \frac{1}{2}O_2 \uparrow$$

电子在光合链中传递，逐渐释放能量，其中一部分能量推动 ADP 与 Pi 合成为 ATP，这个过程叫光合磷酸化。光合磷酸化可用下式表示：

$$ADP + Pi \xrightarrow{叶绿体} ATP$$

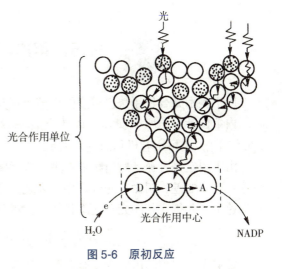

图 5-6　原初反应

这样，由高能电子所携带的电能就转变成了 $NADPH+H^+$ 和 ATP 中活跃的化学能。由于 $NADPH+H^+$ 和 ATP 可用于 CO_2 的同化，所以合称为同化力。

5.3.1.3　碳同化

碳同化是指利用同化力（$NADPH+H^+$ 和 ATP），在一系列酶作用下，固定 CO_2 并将之还原为有机物的过程。通过碳同化，同化力中活跃的化学能转变为有机物中稳定的化学能，从而完成从光能到稳定化学能，从无机物到有机物的转变。高等植物因物种的不同，其碳同化有 3 条不同的途径，分别称为 C3、C4 和 CAM 途径，其中 C3 途径是最基本的途径。

5.3.2　光合作用的产物

光合作用的产物多种多样，包括糖类、有机酸、氨基酸和蛋白质等，但主要是糖类。光合作用产物与植物种类、叶龄、光质和氮素营养等有关。例如，嫩叶产生的蛋白质较多，成熟叶产生的蛋白质较少；红光下产生的糖类较多，蓝光下产生的蛋白质较多；氮素营养增加，则合成出较多的蛋白质。

5.3.3　光呼吸

光呼吸是植物的绿色细胞在光下吸收 O_2，放出 CO_2 的过程。其整个过程是在叶绿体、过氧化体和线粒体中进行的。与暗呼吸不同，光呼吸的呼吸基质是乙醇酸，是一个消耗有机物和能量的过程。据测算，C3 植物往往有 25%~40% 的已固定碳素被光呼吸损失掉，而高产的 C4 植物的光呼吸极弱，几乎测不出来。因此，如果能设法抑制光呼吸，植物的产量将会显著提高。

5.4 光合作用的影响因素及生产潜力

用于表示光合作用快慢程度的生理指标是光合速率(也称光合强度),是指植物在单位时间内单位叶面积所吸收 CO_2 或放出 O_2 的量。常用单位是 CO_2 mg/(dm^2·h) 或 O_2 mL/(dm^2·h),也可用有机物的量来表示。

由于测定光合速率时植物也在进行着呼吸作用,所以,所测得的值实际上是光合速率与呼吸速率的差,叫做净光合速率或表观光合速率。如果测定光合速率的同时测定植物的呼吸速率,并把它与净光合速率相加,就得到实际光合速率或真正光合速率,即

$$实际光合速率 = 净光合速率 + 呼吸速率 \tag{5-1}$$

影响光合作用的因素主要有光照、温度、CO_2 的浓度、水分及矿质元素,满足上述条件即可提高光合作用的效率。农林业生产上采取一定的措施对条件加以调节控制,对于提高植物光合速率和产量有着重要意义。

5.4.1 影响光合速率的内部因素

(1) 植物种类

不同植物在相同条件下光合速率存在很大差别,如 C3 植物净光合速率为 15~35 mg CO_2/(dm^2·h),而 C4 植物则可达 40~80 mg CO_2/(dm^2·h)。

(2) 叶龄

不同年龄的叶片,光合速率也不相同。例如,幼嫩叶片光合速率较低;随着叶片的生长,光合速率逐渐提高;叶片达最大面积前后,光合速率最大,称为功能叶;此后随着叶片衰老,光合速率又逐渐下降。

(3) 光合产物的运输情况

叶制造的光合产物如果能及时运出,叶将保持较高的光合速率;如果光合产物在叶中堆积,叶的光合速率将下降。

5.4.2 影响光合速率的外部因素

(1) 光照

光照是光合作用的能量来源,在一定的范围内,植物的光合速率随光强度的提高而呈直线增加;当光照增强到某一程度时,光合速率达到最高,不再随光强度增加而增加。这种现象称为光饱和现象(图5-7)。开始出现光饱和现象时的光照强度称为光饱和点,是植物需光的上限。

当光照强度下降时,光合与呼吸均随之下降,光照强度下降到一定数据时,光合作用吸收的 CO_2 量与呼吸作用放出的 CO_2 量相等,叶片的光合速率等于呼吸速率,净光合速率

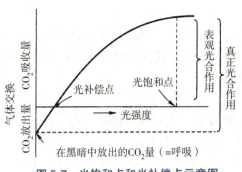

图 5-7 光饱和点和光补偿点示意图

为零,这时的光照强度称为光补偿点(图 5-7)。光补偿点是植物需光的下限。

森林植物由于群体生长,叶片相互交错,往往外部叶片已达到光饱和,而内部叶片仍处于光饱和点以下,因此合理密植、适时抚育间伐降低林分密度,改善中下层叶片的光照条件,并使林内昼夜温差加大,对林木生长很有好处,还可影响林下植物的光照条件。

光饱和点和光补偿点的高低反映着植物利用强光及弱光的能力,一般来说,光补偿点高的植物往往光饱和点也高。喜光树种桦木、松树、刺槐、杨树、悬铃木、山毛榉等,光补偿点为全光照($10×10^4$ lx)的 3%~5%,光饱和点为 $30×10^4$~$80×10^4$ lx;而耐阴植物如胡椒、云杉、冷杉、人参、三七等,光补偿点为全光照的 1%,光饱和点约为 $1×10^4$ lx。林业生产上可根据林木光饱和点与光补偿点的高低来确定造林密度、混交林树种的搭配、间伐与修枝强度的确定等。

(2)CO_2

CO_2 是光合作用的原料之一,对光合速率影响很大。在一定的范围内,光合速率随 CO_2 浓度增加而加快,当植物的光合速率与呼吸速率相等,环境中的 CO_2 浓度称为 CO_2 补偿点。在补偿点以上时,植物的光合速率随 CO_2 浓度的增加逐渐达到最大,以后不再随 CO_2 浓度增加而加快,这时环境中的 CO_2 浓度称为 CO_2 饱和点。大多数植物的 CO_2 饱和点不超过 3000 μL/L,如果 CO_2 浓度太高,植物光合作用受到抑制,甚至使植物遭受毒害。

大气中 CO_2 含量约 330 μL/L,远不能满足光合作用的需要。如果能够适当地增加空气中 CO_2 含量(干冰施肥、CO_2 气体施肥、增施有机肥料、深施碳酸氢铵、选择适当行向、改善透气条件),光合速率就会显著提高。

目前由于人类无限制地向地球大气层中排放 CO_2,使 CO_2 浓度不断增长,产生"温室效应",造成地球变暖,冰川融化,海水上升,会淹没沿海城市和农田。气候也异常,高温、干旱,已引起全球关注,防止温室效应加剧的办法是尽量减少燃烧时排放 CO_2,积极种植树木,吸收 CO_2。近年国际上提出 CO_2 捕集、存储措施,即将人类排放的 CO_2 捕集起来并存储而与大气隔绝,是控制大气 CO_2 浓度升高的主要手段之一。

(3)温度

温度对光合作用的影响也表现出温度三基点现象。不同植物光合作用的温度三基点不同(图 5-8)。由于呼吸的最适温度高于光合,所以较高的温度会增加有机物消耗,使净光合速率下降。这种情况在阴天更加明显。所以,阴天应注意防止温室和塑料大棚内温度过高,降低有机物的消耗,提高净光合速率。

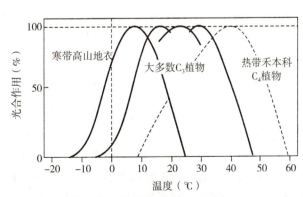

图 5-8 温度对光合速率的影响

(4) 水分

光合作用离不开水，但作为原料直接用于光合作用的水分不到植物所吸收水分的1%，因此，水分对光合作用的影响主要是间接的。如缺水时引起气孔关闭、光合产物运输受阻、叶绿素含量下降等，都会间接导致光合速率下降。

(5) 矿质元素

植物生长所必需的各种矿质元素，对光合作用都有直接或间接的影响。Mg、N是叶绿素的组成元素；Fe、Mn、Cu参与叶绿素合成；P、K、B参与有机物运输；Mn、Ca、Cl参与水的光解；Cu、Fe是电子传递体的重要成分等。所以合理施肥对保证光合作用的顺利进行是十分必要的。

(6) 光合速率的日变化

影响光合作用的外界条件每天都在时时刻刻变化着，所以光合速率在一天中也有变化。在温暖无云的晴天，从早晨开始，植物的光合速率逐渐增加，中午达到高峰，以后逐渐下降，日落无光时停止，光合速率的变化呈单峰曲线。如果白天云量变化不定，则光合速率随着到达地面的光强度的变化而变化，成不规则曲线。在盛夏高温、强光条件下，光合速率会呈现双峰曲线：一个高峰在上午，一个高峰在下午。中午前后光合速率下降，呈现"午睡"现象。因为此时光照过强、温度过高，植物因蒸腾过度而使气孔关闭。光合"午睡"是植物遇干旱时普遍发生的现象，也是植物对环境缺水的一种适应方式，但"午睡"造成光合生产下降30%，甚至更多，所以在生产上应适时灌溉或选用抗旱品种，增强光合能力，以缓和"午睡"程度。

影响光合作用的各种因素彼此并非孤立的，而是相互联系相互制约的，光合速率的高低是各种因素综合作用的结果。

5.4.3 光合作用与植物产量

5.4.3.1 植物产量的构成因素

人们栽种不同植物有其不同的经济目的，直接作为收获物的这部分产量称为经济产量，而植物全部干物质的重量就是生物产量。经济产量占生物产量的比值称为经济系数。它们关系如下。

$$经济系数 = \frac{经济产量}{生物产量} \tag{5-2}$$

或

$$经济产量 = 生物产量 \times 经济系数 \tag{5-3}$$

生物产量是植物一生中的全部光合产量扣去消耗的同化物（主要是呼吸消耗），而光合产量是由光合面积、光合强度、光合时间三个因素组成的，即

$$生物产量 = 光合面积 \times 光合强度 \times 光合时间 - 光合产物消耗 \tag{5-4}$$

上述各个因素不是彼此孤立的，也不是固定不变的，因此一切林业措施都要兼顾它们的相互关系，使之有利于经济产量的提高。

5.4.3.2 光能利用率

植物的干物质有 90%~95% 来自光合作用,植物光能利用率是指在单位土地面积上,植物光合产物中贮存的能量占植物光合期间照射在同一地面上太阳总能量的百分率。植物的光能利用率是很低的,一般植物约为 5%。原因如下:

落在叶面的太阳光能 100% {
- 不能吸收的波长,丧失能量　60%
- 反射和透光,丧失能量　　　8%
- 散热,丧失能量　　　　　　8%
- 代谢用,丧失能量　　　　　19%
- 转化,贮存于糖类的能量　　5%

5.4.3.3 提高光能利用率的途径

提高产量的根本途径是改善植物的光合性能,这是决定光能利用率高低及获得高产的关键。光合性能包括植物的光合强度、光合面积、光合时间、光合产物的消耗和分配利用等。

(1) 提高光合效率

生产上首先选用叶片挺立厚大、株形紧凑、光合效率高的品种,并通过合理的栽培措施如水肥调控,大棚栽培,合理择伐等来改善冠层的光、温、水、气条件,提高植物的光合效率。

(2) 增加光合面积

光合面积即植物的绿色面积,常以叶面积指数或叶面积系数加以衡量,指单位土地面积上作物叶面积与土地面积之比。叶面积指数过小,不能充分利用太阳辐射能;叶面积指数过大,叶片相互遮阴,通风透光差。通过合理密植、改变株形、林下种植等措施,可增大光合面积。

(3) 延长光合时间

可通过提高复种指数、延长生育期及补充人工光照等措施来实现。复种指数指全年内植物收获面积对耕地面积之比。当今对土地进行农林复合经营、林地间作、套种等,能在一年内巧妙地搭配植物,从时间和空间上充分利用光能,缩短田地空闲时间,减少漏光率。

(4) 减少呼吸消耗

通过现代生物技术育种手段,培育低呼吸消耗的品种,通过栽培管理措施减少植物生长过程中的呼吸消耗,提高植物的净光合效率。

5.5 光合产物的运输与分配规律在林业生产上的应用

植物叶片光合作用制造的有机物,不断地运往各器官组织,以满足植物正常生长发育的需要,或运往贮藏部位贮藏起来。所以掌握植物体内光合产物的运输和分配规律,可以有目的地调节、控制植物生长发育,满足林业生产栽培需要。

5.5.1 光合产物运输的途径和形式

在木本植物的树干上环割,割去一圈树皮(韧皮部),留下形成层和木质部,经过一段时间,可看到割口上部的枝条照常生长,上切口处形成了瘤状突起(图5-9)。如果环割带不宽,切口不久便愈合;如果环割带很宽,上下树皮不能愈在一起,时间久了,根系贮存的有机物质消耗殆尽,根部就会"饿死"。"树怕剥皮"就是这个道理。环割试验说明有机物是在韧皮部中运输的。

有机物在韧皮部筛管中可同时向上和向下运输,即"双向运输"(图5-10)。有机物除纵向运输之外,还可通过胞间连丝进行微弱的横向(径向或弦切向)运输。

图5-9 经过环割的枝条
(示环状切口上方的瘤状物)

图5-10 证明光合产物运输方向的苹果枝条环割试验

大量研究表明,在筛管中运输的有机物,90%以上是糖类,在大多数植物中,蔗糖是糖的主要运输形式,许多植物韧皮部汁液中的蔗糖浓度常高达 0.3~0.9 mol/L。此外,还有少量有机酸、氨基酸、维生素、植物激素等也可在韧皮部中运输。

有机物在韧皮部中的运输速度因植物种类和运输物质不同而异,一般为 50~100 cm/h。运输速度如此之快,是因为有能量参与运输过程。

5.5.2 光合产物运输分配的规律

(1) 由源到库

代谢源是指制造或输出有机物的组织或器官。通常是指:长成的叶片;胚乳或子叶;多年生植物的延存营养器官,如块根、块茎、地下宿根、木本植物的根、茎等。

代谢库是指消耗或贮藏有机物的组织或器官。正在发育的幼叶、幼根、芽、花、果实、种子等均为代谢库。

在整个植物生长发育过程中,源与库会随着植物生长发育阶段而发生转化。例如,当叶片生长未达到最大面积的 30%~50% 以前,它必须从长成的功能叶片获得养料,是消耗养料的代谢库；长到最大面积的 30%～50% 时，养料既有输入又有输出；随着叶片继续长大，便成为输出养料的代谢源。叶成"源"之后，不再接收外来光合产物，直到最后衰老死亡。

(2) 优先供给生长中心

生长中心是指植物体上生长快或代谢强的部分或器官。植物在不同生育期的生长中心即是光合产物分配的中心。但植物在一个生育期可能会有多个生长中心，不同生长中心对养分的竞争能力并不相同。一般说来，生殖器官对养分的竞争能力比营养器官强，果实的竞争力大于花，茎、叶的竞争力大于根。

(3) 就近供应

叶制造的光合产物主要运往与之邻近的生长中心。一般说来，植物茎上部叶片制造的光合产物主要供应茎顶端及上部嫩叶的生长，而下部的叶则主要供应根的生长，处于中间的叶片，则上下都供应。果实生长时所需营养物质主要靠和它邻近的叶片供应。

(4) 纵向同侧运输

由于维管束纵向分布的缘故，光合产物向同侧器官分配较多。当纵向运输受阻时，横向运输会加强。因此，生产上应注意不同枝的布局与搭配，保持树势平衡。

5.5.3 光合产物运输分配规律的应用

在实践中，人们创造出了许多调控有机物运输、分配的好方法。

(1) 环割

环割是我国古老的增产措施之一。环割可阻止光合产物下运，改善割口以上部分的养分状况，有利于花芽分化、坐果及果实膨大，"春刻促芽，夏剥促花"即是这个道理。

在生长季节，将树木进行环割，使光合营养滞留在枝条中，从这种枝条上剪取的插穗容易生根。对难生根的树种，也可以把插穗基部表皮环割一圈，促进枝条生根。枣树落花严重，自然坐果率较低。对进入盛果期的枣树，每年于盛花期前在主干基部环割，可以大大提高坐果率。但是，环割的宽度和深度要适当。

(2) 摘心

摘心可以抑制体内养分大量流入新梢顶部，改善植株中下部的养分状况。这样，不仅能抑制徒长、促进分枝、增加冠幅，还有利于坐果和果实的膨大并促进根系生长。在花卉、棉花和葡萄、桃等果树的栽培管理中，常采用这一措施提高产量。在嫁接砧木苗培育过程中，进行适度摘心控制苗木高度，促进茎部加粗，利于嫁接操作。

(3) 拉枝

拉枝就是采用拉引的方法，使枝条或大枝改变原来的方向和位置并继续生长。如针叶树云杉、油松等。由于某种原因某一方向上的枝条被损坏或缺少，可采用向缺枝部位拉枝的方法，弥补原来树冠的缺陷。拉枝在花、果类大苗培育中用得最多，常说"秋拉缓树势"。拉枝可增大树冠所占的空间，还可使旺树变成中庸或偏弱树，使树势缓和下来，有利于成花和结果。

(4) 修枝

修枝包括疏枝和截枝。对幼龄树木进行修枝抚育，可以促进树木高生长、树干上部直径生长增加，有利于培育无节或少节、通直圆满的高干良材。

在果树栽培管理中，修枝是一项重要的技术措施。"冬剪调骨架"。采取不同的修剪方法，对枝组能起到促弱变强或抑强扶弱的效果，对培养结果枝组和结果枝组的更新、提高果实产量都有重要作用。在园林植物栽培上，常采用修枝措施塑造株型以及调节植物的生长。

(5) 截根

在苗圃中，常采取截断苗木主根的措施。截根能起到抑制茎叶生长、增加光合产物向根的运输、促进侧根发生和生长的作用，有利于形成更加发达的侧根系统，使起苗后仍保留较多的根系，有利于提高移栽的成活率。

(6) 合理施肥和灌溉

合理施肥和灌溉可以改善光合性能，增加植物体的有机营养，促进有机物的合理运输和分配。如在花芽分化期或果实生长期适当进行根外追肥，可以促进花芽分化或改善果实的品质。

此外，在生产中还有刻伤、抹芽、打杈、扭枝、劈枝等技术措施，对控制有机物的运输和分配，均可发挥一定的效应。

实训 5-1 叶绿体色素的提取、分离、理化性质和含量测定

一、实训目标

了解光合色素的一些重要理化性质，明确光合色素的提取及分离方法；学会利用分光光度计测定叶绿素含量。

二、实训内容

（1）叶绿体色素的提取和分离

由于叶绿体色素均不溶于水而溶于有机溶剂中，故可用丙酮或乙醇提取，提取的混合液各成分在两液相间的移动速率不同，在滤纸上呈现出来，因而就把提取液的各成分加以分离。

（2）叶绿体色素的理化性质观察

叶绿素可与碱起皂化反应，形成的盐能溶于水，叶绿素具有光学活性，吸收光后能产生荧光；叶绿素中的镁可被氢离子、铜离子所取代而成为去镁叶绿素，铜代叶绿素很稳定，在光下不易被破坏，因此常用此法制作绿色多汁植物的浸渍标本。

（3）叶绿体色素的含量测定

叶绿素a、b含量可用分光光度法测定，即根据叶绿素对可见光的吸收光谱，利用分光光度计在某一特定的波长下测定其光光密度，已知叶绿素在长波方面的最大吸收率分别位于663 nm和645 nm。然后按公式计算叶绿素含量。

三、实训仪器和材料试剂

721型分光光度计、扭力天平、剪刀、打孔器、移液管、试管、酒精灯、小烧杯、研钵、漏斗、量筒、玻璃棒、滤纸、毛细滴管、新鲜植物叶片、乙醇或丙酮、汽油、碳酸钙、石英砂、20%KOH甲醇溶液、苯、浓盐酸、醋酸铜结晶。

四、实训步骤

（1）叶绿体色素的提取和分离

①叶绿体色素的提取。称取新鲜叶片2 g，剪碎，放在研钵中，加入80%丙酮或95%乙醇5 mL，少许石英砂和碳酸钙，研磨成匀浆，再加95%乙醇10 mL，混匀后用漏斗过滤，即得到叶绿体色素的提取液。保存在暗处备用。

②叶绿体色素的分离。取圆形滤纸1张，用毛细滴管取一滴色素提取液，小心滴于滤纸中心，

重复滴几滴,每一滴用电吹风吹干(或在电炉上烘干)后再滴第2滴,直至滤纸上呈现浓绿色的圆环。待干后从边缘向中心剪一条2 mm宽的细条,由中点向下折成垂直,剪短至2 cm长,将此垂直细条浸入盛有汽油(或乙醚)的培养皿中,在滤纸上用另一培养皿盖好,以防溶剂蒸发过快,由于毛细管作用,汽油沿滤纸条上升,色素溶于溶剂中,并向四周均匀扩散,在滤纸上形成四个同心圆,由内向外顺序为:叶绿素b(黄绿色)、叶绿素a(蓝绿色)、叶黄素(黄色)、胡萝卜素(橙黄色)。

(2)叶绿体色素的理化性质观察

①叶绿素的皂化作用。吸取叶绿体色素提取液5 mL放入试管中,再加入20% KOH甲醇溶液1.5 mL并充分摇匀,片刻后,加入5 mL苯摇匀,再沿试管壁慢慢加入蒸馏水3 mL,轻轻摇动混合,静置,可看到溶液逐渐分成两层,下层是稀的乙醇溶液,其中溶有皂化的叶绿素a和叶绿素b,以及少量叶黄素;上层是苯溶液,其中溶有黄色的胡萝卜素和叶黄素。皂化作用可分离绿色素和黄色素。

②氢离子、铜离子对叶绿素分子中镁的取代。量取提取液3 mL倒入试管,加30%醋酸数滴,摇匀,可见溶液变为褐色,这时为去镁叶绿素。若再加入少许醋酸铜晶体,微微加热,又会慢慢产生鲜亮的绿色,此时铜已在叶绿素分子中取代了镁的位置,成为铜代叶绿素。

③叶绿素的荧光现象。将叶绿体色素提取液3~5 mL倒入试管中,在光亮处,透射光下观察提取液为绿色,而在反射光的方向下观察,叶绿体色素提取液为暗红色,这是因为叶绿素吸收光后,又重新以波长更长的红光辐射出来,即荧光现象。

(3)叶绿素含量的测定(分光光度法)

①色素的提取。从植株上先取有代表性的叶片,称取鲜重0.5 g剪碎后置于研钵中,加少许石英砂和碳酸钙及80%丙酮3 mL,仔细研成匀浆,再加80%丙酮10 mL继续研磨,静置5~10 min,把上清液过滤于25 mL溶量瓶中,再加丙酮10 mL,继续研磨至组织变白无绿色为止,把残渣一起倒入漏斗中过滤,然后用少量丙酮冲洗研钵和玻璃棒,并将滤纸上的色素全部洗入容量瓶中,最后用丙酮定容至刻度,摇匀,保存于暗处备用待测。

②测量吸光度。吸取叶绿素提取液2 mL,加80%丙酮2 mL稀释后摇匀,倒入光径为1 cm比色杯中,以80%丙酮为空白对照,用分光光度计分别在波长645 nm、663 nm、652 nm处读取光密度。

③计算。根据测得的光密度D_{663}、D_{645},代入式(5-5)至式(5-7)分别计算叶绿素a、叶绿素b、总叶绿素溶液的浓度。

$$C_a = 12.7D_{663} - 2.59D_{645} \quad (5\text{-}5)$$
$$C_b = 22.9D_{645} - 4.67D_{663} \quad (5\text{-}6)$$
$$C_t = C_a + C_b = 20.31D_{645} + 8.03D_{663} \quad (5\text{-}7)$$

再根据稀释倍及下式分别计算每克鲜重或干重叶片中各种色素的含量(mg/g鲜重):

$$\text{叶绿素a含量(mg/g)} = \frac{C_a \times \frac{\text{提取液总量}}{1000} \times \text{稀释倍数}}{\text{样品鲜重(g)}}$$

$$\text{叶绿素b含量(mg/g)} = \frac{C_b \times \frac{\text{提取液总量}}{1000} \times \text{稀释总量}}{\text{样品鲜重(g)}}$$

叶绿素总含量 = 叶绿素a含量 + 叶绿素b含量

五、实训报告要求

每人独立完成一份书面实训报告。报告要写明实训目标、原理、方法步骤、计算过程和结果。

复习思考题

一、名词解释

1. 光合作用;2. 原初反应;3. 光合链;4. 光合磷酸化;5. 同化力;6. 碳同化;7. 光呼吸;8. 光合速率;9. 代谢源;10. 代谢库;11. 光饱和点;12. 光补偿点;13. CO_2饱和点。

二、填空题

1. 高等植物的叶绿体色素有 4 种，其中叶绿素 a 为（　　　）色，叶绿素 b 为（　　　）色，胡萝卜素是（　　　）色，叶黄素是（　　　）色。
2. 植物体内有机物运输的主要形式是（　　　），有机物的分配方向是从（　　　）到（　　　）。
3. 光合作用分为（　　　）、（　　　）、（　　　）3 个阶段，前两个阶段称为（　　　），后一个阶段称为（　　　）。
4. 影响叶绿素合成的因素主要有（　　　）、（　　　）、（　　　）和（　　　）。
5. 同化力指光反应中产生的（　　　）和（　　　）。
6. 光合产物运输和分配的规律有（　　　）、（　　　）、（　　　）和（　　　）。
7. 生产上调控有机物质的措施有（　　　）、（　　　）、（　　　）和（　　　）等。
8. 真正光合速率等于（　　　）与（　　　）之和。
9. 影响光合作用的外界因素主要有（　　　）、（　　　）、（　　　）和（　　　）等。
10. 光合色素经纸层析后，形成同心圆环，从外向内依次为（　　　）、（　　　）、（　　　）和（　　　）。

三、选择题

1. 光合作用中释放的氧来源于（　　　）。
    A. CO_2　　　　B. H_2O　　　　C. CO_2 和 H_2O　　　　D. $C_6H_{12}O_6$
2. 维持植物生长所需的最低光照强度（　　　）。
    A. 等于光补偿点　　　　　　　　B. 高于光补偿点节
    C. 低于光补偿点　　　　　　　　D. 与光照强度无关
3. 在达到光补偿点时，光合产物形成的情况是（　　　）。
    A. 无合产物生成　　　　　　　　B. 有光合产物积累
    C. 呼吸消耗＝光合产物积累　　　D. 光合产物积累＞呼吸消耗
4. 提取光合色素常用的溶剂是（　　　）。
    A. 无水乙醇　　　B. 无水丙酮　　　C. 80%丙酮　　　D. 蒸馏水
5. 能够证明光合产物从源到库运输的实验是（　　　）。
    A. 环割　　　　　B. 吐水　　　　　C. 伤流　　　　　D. 蒸腾
6. 春天树木发芽时，在叶片展开之前，茎内有机物运输的方向是（　　　）。
    A. 从形态学上端运向下端　　　　B. 从形态学下端运向上端
    C. 既不上运也不下运　　　　　　D. 既上运也下运
7. 大豆幼叶叶面积小于全叶面积的 30% 之前时（　　　）。
    A. 光合产物既不输入也不输出　　B. 光合产物既有输入也有输出
    C. 光合产物只有输出　　　　　　D. 只有光合产物的输入

8. 对于光合作用来说，最无效的光是(　　)
   A. 绿光　　　　B. 红光　　　　C. 蓝紫光　　　　D. 黄光
9. 属于代谢源的器官是(　　)。
   A. 幼叶　　　　B. 块茎　　　　C. 果实　　　　D. 成熟叶
10. 类胡萝卜素对可见光的吸收峰主要是在(　　)。
    A. 红光区　　　　　　　　　　　B. 绿光区
    C. 蓝紫光区　　　　　　　　　　D. 红光区和蓝紫光区

四、判断题(正确的打√；错误的打×，并加以改正)

1. 光越强，植物的光合速率越高。　　　　　　　　　　　　　　　　(　　)
2. 空气中的CO_2含量可使植物的光合潜力充分发挥。　　　　　　　(　　)
3. 高温弱光不利于植物进行光合作用。　　　　　　　　　　　　　　(　　)
4. 环割可促进坐果和压条、生根。　　　　　　　　　　　　　　　　(　　)
5. 摘心可抑制新梢生长，并促进坐果和果实膨大。　　　　　　　　　(　　)
6. 当一片成熟叶片处于饥饿状态时，它会成为暂时的代谢库。　　　　(　　)
7. 光呼吸越强，产量越高。　　　　　　　　　　　　　　　　　　　(　　)
8. 净光合速率比实际光合速率高。　　　　　　　　　　　　　　　　(　　)
9. 叶是代谢源。　　　　　　　　　　　　　　　　　　　　　　　　(　　)
10. 干旱时有机物运输减慢。　　　　　　　　　　　　　　　　　　　(　　)

五、简答题

1. 为什么说"万物生长靠太阳"？
2. 据你所知，韭黄、蒜黄是怎么种出来？
3. 植物栽培中为什么要注意通风透光？
4. "霜叶红于二月花"，为什么霜降后枫叶变红？
5. 果树环割高产的原理是什么？

单元6 植物的水分代谢

知识目标

1. 理解水在植物生命活动中的作用。
2. 理解植物细胞吸水、根系吸水的原理与方式。
3. 理解蒸腾作用的生理意义。
4. 掌握植物的需水规律和合理灌溉的指标。
5. 熟悉干旱和涝害对植物的危害和提高植物抗旱性的方法。

技能目标

1. 学会采用小液流法测定植物组织的水势。
2. 学会采用快速称重法测定植物的蒸腾速率。

6.1 水在植物生命活动中的作用

水是地球上一切生物生命活动的重要物质基础,没有水生命就无法维持,植物也不例外。植物一方面通过根系不断从土壤中吸收水分,以满足植物正常生命活动的需要,另一方面又通过叶向周围的环境散失水分。植物的水分代谢包括水分吸收、运输和散失3个过程及其与环境之间的相互关系。

6.1.1 植物的含水量

任何植物都含有水分,但其含水量常因植物种类、器官、组织、生长发育阶段和所处环境不同而有很大差异。一般来说,水生植物含水量最高,常达鲜重的90%以上;中生植物的含水量为70%~90%,旱生植物含水量可低至6%。木本植物的含水量比草本植物低。同一种植物生长在不同的环境中,含水量也不相同。生长在荫蔽、潮湿环境中的植物的含水量要比生长在向阳、干燥环境中的高。

就同一株植物而言,其含水量随其生长发育的时期而变化,通常生命活动旺盛的幼嫩部位含水量高。如幼根、幼叶、茎尖、正在生长的果实和种子的含水量可达80%~90%;

随着器官的成长和衰老,含水量逐渐下降,如树干的含水量为40%~50%,休眠芽的含水量为40%左右;成熟种子的含水量为10%左右。

6.1.2　植物体内水分存在的状态

水分在植物体内通常呈束缚水和自由水两种状态。

由于原生质胶体是由蛋白质等大分子化合物组成,其表面带有很多亲水基团(如—NH_2、—COOH等),所以能吸附水分子。那些与原生质胶粒紧密结合而不能自由移动的水分子称为束缚水;而未与原生质胶粒相结合能自由移动的水则称为自由水。自由水参与生理生化反应,而束缚水则不能。所以当自由水束缚水比值高时,细胞原生质呈溶胶状态,植物代谢旺盛,生长较快;反之,细胞原生质呈凝胶状态,代谢减弱,生长减慢,但抗逆性相应增强。

6.1.3　水在植物生活中的作用

(1)水是原生质的重要成分

原生质中,酶等生物大分子水膜的存在对维持其正常的结构和功能都是必需的。原生质的含水量一般在70%~90%。原生质含水量较高时,呈溶胶状态,细胞内各种代谢旺盛;随着含水量的减少,原生质逐渐转变为凝胶,细胞的生命活动大为减弱;若细胞失水过多,会引起原生质结构的破坏,导致植物死亡。

(2)水是某些代谢过程的原料

植物体内许多代谢过程的生化反应需要水分子直接参加,如光合作用要以水为原料才能进行,呼吸作用和各种水解反应也都需要水分子的参与。

(3)水是植物代谢过程的介质

水是优良的溶剂,许多物质都能溶解在其中。植物体内各种代谢过程的生化反应,都是在水中进行的;土壤中的无机盐溶解于水后,才能被植物吸收;植物体内的各种物质也必须溶解在水中,才能随着水分在植物体内移动而被运输到各个部位。

(4)水能保持植物的固定姿态

细胞只有含大量的水分,才能维持其膨胀状态,使枝、叶挺立,便于接受光照和进行气体交换;使花朵绽放,利于传粉。植物缺水时会发生萎蔫,不利于各种生命活动的进行。

(5)水能调节植物的体温

水具有较高的比热和汽化热。植物体内含大量水分,所以在环境温度变化比较剧烈的情况下,植物的体温仍能保持相对稳定。特别是在强光、高温条件下,植物通过蒸腾失水带走大量的热能,降低体温,可避免被高温灼伤。

6.2 植物对水分的吸收和运输

植物的一切生命活动都是在细胞内进行的,植物对水分的吸收也不例外。植物细胞对水分的吸收有吸胀作用和渗透作用两种方式。在两种方式中,渗透性吸水是细胞吸水的主要方式。根系是植物吸水的主要器官,根系吸水的方式包括主动吸水和被动吸水两种。

6.2.1 植物细胞对水分的吸收

6.2.1.1 植物细胞的水势

根据热力学原理,系统中物质的总能量是由束缚能和自由能两部分组成的。束缚能是不能转化为用于作功的能量。而自由能是指在等温度恒定的条件下用于做功的能量。在等温等压条件下,1 mol物质,不论是纯的,还是存在于任何体系中的所具有的自由能,称为该物质的化学势。水势即水的化学势,指当温度、压力一定时,1 mol 体积的纯水或溶液中水的自由能。通常用符号 Ψ_w 表示,单位为帕斯卡简称帕(Pa),一般用兆帕(MPa,1 MPa=10^6Pa)表示。它与过去常用的压力单位巴(bar)或大气压(atm)的换算关系是:1 MPa=10^6 Pa=10 bar=9.87 atm。

水的化学势与其他热力学量一样,绝对值是无法测定的,只能用相对值来表示。因此,人为规定,在标准状态下,纯水的水势值为零,其他任何体系的水势都和其相比较而得来的,因此,都是相对值。溶液的水势全是负值,溶液浓度越高,自由能越少,水势也就越低,其负值也就越大。例如纯水的水势为零,海水的水势为-0.25 MPa,1 mol/L 蔗糖溶液的水势为-2.50 MPa,1 mol/L 氯化钾溶液的水势为-4.5 MPa。一般正常生长的叶片的水势为-0.80~-0.20 MPa。和其他物质一样,水分的移动也需要能量,所以水分的移动总是沿着自由能减小的方向进行的,即水分总是由水势高的区域移向水势低的区域。

植物细胞外有细胞壁,对原生质有压力,内有大液泡,液泡中有溶质,细胞中还有多种亲水胶体,都会对细胞水势高低产生影响。因此,植物细胞水势比单一溶液的水势要复杂得多。至少要受到3个因素的影响,即溶质势(Ψ_s)、压力势(Ψ_p)、衬质势(Ψ_m)。因而,典型的细胞水势由3个部分组成:

$$\Psi_w = \Psi_s + \Psi_p + \Psi_m \tag{6-1}$$

(1)溶质势

指由于溶质的存在而使体系水势降低的值。在标准压力下,溶液的水势就等于其溶质势。溶液浓度越大,溶质势越低,数值也会越小。据测定,草本植物根细胞的溶质势约在 $-5×10^5$ Pa 左右。在渗透系统中,溶质势表示溶液中水分潜在的渗透能力的大小,因此,溶质势又可称为渗透势,溶质势越小,其吸水能力就越大,反之越小。

(2)压力势

当细胞吸水而发生膨胀时,对细胞壁产生一种压力,称为膨压;与此同时,由于细胞壁有限的弹性，对内产生一种反压力，称为壁压。两者大小相等，方向相反。壁压会提高细胞内水的自由能而提高水势，同时会限制外来水分的进入。这种由于压力的存在而使水势改变的值称为压力势。它是正值。据测定，一般草本植物叶细胞的压力势在晴天下午为 $3\times10^5 \sim 5\times10^5$ Pa，晚上可达 15×10^5 Pa。在特殊情况下，压力势会等于零或为负值，例如初始质壁分离时，压力势是零；剧烈蒸腾时，压力势会呈负值。

(3) 衬质势

表面能够吸附水分的物质，如纤维素、蛋白质颗粒、淀粉粒、土粒等物质常被称为衬质。由于衬质具有吸附水分子而使水的自由能降低的作用，因此可使水势变小。这种由于衬质的存在而使水势降低的值称为衬质势。它也是负值。具有液泡的细胞，其衬质势很小，常省略不计，上述公式可简化为：

$$\Psi_w = \Psi_s + \Psi_p \tag{6-2}$$

6.2.1.2 植物细胞的渗透作用

渗透作用是水分进出细胞的基本过程。不同水势的两个溶液相互接触后，通过扩散作用，溶液逐渐趋向均匀一致，最终达到扩散平衡。如果两个溶液间存在着半透膜（只允许溶剂通过，溶质不能通过的膜。动物膀胱、蚕豆种皮等即为近似的半透膜），水分则通过半透膜由水势高的一方向水势低的一方扩散（图6-1），这种现象称为渗透作用。渗透作用因膜两侧溶液的水势不等而发生，至膜两侧的水势相等时达到渗透平衡状态。

具有液泡的细胞，主要靠渗透吸水，当与外界溶液接触时，细胞能否吸水，取决于两者的水势差，植物细胞与外液的水分关系如下：

当外界溶液 Ψ_w > 细胞 Ψ_w 时，细胞吸水。
当外界溶液 Ψ_w < 细胞 Ψ_w 时，细胞失水。

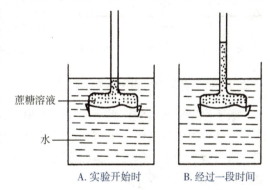

图 6-1 渗透现象

当细胞严重脱水时，液泡体积变小，原生质和细胞壁跟着收缩，但由于细胞壁的伸缩性有限，当原生质继续收缩而细胞壁已停止收缩时，原生质便慢慢脱离细胞壁，这种现象叫质壁分离（图6-2）。如果把发生了质壁分离的细胞放在水势较高的稀溶液或清水中，外面的水分便进入细胞，液泡变大，使整个原生质慢慢恢复原来的状态，这种现象称为质壁

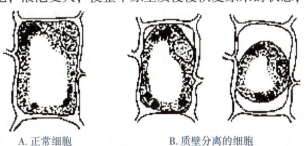

A. 正常细胞　　　　B. 质壁分离的细胞

图 6-2 植物细胞的质壁分离现象

分离复原。以上两种现象只能发生在活细胞。因为死细胞原生质失去了选择透性的性质,因此不会发生质壁分离。由此,可以用来判断细胞的死活。

当外界溶液 Ψ_w 等于细胞 Ψ_w 时,表现为等渗透,细胞既不吸水也不失水,处于动态平衡。

一般情况下,植物根细胞的水势总是低于土壤溶液的水势,所以根能从土壤中吸收水分。但当施肥过多,而使土壤溶液浓度过大,其水势低于根细胞的水势时,根细胞的水分便会反渗透到土壤中,使根细胞乃至整个植物体脱水,细胞发生质壁分离现象。由于细胞失去了应有的紧张度,地上叶片表现为萎蔫状态,严重时产生烧根现象而死亡。

6.2.1.3 细胞间水分的运转

植物相邻细胞间水流的方向取决于细胞之间的水势差,水总是从水势高的细胞流向水势低的细胞。

细胞 X 的水势高于细胞 Y,所以水从 X 细胞流向 Y 细胞(图 6-3)。当多个细胞连在一起时,如果一端的细胞水势较高,依次逐渐降低,则形成一个水势梯度,水便从水势高的一端移向水势低的一端。如叶片由于不断蒸腾而散失水分,所以常保持较低水势;根部细胞因不断吸水,因而水势较高,所以,植物体的水分总是沿着水势梯度从根输送至叶。

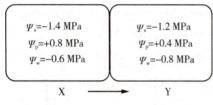

图 6-3 两个相邻细胞间的水分移动

6.2.1.4 植物细胞的吸胀作用

吸胀作用是亲水胶体吸水膨胀的现象。这种吸水是依赖于低的 Ψ_m 而引起的。对于无液泡的分生组织和干燥种子来说,Ψ_m 是影响细胞水势的主要组分。因为这时其溶质势为零,压力势也为零。因此细胞的水势即等于衬质势($\Psi_w = \Psi_m$)。通常所说的吸胀吸水也主要是指依靠衬质势吸水。

细胞壁、原生质体以及贮藏的淀粉、蛋白质等都是亲水物质,当处于凝胶状态时,它们之间还会有大大小小的缝隙,一旦与水分接触,水分子会迅速地以扩散或毛细管作用进入凝胶内部。水分子是极性分子,它以氢键与亲水凝胶结合,使胶体吸水膨胀。

细胞吸胀力的大小,与衬质势的高低有关。干燥种子的衬质势常低于 -100×10^5 Pa,有的甚至达 -1000×10^5 Pa,所以很易发生吸胀作用。纤维素、淀粉、蛋白质三者的亲水性依次递增,其衬质势依次递减。所以含蛋白质多的豆类种子其吸胀现象非常显著。

6.2.2 植物根系对水分的吸收及水分的运输

6.2.2.1 植物吸水的部位

根系是陆生植物吸水的主要器官。它在土壤中分布广、数量多、表面积大,能从土壤中吸收大量水分,满足植物的需要。

根的吸水区域主要在根尖的幼嫩部分，其中根毛区的吸水能力最强。根毛区的根毛数量很多，极大地增加了根的吸收面积；根毛细胞的外部由果胶质组成，具有较强的黏性和亲水性，有利于黏附土粒和吸水；另外，根毛区已分化出输导组织，能将根吸收进来的水分及时输送出去。因此，根毛区成为根吸水最活跃的部位。由于根吸水主要在根尖部分进行，所以在移栽时应尽量保持根系完整。容器育苗、带土球移栽可避免和减少根毛损伤，能显著提高移栽的成活率。

6.2.2.2 根系吸水的途径

土壤中的水分移动到根表面后，可以通过质外体和共质体两条途径由表皮向维管束转移(图6-4)。质外体是指原生质体以外的部分，主要包括细胞壁、细胞间隙和导管、管胞等。水与溶质在质外体中可自由扩散，因此质外体也称自由空间。内皮层凯氏带把根中的质外体分为内、外两个不连续的部分。内皮层外方质外体的水分必须经由内皮层细胞的原生质体才能进入内皮层内方，继而进入输导组织。胞间连丝将一株植物所有生活细胞的原生质体联结成为一个整体，称为共质体。水分进入共质体后，可通过胞间连丝向内传递，最终到达木质部。水分在质外体中移动时，阻力小、速度快；水分通过共质体途径时，阻力大，移动速度慢。水分可经两种途径交叉向内运行。

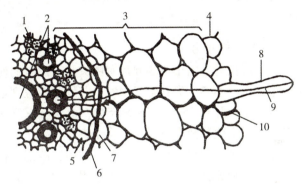

1. 韧皮部；2. 木质部；3. 皮层；4. 表皮；
5. 维管束鞘；6. 凯氏带；7. 内皮层；
8. 根毛；9. 共质体途径；10. 质外体途径。

图6-4 根部的吸水途径

6.2.2.3 根系吸水的动力

(1) 根压

由于根系的生理活动而使根吸水并使液流从根部上升的力量，称为根压。当植物根尖处于土壤溶液中时，土壤溶液可沿质外体向内扩散，直至被具有凯氏带的内皮层阻挡。与土壤溶液相接触的根毛、表皮、皮层以及内皮层细胞利用呼吸作用释放的能量，吸收土壤溶液中的离子并通过胞间连丝将之向内传递到中柱的活细胞。中柱活细胞中的离子浓度很高，顺浓度梯度扩散到中柱的质外体中去，结果导致内皮层外部质外体离子浓度低，内部质外体离子浓度高，水势则外高内低。内皮层在这里相当于一个半透膜。因此，内皮层外部质外体的水分通过内皮层的原生质体渗透进入内部质外体，并沿导管、管胞上升，形成根压。由于根压引起的吸水需要代谢提供能量，因此这种吸水现象称为主动吸水。

伤流和吐水现象可证明根压的存在。将植物的茎从靠近地面处切断，由于根压的作用，切口处不久就会流出汁液。如果在切口处套上橡皮管并与压力计连接，就会显示出一定的压力(图6-5)。大多数植物的根压为 0.1~0.2 MPa。这种从受伤或折断的组织溢出液体的现象

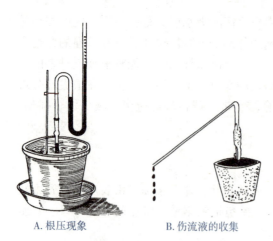

A. 根压现象　　　B. 伤流液的收集

图 6-5　根压与伤流

称为伤流，流出的汁液称为伤流液。伤流液含有无机盐、氨基酸、糖和植物激素等。伤流量的大小和成分可反映根系活动的强弱。伤流现象在植物中较为普遍，如葡萄、核桃、桑树、水青冈、槭树等，都有明显的伤流现象。

没有受伤的植物在温度较高、湿度较大且土壤水分充足的环境中，叶尖或叶缘处常有液体溢出，这种现象称为吐水。水分是从叶尖或叶缘的水孔排出的。吐水也是根压引起的。杨、柳、榆以及竹类等都有明显的吐水现象。热带雨林在晴朗的天气里，林内"雨滴"不停就是树木的吐水现象造成的。

（2）蒸腾拉力

蒸腾拉力是由于植物叶片蒸腾失水而产生的使根吸水并使水分上升的力量。当叶肉细胞中的水分不断散失到空气中时，其细胞液浓度增高，水势降低。叶肉细胞就从叶脉导管吸水，使叶脉导管的水势有所下降。叶脉导管又从枝条导管吸水。依次下去，在植物体内自叶片至土壤溶液形成了一个自上而下逐渐升高的水势梯度，促使根细胞从土壤中吸水。由于这种吸水的动力源于叶的蒸腾作用，故把这种吸水现象称为被动吸水。

根压和蒸腾拉力在根系吸水过程中的作用的大小，取决于植株蒸腾的强弱。春季，在叶片尚未展开时，蒸腾较弱，根压是主要的吸水动力。当叶片展开后，蒸腾作用逐渐增强，蒸腾拉力就成为主要的吸水动力。

6.2.2.4　水分在植物体内的运输

水分在植物体内运输的动力与根系吸水的动力相同，也是根压与蒸腾拉力。

水分从被植物根系吸收到通过叶片蒸腾到体外，经过的途径是：土壤→根毛→根的皮层→根的中柱鞘→根的导管或管胞→茎的导管或管胞→叶的导管或管胞→叶肉细胞→叶肉细胞间隙→气孔下室→气孔→大气（图6-6）。

水分通过活细胞的运输速度为 10^{-3} cm/h；通过导管的速度为 $1\sim20$ m/h，甚至可达 45 m/h；通过管胞的运输速度约 0.6 m/h。水分的运输速度还与环境有关。一般来说，植物处于光照较强、气温较高、空气较干燥且有利于根系吸水的土壤条件下，水分运输速度较快。

6.2.2.5　影响根系吸水的外界条件

根系吸水一方面取决于根系的生长状况；另一方面又受土壤状况的影响。

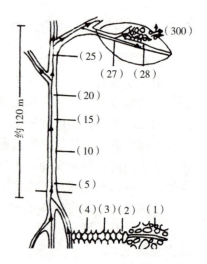

图 6-6　水分运输的途径

(图中数字均为负值，为不同部位的水势，单位：MPa，空气相对湿度为80%)

(1) 土壤温度

一般来说,在一定的温度范围内,随着土温升高,根系吸水加快;反之,土温降低,根系吸水减慢。不适宜的高温和低温均不利于根系吸水。不同植物对温度的敏感程度不同,一般来说,喜温植物和生长旺盛的植物的根系吸水易受低温影响。急剧降温对根系吸水的影响比逐渐降温要大得多,例如在夏天烈日下用冰冷的水进行土壤灌溉,对根系吸水不利。

(2) 土壤含水量

土壤中的水分可分为吸湿水、重力水和毛管水三部分。由于吸湿水被土壤胶粒牢固束缚,水势低于根细胞的水势,植物不能利用;毛管水和根所能触及的重力水是有效水,能被植物吸收,其中毛管水是最容易为植物利用的水分。当土壤中缺乏有效水时,植物就会因吸水困难而萎蔫,甚至枯死。一般认为大多数植物在生长期间最适宜的土壤水分约为田间持水量的 50%~80%。在水分条件不好的干旱地区植树造林时,采用保水剂、固体水、地膜覆盖和 DJS 等技术可有效改善植物的水分供应状况,使成活率大大提高。

(3) 土壤通气状况

在通气良好的土壤中,根系吸水能力较强;在通气不良的土壤中,根系吸水能力下降。这是因为根系生长和主动吸水,都必须在根系代谢活动正常的情况下才能进行。

(4) 土壤溶液浓度

多数植物根细胞的水势约为 -1.5 MPa。根细胞的水势必须小于土壤溶液的水势,才能从土壤中吸水。如果土壤盐分过多或施肥过量,造成土壤溶液浓度过高,水势过低,根系不仅不能吸水,还会发生反渗现象,使植物凋萎甚至枯死。因此,施肥时不能一次施用过多,而且施肥后应及时灌溉,以起到稀释肥料、防止"烧苗"的作用。

实训 6-1 植物组织水势的测定

一、实训目标

掌握小液流法测定植物组织水势的基本方法。

二、实训场所

植物生理实训室。

三、实训形式

教师讲解内容和要求,学生 2 人一组,在教师指导下进行现场操作。

四、实训备品与材料

带塞试管、小指形管(或用装青霉素的小瓶代替)、移液管、弯头毛细吸管、打孔器(直径 1 cm 左右)、剪刀、镊子、温度计、牙签、花生或菠菜的新鲜叶片、甲烯蓝粉末、1 mol/L 蔗糖溶液。

五、实训内容与方法

①取 6 支带塞试管,编号后排列于试管架上,另取 6 支洁净干燥的小指形管,编上相同的号码,与带塞试管对应排列于试管架上。

②用 1 mol/L 蔗糖溶液作母液,用蒸馏水将其稀释成一系列不同浓度蔗糖溶液:0.1 mol/L、0.2 mol/L、0.3 mol/L、0.4 mol/L、0.5 mol/L、0.6 mol/L 各 10 mL(具体范围可根据材料不同而加以调整),加入编号的带塞试管中,然后充分摇匀,加塞。

③分别用移液管从带塞试管中,取出不同浓度的蔗糖溶液 2 mL,分别装入相对应的小指形管中,立即加塞。移液管与浓度一一对应。

④用剪刀剪取生长状态一致的植物叶片数片(擦干表面水分),在叶片的相同部位(应避免叶脉)用打孔器打取小圆片,用镊子向小指形管中各投入 10 片,使溶液浸没小圆片,加塞放置约

30 min，其间经常摇动小指形管，并保持小圆片浸没于溶液中。打取小圆片及投入小指形管中时，动作应尽量快速。

⑤30 min 后，用牙签取甲烯蓝粉末少许（以染成蓝色为度），分别投入小试管中，摇匀，使溶液着色。

⑥取干燥毛细管 6 支，分别从小指形管中吸取蓝色溶液（为毛细管的一半以上），用吸水纸将毛细管外壁的蓝色溶液擦干净，然后插入与小指形管相对应的带塞试管中，使毛细管尖端位于溶液中部，轻轻挤出着色溶液一小滴。小心取出毛细管（注意勿搅动溶液），观察蓝色小液滴的移动方向。

⑦将蓝色小液滴移动方向填入下表中。若小液滴向上移动，则说明叶片组织水势大于该浓度蔗糖溶液的水势；若向下移动则相反；若静止不动，则说明叶片组织的水势与该蔗糖溶液的水势相等；如果在前一浓度中向下移动，而在后一浓度中向上移动，则植物组织的水势可取二种浓度蔗糖溶液水势的平均值。

植物组织水势测定记录表

蔗糖浓度/(mol/L)	0.1	0.2	0.3	0.4	0.5	0.6
小液滴移动方向						

⑧测量该蔗糖溶液的温度（℃）。

⑨根据公式 $\psi_s = -CiRT$，求出组织的水势。式中：ψ_s 表示渗透势；C 表示等渗浓度(mol/L)；R 表示摩尔气体常数；T 表示绝对温度，即 273+实训时的溶液温度(℃)；i 表示解离系数（蔗糖：$i=1$）。

六、实训报告要求

每人独立完成书面实训报告一份。报告要写明实训目标、原理、方法步骤、计算过程和结果。

6.3 植物的蒸腾作用

陆生植物吸收的水分除一少部分用于植物代谢之外，绝大部分水分通过蒸腾作用而散失掉。水分从植物体散失到外界有两种形式：一是以液体形式散失到体外，如吐水现象；二是以气态形式散失掉，即蒸腾作用。蒸腾作用是植物水分散失的主要形式。

6.3.1 蒸腾作用的概念和意义

6.3.1.1 蒸腾作用的概念

植物体内的水分以气体状态从植物体表面散失到大气中的过程称为蒸腾作用。植物的蒸腾量是很大的。据测定，植物吸收的水分约 1% 用于植物的新陈代谢，99% 的水分通过蒸腾作用散失到大气中。

6.3.1.2 蒸腾作用的意义

①蒸腾作用是植物吸收水分和运输水分的主要动力。由于植物叶片的蒸腾作用而在植物体内产生一系列水势差，这种水势差在导管内产生巨大的吸水力量。这种吸水力量是植物根系吸收水分和植物体内运输水分的主要动力。如果没有蒸腾作用，就不会产生蒸腾拉力，植株的较高部分便难于获得水分。

②蒸腾作用有利于矿质元素和导管、管胞中的其他溶质在植物体内运输。由于叶片的蒸腾作用使导管、管胞中形成连续的水流，促使溶于水中的矿质元素和其他溶质沿着蒸腾

流运转到植物体的各部位。

③蒸腾作用能降低植物体的温度。在 25 ℃下,水的汽化热为 2424 J。因此,植物通过蒸腾作用能散失大量的热,避免被烈日灼伤,从而保证各项生理活动的正常进行。

④蒸腾作用有利于气体交换。蒸腾作用进行时,气孔张开,而开放的气孔是 CO_2 和 O_2 进出的通道,因此,蒸腾作用有利于光合作用和呼吸作用的进行。

然而,过强的蒸腾会使植物的水分代谢失去平衡,体内发生水分亏缺,对植物产生不良影响。

6.3.2 气孔蒸腾

一般来说,植物地上部分的茎、叶、花、果实都能进行蒸腾作用,但蒸腾作用主要是在叶面上进行的。水分通过植物的皮孔、角质层和气孔蒸腾出去。通过皮孔的蒸腾称为皮孔蒸腾。皮孔蒸腾量很小,约占全部蒸腾量的 0.1%;角质层蒸腾量占 3%~10%;大部分水分是通过叶面的气孔蒸腾出去的,所以气孔是蒸腾作用的主要门户。

6.3.2.1 气孔蒸腾过程

气孔蒸腾进行时,水分先从叶肉细胞壁蒸发出来,以水蒸气的形态进入叶肉细胞间隙,然后汇聚在气孔下室,再通过气孔扩散到大气中去。气孔下室的水蒸汽常处于饱和或近饱和状态,因此,水分子向外扩散的快慢就成为决定蒸腾作用强弱的关键。

气孔充分张开时,宽约数微米,长 10~40 μm,比水分子直径大 10^4~10^5 倍。虽然气孔很小,但数量很多,叶面上气孔的数目一般在 100 个/mm^2 左右,有些植物可达 2000 多个/mm^2。双子叶植物的气孔在下表皮分布较多,禾本科植物两面差不多,浮水植物仅分布在上表皮。气孔的总面积一般仅占叶面积的 1% 左右,但其蒸腾量却相当于与叶等面积的自由水面蒸发量的 50% 左右。为什么气孔有如此高的蒸腾效率呢?这是因为通过小孔的扩散速率不与小孔的面积成正比,而与小孔的周长成正比,即所谓的边缘效应。在小孔边缘处,分子扩散出去时互相碰撞的机会少,所以扩散速度很快。另外大多数植物相邻气孔间的距离约为气孔直径的 10 倍,这个距离刚好使通过相邻气孔扩散出来的水分子彼此互不干扰(图 6-7)。

A. 小孔分布很稀

B. 小孔分布很密

C. 小孔分布适当
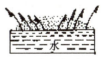
D. 自由水面

图 6-7 水分通过多孔表面与自由表面蒸发比较

6.3.2.2 气孔蒸腾的调节

植物能通过气孔自动开闭调节蒸腾量的大小。双子叶植物的气孔是由两个半月形的保卫细胞所组成,保卫细胞含有叶绿体,近气孔的内壁厚而背气孔的外壁薄。当保卫细胞吸水膨胀时,由于壁薄的一面比壁厚的一面膨胀要大,于是细胞就向外弯曲,而细胞间的缝隙增大，气孔张开；当保卫细胞失水收缩时，细胞间缝隙变小，气孔就关闭。单子叶植物如水稻、小麦的保卫细胞呈哑铃形，细胞壁中间厚而两头薄，当细胞吸水时两端膨大而中间撑开，气孔张开。相反，当保卫细胞失水时两头体积缩小，中间部分拉直，气孔就关闭。这两种保卫细胞尽管结构不同，但引起气孔开闭的原理都是由于保卫细胞的吸水膨胀或失水收缩造成的。也就是由于保卫细胞的水势变化而引起的（图6-8）。

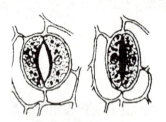 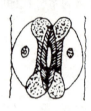 

A. 双子叶植物　　　　　　　　　B. 单子叶植物

图 6-8　气孔开闭

照光时，保卫细胞进行光合作用消耗 CO_2，产生可溶性糖。由于 CO_2 减少，保卫细胞内 pH 值升高。当 pH 值升高至 6.1~7.3 时，淀粉在淀粉磷酸化酶的作用下分解为磷酸葡萄糖，增加了溶质浓度，使保卫细胞水势降低。这时，保卫细胞从邻近细胞吸水而膨胀，气孔便开放。黑暗中，由于呼吸作用释放 CO_2 使保卫细胞 pH 值下降，可溶性糖转变为淀粉，水势升高，细胞失水收缩，气孔关闭。

$$淀粉 + 磷酸 \underset{(pH=2.9\sim6.1)}{\overset{淀粉磷酸化酶(pH=6.1\sim7.3)}{\rightleftharpoons}} 磷酸葡萄糖$$

除此之外，研究还发现气孔的开闭与光、暗条件下 K^+ 进、出保卫细胞以及叶中脱落酸的含量有关。

6.3.3　影响蒸腾作用的因素

6.3.3.1　蒸腾作用的指标

(1) 蒸腾速率

植物在一定时间内单位叶面积蒸腾的水量称为蒸腾速率。常用单位为 $g/(m^2 \cdot h)$。一般植物的蒸腾速率白天为 15~250 $g/(m^2 \cdot h)$，夜间为 1~20 $g/(m^2 \cdot h)$。

(2) 蒸腾效率

植物消耗 1 kg 水所形成的干物质的克数称为蒸腾效率。不同种类植物的蒸腾效率不同，大多数植物的蒸腾效率通常为 1~8 g/kg。

$$蒸腾效率 = \frac{一定时间内形成的干物质(g)}{同时间内蒸腾的水量(kg)} \tag{6-3}$$

(3) 蒸腾系数（需水量）

植物制造 1 g 干物质所消耗水分的克数称为蒸腾系数或需水量，它是蒸腾效率的倒数。大多数植物的蒸腾系数为 125~1000。

6.3.3.2 影响蒸腾作用的因素

(1) 影响蒸腾作用的内部因素

影响蒸腾作用的内部因素主要有叶面积大小、角质层厚薄、气孔下室大小、细胞间隙中叶肉细胞壁暴露面积的大小、气孔数目及其开张度等。一般来说，叶面积大，角质层薄、气孔下室大、叶肉细胞壁暴露面积大、气孔数目多、气孔开张度大，蒸腾的水量多；反之，蒸腾的水量少。

(2) 影响蒸腾作用的外部因素

①大气湿度。一般来说，大气相对湿度越小，气孔内外的蒸气压差越大，水分子扩散越快，蒸腾速率也就越高；反之则低。

②温度。一定温度范围内，温度升高，水分子的蒸发和扩散加快，蒸腾速率加大。

③光照。光照是影响蒸腾作用的主要因子。光照不仅影响气孔开闭，而且使气温和叶温升高。一般来说，光照增强，蒸腾作用也增强。但光照过强，会引起气孔关闭，使蒸腾减弱。

④风。微风能吹散聚集在气孔外方的水蒸汽，加大了气孔内外水分子的密度差，还能摇动枝叶，起到按摩和挤压的作用，加快叶内水分子向外扩散，从而促进蒸腾作用。但强风会使气孔关闭并降低叶温，使蒸腾减弱。

⑤土壤条件。由于植物地上蒸腾与根系吸水有密切关系，所以凡能影响根系吸水的土壤条件，如土壤含水量、土温、土壤通气和土壤溶液浓度等都能间接影响蒸腾作用。

6.3.4 蒸腾速率的日变化和季节变化

一天中，一般来说，当天气晴朗、温暖、水分供应充足时，日出后，气孔张开，随着太阳逐渐升高、温度上升，蒸腾逐渐加快，午后达最高峰并持续一段时间；随后蒸腾逐渐下降，夜里达到最低点(图6-9)。阴天的变化与晴天相似，但较平稳。在炎热夏季，由于强光、高温，中午前后叶片失水过多，气孔关闭，使蒸腾明显下降；午后由于光照减弱、温度降低，蒸腾又可回升；此后，蒸腾又逐渐减弱。因此，在炎夏植物的蒸腾作用在一天中的变化表现为双曲线。

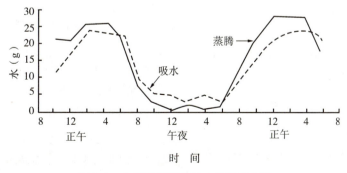

图 6-9 火炬树蒸腾和吸水的昼夜变化

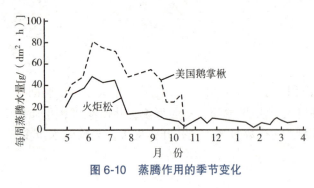

图 6-10 蒸腾作用的季节变化

植物的蒸腾还表现出明显的季节变化(图 6-10)。落叶树在秋季落叶,所以从秋季到早春是其蒸腾最弱的时期。常绿树在冬季虽有叶存在,但由于叶龄大、含水量低、气孔在低温下关闭等原因,蒸腾微弱。所以在冬季,常绿树与落叶树的蒸腾差异较小。

6.3.5 抑制蒸腾作用的途径

植物体内的水分平衡是植物正常生活的保证。植物通过蒸腾作用散失大量的水分,一旦水分供应不足,植物就会发生萎蔫。特别是新移栽的植物,如果蒸腾量过大,就会影响成活。因此,在生产上,为了维持植物体内的水分平衡,除了采取有效措施促使植物根系发达或保证水分供应之外,也可适当抑制其蒸腾作用。其途径主要有:

(1) 减少蒸腾面积

在移栽植物时,可通过去掉一些或全部枝叶减少蒸腾面积,降低蒸腾量,以维持移栽植物体内的水分平衡,有利其成活。

(2) 改变环境条件

避开促进蒸腾的外界条件,例如在午后或阴天移栽植物或遮阴搭棚,都有利于降低植株的蒸腾速率。此外,采用大棚或温室栽培,也能降低植物的蒸腾速率,这是由于在大棚或温室内相对湿度较高的缘故。

(3) 使用抗蒸腾剂

能降低植物蒸腾速率的物质,称为抗蒸腾剂,如醋酸苯汞、羟基喹啉硫酸盐、脱落酸、硅油和低黏度蜡等。醋酸苯汞、羟基喹啉硫酸盐、脱落酸等能减小气孔开张度或使气孔关闭;硅油和低粘度蜡等可在叶面形成一保护膜,从而降低蒸腾速率。

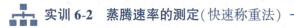

实训 6-2 蒸腾速率的测定(快速称重法)

一、实训目标

学会采用快速称重法测定植物的蒸腾速率。

二、实训场所

植物生理实验室、校园或苗圃。

三、实训形式

教师讲解内容和要求,学生 2 人一组,在教师指导下进行现场操作。

四、实训备品与材料

按 2 人一组计算,每组配备:精度为 10 mg 的扭力天平 1 架、枝剪 1 把、剪刀 1 把、铅笔 1 支、线 1 根、坐标方格纸 1 张、标签 1 个、尺子 1 把;各种树木的带叶枝条。

五、实训内容与方法

植物蒸腾失水,重量减轻。因此,用称重法测得一定面积或一定重量的叶片在一定时间里的失水量，即可测得其蒸腾速率。

①将扭力天平放在被测树木附近的平稳处，调平。然后在被测植株上选一重约 10 g 且有代表性的枝条，在其基部挂上标签，并缚一细线。在绑线处上方 1~2 cm 处将枝条剪平，立即称重(记为 W_1)，并在读数时准确计时(t_1)。

②迅速将枝条用线悬挂原处，使其在原环境中蒸腾。约 15 min 后，取下枝条，第二次称重(记为 W_2)并准确计时(t_2)。

③用称纸法求算叶面积。用尺量出坐标纸边长，算出全纸面积，称出全纸重。摘下叶子，平摊在坐标纸上，在坐标纸上用铅笔绘出叶子轮廓，剪下叶形，称重。按下式计算叶面积(S)：

$$S(cm^2) = 剪下的叶形纸重(g) \times \frac{全纸面积(cm^2)}{全纸重(g)}$$

④计算蒸腾速率。

$$蒸腾速率[g/(m^2 \cdot h)] = \frac{(W_1 - W_2)(g) \times 10\,000 \times 60}{S(cm^2) \times (t_2 - t_1)(min)}$$

六、实训报告要求

每人独立完成书面实训报告一份。报告要写明实训目标、原理、方法步骤、计算过程和结果。

6.4 植物的水分代谢规律与林业生产应用

植物不断从环境中吸收水分来满足其生命活动的需要，同时也向环境中散失水分，以维持体内的水分平衡。在实际生产中，根据不同植物的需水规律，进行合理灌溉，能保持植物体内的水分平衡，达到高产、稳产的目的。

6.4.1 合理灌溉的生理基础

合理灌溉就是以最少的灌溉用水获得最大的增产效果。要实现合理灌溉，除了需要考虑土壤的水分状况外，还要掌握植物的需水规律和合理灌溉的指标。

6.4.1.1 植物的需水规律

(1) 植物的需水量

不同种类植物的需水量不同(表 6-1)。一般来说，蒸腾强的植物需水量大。需水量可作为确定灌溉量的一种参考，但实际需要的灌溉量要比理论值大得多，因为，土壤保水能力、降水量及生态需水的多少还应考虑进去，因此，灌水量常是需水量的 2~3 倍。

表 6-1　不同植物的蒸腾系数(需水量)

植物	南瓜	豌豆	棉花	马铃薯	燕麦	大麦	小麦	玉米	高粱	谷子
蒸腾系数	834	788	646	636	597	534	513	368	322	310

(2) 生长发育阶段不同需水不同

同种植物在不同的生长发育时期对水分的要求不同。因此，栽培植物时水分管理要及时并分期对待。如种子发芽时要有充足的水分；种子萌发后形成了幼苗，此时需适量的水分，应保持土壤湿润；苗木进入速生期，需水较多；速生期过后，对水的需求又减少。果树和花卉处于营养生长旺盛期需水多；转入生殖生长亦即花芽分化期应适当控制水分，以抑制枝叶生长而顺利进行花芽分化；孕蕾和开花阶段，应供给适当的水分；花朵萎谢以后保持土壤湿润，利于果实膨大；果实、种子成熟阶段，土壤宜偏干。植株生长发育后期应减少或停止供水，以使枝条充分木质化、安全越冬，这时的土壤不十分干燥即可。

(3) 植物的水分临界期

植物的水分临界期是指植物生活周期中对水分缺乏最敏感、最易受害的时期。这一时期一般在生殖器官的形成与发育阶段，例如，果树的水分临界期在开花和果实生长的初期。

植物处于水分临界期时，体内各种代谢旺盛，细胞原生质的黏性与弹性均下降，细胞液浓度很低，吸水力小，抗旱力最弱。如果这个时期供水不足，会导致生殖器官发育不良，严重影响种实产量。所以，对于收获果实、种子的植物，应特别注意水分临界期的水分供应。

6.4.1.2 灌溉的指标

(1) 土壤指标

生产上有时根据土壤含水量进行灌溉。一般植物生长良好的土壤含水量为田间持水量的60%~80%，如果低于此含水量时，应及时灌溉。土壤含水量对灌溉有一定的参考价值，但土壤含水量不一定能很好地反映植物的水分状况，所以最好应以植物本身的形态特征、生理指标和土壤含水量综合考虑。

(2) 形态指标

通常把能够反映植株水分状况的外部形态称为灌溉的形态指标。植物缺水时，往往叶下垂且不易折断；幼嫩叶凋萎；叶、茎颜色转为暗绿或变红；生长速度下降；有些植物叶片卷起等。灌溉的形态指标易于观察，但需反复实践才能很好地掌握。

植物形态上的变化远落后于生理上的变化。所以，虽然用形态指标进行灌溉是有效的，但已为时略晚。

(3) 生理指标

通常把能够反映植株水分状况的生理变化称为灌溉的生理指标。生理指标一般以功能叶作为测定对象。

植物叶片的水势、渗透势、细胞汁液的浓度和气孔开张度等，均可灵敏地反映植物的水分状况，因此可作为灌溉的生理指标(表6-2)。用生理指标指示灌溉可及时补充植物生长发育所需水分，所以生理指标是最合理的灌溉指标。当植物的有关生理指标低到临界值时，就应灌溉。

表6-2 不同植物几种灌溉生理指标的临界值

植物及生育期	叶片水势 （MPa）	叶片渗透势 （MPa）	叶片细胞汁液浓度 （%）	气孔开张度 （μm）
小麦开始分蘖—孕穗	-9~-8	-11~-10	5.5~6.5	6.5
孕穗—抽穗	-10~-9	-12~-11	6.5~7.5	6.5
灌浆期	-12~-11	-15~-13	8.0~9.0	5.5

(续)

植物及生育期	叶片水势 （MPa）	叶片渗透势 （MPa）	叶片细胞汁液浓度 （%）	气孔开张度 （μm）
成熟期	−14~−15	−16~−18	11.0~12.0	5.5
甜菜8~16叶生长期	−6~−7	−8~−9.6	—	6.7
20~24叶期及块根膨大期	−8	−11	—	5.0
茶整个嫩梢生长期	−8~−9	—	—	—
菠菜整个生长期	—	—	10.0	—

使用生理指标指示灌溉时应注意：不同植物、同一植物的不同品种、植物的不同部位、不同的发育阶段以及不同的取样时间生理指标都是不同的。另外，生理指标还具有明显的区域性，只适于在一定的区域内使用。

6.4.2 植物的抗旱性和抗涝性

6.4.2.1 植物的抗旱性

(1) 干旱的危害

①干旱的类型。干旱可分为土壤干旱和大气干旱两种类型。土壤干旱是指土壤中缺乏有效水，根系无法获得维持其正常生理活动所需的水分。大气干旱是指植物在光照强、温度高、湿度低、风速大的条件下蒸腾过强，根系吸收的水分不能补偿蒸腾的消耗而发生水分亏缺。除上述两种干旱外，有时还因为土壤通气不良、土温过低或土壤溶液渗透势太低而妨碍根系吸水，使植物发生水分亏缺，称为生理干旱。

②干旱的危害。干旱对植物的危害主要表现在以下方面。

生长反应　干旱发生时，由于植株缺水，细胞膨压降低，使细胞的伸长生长和细胞分裂受到抑制，再加上光合受阻，导致生长减慢甚至停止。不少植物在遇到缓慢发展的干旱时，根冠比提高，以增强吸水能力，维持植物体内的水分平衡。

生理伤害　由于干旱，植物发生萎蔫，使体内的许多生理过程不能正常进行。表现在：第一，光合受阻。缺水使气孔关闭，CO_2供应减少，叶绿体中CO_2的固定也减慢，叶绿素的合成受抑制，叶色变黄，光合速率因之下降。第二，水分在不同器官之间重新分配。植株缺水时，水势低的部位从水势高的部位夺取水分，例如：幼叶从老叶夺取水分，促使老叶枯萎甚至脱落；叶子从花果夺取水分，造成落花落果。第三，呼吸先强后弱。细胞在缺水的情况下，呼吸速率在一段时间内显著加强，随后下降。虽然干旱初期呼吸速率很高，但由于氧化与磷酸化脱偶联，能量仍供应不足。强烈的呼吸消耗了大量的有机物，使呼吸基质迅速减少，细胞处于饥饿状态，呼吸又减弱，最终导致各种代谢紊乱。第四，细胞结构被破坏。植物细胞严重脱水时，原生质膜因收缩而出现孔隙和龟裂，选择透性受到破坏，使细胞受到致命伤害；另外，细胞脱水收缩时，由于细胞壁收缩程度较原生质体小得多，在细胞壁不能再收缩而原生质继续向内收缩时，细胞壁就对原生质产生向外的拉力，使原生质结构受到破坏；如果细胞在脱水过程中没有受到伤害，当细胞再度吸水，尤其是骤然大量吸水时，由于细胞壁吸水膨胀比原生质快，细胞壁可能撕伤原生质，也会引起细胞死亡。第五，蛋白质凝聚。植物细胞失水时，蛋白质上的—SH 基彼此靠近，氧化而成双硫键，导致蛋白质分子发生凝聚。蛋白质的凝聚引起一些酶活性的丧失并与细胞结构的破坏有关。

（2）植物的抗旱性

植物抵御干旱的能力称为植物的抗旱性。生态学中根据植物对水分的需要将植物分成三类：水生植物、中生植物和旱生植物。水生植物不能在水势为$-1.0 \sim -0.5$ MPa 的环境生长、中生植物不能在-2.0 MPa 的环境生长、旱生植物不能在-4.0 MPa 以下的环境中生长。抗旱性强的植物之所以能够抗旱，是因为它们具有抗旱的形态结构和生理基础。

①旱生植物的形态特点。旱生植物角质层和蜡质层较厚；叶细胞较小；气孔较密或凹陷；细胞壁较厚，输导组织和机械组织发达，根系发达，根冠比高。这些特点都有利于植物减少蒸腾和对水分的吸收。

②抗旱植物的生理特点。抗旱植物植株上部叶的含水量低，积累糖分较多，因此上层叶的水势较低，容易从下部叶吸取水分。抗旱植物气孔反应灵敏，干旱来临时，叶含水量稍有下降，气孔就能迅速关闭，以减少水分蒸腾。干旱发生时，植物会以落叶或将叶子卷起的方式减小蒸腾表面，以保存体内的水分。

肉质植物如仙人掌、瓦松等的茎、叶有发达的贮水组织，能贮存大量的水分，所以能在极端干旱的环境里生存。另外，它们的气孔昼闭夜开，这对于它们在干旱的环境中生存十分有利。此外，抗旱性强的植物在干旱条件下仍能保持较强的同化能力，细胞中的蛋白质也不易形成双硫键。

（3）提高植物抗旱性的途径

人们在科学研究和生产实践中，积累了许多提高植物抗旱能力的经验。

①抗旱锻炼。是在一段时间里使植物处于适当缺水的条件下，以适应干旱环境的方法。例如，"蹲苗"就是使植物在幼苗阶段处于比较干旱的条件下，抑制其生长。经过这样处理的植物，根系往往比较发达，体内干物质积累较多，水势较低，抗旱力较强。

另一种抗旱锻炼的方法是在播种前让种子吸水，然后风干，如此反复$2 \sim 3$次。这样的种子播种后长成的植株就有了较强的抗旱能力。

②化学诱导。用$0.25\% CaCl_2$溶液浸种20 h，或用$0.05\% ZnSO_4$喷洒叶面都有提高植物抗旱性的作用。使用黄腐酸也可提高植物的抗旱性。

③矿质营养。磷、钾肥能促进根系生长，提高植物的保水力。枝叶徒长的植物，蒸腾失水较多，易受旱害，因此氮素过多对植物抗旱不利。硼可提高有机物的运输能力，使蔗糖迅速地流向结实器官，这对解决因干旱而引起的运输停滞问题有重要意义。铜能显著改善糖与蛋白质代谢从而提高植物的抗旱性，这在土壤缺水时效果更为明显。

④使用生长调节剂。ABT 生根粉和绿色植物生长调节剂（GGR）可促进植物根系生长，提高植物的吸水能力；矮壮素、B_9等可使植物矮化并能增加细胞的保水力，故有提高植物抗旱力的作用。

⑤抗蒸腾剂的应用。使用抗蒸腾剂可降低植物的蒸腾速率、提高植物的保水能力从而提高植物的抗旱性。

6.4.2.2 植物的抗涝性

水分过多对植物的危害有湿害和涝害两种类型。

(1) 湿害对植物的危害

湿害是由于土壤中水分太多产生的。湿害发生时，土壤颗粒的间隙里充满了水分，造成氧气缺乏，致使植物根部呼吸作用减弱，对营养物质的吸收受到阻碍，生长不能正常进行。另外，土壤中氧气缺乏，使某些有益的好氧微生物的活动受到抑制，例如氨化细菌和硝化细菌的分解活动减弱，对植物的养分供应减少；同时，一些有害的厌氧微生物如丁酸细菌、反硝化细菌等活跃起来，在土壤中积累有机酸，使土壤酸度增高、肥力下降，还会产生一些有毒物质，如硫化氢、乙醇等，直接毒害根部。

(2) 涝害对植物的危害

涝害是指地面积水，淹没植物的一部分或全部造成的。涝害发生时，植物地上部分淹水，光合作用显著减弱或完全停止；有机物分解大于合成，生长受阻；有氧呼吸为无氧呼吸所代替，贮藏物质大量消耗并积累乙醇；根对矿质的吸收减少。涝害较轻时，由于合成不能补偿分解，植株逐渐被饿死；严重时，蛋白质分解，细胞因结构遭受破坏而致死。

一般抗涝性弱的树种，在幼苗期和衰老期更容易遭受涝害；生长衰弱，受病虫为害的植株也易受涝害。

沼泽植物耐涝，是由于这类植物有从地上部向地下部输送氧气的能力。如莲和水稻。有些植物淹水时皮孔增生，如大果栎。还有些耐涝植物具有呼吸根，如落羽杉、水松等；或能在靠近土壤表面迅速发生不定根，如柳树。

 拓展知识 6

保水剂与固体水

保水剂多为颗粒状、粉末状或胶块状固体，酸碱度中性，不溶于水，性能稳定，无毒、无害。其主要成分为可降解的高吸水性树脂。其使用寿命视原料配方和生产工艺而定，农用可不超过 1 年，林业用一般长达 5~7 年。在降水或灌溉后，施入土壤中的保水剂可快速吸收相当于自身重量数百倍甚至上千倍的水分而膨胀，而且所吸收的水分不能被简单的物理方法挤出；在水分缺乏时所含水分缓慢释放，供植物吸收利用。保水剂能反复吸水和释放水分，因此可在土壤中形成一个具有水分调节能力的"小水库"，对土壤含水量起到一定的缓冲作用。

由于保水剂具有强大的吸水保水功能，因此，目前已在农、林、牧等领域广泛应用，如：土壤保水保肥、改良土壤结构、节水灌溉、育苗保苗、植树造林、牧草种植、保持水土、沙漠绿化、市政绿化、植物保鲜运输、无土栽培等，已经和正在国家六大林业工程和西部大开发中发挥重要作用。

据测算，每亩使用保水剂 1~3.5 kg 就可以在干旱少雨的情况下获得水浇地的产量。

在粮食作物上投入产出比可达1∶15,经济作物可达1∶20。保水剂还可与肥料、农药混合使用。因此,有"小水库"之称的保水剂,加入适量肥料便成为"小肥库",配以农药又变为"小药库"。

目前,已开发出通用型旱地作物抗旱保水剂、林果专用保水剂、苗木花卉专用保水剂、蔬菜专用除草保水剂、食用菌专用保水剂、沙地专用保水剂、草坪专用保水剂、抗旱种衣剂等多种通用型和专用型保水剂产品。市场上还出现了多功能保水营养缓释剂,它将保水剂、抗旱剂、营养元素、植物生长调节剂等多种物质组合为一体,具有抗旱节水、保水省肥、营养缓释、生根促长、水土保持、改良土壤等多重功效。

保水剂使用方法简单,主要有拌种、蘸根、沟施、撒施、穴施等方法。

固体水是以从动植物中提取的高分子聚合物为原料、添加少量植物必需的矿质元素,通过水合作用形成的凝胶状物,其含水量高达97%。其中的水为束缚水,不流动、不蒸发、不渗漏,零度不结冰,100℃不融化;植树时置于树苗根部,可在土壤微生物作用下发生降解,缓慢释放出水分供植物吸收。因其释水速度与植物吸水同步,从而使水被植物的吸收率接近100%。它可以持续缓慢地向植物供水3个月以上。失水后,如遇降雨,又可快速吸收贮存水分以备植物利用,可持续使用数年。3年来,我国北方11省份大面积的实验表明,使用固体水可使干旱地区的植树成活率从20%~30%提高到90%以上,造林成本降低30%左右。固体水的使用解决了我国干旱、半干旱地区植树造林中水分供应这一关键性难题。

> 复习思考题

一、名词解释

1. 自由水;2. 束缚水;3. 水势;4. 渗透作用;5. 吸胀作用;6. 根压;7. 蒸腾拉力;8. 蒸腾作用;9. 水分临界期。

二、填空题

1. 水总是由(　　　)流向(　　　)。
2. 有液泡的细胞主要靠(　　　)吸水;无液泡的细胞主要靠(　　　)吸水。
3. 有液泡细胞的水势等于(　　　);无液泡细胞的水势等于(　　　),约等于(　　　)。
4. 根系吸水的途径有(　　　)、(　　　)。
5. 蒸腾作用可通过(　　　)、(　　　)、(　　　)进行,但以(　　　)为主。
6. (　　)、(　　)、(　　)、(　　　)等可灵敏地反映植物的水分状况,可作为合理灌溉的生理指标。
7. 干旱分为(　　　)、(　　　)、(　　　)3种类型。

三、判断题(正确的打√;错误的打×,并加以改正)

1. 纯水的水势大于含溶质和衬质的体系中水的水势。　　　　　　　　(　　)
2. 外液水势小于细胞水势时,细胞吸水。　　　　　　　　　　　　　(　　)
3. 植物体自下而上水势依次升高。　　　　　　　　　　　　　　　　(　　)

4. 土壤温度适宜，通气良好时，植物吸水旺盛。　　　　　　　　（　　）
5. 气温高，空气干燥，有风时，蒸腾强。　　　　　　　　　　　（　　）
6. 1 mol 蔗糖溶液与 1 mol 氯化钠溶液的水势相同。　　　　　　　（　　）
7. 甲乙两细胞相邻。甲细胞的溶质势为 -1.6，压力势为 0.7，乙细胞的溶质势为 -1.4，压力势为 0.6，水分从甲细胞流向乙细胞。　　　　　　　　（　　）
8. 内皮层相当于一个半透膜。　　　　　　　　　　　　　　　　（　　）
9. 吸水与运水的动力相同。　　　　　　　　　　　　　　　　　（　　）
10. 导管属于共质体。　　　　　　　　　　　　　　　　　　　（　　）

四、简答题

1. 水分对植物生活有何意义？
2. 为什么一次施肥不能过多？
3. 用水势的概念说明产生根压和蒸腾拉力的原因。
4. 说明蒸腾作用的方式及生理意义。
5. 干旱和湿涝对植物有何危害？
6. 使用生理指标进行灌溉时应注意什么问题？

单元7　植物的矿质营养

知识目标

1. 掌握植物必需矿质元素的种类，理解植物必需矿质元素的生理作用。
2. 掌握植物的缺素症识别及诊断方法。
3. 掌握植物的需肥规律；了解合理施肥的指标在林业生产中的应用。

技能目标

掌握营养液的配制和溶液培养的方法。

7.1 植物必需元素的确定

植物不断从土壤中吸收营养元素以满足其自身生长发育的需要，有的作为植物体的组成成分，有的参与调节生命活动，有的兼有这两种功能。植物的矿质营养是合理施肥的理论基础，在生产上具有重要的指导作用。

7.1.1 植物体内的元素

将新鲜植物材料在 105 ℃下烘干，测出水分占 10%~95%，剩下的干物质占 5%~90%。干物质经 600 ℃充分燃烧后，有机物被氧化分解并以气体形式散发到空气中，约占 95%，其余的 5%左右是无机化合物，是灰白色的灰分。

$$\text{植物材料} \xrightarrow{105\ ℃} \begin{cases} \text{水分} \\ \text{干物质} \xrightarrow{600\ ℃} \begin{cases} \text{有机物质}(90\%\sim95\%)\text{挥发} \\ \text{灰分}(5\%\sim10\%)\text{残烬} \end{cases} \end{cases}$$

据测定，气体中主要是 C、H、O、N 4 种元素。残留下来的灰分中含有 P、K、Ca、Mg 等 60 多种元素，它们直接或间接地来自土壤矿质，故又称为矿质元素。氮元素不存在于灰分中，但它是植物从土壤中吸收的，所以将氮归并于矿质元素一起讨论。这 60 多种元素并非都是植物所必需的，要根据一定的条件进行判断。

7.1.2 植物必需元素的确定

Arnon 和 Stout 于 1939 年提出了植物必需元素应同时具备 3 个条件：①完成植物生活史不可缺少的；②缺少该种元素，植物会表现出专一的病症，只有提供该元素才能预防或消除此病症；③在植物营养生理中的作用是直接的，而不是通过改变植物生活条件而引起的间接效果。

根据以上 3 个标准，通过溶液培养法（水培法）来确定必需元素。水培法即在含有全部或部分矿质元素的营养液中培养植物的方法。在研究植物必需元素时，可在人工配成的混合营养液去除某种元素，以观察分析植物生长发育的变化情况。如果植物生长发育正常，表示该种元素不是植物必需的；如果植物发育不正常，但当补充该元素后恢复正常，即可判定该元素是植物必需的。

借助于水培法，现已确定共有 17 种元素是植物的必需元素：碳(C)、氧(O)、氢(H)、氮(N)、磷(P)、钾(K)、硫(S)、钙(Ca)、镁(Mg)、铁(Fe)、铜(Cu)、锌(Zn)、锰(Mn)、钼(Mo)、硼(B)、氯(Cl)、镍(Ni)（表 7-1）。在这些元素中，C、O、H 来自于 CO_2 和 H_2O，其余的 14 种元素均来自土壤，为植物必需的矿质元素。随着研究手段的更新和技术的进步，今后将可能证明还有更多的元素是植物所必需的。

表 7-1　植物体内化学元素含量

元素名称	元素符号	植物的利用形式	干重(%)	含量(mmol·kg 干重)
源自水分和二氧化碳的大量元素				
碳	C	CO_2	45	40 000
氧	O	O_2、H_2O、CO_2	45	30 000
氢	H	H_2O	6	60 000
源自土壤的大量元素				
氮	N	NO_3^-、NH_4^+	1.5	1000
钾	K	K^+	1.0	250
钙	Ca	Ca^{2+}	0.5	125
镁	Mg	Mg^{2+}	0.2	80
磷	P	$H_2PO_4^-$、HPO_4^{2-}	0.2	60
硫	S	SO_4^{2-}	0.1	30
源自土壤的微量元素				
氯	Cl	Cl^-	0.01	3.0
铁	Fe	Fe^{3+}、Fe^{2-}	0.01	2.0
锰	Mn	Mn^{2+}	0.005	1.0

(续)

元素名称	元素符号	植物的利用形式	干重（%）	含量（mmol·kg 干重）
硼	B	BO_3^{2-}	0.002	2.0
锌	Zn	Zn^{2+}	0.002	0.3
铜	Cu	Cu^{2+}	0.0001	0.1
镍	Ni	Ni^{2+}	0.0001	0.002
钼	Mo	MoO_4^{2-}	0.0001	0.001

根据植物对必需元素需要量的不同，可分为大量元素和微量元素两类。大量元素是指植物需要量大、其含量一般为植物体干重的 0.1% 以上的元素。它们是 C、H、O、N、P、K、S、Ca、Mg。微量元素是指植物需要量极微、其含量一般为植物体干重的 0.01% 以下的元素。它们是 Fe、Cu、Zn、Mn、Mo、B、Cl、Ni。微量元素在植物体中稍多即会发生毒害。

7.2 植物必需矿质元素的生理作用

植物必需矿质元素的生理作用总的来说有 3 个方面：①细胞结构物质的组成成分，如 N、S、P 等；②植物生命活动的调节者，参与酶的活动，如 K^+、Ca^{2+}；③起电化学作用，如离子浓度的平衡、电子传递和电荷的中和等，如 K^+、Fe^{2+}、Cl^-。其中大量元素可能同时具备 2~3 种作用，大多数微量元素只具有酶促功能。

7.2.1 大量元素的生理作用及缺素症

(1) 氮 (N)

植物以吸收无机态氮为主，即硝态氮 (NO_3^-) 和铵态氮 (NH_4^+)，也可以吸收少量的有机态氮，如尿素等。氮是构成蛋白质、核酸、辅酶的主要成分；氮是组成叶绿素、维生素（如 B_1、B_2、B_6）、植物激素、生物碱（烟碱、茶碱）等的重要元素。由此可见，氮在植物生命活动中占有重要的地位，故又称为"生命元素"。

当氮肥供应充分时，植物叶大而鲜绿，分枝（分蘖）多，营养体健壮，花多，产量高。植物缺氮时叶片发黄（从老叶开始），植株矮小，林木生长速度显著减退；分枝（分蘖）少，花少，产量降低；氮素过多，则叶色深绿，枝叶徒长，成熟期推迟，抗逆能力差，易受病虫害侵袭，同时茎部机械组织不发达，易倒伏。

(2) 磷 (P)

植物的根系主要是以 $H_2PO_4^-$ 或 HPO_4^{2-} 的形式吸收磷的。磷存在于磷脂、核酸和核蛋白中，是生物膜、细胞质和细胞核的组成成分；磷在 ATP 反应中起关键作用；磷是糖类、脂类及氮代谢过程中不可缺少的元素；磷能促进糖类的运输，增强植物的抗旱性；磷能提高植物的缓冲能力，提高植物对外界酸碱变化的适应能力。

施磷肥能促进植物各种代谢正常进行，使植物生长发育良好，抗逆性强，提早成熟。缺磷时，叶色暗灰绿或紫红（从老叶开始），分枝（分蘖）减少，植株矮小，产量降低；苗木生长发育受阻，顶芽发育不良。但磷肥过多时，在叶片部位会产生小焦斑。

(3) 钾(K)

钾以 K^+ 的形式被植物吸收，在植物体内呈离子状态，不参加有机物的组成。钾在细胞内可作为 60 多种酶的活化剂，在植物光合作用、呼吸作用、蛋白质代谢中起重要作用。钾能促进碳水化合物的合成、转化和运输，提高细胞含糖量，增强苗木抗寒性和抗倒伏的能力；钾能调节叶子气孔的开张，提高细胞持水能力，使苗木具有抗旱性。

缺钾时，首先是老叶的叶尖或叶缘枯黄，叶子皱缩，继而整个叶片坏死；植株茎秆柔弱，易倒伏；抗寒、抗旱性减弱。

氮、磷、钾 3 种元素植物需要量大，土壤中易缺乏，常常需要通过施肥加以补充，所以被称为"肥料三要素"。

(4) 钙(Ca)、**镁**(Mg)、**硫**(S)

钙是植物细胞壁胞间层中果胶酸钙的成分，缺钙时细胞壁形成受阻，细胞分裂不能完成，形成多核细胞；钙能维持膜结构的稳定性，提高植物保护组织的功能；钙在苗木体内起着平衡生理活性作用，促进苗木生长发育。缺钙时苗木根系发育不良，导致针叶树苗失绿症和猝倒病。

镁是叶绿素的主要组成成分，缺镁时叶绿素不能合成，老叶叶脉间失绿；镁是光合作用及呼吸作用中许多酶的活化剂，促进植物的新陈代谢。

硫参与蛋白质与酶的组成，是原生质的构成元素，在光合、固氮反应中起重要作用；缺硫时从嫩叶开始缺绿，呈黄白色并易脱落，植物矮小。在农林业生产上很少遇到缺硫，因为土壤中有足够的硫供给需要。

7.2.2 微量元素的生理作用及缺素症

(1) 铁(Fe)

植物叶绿素的合成需要铁，铁是许多重要酶的辅基的成分，在呼吸作用中起着电子传递的作用。缺铁时从嫩叶开始脉间失绿，严重时叶脉失绿成黄叶病，叶片出现棕褐色的枯斑或枯边，逐渐枯死脱落，甚至发生枯梢现象。

(2) 锰(Mn)

锰是植物细胞内许多酶（如己糖磷酸激酶、羧化酶、脱氢酶、RNA 聚合酶、硝酸还原酶、IAA 氧化酶等）的活化剂。锰是叶绿素形成和维持叶绿体正常结构所必需的，光合作用中水的光解需要锰的参与。缺锰时植物不能形成叶绿素，脉间失绿而叶脉仍保持绿色，这也是与缺铁的主要区别。

(3) 硼(B)

硼能促进糖类的运输；硼有利于花粉的形成，促进花粉萌发、花粉管伸长及受精过程的进行；硼参与细胞分生组织的分化过程，促进枝条顶端或根系发育。缺硼时根尖、茎尖的生长点停止生长，侧根侧芽大量发生，其后生长点又死亡，形成簇生状；植物受精不良，并使花器和花萎缩，因此在人工授粉时，常加入含硼和含糖的混合溶液以提高坐果率。

(4) 锌(Zn)

锌是许多酶(谷氨酸脱氢酶、超氧化物歧化酶、碳酸酐酶等)的组分或活化剂；锌也可能参与蛋白质、叶绿素的合成；锌还参与生长素(IAA)的合成，因此，缺锌时苗木叶子产生缺绿症，并使苗木生长受到抑制，产生"小叶病"和"簇叶症"。沙地、盐碱地以及瘠薄的圃地容易缺锌。

(5) 铜(Cu)

铜是一些氧化还原酶(细胞色素氧化酶、抗坏血酸氧化酶)的组成成分，在呼吸作用中起重要作用。铜也是叶绿体中质体蓝素(PC)的成分，参与光合作用的电子传递。缺铜时，叶片生长缓慢，呈黑绿色；幼叶缺绿，并从叶尖开始出现坏死点，后沿叶缘扩展到基部，最后死亡脱落。

(6) 钼(Mo)

钼是硝酸还原酶的成分，也是固氮酶中钼铁蛋白的组分，因此钼在植物氮代谢中有重要作用，对豆科植物的生长作用显著。缺钼时，老叶脉间缺绿，坏死。

(7) 氯(Cl)

氯是天然的生长素类激素 4-氯-吲哚乙酸的组成成分；参与光合作用中水的光解，叶和根中的细胞分裂也需要氯；缺氯时，叶片萎蔫，叶尖干枯，失绿坏死；根生长慢，变短变粗。

(8) 镍(Ni)

镍对于植物氮代谢及生长发育的正常进行都是必需的。镍是脲酶、氢酶的金属辅基。缺镍时，植物体内会积累过多的尿素而对植物产生毒害，叶尖坏死，不能完成生活周期。

以上是植物必需元素的主要生理作用。当植物缺乏上述必需元素中的任何一种时，植物体内的代谢都会受到影响，进而在植物体外观上出现可见的症状。这就是所谓的营养缺乏症或缺素症。植物缺乏各种必需元素的主要症状见检索表。

植物缺乏必需元素病症检索表

A 较老的器官或组织先出现病症。
  B 病症常遍布全株，长期缺乏则茎短而细。
    C 基部叶片先缺绿，发黄，变干时呈浅褐色 ………………………………………… 氮
    C 叶常呈红或紫色，基部叶发黄，变干时呈暗灰绿色 ……………………………… 磷
  B 病症常限于局部，基部叶不干焦但杂色或缺绿。
    C 叶脉间或叶缘有坏死斑点，或叶呈卷皱状 ………………………………………… 钾
    C 叶脉间坏死斑点大并蔓延至叶脉，叶厚，茎短 …………………………………… 锌
    C 叶脉间缺绿(叶脉仍绿)。
      D 有坏死斑点 …………………………………………………………………… 镁
      D 有坏死斑点并向幼叶发展，或叶扭曲 ……………………………………… 钼
      D 有坏死斑点，最终呈青铜色 ………………………………………………… 氯

A 较幼嫩的器官或组织先出现病症。
　B 顶芽死亡，嫩叶变形和坏死，不呈叶脉间缺绿。
　　C 嫩叶初期呈典型钩状，后从叶尖和叶缘向内死亡 ·················· 钙
　　C 嫩叶基部浅绿，从叶基起枯死，叶卷曲，根尖生长受抑 ·········· 硼
　B 顶芽仍活。
　　C 嫩叶易萎蔫，叶暗灰绿色或有坏死斑点 ····························· 铜
　　C 嫩叶不萎蔫，叶缺绿。
　　　D 叶脉也缺绿 ··· 硫
　　　D 叶脉间缺绿，但叶脉仍绿。
　　　　E 叶淡黄色或白色，无坏死斑点 ·· 铁
　　　　E 叶片有小的坏死斑点 ·· 锰

　　需要说明的是，植物缺素时的症状会随植物的种类、发育阶段及缺素程度的不同而有不同的表现。此外，同时缺乏多种元素时会使病症复杂化，环境因素(如各种逆境、土壤pH值等)也都可能引起植物产生与营养缺乏类似的症状。因此，在判断植物缺乏哪种矿质元素时，要综合诊断。

7.3 植物对矿质元素的吸收、运输和利用

7.3.1 植物对矿质元素的吸收

　　植物细胞对矿质元素的吸收是植物体吸收矿质元素的基础。在植物根中，只有根尖的幼嫩部分才能吸收矿质元素，其中根毛区是吸收矿质元素最多、最快的部位。所以，肥料应深施才有利于根系吸收。

7.3.1.1 植物细胞吸收矿质元素的方式

　　植物细胞吸收矿质元素的方式主要两种：被动吸收和主动吸收。
　　被动吸收是指分子或离子通过扩散作用跨膜进入细胞的现象。扩散作用不需要消耗代谢能量，而是顺电化学势梯度吸收矿质。主动吸收是指细胞利用呼吸作用释放的能量作功，逆着化学势或电化学势梯度吸收矿质元素的过程，是主要吸收方式。

7.3.1.2 植物吸收矿质元素的特点

(1)根系对矿质元素和水分的相对吸收

　　植物对矿质元素的吸收和对水分的吸收是相对的，它们既相互联系，又各自独立。相互联系，表现在矿质元素要溶于水中才能被根系吸收，而且被根系吸收后可降低根部的水势，有利于根系吸水。各自独立，表现在两者吸收的机制不同。根部吸水以蒸腾所引起的被动吸水为主，而对矿质元素的吸收则是以消耗能量的主动吸收为主，有选择性和饱和效应，需要载体等。

(2) 根系对矿质元素(离子)的选择吸收

根系对矿质元素的选择吸收表现在以下两个方面：一是植物对同一种溶液中不同离子的吸收量不同，如水稻可以吸收较多的硅，但却以较低的速率吸收钙和镁；又如番茄以很高的速度吸收钙和镁，但几乎不吸收硅。二是植物对同一种盐的正、负离子的吸收不同，如供给$(NH_4)_2SO_4$时，根系对NH_4^+的吸收远远多于对SO_4^{2-}的吸收，这样便有较多的H^+进入土壤溶液，使土壤溶液变酸，所以，这类盐称为"生理酸性盐"；当供给$NaNO_3$或$Ca(NO_3)_2$时，根系对NO_3^-的吸收远远多于对Na^+或Ca^{2+}的吸收，为保持细胞内电荷的平衡，便有较多的OH^-和HCO_3^-从根系进入土壤溶液，同时由于土壤环境中的Na^+或Ca^{2+}的积累，使土壤溶液变碱，所以，这类盐称为"生理碱性盐"；如果供给的是NH_4NO_3则根系对NH_4^+和NO_3^-的吸收率基本相同，土壤溶液的酸碱性不发生变化，这类盐称为"生理中性盐"。生产上使用化学肥料时应注意肥料类型的合理搭配。

(3) 单盐毒害和离子拮抗

如果将植物培养在单盐溶液(即溶液盐分中的金属离子只有一种)中，植物不久就会出现不正常状态，最后死亡。这种现象称为单盐毒害。无论单盐溶液中的盐分是否为植物所必需，单盐毒害都会发生，即使是单盐溶液的浓度很低也不例外。

如果在单盐溶液中(如NaCl)加入少量含有其他金属离子的盐类(如$CaCl_2$)，单盐毒害现象就会减弱或消除，离子间的这种作用称为离子拮抗(或离子对抗)。一般在元素周期表中不同族金属元素的离子之间才会有对抗作用。

所以植物只有在含有适当比例的多种必需盐溶液中才能正常生长发育，这种溶液称为"生理平衡溶液"。前面提及的溶液培养法中的营养液，就是平衡溶液；对海藻来说，海水是平衡溶液；对陆生植物来说，土壤溶液一般也是平衡溶液。

7.3.1.3 植物吸收矿质元素的过程

根所吸收的矿物质主要来自土壤。在土壤中，少部分矿物质溶解在土壤溶液中，大部分矿物质则被土壤颗粒吸附着，或者成为难溶性的盐类。根系吸收矿质元素需经过以下几步：

(1) 通过交换吸附，把离子吸附在根细胞的表面

根细胞呼吸放出的CO_2溶于H_2O生成H_2CO_3，进而解离出H^+和HCO_3^-。H^+和HCO_3^-可吸附于根细胞壁和质膜表面，并与土壤中的离子进行同荷等价的交换，离子即被吸附在根细胞壁和质膜的表面，这种交换吸附是不消耗代谢能量的。

(2) 离子进入共质体

离子被吸附到质膜表面后，可通过主动吸收或被动吸收进入细胞质。离子进入细胞质后，主要通过胞间连丝向中柱传递。

(3) 离子进入导管

离子最终从导管周围的薄壁细胞进入导管。离子进入导管的机理目前尚不明确，还需进一步探讨和研究。

7.3.1.4 影响根系吸收矿质元素的因素

(1) 土壤温度

在 0~30 ℃范围内，根系吸收矿质元素的速率随着土壤温度的升高而加快，土壤温度过高(高于 40 ℃)会使酶钝化，影响根部代谢，也使细胞膜透性大大增加而引起矿质元素的被动外流；温度过低时，代谢减弱，主动吸收慢；细胞质黏性增大，离子进入困难；同时，土壤中离子扩散的速率也降低。根系吸收矿质元素的适宜土壤温度为 15~25 ℃。

(2) 土壤通气状况

土壤通气良好可加速气体交换，从而增加 O_2，减少 CO_2 的积累，增强呼吸作用和 ATP 的供应，促进根系对矿质元素的吸收。

(3) 土壤溶液浓度

在一定范围内，增大土壤溶液的浓度，根部吸收离子的量也随之增加。但当土壤溶液浓度高出此范围时，根部吸收离子的速率就不再与土壤溶液浓度有密切关系。这是根部细胞膜上的载体蛋白数量有限所造成的。如果土壤溶液浓度过大，土壤水势降低，还可能造成根系吸水困难。因此，农林业生产上不宜一次施用过多化肥，否则，不仅造成浪费，还会导致"烧苗"现象。

(4) 土壤溶液的 pH 值

土壤溶液的 pH 值对根系吸收矿质元素的影响主要表现在以下几方面：一是直接影响根系生长。大多数植物的根系在微酸性(pH 值 5.5~6.5)的环境中生长良好。二是通过影响土壤微生物的活动而间接影响根系对矿质元素的吸收。当土壤偏酸时，根瘤菌会死亡，固氮菌失去固氮能力；当土壤偏碱时，反硝化细菌发育良好，这对植物的氮素营养会产生不利影响。三是影响土壤中矿质元素的可利用性。这方面的影响往往比前面两点的影响更大。因为土壤溶液 pH 值的变化可引起土壤中矿质元素溶解性的改变。土壤溶液的 pH 值较低时有利于岩石的风化和盐类的溶解，从而有利于根系对矿质元素的吸收；但 pH 值较低也有不利的一面，如降雨时，磷、钾、钙、镁等来不及被植物吸收就可能被雨水冲走；另外，在酸性环境中，铝、铁、锰等的溶解度增大，植物过度吸收这些矿质元素会造成毒害。相反，当土壤溶液中的 pH 值增高时，铁、磷、钙、镁、铜、锌等矿质元素会形成不溶物，植物能够利用的量就会减少。

7.3.1.5 叶片对矿质元素的吸收

植物叶片也可以吸收矿质元素和小分子有机物质如尿素等养分，称为根外营养或叶片营养。根外营养一般是通过根外施肥或叶面施肥，即在叶面上喷洒营养液的施肥的方式来实现的。营养液可通过叶面的角质层(主要的)或气孔进入叶片内部。

营养溶液进入叶片的量与叶片的内外因素有关。嫩叶吸收营养物质比老叶迅速且量大。由于叶片只能吸收溶液中的矿质元素，所以应尽量延长溶液在叶面上停留的时间，使其不易被蒸干。因此，根外施肥应选在凉爽、无风、大气湿度高的时间(如阴天、傍晚)进行，所用溶液浓度一般在 2.0% 以下，以溶液不滴下为宜。

根外施肥的优点是速效、高效。大部分植物采用根外施肥的效果都很好，特别是在植物迅速生长时期、植物生长后期根部的吸收能力减退、干旱季节养分不易被吸收时，采用根外施肥可有效地补充营养。根外施肥还可以避免土壤对养分的固定或淋失，尤其是补充微量元素的一种好方法。另外，农林业生产中喷施内吸性杀虫剂、杀菌剂、植物生长调节剂、除草剂和抗蒸腾剂等，都是根据叶片营养的原理进行的。

根外施肥虽有很多优点，但其补充肥料的量少而且时间短，不能满足植物的需要，因此只能作为施肥的补充手段来使用，不能代替土壤施肥。

7.3.2 矿质元素在植物体内的运输和利用

根吸收进来的矿质元素，除少部分留在根内外，大部分被运往地上部分。

7.3.2.1 矿质元素在植物体内运输的形式、途径和方向

根吸收的金属元素在植物体内主要以离子态运输，吸收的非金属元素运输形式有离子态和有机态两种。

在导管中，根部吸收的矿质元素随蒸腾流上升或顺电化学势梯度扩散。实验证明，根部吸收的矿质元素主要是通过木质部向上运输的；也可以从木质部横向运输到形成层、韧皮部；其他的试验也证明，叶片吸收的矿质元素通过韧皮部向下运输，也有横运输。

7.3.2.2 矿质元素在植物体内的利用和再利用

与光合产物相似，各种矿质元素进入植物体内后，也主要运往生长中心被植物利用。到达生长部位后，有些元素加入到复杂的有机物中，可作为植物的结构物质或酶等被植物利用，未加入有机物的矿质元素，有的作为酶的活化剂，有的作为渗透物质调节植物对水分的吸收。

已参加到生命活动中去的矿质元素，经过一个时期的利用之后，也可分解并转运到其他幼嫩部位去，再次加以利用。这种情况称为元素的再利用。元素的再利用在环境中缺乏这些元素或组织衰老时表现显著，较老组织中的化合物分解并转移到新组织中去再次利用。各种元素的再利用程度不同，N、P、K、Mg 很容易再利用，它们的缺素症首先从下部的老叶开始；Cu、Zn 有一定程度的再利用；S、Mn、Mo 较难再利用；Ca、Fe 不能再利用，它们的缺素症首先出现于幼嫩的茎尖和幼叶。

7.4 合理施肥的生理基础及在林业生产中的应用

在农林业生产中，植物的连年种植会使土壤中的养分含量逐渐匮乏，从可持续发展考虑，要通过合理施肥来维持土壤肥力，以满足农林业生产的需要。芬兰的试验表明，对林地施肥可使林木生长量增加 30%；日本在柳杉幼林施肥，使它的轮伐期从 40 年缩

短到 35 年。

合理施肥，就是根据矿质元素的生理功能，结合植物的需肥特点进行施肥。也就是说，对植物施什么肥，施多少肥，何时施，怎样施，都要合理安排，做到适树、适时、适量，提高肥料利用率。

7.4.1 植物的需肥规律

7.4.1.1 不同植物对矿质元素的需要不同

不同植物的生物学特性不同，有不同的营养特性。一般苗木以施氮肥为主，但刺槐等豆科树木大都有根瘤，不需施太多氮肥，而需要较多的磷肥；橡胶树需钾较多，油料植物需镁较多。

生产目的不同植物对矿质元素的需要不同。一般来说，以收获或观赏叶为主的植物，如桑、茶、橡皮树等，需氮肥较多；收获种子、果实或观花、果类的植物，如油桐、油茶、板栗、苹果、月季等，前期需氮肥较多，后期需磷、钾肥较多；以收获块根、块茎为主的植物，如番薯、马铃薯等，宜多施钾肥；以收获茎秆为主的植物，宜多施氮、钾肥，配合施磷肥。

7.4.1.2 植物需肥临界期和最大效率期

同一植物在不同的生长发育时期对矿质元素的吸收情况不同，一般植物生长初期对矿质元素的需要量虽不大，但对元素的缺乏却很敏感。若这时缺乏某些必需元素就会显著影响生长，且很难补救。通常将植物对缺乏矿质元素最敏感的时期称为需肥临界期。所以，林业上应重视树木苗期的施肥。而在生殖生长时期施肥，对种子果实的增产效果最好，这个时期被称为最高生产效率期或营养最大效率期。种子园、母树林应重视这一时期的肥料供应。

7.4.2 植物的施肥指标

土壤营养和植物营养指标，是合理施肥的基础，有了这两方面的资料，方能确定科学施肥方案。

7.4.2.1 土壤营养指标

生产上可通过土壤分析了解当地的土壤肥力。如根据中国农业科学院调查，亩产400~500 kg 的小麦田，除了具有良好的物理性状外，要求有机质含量达 1%，总氮在 0.06% 以上，速效氮在 30~40 mg/L，速效磷在 20 mg/L，速效钾在 30~40 mg/L。如果不足，就要施入。目前在全国推广的测土配方施肥法即此道理。

土壤营养指标不能完全反映植物对肥料的要求，而植物本身的营养表征才是最可靠、最直接的指标。

7.4.2.2 形态指标

(1) 植物的长相、长势

植物的长相(叶片形状或株形等)、长势(生长速度)是很好的形态指标。例如,氮肥多的时候,植株生长快,叶片大而软,株形松散;氮肥不足时,生长慢,叶片小而直,株形紧凑。

(2) 叶色

叶色对缺肥的反应比生长反应快,也是很好的形态指标(表7-2)。

表7-2 营养元素不足的缺素症状

元素	针叶和阔叶的变色情况		其他症状
	针叶	阔叶	
氮	淡绿—黄绿	叶柄、叶基红色	枝条发育不足
磷	先端灰、蓝绿、褐色	暗绿、褐蓝;老叶红色	针叶小于正常,叶片厚度小于正常
钾	先端黄,颜色逐步过渡	边缘褐色	年轻针叶和叶片小,部分收缩
硫	黄绿—白—蓝	黄绿—白—蓝	
钙	枝条先端开始变褐	红褐色斑,首先出现叶脉间	叶小,严重时枝条枯死,花朵萎缩
铁	梢部淡黄白色,成块状全部黄化	新叶变黄白色	严重时逐渐向下(老叶)发展
镁	先端黄,颜色转变突然	黄斑,从叶片中心开始	针叶和叶片较易脱落
硼	针叶畸形,生长点枯死	叶畸形,生长点枯死	小叶簇生,花器和花萎缩

虽然形态指标直观、易懂,也很实用,但因各种因素的影响,有时不易判断准确,而且有滞后的缺点,因此,仅靠形态指标是不够的,要根据植株内部的生理指标去判断。

7.4.2.3 生理指标

(1) 营养元素含量

营养元素分析法是一种应用比较广泛的方法。这种方法就是在不同施肥水平下,分析不同植物或同一植物的不同组织、不同生育期中营养元素的含量与植物产量之间的关系。通过分析可在严重缺乏和适当含量之间,找到一临界含量,即植物获得最高产量时组织中营养元素的最低含量。因此,如果组织中养分浓度低于临界含量,就预示着应及时补充肥料;如果组织中的养分在临界含量以上,则不必施肥,否则反而浪费甚至有害。

(2) 酶活性

一些矿质元素可作为某些酶的激活剂或组成成分,当缺乏这些元素时,相应的酶活性就会下降。如缺铜时抗坏血酸氧化酶和多酚氧化酶的活性下降;缺锌时碳酸酐酶和核糖核酸酶的活性减弱;缺锰时异柠檬酸脱氢酶活性下降;缺钼时,硝酸还原酶活性下降;缺铁时过氧化物酶和过氧化氢酶活性下降等。还有一些酶在缺乏相关元素时其活性会上升,如缺磷时酸性磷酸酶活性就会提高。根据这些酶活性的变化,便可以推测植物体内的营养水平,从而指导施肥。

另外,叶绿素、酰胺和淀粉的含量也常用作施肥的生理指标。

7.4.3 提高肥效的措施

为了充分发挥施肥的增产效果，还需要配合采取以下措施：

(1) 适当灌溉

施肥后及时灌溉，既可促进植物对矿质元素的吸收和运输，又能显著促进植物生长、防止"烧苗"。在干旱地区施肥后适当供应水分，可达到"以水促肥"的效果；相反，当施肥引起植物徒长时，可以通过节制灌水来抑制植株对肥料的吸收。

(2) 适当深耕

适当深耕、增施有机肥料、改造盐碱地等措施有助于土壤物理结构的改善，增加土壤保水、保肥能力，从而促进根系生长，扩大根系吸收面积，提高肥效。

(3) 改善光照条件

在合理施肥的前提下，还应合理密植，保证田间通风透光。

(4) 改进施肥方法

传统的表层施肥存在肥料剧烈氧化、铵态氮的转化、硝态氮及钾肥的流失、某些肥料的挥发、磷素易被土壤固定等情况，肥效很低。深层施肥时，把肥料施于植物根系附近的土层 5~10 cm 深，可以避免以上情况的发生。同时，根系生长有向化性或趋肥性，肥料深施可以促使根系深扎，增强根系的吸收活力。另外，根外施肥也是追肥的好方法。

(5) 平衡施肥

由于各种肥料营养特性的差异，要实现各种养分的均衡供应，平衡施肥非常重要。将氮、磷、钾等大量元素与微量元素配比适当施用，可以显著提高施肥效果，是实现植物高产、稳产、优质的有效措施。

实训 7-1　溶液培养与缺素症观察

一、实训目标

明确营养液的配制和溶液培养的方法；熟悉植物的缺素症。

二、实训形式

教师讲解实验的内容和要求，在教师指导下学生利用课外时间培养植物或将已培养好的植物在实验室展示，供学生进行实验观察。

三、实训备品与材料

按 6 人一组计算，每组配备：精度为 0.1 mg 的分析天平 1 架（公用），光照培养箱 1 台（公用），水培皿或容量约 1 L 的带有木塞或泡沫塑料塞的广口瓶 8 个，镊子 1 把，移液管 5 mL 10 支、1 mL 2 支，量筒 1 个，烧杯 1 个，容量瓶 11 个，打气球 1 个，橡胶管 1 条，培养皿 1 套，记号笔 1 支，棉花、标签纸、黑色蜡光纸适量；1% 升汞溶液、各种矿质盐（详见营养液的配制）、蒸馏水、1 mol/L NaOH 溶液、1 mol/L HCl 溶液；刺槐等植物的种子。

四、实训内容与方法

（1）幼苗培育

选取健康、饱满的刺槐种子，在温水中浸泡 24~36 h 后捞出，清水冲洗后以 1% 升汞溶液消毒 5 min，取出后用自来水冲洗 3~5 次，再用蒸馏水冲洗 2 次，然后放在铺有湿滤纸的培养皿中，置于培养箱中使其萌发，温度控制在 25 ℃ 左右。待幼根长出后播种到洁净、湿润的石英砂中，放在光照培养箱中培养，温度控制在 20 ℃ 左右为宜。经常检查并加适量蒸馏水以保持湿润状态。待叶子展开后可适当浇一些稀释四倍的完全培养液。当幼苗长出2片真叶，根长到5~7 cm时，选择大小一致、生长健壮的幼苗，移植到各水培皿中培养。

（2）营养液的配制
按下表配制原液：

序号	药品名称	浓度(g/L)
1	$Ca(NO_3)_2 \cdot 4H_2O$	236
2	KNO_3	102
3	$MgSO_4 \cdot 7H_2O$	98
4	KH_2PO_4	27
5	K_2SO_4	88
6	$CaCl_2$	111
7	NaH_2PO_4	24
8	$NaNO_3$	170
9	Na_2SO_4	21
10	$EDTA-Na_2$	7.45
	$FeSO_4 \cdot 7H_2O$	5.57
	H_3BO_3	2.86
	$MnCl_2 \cdot 4H_2O$	1.81
11	$CuSO_4 \cdot 5H_2O$	0.08
	$ZnSO_4 \cdot 7H_2O$	0.22
	$H_2MoO_4 \cdot 7H_2O$	0.09

配好以上原液后，再按下表配成完全培养液和缺乏某种元素的培养液，注意移液管不可混用。

培养液类型	完全	缺N	缺P	缺K	缺Ca	缺Mg	缺Fe	全缺
原液号 1	5	—	5	5	—	5	5	蒸馏水
2	5	5	5	—	5	5	5	
3	5	5	5	5	5	—	5	
4	5	5	—	5	5	5	5	
5	—	—	5	1	—	—	—	
6	—	—	—	—	—	—	—	
7	—	—	—	5	—	—	—	
8	—	—	—	—	5	—	—	
9	—	—	—	—	—	—	—	
10	5	5	5	5	5	5	5	
11	1	1	1	1	1	1	1	

以上各种溶液取好后，再用蒸馏水稀释至1000 mL，分别倒入水培皿中，并在液面处画一记号。

（3）植株移植与培养
幼苗取出后，用蒸馏水将根系冲洗干净，用少量棉花把茎包好，固定在水培皿塞孔中，再把根浸在培养液中。移植时注意勿伤根系。水培皿塞上另一孔插入一支玻璃管至水培皿底部，以便每日打气和补充水分。水培皿要用内黑外白的蜡光纸包好。每一水培皿可培养1~3株植物，放在日光充足而温暖的地方，也可放在20~30 ℃的光照培养箱中。培养期间注意每天用打气球向溶液中打气，以供给根部充足的氧气，用NaOH或HCl溶液调整溶液的pH值，使之保持在5.5~6.0之间，还要补充蒸馏水至溶液原来的划记位置。培养液先是2周更换1次，1个月后改为每周1次，最后隔3~4 d更换1次，具体根据植株大小和气候情况而定。

每2 d观察1次，记录根、茎、叶的生长发育情况，注意记录缺乏必需元素时所表现的症状及最先出现症状的部位，把培养结果填入下表：

培养液种类	植株的外部表现			
	整个植株的外表	根	茎	叶
完全				
缺N				
缺P				
缺K				
缺Ca				
缺Mg				
缺Fe				
全缺				

五、注意事项

培养植物需45~60 d，应及早着手准备；打气、补充水分、更换培养液时尽量勿碰触植物，观察时勿触摸植物，以防枝折、伤根和叶片脱落。

六、实训报告要求

每人独立完成书面实训报告一份，说明6种元素的缺素症在植物根、茎、叶上的表现。

复习思考题

一、名词解释

1. 大量元素；2. 微量元素；3. 缺素症；4. 生理酸性盐；5. 单盐毒害；6. 生理平衡溶液；7. 根外施肥。

二、填空

1. 目前已确认的植物必需元素有（　　）种，其中大量元素的有（　　）种，微量元素（　　）种。

2. 矿质元素在植物体内的生理作用可概括为三方面：一是（　　）物质的组成成分；二是（　　）活动的调节者；三是起（　　）作用。

3. 钾在植物体内总是以（　　）形式存在，它和（　　）、（　　）共称为"肥料三要素"。

4. 氮肥施用过多时，植物抗逆能力（　　），成熟期（　　）。

5. 矿质元素可以（　　）和（　　）的形式运输。

6. （　　）是叶绿素组成成分中的金属元素，其缺乏时（　　）变黄而（　　）仍保持绿色。

7. 植物吸收矿质元素的主要器官是（　　），且最活跃的部分是（　　）。

8. 缺（　　）时，植物可能出现小叶病和丛叶病。

9. 植物吸收 $(NH_4)_2SO_4$ 后会使根际 pH 值（　　），而吸收 $NaNO_3$ 后却使根际 pH 值（　　）。

10. 植物细胞吸收矿质元素的主要方式有（　　）、（　　）两种。

三、选择题

1. 植物体内磷的分布不均匀，下列哪种器官中的含磷量相对较少？（　　）
   A. 茎的生长点　　　B. 果实、种子　　　C. 嫩叶　　　D. 老叶

2. 占植物体干重（　　）以上的元素称为大量元素。
   A. 百分之一　　　B. 千分之一　　　C. 万分之一　　　D. 十万分之一

3. 植物溶液培养中的离子拮抗是指（　　）。
   A. 化学性质相似的离子在进入根细胞时存在竞争
   B. 电化学性质相似的离子在与质膜载体的结合存在竞争
   C. 在单一溶液中加入另外一种离子可消除单盐毒害的现象
   D. 根系吸收营养元素的速率不再随元素浓度增加而增加的现象

4. 除了碳氢氧三种元素外，植物体中含量最高的元素是（　　）。
   A. 氮　　　B. 磷　　　C. 钾　　　D. 钙

5. 施肥促使增产的原因（　　）作用。
   A. 完全是直接的　　B. 完全是间接的　　C. 主要是直接的　　D. 主要是间接的

6. 植物根部吸收的无机离子主要是通过（　　）向植物地上部分运输的。
   A. 韧皮部　　　B. 共质体　　　C. 木质部　　　D. 质外体

7. 茶树新叶淡黄,老叶叶尖、叶缘焦黄,向下翻卷,这与缺( )有关。
   A. 钾　　　　　　B. 磷　　　　　　C. 锌　　　　　　D. 镁
8. 植物叶片的颜色常作为( )肥是否充足的指标。
   A. 磷　　　　　　B. 硫　　　　　　C. 氮　　　　　　D. 钾
9. 下列几组元素中,( )是容易再利用的。
   A. P K B　　　　B. Mg K P　　　　C. Ca Mg P　　　　D. N K S
10. 叶片吸收的矿质主要是通过( )向植物地上部分运输的。
    A. 韧皮部　　　　B. 共质体　　　　C. 木质部　　　　D. 质外体

四、判断题(正确的打√;错误的打×,并加以改正)

1. N肥缺乏时,茎叶徒长,籽粒饱满。　　　　　　　　　　　　　　　(　)
2. 缺P时,植株矮小,开花结实提前。　　　　　　　　　　　　　　　(　)
3. K肥充足,植物茎秆粗壮。　　　　　　　　　　　　　　　　　　(　)
4. $Ca(NO_3)_2$是生理碱性盐。　　　　　　　　　　　　　　　　　(　)
5. 植物白天吸水是夜间的2倍,所以白天吸收溶解在水中的矿质离子也是夜间的2倍。
　　　　　　　　　　　　　　　　　　　　　　　　　　　　　　(　)
6. 土壤溶液浓度越高,根吸收矿质元素越多。　　　　　　　　　　　　(　)
7. 土壤过酸过碱不利于植物吸收矿质元素。　　　　　　　　　　　　　(　)
8. 温度高,湿度小,有风时,喷施肥料效果较好。　　　　　　　　　　(　)
9. 矿质元素是通过气孔进入叶片内部的。　　　　　　　　　　　　　　(　)
10. 栽培叶菜类应多施N肥,栽培块根、块茎植物在后期应多施P肥和K肥。
　　　　　　　　　　　　　　　　　　　　　　　　　　　　　　(　)

五、简答题

1. 植物必需元素的条件是什么?用什么方法确定某种元素是不是必需的?
2. 矿质元素对植物生活有何作用?
3. 缺铁和缺镁在叶上的表现有何不同?
4. 试述植物主动吸收矿质元素的机理。
5. 土壤通气不良为什么会影响根对矿质的吸收?
6. 使用生理指标指示施肥时应注意什么问题?

单元8 植物的生长发育

知识目标

1. 理解植物激素和植物生长调节剂的概念及其主要作用，掌握植物生长调节剂的种类及其应用。
2. 理解种子萌发的过程及生理变化，掌握种子休眠的原因及破除休眠的方法。
3. 理解外界条件对植物生长的影响、植物由营养生长转向生殖生长的条件，掌握植物生长的主要规律。
4. 理解种子与果实成熟时的生理变化，掌握植物衰老与脱落的生理变化及影响因素。

技能目标

1. 掌握利用光周期诱导植物开花的技术。
2. 掌握利用植物生长调节剂促进插条生根的技术。

8.1 植物的生长物质

在植物的生长发育过程中，除了需要水分、矿质元素和有机物质作为生命的结构物质和营养物质外，还需要一类微量的生理活性物质来调节与控制各种代谢过程，这类物质称为植物生长物质。植物生长物质可分为植物激素和植物生长调节剂两大类。植物激素是指一些在植物体内合成的，并能从产生之处运送到别处，对植物生长发育产生显著作用的微量有机物。而植物生长调节剂是指一些生理效应与植物激素相似的人工合成的有机物。

8.1.1 植物激素

目前，公认的植物激素有5类，即生长素类、赤霉素类、细胞分裂素类、乙烯和脱落酸。

8.1.1.1 生长素(IAA)

生长素是被人们最早发现的植物激素。吲哚乙酸是植物中普遍存在的生长素，简称IAA。

(1) 生长素的分布和运输

生长素在植物体内分布很广，但主要集中于生长旺盛的部位，如胚芽鞘、芽和根尖分生组织、形成层、幼嫩的叶片、受精后的子房以及正在发育的果实和种子等。其中胚芽鞘和根尖含量最多，成熟或衰老的器官中生长素很少。

在高等植物体内，生长素的运输存在两种方式：一种是通过韧皮部运输，运输方向取决于两端有机物浓度差；另一种是仅局限于胚芽鞘、幼根、幼芽的薄壁细胞之间的短距离单方向的极性运输。生长素的极性运输是指生长素只能从植物体的形态学上端向下端运输。如图 8-1 所示，把含有生长素的琼脂小块放在一段切头去尾的燕麦胚芽鞘的形态学上端，把另一块不含生长素的琼脂小块放在下端，一段时间后，下端的琼脂中即含有生长素。但是，如果把这一段胚芽鞘颠倒过来，把形态学的下端向上，做同样的实验，生长素就不向形态学上端运输。

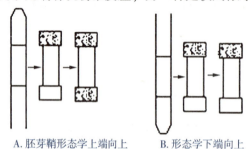

A. 胚芽鞘形态学上端向上　　B. 形态学下端向上

图 8-1　生长素的极性运输

(2) 生长素的生理作用

①促进生长。生长素的促进生长具有双重作用，即在较低浓度下可促进生长，在高浓度时则抑制生长。

不同器官对生长素敏感性不一样，根对生长素最敏感，在极低浓度下就表现促进作用，最适含量约为 0.0001 μL/L，在较高浓度时其生长受到抑制；茎对生长素最不敏感，最适含量约为 10 μL/L，芽对生长素的敏感程度介于二者之间（图 8-2）。

生长素促进生长的作用与细胞年龄、器官种类及植物种类等有关。一般幼嫩细胞较老细胞敏感，木质化程度和分化程度高的细胞对生长素都不敏感。双子叶植物较单子叶植物敏感，幼龄植物比成长植物敏感。生长素对离体器官和整株植物效应也有别，生长素对离体器官的生长具有明显的促进作用，而对整株植物往往效果不太明显。

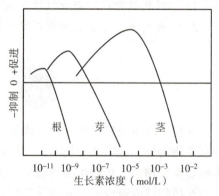

图 8-2　植物不同器官对 IAA 的反应

②促进插条不定根的形成。生长素可以有效促进插条不定根的形成，这主要是刺激了插条基部切口处细胞的分裂与分化，诱导了根原基的形成。用生长素类物质促进插条形成不定根的方法已在苗木的无性繁殖上广泛应用。

③诱导单性结实。雌蕊不经过受精而形成果实，称为单性结实。在没有授粉的柱头上施用生长素，可诱导子房膨大进而发育成果实。生长素诱导单性结实的植物有胡椒、西瓜、番茄、茄子、冬青、樱桃、无花果等。

④保持顶端优势。在许多植物中存在着顶端优势，如果切去正在生长的顶端，侧芽就开始萌发。如果在新鲜的切口上涂上一定量的生长素羊毛脂膏，可以代替顶芽对侧芽发挥

抑制作用(图 8-3)。

此外，生长素还有抑制离区形成、诱导植物向性生长等作用。

8.1.1.2 赤霉素(GA)

目前，已从各种植物体中发现 100 余种赤霉素(GA_1, GA_2, GA_3, …)，绝大部分存在于高等植物中，其中 GA_3 代表赤霉酸，是生物活性最高的一种。

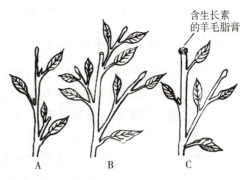

A. 具有顶端的植株；B. 茎顶端被去掉后侧芽开始生长；C. 在茎尖断口涂以含有生长素的羊毛脂膏，侧芽仍不能生长。

图 8-3 顶端优势

(1) 赤霉素的分布和运输

赤霉素和生长素一样，普遍存在于高等植物中，较多存在于植物生长旺盛的部位如茎端、嫩叶、根尖和幼嫩的果实、种子等部位。一般生殖器官所含的赤霉素比营养器官高。

赤霉素在植物体内可作双向运输，在顶端合成的赤霉素可通过韧皮部随代谢物质向下运输，在根部合成的赤霉素可随蒸腾作用沿木质部向上运输。

(2) 赤霉素的生理作用

①促进茎叶的伸长生长。这是赤霉素最显著的生理作用。赤霉素能促进某些植物的矮生品种加速生长，在形态上达到正常植株的高度。用赤霉素处理植株能使茎伸长加快，但节间数不增加。生产上利用这一特性，可使牧草、茶、大麻、黄麻、芹菜、莴苣和树木等的营养体快速生长，增加产量。例如，用 200 μg/g 赤霉素处理栓皮栎，苗高 64.4 cm，而对照只有 21.9 cm；在蔬菜(芹菜、菠菜、莴苣)、茶叶等生产中，增产幅度可达 60%～70%。赤霉素对生长的促进作用不存在超最适浓度的抑制作用，即使浓度很高，仍可表现出最大的促进效应，这与生长素促进植物生长具有最适浓度的情况显著不同。

②促进抽薹和开花。日照长短和温度是某些植物开花的制约因素。二年生植物(如芹菜、胡萝卜)如不经过低温阶段，则呈莲座状态不开花。用赤霉素处理，可代替低温使其当年抽薹开花。赤霉素处理能使某些长日植物(如天仙子)在短日条件下开花，但对短日植物(如大豆、烟草)无效。

③打破休眠、促进萌发。对当年收获的处于休眠状态的马铃薯块茎，用浓度为 0.5～1 μg/g 赤霉素水溶液浸泡 1 min，即可打破休眠；用赤霉素处理桃、小麦、燕麦、高粱、棉花、豌豆和黄瓜等，也能收到同样的效果；赤霉素能打破早春茶树休眠和推迟秋季封顶，解除引种过程中的过早封顶现象；有些树木(如苹果、板栗)的种子，用赤霉素处理可代替低温层积处理，使种子萌发。

④促进单性结实。赤霉素能刺激苹果、梨、桃、葡萄、番茄和辣椒等未受精的子房膨大，发育成无籽果实。例如，在葡萄花穗开花 1 周后喷洒赤霉素，可使果实的无籽率达 60%～90%，收获前 1～2 周处理，可提高果粒的甜度。

⑤使淀粉糖化。过去啤酒生产都以大麦芽为原料，借助大麦发芽后产生的淀粉酶使淀粉糖化，现在只需使用赤霉素就可以完成糖化过程，不需要种子发芽。因此，可节约粮食，降低成本和缩短生产时间。

此外，施用赤霉素还具有防止脱落、促进果实生长等作用。

8.1.1.3 细胞分裂素(CTK)

细胞分裂素是以促进细胞分裂为主的一类植物激素，最早在植物体内发现的细胞分裂素是玉米素。目前在高等植物中至少鉴定出了30多种细胞分裂素。

(1) 细胞分裂素的分布和运输

细胞分裂素广泛存在于高等植物的根、茎、叶、果实和种子中，在伤流液或木质部液汁中均检测出细胞分裂素，在进行细胞分裂的部位(如根尖、茎尖、正在发育与萌发的种子和生长着的果实)，细胞分裂素含量较高。

细胞分裂素在植物体内的合成部位是根部，其运输是非极性的，主要通过木质部蒸腾液流运到植物体的其他部分。但外施的细胞分裂素只在施用部位发挥作用，不能运输。

(2) 细胞分裂素的生理作用

①促进细胞分裂和扩大。这是细胞分裂素主要的生理作用。许多植物的离体茎或叶片，放在含有生长素和细胞分裂素的培养基中培养，可形成愈伤组织；但当培养基中缺少细胞分裂素时，细胞很少分裂。

细胞分裂素除诱导细胞分裂外，还能促进细胞体积扩大，主要进行横向扩大，而不伸长。在生产中，对茶叶等叶用经济植物，施用一些类似细胞分裂素的化合物后，可提高产量。

②促进芽的分化。用烟草茎髓的愈伤组织诱导根和芽的试验证明，细胞分裂素与生长素的比值低时，诱导根的分化；比值高时，诱导芽的分化；如果比值为1时，愈伤组织只生长不分化。菊花离体叶柄的愈伤组织，施用细胞分裂素后，促进芽的分化也很明显。

③消除顶端优势。细胞分裂素能解除由生长素所引起的顶端优势，促进侧芽生长发育。如豌豆苗第一真叶叶腋内的侧芽，一般处于潜伏状态，但若以细胞分裂素溶液滴加于叶腋部分，腋芽即转入生长状态。

④延缓叶片衰老。离体的叶片会逐渐衰老，叶绿素被破坏，叶色由绿变黄。如果把叶子插在细胞分裂素溶液中，就可以保持绿色，延缓叶片衰老，因为细胞分裂素能诱导营养物质向其所在部位运输。在生产上，应用细胞分裂素处理水果、蔬菜和鲜花，可达到保鲜、保绿的目的。

此外，细胞分裂素还可以防止果树落花、落果，并有促进叶片气孔张开、花芽分化等作用。

8.1.1.4 乙烯(ETH)

乙烯是一种气体激素，它对植物的生长发育有广泛的调节作用。

(1) 乙烯的分布和运输

目前知道，几乎高等植物的所有器官均能合成乙烯，而产生最多的植物组织是衰老的组织和成熟的果实。乙烯在植物体内含量非常少。逆境条件如干旱、水涝、低温、缺氧、机械损伤等均可诱导乙烯的合成，故又称为"逆境乙烯"。一般情况下，乙烯就在合成部位起作用。乙烯在植物体内易于移动。

(2) 乙烯的生理作用

①促进果实成熟。催熟是乙烯最主要和最显著的效应,因此乙烯也称为"催熟激素"。许多肉质果如苹果、香蕉、南瓜等在幼小时乙烯含量很低,随着果实的成熟,乙烯合成加速。由于乙烯能增加细胞膜的透性,果实的呼吸作用不断增强而达到高峰,果实迅速达到成熟。从树上刚摘下的柿子,封闭一段时间后就会变软;南方采摘的青香蕉,用密封的塑料袋包装,不久就会成熟,就是应用了这个生理效应。

②促进器官脱落。乙烯是控制叶片脱落的主要激素。乙烯可诱发离层细胞中纤维素酶和果胶酶的合成,故能促进离层中纤维素和果胶质的分解,引起细胞壁分解,从而使叶片、花或果实脱落。

③改变植物的生长习性。乙烯改变植物生长习性的典型效应是"三重反应":抑制茎的伸长生长、促进茎或根的横向增粗及茎的横向生长(即使茎失去负向重力性)(图8-4)。

乙烯还能使叶柄产生偏上性生长,即植物茎叶部分如置于乙烯气体环境中,叶柄上侧细胞生长速度大于下侧细胞生长速度,从而出现偏上性生长现象,此现象是可逆的。

此外,乙烯还能刺激次生物质的排出,调节性别分化,促进雌花形成,所以乙烯又称为"性别激素"。

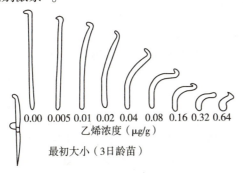

A. 不同乙烯浓度下黄化豌豆幼苗生长的状态

B. 用乙烯处理后番茄苗的形态,由于叶柄上侧的细胞伸长大于下侧,使叶片下垂

图8-4 乙烯的"三重反应"和偏上生长

8.1.1.5 脱落酸(ABA)

(1) 脱落酸的分布与运输

高等植物各器官和组织中都有脱落酸,其中以将要脱落或进入休眠的器官和组织中较多,在逆境条件下含量会迅速增多。

脱落酸在植物体的运输速度很快,主要以游离型的形式运输,在茎、叶柄中的运输速度大约是 20 mm/h。脱落酸运输不具有极性。脱落酸既可在木质部运输,也可在韧皮部运输。大多数是在韧皮部运输。

(2) 脱落酸的生理作用

①促进脱落。促进叶、花、果脱落。这主要是因为脱落酸促进了离层的形成。如将脱落酸溶液涂抹于除去叶片的棉花外植体叶柄切口上,几天后叶柄便脱落。此效应十分明显。

②抑制生长。脱落酸对植物生长的作用与生长素、赤霉素和细胞分裂素相反：对细胞的分裂与伸长起抑制作用，从而抑制胚芽鞘、嫩枝、根和胚轴等器官的伸长生长，抑制整株植物或离体器官的生长。

③促进休眠。脱落酸是促进树木芽休眠、抑制萌发的物质。外用脱落酸时，可使旺盛生长的枝条停止生长而进入休眠，故被称为"休眠素"。现已证明，脱落酸是在短日照下形成的，在秋季短日照下，许多木本植物叶内脱落酸含量增多，运出后使分生组织的细胞分裂减慢以至停止，植物进入休眠状态。因此，用脱落酸处理马铃薯，可以延长其休眠期；此外，莴苣、萝卜等种子的萌发，也受到脱落酸的抑制。

④增强植物的抗逆性。植物在干旱、寒冷、高温、盐渍和水涝等逆境条件下，植物体内脱落酸水平都会急剧上升。如叶片受干旱胁迫时，脱落酸迅速增加，引起气孔关闭，减少水分散失，增强抗旱力。因此，脱落酸又被称为"应激激素"或"胁迫激素"。

此外，脱落酸还可作为植物防御盐害、热害、寒害的物质，还可促进一些果树（如苹果）的花芽分化，以及促使一些短日植物（如黑醋栗）在长日条件下开花。

8.1.2 常用的植物生长调节剂及其应用

植物激素在植物体内含量甚微，再加上提取工艺较为复杂，因此在生产上被广泛应用的是植物生长调节剂。根据植物生长调节剂对植物生长的作用，可将其分为植物生长促进剂、植物生长延缓剂和植物生长抑制剂三大类。

8.1.2.1 植物生长促进剂

这类生长调节剂可以促进细胞分裂、分化和伸长生长，也可促进植物营养器官的生长和生殖器官的发育。主要包括生长素类、赤霉素类、细胞分裂素类等。如萘乙酸（NAA）、2,4-D、激动素、6-苄基腺嘌呤、二苯基脲（DPU）、ABT生根粉等。

(1) 萘乙酸（NAA）

纯品为无色针状或粉状晶体，无味，工业品为黄色，易溶于热水和乙醇中，其钾盐和钠盐易溶于水。萘乙酸有促进扦插生根、防止脱落和单性结实的作用。如用 $5\sim10~\mu L/L$ 的 NAA 溶液浸泡当年生绿枝插条 $6\sim18~h$，可显著提高生根率。

(2) 2,4-D

纯 2,4-D 为无色、无味的晶体，工业品为白色或淡黄色粉末。难溶于水，易溶于乙醇等有机溶剂。为了使用方便，生产上常将之加工成易溶于水的铵盐或钠盐。2,4-D 在低浓度下促进生长，防止落花落果，诱导单性结实。例如用 $15\sim25~\mu L/L$ 的 2,4-D 水溶液处理番茄花朵，可防止落花落果、形成无籽果实，并可促进果实生长。高浓度的 2,4-D 则可用于疏花疏果、杀除杂草等。

(3) ABT生根粉和绿色植物生长调节剂（GGR）

ABT生根粉 $1\sim5$ 号是广谱高效复合型植物生长调节剂，GGR 6、7、8、10 号是 ABT 生根粉的继代产品。用它们处理植物插穗能促进不定根形成，缩短生根时间 1/3，并能促使不定根原基形成簇状根系，呈暴发性生根。除此之外，它们还具有提高种子发芽率、提高光合速率、促进植物生长（30%~80%）、提高根系活力和植物抗旱力、提高移栽成活率（15%~65%）等作用。

ABT 生根粉溶于有机溶剂，使用时先用少量乙醇或 65°以上白酒溶解，再加水稀释到所需浓度，粉剂须在 5 ℃以下避光干藏。GGR 易溶于水，可常温贮藏。二者配制溶液时，忌用金属容器，最好现用现配。

8.1.2.2 植物生长抑制剂

植物生长抑制剂的主要特征是抑制顶端分生组织细胞的伸长和分化，使茎丧失顶端优势。其作用是长期的，不为赤霉素所逆转，即使在浓度很低的情况下，对植物也没有促进生长的作用。应用较为普遍的有三碘苯甲酸（TIBA）、青鲜素（又名马来酰肼）、整形素等。

(1) 三碘苯甲酸（TIBA）

三碘苯甲酸为结晶体，微溶于水，溶于乙醇、丙酮和乙醚等有机溶剂中。生理效应同生长素相反，是一种抗生长素。可抑制顶端分生组织细胞分裂，消除顶端优势，促进侧芽萌发，促使植株矮化，增加分枝，提高结实率。

(2) 青鲜素（MH）

又称马来酰肼。纯品为无色结晶，难溶于水，易溶于冰醋酸，其钠盐和钾盐易溶于水。国产的 MH 一般为 25%的水剂。其作用正好和生长素相反，能抑制顶端分生组织的细胞分裂，破坏植物的顶端优势，抑制生长，使植物提早结束生长，促进成熟，延长休眠。常用于马铃薯、洋葱、大蒜的贮藏，防止发芽。

(3) 整形素

又称形态素。整形素可溶于乙醇。能抑制细胞的有丝分裂，抑制顶芽生长，促进腋芽生长，抑制种子萌发，抑制植物生长，使植物变矮小，常用于塑造矮形树木盆景。

(4) 乙烯利（CEPA）

生产上常用的乙烯释放剂为乙烯利。纯品为白色结晶物质，易溶于水、乙醇、乙醚。其水溶液呈强酸性，它在 pH<4.0 的条件下稳定；当 pH>4.0 时，可以分解放出乙烯；pH 值越高，产生的乙烯越多。乙烯利易被茎、叶或果实吸收。由于植物细胞的 pH 值一般大于 5.0，所以，乙烯利进入组织后可水解放出乙烯（不需要酶的参加），对生长发育起调节作用。

使用乙烯利时必须注意：第一，乙烯利酸性强，对皮肤、眼睛有刺激作用，应避免与皮肤直接接触；第二，乙烯利遇碱、金属、盐类易发生分解，因此不能与碱性农药等混用；第三，稀释后的乙烯利溶液不宜长期保存，应尽量随配随用；第四，喷施时应针对具体器官或部位，以免对其他部位或器官造成危害；第五，喷施器械要及时清洗，以免产生腐蚀作用。

8.1.2.3 植物生长延缓剂

植物生长延缓剂能抑制茎部近顶端分生组织的细胞延长，节间缩短，叶数和节数不变，株型紧凑、矮小，生殖器官不受影响或影响不大。植物生长延缓剂的效应可以被赤霉素逆转。应用较为普遍的有：矮壮素（CCC）、缩节安（Pix）、多效唑（PP_{333}）、比久（B_9）等。

(1) 矮壮素（CCC）

常用的一种生长延缓剂。纯品为白色结晶，有鱼腥味，易溶于水，易潮解，遇碱则分解。它能抑制细胞伸长，抑制茎叶伸长，但不影响生殖。可使植株矮化，茎秆粗壮，叶色浓绿，提高抗性，防止徒长、倒伏。同时叶色加深，叶片增厚，叶绿素含量增多，光合作用增强，提高植物的抗逆性。

(2) 缩节安（Pix）

又名助壮素。它与矮壮素相似，但药效期较长。能促进植物发育、提前开花、防止脱落、增加产量，能增强叶绿素合成，抑制主茎和果枝伸长。根据用量和植物不同生长期喷洒，可调节植物生长，使植株坚实抗倒伏，改进色泽，增加产量。

(3) 多效唑（PP_{333}）

又名氯丁唑。纯品为白色固体，溶于甲醇、丙酮等有机溶剂。多效唑属于低毒药物。主要用于矮化植株，可以明显减弱顶端优势，促进侧芽滋生，并促进横向生长，使茎增粗，叶片挺直，叶色浓绿，分枝增加，使幼树提早开花并使丰产期提前。多效唑主要通过根系吸收而起作用。

(4) 比久（B_9）

生理效应是削弱营养生长，抑制新梢萌发，代替人工整枝，积累同化产物，有利于花芽分化。

实训 8-1　植物生长调节剂在插条生根上的应用

一、实训目标

了解生长调节剂对林木插条生根的影响；掌握用 GGR 促进插条生根的方法。

二、实训场所

植物生理实验室、苗圃或温室。

三、实训形式

教师讲解、演示后，学生 6 人一组，在教师指导下进行实验操作。

四、实训备品与材料

100 mL 烧杯 4 个，培养皿 1 个，钟罩 1 个，枝剪 2 把，沙子或其他扦插基质做成的插床（公用）或培养罐 4 个，玻璃棒 1 支，研钵 1 个，滑石粉、标签、线适量；10 μg/g、50 μg/g、100 μg/g GGR 6 号溶液各 100 mL（可先配出高浓度溶液，再稀释成低浓度溶液）；1000 μg/g GGR 6 号粉剂，取 0.1 g GGR 6 号粉剂，溶于适量水中与 100 g 滑石粉混合，注意充分搅匀，干燥后再磨成粉末；毛白杨、大叶黄杨、银杏、丁香、雪松、落叶松等植物的 1 年生枝条。

五、实训内容与方法

(1) 剪取插条

各组先取直径一致的长 15~20 cm 的当年生枝条 18 段，每段应带 2~3 个芽，将形态下端在水中剪成斜切面，每段上有叶则在上部保留 1~2 片叶子，摘去多余叶片，叶片大的剪去部分叶片。

(2) 处理插条

①溶液处理。将已准备好的 10 μg/g、50 μg/g、100 μg/g GGR 6 号溶液，分别倒入 3 个烧杯中，另一烧杯盛等量蒸馏水作对照。把剪好的枝条的形态下端插入烧杯中，每种处理各 3 小段，溶液浸没枝条基部 2~3 cm 即可。各枝条上用标签注明组号、树种、枝条号及处理浓度、日期、时间。然后用钟罩将 4 个烧杯罩住，4 h 后取出斜插入湿润

的沙床中,深度 3~4 cm,每小组每种处理各插一行(也可将它们分别放入 4 个盛有清水的烧杯或培养罐中培养)。

②粉剂处理。将配好的 1000 μg/g GGR6 号粉剂倒入培养皿内,取 3 段枝条把下端稍加湿润,使之沾满粉剂,立即插入沙床中,深度 3~4 cm;取另 3 段枝条沾滑石粉作对照,也斜插入湿润的沙床中,深度同上。每种处理各插一行(也可将它们分别放入 4 个盛有清水的烧杯或培养罐中),各枝条上用标签注明组号、树种、枝条号及处理浓度、日照、时间。

(3)管理

保持插床湿润,经常浇水,注意不要冲走基质。如果采用水插法,要注意经常换水。全班共同轮流管理、观察,直到各种处理均长出根为止。

六、注意事项

插床的材料使用前要用高温蒸汽或甲醛、五赛合剂[70%五氯硝基苯粉剂与 50%赛欧散(福美双)可湿性粉剂的等量混合物]、五代合剂(70%五氯硝基苯粉剂和 65%代森锌可湿性粉剂的等量混合物)等消毒;采枝条时不仅要注意安全、而且要注意保护整株植物的观赏价值;配制 GGR 溶液前要仔细阅读使用说明,按要求配制;实验室应开窗通风;管理和观察记载过程中要认真、负责。

七、实训报告要求

①仔细观察各组枝条的发根情况有何不同,参照下表记录结果。

②分析所得结果,找出处理不同树种的适宜浓度。

树种	枝条号	出根日期						根生长情况					
		水溶液(μg/g)				粉剂	对照(滑石粉)	水溶液(μg/g)				粉剂	对照(滑石粉)
		10	50	100	对照(蒸馏水)			10	50	100	对照(蒸馏水)		

8.2 植物的营养生长

植物体内各种代谢活动进行的结果,综合表现为植物的生长和发育。营养生长是指植物从种子萌发到幼苗形成及根、茎、叶等营养器官生长的过程。营养生长的优劣直接关系到植物的产量和质量。因此,了解营养生长的规律及其与环境条件的关系,对于调控营养生长过程,提高产量和质量具有重要意义。

8.2.1 种子萌发

植物种子是受精卵经过胚胎阶段发育形成的新个体。一般说来,处于非休眠状态的种子,在适宜的条件下开始萌发,形成幼苗。因此,植物的营养生长是从种子萌发开始的。

8.2.1.1 种子萌发的过程

(1)吸胀

吸胀即指干种子的吸水膨胀。此时种子的含水量急剧增加。它是一个物理过程,死种子也可吸水膨胀。

(2) 萌动

种子吸水后，酶的活性和呼吸作用显著增强，物质代谢大大加快。种子中贮藏的不溶性的淀粉、脂肪和蛋白质等大分子化合物，在各种水解酶的作用下，分解为简单的可溶性的小分子化合物。其中淀粉转化为蔗糖，蛋白质转化为氨基酸和酰胺。这些有机物质被运输到胚以后，很快又发生变化：蔗糖降解为葡萄糖，一部分用于呼吸作用供给能量，另一部分用于细胞壁和原生质的形成；氨基酸再分解成氨和有机酸，氨又可和其他有机酸合成新的氨基酸，这些氨基酸用于合成原生质的结构蛋白，组建新的细胞，使胚生长，等等。由此看来，物质的转化经历了降解、运输和重建3个环节。由于幼胚不断吸收营养，细胞的数目和体积不断增大，达到一定限度时，胚根就会突破种皮。这就是种子的萌动。

(3) 发芽

种子萌动后，胚生长很快，种子又开始大量吸水。当胚根的长度长到与种子长度相等，胚芽长度是种子长度的1/2时，就达到了发芽的标准。种子萌发后，就形成了一株新的独立生活的幼苗。

萌发过程中的种子利用种子中贮藏的营养进行呼吸作用和胚的生长，直到胚芽出土形成绿色幼苗后，才开始进行光合作用，自己制造有机物。因此，生产上选择粒大饱满的种子播种，是获得壮苗的基础，反之则迟迟不能出苗或长出瘦苗、弱苗，还易遭受病虫危害。

8.2.1.2　影响种子萌发的外界条件

种子萌发需要适当的外界条件：足够的水分、充足的氧气和适宜的温度。三者同等重要，缺一不可。此外，有些种子的萌发还受光的影响。

(1) 水分

种子萌发，首先要吸收足够的水分。水分进入种子内，有两方面的重要作用：一是促使原生质从凝胶转变为溶胶，从而使代谢加强；二是使种皮软化，透气性增强，利于呼吸增强及胚根突破种皮。

种子萌发时所需的水量与种子中贮存的营养物质的种类有关。一般含淀粉多的种子，萌发时所需的水分较少，如禾谷类种子吸水量是种子干重的30%~50%时就能萌发；含蛋白质多的种子，萌发时所需的水分较多，如豆类种子吸水量达种子干重的100%~120%时才能萌发；含脂肪多的种子，萌发时所需的水分在前两者之间。表8-1列举了几种主要作物种子萌发时的吸水量。

由于水分对种子能否萌发有着重要的作用，而种子在土壤中吸水又比较困难。因此，

表8-1　几种主要作物种子萌发时最低吸水量占干重的百分率

作物种类	吸水率(%)	作物种类	吸水率(%)
水稻	35	棉花	60
小麦	60	豌豆	186
玉米	40	大豆	120
油菜	48	蚕豆	157

生产上常采用播前浸种的方法,以提高种子的萌发率,加快幼苗出土的速度。特别是对于一些种皮较厚的种子和种皮致密的种子更需如此。但应注意浸种时间不能过长,一般树木种子浸种 3~5 d 不影响萌发,浸种 10 d 就会明显降低萌发率。除浸种外,对墒情不好的土壤,可采取灌水蓄墒、耙糖保墒、抢墒播种、播后镇压提墒等措施,提高出苗率。

土壤水分过多会造成土温下降、土壤通气不良、氧气缺乏等现象,对种子的萌发也不利,所以,一般种子在土壤中萌发所需的水分条件以田间持水量的 60%~70% 为宜。实践中这样的土壤标准是:用手可以握成团,掉下去可以散开。

(2) 氧气

氧气是种子萌发的必需条件之一。因为种子萌发与胚生长是活跃的生命活动,需要呼吸作用提供能量,因而需要大量的氧气。如果土壤板结或土壤水分过多,都会造成土壤缺氧,吸胀萌动后的种子就会在土壤中进行无氧呼吸,使种子中有机物消耗增多,并产生有毒物质,引起"烂种",从而大大降低出苗率。

一般植物的种子,萌发所需氧气的含量通常应在 10% 以上,当含氧量低于 5% 时,很多植物的种子不能萌发。含脂肪多的种子萌发时比含淀粉多的种子要求更高的含氧量。

土壤空气的含氧量往往在 20% 以下,且随着土质的黏性程度和土层深度逐渐减小。因此,播种的深浅一方面取决于种子的大小、类别;另一方面取决于土壤的通气状况和土壤的水分状况。在土壤水分较多,土壤通气不良,容易板结的黏土上应浅播,还应及时松土;由于沙土的通气好但保水性差,在沙土上则应适当深播。

(3) 温度

种子萌发期间的各种代谢都是在酶的催化下完成的,而酶促反应与温度密切相关。大多数树木种子在比较宽的温度范围内都能萌发,种子萌发的最适温度一般在 20~25 ℃。此外,还有萌发的最高和高低温度,即种子萌发的温度"三基点"。种子萌发的最适温度是指在最短的时间内萌发率最高的温度;高于最适温度,虽然萌发较快,但发芽率低;而低于最低温度或高于最高温度,种子就不能萌发。一般冬作物种子萌发的温度三基点较低,而夏作物则较高。常见作物种子萌发的温度范围见表 8-2。

变温处理有利于种子萌发,且有利于提高种子的抗逆性。试验表明,对某些难萌发的

表 8-2 几种农作物种子萌发的温度范围   单位:℃

作物种类	最低温度	最适温度	最高温度
大麦类、小麦类	3~5	20~28	30~40
玉米、高粱	8~10	32~35	40~45
水稻	10~12	30~37	40~42
棉花	10~12	25~32	38~40
大豆	6~8	25~30	39~40
花生	12~15	25~37	41~46
黄瓜	15~18	31~37	38~40
番茄	15	25~30	35

种子(如芹菜、蓖麻、烟草和薄荷)变温更为重要。如经过层积处理的水曲柳种子,在 8 ℃或 25 ℃恒温下都不易萌发,但每天给予 20 h 8 ℃和 4 h 25 ℃的变温条件则大大促进萌发。

(4)光照

种子萌发对光的反应可分为 3 种类型:一是中光种子,大多数作物的种子萌发时对光无严格要求,光下或暗中均能萌发,如水稻、小麦、大豆、棉花等;二是需光种子(又称喜光种子),这类种子在有光的条件下萌发良好,在黑暗中则不能发芽或发芽率很低,如烟草、莴苣、胡萝卜、桦、泡桐和桑树的种子;三是需暗种子(又称嫌光种子),萌发受光的抑制,而在黑暗中发芽很好,如西瓜、番茄、洋葱、茄子、苋菜、黑麦草、福禄考等。

某些种子需光与需暗并不绝对,常与环境条件和种子生理状况有关,如莴苣种子在 10 ℃下吸胀时,不论光暗条件均可发芽,而在 20~25 ℃下吸胀时,只有在光下才萌发。

总之,要获得健壮的苗木,首先要有健全饱满的种子;其次要有适应的环境条件(水分、氧气和温度)。适时播种,播种前细致整地,注意播种深度和方法,就能获得适宜的萌发环境,种子便能顺利萌发并长成壮苗。

8.2.2 植物生长的周期性

植物的生长并不是持续、均匀地进行的,而是表现出一定的节奏性,这种现象称为生长的周期性。

8.2.2.1 生长的昼夜周期

植物器官的生长速度有明显的昼夜周期性。主要是由于影响植株生长的因素,如温度、湿度、光强以及植株体内的水分与营养供应在一天中发生有规律的变化。通常把这种植株或器官的生长速度随昼夜温度变化而发生有规律变化的现象称为温周期现象。

如红松的高生长(图 8-5),由于白天蒸腾量大,植物体内发生水分亏缺,不利于物质的合成和运输,细胞分裂和扩大不能顺利进行,所以生长缓慢;而夜间蒸腾量降低,体内含水量回升,有利于细胞的分裂、伸长,所以生长较快。

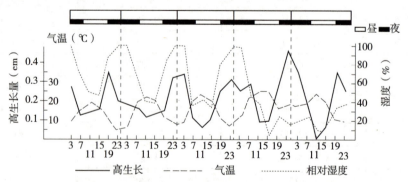

图 8-5 红松高生长的昼夜周期和温度、湿度的关系

8.2.2.2 生长的季节周期

在温带地区,一年四季中环境条件如温度、降水、日长等都有明显的变化,植物的生长速度也随四季的变化而规律性地改变,这种现象称为生长的季节周期。

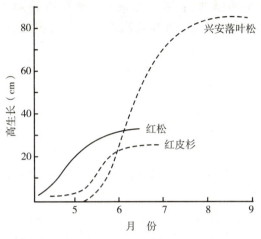

图8-6　3种针叶树高生长的季节变化

以华北地区木本植物为例:一些树木的增高生长在一年中表现出慢—快—慢的规律,即春天刚恢复生长时,生长速度较慢,以后逐渐加快,到达最大速度后又逐渐变慢,最后停止生长。整个生长季中生长曲线为"S"型(图8-6)。另一些树木如油松、栓皮栎、臭椿等,一个生长季节中会出现两次高生长,即春天一次,生长量较大,形成春梢,雨季前或夏季停歇一段时间,然后又出现一次高生长,生长量较小,形成秋梢,生长曲线呈"双S"型。

树木的直径生长也表现出一定的季节性规律。直径生长源于形成层细胞分裂和分化,春夏季节,形成层细胞分裂能力强,细胞生长速度快,形成的木质部细胞较粗大,产生的木材疏松,称为春材(早材);到了秋季,形成层细胞分裂能力减弱,细胞生长速度变慢,形成的木质部细胞较细小,产生的木材紧密,称为秋材(晚材)。当年的春材和秋材构成一个年轮,代表着一年的生长量。

了解植物生长的季节周期,有助于在生产上确定适宜的管理时期,使植物在生长季节中得到足够的水分和营养,充分发挥生长潜力。

8.2.2.3 植物生长大周期

在植物生长过程中,无论是细植物器官或整株植物的生长速度会表现出"慢—快—慢"的基本规律,即开始时生长缓慢,以后逐渐加快,然后又减慢以至停止,这一生长全过程称为生长大周期(图8-7)。

生长大周期所表现出的规律与细胞生长的过程有关。因为植物的生长都是细胞生长的结果。在细胞生长初期(分生期),细胞数量增加,但体积和重量的增加并不显著;细胞生长中期(伸长期),体积和重量迅速增加;到生长后期(分化期),细胞体积不再增加,重量随细胞壁加厚而仍有缓慢增加;至分化完毕,重量增加也完全停止。所以细胞、器官乃至整株植物的生长速度都表现出"慢—快—慢"的规律。

生长大周期还与体内干物质积累有关。初期因为处

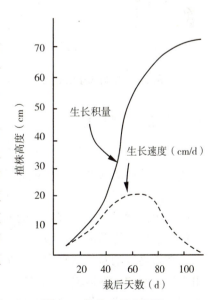

图8-7　植物生长大周期

于苗期，光合能力低，干物质积累少，所以生长缓慢；以后因叶绿体增加，光合能力提高，干重急剧增加，生长迅速；生育后期，由于植株衰老，光合速率下降，干物质积累减慢，最后不再增加甚至因呼吸消耗而减少。

研究生长大周期有利于我们调节和控制植物的生长发育。例如，要有效地抑制生长，应在速生期到来之前采取措施（如施用生长抑制剂）；要采取灌水、施肥等管理，一般在生长高峰期到来前或速生期进行；而树木的采伐则应在生长高峰过后生长缓慢的时期进行。

8.2.3 植物生长的独立性

8.2.3.1 极性

极性是指植物体或植物体的一部分（如器官、组织或细胞）在形态学的两端具有不同形态结构和生理生化特性的现象。

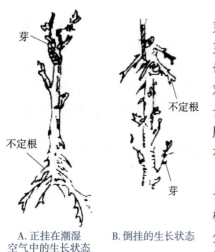

图 8-8 柳树枝条的极性
A. 正挂在潮湿空气中的生长状态　B. 倒挂的生长状态

将柳树枝条悬挂在潮湿的空气中，会再生出根和芽，但是不管是正挂还是倒挂，总是在形态学上端长芽，形态学的下端长根（图8-8），而且越靠形态学上端切口处的芽越长，越靠形态学下端切口处的根越长。对根的切段来说，也是形态学上端长芽，形态学下端长根。事实上，合子在第一次分裂形成基细胞和顶细胞时，就表现出了极性，并一直保留下来。花粉粒只在一端萌发，长出花粉管，也是极性的表现。

极性现象的产生，与生长素的极性运输有关。生长素在茎中极性运输，集中于形态学的下端，有利于根的发端，而生长素含量少的形态学上端则发生芽的分化。极性在指导生产实践上有重要意义。在进行扦插繁殖时，应注意将形态学下端插入土中，不能颠倒。

8.2.3.2 器官再生

器官再生是指植物体失去某个部分后，在适宜的条件下，又再生出失去的部分，再次形成完整植株的潜在能力，或是指植物体上的某一部分脱离母体后，经过一段时间的培养，再次发育成新的有机体的潜在能力。器官再生这一特点在生产实践中被广泛应用，如扦插技术，就是根据器官再生的原理，利用植物的某一部分进行营养繁殖，这在保持植物的优良品种、提前成熟、增加产量以及塑造植物的新类型方面都有重要意义。

在植物体的营养器官中，茎是最适合扦插的材料，因为茎中储藏的营养物质多，而且由于生长素的极性运输，很容易在茎基部积累有利于不定根形成的生长素，使枝条先形成不定根，进一步分化成整株植物。

8.2.3.3 植物组织培养

植物组织培养是指植物的离体器官、组织或细胞在人工控制的环境下培养发育再生成完整植株的技术。其原理为植物细胞全能性(细胞全能性是指每一个活细胞都具有产生一个完整个体的全套基因，在适宜的条件下，可发育成完整植株的潜在能力)，也是利用了植物的再生能力。植物组织培养已成为研究植物细胞、组织生长分化以及器官形态建成规律的不可缺少的手段。植物组织培养可快速繁殖植物种苗，目前组织培养在无性系的快速繁殖、无病毒种苗培育、新品种的选育、人工种子和种质保存、药用植物和次生物质的工业化生产等方面的应用已十分广泛。

8.2.4 植物生长的相关性

高等植物的各个器官虽然形态不同、功能各异，但相互之间存在着密切的关系。这种关系有时表现为相互协调，有时表现相互制约。植物体各器官之间相互协调与制约的现象叫作植物生长的相关性。

8.2.4.1 地上部分与地下部分的相关性

根从土壤吸收的水分和矿质营养经过导管运输到植物体地上的各个部分，供茎、叶的需要；同时，叶制造的糖类、维生素等，能通过韧皮部不断运到根部，满足根生长发育的需要。一般情况下，总叶面积较大的植物体，常具有较发达的根系，而叶少、遮阴、落叶或开花结实等，由于降低了流入根系的糖量，则抑制根系的发育。"根深叶茂""本固枝荣"等都是对地上部分与地下部分相互关系的形象概括。

生产上常用根冠比来表示它们之间的关系。根冠比是指根的干重(或鲜重)与茎叶干重(或鲜重)的比值，即根干重(或鲜重)/茎叶干重(或鲜重)。但应注意，根冠比是一个相对值，它不能表示根和茎叶绝对量的大小。

影响根冠比的因素有土壤水分、温度、肥料、光照条件等。在土壤比较干燥、土壤氧气充足、氮肥供应适量、磷肥充足，光照较强、温度较低的条件时，对根系的生长有利，根冠比较大；相反，在土壤水分较多、磷肥缺乏、氮肥多、光照条件差、温度高的条件下，对地上部分生长有利，根冠比降低。

在生产上，可通过人工控制外界条件调节地上部分和地下部分的生长。如苗圃育苗时，要获得壮苗，就要在一定的生长期间内控制水分的供应进行蹲苗，使苗木根系发达，幼苗健壮。

8.2.4.2 顶芽与侧芽以及主根与侧根的相关性

植物的顶芽长出主茎，侧芽长出侧枝，通常主茎生长很快，而侧枝或侧芽则生长较慢或潜伏不长。这种由于植物的顶芽生长占优势而抑制侧芽生长的现象，称为"顶端优势"。除顶芽外，生长中的幼叶、节间、花序等都能抑制其下面侧芽的生长，根尖能抑制侧根的发生和生长。

顶端优势与生长素的作用有关。首先，茎尖产生的生长素极性向下运输，使侧芽附近的生长素浓度增大，从而抑制了侧芽的生长；其次，生长素含量高的顶端，由于发育早、输导组织发达，成为竞争营养物质能力较强的"代谢库"，能得到较多的养料而生长快，在一定程度上剥夺了侧芽的营养；而侧芽则由于发育较迟，输导组织发育不完全，营养物质不能很快地运到侧芽，使侧芽不能萌发或生长较慢。

顶端优势现象普遍存在于植物界，但各种植物表现不尽相同。有些植物的顶端优势较为明显，如雪松、桧柏、水杉等越靠近顶端的侧枝生长受抑越强，从而形成宝塔形树冠；有些植物顶端优势不明显，如柳树以及灌木型植物等。

顶端优势与林业生产有密切的关系。茶、桑、香椿等去掉顶芽之后，促进了侧枝和叶的生长，可以提高产量；用材树种（如桦树、松树等）通过疏掉部分侧枝，加强顶端优势，形成高大通直圆满的树干，可增加木材的利用价值。绿篱修剪可促进侧芽生长，而形成密集灌丛状；苗木移栽时的伤根或断根，则可促进侧根生长。

8.2.4.3 营养生长与生殖生长的相关性

植物在整个生长发育过程中，根、茎、叶（营养器官）的生长称为营养生长。到一定时期，植物开始分化出花芽，随后进行开花结实等一系列生殖器官的生长过程，称为生殖生长。营养生长与生殖生长之间有既相互依赖又相互制约的关系。

首先，营养生长是生殖生长的基础，营养生长为生殖生长提供绝大部分营养物质；而生殖生长是营养生长的必然趋势和结果，只有将营养生长转化为生殖生长，开花结实，才有利于植物提高适应环境、繁衍后代的能力。

其次，营养生长和生殖生长也存在着矛盾。一方面，营养生长能制约生殖生长。当水肥供应不足，导致营养生长不良时，生殖生长受到明显抑制，种实小而少、产量低；当水肥供应过多、特别是氮素过多时，引起营养器官生长过速（徒长），养料消耗过多，使开花结实推迟，或者出现花芽分化不良、易落花落果、空秕粒增加等现象。另一方面，生殖生长不利于营养生长。特别是当生殖生长过旺时，由于养分过多地分配在花、果上，会引起植株早衰或死亡。例如大量结实的果树，因树体衰弱，当年积累的养分少，使形成的花芽少而且质量差，造成来年产量显著下降，出现"大小年"等现象。

生产上，以收获营养器官为目的的植物，应采取措施抑制生殖器官的生长，如供给充足的水分和氮肥、加大栽种密度、摘除花、果等，促进营养器官的生长；以收获果实、种子为目的的植物，应协调好营养器官与生殖器官的关系，以获得较高的产量。

8.2.5 植物的向性生长

植物在外界环境中生长，感受某些外界条件的刺激后，植物体上的一些部位会发生运动，使植物向着一定的方向生长，这种现象称为植物的"向性生长"。如向日葵花盘随阳光的转动、根的向下生长等。植物的向性生长可分为以下几种。

（1）向光性

植物生长器官受单方向光照射而引起生长弯曲的现象称为向光性。把盆栽的植物放在室内的窗台上，这些植物的顶端就会全部(特别是叶片)朝向光源。

植物的向光性因器官而异：茎总是向着光源生长，呈正向光性，从而使叶片充分接受阳光，进行光合作用。根总是背着光源生长，呈负向光性。叶片的生长方向与光源垂直，呈横向光性。向光性以嫩茎尖、胚芽鞘和暗处生长的幼苗最为敏感。向光性的产生主要是由于单向光照引起器官内生长素分布不均造成的。背光侧的生长素浓度高，细胞伸长强烈，所以植株便向光弯曲。

(2) 向地性(向重力性)

指植物依重力方向而产生的运动。顺着重力作用方向的生长称正向地性，逆着重力作用方向的生长称负向地性。种子在土壤中萌发，根总是顺着重力的方向向下生长，表现出正向地性；而茎总是逆着重力的方向朝上生长，表现出负向地性。根或茎横置时，在重力的作用下，生长素在靠地面的一侧积聚，因而导致根、茎不均匀的生长，而表现出正、负向地性。

根的正向地性有利于根深入土壤，这一方面将植物牢牢地固定在土壤中，另一方面也可使根从土壤中吸收水分和无机营养，供给地上部分生长的需要。

(3) 向水性与向化性

当水分在土壤中分布不均匀时，植物的根总是朝着潮湿的方向生长的现象，称为植物的向水性。生产上可采用控制土壤水分供应的方法来促进根的生长，如"蹲苗"。

当肥料在土壤中分布不均匀时，植物的根总是朝着肥料多的地方生长现象，称为植物的向化性。生产上深层施肥的目的之一，就是为了使作物根向土壤深层生长，以吸收更多的肥料。

8.2.6 植物的休眠

一般生长在温带的植物，春季开始生长，夏季生长旺盛，秋季生长逐渐变慢，冬季则停止生长，这种植物的整体或某一部分在某一时期内停止生长的现象称为休眠。休眠是植物对不良环境条件的适应性表现，有利于种族的生存和繁衍。大多数植物在严寒的冬季休眠，如一、二年生草本植物以种子休眠的方式越冬；多年生木本植物则以休眠芽的状态越冬；少数植物以地下宿存器官——块根、鳞茎、球茎越冬。

8.2.6.1 种子的休眠

有些植物种子成熟后，如果得到适宜的外界条件便可以萌发。但是，也有一些种子，特别是野生植物和木本植物的种子，即使给予适宜的外界环境条件仍不能萌发，这种现象称为种子的休眠。造成种子休眠的主要原因有：

(1) 种皮(果皮)**障碍**

种皮(果皮)及种子、果实外面其他附属物由于不透水、不透气或太坚硬，使种子在成熟后的一段时间内处于休眠状态。如豆科植物(如刺槐、皂荚)的种子有坚硬致密的种皮，往往不能吸水，因此会抑制胚的生长而呈休眠状态，百合科、茄科、苍耳、苋菜、桃、李等种子也有此现象。对于这些种子，一般采用物理(机械破损种皮)、化学方法(如98%浓硫酸)来破坏种皮，解除休眠。20世纪50年代，在我国东北的一处沼泽中发现了深埋超过250年的莲籽，这些莲籽由于种皮坚硬致密、不透水而长期没有萌发，挖出后经过处理，萌发并长出幼苗。

(2) 种胚未成熟

有两种情况：一种情况是胚尚未完成发育，如银杏、人参、冬青、白蜡树等种胚要经过一段时间的继续发育，才达到可萌发状态；另一种情况是胚在形态上似已发育完全，但生理上还未成熟，必须要通过后熟作用才能萌发。所谓后熟作用是指成熟种子离开母体后，需要经过一系列的生理生化变化后才能完成生理成熟而具备发芽的能力。一些蔷薇科植物和很多林木种子的休眠都属于这类情况。

不同植物的种子，后熟作用的时间及要求不同。生产上可用低温层积法、植物激素处理法或干藏法破除其休眠。

(3) 抑制萌发物质的存在

有些植物的种子不能萌发是由于果实或种子中存在抑制种子萌发的物质。这类抑制物多数是一些低分子量的有机物，这些物质存在于果肉(如苹果、梨、番茄)、种皮(苍耳、甘蓝)、果皮(酸橙)、胚乳(鸢尾、莴苣)等处，能使其内部的种子潜伏不动。

种子能否萌发，主要取决于脱落酸与赤霉素的相对含量。当脱落酸含量高时，抑制萌发；当赤霉素含量高时，能解除休眠，促进萌发。对这一原因引起的休眠，可采取用水浸泡、冲洗的方法，或通过低温层积法使抑制物质转化消失而予以解除。

8.2.6.2 芽的休眠

芽休眠是指植物生活史中芽生长的暂时停顿现象。芽是很多植物的休眠器官，多数温带木本植物，包括松柏科植物和双子叶植物在年生长周期中明显地出现芽休眠现象。芽休眠不仅发生于植株的顶芽、侧芽，也发生于根茎、球茎、鳞茎、块茎中。芽休眠主要是由以下两方面原因引起：

①日照长度。这是诱发和控制芽休眠最重要的因素。对多年生植物而言，通常长日照促进生长，短日照引起伸长生长的停止以及休眠芽的形成。如刺槐、桦树、落叶松幼苗在短日照下经10~14 d即停止生长，进入休眠。而铃兰、洋葱则相反，长日照诱发其休眠。

②促进休眠的物质。最主要是脱落酸(ABA)，其次是氰化氢、氨、乙烯、芥子油、多种有机酸等。这些物质或激素以后被运输到芽内发挥作用。在生产中，常用赤霉素、细胞分裂素处理打破芽的休眠。如用1000~4000 μg/g GA溶液喷施桃树幼苗和葡萄枝条，可有效解除其芽的休眠。

短日照之所以能诱导芽休眠，就是因为短日照促进了脱落酸含量增加的缘故。

8.2.7 影响营养生长的外界因素

植物的生长，实质上是植物各种生理活动协调进行的结果。因此，凡是能影响植物生理活动的因素，都会影响到植物的生长。主要有温度、光照和水分等。

（1）温度

植物只有在一定的温度范围内才能生长。一般情况下，在0 ℃以上时，植物就可以生长，但生长的最适温度是20~35 ℃。

植物的不同器官生长时对温度的要求有所不同。根系生长的温度比地上部分低，如小麦的根系在2 ℃时就可生长，而茎叶在3~5 ℃以上才开始生长。但应注意，当土壤温度过低、湿度较大时，不但根的生长慢，而且容易受到有害微生物的侵袭，发生烂根，进而影响整个幼苗的生长。所谓"壮苗先壮根"正是这个道理。生产上可采用早中耕、勤中耕，施厩肥或土壤增温剂等方法提高地温，促进根系生长。

（2）光照

光是绿色植物生长的必需条件，没有光，有机物就不能形成和积累。黑暗中生长的幼苗由于无光，植物细胞不能顺利分化，长成的植物茎秆细弱、节间很长，叶小而展不开，由于缺乏叶绿素，整株植物黄化或白化，称为"黄化幼苗"。但如果给这些幼苗每昼夜曝光5~10 s，就足以使幼苗的形态转为正常，可见光对植物的形态建成起着决定性作用。

不同波长的光对生长的影响不同。红、橙、黄等长波光，尤其是红光有利于细胞伸长；蓝、紫光等短波光，尤其是紫外线抑制细胞伸长，但可促进细胞的分化，使植物长得较矮且粗壮。高山植物因环境中短波光丰富，常表现为矮生型；相反，在长波光环境中生长的植物，常出现近似黄化的现象。所以，温室人工补充光照时，短波光较丰富的日光灯优于白炽灯。玻璃和塑料薄膜可以改变透过光的成分，无色平板玻璃阻隔了90%以上的紫外线，所以温室植物往往不如田间的植物健壮。

（3）水分

植物的生长对水分供应最为敏感。植物要维持正常生长，原生质必须处于水分饱和状态，而原生质的形成、细胞的分裂、分化、伸长也都需要充分的水分，特别是伸长生长，只有在细胞充分吸水膨胀的状态下才能进行，如果体内发生水分亏缺，就会阻碍细胞的伸长，使细胞提前分化，造成植株矮小。但水分过多，加速植物枝、叶伸长生长，但延缓组织分化，使茎、叶柔软，机械组织不发达。同时，水分过多也影响土壤通气状况，降低土温，不利于根系生长，使植物地上部徒长；而根系不发达，又容易造成倒伏或落花落果现象。

植物水分的饱和程度取决于从外界吸水的难易，与细胞的水势、土壤水分及空气湿度有密切关系。

（4）矿质

土壤中含有植物生长必需的矿质元素。这些元素中有的是原生质的基本成分，有些是酶的组成或活化剂，有的能调节原生质膜透性，并参与缓冲体系以及维持细胞的渗透势。植物缺乏这些元素便会引起生理失调，影响生长发育，并出现特定的缺素症状。

此外，机械刺激、激素、植物生长调节剂等因素也对植物的生长产生一定的影响。

8.3 植物的生殖生长

在高等植物的发育过程中，植物经历了一定的营养生长之后，在适当的条件下转入生殖生长，植物的花、果实、种子等生殖器官的生长，叫作生殖生长。了解植物生殖器官的发育特点、生殖和衰老的生理过程及其影响因素，进而采取适当的措施，促进生殖器官的发育与建成，对于实际生产具有重要意义。

8.3.1 植物由营养生长转向生殖生长的条件

花芽分化及开花是生殖发育的标志。植物开花前对环境反应相当敏感，特别是日照长度与温度，植物只有满足了一定的日照长度与温度条件后，才会开花。

8.3.1.1 花前成熟

当植物长到一定的年龄，即营养生长进行到一定程度、体内养分积累到一定水平时，就变得对环境条件十分敏感，在适合成花的环境因素诱导下开花。植物能够接受外界条件诱导而开花的生理状态，称为花熟状态，在达到花熟状态之前的时期，称为花前成熟期（或幼年期）。民谚中"桃三、杏四、李五年"，说的就是花前成熟期的长短。

各种植物的花前成熟期长短差异很大（表8-3）。大多数木本植物，通过幼年期后可以年复一年地开花。但有少数植物是属于一次性开花植物（如竹类），竹类的花前成熟期为5~50年，在整个生长周期中只开花结实一次，以后就衰老死亡。

表 8-3 树木幼年期长度的变化（根据第一次开花时间确定）

树种	幼年期(年)	树种	幼年期(年)
欧洲赤松	5~10	甜橙	6~7
挪威云杉	20~25	柑橘	5~7
毛桦	5~10	梨	10
假梧桐槭	15~20	水青冈	30~40
茶	5	苹果	7.5

8.3.1.2 春化作用

(1) 春化作用及植物对低温春化反应的类型

自然界的温度随季节而变化，植物的生长发育进程与温度的季节性变化相适应。一些植物在秋季播种，冬前经过一定的营养生长，然后度过寒冷的冬季，在第二年春季重新开始生长，于夏初开花结实。这种低温诱导植物开花的作用叫春化作用。

植物开花对低温的要求大致有两种类型。一类对低温的要求是绝对的，例如，大多数2年生植物（如萝卜、胡萝卜、白菜、芹菜、甜菜、荠菜、天仙子等）和一些多年生草本植物（如牧草），它们在第一个生长季长成莲座状的营养植株，并以这种状态越冬，经过低温诱导，于第二年夏初抽薹开花；如果不经过一定时间的低温，就一直保持营养生长状态，绝对不开花。另一类对低温的要求是相对的，例如，一些一年生冬性植物（如冬小麦、冬黑麦、冬大麦等），低温处理可促进植物开花，但未经低温处理的植株虽然营养生长期延长，但最终也能开花。它们对春化作用的反应表现出量的需要，随着低温处理时间加长,到抽穗需要的时间逐渐减少;未经低温处理的,达到抽穗的时间最长,但最终也能开花。

(2) 春化作用的条件

①低温和时间。低温是春化作用的主要条件。对大多数要求春化的植物来说,1~2 ℃是最有效的春化温度,但只要有足够的时间,在1~10 ℃范围内都有效。各类植物要求低温条件的时间长短也有所不同,在一定的期限内,春化的效应随低温处理的时间延长而增加。

在植物春化过程结束之前,如将植物放到较高的温度下,低温处理的效果就被消除,这种现象称去春化作用。一般去春化的温度为25~40 ℃,如冬小麦在30 ℃以上3~5 d即可去春化。通常植物经过低温春化的时间越长,则去春化越困难。大多数去春化的植物重返低温条件下,可继续进行春化,且低温的效应可以累加。这种现象称再春化现象。

②水分、氧气和营养。植物春化时除了需要一定时间的低温外,还需要有充足的氧气、适量的水分和糖分。

在春化期间,细胞内某些酶活性提高,呼吸作用增强。因此,充足的氧气是进行春化的必要条件。

试验表明,将已萌动的小麦种子失水干燥,当其含水量低于40%时,用低温处理种子也不能通过春化。

春化作用还需要足够的营养物质。将去掉胚乳的小麦种胚培养在富含蔗糖的培养基中,在低温下可以通过春化。若培养基中缺乏蔗糖,则不能通过春化。

③光照。光照对春化作用的影响比较复杂。大多数植物在春化之后,还需在长日条件下才能开花。例如,二年生的甜菜、天仙子、月见草、桂竹香等,在完成春化处理以后若在短日下生长,则不能开花。但菊花是一个例外,它是需春化的短日植物。

(3) 春化作用在生产实践中的应用

①人工春化处理。我国北方农民应用春化处理来进行冬麦春播或春季补苗:在冬季,使小麦种子吸足水分,当胚根突破种皮后,将其垂挂在深井中,春天播种,可在当年开花结实;"闷麦法"则是将萌动的冬小麦种子闷在罐中,放在0~5 ℃低温下40~50 d,可用于春季补种。除了一年生冬性植物如冬小麦、冬黑麦、冬大麦等冬性禾谷类植物外,某些二年生植物(如白菜、萝卜、胡萝卜、芹菜)以及一些多年生草本植物(如勿忘我、郁金香、麝香百合、牧草等)也需要低温春化。

②调种引种。不同纬度地区的温度有明显差异,我国北方纬度高、温度低,而南方纬度低、温度高。在南北方地区之间引种时必须了解植物对低温的要求,北方的植物引种到南方,就可能因当地温度较高而不能满足它对低温的要求,致使植物只进行营养生长而不开花结实,造成不可弥补的损失。

③控制花期。在生产上,可以利用春化处理、去春化处理、再春化处理来控制营养生长、控制花期和控制花季开花。低温处理可使秋播的一、二年生草本花卉改为春播,当年开花。在生产上,也可通过解除春化,达到抑制开花、促进营养生长的目的。如在洋葱的春化过程中,用35 ℃高温处理一段时间便不能开花,从而节约了大量养分,获得较大的鳞茎,增加产量。

8.3.1.3 光周期现象

(1) 光周期现象的概念和光周期反应类型

在一天之中,白天和黑夜的相对长度称为光周期。植物的开花与光周期有关,许多植物必须经过一定时间的适宜光周期后才能开花,否则就一直处于营养生长状态。这种植物成花对光周期的反应的现象称为光周期现象。光周期现象除诱导植物开花外,植物的许多发育过程如休眠、落叶、地下贮藏器官的形成等都与光周期有关。

根据植物开花对日照长度的要求,可将植物分为3种类型:

①长日照植物(短夜植物)。在24 h昼夜周期中,日照必须长于一定时数才能开花的植物称为长日照植物(LDP)。每天光照越长,成花越早。长日照植物多原产于温带、寒带,通常在夏季开花。如小麦、大麦、油菜、菠菜、甜菜、胡萝卜、甘蓝、芹菜、洋葱、石竹、金光菊、鸢尾、唐菖蒲、杜鹃花、山茶、桂花、木槿等。

②短日照植物(长夜植物)。在24 h昼夜周期中,日照必须短于一定时数才能开花的植物称为短日照植物(SDP)。每天日照越短(但不能短于6 h),花期越早。短日植物原产于热带、亚热带,常在夏秋季开花,如水稻、玉米、大豆、高粱、苍耳、紫苏、大麻、黄麻、草莓、烟草、菊花、一品红、日本牵牛、蜡梅等。

③日中性植物。这类植物对日照长度没有严格的要求,在任何日照条件下都可以开花的植物称为日中性植物(DNP)。如番茄、黄瓜、辣椒、棉花、蒲公英、四季花卉以及玉米、水稻的一些品种等。

(2) 临界日长

临界日长是指昼夜周期中诱导短日照植物开花所需的最长日照或诱导长日照植物开花所必需的最短日照。不同植物开花时所需的临界日长不同(表8-4)。同一植物的不同品种,对日照长度的要求也有所不同。

表8-4 一些短日植物和长日植物的临界日长

短日植物	临界日长(h)	长日植物	临界日长(h)	日中性植物
落地生根	<12	菠菜	>13	黄瓜
菊(大多数品种)	<15	燕麦	>9	苦荞麦
黄色波斯菊	<14	木槿	>12	番茄
一品红	<12	大麦	>11	菜豆
草莓(多数品种)	<10	天仙子	>10	早熟禾
烟草	<14	意大利黑麦草	>11	玉米
大豆	<12	二色金光菊	>10	
堇菜	<11	红三叶草	>12	
苍耳	<15	小麦	>12	

(3) 光周期现象在实践中的应用

①引种。生产上常从外地引进新的农作物品种,以期获得优质高产。引种时如果没有考虑被引品种的光周期特性,可能会出现因提早或延迟开花而造成减产甚至无收。一般在

同纬度地区间引种，只要土质、肥水等条件适宜，很容易成功；但在不同纬度地区间引种，应了解被引进品种的光周期反应特性。我国北方为长日照地区，南方为短日照地区。长日植物从北方引种到南方时，将延迟开花，宜选择早熟品种，而从南方引种到北方时，应选择晚熟品种。

②育种。育种时为缩短育种年限，常需要加速世代繁衍。通过人工光周期诱导，使花期提前，在一年中就能培育两代或多代。利用植物的光周期反应特性，可进行作物的南繁北育。如高纬度地区的短日植物玉米和水稻，在冬季到低纬度地区的海南岛种植，可加快繁育种子，增加世代；长日植物小麦夏季在黑龙江，冬季在云南种植，能够满足植物发育对光温的要求，一年可繁殖 2～3 代，从而加速育种进程，缩短育种年限。另外，通过人工控制光照，调节花期，有助于解决有性杂交中"花期不遇"的问题。如甘薯杂交育种时，人为缩短光照，使甘薯开花整齐，以便进行有性杂交。

③增加产量。对收获营养体为主的作物，如果开花结实，会降低营养器官的产量和品质，因而需阻止或延迟这类作物开花。例如，麻、烟草是短日植物，如将播种期提早到春季，就可利用夏季以前的长日条件，抑制开花，提高烟叶、麻皮的产量。甘蔗通过延长光照或暗期光间断也可以延迟或阻止开花，使甘蔗茎产量提高，含糖量增加。

④改变观赏植物的花期。在花卉栽培中，利用人工控制光周期的办法来提前或推迟植物开花。例如，菊花是短日植物，自然条件下秋季开花，若采取遮光缩短光照处理，日照控制在 9～10 h/d，则可提前至夏季"五一""七一"开花；同时也可通过延长日照时数或用光进行暗期间断，施肥和摘心等技术措施，使菊花延迟到元旦或春节期间开花。而对于杜鹃花、唐菖蒲、山茶花等长日植物，进行人工延长光照处理，可提早开花。

8.3.1.4 营养条件

在无机营养中，磷肥促进生殖器官的形成，使开花提前；氮肥过多抑制生殖器官的形成，使开花推迟。

在有机营养中，以碳水化合物和可利用的含氮有机物为最重要。植物体内两者的比值（C/N）影响植物的开花。当 C/N 高时，有利于生殖器官形成，促进开花；反之，有利于营养生长，延迟开花。

林业上在营建母树林时，常采用疏伐的方法改善林木的光照条件，增强光合作用，以积累较多的糖类，促进林木提早开花结实。还可用环割、缢绞树干（枝）的方法，阻止糖类下运，使上部 C/N 提高，使之提早开花。但 C/N 学说不能解释短日植物的成花问题。

8.3.2 果实与种子成熟时的生理变化

8.3.2.1 种子成熟时的生理变化

一般来讲，种子成熟时的物质变化，大体上和种子萌发时的变化相反。在成熟期间，植物营养器官的养料以可溶性的、低分子的化合物状态运往种子，而后转化为不溶性的高分子化合物（如淀粉、蛋白质、脂肪），并且贮藏起来。伴随着物质的转化和积累，种子逐渐脱水，原生质由溶胶状态转变为凝胶状态。

(1) 呼吸速率的变化

种子成熟过程是有机物质合成和积累的过程，需要呼吸作用提供大量能量。呼吸速率与有机物积累具有平行关系，在干物质累积迅速时，呼吸速率高，当种子接近成熟时，随着干物质积累变慢，呼吸速率逐渐降低，种子成熟时，呼吸达到最低水平。

(2) 主要有机物质的变化

①糖类的变化。淀粉种子(以贮藏淀粉为主的种子，如小麦、玉米等)在其成熟过程中，可溶性糖含量逐渐降低，而不溶性糖含量不断提高。例如，小麦种子成熟时胚乳中的蔗糖、还原糖含量迅速减少，而淀粉的含量迅速增加，同时也可积累少量的蛋白质、脂肪和各种矿质元素等。

②蛋白质的变化。蛋白质种子(如豆类种子)在其成熟过程中，首先是由叶片或其他营养器官的氮素以氨基酸或酰胺的形式运到荚果，在荚皮中氨基酸或酰胺合成蛋白质，成为暂时的贮藏状态；然后，暂存的蛋白质分解，以酰胺状态运至种子，转变为氨基酸，最后再由氨基酸转变为蛋白质，用于贮藏。

③脂肪的变化。脂肪种子在成熟时，先在种子内积累糖分(包括可溶液性糖及淀粉)，然后糖分转化为游离的饱和脂肪酸，最后再形成不饱和脂肪酸。油料种子完成这些转化过程后，才充分成熟。若种子未完全成熟就收获，种子不仅含油量低，而且油脂的质量也差。另外，在油料作物的种子中也含有由其他部位运来的氨基酸及酰胺合成的蛋白质。

(3) 激素的变化

在种子成熟过程中，生长素、赤霉素、细胞分裂素等内源激素都不断发生变化。例如小麦从抽穗到成熟期间，籽粒激素含量发生有规律的变化：受精后5 d左右玉米素含量迅速升高，15 d左右达到高峰，然后逐渐下降；接着是赤霉素含量迅速升高，受精后第3周达到高峰，然后减少；在赤霉素含量下降之际，生长素含量急剧上升，当籽粒鲜重最大时其含量最高，而籽粒成熟时几乎测不出其活性。脱落酸在籽粒成熟期含量大大增加。由此可见，不同激素的交替变化，调节着种子发育过程中细胞的分裂生长、有机物的合成、运输、积累及进入休眠等。

(4) 外界条件对种子成分及成熟过程的影响

①光照。光照强度直接影响种子内有机物质的积累。例如，小麦灌浆期遇到连阴天，千粒重减小，会造成减产；水稻的籽粒2/3干物质来源于抽穗后的叶片光合产物，此时光照强，同化物多，产量高。此外，光照也影响籽粒的蛋白质含量和含油率。

②温度。温度过高呼吸消耗大，籽粒不饱满；温度过低不利于物质转化与运输，种子瘦小，成熟推迟。

③空气相对湿度。空气相对湿度高，会延迟种子成熟；空气湿度较低，则加速成熟。但如空气湿度太低会出现大气干旱，不但阻碍物质运输，而且合成酶活性降低，水解酶活性增高，干物质积累减少，种子瘦小产量低。

④土壤含水量。土壤干旱会破坏植物体内水分平衡，造成籽粒不饱满，导致减产；土壤水分过多，由于缺氧使根系受到损伤，光合下降，种子不能正常成熟。

⑤矿质营养。氮肥有利于种子蛋白质含量提高，但氮肥过多(尤其是生育后期)会引起

贪青晚熟，油料种子则降低含油率；适当增施磷、钾肥可促进糖分向块根、块茎运输，促进膨大，增加产量。

8.3.2.2 果实成熟时的生理变化

果实成熟过程包括果实的生长发育和内部发生的一系列生理生化变化。

(1) 果实的生长模式

果实也有生长大周期，生长模式有单"S"型和双"S"型两种类型(图8-9)。苹果、梨、香蕉、茄子等肉质果，在开始时生长速度较慢，以后逐渐加快，达到高峰后又逐渐停止生长，曲线呈单"S"型。而桃、杏、李、樱桃等一些核果和葡萄等非核果果实，生长分两个阶段进行，即先进行细胞分裂，使果实体积扩大；然后体积暂时停止扩大，营养物质主要向果核运输，用于果核的硬化和胚的生长；此后，果肉细胞迅速扩大，使果实体积再次迅速增加，故呈双"S"型。

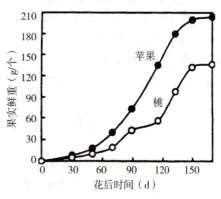

图 8-9　果实的生长曲线

(2) 果实成熟时的生理变化

① 呼吸速率的变化。许多植物在果实形成初期，因组织幼嫩、细胞分裂迅速，故呼吸速率较高，随后主要是果实体积增大，因此呼吸速率逐渐降低，然后呼吸速率又急剧升高，最后又下降。果实在成熟之前发生的这种呼吸突然升高的现象称为呼吸跃变或呼吸峰(图8-10)，这个时期称为呼吸跃变期。呼吸跃变的出现，标志着果实成熟达到可食的程度。但另一些水果，如葡萄、草莓、橙、柠檬、荔枝、黄瓜、菠萝等，直到完全成熟，也无明显的呼吸跃变现象，这些果实被称为非跃变型果实。根据果实是否有呼吸跃变现象，将果实分为跃变型和非跃变型两类。

果实呼吸跃变期的出现与乙烯的产生有密切关系。跃变型果实在成熟过程中产生大量乙烯，呼吸酶类和水解酶类的活性急剧增高，如梨、桃、苹果、李、杏、香蕉、番茄、西瓜、鳄梨等；非跃变型果实在成熟期间乙烯含量变化不大，果实的呼吸酶和水解酶类活性变化不大或逐渐降低，如草莓、葡萄、柑橘、樱桃、黄瓜等。生产上常施用乙烯利来诱导呼吸跃变期，以催熟果实。通过降低空气中氧气浓度或提高二氧化碳或氮浓度，可延缓呼吸高峰出现，延长贮藏期。

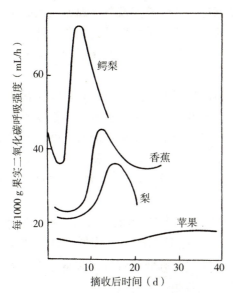

图 8-10　果实成熟时的呼吸跃变

② 有机物质的转化。果实成熟时，多种有机物质含量发生明显变化。

甜味增加　果实成熟末期，果实中贮存的淀粉转化为可溶性糖，一些有机酸也转变为糖，积累在细胞液中，使果实变甜。

酸味减少 随着果实的成熟，果肉细胞液泡中积累的有机酸一些转变为糖，一些则被呼吸作用氧化为 CO_2 和 H_2O，还有些被 K^+、Ca^{2+} 等离子中和生成盐，因此酸味明显减少。

涩味消失 果实成熟过程中，细胞内单宁被过氧化物酶氧化成过氧化物或凝结成不溶性物质，从而使果实涩味消失。

香味产生 有些果实成熟时还产生芳香醛或酯，如香蕉中的乙酸戊酯、橘子中的柠檬醛，使果实具有香味。

由硬变软 果实成熟过程中，细胞胞间层的不溶性果胶质转化为可溶性果胶酸，果肉细胞彼此分离，于是果肉变软。此外，细胞中淀粉的分解也是使果实变软的部分原因。

色泽变艳 随着果实的成熟，果皮中的叶绿素逐渐分解，而类胡萝卜素较稳定，故呈现黄色，或由于形成花青素而呈红色。光照可促进花青素形成，因此果实向阳面往往着色较好。

维生素含量增高 随着果实发育成熟，各种维生素特别是维生素 C 的含量显著增高。

③激素的变化。果实成熟期间，生长素、细胞分裂素、赤霉素、脱落酸、乙烯都是有规律地参与代谢反应的。例如，苹果、柑橘等果实在幼果期，生长素、赤霉素和细胞分裂素的含量高，以后逐渐下降，果实成熟时降到最低点；乙烯、脱落酸的含量则在后期逐渐上升。如苹果在成熟时，乙烯含量达最高峰，而柑橘、葡萄在成熟时，脱落酸含量达最高。

(3) 环境条件对果实品质的影响

虽然植物果实的生物学特性是由植物的遗传所决定的，但外界条件仍能影响果实的成熟过程，影响产品的产量和品质。

①光照。光照直接影响肉质果实果肉和种子内有机物的积累。在阴凉多雨的条件下，果实中往往含酸量较多，而糖分相对较少。但在阳光充足，气温较高及昼夜温差较大的条件下，果实中含酸量减少而糖分增多。新疆吐鲁番的葡萄和哈密瓜之所以特别甜，就是这个原因。此外，花青素的形成也需要光照，黑色和红色的葡萄只有在阳光照射的情况下才能显色。有些苹果需要在阳光照射下才能着色。

②温度。温度对果实的成熟影响也很大。贮藏期间适当降低温度，可以延迟呼吸跃变期的出现，以延迟果实成熟，从而延长贮藏期。此外，温度对果实生长有着不同程度的影响。如适当的日高温能促进苹果细胞分裂，增加细胞数目，特别是坐果期间对温度比较敏感，一般在 22~25 ℃最有利于细胞分裂，为中后期的细胞膨大和果实体积打下基础。低温高湿、冷气流刺激果实表皮破裂、易诱发果锈，低温弱光则使苹果果皮较厚，弹性差，易产生微裂。

③水分。果树花期前后充分供水可促进幼果细胞分裂，使果个增大。采前应适当控水，高温时喷水降温，均有助于品质的改善。如葡萄果实生长期缺水可降低光合产物积累，推迟果实成熟，使糖的合成与转运减慢，花色素合成和有机酸降解转化受阻，使果实着色受阻，含酸量大。

8.3.3 植物衰老与器官脱落

8.3.3.1 植物衰老

(1) 衰老的概念和类型

植物衰老通常是指植物的器官或整个植株个体的生理功能的衰退。它是植物生长发育的正常过程之一，可以发生在分子、细胞、器官以及整体水平上。植物衰老是植物生命周期的最后阶段，是成熟细胞、组织、器官或整个生物体自然终止生命的一系列过程。

植物按照生长习性以不同方式衰老，一般将植物衰老分为以下 4 种类型：

①整株衰老。一年生植物或二年生植物在开花结实后出现整株衰老死亡。

②地上部衰老。多年生草本植物地上部随着生长季节的结束而每年死亡，而根仍可以继续生存多年。

③渐近衰老。多年生常绿木本植物较老的器官和组织随时间的推移逐渐衰老脱落，并被新的器官所取代。

④落叶衰老。多年生落叶木本植物的茎和根能生活多年，而叶子每年衰老死亡和脱落。如北方多年生落叶木本植物发生的季节性叶片同步衰老脱落现象。

(2) 衰老时的生理变化

①代谢总趋势下降。在叶片衰老过程中，蛋白质分解加快，表现为蛋白质含量显著下降，同时伴有游离氨基酸积累，生理功能丧失；核酸中 DNA 和 RNA 含量均下降，但 DNA 下降速度比 RNA 缓慢；光合速率下降，主要原因是细胞中叶绿体数量减少，体积也变小，同时类囊体膨胀、裂解，叶绿素含量迅速下降，而类胡萝卜素降解较晚，因此叶片失绿变黄是衰老最明显的特征。光合色素的降解会导致光合速率下降。呼吸速率下降较光合速率慢，主要原因是线粒体的变化不如叶绿体大，线粒体的膨大和数目减少常发生在衰老的后期。有些叶片衰老时，呼吸速率迅速下降，后来又急剧上升，再迅速下降，有呼吸跃变现象。此外，衰老时呼吸过程中的氧化磷酸化逐步解偶联，使得 ATP 合成减少，细胞中合成代谢所需的能量不足，进一步加速了衰老的进程。

②结构物质的分解大于合成。细胞衰老始于生物膜。而生物膜衰老与膜磷脂降解密切相关。由于膜磷脂减少和组分变化，使膜的致密程度降低和流动性降低，部分地出现液晶态转变为凝胶态，膜失去弹性。

细胞衰老另一个明显特征是膜的透性随衰老进程而增加。膜脂过氧化加剧，膜结构逐步解体，膜的选择性功能丧失。一些具有膜结构的细胞器如叶绿体、线粒体、液泡、细胞核等，在衰老过程中膜结构发生衰退、破裂甚至解体，从而丧失有关的生理功能并会释放多种水解酶类及有机酸，使细胞发生自溶现象，进一步加速了细胞的衰老和解体。

③脱落酸和乙烯含量增加。在植物衰老过程中，植物内源激素有明显变化。一般情况是，吲哚乙酸、赤霉素和细胞分裂素在植株或器官的衰老过程中含量逐步下降，而脱落酸和乙烯含量逐步增加。

8.3.3.2 器官脱落

(1) 器官脱落的概念和类型

脱落是指植物器官(如叶片、花、果实、种子或枝条等)自然离开母体的现象,可分为正常脱落、胁迫脱落和生理脱落3类。正常脱落是一种正常的生理现象,如老叶、受精后的花,以及成熟果实和种子的脱落;因环境条件胁迫(高温、低温、干旱、水涝、盐渍、污染)和生物因素(病、虫)引起的脱落称为胁迫脱落;因植物本身生理活动(如营养生长与生殖生长的竞争、光合产物运输受阻或分配失调)而引起的脱落称为生理脱落。胁迫脱落与生理脱落都属于异常脱落。

(2) 器官脱落的生理原因

一般情况下,脱落前,器官基部的离层细胞恢复分裂活动,继而果胶酶和纤维素酶活性增强,使细胞壁中的果胶质和纤维素分解,细胞彼此分离。在重力和外力作用下,器官与茎分离而脱落。器官脱落后,暴露面木栓化形成保护层,以免受干旱和微生物的伤害。

(3) 影响脱落的因素

①营养。植物体内缺乏糖类和必需的矿质元素也会造成落花落果。这方面的情况有两种:一种是水肥不足,植物生长不良,光合产物不能满足花果生长的需要;另一种是水分和氮肥过多,营养生长过旺,大量的光合产物用于营养器官的生长,使花果得不到必需的营养而脱落。遮光试验表明,光线不足、碳水化合物减少,棉铃脱落增多。而人为增加蔗糖,可减少棉铃脱落。在果树枝条上进行环割处理,改善了有机营养的供应,增加坐果。所以改善有机营养的供应可以延长叶片年龄,延缓衰老和脱落。

②激素。生长素、细胞分裂素可抑制脱落,乙烯和脱落酸则可促进脱落。

乙烯 乙烯可诱发离层细胞中纤维素酶和果胶酶的合成,并能提高这两种酶的活性,使离层细胞壁溶解,引起器官脱落。乙烯对脱落的影响还受离层生长素水平的控制。即只有当其生长素含量降低到一定的临界值时,才会促进乙烯合成和器官脱落。而在高浓度生长素作用下,虽然乙烯增加,却反而抑制脱落。

脱落酸 正常生长的叶片中 ABA 含量极微,而衰老叶片中含量增高。短日照促进 ABA 的合成,因此,许多植物在秋季落叶。

生长素 叶柄离层的形成与叶片的生长素含量有关。将生长素施在离层的近轴端(离层靠近茎的一面),可促进脱落;施于远轴端(离层靠近叶片的一侧),则抑制脱落。果实生长过程中缺乏生长素便脱落。如苹果的幼果脱落、6月落果以及采前落果都发生在果实生长素含量的低谷时期。所以应用生长素类的生长调节剂,如 NAA、2,4-D 等,可防止苹果落果。

赤霉素和细胞分裂素 赤霉素能延缓植物器官脱落,已被广泛应用于棉花、番茄、苹果等植物上。在玫瑰和香石竹中,细胞分裂素也能延缓植株衰老脱落。

各种激素的作用并不是彼此孤立的,器官的脱落也并非仅受某一种激素的单独控制,而是各种激素相互协调与相互平衡作用的结果。

③外界条件对脱落的影响。外界条件对植物器官脱落的影响主要表现在以下方面:

温度 温度过高或过低对脱落都有促进作用,其主要原因是影响酶的活性。棉花在

单元8 植物的生长发育

30 ℃以上，四季豆在 25 ℃以上脱落加快。在大田，高温能引起土壤干旱而促进脱落，秋季的低温则是影响树木落叶的重要原因之一。

氧气 氧气浓度过高或过低都会导致脱落。氧气浓度在 10%～30% 范围内，随着增加氧浓度，会促进乙烯的合成，增加脱落率，还会增加光呼吸，消耗更多光合产物。低浓度的氧气抑制呼吸作用，降低根系对水分及矿质的吸收，造成发育不良，也会导致脱落。

水分 干旱导致植物体内各种激素平衡的破坏，使 IAA 含量及 CTK 活性降低，脱落酸、乙烯的含量提高，促使离层的形成而导致脱落；淹水条件下土壤中氧分压降低，产生 ETH，导致叶、花、果的脱落。

矿质元素 缺乏氮、磷、钾、硫、钙、镁、锌、硼、钼和铁都可导致脱落。缺乏氮、锌能影响 IAA 的合成；缺少硼会使花粉败育，引起花而不实；钙是细胞壁中果胶酸钙的重要组分。所以缺乏硼、锌、钙能导致脱落。

光照 强光能抑制或延缓脱落，弱光则促进脱落。如植物密度过大时常使下部叶片过早脱落，原因是弱光下光合速率降低，糖类物质合成减少。长日照抑制脱落，短日照促进脱落，可能与 GA、ABA 合成有关。北方城市的行道树（如悬铃木和杨树），在秋季短日来临时纷纷落叶，但在路灯下的植株或枝条，因路灯延长光照时间，不落叶或落叶较晚。

在生产上，可通过调节水肥供应、适当修剪、使用植物生长调节剂、防治病虫害等措施来延迟或促进植物器官脱落。

实训8-2 缩短日照促进短日植物（菊花）开花试验

一、实训目标

进一步理解利用光周期诱导植物开花的生理机制；熟悉植物生殖生长的主要内容；掌握采用缩短日照、促进短日植物（菊花）开花的方法步骤。

二、实训场所

植物生理实验室、室外苗圃或花圃。

三、实训形式

教师讲解后，全班分 2～3 组在教师指导下进行实验操作。

四、实训备品与材料

照明设备、人工长日照自控装置（每天 15 h）；供短日照处理的黑布、黑塑料薄膜等黑色遮盖物、标签牌；铲子 1 把、花盆 9 个；菊花等适合光周期诱导的盆栽植株等。

五、实训内容与方法

（1）菊苗培育

在进行光周期处理前 60 d，从生长良好的菊株根部小心地分出根芽（或摘取顶端嫩枝一段，长 10～12 cm，插枝生根），分别移栽于盛有肥土的花盆中，共培养 9 盆，每盆 1～2 株。待幼苗生长至 30 d 左右，摘去幼苗的顶芽。当植株长出 2～3 个侧芽时，进行光周期处理。

（2）分组处理

把栽有菊株的花盆分为 3 组，每组 3 盆，拴挂标签牌，注明组号、植物名称、处理方法、日照、时间等。分别进行如下处理：

第一组：于每日 9 h 短光照下生长 30 d，而后移至每日 15 h 长光照下生长。

第二组：于每日 9 h 短光照下生长 60 d，而后移至每日 15 h 长光照下生长。

第三组：全部生长在每日 15 h 长光照条件下。培养在长日照下的植株一般在自然条件下即可满足照光时数，在秋、冬季进行实验时，应以灯光照明设备控制日照时数；培养在短日照下的植株，每天 17:00 至次日 8:00 遮光。

（3）观察记录

经常照料盆中的植株，并观察其生长发育情

况，注意长日照处理与短日照处理植株以及短日照处理不同天数的植株的开花日期，记录结果并加以分析。

六、注意事项

实验操作中应注意日照时数控制要严格，遮光要严密；使用有关设备时要小心操作，轻拿轻放；观察记载时要认真、负责；实验结束后整理好有关材料和用具。

七、实训报告要求

写明实验的方法步骤；比较3种不同处理的结果并解释。

拓展知识 8

植物生长调节剂的使用

植物生长调节剂在生产实践中应用成功的例子很多，但失败的教训也时有发生，这主要是对生长调节剂的特性认识不够和使用不当所造成的。应用生长调节剂时应注意以下4个方面：

①要明确生长调节剂不是营养物质，也不是万灵药，更不能代替其他农业措施。只有配合水、肥等管理措施，方能发挥其效果。

②要根据不同对象（植物或器官）和目的选择合适的药剂。如促进插枝生根宜用 NAA 和 IBA；促进长芽则要用 KT 或 6-BA；促进茎、叶的生长用 GA；提高作物抗逆性用 BR；打破休眠、诱导萌发用 GA；抑制生长时，草本植物宜用 CCC，木本植物则最好用 B_9；葡萄、柑橘的保花保果用 GA，梨、苹果的疏花疏果则要用 NAA。研究发现，两种或两种以上植物生长调节剂混合使用或先后使用，往往比单独施用效果更佳，这样就可以取长补短，更好地发挥其调节作用。此外，生长调节剂施用的时期也很重要，应注意把握。

③正确掌握药剂的浓度和剂量。生长调节剂的使用浓度范围极大（0.1~5000 μg/L），这就要视药剂种类和使用目的而异。剂量是指单株或单位面积上的施药量，而实践中常发生只注意浓度而忽略了剂量的偏向。正确的方法应该是先确定剂量，再定浓度。浓度不能过大，否则易产生药害；但也不可过小，过小无药效。药剂的剂型包括水剂、粉剂、油剂等，施用方法有喷洒、点滴、浸泡、涂抹、灌注等，不同的剂型配合合理的施用方法，才能收到满意的效果。此外，还要注意施药时间和气象因素等。

④先试验，再推广。为了保险起见，应先做单株或小面积试验，再中试，最后才能大面积推广，不可盲目草率，否则一旦造成损失，将难以挽回。

复习思考题

一、名词解释

1. 植物激素；2. 植物生长调节剂；3. 春化作用；4. 呼吸跃变；5. 单性结实；6. 光周期现象；7. 营养生长；8. 生殖生长；9. 极性生长；10. 生长大周期；11. 顶端优势；12. 后熟作用；13. 生理休眠。

二、填空题

1. 植物生长包括（　　　）和（　　　）两个连续的过程。

2. 种子萌发的过程分(　　　)、(　　　)和(　　　)3个阶段。

3. 影响种子萌发的外界条件主要是(　　　)、(　　　)和(　　　)。

4. 植物的向性生长可分为(　　　)、(　　　)、向水性和向肥性。

5. 造成种子休眠的主要原因有(　　　)、(　　　)和抑制物质的存在。

6. 植物由营养生长转向生殖生长的条件有(　　　)、(　　　)、(　　　)和(　　　)。

7. 根据植物开花对日照长度的要求可将植物分为(　　　)、(　　　)和(　　　)3种。

8. 影响器官脱落的因素主要是(　　　)、(　　　)和(　　　)。

三、简答题

1. 简述5类植物激素各有哪些生理作用。
2. 生产上常用的生长调节剂有哪些种类？有何作用？
3. 举例说明植物休眠在生产实践中的意义。
4. 在实践中如何打破种子的休眠？
5. 简述果实的生长模式。果实在成熟过程中发生了哪些生理变化？
6. 植物衰老时发生哪些生理生化变化？
7. 举例说明生产上如何利用或调节植物生长的相关性。

模块三

主要森林植物识别

单元9 植物分类的方法

知识目标

1. 掌握植物分类的单位、系统、命名、植物检索表等植物分类的基本概念和方法。
2. 熟悉植物的生物学及生态学特性,植物的分布区。

技能目标

1. 掌握标本采集制作和检索表的编制方法,了解检索表的应用。
2. 了解植物的基本类群及进化关系,学会识别常见蕨类植物。

9.1 植物分类的基础知识

9.1.1 植物分类的方法

植物分类学是一门历史较长的学科,它是人类在识别植物和利用植物的社会实践中发展起来的,经历了人为分类到自然分类的不同发展阶段。

9.1.1.1 人为分类方法

人为分类方法是仅根据形态、习性、用途上的某些性状进行归类,往往用1个或少数性状作为分类依据,而不考虑植物彼此间的亲缘关系和演化顺序的分类方法。从人类文明的早期,人们就开始区别哪些植物可以食用、哪些植物有毒、哪些植物可以药用等;直至今日,人们还常根据植物形态习性的不同分乔木、灌木、草本和藤本,或根据经济价值不同分用材树种、药用树种、油料树种、观赏树种等,这些分类方法都属于人为分类方法。人为分类法不能反映出植物间的亲缘关系和进化顺序,其分类范围有局限性,无法包含所有的自然种群,在科学性方面有些欠缺。但这种方法实用性强,使用方便,可以灵活地按照实际需要,从不同角度进行分类,具有重要的实用意义。

9.1.1.2 自然分类方法

随着科学的发展、知识的积累和达尔文进化论的影响，人们根据大量的资料，借助形态学、解剖学、细胞学、遗传学、生态学、古植物学、植物地理学和植物化学等学科的研究成果，对植物进行各种比较分析，按照植物类群间的进化规律与亲缘关系加以系统归纳，逐步建立了自然分类系统。这类系统较客观地反映植物界的亲缘关系和演化顺序，而且能反映更多的信息和使其更多的用途。这种分类形式属于自然分类方法。

9.1.2 植物分类系统

分类系统的建立是自然分类方法的最大特点，根据自然分类法建立起来的分类系统称为自然分类系统，自然分类系统能反映植物的进化顺序和亲缘远近关系。从19世纪后半叶至今，分类学家在达尔文进化论的引导下，纷纷提出许多能反映植物演化和亲缘关系的自然分类系统假说。其中影响最大、应用最广的为德国的恩格勒(A. W. Engler)系统和英国的哈钦松(也有译为哈钦生，Hutchison)系统。许多国家的标本馆、植物志的编排多采用这两个系统。近代影响较大的还有苏联的塔赫他间(Takhtajan)系统和美国的柯朗奎斯特(Cronquist)系统。但由于植物起源的复杂性、演化的历史及化石证据的不完整，因此到目前，人们使用的自然分类系统还在不断完善中。

我国目前普遍采用的是恩格勒系统和哈钦松系统。恩格勒系统是德国植物学家恩格勒在19世纪提出，包含了所有的植物类群，后经人们不断修改完善而形成一个相对比较完整的自然分类系统。该系统的主要观点包括：①认为被子植物中的木本、单性花、无花瓣、风媒传粉等特征较为原始；而有花瓣、两性、虫媒传粉是进化特征。所以把柔荑花序类的木本植物(单性花、无花瓣的木麻黄类)作为双子叶植物中最原始的类型；而把木兰科、毛茛科等一些有花被的植物认为是较进化的类型。虽然这种观点目前看来有错误，但由于历史和习惯，世界上大部分国家都采用该系统。②恩格勒系统科的范围比较大。

哈钦松系统认为被子植物起源于已灭绝的原始被子植物，具有离生多心皮、花各部螺旋状着生的木兰目为双子叶植物的原始类群，柔荑花序植物是进化的类群，它们的花无花瓣是适应风媒传粉而退化的缘故，这种看法目前得到较多植物分类学家的赞同。

塔赫他间系统和柯朗奎斯特系统与哈钦松系统的基本观点较为相近。哈钦松系统主要针对被子植物类群，其科的范围比较小，全系统(1959)将被子植物分为411科。

被子植物APG分类系统是1998年由被子植物种系发生学组(APG)发表的系统。2003年，《被子植物APGⅡ分类法》(修订版)出版，这是基于1998年出版的《被子植物APG分类法》的修订版。《被子植物APGⅢ分类法》是继1998年APGⅠ及2003年APGⅡ之后，吸收采纳了大部分著名植物分类学家的意见，于2009年10月在《林奈学会植物学报》(*Botanical Journal of the Linnean Society*)发表。随着核DNA、线粒体和叶绿体DNA测序发展，2016年，《被子植物APGⅣ分类法》发表，相关分类修订也在其网站公布。

被子植物APG系统分类法和传统的依照形态分类不同，该分类法主要植物的分子生物学数据，即按照植物的3个基因组DNA顺序，以亲缘分支的方法进行分类，包括2个叶绿体和 1 个核糖体的基因编码。被子植物 APG 分类系统也参照了其他方面的理论，例如，将真双子叶植物分支和其他原来分到双子叶植物纲中的种类进行区分，还以花粉形态学理论作为分类的依据。该分类法在目以上的分类中没有使用传统分类名称中的门和纲，而是使用分支，如单子叶植物分支、真双子叶植物分支、蔷薇分支、菊分支等；在科一级的分类中将一些传统的科分为几个科，或将几个传统的科合并，也引起了很大的争议。被子植物 APG 分类系统在现代植物分类研究中具有重要地位。

本教材的被子植物大部分科的排序采用了哈钦松系统，个别略有调整。

9.1.3 植物分类的阶层单位

人们在运用自然分类系统进行植物分类时，设立了一系列的分类等级单位，构成分类系统的层次，也称为分类阶层，其基本等级有界、门、纲、目、科、属、种 7 个。其中种是分类的基本单位。人们对"种"的概念有表征种、遗传种、生物学种、系统发育种等多种说法，本教材基本以"物种是特定类型的有机体，其成员具有相似的解剖特征和相互交配的能力"为植物种的定义。即种是具有相似的形态特征，相似的生物学特性，要求相似的生存条件，能够产生相似的后代，在自然界占有一定分布区和一定生殖隔离的一类个体总和，每一个种都具有自己的特征和特性，并以此区别其他种。如油松、马尾松、毛白杨、银白杨、毛竹、苹果等都是具有不同特征的种。一般情况下最常用的等级是科、属、种。

分类学上把形态特征相似且具有密切关系的种组合为属，相近的属组合成科，依据同样的原则依次组合成目、纲、门、界等分类单位。在各级分类单位中，又可根据实际需要，再划分为亚门、亚纲、亚目、亚科、亚属和亚种。这些分类单位按顺序排列，使我们便于识别植物和表达植物间的亲缘关系和系统地位。现以油松为例，说明其在分类学上的系统地位：

  界——植物界 Plantae
   门——种子植物门 Spermatophyta
    亚门——裸子植物亚门 Gymnospermae
     纲——松柏纲 Coniferae
      目——松柏目 Coniferales
       科——松科 Pinaceae
        属——松属 *Pinus*
         亚属——双维管束松亚属 Subgenus *Pinus*
          种——油松 *Pinus tabulaeformis*

实际应用中，种以下还根据实际需要，划分有变种（variety）、亚种（subspecies）、变型（forma）和栽培品种等种下等级单位。

9.1.4 植物的名称和命名

由于世界范围广大，植物种类丰富，各种植物通常在不同的国家、不同的地区有不同的名称，同一种植物，即使在同一国家也往往由于地区不同而出现同物异名或同名异物的现象，例如，红松（*Pinus koraiensis*）在我国有的地方也称为朝鲜松，有的地方则叫果松、海松等；又如北方的一种鼠李科的小灌木和南方山地常见的漆树科的一种大乔木中名都被称为酸枣。因此，植物同名异物或同物异名的命名现象普遍存在。为避免混乱、便于研究以及学术交流需要，有必要给每一种植物制定世界统一的科学名称。因此，国际上采用瑞典植物学家林奈所倡导的双名法作为统一的植物命名法，这一方法已沿用了200多年，并制定了相应的国际命名法规。根据命名法规定，每一种植物只能有一个正式的学名，一个完整的学名由属名+种加词+命名人三部分组成。例如，银杏的学名是 *Ginkgo biloba* L.，其中 Ginkgo 是属名，biloba 是种加词，L. 是定名人林奈姓氏的缩写。学名的组成和书写规则是：属名多数由名词组成，第一个字母要大写；种加词多数由形容词组成，全部字母用小写；命名人名在字母音节较多情况下，一般采用缩写形式。

因有些植物存在一些种下变异，相应采用以下的命名方式，来表达以下分类群的命名：

(1) 变种 varietas（缩写形式为 var.）

变种是使用最广的种下等级，一般用于不同生态的影响，而在形态上有一定变异特征的变异居群。如山里红（*Crataegus pinnatifida* Bge. var. *major* N. E. Br.）因果实大，裂叶浅的变异被当作山楂（*Crataegus pinnatifida* Bge.）的变种。其学名是在原种种加词后面加上 var.，再接上变种种加词 *major* 和变种命名人名 N. E. Br.。

(2) 亚种 subspecies（缩写形式为 ssp. 或 subsp.）

亚种一般用于在形态上有较大的变异且占据有不同分布区的变异类型。如与厚朴（*Magnolia officinnalis* Rehd. et Wils.）相似，分布在我国东南各省份的一种凹叶变异，被分类学家定为厚朴的亚种凹叶厚朴（*Magnolia officinnalis* Rehd. et Wils. ssp. *biloba* Law）。其学名是在原种种名后面加上 ssp. 或 subsp.，再接上亚种加词 *biloba* 和亚种命名人名 Law。

(3) 变型 forma（缩写形式为 f.）

变型用于种内变异较小但很稳定的类群，如灰楸（*Catalpa fargesii* Bur.）有一个无毛的变异类型被定名为滇楸（*Catalpa fargesii* Bur. f. *duclouxii* Dode）。其学名是在原种种名后面加上 forma 或 f.，再接上变型加词 *duclouxii* 和变型命名人名 Dode。

(4) 栽培变种（缩写形式为 cv.）

根据栽培植物国际命名法规的规定：栽培变种用以表示农、林、园艺上具有形态、生理、细胞和化学等相异特征的栽培个体群，此特征可通过有性和无性繁殖得以保持。如圆柏（*Sabina chinensis*）有一栽培品种龙柏，学名定为 *Sabina chinensis* cv. 'Kaizuca'。其学名是在原种种名后面加上亚种加词 Kaizuca，并加单引号。

(5) 杂交种

杂交种命名是在杂交种种加词的前面加×表示，或者采用其母本与父本的学名用"×"联接起来，母本在前，父本在后，如尾巨桉是尾叶桉和巨桉的杂交种，其学名可用 *Ecalyptus urophylla*×*Ecalyptus grandis* 来表示。

我国幅员辽阔，植物中文名称也存在地方差异，使一种植物常有数个中文名称，或多至数十个名称，通常选用其中一个较为合适的名称作为正式的中文名称，其余则作为别名。如红松就是一个较正式的中文名称。

9.1.5 植物分类检索表

检索表作为快捷简便的生物科学鉴定工具,在植物分类鉴定过程中被普遍使用,它是根据二歧分类法的原理,以人为对比的方式,把要区别的一群植物的主要特征,依次分成同序号相对应的 2 个分支,一直分到最后所需确定的科、属、种等鉴定目标。使用时从中选择其中符合的特征,放弃另一个不符合的特征,依次选取,逐步检索到所需分类鉴定的单位。检索表的种类和格式有多种,目前最广泛使用的为定距检索表。以下为定距检索表的参考形式:

定距检索表样例

1. 植物体无茎、叶的分化;生殖器官由单细胞构成。
    2. 植物体常无叶绿素。
        3. 细胞无细胞核的分化 …………………………………………………………… **细菌**
        3. 细胞有细胞核的分化 …………………………………………………………… **真菌**
    2. 植物体有叶绿素 ……………………………………………………………………… **藻类**
1. 植物体有茎、叶的分化,生殖器官由多细胞构成。
    4. 植物体无维管束的分化 ……………………………………………………………… **苔藓植物**
    4. 植物体有维管束的分化
        5. 无种子,以孢子繁殖 ……………………………………………………………… **蕨类植物**
        5. 有种子形成。
            6. 种子外面无果实包被 ………………………………………………………… **裸子植物**
            6. 种子外面有果实包被 ………………………………………………………… **被子植物**

9.1.6 植物的特性

植物的特性是植物在一定条件下生长过程中的生理反应和性状表现,包括生物学特性和生态学特性两个方面。学习了解掌握植物的特性,对今后根据不同的条件,不同的需要和目的,选择目的造林树种,或选择树种所需的最佳环境,都有重要的意义。

9.1.6.1 植物的生物学特性

植物生长发育的规律称为植物的生物学特性,不同的植物在外形、生长速度、寿命长短、开花结实等方面都有自己的特点,有着各种差异,植物的生物学特性取决于植物的遗传因素,并受周围环境条件的深刻影响。下面以树木为例,说明一些需要注意的特点:

①植物外形有大小的不同。如北美红杉可以说是世界上最高大的树,其树高可达到 100 m;而最矮小的北极柳树高仅有几厘米。按外形大小,树木可分为乔木、灌木、藤本等。

②生长速度有快慢的不同。如泡桐、杨树、桉树、杉木等树种幼龄生长很快,尤其是桉树,1 年可长高 8 m,6~10 年就可成材,被人们称为速生树种;而有的树种生长缓慢,50 年甚至 100 年以上才能成材,如银杏、红松、云杉等属于慢生树种。

③寿命有长短的不同。短的仅有几十年,长的可达千年以上,通常速生树种的寿命短,如杨树;慢生树种的寿命长,如银杏。

④年生长周期的不同。有的植物常绿,而有的会落叶。每年不同植物发芽、长叶、开花、结果的时间和数量也都各不相同。

⑤植物繁殖方式包括有性繁殖和无性繁殖两大类型。有性繁殖即实生繁殖(播种繁殖);无性繁殖包括扦插、嫁接、压条、分株、组织培养等,也称营养繁殖。

9.1.6.2 植物的生态学特性

植物对环境条件所表现的不同要求和适应能力,称为植物的生态学特性。其中对植物生长发育有影响的因素称为生态因素,大致可分为气候、土壤、地形、生物4类。它们与植物在长期共存的条件下会产生较大的相互适应和影响。下面以树木为例,说明它们之间的相互关系:

(1)气候因素

气候因素中对植物影响最大的因子有温度、光照、水分、空气等。

①温度。各种植物种子发芽、生长、休眠、长叶、开花和结实都需要一定的温度条件,植物对温度的要求和适应范围各有不同,大致可分为以下4种类型。最喜温树种:如橡胶树、椰子、轻木、可可等;喜温树种:如杉木、马尾松、毛竹等;耐寒树种:如苹果、油松、毛白杨等;最耐寒树种:如落叶松、樟子松等。大致与地球表面的热带、亚热带、温带和寒带相对应。每一树种对气温的适应性有一定的限度,超过其适应温度,植物就生长不好,甚至难以生长。因此在正常条件下,不宜把喜温树种栽种到寒带,也不应把耐寒树种栽到热带地区。

②光照。植物的需光性随着种类、环境、年龄不同而有差异,以树木为例,可分成三大类:喜光树种(又称阳性树种),这类树种需要充分光照才能正常生长发育,如油松、桦木、马尾松等;耐阴树种(又称阴性树种),在壮龄或壮龄以后能在其他树木的树冠下忍受相当程度的庇阴,如云杉、冷杉;介于两者之间者属中性树种,如杉木。

③水分。植物对水分的需要与适应不同,可分为耐旱植物、喜湿植物及中生植物。喜湿极强的植物有垂柳、落羽杉、红树等,虽长期受淹,仍能生长;能在干燥环境中生长者为耐旱植物,如木麻黄、松类;沙漠中生长的梭梭、盐豆木则为极耐旱植物;中生植物既不耐干旱也不耐水湿,如杉木、毛竹等。

(2)土壤因素

土壤的水分、肥力、空气、微生物等条件,对植物的分布和生长发育有着重要影响,植物对土壤酸碱度、盐分的适应能力也常因种而异,如马尾松、杜鹃花可适应酸性土,侧柏、柏木可适应石灰岩山地,木麻黄可适应盐碱土质。

(3)地形因素

山脉走向、海拔高差、地形、坡向、坡度的变化,对植物生长所需要的温度、水分、光照等环境因素都会产生综合影响,因而对植物的生长发育形成明显的影响,也是一种生态因素。

(4) 生物因素

植物生长不仅需要气候、土壤、地形等环境条件，还需要生物环境，如植物群落、伴生树种，同时与层间植物、地被物、寄生、附生、腐生植物、真菌等各种生物构成复杂的关系，如果离开了这些生物就会生长不良。如马尾松等一些松属树种，需要有共生性的菌根，如果缺乏这种菌根，就会生长不良；一些寄生植物，更需要有寄主才能生存。

9.1.7 植物的分布区

植物的分布区是指每一植物所占有的一定范围的分布区域。植物分布区是受气候、土壤、地形、生物、地史变迁及人类活动等因子的综合影响而划分的。植物分布区因划分标准的不同，有以下的分法。

天然分布区 植物依靠自身繁殖、侵移和适应环境而形成的分布区。如杉木的天然分布区在我国长江以南地区，红松在我国东北地区。

人为分布区（栽培分布区） 凭借人为力量而形成的分布范围。如刺槐原产北美，橡胶树原产巴西，木麻黄原产澳大利亚，引进我国后，形成它们的人为栽培分布区。

水平分布区 植物按经纬度、植被带、行政区域或地形所占有的分布范围，如樟树的水平分布区在北纬10°～30°之间，梭梭分布于新疆沙漠地区，均属于它们的水平分布区。

垂直分布区 植物在山地自低而高所占有的分布范围，如马尾松在华东、华中分布于海拔800 m以下山地，黄山松分布于海拔800 m以上的山地。

连续分布区 连续分布区是指某分类群（科、属、种）的分布基本上是完整的，由封闭的分布界限构成连续的分布区。就种的连续分布来说，它的分布区范围内个体间的距离是正常的，未超出其自然散布可能的范围。繁殖和散布力旺盛的广布种常形成连续分布区，如马尾松、油茶、苦槠、毛竹等。

间断分布区 间断分布区是指某分类群（科、属、种）具有分散成2片以上呈分散状的分布区。一般认为间断分布是由于地壳运动、气候变化、冰川的发生和大陆漂移所造成的。如鹅掌楸属全世界现仅存鹅掌楸和北美鹅掌楸2个种，在中国和美国分别各分布1种，呈现间断分布，就形成间断分布区。

9.2 植物界的基本类群

地球上的植物种类繁多，形体多样，植物分类学家通常根据植物体的形态构造和进化顺序，将它们分为孢子植物和种子植物两大类，或者分为低等植物和高等植物两大类群。

9.2.1 低等植物

低等植物相对高等植物而言，是地球上出现最早、最原始的植物类群，植物体结构比较简单，通常是单细胞的或是多细胞的叶状体，无根、茎、叶的分化，生殖器官构造简单,常是单个细胞构成,有性生殖时合子不发育成胚,而直接发育成新的植物体。根据植物的结构和营养方式的不同,将它们分为藻类、菌类、地衣三大类群。

9.2.1.1 藻类

藻类是一群极古老的低等植物,现存有2万多种,其形体有单细胞的、群体的和多细胞的,最小的要在显微镜下才能看见,最大的巨藻则长达100 cm以上。藻类的细胞含有叶绿素,属自养植物,大多数水生,少数陆生;繁殖方式有营养繁殖、无性繁殖和有性繁殖。

藻类植物细胞除含有叶绿素外,还含有藻黄素、藻红素、藻褐素和藻蓝素等,通常根据藻体内所含的色素、细胞的形态、构造、繁殖方式和贮存的养料分成若干门和纲。常见的藻类植物有紫菜、海带(图9-1)、裙带菜等。藻类植物多数要在水生环境中生长,在森林环境较少,因此不多做介绍。

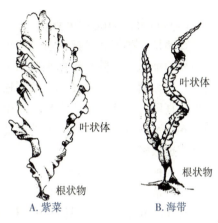

图9-1 紫菜与海带

9.2.1.2 菌类

菌类是一群古老的低等植物。菌类植物体不含叶绿素,除极少数细菌外都不能进行光合作用,生活方式为异养,根据体内细胞的形态、构造、繁殖方式和贮存的养料分成等区别,可分为细菌门、黏菌门和真菌门。

(1)细菌门 Bacteriophyta

细菌是一类原始的、微小的单细胞植物,结构简单,没有真正的细胞核,大小通常在1 μm左右。根据细菌的形态(图9-2)可以分为球菌、杆菌、螺旋菌及放线菌几类。外形有时可随环境的变化而改变,例如根瘤菌可以由杆状变为椭圆形;有许多细菌在生活史中的一个时期生有鞭毛,能运动。细菌通常以裂殖的方式进行繁殖,细菌裂殖的速度极快,当菌体长到一定程度后,细胞中部向内凹入,原生质被向内生长的新壁分裂成为两个细菌。细菌分布广泛,地球上几乎到处都有。在自然界物质循环中,细菌起着十分重要的作用,例如,细菌的活动使动植物遗体腐烂分解,森林下的枯枝落叶经细菌分解变成腐殖质,使复杂的有机物分解成无机物而重新为植物所利用。细菌可以被人类利用,例如,利用根瘤菌和其他固氮菌的固氮作用,用来制造细菌肥料,提高土壤肥力,促进植物生长。利用细菌制造药物、乙醇、乳酸、乙酸和其他工业产品等。细菌也有对人类有害的一面,如不少细菌能使人

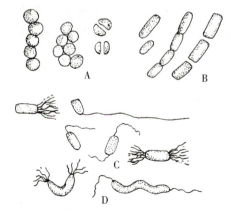

A. 球菌; B. 杆菌; C. 带鞭毛杆菌; D. 弧菌及螺旋菌。

图9-2 细菌的形态

和动物、植物致病,或使蔬菜、水果、肉类腐烂等。人们正致力于开发利用细菌有益的一面,控制和转化其有害的方面,使之更好地服务于人类。由于细菌没有真正的细胞核,特征上与其他植物类群存在差异,因此有些生物学家将它们与其他原核生物划归为微生物界。

(2) 真菌门 Eumycophyta

真菌是一类不含叶绿体和色素的异养植物,其植物体比细菌大,细胞结构比较完善,有明显的细胞核,除少数单细胞的种类外,大多数营养体是由一些分枝或不分枝的丝状体构成,称为菌丝体。菌丝体有的疏松如网,有的紧密坚硬如木。贮藏的营养物质为肝糖和脂肪。真菌的生活方式为寄生、腐生或共生。真菌的繁殖方式多种多样,可由菌丝断裂进行营养繁殖;或产生各种类型的游动孢子、孢囊孢子、分生孢子进行无性繁殖;有性繁殖的方式也很多样。

真菌种类很多,分布极广,陆地、水中及大气中都有。根据营养体的形态和生殖方法不同,通常分为壶菌纲、接合菌纲、子囊菌纲、担子菌纲和半知菌纲,在森林病害防治课程中有详细介绍,以下只简单介绍几种常见类型:

①接合菌纲 Zygomycetes。最常见为黑根霉属(*Rhizopus*),又称面包霉,多腐生于含淀粉的食品如面包、馒头和其他食物上,这些发霉物体上成层的白色茸毛状物就是它们的菌丝体;也可腐生于食品、蔬菜、水果以及其他有机物上,在高温高湿、通风不良的环境下生长特别快,常引起种实发霉,使之丧失萌芽能力或烂芽,对林业生产有一定影响。

②子囊菌纲 Ascomycetes。已知有4万多种,除酵母菌为单细胞外,都有发达的菌丝体,有性生殖过程中形成子囊,产生子囊孢子,因而称为子囊菌纲。本纲最常见的是青霉属(*Penicillium*),常生长在腐烂的水果、蔬菜、肉类、衣服及皮革等有机物上。青霉属中有些种能分泌抗生素,即青霉素,可用来治疗疾病;有的种类能产生毒素,可使人和动物致病,也可使农林产品腐烂,或引起林木病害。

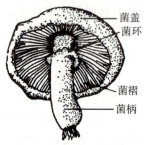

图9-3 真菌(蘑菇的子实体)

③担子菌纲 Basidiomycetes。已知有4万多种,担子菌纲最重要的特征是菌丝为分枝的多细胞,子实体显著,具有伞状(蘑菇)、片状(如木耳)、球状(如马勃)等特殊形状,子实体中产生一种棒状的菌丝,称为担子;担子上长有4个孢子,称为担孢子。担子菌纲常腐生于森林中的朽木败叶上,其中伞菌类植物如蘑菇(图9-3)、香菇、草菇、猴头菇等,是常见味美的食用菌。

真菌在自然界的作用很大,能使林下的枯枝落叶分解为无机物,能与藻类共生成地衣,能与植物根共生成菌根。真菌与人类的关系也很密切,许多真菌可供食用或药用,如木耳、银耳、竹荪、松茸、平菇、冬虫夏草、灵芝、茯苓等均属于真菌。许多真菌则是林木和农作物的病原菌,有的还能使人和动物致病。

9.2.1.3 地衣

地衣是植物界中一类特殊的植物,约25 000种。地衣由藻类和真菌类共生而成。组成地衣的真菌多为子囊菌,少数为担子菌;组成地衣的藻类多是单细胞的绿藻和蓝藻。菌类吸收水分和无机盐供藻类使用，藻类光合作用制造有机物供菌类所需，形成一种共生关系。根据地衣的形态，可分为以下 3 种类型（图 9-4）：

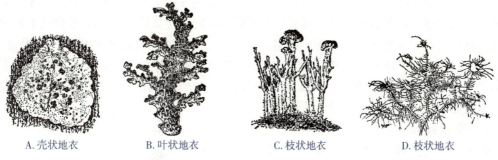

A. 壳状地衣　　　B. 叶状地衣　　　C. 枝状地衣　　　D. 枝状地衣

图 9-4　地衣的类型

①壳状地衣。叶状体成干壳状，紧贴在树皮、岩石或其他植物体上，不易剥落。这种地衣适应力强，种类也多，约占地衣种类的 80%。常见的如文字衣属（*Graphis*）、网衣属（*Lecidea*）等。

②叶状地衣。叶状体呈薄片状的扁平体，其下面的菌丝似假根附着固定在基质上，叶状体边缘有叉状分裂的裂片，易与基质剥离。如生在岩石、树皮上的梅花衣属（*Parmelia*）和石耳属（*Gyrophora*）等。

③枝状地衣。叶状体呈丝状或枝状分枝，有的直立成丛，如石蕊属（*Gladonia*）；有的缠绕着树枝生长，下垂如丝状，如松萝属（*Usnea*）。

地衣通常为营养繁殖，根据叶状体的内部构造，又可分为同层地衣和异层地衣。地衣生长缓慢，分布很广，通常生长在岩石、树皮、土壤上，忍受干旱能力很强。地衣对岩石风化和土壤形成有促进作用，被誉为大自然的拓荒者。有些地衣可提取染料和化学试剂；有的可供药用或食用。

9.2.2　高等植物

高等植物是由原始的低等植物经过长期演化而形成的，是植物界中形态构造和生理功能比较复杂的大类群，其中大多数是陆生植物；除苔藓植物外，都有根、茎、叶和中柱的分化；它们的生殖器官由多细胞构成，卵受精后在母体内发育成胚。高等植物包括苔藓植物、蕨类植物、种子植物三大类群。

高等植物在个体发育周期中，有两个不同的世代：一是无性世代，它的植物体称孢子体，能产生孢子进行无性繁殖；二是有性世代，它的发展过程为由孢子发育成的植物体，称配子体，配子体产生精子和卵细胞进行有性繁殖结合成合子，合子再发育成为孢子体。这两个世代交替出现的现象称为世代交替。高等植物各大类群世代交替表现各不相同，在苔藓植物中，配子体占绝对优势，孢子体以寄生状态存在，依靠配子体供给它所需的养料；在蕨类植物中孢子体比较发达，配子体则退化为原叶体，但仍能独立生活；裸子植物和被子植物的孢子体则更发达，而配子体则更加退化，寄附在孢子体上。这是一种由水生到长期陆生生活的进化标志。

9.2.2.1 苔藓植物门 Bryophyta

苔藓植物是构造最简单的高等植物,一般生长在阴湿的地方,植株矮小,低等种类常呈扁平的叶状体,较高等的类型则有假根和类似茎叶的分化。假根由单个细胞或单列细胞组成,具有固着和少量的吸收作用;类似茎叶的部分,多由薄壁细胞构成,没有维管束。世代交替过程中配子体发达,能独立生活,孢子体寄生在配子体上。由于苔藓植物的生殖器官是多细胞的,雌性生殖器官为颈卵器构造,生活史中有胚出现,所以被归为高等植物。根据植物体的构造,通常分为苔纲和藓纲。

(1) 苔纲 Hepaticae

苔纲植物大多数成叶片状,叫叶状体。叶状体是由1~2层细胞构成,匍匐生长,有背腹之分,中肋一般不明显。下面以地钱(图9-5)为代表说明苔纲的植物特征。地钱属(*Marchantia*)常生长在阴湿的沟边、墙边,叶状体(配子体)深绿色,由多层细胞组成,叉状分枝,雌雄异株,雌株上长雌托,雌托上产生颈卵器;雄株长雄托,雄托顶端着生有多数精子器。颈卵器和精子器都是生殖器官,可以进行有性生殖。地钱雌雄配子体的上表面,有时出现杯状构造,叫作孢芽杯,杯内产生粒状孢芽,孢芽落地后萌发生长为新的地钱。

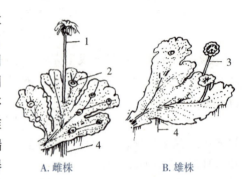

A. 雌株　　B. 雄株

1. 雌托; 2. 孢芽杯; 3. 雄托; 4. 假根。

图9-5　地　钱

(2) 藓纲 Musci

藓纲的植物体通常直立,多数有类似茎叶的分化,茎内具有运输功能的中轴,叶状体的中肋较明显。下面以葫芦藓(*Funaria hygrometrica*)(图9-6)为代表说明藓纲植物的特征。

图9-6　葫芦藓

葫芦藓分布广泛,常见于田野、庭院和路旁,植物体(配子体)矮小直立,有茎叶的分化,基部由假根固着于土壤上,茎上螺旋状着生小叶,叶片由一层细胞构成,具中肋。葫芦藓雌雄同株异枝,精子器和颈卵器分别生长在不同的枝顶,每个精子器生有多个精子,初春,精子借雨水流入颈卵器内与卵细胞受精成合子,合子在颈卵器内发育成胚,胚逐渐发育成孢子体,孢子体以基足寄生在配子体上,吸收养料,上端产生蒴柄和孢蒴,孢蒴成熟时散发出孢子,孢子萌发形成原丝体,由原丝体上的芽发育成新的配子体。

苔藓植物在森林中常繁茂生长,构成厚密的覆盖物,对保持土壤水分,促进岩石的分解和土壤的形成具有重要意义。苗木培养或包装运输,可用苔藓作基质或用来保鲜,还可利用苔藓监测大气污染。

9.2.2.2 蕨类植物门 Pteridophyta

蕨类植物是有维管束分化的孢子植物,其配子体和孢子体各自独立生活。孢子体大而明显，有根、茎、叶及维管束的分化，但维管束结构比较简单，木质部只有管胞，韧皮部只有筛胞，是最原始的维管束植物。

蕨类植物的配子体退化为简单微小的原叶体，直径约为 0.2 cm，多为绿色，具背腹分化的叶状体，在它的腹面生长着多数的精子器和颈卵器；精子有鞭毛，必须在有水的条件下进行受精作用；受精卵在配子体上发育成胚，由胚萌发成新的孢子体。

蕨类植物种类繁多，多为草本状，全世界约有 12 000 种，大多生长在温暖湿润的环境，我国有 2000 多种，为森林下层常见植物。蕨类植物共分 5 纲，以石松纲、木贼纲、真蕨纲植物较为常见。

(1) 石松纲 Lycopodinae

多年生草本状，茎圆形或扁形，多二叉分枝，叶多呈鳞片状，密生于茎上，茎的顶端常生有由变态叶(孢子叶)组成的孢子叶球，孢子叶上产生孢子囊，囊内产生孢子。本纲仅有 2 科 2 属，即石松属和卷柏属，常见种有石松(图 9-7)、地刷子石松、卷柏、江南卷柏等，多生于我国南方森林环境。

(2) 木贼纲 Equisetinae

本纲仅木贼 1 属，多年生草本状，有根状茎和直立的地上茎，地上茎不分枝或轮状分枝，中空有节，表面有纵沟，绿色，能光合作用，叶退化成鳞片状，在节上轮生，基部连合成鞘。孢子叶球生于茎的顶端。本纲常见种有木贼、问荆、节节草(图 9-8)，多生长在河岸、沟边、沼泽地带。

图 9-7 石 松

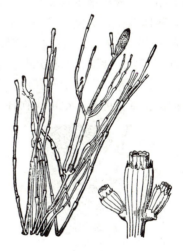

图 9-8 节节草

(3) 真蕨纲 Filicinae

本纲除桫椤科为有主干的树蕨外，都为多年生草本，叶较发达，单叶或复叶，常具羽状裂叶，幼叶拳状卷曲，孢子囊聚生成孢子囊群，生于正常叶或特化叶的下面或叶缘。本纲种类很多，多生长在森林环境，是森林植被中林下草本层的重要组成部分，重要的科有里白科、蕨科、蚌壳蕨科、乌毛蕨科、桫椤科、鳞毛蕨科、水龙骨科等。下面介绍一些我国森林环境常见的真蕨纲植物。

图9-9 芒萁

①芒萁(铁芒萁、芒萁骨)*Dicranopteris dichotomz*(Thunb.) Berth.(图9-9)。里白科草本蕨类,植株高40~120 cm。根状茎细长而横走。叶纸质,下面灰白色,幼时有锈黄色毛,叶柄长24~56 cm,叶轴1~2回或多回分叉,各回分叉的腋间有1个休眠芽,密被茸毛,并有1对叶状苞片,末回羽片长16~23 cm,宽4~5.5 cm,披针形,篦齿状羽裂几达羽轴;裂片全缘。孢子囊群着生于每组侧脉的上侧小脉的中部,在主脉两侧各排1行。广布长江以南各地,多生于海拔1500 m以下山地,耐干旱瘠薄,为荒山绿化先锋,也是林下常见草本蕨类。

②里白 *Hicriopteris glauca*(Thunb.) Ching(图9-10)。里白科草本蕨类,植株高可达2 m。根状茎横走,有鳞片。叶纸质,下面灰白色,沿小羽轴及主脉有疏毛,后变无毛。由休眠的顶芽两侧发出1对2回羽状深裂的张开的大羽片,或顶芽发育成主轴,主轴上再生出顶芽,如此历年连续形成多对侧生羽片;顶芽有密鳞片,并包有1对羽裂的叶状苞片。羽片长55~70 cm或更长,中部宽18~24 cm;小羽片条状披针形,羽状深裂几达小羽轴;裂片长7~10 mm,宽2~3 mm,全缘。孢子囊群生于分叉侧脉的上侧1小脉,在主脉两侧各排成行。广布长江以南各地,多生于海拔1500 m以下林下或沟边。

③金毛狗(黄狗头、金毛狗脊)*Cibotium barometz*(L.) J. Sm.(图9-11)。蚌壳蕨科大型蕨类,高1~3 m。根状茎粗壮而平卧,密生金黄色或棕黄色节状长毛,形如伏地的金毛狗头。叶簇生茎顶端;叶柄长1~2 m,基部粗约2 cm,棕褐色,基部被一大丛垫状的金黄色长毛,有光泽;叶片大,3回羽状深裂,羽片约10对,末回裂片镰状披针形,边缘具浅齿,薄革质,互生;叶轴、羽轴光滑,小羽轴疏生褐色短毛。孢子囊群生于小脉顶端;囊群盖两瓣,形如蚌壳。广布于长江以南各地,生于海拔1500 m以下山地阔叶林下。根状茎如金毛狗头,奇异可爱,也可代狗脊药用。为国家二级重点保护植物。

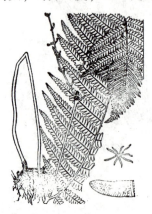

图9-10 里 白

图9-11 金毛狗

④蕨(蕨菜)*Pteridium aquilinum var. latiusculum*(Desv.) Undrew.(图9-12)。凤尾蕨科多年生落叶草本,高可达1 m以上。根状茎黑色,具锈黄色茸毛。叶远生,近革质,小羽轴或主脉下面有疏毛,3回羽状或4回羽裂。羽片约10对,基部1对最大;末回小羽片矩圆

形。上面无毛,下面多少被柔毛。叶脉分离,孢子囊群线形,沿叶缘生于连结小脉顶端的1条边脉上;囊群盖由膜质叶边反折形成。广布全国各地,多生于林缘、荒地、荒坡及低丘陵,能自成群落。幼叶可作蔬菜,称为"蕨菜";根状茎富含淀粉,可提取蕨粉食用。

⑤狗脊蕨(狗脊、贯众) *Woodwardia japonica* (L. f.) Sm. (图9-13)。乌毛蕨科草本蕨类,植株高30~90 cm。根状茎粗短,密生红棕色披针形大鳞片。叶簇生;叶柄长30~50 cm,浅绿色,基部以上到叶轴有同样而较小的鳞片;叶片矩圆形,厚纸质,长40~80 cm,宽24~35 cm,2回羽裂;下部羽片长11~20 cm,宽2~3 cm,羽裂1/2或略深;边缘具短锯齿。孢子囊群长形,生于主脉两侧相对的网脉上;囊群盖长肾形,开向主脉。广布长江以南各地,向西南到云南。多生于疏林下,为酸性土指示植物。

图9-12 蕨

图9-13 狗脊蕨

⑥桫椤(刺桫椤、树蕨) *Alsophila spinulosa* (Wall. ex Hook.) Tryon(图9-14)。桫椤科多年生常绿树蕨,主干圆柱形,通常不分枝,高可达8 m,胸径粗10~30 cm。叶顶生;叶柄和叶轴粗壮,深棕色,具皮刺,叶柄基部密被鳞片,鳞片长达2 cm,宽达1.5 mm;叶片大,长圆形,长达3 m,宽达1 m,3回羽状深裂;小羽片互生,羽裂几达小羽轴,裂片狭披针形,有疏锯齿,纸质。孢子囊群圆球形,近主脉着生,每侧一行;囊群盖球形,膜质。分布于我国西藏、云南、贵州、四川、江西、福建、广西、广东、海南及台湾等地;多生于海拔800 m以下山沟边林下。桫椤是现今仅存的少数木本蕨类植物,起源古老,目前野生的数量已很稀少,为国家二级重点保护植物。

图9-14 桫椤

⑦贯众 *Cyrtomiun fortunei* J. Sm.(图9-15)。鳞毛蕨科草本蕨类。植株高30~90 cm,根状茎短,连同叶柄基部有密的阔卵状披针形黑褐色大鳞片。叶簇生;叶柄长15~25 cm,禾秆色,有疏鳞片;叶片阔披针形或矩圆披针形,纸质,长25~45 cm,宽10~15 cm,单数1回羽状;羽片镰状披针形,基部上侧稍呈耳状凸起,下侧圆楔形,边缘有缺刻状细锯齿。叶脉网状,有内藏小脉1~2条。孢子囊群生于内藏小脉顶端,在主脉两侧各排成不整齐的3~4行。囊群盖圆盾形,全缘。广布华北、西北和长江以南各地。多生于海拔

2300 m 以下林下岩缝或路旁。根状茎药用,能驱虫解毒,治流感。

⑧石韦 Pyrrosia lingua (Thunb.) Farwell(图9-16)。水龙骨科草本蕨类。植株高10~30 cm。根状茎如粗铁丝,长而横走,密生披针形鳞片,叶近二型,远生,革质,上面绿色,下面密被灰棕色星状茸毛,不育叶和能育叶同形或略较短而阔,叶柄基部均有关节;能育叶柄长5~10 cm;叶片披针形至矩圆披针形,长8~18 cm,宽2~5 cm,下面侧脉略凸起。孢子囊群在侧脉间紧密而整齐地排列,无盖。分布于长江以南各地。附生树干或岩石上。药用能清热通淋。

有些蕨类植物还被广泛用于园林观赏,常见种类如鸟巢蕨 Neottopteris nidus (图9-17)、鹿角蕨 Platycerium wallichii 等。

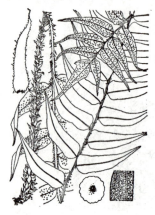
图9-15 贯众

图9-16 石韦

图9-17 鸟巢蕨

9.2.2.3 种子植物门 Spermathophyta

种子植物是地球上种类最多、适应性最强、分布最广、经济价值最大的一类植物,是植物界最进化的一个类群。种子植物最主要特征是能产生种子,受精过程中有花粉管的形成,有性生殖过程中,精子由花粉管输送到胚囊,并与卵细胞结合,不受水的限制;它们的孢子体发达,具有极发达的根系,机械组织和输导组织更加完善,配子体极度简化,在孢子体的孕育下成长发育,使其有利于陆地生活和种族的繁衍。根据种子有无果皮包被,又分为裸子植物亚门和被子植物亚门(也有一些学者和书将其设立为裸子植物门和被子植物门)。

(1)裸子植物亚门 Gymnospermae

裸子植物是界于蕨类植物和被子植物之间的维管束植物,它的孢子体发达,配子体退化,寄生在孢子体上,能形成花粉管、胚、胚乳及种子,具有颈卵器构造,胚珠无子房包被,也无果实形成,种子裸露,因此称为裸子植物。

一般认为裸子植物由蕨类植物进化而来,主要进化特点如下:裸子植物孢子体发达,多为高大乔木,更适应陆生环境;孢子叶球、孢子叶及孢子有大小(雌雄)之分,由它发育成的配子体也具有雌雄之分,而蕨类植物仅有卷柏目有异形孢子。裸子植物的精子由花粉管直接送入颈卵器,不受水的影响;受精后合子发育成胚,有珠被保护发育成种子。

裸子植物发生于古生代,中生代时是全盛时期,由于地球地史变迁,多数已灭绝,现存的裸子植物仅有 12 科约 800 种。大多数是重要用材树种以及生产纤维、树脂、单宁等的重要树种。重要科、属、种类介绍见本书单元 10。

（2）被子植物亚门 Angiospermae

被子植物是地球上种类最多、分布最广、植物界中最进化的类群，其显著的特征是：植物形体多样，木质部有导管和管胞，韧皮部有筛管和伴胞，形成特殊的器官——花，胚珠着生在子房内，无颈卵器，双受精后，胚珠发育成种子，子房发育成果实，种子有果实包被保护。现存的被子植物有 400 余科 20 多万种，分布和用途非常广泛。根据其种子子叶的数目又可分为双子叶植物纲和单子叶植物纲。其重要科、属、种类介绍见本书单元 11。

实训 9-1　植物基本类群的观察与蕨类植物的识别

一、实训目标

进一步了解植物 6 大类群，熟悉藻类植物、菌类植物、地衣植物、苔藓植物、蕨类植物、种子植物 6 大类群的基本特征；学会区别苔藓植物、蕨类植物、种子植物；学习蕨类植物的识别方法，具有现场识别当地重要蕨类植物种类的能力。

二、实训场所

森林植物实验室、植物标本园或树木园。

三、实训形式

每个学生利用所学知识在教师指导下，对实验室的藻类植物、菌类植物、地衣植物、苔藓植物、蕨类植物、种子植物标本和标本园的相关苔藓植物、蕨类植物、种子植物进行观察。

四、实训备品与材料

按组配备：放大镜、立体显微镜各 2 台；本地区藻类植物、菌类植物、地衣植物、苔藓植物、蕨类植物、种子植物等大类群代表性标本，本地区常见蕨类植物腊叶标本各一套；参考书籍。

五、实训内容与方法

①观察植物基本类群特征。观察藻类植物、菌类植物、地衣植物、苔藓植物、蕨类植物、种子植物等大类群代表性标本方面的特点，掌握各大类群的识别特征。

②观察蕨类植物、种子植物生长型及外形特征。观察蕨类植物、裸子植物、被子植物的外观，比较在体形大小、叶形、叶脉、孢子囊、果实、种子等方面各自的特点。

③观察种子植物典型特征。观察裸子植物、被子植物、单子叶植物、双子叶植物当地典型代表种类标本的特征，如叶形、叶脉、花、果、球果、种子等，比较它们之间的区别。

④观察蕨类植物孢子囊群、孢子囊。借助放大镜或实体镜观察蕨类植物一些代表种类标本的孢子囊群、孢子囊分布及构造特点，并加以区别比较。

⑤现场识别。现场识别一些当地的蕨类植物。

六、注意事项

各校可根据当地具体情况对实验材料加以选择，实训内容顺序也可根据需要进行增减或调整。

七、实训报告要求

①归纳整理本次实训所观察到的植物 6 大类群的特征。

②归纳整理本次实训所观察到的蕨类植物识别特征。

9.3　植物标本的采集与制作

植物标本是人们认识、了解、研究全世界或某一国家、某一地区植物的主要依据和基本材料,是开展教学、科研和生产建设的重要凭证和参考资料。千百年来,人们已采集、制作了数以亿计的植物标本,这些标本大多已分别保存在各国、各地的标本馆内,是一笔巨大的科学财富。学习植物标本的采集与制作,也是森林植物课程学习的一个基本知识点。

9.3.1 植物标本的采集

9.3.1.1 植物标本的采集目的

不同的采集目的对植物标本的采集要求有所区别,采集目的大体上可分为普通采集和特殊采集两大类。普通采集是不特定采集地区和种类,如教学实习采集等。特殊采集是为了某种特定的目的而进行的采集,如为了了解某地区的植物分布情况,在该地区进行的全面采集;为了了解植物同环境的关系(如林型、生态调查)所作的采集;为了某种经济目的而进行的采集(如用材树种、药用植物、香料植物调查等)。

9.3.1.2 采集工具和用具

采集时应准备携带的工具和用具有:标本夹、吸水纸、绳索、手枝剪、高枝剪、手锯、镐、铲、采集箱、采集袋、钢卷尺、野外记录表、号签、野外防护用品等。有条件尽可能带上望远镜、海拔仪、GPS 和照相设备。野外记录表和号签可按以下样式设计。

| 采集人：_____ |
| 采集号：_____ |
| 采集地点：_____ |
| 采集时间：_____ |

号签式样

野外采集记录表

采集人_____ 采集号_____
日期_____ 年_____ 月_____ 日
采集地点_____
生长环境_____
海拔_____
性状_____ 高_____ m 胸径_____ cm
叶颜色_____ 质地_____
花颜色_____ 质地_____
果颜色_____ 质地_____
地方名_____ 科名_____
学名_____
用途_____
附记_____
标本采集份数_____

野外采集记录表式样

9.3.1.3 采集要点

植物标本采集时要注意以下事项。

①注意标本采集部位，用标本鉴定植物种类时，花果形态是主要的，所以要采集有研究和保存价值的标本必须采集带有花果的部位，最好两者必有其一。要采带花果的标本有时还需要熟悉和掌握好植物的开花结果季节。

②注意采集标本的大小，木本植物应选有花或果而其叶片较完整的枝条剪下，其长度以25～30 cm，宽15～25 cm为宜，特大型叶子或复叶过长或过宽的，可加以折叠至合适长宽，果、叶太多时可以适当疏去一部分。采集草本植物时，矮草要连根拔起或挖出，把它折成"N"字形后压制，或剪成几段压制。太粗太高的，可以剪取上段带花或果的部分，下段带根的部分，中间切一小段带一个叶子，三段合并成一份标本，但一定要把全草高度记下来。

③注意某些植物的特异习性，如有一些树木是先开花后长叶的，这就要在开花时采一次，做好树木记号，等到叶子长好时再补采一次，注明与另一份标本的联系。有的树木或草本是雌雄异株的（雌花和雄花分别长在不同植株上，如柳树），就要分别加以采集，而且要注意不要搞错了种。有的植物同一株上有异形叶，如繁殖叶和营养叶、或基生叶和上部叶片不同型，要一起采来，压在同一份标本里。

④竹类植物不易采到花果，通常需采集一段较完整的枝叶，一段根状茎和一些笋箨，并详细记录其根状茎性状、笋的性状和笋期，如有花果时仍须尽量采制标本。

⑤棕榈类因叶片和花序巨大，采集压制有困难，只能采集叶和花序的一部分，若叶柄有刺也须采压，更重要的是作详细记载，记载内容有树的高度、大小，叶的大小，羽叶或裂叶的数目，花序的长度和着生位置等，有条件尽量补上照片。

⑥野外采集应有现场记录，记录的内容参照专门的记录表格式填写，但其中有几项最为重要，如植物的当地土名、用途、生态环境、植物花果颜色、形状、质地、气味等，应现场记载清楚。

⑦采集记录同时要按种编号，号码写在号签小纸牌上，用线栓在标本上，其号数与野外记录本上的号码应一致，不得重复，便于查找和引证标本。

9.3.2 植物标本的制作

9.3.2.1 标本处理

采集的标本起初是湿的，要把它放在标本夹中用吸水纸吸干，要使标本完美，水要尽快吸干，要勤换纸，刚采回的新鲜标本，前3天每天要换纸2～3次，以后每天至少换1次。换下来的湿纸及时晾干或烘干，以备替换使用。换纸时注意检查花瓣、叶片有无皱折，如果皱折，要拉平整，并有意留折几片反面叶子。

标本压干后，通常要进行消毒，因为植物体上往往有虫子或虫卵，不消毒会被虫子蛀食破坏，消毒方法常用气熏或升汞水浸泡。消毒时要注意安全，消毒后即可装帧。

9.3.2.2 装帧

装帧是把标本装钉在台纸上，台纸是用厚纸板裁割或由白纸裱糊加厚而成，大小一般为长 40 cm，宽 30 cm。将消过毒的标本放在台纸上，按右上向左下斜向或中部摆好合适位置，不要让标本太靠纸缘，如果枝叶太大或花果过密时，可疏剪去一些，然后在台纸上选择标本需固定的必要部位，用刻刀刻开小口，将小纸条穿过小口粘贴固定，粘贴好后，在台纸的左上角贴上抄下来的野外采集记录表，在台纸的右下角贴上定名签，这些标本就算制作完成，可收存或送去研究鉴定。

9.3.3 特殊标本的处理和制作

有些植物如百合科的野葱和百合等，地下鳞茎生命力强，在普通吸水纸压制过程中还会萌芽，需要先把其鳞茎放在开水里煮几分钟，然后再压。马齿苋、景天之类的肉质茎叶植物，还有一部分容易掉叶和掉花的植物也可以用上法处理。一些带球果的标本，如云杉、油松等，可待其干燥后托以棉花放入标本盒中。树皮标本可干燥后钉、贴于薄板上，消毒后存于塑料袋中。

9.3.4 浸液标本的处理和制作

有许多水果和带肉质果标本，如葡萄、苹果等，果实不好压制，可以用浸制的方法，处理程序为：清洗标本，放入浸液瓶中，药液应浸没标本，蜡封瓶盖，贴上标签。普通浸制用 70% 乙醇溶液或 5%～10% 甲醛溶液浸制保存即可。若有特殊需要，还可采用如下不同的药液配方和处理方法：

(1) 保存绿色浸制法

醋酸铜粉末加入 50% 冰醋酸中，渐至饱和。将饱和液加清水 1∶4 稀释，加热至 85 ℃，放入标本，少时标本变黄绿色或褐色，继而转绿，重现原有色泽。10～30 min 后，将标本取出，用水清洗，放入 50% 甲醛溶液保存。

(2) 保存红色浸制法

先放 1% 甲醛 0.08% 硼酸中浸 1～3 d，标本由红转褐，取出清水洗净，置入 1%～2% 亚硫酸及 0.2% 硼酸溶液中即可。如仍发绿可加少量硫酸铜。

(3) 保存黄色、绿色浸制法

亚硫酸、95% 乙醇溶液各 568 mL，加水 4500 mL，混合使用。

9.3.5 其他制作方法

由于科学水平的提高，一些新材料新方法也已在植物标本制作中应用，如硅胶包埋、塑封、有机玻璃、聚酯塑料灌注、乳胶涂制、除氧保鲜等等，可根据需要和可能选择进行，这里不作详细介绍。

单元9　植物分类的方法

实训 9-2　植物标本的采集与制作

一、实训目标

进一步了解植物标本采集和制作的基本环节和步骤；熟悉植物标本采集和制作的基本步骤，学会本采集和制作植物腊叶标本。

二、实训场所

森林植物实验室、植物标本园或树木园。

三、实训形式

每个学生利用所学知识在教师指导下，学习植物腊叶标本采集、制作的过程和技术要点。

四、实训备品与材料

每4人一组，每组配备：标本夹、吸水纸、绳索、手枝剪、高枝剪、手锯、镐、铲、采集箱、采集袋、钢卷尺、野外记录表、号签等各1套。

五、实训内容与方法

（1）标本的采集

①木本植物采集应选有花或果而其叶片较完整的枝条剪下，再剪取或折叠至合适长宽。

②草本植物采集，矮草要连根拔起或挖出，把它折成"N"字形或剪成儿段压制。

③野外现场记录编号。根据记录表格式填写植物的当地俗称、用途、所处生态环境，以及植物花果颜色、形状、质地、气味等并编号，再用线把号牌栓在标本上。

（2）标本的压制

放平标本夹，一层吸水纸放一层标本，叶片拉整平，并有意留折几片反面叶子。压完后用绳子绑紧。

（3）标本的装帧

将消过毒的干标本放在台纸上，按右上向左下斜向或中部摆好合适位置，然后在台纸上选择标本需固定的必要部位，用刻刀刻开小口，将小纸条穿过小口粘贴固定，粘贴好后，在台纸的左上角贴上野外采集记录表，在台纸的右下角贴上定名签。

（4）浸液标本

配制5%~10%甲醛溶液倒入浸液瓶，将肉质果标本如葡萄或苹果等清洗一下，放入浸液瓶中，使药液浸没标本，蜡封瓶盖，贴上标签。

六、注意事项

实验材料、地点各校可根据当地具体情况加以选择，实训内容顺序也可根据需要进行增减或调整。

七、实训报告要求

归纳整理植物腊叶标本的采集与制作的基本要点。

拓展知识 9

当代植物分类方法的发展

植物分类学是根据植物的特征和植物间的亲缘关系、演化顺序，对植物进行分类，并在研究的基础上建立和逐步完善植物各级类群的进化系统的科学。20世纪50年代以来，随着其他学科的发展，已产生植物化学分类学、植物细胞分类学、植物超微结构分类学和植物数量分类学等进一步细化的分支学科；尤其是80年代后期发展起来的分子系统学，为植物的系统发育研究提供了新的手段。现代植物分类学主要在以下一些方面有着比较大的突破：

（1）植物超微结构分类学

自从电子显微镜发明以来，电子显微镜技术已广泛用于植物种子、果实、花粉粒、叶表面微观性状的观察探测，如用扫描电镜来观察花粉粒表面、种子(纹饰)、叶表面(气

— 251 —

孔，毛被）等的区别特征；用透射电镜来显示筛板分子质体的不同类型，对植物分类学都有很大的价值。研究者对木通科和大血藤科两个近缘科种子电镜扫描的结果表明：两科种皮雕纹区别很大，木通科的木通属（Akebia）、八月瓜属（Holboellia）、野木瓜属（Stauntonia）种皮纹饰为条纹状，属同一类型；而猫儿屎属（Decaisnea）和串果藤属（Sinofranchetia）种皮形态特殊，属于不同类型，从而与其孤立的分类地位表现一致。本克（Bennke）用透射电镜来探测筛板分子质体，发现质体有两大类：S 型积累淀粉、P 型积累蛋白质或蛋白质和淀粉，这种方法已成功地用于石竹类群和被子植物的分类。

（2）植物孢粉分类学

孢粉学是以花粉和孢子为研究对象。扫描电子显微镜的发明，使许多分类学家可以借助扫描电子显微镜来观察各类植物的花粉和孢子，获得花粉在分类上的有用证据，花粉性状包括花粉壁形态、极性、对称性、形状和花粉粒的大小。一般认为被子植物中单沟花粉粒是原始的，三沟花粉粒是进化的。通过对金缕梅科花粉形态的研究表明，枫香属（Liquidambar）和蕈树属（Altingia）的花粉是多孔的，而该科其他属的花粉则为三沟型，研究者结合解剖学资料建议把这二属从金缕梅科分出来另立阿丁枫科（Altingiaceae），这种观点已被一些分类家所采纳。而通过对壳斗科花粉研究发现，该科花粉类型可分为 4 类：①水青冈属（Fagus）花粉球形，具 3(4) 孔沟，表面有网状或脑纹状纹饰；②栎属（Quercus）和青冈栎属（Cyclobalanopsis）花粉长球形，具 3 孔沟或 3 沟，纹饰颗粒状；③栗属（Castanea）、栲属（Castanopsis）和石栎属（Lithocarpus）的花粉长球形或狭长球形，具 3 孔沟或线条状假沟，纹饰模糊；④三棱栎属（Trigonobalanus）花粉近三棱球形，萌发孔在赤道区明显突出，孔区外壁加厚，纹饰为颗粒——拟网状，性状属古老类型。此项研究表明，壳斗科各属形态性状与花粉形态表现具有一致性。

（3）植物化学分类学

利用植物化学成分用于植物分类称为化学分类学，因为植物亲缘关系相近的类群（科、属、种或目）必然有类似的化学成分和产物，反过来又可以根据植物体内的化学成分和化学产物来研究植物类群分类的合理性。许多具有分类学基础的人都会注意到某些科属具有某种化学物质，如五加科、伞形花科、防己科、桔梗科多产药用植物；八角科、大戟科、商陆科、马钱科、毛茛科、天南星科、罂粟科常具有毒植物；樟科、芸香科、唇形科则多产香精植物。对分类有意义的化学物质和性状有针晶体、生物碱、黄酮类、萜烯类、蛋白质。一些科常含有特定的生物碱，如罂粟科含有鸦片碱在内的异喹啉生物碱，豆科常具有羽扇豆碱，茄科含独特的莨菪烷类衍生物。植物化学家从单子叶植物和双子叶植物毛茛科和睡莲目植物的生物碱、甾体化合物、三萜化合物、氰甙和脂肪酸等 5 类化学成分的比较分析结果认为，毛茛科与百合科有密切的亲缘关系，因而提出单子叶植物毛茛—百合起源论点，不同意塔赫他间的莼菜—泽泻起源论。植物化学家还根据生物碱成分的研究，论证了三尖杉科的分类地位及三尖杉属内种间关系。研究结果表明：三尖杉科含有特有的粗榧碱和刺桐类生物碱，而与之亲缘密切的红豆杉科则含紫杉类生物碱，二者产生的化学途径迥异，故支持三尖杉属独立为科。

（4）植物细胞分类学

将染色体性状用于分类称为细胞分类学，因为染色性状稳定，同时是遗传的重要部位,从而受到分类学的重视。据统计,现有全部种子植物15%~20%的种的染色体数目已经查明或核实。染色体在分类上的意义主要是染色体数目和染色体的形态结构,后者也称为染色体组型。染色体基数为x,单倍体为$n=x$,2倍体为$2n=2x$,4倍体为$2n=4x$,6倍体为$2n=6x$。被子植物单倍体染色体变幅为$n=2$到$n=132$。多数为$n=7$和$n=12$。染色体资料对检验形态学分类成果起了相当的作用。如牡丹属(Paeonia)原置于毛茛科中,但此属有若干特征是与该科一般特征不同的,后发现牡丹属的染色$x=5$,而该科其他属$x=6$~10、13,终于将牡丹属单独成之牡丹科,并认为它与五桠果科接近。

(5) 植物分子系统分类学

由于现代科学的发展,人们对生物的研究已达到分子的水平。尤其近30年来人类在生物大分子(核酸、蛋白质)结构以及基因结构和功能的研究方面取得了大的突破,一些植物学家纷纷把这种技术应用到植物分类学上,利用基因、DNA检测手段来研究和揭示植物分类群在核酸、蛋白质等分子结构和功能方面的异同,从而对一些疑难或有争议的植物分类群进行分子水平的分类定位。

此外,还有把计算机技术应用于植物分类的植物数量分类学等。

在科学发展已经处于日新月异的今天,科学的进步、技术的创新和知识的积累,使得当代植物分类学从传统的方式进入到多学科、多方面的新时代。人们借助形态学、解剖学、细胞学、遗传学、生态学、古植物学、植物地理学、植物化学、分子生物学、计算机等多学科的研究成果,对植物进行各种比较分析,逐步建立起现代的、科学的系统分类学。

但人类对客观世界的认识和了解是无止境的,还需要我们不断去学习,去研究,去发现。

复习思考题

一、名词解释

1. 种;2. 生物学特性;3. 生态学特性;4. 分布区;5. 低等植物;6. 高等植物。

二、填空题

1. 植物分类检索表是根据(　　　)原理编制的。
2. 低等植物根据结构和营养方式不同可分为(　　　)、(　　　)、(　　　)三大类群。
3. 高等植物可分为(　　　)、(　　　)和(　　　)三大类群。
4. 地衣是(　　　)和(　　　)的共生体。
5. 植物分类实际应用时,种以下还根据实际需要,分有(　　　)、(　　　)、(　　　)和(　　　)等单位。

三、选择题

1. 植物分类的基本单位是(　　　)。
   A. 科　　　　　　　B. 属　　　　　　　C. 种
2. 扦插繁殖属于(　　　)。
   A. 实生繁殖　　　　B. 营养繁殖　　　　C. 有性繁殖

3. 具有维管束构造的下列植物是(　　)。
   A. 苔藓　　　　　　B. 地衣　　　　　　C. 蕨类植物
4. 种子植物的植物体应是(　　)。
   A. 孢子体　　　　　B. 配子体　　　　　C. 叶状体
5. 芒萁属于(　　)。
   A. 苔藓植物　　　　B. 蕨类植物　　　　C. 种子植物

四、简答题

1. 我国目前普遍采用的植物自然分类系统有哪些？有什么标志特征？
2. 植物分类的主要等级单位有哪些？举例说明。
3. 植物种的学名由哪几部分组成？有哪些书写要求？举例说明。
4. 低等植物和高等植物主要有哪些区别？
5. 植物界的各基本类群有哪些主要特点？
6. 举例说明植物的主要特性。

单元10 裸子植物识别

知识目标

1. 掌握裸子植物的基本特征；熟悉裸子植物重点科及重要属、种的形态特征、生物学特性。

2. 掌握本地区裸子植物的科及重要属、种的形态特征、分布、生物学特性和主要用途。

技能目标

学会识别本地裸子植物的科及主要属、种。

裸子植物（Gymnospermae）是较原始的种子植物，在进化系统中分属于裸子植物亚门。其胚珠裸露，胚乳在受精前形成，发生发展的历史较悠久，最早的裸子植物发生在4亿年前的古生代泥盆纪，在中生代至新生代普遍分布于当时地球各大陆。现代生存的裸子植物有不少种类出现于第三纪，经历了第四纪冰川时期，随地史气候沧桑变化保存演化繁衍至今。全世界现存的裸子植物分为12（或15）科71属约800种，我国有10科34属约250种，另引入栽培2科8属约50种。

裸子植物有以下主要特征：乔木、灌木，稀为藤本。次生木质部几乎全由管胞组成，稀具导管。叶多为针形、条形、鳞形、刺形，稀为羽状全裂、扇形、椭圆形、披针形或阔叶形。因叶形较窄而常被誉称为针叶树。球花单性，大孢子叶不形成封闭的子房，多数丛生于树干顶端或轴上形成大孢子叶球（雌球花），胚珠裸露，没有子房壁（心皮）包被，不形成果实。种子裸露于种鳞之上，或被发育的假种皮所包，胚具2枚或多枚子叶。裸子植物现存的种类虽少，但森林分布面积却很广，与被子植物大致相当，分布全国各地，多数种类树形高大，材质优良，为重要森林组成树种和造林、用材树种；有的树形美观，为重要的园林绿化观赏树种。本单元选编了我国较为重要的裸子植物9个科加以介绍。

10.1 苏铁科 Cycadaceae

常绿木本植物，茎干圆柱状，在茎干上部常残留叶基。叶螺旋状排列，集生于树干顶部，叶有营养叶与鳞叶2种，营养叶1回或2~3回羽裂，末回羽片1次或多次二叉状深裂，羽片（小叶）多数，具中脉，边缘全缘，叶柄常具刺；鳞叶则短小。雌雄异株，小孢子叶球（雄球花）生树干顶端，中轴上密生螺旋状排列的小孢子叶；小孢子叶背面有多数小孢子囊，内生花粉；大孢子叶生于茎顶鳞叶腋部，上部不育顶片篦齿状分裂或不裂，种子核果状，具有3层种皮。

原苏铁科被称为广义的苏铁科，包含有11属约240种，后被分为苏铁科、蕨铁科（Stangeriaceae）和泽米铁科（Zamiaceae）等3科。本教材的苏铁科仅包含重新分立的苏铁科，共1属60余种，我国有1属17种。

苏铁属 Cycas L.

属特征与科同。

苏铁（铁树、凤尾蕉、凤尾松、避火蕉）*Cycas revoluta* Thunb. (图10-1)

识别特征 常绿棕榈状木本植物，茎高1~8 m。叶1回羽状，长0.5~2.0 m，厚革质而坚硬，羽片条形，长达20 cm，边缘显著反卷。雄球花长圆柱形，小孢子叶木质，密被黄褐色茸毛，背面着生多数药囊；雌球花略呈扁球形，大孢子叶宽卵形，有羽状裂，密被黄褐色绵毛，在下部两侧着生2~4个裸露的直生胚珠。种子卵形而微扁，径2~4 cm，成熟时红色。花期6~8月，种子成熟期12月。

习性分布和用途 产我国南部的福建及台湾等地沿海石山，野生的已难找。现已被广泛栽培。喜暖热湿润气候，不耐寒，生长速度缓慢，寿命可达数百年。树形美观，是优良的园林观赏植物。叶、种子可入药，但有毒。可用播种、分蘖等方法繁殖。

本科在我国南方山地还分布有四川苏铁、华南苏铁、篦齿苏铁、攀枝花苏铁、叉叶苏铁等多种，均可用于园林观赏，并都为国家一级重点保护野生植物。

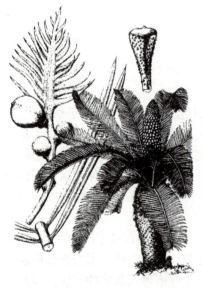

图10-1 苏 铁

10.2 银杏科 Ginkgoaceae

落叶乔木。枝具长短枝。叶扇形，叶脉二叉状，在长枝上螺旋状互生，短枝上簇生。球花单性异株，雄球花柔荑花序状，每雄蕊各具2花药；雌球花有长梗，梗端分2叉，叉端各具1胚珠。种子核果状，外种皮肉质，中种皮骨质，内种皮膜质。

仅1属1种，为我国特产。

银杏属 Ginkgo L.

属特征与科同。

银杏(白果树、公孙树、鸭掌树)*Ginkgo biloba* L.(图10-2)

识别特征 落叶大乔木，高40 m，胸径可达4 m。树皮纵裂。枝叶无毛。叶扇形，上部宽5~8 cm，边缘有缺裂；叶柄长5~8 cm。种子椭圆形，长2.5~3.5 cm，熟时带黄色。花期3~4月，种熟期9~10月。

习性分布和用途 自辽宁南部至华南、西南均有分布或栽培。喜肥沃湿润凉爽环境。各地常见百年以上古树。木材为优质家具材及工艺装饰材，供家具、雕刻、建筑、室内装修等用。种子可食用和药用，叶含多种黄酮类化合物，其提取物可治心脑疾病；树形美观，叶形奇特，为优良绿化观赏树种。国家一级重点保护植物。

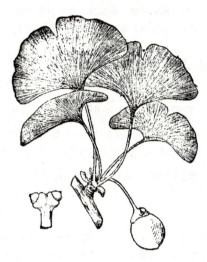

图10-2 银 杏

10.3 松科 Pinaceae

常绿或落叶乔木，稀为灌木。叶形为条形、针形或钻形；叶序螺旋状互生、簇生或束生。球花单性同株；雄球花具多数螺旋状着生雄蕊，每雄蕊各具2花药；雌球花具多数螺旋状着生的珠鳞，每珠鳞腹面具2枚倒生胚珠，珠鳞与苞鳞分离；球果木质或革质，种鳞和苞鳞离生，成熟时宿存或脱落。每种鳞各具种子2，种子常有翅，稀无翅。子叶2~16。

10属约230种，我国共有10属约120种和20多变种(含引种)。分布几遍全国，为重要森林组成树种，也是用材、纤维、松脂及绿化观赏树种。

分 属 检 索 表

1. 叶条形、钻形或针形，均不成束。
  2. 枝条均为长枝，无短枝；叶在长枝上螺旋状着生。
    3. 球果顶生，种鳞宿存。
      4. 球果直立；雄球花簇生枝顶；条形叶中脉两面隆起 ·················· 油杉属
      4. 球果下垂，稀直立；雄球花单生叶腋。
        5. 1年生枝有微隆起的叶枕；叶条形，仅下面有气孔带。
          6. 球果较大，苞鳞伸出种鳞外，先端3裂；叶内具2边生树脂道 ·················· 黄杉属
          6. 球果较小，苞鳞不露出种鳞外，先端2裂或不裂；叶内具1中脉下树脂道 ·················· 铁杉属
        5. 1年生枝有明显隆起的叶枕；叶钻形或条形，四面有气孔带或仅上面有气孔带 ·················· 云杉属

3. 球果腋生，成熟时种鳞脱落；叶条形，上面中脉凹下 ·· 冷杉属
　2. 枝有长短枝之分；叶在长枝上螺旋状着生，短枝上簇生。
　　7. 叶条形，柔软，落叶性；球果当年成熟。
　　　8. 雄球花单生于短枝顶端；种鳞革质，宿存；叶较窄，宽 1.8 mm 以下 ·························· 落叶松属
　　　8. 雄球花簇生于短枝顶端；种鳞木质，脱落；叶较宽，宽 2~4 mm ································ 金钱松属
　　7. 叶针形，坚硬，常绿性；球果翌年成熟 ·· 雪松属
1. 叶针形，2~5 针一束；球果种鳞有鳞盾和鳞脐 ·· 松属

10.3.1　油杉属 *Keteleeria* Carr.

　　常绿乔木。叶条形，螺旋状着生，呈羽状排列，两面中脉隆起，下面有气孔带 2；树脂道 2，边生。雄球花 4~8 簇生枝顶或叶腋；雌球花单生枝顶。球果直立，圆柱形，当年成熟；种鳞木质宿存；种翅与种鳞近等长。

　　约 10 种，均产我国。主要分布长江流域以南。

分 种 检 索 表

1. 叶较宽短，长 1.5~4 cm，宽达 4 mm，先端钝或尖。
　2. 种鳞上部边缘向外卷，上部无凹缺 ·· 铁坚油杉
　2. 种鳞上部边缘向内卷，上部中央常微凹。
　　3. 种鳞宽圆形，上部截圆形；叶上面无气孔线 ·· 油杉
　　3. 种鳞斜方形或斜方状圆形；叶上面有气孔线 ·· 江南油杉
1. 叶较窄长，长达 6 cm，宽 2~3 mm，先端有突起的尖头 ·· 云南油杉

　　(1) 铁坚油杉(铁坚杉) *Keteleeria davidiana* (Bertr.) **Beissn.** (图 10-3)

　　识别特征　常绿乔木，高 50 m。树皮深纵裂。1 年生枝淡黄灰色。叶长 2~5 cm，宽 3~4 mm。球果长 8~21 cm，种鳞卵形或近斜方状卵形，上部边缘向外卷，有微小细齿。花期 4 月，种熟期 10 月。

　　习性分布和用途　产陕西、甘肃、湖北南部至西南地区，喜湿润凉爽山地环境，多生于海拔 500~1500 m 山地，为油杉属中耐寒性最强的种类。木材质地坚硬，供建筑、家具等用。

　　(2) 油杉(松梧、杜松) *Keteleeria fortunei* (Murr.) **Carr.** (图 10-4)

　　识别特征　常绿乔木，高 30 m。树皮深纵裂。1 年生枝黄红色，无毛或被疏毛。叶长 1.2~3 cm，宽 2~4 mm。球果长 6~18 cm，径 5~6.5 cm，种鳞上部宽圆形，上缘微向内曲。种熟期 10 月。

　　习性分布和用途　产浙江、福建及华南地区。喜温暖湿润山地环境，也耐旱，多生于海拔 600 m 以下山地林中。木材供建筑、家具用材；树形美观，做绿化观赏及盆景树种。

　　(3) 江南油杉(浙江油杉) *Keteleeria cyclolepis* Flous.

　　识别特征　常绿乔木，高 20 m，胸径 60 cm。树皮灰褐色，不规则纵裂。叶长 1.5~4 cm，边缘向下卷。球果圆柱形，长 7~15 cm，径 3.5~6 cm，种鳞边缘微向内曲。花期 4~5 月，种熟期 10 月。

— 258 —

习性分布和用途 产浙江、福建、江西、湖南、云南、贵州及华南等地。喜湿润凉爽山地环境，多生于海拔 500~1500 m 山地林中。木材用途同油杉。

(4) 云南油杉 Keteleeria evelyniana Mast.（图 10-5）

识别特征 常绿乔木，高 40 m，胸径 1 m。树皮暗灰褐色，不规则深纵裂。枝粗壮，1 年生枝粉红色至淡红褐色，常有毛。叶长 4~6.5 cm，先端微凸起或钝尖头。球果长 9~20 cm，径 4~6.5 cm；花期 4~5 月，球果期 10 月。

图 10-3 铁坚油杉

图 10-4 油 杉

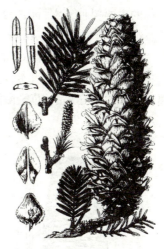
图 10-5 云南油杉

习性分布和用途 产四川、贵州、云南等地；多生于温暖或温凉气候、干湿季节明显地区。木材富含树脂，耐水湿，抗腐性强，供建筑、家具等用。

10.3.2 冷杉属 Abies Mill.

常绿乔木。叶条形，上面中脉凹下，下面有 2 条白色气孔带，螺旋状着生或扭转成 2 列状；树脂道 2，边生或中生；叶柄短，基部膨大呈吸盘状。雌雄球花单生叶腋。球果圆柱形或卵圆形，直立，当年成熟；种鳞木质，排列紧密，成熟时自中轴脱落；种子具宽翅。

约 50 种，我国有 22 种。多分布于高山及寒冷地带，多为耐寒、耐阴树种，常组成大面积纯林，森林蓄积量丰富。木材可供用材、造纸、纤维、树胶等用。以播种繁殖为主。

分 种 检 索 表

1. 叶缘不反卷；树脂道非边生。
   2. 1 年生枝通常无毛；叶先端急尖或渐尖；种鳞扇状横椭圆形 ··· 杉松
   2. 1 年生枝密生柔毛。
      3. 1 年生枝密生淡黄褐色或淡灰褐色毛；种鳞肾形或扇状肾形 ································· 臭冷杉
      3. 1 年生枝密生淡黄灰色毛；种鳞倒三角状扇形 ·· 新疆冷杉
1. 叶缘反卷；树脂道边生。
   4. 1 年生枝的凹槽中疏生短毛；苞鳞具短尖头，微露出或不露出 ································· 冷杉
   4. 1 年生枝无毛；苞鳞先端长尖，明显露出 ·· 日本冷杉

(1) 杉松(辽东冷杉、白松)***Abies holophylla* Maxim.** (图 10-6)

识别特征　常绿乔木，高 40 m。树皮浅纵裂。1 年生枝黄灰色至淡黄褐色，无毛。叶长 2～4 cm，宽 1.5～2.5 mm，叶缘不反卷；球果长 6～14 cm，苞鳞短，不露出。花期 4～5 月，种熟期 10 月。

习性分布和用途　产我国东北地区海拔 500～1200 m 地带，适生于冷凉湿润气候环境。喜生长于土层肥厚的阴坡，在干燥阳坡极少见，耐阴性、抗寒能力较强，为寒温带针阔混交林的主要树种。木材供建筑、家具、造纸等用；也作园林绿化观赏树。

(2) 臭冷杉(臭松)***Abies nephrolepis*(Trautv.) Maxim.** (图 10-7)

识别特征　常绿乔木，高 30 m。树皮幼时有瘤状突起的树脂包，老时长条块状裂。1 年生枝淡黄褐色，密生短柔毛。叶长 1～3 cm，宽约 1.5 mm，先端凹缺或 2 裂。球果成熟时长 4.5～9.5 cm，苞鳞微露出。花期 4～5 月，种熟期 9～10 月。

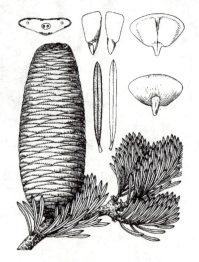

图 10-6　杉　松

图 10-7　臭冷杉

习性分布和用途　产东北、河北、山西等地海拔 800～2000 m 温带山地，喜湿润深厚土壤。常组成纯林。材质较软，木材可做建筑、家具、造纸用材。

(3) 新疆冷杉(西伯利亚冷杉)***Abies sibirica* Ledeb.** (图 10-8)

识别特征　常绿乔木，高 35 m。树皮平滑。1 年生枝淡灰黄色，有光泽；密生细茸毛。叶较窄，长 1.5～4 cm，宽 1.5～2 mm，果枝和主枝上的叶先端尖或钝尖，上面有气孔线 2～6。球果长 5～10 cm，种鳞长大于宽或长宽近相等；苞鳞不露出。花期 5 月，种熟期 9～10 月。

习性分布和用途　产新疆阿尔泰山西北部海拔 1900～2400 m 山地。耐 -40 ℃ 低温。木材用途同臭冷杉。

(4) 冷杉(塔杉)***Abies fabri*(Mast.) Craib** (图 10-9)

识别特征　常绿乔木，高 40 m。树皮薄片状开裂。1 年生枝淡灰黄色，常有疏毛。叶长 1.5～3 cm，边缘微向内卷，先端微凹；树脂道边生。球果长 6～11 cm，苞鳞微露出。花期 5 月，种熟期 10 月。

图 10-8 西伯利亚冷杉

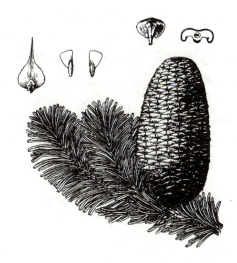
图 10-9 冷　杉

习性分布和用途　产四川中部至南部海拔 2000～4000 m 地带，为耐阴性很强的树种，常组成大面积纯林。产地主要用材树种。材质较软，可供板材及造纸等用。

(5) 日本冷杉 *Abies firma* **Sieb. et Zucc.**（图 10-10）

识别特征　常绿乔木，高 50 m，胸径约 2 m。树皮粗糙或裂成鳞片状。1 年生枝淡灰黄色或暗灰黑色。叶条形，在幼树或徒长枝上叶长 2.5～3.5 cm，端成二叉状，在果枝上叶长 1.5～2.0 cm，先端钝或微凹，叶缘反卷。球果圆筒形，长 7～11 cm，苞鳞具长尖露出，熟时黄褐色或灰褐色。种熟期 10 月。

习性分布和用途　原产日本，我国青岛、庐山、南京、北京及台湾等地引种栽培。耐阴性强，可供用材及园林观赏。

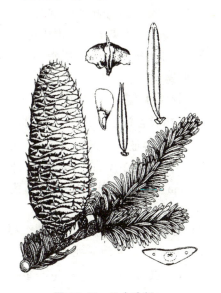
图 10-10　日本冷杉

10.3.3　黄杉属 *Pseudotsuga* Carr.

　　常绿乔木，冬芽无树脂。小枝有叶枕。叶条形，螺旋状着生，排成 2 列，上面中脉凹下，下面中脉隆起，两侧各有 1 条气孔带，树脂道 2，边生。雄球花单生叶腋，雌球花单生枝顶，下垂。球果卵圆形或长卵形，苞鳞明显露出，先端 3 裂。

　　7 种，分布于亚洲和北美洲。我国有 4 种。

黄杉 *Pseudotsuga sinensis* **Dode**（图 10-11）

识别特征　常绿乔木，高 50 m，胸径 1 m。1 年生枝淡黄色或淡黄灰色，2 年生枝灰色，通常主枝无毛，侧枝被灰褐短毛。叶条形，长 1.3~3.0 cm，先端有凹缺，上面绿色或淡绿色，下面有 2 条白色气孔带。球果卵形或椭圆状卵形，种子三角状卵形，种翅较种子为长。花期 4 月，球果 10~11 月成熟。

习性分布和用途 产湖北西部、贵州东北部、湖南西北部及四川东南部；多生于海拔 1500~2000 m 针阔混交林中。我国特有树种，国家二级重点保护植物。

图 10-11 黄 杉

10.3.4 铁杉属 *Tsuga* Carr.

常绿乔木。1 年生枝细，有隆起的叶枕；冬芽无树脂。叶条形，有短柄，排成 2 列，上面中脉凹下，无气孔带，下面中脉隆起，两侧各具 1 灰白色气孔带，树脂道 1，位于维管束下方。雄球花单生叶腋，雌球花单生枝顶。球果种鳞不脱落；苞鳞小，不露出；种子有树脂囊和翅。

我国有 7 种，产秦岭、长江流域以南，可作用材树种。播种繁殖。

(1) 长苞铁杉（贵州杉、铁油杉）*Tsuga longibracteata* Cheng（图 10-12）

识别特征 常绿乔木，高 30 m。树皮纵裂。1 年生枝淡黄褐色或红褐色，光滑无毛。叶长 1~2.4 cm，尖或稍钝，辐射伸展，两面均有气孔带。球果直立，长 2~5.8 cm，种鳞两侧耳状凸出；苞鳞长匙形，先端尖头微露出。花期 3~4 月，种熟期 10 月。

习性分布和用途 产江西、福建、湖南、广东、广西、贵州等地；多生于海拔 500~2000 m 山地，常组成纯林或混交林。木材纹理直，结构略粗，供建筑、家具等用。

(2) 铁杉（假花板）*Tsuga chinensis*（Franch.）**Pritz.**（图 10-13）

识别特征 常绿乔木，高 50 m。树皮纵裂。1 年生枝淡灰黄色；叶枕凹槽内有短毛。叶长 1.2~2.7 cm，先端有凹缺，仅下面有气孔带。球果长 1.5~2.5 cm；种鳞微向内曲；苞鳞不露出。种熟期 10 月。

习性分布和用途 产甘肃、陕西、河南、湖北、四川、贵州等地。木材坚实，纹理直，尤耐水湿，可供建筑、家具及造纸等用。

(3) 南方铁杉 *Tsuga chinensis* var. *tchekiangensis*（Flous）Cheng

与原种区别：叶较短，长 0.8~1.7 cm，下面气孔带白色。球果种鳞圆楔形或方圆楔形。

产安徽、江西、福建、广东、广西等地；多生于海拔 1400~2000 m 山地，常组成纯林或混交林。用途同铁杉。

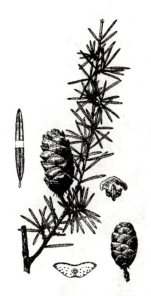
图 10-12 长苞铁杉

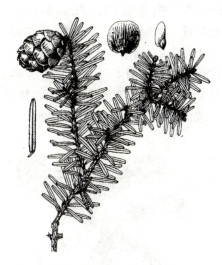
图 10-13 铁 杉

10.3.5 云杉属 *Picea* Dietr.

常绿乔木。枝条轮生，1年生枝具木钉状叶枕，基部芽鳞宿存。叶四棱形或钻状四棱形，四面均有气孔线，或叶为条形，中脉两面隆起，上面有气孔线。雄球花单生叶腋，雌球花单生枝顶。球果下垂或近斜垂；种鳞革质，宿存；苞鳞极小或退化；种子有翅。

约 35 种，我国有约 22 种，多数分布于高山或高寒地带，组成纯林或针阔混交林。性较耐阴，材质优良，树姿优美，可供用材、造纸和绿化观赏用。播种繁殖。

分 种 检 索 表

1. 叶横切面扁平，下面无气孔线，上面有白色气孔带 2。
    2. 冬芽圆锥形或卵状圆锥形；小枝不下垂 ……………………………………………… 鱼鳞云杉
    2. 冬芽卵圆形或扁卵圆形；侧枝细而下垂 ………………………………………… 麦吊云杉
1. 叶横切面四棱形，四面均有气孔线。
    3. 1年生枝色较浅，淡黄绿色；常无毛或偶有疏毛 …………………………………… 青杆
    3. 1年生枝色较深，呈褐色、红褐色或淡褐黄色，稀色较浅，常被毛。
        4. 叶先端尖或锐尖 ……………………………………………………………… 红皮云杉
        4. 叶先端微钝或钝 …………………………………………………………………… 白杆

(1) 鱼鳞云杉（鱼鳞松）*Picea jezoensis* Carr. var. *microsperma* (Lindl.) Cheng et L. K. Fu（图10-14）

识别特征 常绿乔木，高 50 m。树皮鳞片状开裂。1年生枝黄褐色。叶扁平条形，长 1~2 cm，先端钝，上面有白色气孔带 2，球果长 4~6(9) cm，种鳞排列疏松。花期 5 月下旬，种熟期 9~10 月。

习性分布和用途 产东北大兴安岭、小兴安岭及松花江中下游地区海拔 300~800 m 地

带。寿命长、耐寒力强,为东北林区重要用材和造纸工业原料树种。

(2) 麦吊云杉(垂枝云杉)*Picea brachytyla*(Franch.)**Pritz.**(图10-15)

识别特征 常绿乔木,高30 m。树皮块状开裂。1年生枝淡黄或淡褐黄色,细而下垂。叶长1~2 cm,扁平,先端尖或微尖,上面有气孔带2。球果长6~12 cm,种鳞倒卵形或斜方状倒卵形。花期4~5月,种熟期9~10月。

习性分布和用途 产河南、陕西、甘肃、湖北、四川等地,多生于海拔1500~3500 m山地,组成纯林或混交林。为当地主要国土绿化树种和造纸工业原料树种。

图10-14 鱼鳞云杉

图10-15 麦吊云杉

(3) 青杄(细叶云杉)*Picea wilsonii* **Mast.**(图10-16)

识别特征 常绿乔木,高50 m。树皮鳞片状脱落。1年生枝灰白色,较纤细。叶长0.8~1.3(1.8)cm,先端尖,横切面四棱形。球果长5~8 cm,种鳞倒卵形,先端圆或急尖。花期4月,种熟期10月。

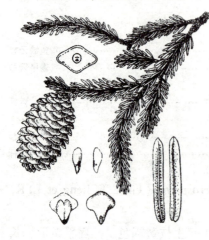

习性分布和用途 产内蒙古、河北、山西、甘肃、青海、陕西、四川、湖北等地海拔1600~2000 m山地,为本属中分布较广的树种之一,分布区常用于人工造林。

(4) 红皮云杉(红皮臭、虎尾松)*Picea koraiensis* **Nakai**(图10-17)

识别特征 常绿乔木,高30 m以上。1年生枝淡黄褐色或红褐色。叶长1.2~2.2 cm,先端尖,横切面四棱形;球果长5~8(15)cm,种鳞倒卵形或三角状倒卵形。花期5~6月,种熟期9~10月。

习性分布和用途 产东北及内蒙古地区山地。为东北地区重要用材、造林和园林绿化观赏树种。木材主要用作造纸工业原料。

图10-16 青 杄

(5) 白杆 *Picea meyeri* Rehd. et Wils.（图 10-18）

识别特征 常绿乔木，高 30 m，胸径约 60 cm；树冠狭圆锥形。树皮灰色，不规则鳞片状剥落。大枝平展，1 年生枝黄褐色，有疏或密的短毛。叶四棱状条形，横断面菱形，长 1.3~3 cm，宽约 2 mm，弯曲，呈粉状青绿色，四面有气孔线，先端钝。球果长圆状圆柱形，长 5~9 cm，径 2.5~3.5 cm；种鳞倒卵形，先端圆而有不明显锯齿，种子长 4~5 mm，连翅长 1.2~1.6 cm。花期 4~5 月，球果 9~10 月成熟。

习性分布和用途 产山西、河北、陕西等地，多生于海拔 1500~2700 m 山地。材质轻软，可供建筑及造纸等用。也可用作园林风景树。

图 10-17　红皮云杉

图 10-18　白　杆

10.3.6　落叶松属 *Larix* Mill.

落叶乔木。具长枝和短枝。叶条形，细软，在长枝上螺旋状着生，短枝上簇生。雌雄球花各单生于短枝顶端。球果当年成熟，直立，种鳞革质，宿存；苞鳞短小，不露出；种子具长翅。

约 15 种，我国有 10 种，另引入 2 种。分布于东北、华北、西北、西南高山及高寒地带，常组成纯林或与其他树种混生，喜光耐寒，为产区主要用材树种。

分 种 检 索 表

1. 球果种鳞上部边缘不向外反卷；1 年生枝无白粉。
    2. 中部的种鳞长宽近相等，近圆形或四方状宽卵形 ··· 黄花落叶松
    2. 中部的种鳞长大于宽。
        3. 1 年生枝较细，径约 1 mm；球果上部的种鳞熟时张开 ····································· 落叶松
        3. 1 年生枝较粗，径 1.4~2.5 mm；球果上部种鳞成熟时不张开或微张开 ············· 华北落叶松
1. 球果种鳞上部边缘向外反卷；1 年生枝被白粉 ·· 日本落叶松

(1) 落叶松(兴安落叶松、意气松)*Larix gmelini*(Rupr.)**Rupr.**(图10-19)

识别特征 落叶乔木,高35 m。树皮鳞片状剥落,内皮呈紫红色。1年生长枝淡黄褐色,径约1 mm,有散毛;短枝顶端有柔毛。叶倒披针状条形,长1.5~3 cm,宽不足1 mm。球果长1~3 cm,种鳞14~30,熟后张开;苞鳞长不及种鳞的1/2。花期5月,种熟期9月。

习性分布和用途 产东北大、小兴安岭海拔300~1700 m山地,常组成大面积纯林或混交林,为东北林区的主要森林树种。木材纹理直,结构细致,可用于造纸等用。

(2) 黄花落叶松(长白落叶松)*Larix olgensis* Henry(图10-20)

识别特征 落叶乔木,高30 m。树皮纵裂,内皮呈紫红色。1年生枝有散生长毛。叶长1.5~2.5 cm,宽约1 mm。球果长1.5~2.6(4.5)cm;种鳞16~40,排列紧密不张开。花期5月,种熟期9~10月。

习性分布和用途 产东北长白山及老爷岭山地海拔500~1800 m的湿润山坡及沼泽地区。

图10-19 落叶松

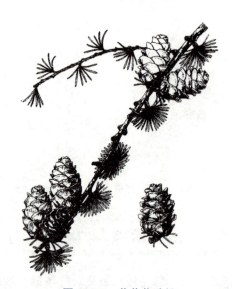

图10-20 黄花落叶松

(3) 华北落叶松 *Larix principis-rupprechtii* **Mayr**(图10-21)

识别特征 落叶乔木,高30 m。树皮纵裂。1年生枝有毛,后脱落,有白粉。叶长1.5~3 cm,宽约1 mm。球果长2~4 cm,种鳞26~45,排列紧密,熟时不张开。花期5月,种熟期10月。

习性分布和用途 产华北地区、辽宁、内蒙古南部400~2800 m山地,可形成小片纯林或混交林。可作为华北高山地区造林绿化树种。

(4) 日本落叶松 *Larix kaempferi*(Lamb.)**Carr.**(图10-22)

识别特征 落叶乔木,高30 m。树皮鳞状块片脱落。1年生枝被白粉。叶倒披针状条形,长1.5~3.5 cm,宽1~2 mm。球果广卵形或椭圆状卵形,长2~3.5 cm,种鳞45~65,排列紧密,熟时上部边缘常向外反卷,背面有疣状突起。花期4~5月,种熟期10月。

图 10-21 华北落叶松

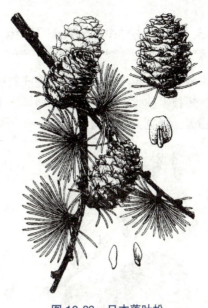

图 10-22 日本落叶松

习性分布和用途 原产日本。我国东北、华北、西北及中西部地区均有引栽，生长良好。

10.3.7 金钱松属 *Pseudolarix* Gord.

落叶乔木，树干端直。树枝有长枝和短枝。叶条形，柔软，在长枝上螺旋状散生，在短枝上簇生。雄球花簇生于短枝顶端；雌球花单生于短枝顶端。球果种鳞木质，熟时脱落；苞鳞小；种子有树脂囊，上部有宽大种翅。

仅1种，我国特产。播种繁殖。

金钱松（金松）*Pseudolarix amabilis* (Nels.) Rehd.（图 10-23）

识别特征 落叶乔木，高 40 m。树皮深裂成鳞块状。大枝平展。叶长 2~6 cm，宽 1.8~4 mm，球果长 6~8 cm，径 4~5 cm；种鳞卵状三角形，上部渐窄，先端凹缺。花期 4~5 月，种熟期 10 月。

习性分布和用途 产长江中下游以南海拔 1500 m 以下山地。木材供建筑、家具等用；树姿优美，春叶翠绿，秋叶金黄，为世界著名优良庭园观赏树种。根皮可药用。国家二级重点保护植物。

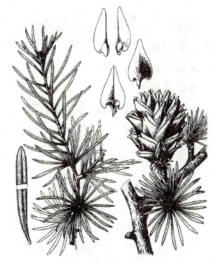

图 10-23 金钱松

10.3.8 雪松属 *Cedrus* Trew

常绿乔木，树干直。大枝平展或斜展，有长枝和短枝。叶针形坚硬，在长枝上螺旋状散生，短枝上簇生。雌雄球花分别单生于短枝顶端；球果翌年成熟；种鳞木质脱落；种子有树脂囊，具宽大膜质翅。

我国引栽 3 种。为优良园林观赏树种。播种或扦插繁殖。

雪松（喜马拉雅雪松）*Cedrus deodara*（Roxb.）G. Don.（图 10-24）

识别特征 常绿乔木，高 70 m，树皮鳞块状裂；树冠塔形。针叶长 2~5 cm，径 1~1.5 mm，幼时具白粉。球果卵球形，长 7~12 cm，径 5~9 cm；种鳞宽大，扇状倒三角形，背面密生锈色短茸毛；种子连翅长 2.2~3.7 cm。花期 10~11 月，种熟期翌年 10 月。

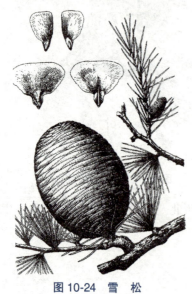

图 10-24 雪 松

习性分布和用途 产喜马拉雅山海拔 1200~3300 m 地带。木材供建筑、家具等用；树姿挺拔苍翠，为世界著名园林绿化观赏树种。我国辽宁以南、四川以东广大城乡广泛引种栽培。

10.3.9 松属 *Pinus* L.

常绿乔木，稀灌木；大枝轮生，冬芽芽鳞多数。叶二型：鳞叶（原生叶）、苗期叶扁平条形，后退化成膜质苞片状；针叶（次生叶）2、3 或 5 针一束，基部为芽鳞组成的叶鞘所包；针叶内树脂道中生、边生或内生；球果翌年成熟；种鳞木质，宿存，有鳞盾和鳞脐；种子多数具翅。

约 110 种，我国有 22 种 10 变种，分布几遍全国；另引入 10 余种，为各地森林组成树种和重要造林树种。木材可供建筑、家具、矿柱、枕木等用，也是造纸、木纤维和松脂生产主要原料树种。以播种繁殖为主。

分 种 检 索 表

1. 叶鞘早落，鳞叶不下延，叶内具 1 条维管束 ·················· 单维管束亚属
  2. 针叶 5 针一束，鳞脐顶生。
    3. 小枝无毛；球果成熟时种鳞开裂，种子脱落 ·················· 华山松
    3. 小枝密被毛；球果成熟时种鳞不开裂或微裂，种子不落 ·················· 红松
  2. 针叶 3 针一束；鳞脐背生，老树皮灰白色 ·················· 白皮松
1. 叶鞘宿存，鳞叶下延，叶内具 2 条维管束 ·················· 双维管束亚属
  4. 针叶 2 针一束。

5. 树脂道边生。
　　6. 针叶粗硬，直径 1.5~2 mm，鳞盾肥厚隆起，鳞脐有短刺或瘤状突起。
　　　　7. 鳞脐有短刺，针叶不扭曲 ·· 油松
　　　　7. 鳞脐具瘤状突起，针叶常扭曲 ·· 樟子松
　　6. 针叶细柔，径不足 1 mm，鳞盾平或微隆起，鳞脐常无刺 ················ 马尾松
5. 树脂道中生。
　　8. 冬芽褐色或栗褐色；树脂道 3~7 ·· 黄山松
　　8. 冬芽银白色；树脂道 6~11 ·· 黑松
4. 针叶 3 针一束，或与 2 针一束并存。
　　9. 叶 3 针一束，树脂道中生或边生。
　　　　10. 树脂道 4~5，中生和边生并存，鳞脐有短刺 ······················· 云南松
　　　　10. 树脂道 2(4)，中生，鳞脐具锐尖刺 ······································ 火炬松
　　9. 叶 3 针一束与 2 针一束并存，树脂道内生 ·· 湿地松

(1) 华山松(果松、青松) *Pinus armandi* Franch. (图 10-25)

识别特征　常绿乔木，高 35 m。树皮幼时灰绿色、平滑，老时厚块状开裂。叶 5 针一束，长 8~15 cm。树脂道 3，中生，球果长 10~22 cm；种鳞张开，种子脱落；鳞脐不显著，种子无翅或上部具棱脊。花期 4~5 月，种熟期翌年 9~10 月。

习性分布和用途　产我国中西部中山地带。木材供建筑、家具、细木工等用。种子可食用。

(2) 红松(果松、海松) *Pinus koraiensis* Sieb. et Zucc. (图 10-26)

识别特征　常绿乔木，高 40 m。树皮红褐色，纵裂或块状脱落。1 年生枝密生黄褐色柔毛。叶 5 针一束，粗硬，长 6~12 cm；树脂道 3，中生。球果长 9~20 cm，熟时种鳞不张开，种子不落；种鳞先端反曲；鳞脐不显著；种子长 1.2~1.6 cm，无翅。花期 5~6 月，种熟期翌年 9~10 月。

图 10-25　华山松

图 10-26　红　松

图 10-27 白皮松

习性分布和用途 分布于长白山、完达山及小兴安岭。大兴安岭有零星分布。组成纯林或与其他针阔叶树种混交。木材为建筑、家具、车辆等优良用材，种子可食用或药用。

(3) 白皮松(白果松、白骨松) *Pinus bungeana* **Zucc. ex Endl.** (图 10-27)

识别特征 常绿乔木，高 30 m。树皮幼时光滑，长大后呈不规则薄片状剥落，内皮乳白色。叶 3 针一束，粗硬，长 5~10 cm。球果长 5~7 cm；鳞脊隆起，鳞脐具短尖刺；种子有翅。花期 4~5 月，种熟期翌年 10~11 月。

习性分布和用途 产山西、河南、陕西、甘肃、四川、湖北等地海拔 500~1800 m 山地，辽宁南部至长江流域广为栽培。木材供建筑、家具用；树姿优美，树皮奇特，为优良绿化观赏树种。

(4) 油松(短叶松、红皮松) *Pinus tabulaeformis* **Carr.** (图 10-28)

识别特征 常绿乔木，高 30 m。树皮厚鳞块状开裂。1 年生枝较粗，幼时微被白粉。叶 2 针一束，粗硬，长 10~15 cm；树脂道 5~10，边生。球果长 4~9 cm；鳞盾肥厚而隆起，鳞脐凸起有刺；种子具翅。花期 4~5 月，种熟期翌年 9~10 月。

习性分布和用途 产我国东北南部、华北及西部地区海拔 100~2700 m 地带。耐旱，耐瘠薄，适应性强，为华北地区荒山造林先锋树种。

(5) 樟子松(獐子松) *Pinus sylvestris* **L. var.** *mongolica* **Litv.** (图 10-29)

识别特征 常绿乔木，高 30 m。老树皮龟甲状深裂。叶 2 针一束，刚硬扭曲；树脂道 6~11，边生。球果长 3~6 cm，径 2~3 cm，鳞盾厚而隆起，向后反曲，鳞脐凸起，具易脱落短刺；种子具翅。花期 6 月，种熟期翌年 8~9 月。

习性分布和用途 产黑龙江、内蒙古东部大兴安岭及海拉尔砂丘地带。喜光、抗寒、

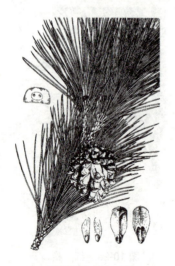

图 10-28 油 松

图 10-29 樟子松

耐旱瘠，现东北、华北和西北均有栽培。木材供建筑、家具等用，也为采脂树种。

（6）马尾松（青松、松柏）*Pinus massoniana* Lamb.（图10-30）

识别特征 常绿乔木，高45 m。树皮不规则鳞块状裂。叶2针一束，细软，长12~20 cm，径约1 mm；树脂道4~7，边生。球果长4~7 cm，径2.5~4 cm；鳞盾平或微隆起，鳞脐微凹，无尖刺；种子具翅。花期4~5月，种熟期翌年10~12月。

习性分布和用途 产淮河流域—大别山—伏牛山一线以南广大地区。耐旱瘠，生长较快。可作为产地荒山造林先锋树种。木材供建筑、矿柱、枕木、造纸等用，也是重要采脂树种。

图10-30 马尾松

（7）黄山松（台湾松）*Pinus taiwanensis* Hayata（图10-31）

识别特征 常绿乔木，高30 m，冬芽深褐色。叶2针一束，稍粗硬，长7~10 cm，径1~1.4 mm，树脂道3~9中生。球果长3~5 cm，鳞脐具短刺，种子具翅。花期4~5月，种熟期翌年10月。

习性分布和用途 产华中、华东及台湾海拔800~2800 m山地，以安徽黄山最为著名。喜温凉多雾的山地气候，为分布区高山造林的重要树种。

（8）黑松（日本黑松）*Pinus thunbergii* Parl.（图10-32）

识别特征 常绿乔木，高40 m。树皮龟甲状裂；冬芽银白色。叶2针一束，粗硬；长6~12 cm，径约1.5 mm。树脂道6~11中生。球果长4~6 cm；鳞脐微凹，具短刺；种子有翅。

习性分布和用途 原产日本及韩国南部沿海地区。耐瘠薄，耐盐碱。我国辽东以南至

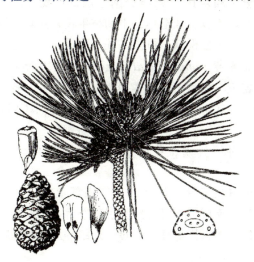

图10-31 黄山松

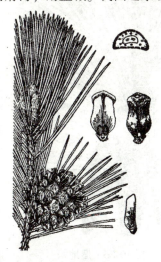

图10-32 黑 松

福建等沿海省份均有引栽，常用作沿海荒山造林树种，生长尚好。木材用途同马尾松。

(9) 云南松(长毛松)*Pinus yunnanensis* **Franch.** (图10-33)

识别特征 常绿乔木，高30 m。叶3针一束，柔软下垂，长10~30 cm，树脂道4~6，边生或与中生并存。球果长6~11 cm，径3~4 cm，鳞盾微肥厚，鳞脐微凹，具短刺；种子具翅。

习性分布和用途 产我国西南地区海拔600~3100 m山地。适生于西南季风区域气候。为西南部高山造林先锋树种。木材供建筑、家具及造纸等用，重要采脂树种。

(10) 火炬松(太德松)*Pinus taeda* **L.** (图10-34)

识别特征 常绿乔木，高50 m。叶3针一束，刚硬，稍扭曲，长15~25 cm；树脂道2(4)，中生。球果长7.6~14 cm；鳞盾沿横脊强度隆起，鳞脐具粗壮反曲的尖刺。

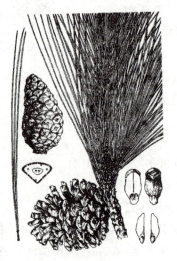

图10-33 云南松

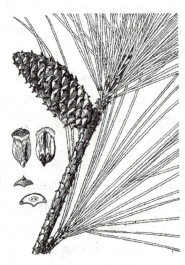

图10-34 火炬松

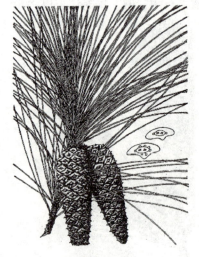

图10-35 湿地松

习性分布和用途 原产美国东南部；我国华东、华中、华南等地均有引栽造林，中幼林生长较同龄马尾松为快，木材较马尾松松软，可供矿柱、建筑、造纸等用。

(11) 湿地松 *Pinus elliottii* **Engelm.** (图10-35)

识别特征 常绿乔木，高40 m。树皮片状剥落。叶2针与3针一束并存，长18~30 cm，粗硬；树脂道2~9，多内生。球果长7.5~15 cm，鳞盾肥厚，鳞脐疣状，具短尖刺；种子具翅。花期3~4月，种熟期翌年10~11月。

习性分布和用途 原产北美东南部亚热带低海拔湿地；我国长江流域以南各省广为引种造林。中幼林生长略优于马尾松。木材供矿柱、建筑、造纸等用，也是重要产脂树种。

10.4 杉科 Taxodiaceae

常绿或落叶乔木。叶螺旋状互生，稀交互对生（水杉属），披针形、钻形、鳞形或条形，同型或异型。球花单性同株；雄球花具多数雄蕊，每雄蕊各有花药2~9（常3~4）；雌球花具多数螺旋状着生珠鳞，珠鳞和苞鳞半合生或完全合生，每珠鳞各具胚珠2~9。球果种鳞（或苞鳞）扁平或盾形，发育的种鳞各具种子2~9。

10属仅16种，我国有5属7种，另引入4属7种。本科树种干形多通直圆满，树姿优美，为优良庭园观赏树或行道树，有些则是优良速生用材树种。

分属检索表

1. 常绿性；叶质较厚。
   2. 叶条状披针形，边缘有锯齿；种鳞小，扁而薄，苞鳞发达 ·················· 杉木属
   2. 叶钻形，全缘；种鳞大，苞鳞退化或与种鳞合生。
      3. 叶全为钻形；种鳞盾形，与苞鳞合生 ·················· 柳杉属
      3. 幼树及萌芽枝叶为钻形，大树叶鳞状钻形；种鳞扁平，苞鳞退化 ·················· 台湾杉属
1. 落叶或半常绿；叶质薄，生条形叶的1年生枝连叶于冬季一同脱落。
   4. 叶和种鳞螺旋状着生。
      5. 叶有条形、条状钻形、鳞形3种，冬季部分小枝为绿色 ·················· 水松属
      5. 叶有条形、钻形2种，冬季小枝为褐色 ·················· 落羽杉属
   4. 叶和种鳞均交互对生，叶全为条形 ·················· 水杉属

10.4.1 杉木属 *Cunninghamia* R. Br.

常绿乔木。叶条状披针形，基部下延，边缘有细锯齿，螺旋状着生，常扭转成2列状。雄球花簇生枝顶；雌球花单生或2~3个集生枝顶，苞鳞与珠鳞合生，苞鳞大，珠鳞小，隐贴于苞鳞腹面基部，胚珠3；球果苞鳞宽卵形，扁平，革质；种鳞极小，扁平而薄，种子3；两侧具窄翅。

2种和2栽培变种，我国均产。

杉木（沙树）*Cunninghamia lanceolata* (Lamb.) Hook.（图10-36）

识别特征 常绿乔木，高40 m。树皮裂成条片状。叶长2~6 cm，宽3~5 mm，下面有两条气孔带。球果卵球形，径2.5~5 cm，花期3~4月，种熟期10~11月。

习性分布和用途 产长江流域、秦岭以南16个省份，为我国南方重要用材和人工造林树种。一般

图10-36 杉木

15~20年即可成材。材质软硬适中，纹理直，较耐腐，适宜作建筑、家具、装饰材等用。扦插、播种或萌芽更新繁殖。

10.4.2 柳杉属 Cryptomeria D. Don

常绿乔木。叶钻形，螺旋状着生，略呈5行排列。苞鳞与珠鳞合生；每珠鳞具胚珠2~5。球果近球形，种鳞木质，盾形，先端有3~7裂齿，背面有1三角状苞鳞尖头，发育种鳞各具种子2~5；种子略扁，有窄翅。

我国产1种，引栽1种。播种或扦插繁殖。

(1) 柳杉(长叶孔雀松)*Cryptomeria fortunei* Hooibrenk ex Otto et Dietr.（图10-37）

识别特征 常绿乔木，高40 m。树皮裂成长条片状。小枝柔软下垂。叶长1~1.5 cm，先端微弯。球果球形，径1.2~1.8 cm，每种鳞通常各具种子2。花期4月，种熟期10月。

习性分布和用途 产华东、华南至西南海拔800~2400 m山地，喜温凉湿润山地气候。抗风力较杉木强。木材略逊于杉木，供一般建筑、家具、蒸笼器具等用材；也作庭园观赏树。

(2) 日本柳杉 *Cryptomeria japonica* (L. f.) D. Don.

识别特征 本种与柳杉的区别在于叶先端不内弯或微弯；0.4~2 cm。球果种鳞较多，20~30枚，先端裂齿和苞鳞的尖头均较长，每种鳞具种子2~5。

习性分布和用途 原产日本，为日本主要造林和用材树种；我国长江中、下游各省及山东青岛均有引栽。多数用于庭园观赏。

图10-37 柳 杉

10.4.3 台湾杉属 Taiwania Hayata

常绿乔木。叶互生，螺旋状着生，基部下延；大树之叶鳞状钻形，排列紧密，斜弯向上，先端尖；幼树及萌枝之叶钻形，较大，两侧压扁，先端稍向上弯曲。雄球花簇生枝顶，每雄蕊有花药2~4；雌球花单生枝顶，发育珠鳞具胚珠2；苞鳞退化。球果形小，椭圆形或短圆柱形；种鳞革质、扁平，先端圆，近全缘，发育种鳞各具种子2；苞鳞退化；种子扁平，两侧具窄翅。

仅1种，产我国。

台湾杉(秃杉)*Taiwania cryptomerioides* Hayata(异名 *Taiwania flousiana* Gaussen)（图10-38）

识别特征 常绿乔木，高70 m，胸径可达2.5 m。树皮褐灰色，裂成不规则条片。叶厚革质，大树之叶短小，鳞状钻形，长2~3(5) mm，宽高几相等，斜上伸展；幼树及萌枝之叶，钻形，侧扁，长6~14 mm。球果长椭圆形至短圆柱形，长1.5~2.2 cm，熟时褐色，种鳞 21~39；种子具窄翅。

习性分布和用途 产云南、贵州、湖北、福建及台湾等地海拔 500~2300(2800) m 山地。喜温暖、凉润气候。木材供建筑、家具用材。国家二级重点保护植物。

10.4.4 水松属 *Glyptostrobus* Endl.

落叶或半常绿乔木。树干基部通常膨大，有曲膝状呼吸根，1~3 年生枝在冬季仍为绿色。叶互生，异型；条状钻形叶及条形叶较长，柔软，在小枝上排成 2~3 列，冬季与小枝一同脱落，鳞形叶小，生贴于小枝上，冬季宿存。球花单生枝顶。球果种鳞木质，背部上缘三角形，近中部有一反曲尖头，发育种鳞各具种子 2；种子下部具长翅。

仅 1 种。

水松 *Glyptostrobus pensilis*（Staunt.）Koch.（图 10-39）

识别特征 半常绿乔木，高 20 m，生于低湿环境者树干基部膨大成柱槽状，并有呼吸根。条形叶长 1~3 cm，条状钻形叶长 0.4~1.1 cm，先端渐尖或钝，鳞叶长 0.2~0.4 cm，先端钝尖，基部下延。球果倒卵圆形，长 2~5 cm；种子 2。花期 1~2 月，种熟期 10~11 月。

图 10-38 台湾杉

图 10-39 水　松

习性分布和用途 产福建、广东、广西、江西、四川、云南等地海拔 1000 m 以下山间沼泽或河岸堤、田埂，耐水湿。材质轻软，根部木栓质松，可作救生圈、瓶塞等用材。国家一级重点保护植物。

10.4.5 落羽杉属 *Taxodium* Rich.

落叶或半常绿乔木。树干基部常有呼吸根。小枝经冬呈褐色。叶异型，螺旋状排列，条形叶排成 2 列，冬季与 1 年生枝同时脱落；钻形叶冬季宿存。雄球花排成总状或圆锥花序状；雌球花单生枝顶。球果种鳞木质，盾形，苞鳞与种鳞合生，发育种鳞具种子2；种子三角形，有锐脊。

3种，产北美及墨西哥；我国均有引栽。播种或扦插繁殖。

(1) 池杉(池柏)***Taxodium ascendens* Brongn.**（图10-40）

识别特征 落叶乔木，高25 m。树皮条片状纵裂。大枝斜上伸展，小枝经冬呈褐色。叶异型，钻形叶长4~10 mm，螺旋状紧贴于小枝上，仅少数2列状着生。球果近圆球形，径2~4 cm。花期3月，种熟期10月。

习性分布和用途 原产北美东南部沼泽地带。我国长江流域以南普遍引栽，已成为平原水网地带主要造林绿化树种之一。材质轻软，可供建筑、造船、车辆、家具等用。

(2) 落羽杉(落羽松)***Taxodium distichum*(L.)Rich.**（图10-41）

识别特征 落叶乔木，高50 m。树皮裂成长条状脱落。大枝水平开展。叶窄条形，长1~1.5 cm，排成2列羽状。球果卵圆形，径约2.5 cm，被白粉。花期3~4月，种熟期10月。

习性分布和用途 原产北美东南部沼泽地区，我国长江以南部分地区引栽，生长良好。习性用途同池杉。

图10-40 池杉

图10-41 落羽杉

10.4.6 水杉属 *Metasequoia* Miki ex Hu et Cheng

落叶乔木。小枝与侧芽均对生。叶条形，柔软，交互对生，基部扭转成羽状2列；冬季与侧生无芽小枝一同脱落。雄球花多数组成总状或圆锥花序状；雌球花单生枝顶。球果近球形或短圆柱形，有长梗，种鳞木质，盾形，交互对生，发育种鳞具种子5~9；种子扁平，周围有狭翅。仅1种，为第四纪冰川后孑遗植物。

水杉 *Metasequoia glyptostroboides* Hu et Cheng（图10-42）

识别特征 落叶乔木，高35 m。树皮长条状纵裂，树干基部常膨大。叶长1~3.5 cm，宽1~2 mm。球果长1.8~2.5 cm。花期2月下旬，种熟期11月。

图 10-42 水 杉

习性分布和用途 我国特产，天然分布仅见于四川石柱、湖北利川、湖南龙山、桑植等地，各地普遍引种。木材质轻软，供建筑、家具及木纤维工业原料等用；树姿优美，为优良行道树和庭园风景树种。国家一级重点保护植物。扦插或播种繁殖。

10.5 柏科 Cupressaceae

常绿乔木或灌木。叶交互对生或轮生，鳞形或刺形。雄球花具雄蕊 3~8 对，交互对生，每雄蕊花药 2~6；雌球花珠鳞交互对生或 3 枚轮生，每珠鳞具胚珠 1 至多数，苞鳞与珠鳞合生。球果较小，熟时木质开裂或肉质不开裂呈浆果状；种子具窄翅或无翅。

22 属约 150 种，我国加上引种共有 9 属 45 种 6 变种，分布几遍全国。多为优良用材及庭园观赏树种。

分属检索表

1. 球果种鳞木质，熟时开裂；种子常有翅，稀无翅。
  2. 种鳞扁平，种子无翅；球果当年成熟 ··· 侧柏属
  2. 种鳞盾形，种子常具翅；球果翌年或当年成熟。
    3. 鳞叶小，长 2 mm 以内；种子两侧具窄翅。
      4. 鳞叶枝不排成平面（柏木例外）；球果翌年成熟 ······················· 柏木属
      4. 鳞叶枝平展，排成平面；球果当年成熟 ······································ 扁柏属
    3. 鳞叶较大，两侧的鳞叶长 3~6(10) mm；种子两侧具大小不等的翅················ 福建柏属
1. 球果种鳞肉质，浆果状，熟时不开裂，种子无翅。
  5. 叶具刺叶或鳞叶，刺叶基部下延，无关节；球花单生枝顶 ····················· 圆柏属
  5. 叶全为刺叶，基部有关节，不下延；球花单生叶腋 ····························· 刺柏属

10.5.1 侧柏属 Platycladus Spach

乔木。鳞叶枝侧扁，鳞叶形小。雌雄同株；雌球花珠鳞4对。球果种鳞扁木质，背部有钩状小尖头，中部2对，发育种鳞各具种子1~2，种子无翅。

仅1种。播种繁殖。

侧柏（扁桧）*Platycladus orientalis* (L.) **Franco**（图10-43）

识别特征 常绿乔木，高20 m。树皮细条状纵裂。小枝斜上展。鳞叶先端钝，中央叶的露出部分长1~1.5 mm。球果卵圆形，长1.5~2(2.5) cm，熟时红褐色。花期3~4月，种熟期10月。

习性分布和用途 分布几遍全国。适应范围广，木材细致坚实，为建筑、家具、造船、细木工良材；种子药用；优良园林绿化树种，园艺栽培品种常见的有千头柏、金黄球柏等。

图10-43 侧 柏

10.5.2 柏木属 Cupressus L.

乔木，稀灌木。叶鳞形，对生，仅幼苗及萌生枝上的叶为刺形。鳞叶枝通常不排成平面（柏木例外）。球果种鳞4~8对，翌年成熟，种鳞木质、盾形，顶端中部有1短小尖头，发育种鳞各具种子5至多数，种子具窄翅。

约17种，我国有5种。用材及园林绿化树种。

（1）**柏木**（垂丝柏、璎珞柏）*Cupressus funebris* **Endl.**（图10-44）

识别特征 常绿乔木，高35 m。树皮窄长条状纵裂。鳞叶枝扁平，细软下垂，鳞叶小，长1~1.5 mm，先端尖。球果径0.8~1.2 cm，种鳞4对，鳞盾为不规则五角形或方形，中央有小尖突，能育种鳞具种子5~6粒。花期4月下旬至5月，种熟期翌年5~6月。

习性分布和用途 产长江流域以南各省，木材供建筑、车船、家具、细木工等用材；根、干、枝叶可蒸提芳香油；枝叶浓密，常栽为庭园绿化树种。

（2）**干香柏** *Cupressus duclouxiana* **Hichel**

识别特征 常绿乔木，高30 m。树干端直，树皮褐灰，条片状开裂脱落。当年生枝四棱形，斜展，密

图10-44 柏 木

集。鳞叶先端尖或微钝，微被白粉。球果径1.6~3 cm，熟时暗紫褐色，被白粉。花期2~3月，球果翌年9~10月成熟。

习性分布及用途 产云南、四川等地。木材质地坚实，供建筑用。

10.5.3 扁柏属 *Chamaecyparis* Spach

乔木。生鳞叶小枝扁平，近平展。叶鳞形。雌雄同株。球果种鳞3~6对，木质，盾形，顶部中央有小尖头，当年成熟，每种鳞常具种子3(1~5)；种子两侧有翅。约6种，我国有2种，产台湾；另引入4种；栽培变种较多。

(1) 日本扁柏（扁柏）*Chamaecyparis obtusa*(Sieb. et Zucc.) **Endl.**（图10-45）

识别特征 常绿乔木，高40 m，胸径1.5 m。树皮红褐色，裂成薄片状。鳞叶肥厚，先端钝，下面交叉处被白粉。球果近球形，径8~10 mm，种鳞4对。

习性分布和用途 原产日本。我国黄河中下游以南许多城镇及台湾均有引栽，较耐阴，树姿优美，用于绿化观赏。同时引入的还有云片柏、孔雀柏、凤尾柏等诸多品种。

图10-45 日本扁柏

图10-46 日本花柏

(2) 日本花柏 *Chamaecyparis pisifera*(Sieb. et Zucc.) **Endl.**（图10-46）

识别特征 常绿乔木，高50 m，胸径1 m。鳞叶先端尖，下面明显有白粉。球果圆球形，较小，径约6 mm，种鳞5对。

习性分布和用途 原产日本。我国黄河中下游以南许多城镇均有引栽作庭园绿化观赏树。常见栽培变种还有绒柏(*Ch. pisifera* 'Squarrosa')、线柏(*Ch. pisifera* 'Filifera')。

10.5.4 福建柏属 *Fokienia* Henry et Thomas

乔木。鳞叶枝扁平。鳞叶二型，两侧较大，长3~6 mm，上下较小，下面有粉白色气孔带。珠鳞 6~8 对，各具胚珠 2。球果种鳞木质，盾形，顶部中央微凹，有小凸头，发育种鳞各具种子 2；种子具 2 个大小不等的翅。

仅 1 种，我国特产。

福建柏（建柏）*Fokienia hodginsii*（Dunn）Henry et Thomas（图 10-47）*

识别特征 常绿乔木，高 25 m。树皮浅纵裂。球果熟时褐色，径 2~2.5 cm。种子长约 4 mm，大种翅长达 5 mm，小种翅长约 1.5 mm。花期 3~4 月，种熟期翌年 10~11 月。

习性分布和用途 产华东、华南至西南，生于海拔 300~1800 m 地带，多生于凉爽湿润的山地森林中。木材质优，可供建筑、家具、农具、细木工等用。国家二级重点保护植物。

图 10-47 福建柏

10.5.5 圆柏属 *Sabina* Mill.

乔木或灌木，稀匍匐状。叶刺形或鳞形，刺叶常 3 枚轮生，基部下延生长，无关节；鳞叶交互对生。雌雄异株或同株，球花单生枝顶；球果肉质浆果状，种鳞 4~8，交互对生或轮生，翌年成熟，不开裂；种子 1~6，无翅。

约 50 种，我国有 18 种 10 余变种。可播种或扦插繁殖。

（1）圆柏（桧柏）*Sabina chinensis*（L.）Ant.（图 10-48）

识别特征 常绿乔木，高 20 m。树皮条片状纵裂；幼树树冠尖塔形，老时则成为广圆形。幼树叶刺形，3 叶交叉轮生；老树上全为鳞叶；中龄树则刺叶与鳞叶并存。雌雄异株。球果翌年成熟，近球形，径 6~8 mm。花期 3 月，种熟期翌年 10 月。

习性分布和用途 全国各地普遍栽培。木材坚韧致密，树形美观，为优良庭园观赏树。栽培历史悠久，有多种栽培品种，如龙柏、塔柏、球柏、金叶桧、鹿角桧等；以龙柏（*S. chinensis* 'Kaizuca'）最常见，其树冠呈圆柱状塔形，树皮常有瘤状突起，侧枝短密，小枝旋转向上，多为鳞叶，刺叶少见，叶色较翠绿。

（2）北美圆柏（铅笔柏）*Sabina virginiana*（L.）Ant.（图 10-49）

识别特征 常绿乔木，高 30 m。生鳞叶的小枝四棱形。叶二型，鳞叶先端尖，幼树上刺叶交互对生，不等长。雌雄异株。球果近球形，径 5~6 mm，当年成熟，种子 1~2。花期 3 月，种熟期 10 月。

习性分布和用途 原产北美，我国华东有引栽，生长良好。为优良园林绿化树种，树冠有圆柱形、尖塔形、椭圆形、垂枝形等。木材供制造铅笔杆和家具、细木工用。

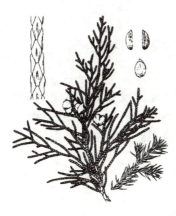
图 10-48　圆　柏

图 10-49　北美圆柏

10.5.6　刺柏属 *Juniperus* L.

乔木或灌木。全为刺叶，3 枚轮生，基部有关节，不下延生长。球花单生叶腋。球果肉质，浆果状；种鳞 3，合生，苞鳞与种鳞愈合，熟时不张开或球果顶端微张开；种子通常 3，无翅。我国 3 种，播种繁殖。

(1) 刺柏(台桧)*Juniperus formosana* Hay. (图 10-50)

识别特征　常绿小乔木，高 12 m。树皮细纵裂。小枝下垂。叶条状刺形，长 1.2~2 cm，上面微凹，中脉绿色，两侧各有 1 白色气孔带，下面绿色，有光泽。球果径 6~9 mm。

习性分布和用途　产秦岭、长江流域以南至西藏。生长慢，耐干旱瘠薄。木材供家具、工艺装饰用。

(2) 杜松(刚桧、崩松)*Juniperus rigida* Sieb. et Zucc. (图 10-51)

识别特征　常绿小乔木，高 10 m；小枝下垂，叶条状刺形，坚硬，上面凹下成深槽，槽内具 1 条窄的白粉带，无绿色中脉，下面有明显纵脊。球果球形，径 6~8 mm。

习性分布和用途　产东北、华北、西北等地。耐干冷，生长较慢。木材用途同刺柏。

图 10-50　刺　柏

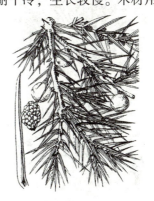
图 10-51　杜　松

10.6 罗汉松科 Podocarpaceae

常绿乔木或灌木。叶条形、披针形、椭圆形、钻形或鳞形，螺旋状着生，稀对生或近对生。球花单性异株；雄球花穗状，雄蕊多数，各具花药2；雌球花具螺旋状着生的苞片，仅顶端的苞腋着生1胚珠或苞腋均具胚珠；种子核果状或坚果状，全部或部分为肉质或干薄的假种皮所包，基部具肉质或干瘦种托。

我国有2属14种3变种。

罗汉松属 *Podocarpus* L'Hér. ex Pers.

常绿乔木，稀灌木。叶条形、条状披针形、椭圆形或卵形，互生或对生。雌雄异株；雌球花基部有苞片数枚，顶部苞腋有1套被和1倒生胚珠，花后套被增厚成肉质假种皮。种子核果状，全部为肉质假种皮所包，种托肉质或干瘦。

我国13种。播种或扦插繁殖。

(1) 鸡毛松 *Podocarpus imbricatus* Bl.（图10-52）

识别特征 常绿乔木，高30 m。叶异型；幼树、萌生枝或小枝顶端之叶钻状条形，长6~12 mm，排成2列，形似鸡毛；老枝及果枝上之叶鳞形或钻形，长2~3 mm。种子着生于枝顶，无梗，熟时假种皮红色，生于肥大肉质红色的种托上。花期4月，种熟期10月。

习性分布和用途 产广东、广西、海南、云南及台湾等地海拔500~1000 m山地。木材为建筑、家具、装修良材，叶形奇特，也作绿化观赏用。

(2) 罗汉松（罗汉杉）*Podocarpus macrophyllus*(Thunb.) D. Don（图10-53）

识别特征 常绿乔木，高20 m。树皮浅纵裂成薄片状。叶条状披针形，长7~12 cm，

图10-52 鸡毛松

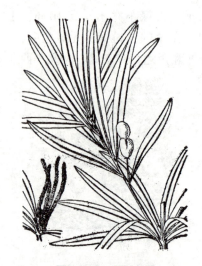

图10-53 罗汉松

宽 0.7~1 cm，先端短尖，两面中脉明显。雄球花 3~5 簇生叶腋；种子卵圆形，径约 1 cm；种托膨大肉质，紫红或暗紫色。花期 4~5 月，种熟期 10~11 月。

习性分布和用途 产长江流域以南，西至四川、云南。生于海拔 1000 m 以下山地；优良庭园观赏树，广泛栽培。木材可供建筑、家具、细木工等用。栽培变种有短叶罗汉松 var. *maki*(Sieb.)Endl. 等。

（3）竹柏 *Podocarpus nagi*（Thunb.）Zoll. et Mor ex Zoll.（图 10-54）

识别特征 常绿乔木，高 20 m。树皮片状剥落。叶卵形至椭圆形，长 3.5~9 cm，宽 1.5~2.5 cm，厚革质，两面绿色。种子圆球形，径 1.2~1.5 cm，种托干瘦。花期 4 月，种熟期 9~10 月。

习性分布和用途 产华东至西南海拔 1600 m 以下山地。适生于阴湿肥沃环境，生长较慢。木材质轻软，易加工，供建筑、家具、工艺等用；种子可提取工业用油。优良绿化观赏树。

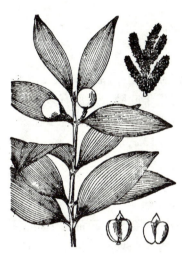

图 10-54 竹柏

10.7 三尖杉科 Cephalotaxaceae

常绿乔木或灌木。叶条形或条状披针形，基部扭转成 2 列，上面中脉隆起，下面有 2 条宽气孔带。球花单性异株；雄球花 6~11 聚生成头状，生于叶腋，基部有多个螺旋状着生苞片，雄蕊 4~6，各具花药 3(2~4)；雌球花具长梗，通常生于苞腋，梗上具数对交互对生的苞片，每苞片腋部有直生胚珠 2，胚珠基部具囊状珠托。种子翌年成熟，核果状，全包于由珠托发育而成的肉质假种皮内，外种皮骨质，内种皮膜质，有胚乳；子叶 2。

仅 1 属，我国 7 种 3 变种。另引入 1 种。

三尖杉属 *Cephalotaxus* Sieb. et Zucc.

形态特征同科。

三尖杉（山榧树）*Cephalotaxus fotunei* Hook. f.（图 10-55）

识别特征 常绿小乔木，高 10 m。叶条状披针形，长 4~13 cm、宽 3.5~4.5 mm，先端渐尖，基部楔形，下面有 2 条明显白色气孔带。雄球花总梗长 6~8 mm，雌球花总梗长 1.5~2 cm。种子椭圆状卵形，长约 2.5 cm，熟时假种皮紫红色。花期 4 月，种熟期 10 月。

习性分布和用途 产长江流域以南及河南、陕西、

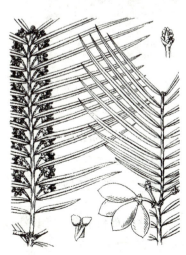

图 10-55 三尖杉

甘肃等地。木材结构致密，有弹性，可供雕刻、细木工、体育用品及家具等用；枝、叶、种子、根可提取生物碱治疗恶性肿瘤。

10.8 红豆杉科 Taxaceae

常绿乔木或灌木。叶条形或条状披针形，螺旋状着生或交互对生，常扭转成2列状。球花单性异株；每雄蕊多数各具花药3~9；雌球花单生或成对生于叶腋，基部有多数覆瓦状或交互对生的苞片，胚珠单生于顶部苞片腋部杯状、盘状或囊状的珠托内。种子核果状或坚果状，全部或部分为肉质假种皮所包；子叶2。我国有4属13种。

10.8.1 红豆杉属 *Taxus* L.

乔木或灌木。叶条形，螺旋状着生，扭转成2列，上面中脉隆起，下面有2条气孔带，叶内无树脂道。球花单生叶腋；雌球花具短梗或几无梗。种子坚果状，生于红色肉质的杯状假种皮内，上部露出。

图10-56 红豆杉

我国有4种1变种。耐阴、生长较慢。播种或扦插繁殖。

(1) 红豆杉(观音杉) *Taxus chinensis* (Pilger) **Rehd.** (图10-56)

识别特征 常绿乔木，高30 m。树皮浅裂。叶条形，略弯或较直，长1.5~3.2 cm，宽2~4 mm，下面淡黄绿色，有2条气孔带，中脉带上密生微小圆形角质乳头状突起。种子卵圆形，长5~7 mm。花期3~4月，种熟期11~12月。

习性分布和用途 产甘肃、陕西、四川、云南、贵州、广西、湖南、湖北及安徽等地；常生于海拔1000~1200 m山地。生长较慢。木材为建筑、家具、装饰、工艺雕刻良材；枝叶含紫杉醇，可提取抗癌药物。国家一级重点保护植物。

(2) 南方红豆杉(美丽红豆杉、榧子木) *Taxus mairei* (Lemee et Levl.) **S. Y. Hu** (*Taxus wallichiana* var. *mairei*)(图10-57)

识别特征 本种与红豆杉相似，其区别：叶较宽长，呈镰状弯曲，长2~4.5 cm，宽3~5 mm，下面中脉局部有角质乳头状突起。种子多呈倒卵圆形。花期3~4月，种熟期11~12月。

习性分布和用途 产长江以南及河南、陕西、甘肃海拔2000 m以下山地。经济用途同红豆杉。

(3) 东北红豆杉(紫杉)*Taxus cuspidata* **Sieb. et Zucc.**(图 10-58)

识别特征 常绿乔木，高 20 m。树皮浅纵裂。叶条形，长 1~2.5 cm，较直，排列较紧密，呈不规则 2 列，似"V"字形开展，下面中脉带上无角质的乳头状突起。种子卵圆形，长约 6 mm，紫红色，上部通常有 3~4 钝棱脊。花期 5~6 月，种熟期 9~10 月。

习性分布和用途 产东北东部海拔 500~1000 m 山地。极耐阴，生长慢。材质坚重，经济用途同红豆杉。

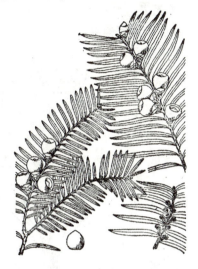

图 10-57 南方红豆杉

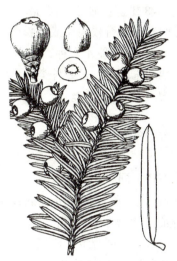

图 10-58 东北红豆杉

10.8.2　榧树属 *Torreya* Arn.

乔木。小枝近对生。叶条形或条状披针形，对生或近对生，扭转成 2 列状，坚硬，先端有刺状尖头，叶内有树脂道。雌球花 2 个对生于叶腋，胚珠直生于杯状的珠托上。种子大，全包于肉质假种皮内。

我国 4 种；另引栽 1 种。播种繁殖。

榧树(香榧)*Torreya grandis* **Fort. ex Lindl.**(图 10-59)

识别特征 常绿乔木，高 25 m。树皮纵裂。叶条形，长 1.5~2.5 cm，宽 2~4 mm。核果状种子卵圆形至长圆形，长 2.5~4.5 cm。花期 4 月。种熟期翌年 10 月。

习性分布和用途 产浙江、安徽、福建、江西、湖南、贵州等地。浙江中部、皖南一带栽培较多，多优良品种。种子味香可食，为著名干果。木材为建筑、家具、工艺装饰良材。

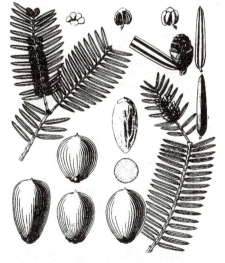

图 10-59 榧　树

10.9 麻黄科 Ephedraceae

灌木、半灌木或草本状；次生木质部具导管，茎多分枝。小枝对生或轮生，节明显。叶退化为膜质，在节上对生或轮生。球花单性异株；具交互对生或轮生苞片；花具假花被；雄花具 2~8 雄蕊；雌球花仅顶端 1~3 枚苞片生有雌花，胚珠 1，直立。种子 1~3，当年成熟，熟时苞片发育成肉质或干膜质，假花被发育成革质假种皮。

仅 1 属，我国 12 种 4 变种，主产西北各地及西南部高海拔的干旱山地或荒漠中。多数种类含生物碱，以麻黄碱为主要有效成分，为重要药用植物。

麻黄属 *Ephedra* L.

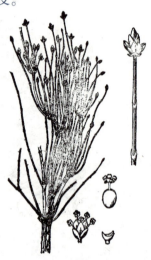

图 10-60 木贼麻黄

属的形态特征同科。

木贼麻黄（木麻黄）*Ephedra equisetina* Bunge（图 10-60）

识别特征 灌木，高 1 m。小枝节间细而较短，长 1~2.5 cm。叶 2 裂，大部合生，仅先端分离，裂片宽三角形，先端钝。雄球花单生或 3~4 集生于节上；雌球花常 2 个对生于节上，雌花珠被管长，苞片熟时肉质红色。种子常 1。花期 6~7 月，种熟期 8~9 月。

习性分布和用途 产内蒙古、河北、山西、陕西、甘肃、新疆等地。为高海拔干旱山地或荒漠植物种类。茎、叶为提取麻黄碱重要原料。

实训 10-1　苏铁科、银杏科、松科的观察与识别

一、实训目标

进一步熟悉裸子植物的基本特征，熟悉苏铁科、银杏科、松科的主要内容，学会苏铁科、银杏科、松科的识别方法；学会区别苏铁科、银杏科、松科植物，具有现场识别当地重要苏铁科、银杏科、松科植物种类的能力。

二、实训场所

森林植物实验室、植物标本园或树木园。

三、实训形式

每个学生利用所学知识在教师指导下，对实验室的苏铁科、银杏科、松科植物蜡叶标本和标本园的相关苏铁科、银杏科、松科植物进行观察。

四、实训备品与材料

按组配备：放大镜、立体显微镜各 2 台；修枝剪、高枝剪、标本夹、本地区各类苏铁科、银杏科、松科植物腊叶标本各 1 套；检索表、参考书籍自备。

五、实训内容与方法

①观察裸子植物的基本特征。观察裸子植物生长型、叶形、叶脉、球花、球果方面的特点，掌握裸子植物的识别特征。

②观察苏铁科、银杏科、松科植物生长型及外形特征。观察苏铁科、银杏科、松科等的外观，比较在树形大小、树皮、气味、叶形、叶脉、球花方面各科的特点。

③以科为单位，分别观察苏铁科、银杏科、松科植物当地重要代表种类标本的特征。如叶形、叶序、叶缘、球果、种子等，并进行归纳比较。

④观察苏铁科、银杏科、松科植物球花特征。借助放大镜或实体镜观察一些科代表种的雌雄球花构造，并加以比较。

⑤观察苏铁科标本树特征。生长型、枝干叶痕、叶形、球花、种子构造等是苏铁科植物重要识别特点。而叶形大小、生长方式、球花毛被等是该科属种的重要区别特征。

⑥观察银杏科标本树特征。银杏科特征非常明显，生长型、冬态、长短枝、叶形、叶脉、叶缘、种子结构等均是银杏科植物重要识别特点。

⑦观察松科标本树特征。生长型、叶形、球果类型等是松科植物重要识别特点。而树皮、树干、叶大小，长短、球果大小、种子等是该科属种的重要区别特征。

六、注意事项

树种的实验材料各校可根据当地具体情况加以选择，实训内容和顺序也可根据季节进行增减或调整。

七、实训报告要求

①归纳整理本次实训所观察到的苏铁科、银杏科、松科植物特征。

②将苏铁科、银杏科、松科科所观察的植物编制分种检索表。

实训 10-2 杉科、柏科、罗汉松科、红豆杉等科的观察与识别

一、实训目标

进一步熟悉杉科、柏科、罗汉松科、红豆杉科的主要内容，学会杉科、柏科、罗汉松科、红豆杉科形态特征的识别方法，学会区别杉科、柏科、罗汉松科、红豆杉科植物。具有现场识别当地重要杉科、柏科、罗汉松科、红豆杉科植物种类的能力。

二、实训场所

森林植物实验室、植物标本园或树木园。

三、实训形式

每个学生利用所学知识在教师指导下，对实验室的杉科、柏科、罗汉松科、红豆杉科植物腊叶标本和标本园的相关杉科、柏科、罗汉松科、红豆杉科植物进行观察。

四、实训备品与材料

按组配备：放大镜、立体显微镜各2台；修枝剪、高枝剪、标本夹、本地区各类杉科、柏科、罗汉松科、红豆杉科植物腊叶标本各1套；检索表、参考书籍自备。

五、实训内容与方法

①观察杉科、柏科、罗汉松科、红豆杉科植物生长型及外形特征。观察杉科、柏科、罗汉松科、红豆杉科等的外观，比较在乔木，灌木，树形、树皮、叶形、球花、种子方面各科的特点。注意杉科和柏科共有的球果，罗汉松科和红豆杉科两科共有的假种皮特征。

②以科为单位，分别观察杉科、柏科、罗汉松科、红豆杉科植物当地重要科代表种类标本的特征。如叶形、叶序、叶缘、球果、种子等，并进行归纳比较。

③观察杉科、柏科、罗汉松科、红豆杉科植物球花特征。借助放大镜或实体镜观察一些科代表种的雌雄球花、雄蕊构造，并加以比较。

④观察杉科标本树特征。叶形、叶序、球花、球果、种鳞、苞鳞等是杉科植物重要识别特点。也是该科属种的重要区别特征。

⑤观察柏科标本树特征。叶形、叶序、球果等是柏科植物重要识别特点。而叶形、球果质地、种翅形状等是该科属种的重要区别特征。

⑥观察罗汉松科标本树特征。叶形、叶序、球花结构、假种皮等是罗汉松科植物重要识别特点。而叶形、叶序、假种皮、种托形状等是该科属种的重要区别特征。

⑦观察红豆杉科标本树特征。叶形、叶序、球花结构、假种皮类型等是红豆杉科植物重要识别特点。而叶形、假种皮类型等是该科属种的重

要区别特征。

六、注意事项

树种的实验材料各校可根据当地具体情况加以选择，实训内容和顺序也可根据季节进行增减或调整。

七、实训报告要求

①归纳整理本次实训所观察到的杉科、柏科、罗汉松科、红豆杉科植物特征。

②将杉科、柏科、罗汉松科、红豆杉科所观察的植物编制分种检索表。

拓展知识10

裸子植物与针叶林

裸子植物是较原始的种子植物，其发生发展历史悠久，最早出现于古生代后期的上泥盆纪，现代生存的裸子植物有不少种类出现于第三纪，后经第四纪冰川时期而保存繁衍至今。全世界现存的裸子植物分为苏铁纲、银杏纲、松柏纲、紫杉纲、买麻藤纲5个纲，共有12(15)科79属约800种。各类裸子植物的分布为：苏铁科、罗汉松科和南洋杉科主产南半球，少数种分布于北半球热带及亚热带；银杏原产中国；松科除松属的少数种分布于南半球外，其他属均产北半球；杉科除密叶杉属（Athrotaxis）产澳大利亚外，其他属种均分布于北半球的亚热带地区；柏科分布于南北半球；三尖杉科分布于东亚南部及中南半岛北部；红豆杉科除澳洲红豆杉属（Austrotaxus）产新喀里多尼亚外，其他属种均分布于北半球温带及亚热带山地；麻黄科分布于亚洲、欧洲东南部及非洲北部的干旱、荒漠地区；买麻藤科分布于亚洲、非洲、南美洲的热带及亚热带地区；百岁兰科分布于安哥拉及非洲东南部。

裸子植物的树种大多叶形窄小，人们通常把这类树种称为针叶树。以针叶树为主要树种所组成的各种森林群落习称为针叶林，包括各种针叶纯林、针叶混交林和以针叶树为主的针阔叶混交林。针叶林分布非常广泛，从我国东北的大兴安岭地区到海南岛，从阿里山到喜马拉雅山和昆仑山，都有针叶林分布，是分布最广的一种森林类型。组成我国针叶林的乔木层树种，通常以松科的松属、落叶松属、云杉属、冷杉属、铁杉属，杉科的杉木属、台湾杉属、柳杉属，柏科圆柏属的树种占优势。较为典型的有东北地区的落叶松林、云杉林、冷杉林、红松林、樟子松林，华东、华中地区的马尾松林、黄山松林、杉木林，西南山区和新疆的云杉林、冷杉林、高山松林、华山松林等。在我国的东北地区和西南部高山地区，针叶林的种类和数量尤为丰富，并仍保存着大片的原始森林状态，如东北长白山林区的红松林、大兴安岭林区的落叶松林，云南大理、丽江和新疆天山、阿尔泰山一带的云杉林、冷杉林，都是非常典型和有代表性的原生针叶林类型。根据针叶林树种的组成、地域分布、景观外貌特征、对环境的适应和要求等，将针叶林划分成温性针叶林、寒温性针叶林、暖性针叶林、热性针叶林等各种类型。其中以云杉和冷杉类耐阴树种组成的针叶林，被称为暗针叶林；而以落叶松等喜光树种为主组成的针叶林，则被称为明亮针叶林。

复习思考题

一、填空题

1. 裸子植物次生木质部有（　　　　），次生韧皮部有（　　　　）。
2. 裸子植物的叶形多为（　　　　）、（　　　　）、（　　　　）、（　　　　）。

3. 苏铁为常绿(　　　)状木本植物，叶为(　　　)分裂。
4. 银杏的冬态为(　　　)、叶形为(　　　)。
5. 松科植物的叶形多为(　　　)、(　　　)和(　　　)。
6. (　　　)科植物雌球花的珠鳞和苞鳞呈离生状。
7. 球果种鳞顶端有鳞盾和鳞脐特征的是(　　　)科(　　　)属植物。
8. (　　　)属植物通常具有针叶束生现象。
9. 杉木的叶形为(　　　)，冬态为(　　　)。
10. 水杉的冬态为(　　　)，叶形为(　　　)。
11. 落叶松属叶形为(　　　)，球果种鳞成熟后为(　　　)。
12. 柏科植物的叶形有(　　　)和(　　　)。
13. 柏科植物的叶序有(　　　)和(　　　)。
14. 柏木的叶形为(　　　)，叶序为(　　　)。
15. 冬态常绿，叶条形，种子着生于红色肉质杯状假种皮中的应是(　　　)科(　　　)属植物。
16. (　　　)科和(　　　)科植物球果的种鳞和苞鳞为合生或半合生。

二、简答题

1. 裸子植物有哪些重要特征？
2. 比较松、杉、柏三科的主要异同点。
3. 观察你所在地区有哪些重要的裸子植物种类，并举例说明用途。

单元11 被子植物识别*

知识目标

1. 掌握被子植物的基本特征，熟悉被子植物各科及重要属、种的形态特征和生物学特性。

2. 掌握本地区被子植物各科及重要属、种的形态特征、系统分类、生物学特性和生态学特性、分布和主要用途。

技能目标

学会识别本地区被子植物主要科及其属、种。

被子植物是植物界最进化、分化程度最高、结构最复杂、适应性最强、经济价值最高的高等植物类群，全世界共约25万种，我国有260余科3100多属约25 000种，其中木本植物有181科8000余种，乔木树种约2000种，优良经济树种在1000种以上。被子植物有以下主要特征：木本或草本。次生木质部多具有导管。叶有单叶或复叶，叶面多宽阔。具典型的花；胚珠生于子房内，花后子房（或连同花托、花被）发育成果实，胚珠发育成种子，种子有果实包被。被子植物在我国广布于热带、亚热带、温带及寒温带地区。根据子叶和其他特征的不同，分为双子叶植物纲和单子叶植物纲。按进化顺序先学习双子叶植物纲。

由于我国幅员辽阔，植物种类繁多，东西南北各地植物种类差异较大，为满足各个区域对植物的学习需要，本单元选编了我国各地较为重要的被子植物中的80个科加以介绍。由于学习时间有限，各地区教学时可根据学习者所处地域进行选择性教学，其余内容则作为参考。

---

* 因我国各地植物种类的分布存在地区差异，本单元实训中植物常见类群识别实训仅列出常见科的实训目标要求和内容方法，树种的实验材料各校可根据当地具体情况加以选择，实训顺序也可根据季节进行调整。

单元11 被子植物识别

Ⅰ. 双子叶植物纲 Dicotyledeneae

> 本节学习目标：掌握双子叶植物的基本特征；熟悉双子叶植物各科及重要属、种的形态特征、生物学特性；掌握本地区双子叶植物各科及重要属、种的形态特征、系统分类、生物学特性和生态学特性、分布和主要用途；学会识别本地区双子叶植物主要科及其属、种。

木本或草本。根多为直根系。茎的维管束成环状排列，有形成层；木本植物的茎有年轮。叶常具网状脉。花部通常 4~5 基数；子叶 2。

本纲植物种类繁多，全世界约有 20 万种，森林环境中的阔叶树和许多草本植物大多属于双子叶植物纲。

11.1 木兰科 Magnoliaceae

乔木或灌木。单叶，互生，全缘，稀为裂叶。托叶大，包被幼芽，脱落后小枝留有环状托叶痕。单被花，花大而单生，通常两性；花被片呈轮生状，每轮 3 片，离生，雄蕊和心皮多数，螺旋状排列在伸长的花托上。聚合果由多个蓇葖小果组成，稀为聚合翅果。

16 属约 330 种，我国有 11 属约 160 种，主要分布于我国东南至西南部亚热带至热带地区。本科被认为是被子植物最原始的科，主要识别特征为小枝有环状托叶痕，花被片、雄蕊和心皮均多数离生，聚合蓇葖果。本科种类多数树形高大，花大而芳香，为重要用材和绿化观赏植物。

分 属 检 索 表

1. 叶全缘，不分裂或先端凹裂；聚合蓇葖果。
  2. 花单生枝顶。
    3. 花为两性花。
      4. 每心皮具胚珠 4 或较多 ·························· 木莲属
      4. 每心皮具胚珠 2 ···································· 木兰属
    3. 花单性或杂性 ·· 拟单性木兰属
  2. 花腋生，仅部分心皮发育 ······························ 含笑属
1. 叶 4~6 裂，先端近平截形；聚合翅果 ························ 鹅掌楸属

11.1.1 木莲属 *Manglietia* Blume

常绿、稀为落叶乔木。叶柄具托叶痕。花两性，单生枝顶；花被片 9~12，每轮 3 片，

花药内向纵裂；雌蕊群无柄，心皮多数，每心皮各具胚珠 4 至多数。蓇葖果，通常顶端喙状。30 余种，我国有 22 种，产长江流域以南，多为常绿阔叶林的主要树种。

分 种 检 索 表

1. 花被片白色；聚合果卵球形。
  2. 叶两面被毛 ··· 木莲
  2. 叶两面无毛 ··· 乳源木莲
1. 花被片红色；聚合果长圆柱形 ··· 红花木莲

(1) 木莲 Manglietia fordiana Oliv.（图 11-1）

识别特征 常绿乔木，高 20 m。树皮光滑。幼枝、芽、叶背、花梗、果梗均被红褐色短毛。叶片窄倒卵形至倒披针形，长 8~16 cm，宽 2.5~5.5 cm，先端急尖，基部狭楔形，稍下延；叶柄长 1~3 cm。聚合果红色，卵形。花期 5 月，果期 10 月。

习性分布与用途 产长江以南多数省份，生于海拔 1200 m 以下常绿林中。木材供建筑、家具、乐器、细木工等用材；树冠浓密，可作绿化观赏树。

(2) 乳源木莲 Manglietia yuyuanensis Law（图 11-2）

识别特征 常绿乔木，除芽被金黄色平伏柔毛外，其余各部无毛。叶下面灰绿色，叶形和其他特征与木莲相近。

图 11-1　木　莲

习性分布与用途 产安徽南部、浙江、福建、江西、湖南、广东等地。多生于海拔 500~1200 m 以下常绿林中。习性用途同木莲。

(3) 红花木莲 Manglietia insignis (Wall.) Bl. （图 11-3）

识别特征 常绿乔木，高 30 m。幼枝、芽、叶背、花梗、果梗均被红褐色短毛。叶革

图 11-2　乳源木莲

图 11-3　红花木莲

质,长圆形至倒披针形,长 10~25 cm,宽 4~6 cm,先端尾状急尖,下面中脉被毛。花红或紫红色,聚合果长圆柱形。花期 5 月,果期 9 月。

习性分布与用途 产湖南、广西、四川、云南等地。生于海拔 1500 m 以下常绿林中。木材供建筑、家具、乐器、细木工等有材;花红色美丽,可作绿化观赏树。

11.1.2 木兰属 *Magnolia* L.

乔木或灌木。花单生枝顶;花被片 9~21,每轮 3 片;雌蕊群通常无柄,胚珠 2(稀下部心皮具胚珠 3~4);每蓇葖果具种子 1~2,外种皮鲜红色,肉质;种脐有丝状珠柄与胎座相连。

约 90 种,我国有 30 余种。本属多数种类花大而美丽,为重要观赏花木。可用播种、压条或嫁接繁殖。

分 种 检 索 表

1. 叶片长 20 cm 以下,侧脉 6~10 对。
   2. 落叶性;叶柄有托叶痕。
      3. 花顶生;叶纸质。
         4. 花被片白色;叶片多为宽倒卵形,先端突尖 ·· 玉兰
         4. 花被片紫红色;叶片多为椭圆状倒卵形,先端急尖 ·· 紫玉兰
      3. 花与叶对生;叶膜质 ··· 天女木兰
   2. 常绿性;叶柄无托叶痕 ·· 荷花玉兰
1. 叶片长 22~46 cm,侧脉 20 对以上。
   5. 叶片先端急尖或圆钝 ··· 厚朴
   5. 叶片先端有凹缺 ·· 凹叶厚朴

(1) 玉兰(白玉兰、应春花)*Magnolia denudata* Desr. (图 11-4)

识别特征 落叶乔木。叶宽倒卵形,长 8~18 cm,宽 5~11 cm,先端突尖,被柔毛,后仅叶脉有毛。花芽密被灰黄绿色长柔毛。花白色,先花后叶。花期 2~3 月,果期 8~9 月。

习性分布与用途 产浙江、福建、安徽、江西、湖南、广东;适应性广,山地平原地区均生长良好。北京及黄河流域以南各地普遍栽培,为优良庭园观赏树种。

(2) 紫玉兰(木兰、辛夷、木笔)*Magnolia liliflora* Desr. (图 11-5)

识别特征 落叶灌木,高 3~5 m,多丛生。叶椭圆状倒卵形或倒卵形,长 8~18 cm,宽 3~10 cm。花芽密被灰黄色柔毛。花被片外面紫红色,内面带白色。花期 3~4 月,果期 8~9 月。

习性分布与用途 长江流域以南各地广为栽培。花蕾入药,中药称"辛夷";花大色美,常栽作庭园观赏树种。

图 11-4 玉 兰

少有结果,一般用分株或压条繁殖。

(3)天女木兰(小花木兰)*Magnolia sieboldii* **K. Koch**(图11-6)

识别特征 落叶小乔木。叶倒卵形,长9~15 cm,宽4~10 cm,先端急尖,基部圆形,下面有白粉和短柔毛,花梗长3~7 cm,花被片9,白色。聚合果长5~7 cm。花期5~6月。

习性分布与用途 我国特有树种,产辽宁、安徽、江西、福建及广西北部;呈南北山地间断分布。为著名观赏花木和孑遗植物。

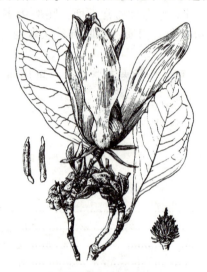

图11-5 紫玉兰

图11-6 天女木兰

(4)荷花玉兰(洋玉兰、广玉兰)*Magnolia grandiflora* **L.**(图11-7)

识别特征 常绿乔木。小枝、叶片下面、叶柄及果实均密被锈褐色毛。叶厚革质,椭圆形,长10~20 cm,宽4~10 cm,先端钝尖,基部楔形。花白色。花期5~6月,果期10月。

习性分布与用途 原产北美东南部;长江流域以南广泛引种栽培。喜温暖湿润肥沃环境。树形优美,作庭园观赏及行道树。少有结果,一般用嫁接或压条繁殖。

(5)厚朴 *Magnolia officinalis* **Rehd. et Wils.**(图11-8)

识别特征 落叶乔木。小枝粗壮。叶大,长圆状倒卵形,先端急尖或圆钝,下面有白粉;托叶痕为叶柄长的2/3。花大,白色,花被片9~12。聚合果圆柱状卵形,长9~15 cm,蓇葖果完全发育,具长喙。花期5~6月,果期8~10月。

习性分布与用途 产江西、湖北、湖南、陕西、四川、贵州。长江以南多栽培。树皮为著名中药材,治消化不良。木材质轻软,供建筑、家具、乐器等用。树形美观,也栽作观赏树种。

(6)凹叶厚朴 *Magnolia officinalis* **ssp.** *biloba*(Rehd. et Wils.)**Law**

与厚朴的区别:叶先端有凹缺;聚合果基部较窄。产福建、浙江、安徽、江西、湖南及华南;适合山地疏林环境,可人工栽培。用途同厚朴。

本属常见种类还有二乔玉兰(*M. soulangeana*),为玉兰和紫玉兰的杂交种,主要用作园林观赏;山玉兰(*M. delavayi*)则为西南地区优良园林树种。

图 11-7 荷花玉兰

图 11-8 厚　朴

11.1.3　拟单性木兰属 *Parakmeria* Hu et Cheng

常绿乔木。花单生枝顶；花单性或杂性，花被片 10~12，雄花雄蕊 30~60，雌花雄蕊约为 20，雌蕊群具短柄；心皮 10~20，胚珠每心皮 2 个。聚合果，蓇葖木质；种子红色。

为我国特有属，仅 5 种。

乐东拟单性木兰 *Parakmeria lotungensis* (Chun et C. H. Tsoong) Law (图 11-9)

识别特征　常绿乔木，高 25 m，全株无毛。叶革质，椭圆形或长椭圆形，长 6~10 cm，宽 2.5~3.5 cm；有光泽，叶柄无托叶痕。花白色，杂性。聚合果椭圆状卵形，长 4~6 cm。花期 5 月，果期 9~10 月。

习性分布与用途　产江西、福建、广东、海南及浙江南部，生于海拔 500~1700 m 常绿阔叶林中。树形高大美观，适宜作用材树种和园林绿化。同属相近种还有云南拟单性木兰等。

图 11-9　乐东拟单性木兰

11.1.4　含笑属 *Michelia* L.

常绿乔木或灌木。花单生叶腋；花被片 6~21；花药侧向纵裂；雌蕊群有柄，胚珠 2 至多数。聚合果有部分心皮不发育，每蓇葖有种子 2 至多粒。

50余种，我国有约45种，多为常绿阔叶林的重要组成树种。有些种类树形优美，花芳香，为优良绿化观赏树种。

分 种 检 索 表

1. 花被片9~21；叶柄长10 mm以上。
  2. 叶柄有托叶痕，嫩芽、叶背仅被疏柔毛。
    3. 花白色 ·· 白兰花
    3. 花橙黄色 ··· 黄兰花
  2. 叶柄无托叶痕，嫩芽、叶背密被柔毛 ··· 醉香含笑
1. 花被片6~8。
  4. 灌木；叶长10 cm以下 ·· 含笑
  4. 乔木；叶长10 cm以上 ·· 黄心夜合

(1) 白兰花（白兰）*Michelia alba* **DC.**（图11-10）

识别特征 常绿乔木，高15 m。幼枝及芽被柔毛，后脱落。叶长椭圆形或披针状椭圆形，薄革质，长13~16 cm，宽6~10 cm，叶柄托叶痕长不及叶柄长的1/2。花白色。果少见。花期4~9月，夏季盛开。

习性分布与用途 原产东南亚；福建南部、华南及云南广为栽培，长江流域需在温室盆栽越冬。花浓香，可提取芳香油；优良庭园观赏及行道树。少有结果，空中压条或靠接繁殖。

(2) 黄兰花（黄兰、黄缅桂）*Michelia champaca* **L.**（图11-11）

识别特征 常绿乔木，高30 m，胸径1 m。叶形似白兰花，质略薄，下面被长绢毛；托叶痕为叶柄长的1/2以上。花橙黄色。花期6~7月，果期9~10月。

习性分布与用途 产西藏南部、云南西部，生于海拔1600~2400 m针阔叶林间。福建、广东、广西、海南及台湾等地多栽培；长江流域各地盆栽需温室越冬。习性用途同白兰花。

图11-10 白兰花

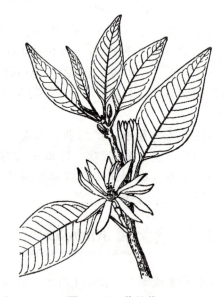

图11-11 黄兰花

(3) 醉香含笑(火力楠) *Michelia macclurei* **Dandy**(图 11-12)

识别特征 常绿乔木，高 20 m。芽被锈褐色绢毛。叶倒卵状椭圆形，长 7~14 cm，宽 3~7 cm，先端短尖，基部楔形，下面被毛及白粉。花白色。聚合果长 3~7 cm。花期 1 月，果期 11 月。

习性分布与用途 产广东、海南、广西；福建、江西、湖南、浙江等省引种栽培。树冠浓密，适应性强，木材细致，为优良建筑、家具用材和庭园观赏树种。

(4) 含笑(含笑花) *Michelia figo* (Lour.) **Spreng.** (图 11-13)

识别特征 常绿灌木。芽、小枝、叶柄、花梗均被锈褐色茸毛。叶倒卵状椭圆形，长 3~6 cm，宽 2~3 cm，先端短钝尖。花被片 6，淡黄色或紫红色。花期 3~5 月，果期 7~8 月。

图 11-12 醉香含笑

图 11-13 含笑

习性分布与用途 长江以南广泛栽培。适合作为园林观赏树种。花芳香，可拌制花茶或提取芳香油。果少见，用扦插或压条繁殖。

(5) 黄心夜合 *Michelia martinii* (Levl.) **Levl.** (图 11-14)

识别特征 常绿乔木，高 20 m。芽被直立长毛。叶革质，倒披针形或窄倒卵状椭圆形，长 12~18 cm，先端急尖或短尾尖，有光泽，叶柄长约 2 cm，无托叶痕。花淡黄色，芳香，花梗密被茸毛。聚合果长 3~7 cm，常扭曲。花期 2~3 月，果期 8~9 月。

习性分布与用途 产河南、湖北、湖南、四川、贵州、广西、云南等地，生于海拔 1000~2000 m 山地林中。木材质地细密，为优良建筑、家具用材和庭园观赏树种。

图 11-14 黄心夜合

本属各地常见于森林的种类还有乐昌含笑(*M. chapensis*)、深山含笑(*M. maudiae*)、峨嵋含笑(*M. wilsonii*)等。已被开发利用作绿化观赏树种，也作建筑、家具用材。

11.1.5　鹅掌楸属 *Liriodendron* L.

落叶乔木。叶2～10裂，先端平截或凹缺，形如鹅掌。花顶生；花被片9；雌蕊群无柄。聚合果由翅果组成，成熟时自中轴脱落。种子1～2。2种，我国及北美洲各1种。

鹅掌楸(马褂木)*Liriodendron chinense* Sarg. (图11-15)

识别特征　落叶乔木，高40 m。枝叶无毛，叶片长4～18 cm，两侧各具裂片1，下面常灰白色；叶柄与叶片近等长。外轮花被片绿色，内轮黄绿色。聚合果长7～9 cm。花期5月，果期9月。

习性分布与用途　产长江以南，生于海拔500～1700 m的阔叶林中。叶形奇特，花美丽，供观赏及作行道树；木材纹理直，结构细，为建筑、家具、细木工用材。为孑遗植物，国家二级重点保护植物。

北美鹅掌楸(*L. tulipifera*)原产北美洲，我国中部及长江流域地区多有栽培，其与鹅掌楸的区别在于叶两侧各具2～3个裂片。

图11-15　鹅掌楸

复习思考题

一、多项选择题

1. 木兰科植物的特征为(　　)。
　　A. 雄蕊多数　　　B. 雄蕊少数　　　C. 心皮离生　　　D. 心皮合生
2. 含笑属的特征是(　　)。
　　A. 常绿性　　　　B. 落叶性　　　　C. 蓇葖果　　　　D. 翅果
3. 鹅掌楸的特征是(　　)。
　　A. 蓇葖果　　　　B. 翅果　　　　　C. 常绿性　　　　D. 落叶性
4. 玉兰的特征是(　　)。
　　A. 常绿性　　　　B. 落叶性　　　　C. 花单生枝顶　　D. 花单生叶腋

二、简答题

1. 木兰科具有怎样的花被特征？
2. 木兰科的雌蕊有什么特点？
3. 含笑属和木兰属植物主要差异有哪些？

11.2 五味子科 Schisandraceae

木质藤本。单叶互生，常具透明腺点，无托叶。花单性，同株或异株，花被 6 至多数，雄蕊多数，部分或全体合成球状；心皮多数、离生，胚珠 2~5。聚合浆果穗状或球形。

2 属 50 余种，我国有 2 属 33 种。其中聚合果球形的为南五味子属；聚合果穗状的为五味子属。

五味子属 *Schisandra* Michx.

形态特征基本同科，最明显特征是聚合果为穗状。

约 25 种，我国约 19 种，多为森林中的藤本植物，产我国东北至西南及东部各地。

五味子（北五味子）*Schisandra chinensis* (Turcz.) Baill.（图 11-16）

识别特征 落叶藤本，长 8 m。小枝稍有棱。叶倒卵形或椭圆形，先端急尖至渐尖，叶基楔形，边缘具疏细齿，叶面有光泽，叶柄和叶脉常带红色。花单性异株，数朵生于嫩枝叶腋，乳白或带粉红色，花梗细长，花被 6~9 片，雄蕊 5，稍连合；心皮多数。聚合浆果呈下垂的穗状，成熟时深红色。花期 5~6 月，果期 8~9 月。

习性分布与用途 产我国东北、华北及湖北、湖南、江西、四川等地；多生于海拔 1500 m 以下阔叶林及灌丛中。果肉甘酸，种子辛苦而略带咸，五味俱全而得名。果实入药，治肺虚喘咳、盗汗等。

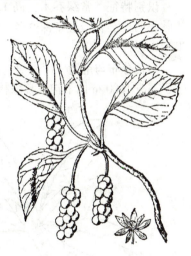

图 11-16 五味子

11.3 八角科 Illiciaceae

常绿乔木或灌木；全株无毛，具油细胞，有香气。单叶互生，常集生枝顶，全缘；无托叶。花两性，单生或 2~3 集生；花被片 7~21 或更多，通常成数轮，覆瓦状排列；雄蕊 4 至多数；子房上位，心皮通常 7~15，分离，轮状排列，胚珠各 1。聚合蓇葖果，呈单轮星状排列，腹缝线开裂；种子 1，侧向压扁状，有光泽。

仅 1 属约 50 种，我国约 30 种。

八角属 *Illicium* L.

形态特征同科。

(1) 八角(八角茴香、大茴香)*Illicium verum* Hook. f. (图 11-17)

识别特征 常绿乔木，高 17 m。枝、叶均具香味。叶倒卵状椭圆形，长 5~17 cm、宽 2~5 cm，有透明油腺点。花粉红至深红色。心皮 8。聚合蓇葖果 8，成熟时红褐色，先端钝尖。每年开花 2 次，第一次花期 2~3 月，8~9 月果熟；第二次花期 9~10 月，翌年 3~4 月果熟。

习性分布与用途 产福建、广东、广西、贵州、云南；以广西为主产区。果实是著名的调味香料，五香调味品之一。果、种子、叶含芳香油，提取后用于食品调香料及药用；木材淡红褐色，结构细，具香气，为优良用材。

(2) 披针叶八角(莽草)*Illicium lanceolata* A. Smith. (图 11-18)

识别特征 常绿乔木，高 12 m。枝、叶无毛。叶倒披针形，长 5~15 cm、宽 3~4 cm，侧脉不明显。花粉红至深红色。心皮 11~13。聚合蓇葖果 11~13，先端锐尖。花期 5 月，果期 10 月。

习性分布与用途 产福建、广东、浙江、江西、湖北、湖南、安徽、江苏、河南等地；生于海拔 1600 m 以下沟谷常绿林中，枝繁叶茂，优良绿化观赏树种，果有毒，不宜食用。

图 11-17 八 角

图 11-18 披针叶八角

11.4 连香树科 Cercidiphyllaceae

落叶乔木。具长短枝。单叶，常对生；托叶早落。花单性异株；先叶开放，无花被，每花有1苞片；雄花丛生，雄蕊8~13(15~20)，花丝纤细，花药条形，红色；雌花4~8朵，具短梗，心皮2~6离生，花柱细长，红紫色，胚珠多数，侧膜胎座。蓇葖果2~4组成聚合果；种子小，扁平，具翅。为孑遗植物。

仅1属2种，我国和日本各1种。

连香树属 *Cercidiphyllum* Sieb. et Zucc.

形态特征同科。

连香树(五君树)*Cercidiphyllum japonicum* Sieb. et Zucc. (图11-19)

识别特征 落叶乔木，高40 m。枝、叶无毛；短枝在长枝上对生。生于短枝上的叶近圆形、宽卵形或心形；生于长枝上的叶椭圆形或三角形，叶缘具圆钝锯齿，掌状脉5~7，下面有白粉。花2~6(8)朵簇生。蓇葖果荚果状，长0.8~1.8 cm。花期5月，果熟期9月。

习性分布与用途 产山西、陕西、甘肃、浙江、安徽、江西、湖北、四川等地，生于海拔650~2700 m 山谷地带。木材可作图板、雕刻及家具用材。国家二级重点保护植物。

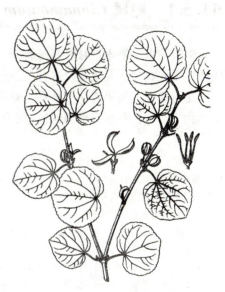

图11-19 连香树

11.5 樟科 Lauraceae

乔木或灌木，稀为藤本，常具芳香油细胞；芽鳞明显。单叶，互生，稀对生，全缘，稀有裂叶；无托叶。花小，两性、单性或杂性；组成圆锥、聚伞、总状或伞形花序；单被花，花被裂片6或4，排成2轮；雄蕊3~4轮，每轮3或2，花药瓣裂；子房上位，1室，胚珠1。浆果或核果；种子无胚乳。

约45属2000余种，我国有24属约430种。樟科植物多数分布于热带和亚热带地区，是我国亚热带地区常绿阔叶林的重要组成种类，樟属、楠木属、檫木属的一些种类是优良的阔叶用材树种；还有许多种类含有芳香油，是医药和化工原料。

分 属 检 索 表

1. 花序无总苞，雄蕊第1~2轮花药内向，第3轮外向。
  2. 花被裂片在果时脱落；叶具三出脉或羽状脉 ·· 樟属
  2. 花被裂片在果时宿存；叶具羽状脉
    3. 花被裂片反卷或开展，不包被果实基部 ··· 润楠属
    3. 花被裂片直立，紧包果实基部 ··· 楠木属
1. 花序苞片大，形成总苞。

4. 总状花序；叶片常3裂 ··· 檵木属
4. 伞形花序；叶片全缘。
   5. 花药4室；总苞在开花时尚宿存 ··· 木姜子属
   5. 花约2室；总苞早落 ··· 山胡椒属

11.5.1 樟属 *Cinnamomum* Trew

常绿乔木或灌木。枝叶具芳香味。叶互生或对生，三出脉、离基三出脉或羽状脉。花两性；圆锥花序；花被裂片在花后脱落；第1~2轮雄蕊的花药内向，第3轮雄蕊的花药外向，花药4室。浆果着生于杯状、盘状的果托上。

约250种，我国有约50种，均为重要森林和用材树种。

分 种 检 索 表

1. 叶螺旋状互生；小枝圆形。
   2. 叶片脉腋有腺点，离基三出脉与羽状脉并存 ······································· 樟树
   2. 叶片脉腋无腺点，羽状脉 ··· 黄樟
1. 叶二列状对生或近对生，叶具明显三出脉；小枝四棱形。
   3. 小枝及叶片下面被柔毛。
      4. 叶片大，长8~20 cm；花序与叶近等长 ··· 肉桂
      4. 叶片小，长4~10 cm；花序短于叶 ··· 香桂
   3. 小枝及叶无毛；叶片长5~12 cm ··· 阴香

(1) 樟树(香樟、芳樟)*Cinnamomum camphora*(L.) Presl(图11-20)

识别特征 常绿乔木，高30 m，胸径5 m。树皮不规则纵裂。叶互生，叶卵形或卵状椭圆形，长6~12 cm，宽3~6 cm，下面被白粉，两面无毛，脉腋有明显腺点。圆锥花序腋生；花小，淡黄绿色。果近球形，径6~8 mm，熟时紫黑色。花期4~5月，果期8~11月。

习性分布与用途 重要用材树种，产长江流域以南及西南。木材纹理细致，芳香，为建筑、家具、造船、箱柜、雕刻良材；根、枝、木材可提取樟脑、樟油，供医药、化工、香料、农药等用。长江以南平原和山区均可作为造林树种。

(2) 黄樟(大叶樟)*Cinnamomum parthenoxylum*(Jack) Nees(图11-21)

识别特征 常绿乔木，高25 m。叶互生，革质，椭圆状卵形，长6~12 cm，宽3~6 cm，无毛，叶脉羽状。花序腋生或近顶生，果球形，径6~8 mm，熟时黑色，花期3~5月，果期6~7月。

习性分布与用途 产福建、江西、湖南、广东、海南、广西、贵州、云南。生于海拔1500 m以下山地常绿阔叶林中，木材纹理美观，含有樟脑油，可作用材或提取芳香油。

(3) 肉桂(玉桂)*Cinnamomum cassia* Presl(图11-22)

识别特征 常绿乔木；高15 m。幼枝四棱形，密被毛。叶互生或近对生，椭圆形，长8~20 cm，宽4~5.5 cm，下面淡绿色，被疏柔毛。果椭圆形，黑紫色，果托碗状。花期6~7月，果期12月至翌年2月。

图 11-20　樟　树

图 11-21　黄　樟

习性分布与用途　华南、云南及台湾广为栽培。为重要香料树种，喜暖热气候。树皮供药用及香料用；叶可作罐头食品的赋香剂；枝、叶可提取芳香油。

(4) 香桂 *Cinnamomum subavenium* **Miq.**（图 11-23）

识别特征　常绿乔木，高 20 m。老树下部树皮常有凹圆斑。小枝密被黄色平伏绢状柔毛。叶椭圆形或卵状椭圆形，长 4~12 cm，两面被灰黄色柔毛。花梗、花被两面均密被柔毛。果椭圆形，长约 7 mm，蓝黑色；果托全缘。花期 6~7 月，果期 8~10 月。

图 11-22　肉　桂

图 11-23　香　桂

习性分布与用途　产安徽、浙江、福建、江西、湖北、湖南、广东、广西、海南、云南、贵州、四川、西藏及台湾，生于海拔 2500 m 以下山地常绿阔叶林中。叶油可作香料

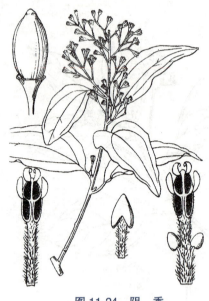

图 11-24 阴香

及医药杀菌剂，皮油可作化妆品及牙膏用香精；叶是罐头食品重要配料。

（5）阴香 *Cinnamomum burmanii*（C. G. et Th. Nees）Blume（图 11-24）

识别特征 常绿乔木，高 20 m。树皮具肉桂香味。叶片革质，卵形至长椭圆形，长 6~12 cm，宽 2~5 cm，三出脉，下面带粉绿色。果卵形，长约 8 mm。花期 3 月，果期 8 月。

习性分布与用途 产福建、江西南部、广东、海南、广西、云南。木质细密，供家具及细木工装饰用材。树皮、枝、叶可提取芳香油；枝叶浓密，常栽作行道绿化树。

本属常见森林树种还有沉水樟（*C. micranthum*）、云南樟（*C. glanduliferum*）、猴樟（*C. bodinieri*）等，均为常绿乔木，植物体含芳香油，各地用作用材树种和香料树种。

11.5.2 润楠属 *Machilus* Nees

常绿乔木或灌木。叶互生，多革质，羽状脉。圆锥花序；两性花，构造与樟属相同，但花被裂片在花后宿存反曲或开展。浆果球形，稀椭圆形。我国约 70 种。播种繁殖。

分 种 检 索 表

1. 叶较短小，两面无毛 ·· 红楠
1. 叶较长大，下面被柔毛。
　2. 叶长 6~15 cm，宽 2~4.5 cm ··· 刨花润楠
　2. 叶长 14~32 cm，宽 3.5~6.5 cm ··· 薄叶润楠

（1）红楠（红润楠）*Machilus thunbergii* Sieb. et Zucc.（图 11-25）

识别特征 常绿乔木，高 20 m。枝叶无毛。叶倒卵形或倒卵状披针形，长 4.4~12 cm，先端钝尖，基部狭楔形，侧脉 7~12 对，红色，下面有白粉。花被裂片仅内面上部有小柔毛。果球形，径 8~10 mm，黑色，果柄鲜红色。花期 4 月，果期 9~10 月。

习性分布与用途 产山东、江苏以南海拔 1300 m 以下山地。喜凉爽湿润的山地森林环境，木材质白细腻，适合作用材或作庭园观赏。

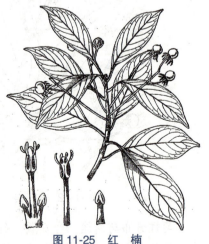

图 11-25 红楠

(2) 刨花润楠(黏楠、鼻涕楠)*Machilus pauhoi* **Kanehira**(图 11-26)

识别特征 常绿乔木，高 20 m。小枝无毛。叶椭圆形或倒披针形，长 5.4~15 cm，宽 2~4.5 cm，下面有白粉及绢毛，侧脉 8~14 对。花被裂片两面有绢毛。果球形，径 8~13 mm，黑色。果柄鲜红色。花期 4 月，果期 6~7 月。

习性分布与用途 产浙江、安徽、福建、江西、湖南、广东、广西。适生于 1000 m 以下湿润肥沃的山地森林环境，树形高大美观，为优良园林绿化树种。木材泡水含有胶质，供家具、建筑用。

(3) 薄叶润楠(华东润楠、大叶楠)*Machilus leptophylla* **Hand.-Mazz.**(图 11-27)

识别特征 常绿乔木，高 28 m。小枝无毛。叶倒卵状长圆形，薄革质，长 14~32 cm，下面灰白色，被稀疏柔毛。花被片外面被小柔毛。果球形，黑色，径约 1 cm。果柄鲜红色。花期 4 月，果期 7 月。

习性分布与用途 产华东、华中、华南及贵州海拔 450~1200 m 山地。习性、分布、用途同刨花润楠，但多作为用材树种利用。

图 11-26 刨花润楠

图 11-27 薄叶润楠

11.5.3 楠木属 *Phoebe* Nees

形态特征与润楠属相似，其区别：宿存花被裂片直立并紧包果实基部，果椭圆形，稀球形。

我国约 34 种。多为珍贵用材树种。播种繁殖。

分 种 检 索 表

1. 叶片倒披针形或椭圆状披针形；嫩枝被短柔毛或无毛。
    2. 叶片下面小横脉明显；花序常 3~4 分枝 ·· 闽楠
    2. 叶片下面小横脉不明显；花序常多分枝 ·· 桢楠
1. 叶片倒卵形或倒卵状披针形；嫩枝密被柔毛 ·· 紫楠

(1) 闽楠(楠木)*Phoebe bournei*(Hemsl.)**Yang**(图11-28)

识别特征 常绿乔木，高30 m。小枝近无毛。叶披针形或倒披针形，长7~13 cm，宽2~3 cm，下面幼时被灰色柔毛。花序3~4分枝。果椭圆形，长1~1.4 cm。花期4~5月，果期10~12月。

习性分布与用途 产浙江、福建、江西、广东、湖北、湖南、贵州。适生于1000 m以下阴湿肥沃的山地森林环境。木材质地细致，纹理直，不易翘裂变形，材性优良，是著名珍贵用材树种。数量稀少，被列为国家二级重点保护植物。适合作为造林树种栽培。

图11-28 闽 楠

(2) 桢楠(楠木、雅楠)*Phoebe zhennan* S. Lee et F. N. Wei(图11-29)

识别特征 常绿乔木，高35 m。树干通直。小枝被柔毛。叶革质，椭圆形或倒披针形，长7~11 cm，先端渐尖，基部楔形，上面无毛或沿中脉有毛，下面密被短柔毛，侧脉8~13对。果长卵形或椭圆形，长1.1~1.4 cm，紫黑色。花期5月，果期10~11月。

习性分布与用途 产贵州、四川、湖北、湖南海拔1500 m以下山谷林中，多栽培。木材有香气，纹理直，结构细，为高级家具、建筑、造船的优良用材。国家二级重点保护植物。

(3) 紫楠(紫金楠)*Phoebe sheareri*(Hemsl.)**Gamble**(图11-30)

识别特征 常绿乔木，高20 m。小枝密被黄褐色长茸毛。叶倒卵形，长8~27 cm，下面被灰褐色茸毛。花序密被锈色茸毛。果卵形，长约1 cm。花期5~6月，果期9~10月。

图11-29 桢 楠

图11-30 紫 楠

习性分布与用途 产华东、华中、华南及西南海拔1200 m以下山地。木材较为细致，材性优良，可供建筑、车船、家具等用材。华东地区也做园林观赏树栽培。

11.5.4 檫木属 *Sassafras* Trew.

落叶乔木。叶全缘或2~3裂。花杂性；总状花序；花被裂片早落；两性花中花药4室，第1~2轮内向，第3轮外向，第4轮为退化雄蕊，雄花花药2室或4室，全部内向或第3轮侧向；雌花均为退化雄蕊。浆果；果梗及果托上端肥大，棍棒状，橘红色。我国2种。

檫木(檫树)*Sassafras tzumu*(Hemsl.)**Hemsl.**（图11-31）

识别特征 落叶乔木，高35 m，树干通直圆满。树皮深纵裂。小枝绿色。叶卵形或倒卵形，长10~20 cm，全缘或2~3裂，羽状脉或离基3出脉，下面有白粉，无毛；叶柄长约4 cm。果径约1 cm，熟时紫黑色，被白粉，花期3~4月，果期8月。

习性分布与用途 分布长江流域以南至西南海拔1800 m以下山地。生长初期较快，木材纹理直，环孔材，年轮花纹明显，不易翘裂变形，材性优良，是建筑、造船、家具良材。

图11-31 檫 木

11.5.5 木姜子属 *Litsea* Lam.

乔木或灌木。羽状脉。花单性异株；伞形或总状花序腋生，开花时总苞不脱落；雄花发育雄蕊9~12，花药4室，全部内向。浆果着生于膨大的杯状或盘状果托上。

我国有72种。

山苍子(山鸡椒、木姜子)*Litsea cubeba*(Lour.)**Pers.**（图11-32）

识别特征 落叶小乔木，高5 m。枝无毛。体内富含芳香油。叶纸质，披针形或长圆状披针形，长4~11 cm，下面粉绿色。伞形花序有总梗。果球形，径4~5 mm,成熟时黑色。花期2~3月，果期8月。

习性分布与用途 产长江流域以南及西南海拔1300 m以下的山地，多生于荒坡地或采伐迹地，自然更新能力强。花、叶及果皮富含芳香油，可用于合成香精、医药等；果供药用，能去风止痛。

图11-32 山苍子

11.5.6　山胡椒属 Lindera Thunb.

乔木或灌木。叶羽状脉或三出脉。花单性异株；伞形花序，总苞早落；花被裂片6；雄花有发育雄蕊9，花药2室，全部内向。核果，常具杯状果托。我国40余种。

(1)香叶树(红果树、香油果)*Lindera communis* **Hemsl.**（图11-33）

识别特征　常绿乔木，高15 m。叶革质，椭圆形或卵形，长5～12 cm，宽3～4.5 cm，先端急尖，下面有疏柔毛，侧脉5～7对。花序几无总梗。果卵形，径5～8 mm，熟时红色。花期3～4月，果期9～10月。

习性分布与用途　产秦岭—淮河流域以南海拔1000 m以下山地。树冠浓密，适宜栽作庭园观赏树。种仁含油，供制皂等工业用。

(2)黑壳楠(红心楠)*Lindera megaphylla* **Hemsl.**（图11-34）

识别特征　常绿乔木，高15 m。小枝无毛。叶革质，倒披针形或倒卵状披针形，长10～24 cm，宽5～7 cm，无毛或近无毛。花序具总梗。果椭圆形至卵形，长约2 cm，黑色，果托杯状。花期3～4月，果期10月。

习性分布与用途　产秦岭—淮河流域以南至西南海拔1500 m以下山地。木质较为轻软，可作家具板料；种子油可制皂。树形美观，可用作园林绿化。

本属常见的还有山胡椒(*L. glauca*)、三桠乌药(*L. obtusiloba*)，均为常见森林树种。

图11-33　香叶树

图11-34　黑壳楠

> **复习思考题**

一、多项选择题

1. 樟科植物的特征为(　　)。
   A. 单叶　　　　　B. 复叶　　　　　C. 有托叶　　　　　D. 无托叶
2. 樟科植物的果实类型为(　　)。
   A. 坚果　　　　　B. 蒴果　　　　　C. 浆果　　　　　　D. 核果

3. 樟科植物具有两性花、圆锥花序的是( )。
   A. 樟属　　　　　B. 楠木属　　　　　C. 润楠属　　　　　D. 山胡椒属

二、简答题

1. 樟科植物体具有什么重要内含物？
2. 樟科植物花药具有什么样的特殊特征？
3. 樟属、楠木属、润楠属之间有哪些异同点？

11.6　蔷薇科 Rosaceae

乔木、灌木或草本；有些种类具刺。单叶或复叶，互生；有托叶，稀无托叶。花多为两性，稀单性；整齐；萼片、花瓣通常 4~5，花瓣离生；雄蕊常多数；心皮 1 至多数，离生或合生，单雌蕊或复雌蕊，花周位或上位，子房上位、半下位或下位，每室胚珠 1 至多数。蓇葖果、瘦果、梨果、核果，稀蒴果。

120 余属 3400 多种，我国有 55 属约 1000 种。本科经济价值较大，许多种类花艳丽，如玫瑰、月季、梅花、樱花等，供绿化观赏；也是重要水果之科，如苹果、梨、枇杷、桃、李、杏、樱桃、山楂等。由于花、果构造区别较大，根据特征差异，一般分为 4 个亚科。主要区别如下：

1. 果为蓇葖果，稀蒴果，通常无托叶 ………………………………………… 绣线菊亚科
1. 果为梨果、核果或瘦果。叶有托叶。
   2. 子房下位或半下位，果为梨果或梨果状 …………………………… 梨亚科
   2. 子房上位。
      3. 单叶，心皮常为 1，稀 2 或 5，核果，花萼常脱落 …………… 李亚科
      3. 叶多为复叶，稀单叶，心皮多数，离生，组成聚合果，花萼宿存 ……… 蔷薇亚科

分属检索表

1. 果为蓇葖果；羽状复叶，无托叶 ………………………………………………… 珍珠梅属
1. 果为梨果、核果或瘦果；叶有托叶。
   2. 复雌蕊，子房下位或半下位，心皮 2~5 合生；梨果。
      3. 心皮成熟时硬骨质；果有硬核 1~5 ……………………………… 山楂属
      3. 心皮成熟时内果皮薄革质或纸质。
         4. 复伞房花序或圆锥花序。
            5. 侧脉不伸达叶缘而弯曲；子房半下位 ………………… 石楠属
            5. 侧脉伸达叶缘。
               6. 落叶；单叶或羽状复叶；复伞房花序 …………… 花楸属
               6. 常绿；单叶；圆锥花序 …………………………… 枇杷属
         4. 伞形总状花序。
            7. 花柱分离，花药红色；果实内多石细胞 …………… 梨属
            7. 花柱基部合生，花药黄色；果实内常无石细胞 …… 苹果属
   2. 子房上位；果为核果或瘦果。

8. 单雌蕊,心皮1个。
　　9. 幼叶多为席卷式,少为对折式;果实有纵沟,外面被毛或蜡粉。
　　　　10. 侧芽3,两侧为花芽,有顶芽;果核常有孔穴;幼叶对折式 ·· 桃属
　　　　10. 侧芽单生,顶芽缺;果核常光滑或孔穴不明显。
　　　　　　11. 子房和果实常被短柔毛;花常无柄或有短柄,先叶开放 ····································· 杏属
　　　　　　11. 子房和果实光滑无毛;花常有柄,花叶同时开放 ····································· 李属
　　9. 幼叶对折式;果实无沟;枝有顶芽。
　　　　12. 花单生或数朵组成短总状或伞房状花序,基部苞片明显 ····································· 樱属
　　　　12. 花小,多数,组成总状花序;苞片小,早落 ····································· 稠李属
8. 心皮多数,离生。
　　13. 瘦果着生于坛状花托内 ·· 蔷薇属
　　13. 浆果状小核果着生于凸起的花托上 ·· 悬钩子属

11.6.1　珍珠梅属 *Sorbaria* A. Br.

落叶灌木。奇数羽状复叶,互生,具托叶。花小,白色,组成顶生的大圆锥花序,萼片5,常反卷,花瓣5片,雄蕊20~50,心皮5,与萼片对生,基部相连,蓇葖果。约7种,我国有9种。多数为林下灌木,少数种类被广泛栽培作观赏。

珍珠梅(华北珍珠梅)*Sorbaria kirilowii*(Reqel)**Maxim.**(图11-35)

识别特征　落叶灌木,高2~3 m。羽状复叶有小叶13~21,小叶对生,卵状披针形,长4~7 cm,叶缘具重锯齿,无毛。花小,白色,雄蕊约20枚,与花瓣等长成稍短。花期6~8月。

习性分布与用途　产河北、山西、山东、河南、陕西、甘肃、内蒙古等地。耐阴,耐寒,生长迅速,萌蘖性强。花叶清丽,常栽作园林观赏。

11.6.2　山楂属 *Crataegus* L.

落叶小乔木或灌木;常具枝刺。单叶,有锯齿或裂叶,羽状脉伸入叶缘锯齿;托叶大。顶生伞房或伞形花序,萼片及花瓣各5;子房下位,心皮2~5合生,2~5室,每室胚珠2,梨果,具宿存花萼;心皮成熟时硬骨质,有1~5小核,种子各1。

我国有17种。

(1)山楂 *Crataegus pinnatifida* Burge(图11-36)

识别特征　落叶小乔木,高6 m。小枝有刺,无毛。叶宽卵形或三角状卵形,长5~10 cm,宽4~7.5 cm,羽状裂片3~5,先端短渐尖,边缘具尖锐重锯齿,下面叶脉或脉腋有毛。果径约1.5 cm,具小核3~5。花期5~6月,果期9~10月。

习性分布与用途　产东北、华北、西北及长江流域。果实成熟时味酸甜,可供食用。

(2)山里红(大果山楂)***Crataegus pinnatifida* var. *major* N. E. Br.**

与山楂的区别:果较大,叶片分裂较浅。东北、华北至江苏有栽培,在华北山区为重要果树。果实供鲜食,或加工作蜜饯、山楂片或冰糖葫芦。

图 11-35 珍珠梅

图 11-36 山楂

11.6.3 石楠属 *Photinia* Lindl.

落叶或常绿乔木或灌木。单叶，羽状侧脉不伸达叶缘。花两性，成顶生伞形、伞房或复伞房花序；落叶种花序轴及花梗上常具疣状皮孔；萼裂片及花瓣各5，子房半下位，2~5室。梨果小，萼宿存。

约60种，我国有40余种。

(1) 椤木石楠(椤木)***Photinia davidsoniae* Rehd.** (图11-37)

识别特征 常绿乔木，高15 m。幼树干基部具枝刺；嫩枝、叶被柔毛。叶椭圆形或倒披针形，长5~10 cm，宽2~4 cm，革质，叶缘具腺状细锯齿。果卵球形，径7~10 mm，成熟时紫黑色。花期5月，果熟期11~12月。

习性分布与用途 产华东、华南、华中、西南及陕西等地区海拔1000 m以下山地林中。木材色粉红，质地硬重，可用作制家具或农具。枝叶茂密，树形美观，也可栽作绿化观赏。

图 11-37 椤木石楠

图 11-38 石楠

(2) 石楠 *Photinia serrulata* Lindl.（图 11-38）

识别特征 常绿小乔木，高 10 m。小枝无毛。叶革质，长椭圆状倒卵形，长 9~22 cm，宽 3~6.5 cm，先端短尖或渐尖，两面无毛；叶缘具锯齿。果球形，径 5~6 mm，成熟时红色。花期 5~7 月，果熟期 11~12 月。

习性分布与用途 产华东、华南、华中及西南地区。多生于海拔 1500 m 以下山地林中。木材坚实，可作车轮、农具柄及工艺用材。果成熟时红色，常栽作行道树或园林观果树种。

11.6.4 枇杷属 *Eriobotrya* Lindl.

常绿乔木或灌木。单叶，侧脉伸达锯齿。顶生圆锥花序，常有茸毛；花萼 5 片，花瓣 5；子房下位，2~5 室，每室胚珠 2。梨果；内果皮膜质，种子大。

约 30 种，我国有 13 种。

枇杷 *Eriobotrya japonica*（Thunb.）Lindl.（图 11-39）

识别特征 常绿小乔木，高 10 m。小枝密被锈色茸毛。叶倒卵状披针形，长 12~30 cm，宽 3~5 cm，硬革质，叶缘具粗锯齿，下面及花序密被灰黄色及锈色茸毛。果球形或倒卵球形，黄色或橘黄色，径 2~5 cm，外被黄褐色茸毛。花期 10~12 月，果期 4~6 月。

习性分布与用途 我国亚热带地区广泛栽培。喜温暖湿润气候及肥沃土壤环境。栽培品种很多，果可鲜食或加工罐头食品。叶入药，有止咳作用。

图 11-39 枇 杷

11.6.5 花楸属 *Sorbus* L.

落叶乔木或灌木。单叶或奇数羽状复叶。复伞房花序顶生；萼裂片和花瓣各 5；子房下位或半下位，2~5 室，每室胚珠 2。梨果小，内果皮薄革质。我国 50 余种。

(1) 花楸（百华花楸）*Sorbus pohuashanensis*（Hance）Hedl.（图 11-40）

识别特征 落叶小乔木，高 10 m。嫩枝具茸毛。冬芽被灰白色茸毛。奇数羽状复叶，小叶 5~7 对，椭圆状披针形，长 3~5 cm，边缘具细锐锯齿，基部或中部以下全缘，下面苍白色；托叶半圆形，有粗锐齿。果近球形，径 6~8 mm，红色。花期 5~6 月，果期 9~10 月。

习性分布与用途 产黑龙江、吉林、辽宁、河北、内蒙古、山西、山东及甘肃等地。多见于海拔 800~2500 m 山地杂木林内。秋叶变黄后转红，可作园林观赏树。

(2) 水榆花楸（水榆）*Sorbus aloifolia*（Sieb. et Zucc.）K. Koch（图 11-41）

识别特征 落叶乔木，高 20 m。树皮光滑。单叶，卵形至椭圆状卵形，长 5~10 cm，先端锐尖，基部圆形，边缘有不整齐尖锐重锯齿，两面无毛或稍有短柔毛。复伞房花序，花白色，径 1~1.5 cm。果卵球形，径 7~10 mm，红色或黄色，无斑点。花期 5 月，果熟期11月。

习性分布与用途 产长江流域、黄河流域及东北地区南部。多生于海拔300~500 m的山地混交林或灌木丛中。树形高大，秋叶先变黄后转红，又结果累累，可作园林风景树。

图11-40 花 楸

图11-41 水榆花楸

11.6.6 梨属 *Pyrus* L.

落叶乔木。单叶。伞形总状花序；萼片5；花瓣5，白色；花药常红色；子房下位，2~5室，每室具2胚珠。梨果，有斑点，果肉多石细胞。

约25种，我国有14种。多为果树种类。

分 种 检 索 表

1. 果实上萼片宿存；花柱3~5 ··· 秋子梨
1. 果实上萼片脱落，极少残留。
    2. 叶缘具刺芒状尖锯齿，先端向上缘紧贴；花柱4~5。
        3. 叶基部宽楔形；果黄色或绿色 ·· 白梨
        3. 叶基部圆形或近心形；果褐色，有褐色斑点 ··································· 沙梨
    2. 叶缘具尖锐或圆钝锯齿；花柱2~3。
        4. 叶缘具尖锯齿；幼枝、幼叶、花序密被白色茸毛 ····························· 棠梨
        4. 叶缘具钝圆锯齿；幼枝有茸毛，叶和花序无毛 ······························· 豆梨

(1) 秋子梨（花盖梨、酸梨）*Pyrus ussuriensis* Maxim.（图11-42）

识别特征 落叶乔木，高15 m。叶卵形至宽卵形，长5~10 cm，宽4~6 cm，具芒尖锯齿，无毛或幼嫩时被茸毛。果近球形，果顶微下陷，宿存萼片明显。花期4~5月，果期8~10月。

习性分布与用途 产黑龙江、吉林、辽宁、内蒙古、河北、山东、山西、陕西、甘

肃。为北方栽培梨树的主要种系之一，品种很多，如香水梨、安梨、酸梨、恩梨、京白梨、花梨等。

（2）白梨 *Pyrus bretschneideri* Rehd.（图11-43）

识别特征 落叶乔木，高5～10 m。幼枝及幼叶有茸毛，后脱落。叶卵形或椭圆状卵形，长5～15 cm，宽3.5～6 cm，具芒状锯齿，先端尾状渐尖，基部宽楔形。叶柄长2.5～7 cm。果卵形或近球形，长2.5～3 cm，径2～2.5 cm，黄白色，密被细斑点。花期4月，果期8～9月。

图11-42 秋子梨

图11-43 白 梨

习性分布与用途 产辽宁南部、河北至安徽北部、江苏北部，广泛栽培。为北方梨树的主要种系。栽培历史悠久，品质优良，著名品种有河北的鸭梨、蜜梨，山东的慈梨、长把梨，山西的黄梨、新疆的库尔勒香梨等。果可鲜食或制罐头、果酱、果汁、梨膏。

（3）沙梨（砂梨）*Pyrus pyrifolia*（Burm. f.）Nakai（图11-44）

识别特征 落叶乔木，高15 m。幼枝有毛。叶卵状椭圆形或卵形，长7～12 cm，宽4～6.5 cm，具芒尖状锯齿，先端长尖，基部近圆形。果近球形，浅褐色，有斑点。花期4月，果期7～9月。

习性分布与用途 产长江流域以南。适生于温暖多雨地区，为南方梨树主要栽培种系。著名品种有安徽南部的雪梨、浙江的黄樟梨和鹅蛋梨、四川的苍溪梨等。用途同白梨。

图11-44 沙 梨

（4）棠梨（杜梨）*Pyrus betulaefolia* Bunge（图11-45）

识别特征 落叶乔木，高10 m。枝常具刺，嫩枝、幼叶密被灰白色茸毛。叶椭圆状卵形，长4～8 cm，宽2.5～3.5 cm，具尖锐锯齿，先端渐尖，基部宽楔形。果近球形，径

5~12 mm，褐色，有淡褐色斑点。花期4月，果期8~9月。

习性分布与用途 产东北南部、内蒙古至长江流域。耐旱瘠、抗寒性较强。果形略小，北方地区通常作各种栽培梨的砧木。

(5)豆梨(鹿梨、红杜梨)*Pyrus calleryana* **Dcne.** (图11-46)

识别特征 落叶乔木，高6~10 m。叶宽卵形至卵圆形，长4~10 cm，宽3.5~6 cm，叶缘具圆钝锯齿，先端渐尖，基部近圆形。果球形，径约1.2 cm，暗褐色，有斑点。花期4月，果期9月。

习性分布与用途 华北至华南广布，主产长江流域。适应性强，果形小，常作嫁接梨树砧木。

图11-45 棠 梨

图11-46 豆 梨

11.6.7 苹果属 *Malus* Mill.

落叶稀半常绿，乔木或灌木。单叶。伞形总状花序；花萼5裂；花瓣5，花药黄色；子房下位，心皮3~5，花柱3~5，基部合生。梨果外果皮光滑，果肉内无石细胞或微具石细胞。

约35种，我国有约20种。

分 种 检 索 表

1. 花萼裂片宿存。
    2. 叶缘具细尖锯齿。
        3. 果径4~5 cm；果梗长1.5~2 cm ································· 花红
        3. 果径2~2.5 cm；果梗长2~3.5 cm，有宿萼 ················ 海棠果
    2. 叶缘具钝锯齿 ··· 苹果
1. 花萼裂片脱落 ··· 山荆子

(1) 花红（沙果、林檎）*Malus asiatica* **Nakai**（图 11-47）

识别特征　落叶小乔木，高 4~6 m。幼枝密被柔毛。叶卵形或椭圆形，长 5~11 cm，宽 4~5.5 cm，具细尖锯齿，两面被柔毛，后渐脱落。果卵球形，径 4~5 cm，黄色或红色。花期 4~5 月，果期 8~9 月。

习性分布与用途　分布于内蒙古、辽宁、河北、河南、山东、山西、陕西、甘肃、四川、贵州、云南等地。品种多，果形、味、色各有差异。果可鲜食或制蜜饯果脯等。

(2) 海棠果（楸子）*Malus prunifolia*（Willd.）**Borkh.**（图 11-48）

识别特征　落叶小乔木，高 3~8 m。幼枝被柔毛。叶卵形或椭圆形，长 5~9 cm，宽 4~5 cm，先端渐尖，基部宽楔形；幼时被柔毛。果卵形，红色，径约 2.5 cm，常有宿萼。花期 5 月，果期 8~9 月。

习性分布与用途　产辽宁、内蒙古、山西、陕西、甘肃、河北、河南、山东等地，野生或栽培。品种多。果可食；常栽作嫁接苹果的砧木。

图 11-47　花　红

图 11-48　海棠果

(3) 苹果 *Malus pumila* **Mill.**（图 11-49）

识别特征　落叶小乔木，高 3~8 m。小枝粗短。冬芽、幼枝、幼叶、花萼均密被灰白色茸毛。叶椭圆形至宽椭圆形，长 4~10 cm，宽 3~5.5 cm，幼时具茸毛，后脱落，锯齿钝圆或尖。果卵球形，径 4~10 cm，黄色、红色或紫红色。花期 4~5 月，果期 7~10 月。

习性分布与用途　原产欧洲中部；我国长江以北多栽培。著名品种有黄魁、青香蕉、红玉、祝光、金帅、国光、秦冠、红富士等。果鲜食或加工成罐头、果脯等。

(4) 山荆子（山定子）*Malus baccata*（L.）**Borkh.**（图 11-50）

识别特征　落叶乔木，高 10~14 m。小枝细弱，无毛。叶卵状椭圆形，长 3~8 cm，宽 3~4 cm，先端锐尖，基部楔形至圆形，锯齿细尖，背面疏生柔毛或光滑，叶柄长 2~5 cm。花白色，径 3~3.5 cm，花梗细，长 1.5~4 cm。果近球形，径 8~10 mm，成熟时红色或黄色，萼片脱落。花期 4 月下旬，果熟期 9 月。

习性分布与用途　产我国华北、东北及内蒙古，生于海拔 1500 m 以下的山地林中或灌丛中。耐寒、耐旱力均强，春天白花满树，秋季红果累累，经久不凋，甚为美观，可栽作庭园观赏树。果可酿酒。东北、华北各地多用作苹果、花红的砧木。

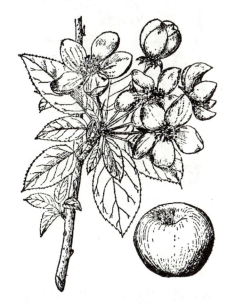

图 11-49　苹　果

图 11-50　山荆子

11.6.8　桃属 *Amygdalus* L.

落叶乔木或灌木。腋芽常 3 个并生，两侧为花芽，中间为叶芽。叶对折式，叶柄或叶缘常具腺体。花单生；雄蕊多数；子房常具柔毛，1 室。核果，外被毛，极稀无毛，果肉多汁或干燥开裂，腹部有明显纵沟。我国有 12 种。栽培品种甚多。

(1) 桃 *Amygdalus persica* L.（图 11-51）

识别特征　落叶小乔木，高 3~6 m。叶披针形，长 7~15 cm，宽约 3 cm，叶缘具锯齿。花粉红色，花梗极短。果卵球形，直径 3~10 cm。果核具沟槽。花期 3~4 月，果期 6~9 月。

习性分布与用途　全国各省份栽培广泛。栽培历史悠久，有 800 多个品种，可分为果桃和花桃等不同类型。果可食用，花美丽，供观赏。

(2) 山桃（花桃）*Amygdalus davidiana* (Carr.) C. de. Vos ex Henry（图 11-52）

识别特征　落叶乔木，高 10 m。小枝红褐色，无毛。叶卵状披针形，长 5~13 cm，具细锐锯齿，两面无毛；叶柄长 1~2 cm，常具腺体。花粉红色，花瓣倒卵形或近圆形，先端钝。果近球形，径 2.5~3.5 cm，果核两端钝圆。花期 3~4 月，果期 7~8 月。

习性分布与用途 产黄河流域至四川、贵州、云南等地。多生于荒野疏林及灌丛中。可作嫁接桃树砧木；也可供观赏。

图 11-51 桃

图 11-52 山桃

11.6.9 杏属 *Armeniaca* Mill.

落叶性。叶芽和花芽 2~3 个并生于叶腋。幼叶席卷式；叶柄常具腺体。花单生，稀 2 朵聚生，近无梗。核果表面有明显纵沟；果核表面光滑或粗糙，罕具孔穴。

我国有 7 种。

(1) 杏 *Armeniaca vulgaris* Lam.（图 11-53）

识别特征 落叶小乔木，高 3~6 m。1 年生枝淡红褐色。叶宽卵形或卵圆形，长 5~9 cm，具圆钝锯齿，两面近无毛。花白色或带红色。果近球形，径约 2.5 cm，微被短柔毛。花期 3~4 月，果期 6~7 月。

习性分布与用途 长江以北地区广泛栽培，尤以华北、西北和华东地区种植较多；新疆伊犁一带尚有野生纯林。果可鲜食或加工成果脯、杏干等，种仁可食用或药用。栽培品种多。

(2) 梅 *Armeniaca mume* Sieb.（图 11-54）

识别特征 落叶小乔木，高 3~6 m。1 年生小枝绿色。叶卵圆形，长 4~8 cm，先端尾尖，具细锐锯齿。花单生或 2 朵同生于 1 芽内，白色或粉红色；果卵球形，径 2~3 cm，被柔毛。花期 12 月至翌年 3 月，果期 4~6 月。

习性分布与用途 产长江流域以南各省份。全国各地广泛栽培，栽培历史悠久，品种多，花色艳丽，为优良园林树种和树桩盆景树种；果可食用；也可制果脯、蜜饯、果干等。

图 11-53 杏　　　　　图 11-54 梅

11.6.10　李属 *Prunus* L.

落叶小乔木或灌木。腋芽单生，幼叶席卷式或对折式。花单生或 2~3 朵簇生，具短梗，先叶开放或花叶同放。核果具纵沟，无毛，被蜡粉。

30 余种，我国有 7 种。

李 *Prunus salicina* Lindl.（图 11-55）

识别特征　落叶小乔木，高 3~5 m。小枝无毛。叶长圆状倒卵形，长 6~10 cm，先端渐尖或短尖，具锯齿，下面有疏毛。花白色，常 3 朵并生。果卵球形，核果具纵沟，无毛，径 4~7 cm。花期 3~4 月，果期 6~7 月。

习性分布与用途　长江流域及西北等地有野生；全国各地多栽培。约有 130 个品种。果可鲜食，也可制果脯蜜饯；核仁供药用；为重要温带果树之一。

图 11-55　李

11.6.11　樱属 *Cerasus* Mill.

落叶乔木或灌木。侧芽单生或 3 芽并生。叶柄、托叶和锯齿常有腺体。花数朵形成总状或伞房状花序。核果表面无纵沟，果核平滑或具皱纹。

我国 20 余种，栽培品种多。

分 种 检 索 表

1. 叶卵形或长圆状卵形；果较大 ·· 樱桃
1. 叶椭圆状卵形或倒卵形；果较小。

2. 嫩枝疏被柔毛；叶先端渐尖或骤尾尖，具尖锐重锯齿 ································ 东京樱花
2. 嫩枝无毛；叶先端渐尖，具单锯齿及重锯齿 ································ 山樱花

(1) 樱桃 *Cerasus pseudocerasus* (Lindl.) **G. Don**(图 11-56)

识别特征 落叶小乔木，高 2~6 m。叶卵形或长圆状卵形，长 5~12 cm，下面沿脉或脉腋间有疏柔毛，具尖锐重锯齿，花 3~6 朵成伞房状花序。核果卵球形，成熟时红色，径 1~1.5 cm。花期 3~4 月，果期 4~5 月。

习性分布与用途 产黄河流域至长江流域。栽培品种多，果色鲜红可爱，可鲜食或制罐头用，为我国北方重要果树品种之一。

(2) 东京樱花（日本樱花）*Cerasus yedoensis* (Matsum.) **Yu et Li**(图 11-57)

识别特征 落叶乔木，高 4~16 m。叶椭圆状卵形或倒卵形，长 5~12 cm，先端渐尖或骤尾尖，具尖锐重锯齿，齿端具小腺体，下面沿脉疏被柔毛，叶柄密被柔毛。花序伞形总状，花色白或粉红。果近球形，成熟时黑色，径 0.7~1 cm。花期 4 月，果期 5 月。

图 11-56 樱桃

习性分布与用途 原产日本，我国华北以南各地广泛引种栽作绿化观赏树，园艺品种很多，盛花时繁花如雪，十分艳丽，为优良园林观赏树种。

(3) 山樱花 *Cerasus serrulata* (Lindl.) **G. Don ex London**(图 11-58)

识别特征 落叶乔木，高 3~8 m。小枝无毛。叶卵状椭圆形或倒卵状椭圆形，长 5~9 cm，先端渐尖，具单锯齿及重锯齿，齿尖有小腺体，两面无毛。花序伞房总状或近伞形。花色白或粉红。果卵球形，径 0.8~1 cm。花期 4~5 月，果期 6~7 月。

习性分布与用途 产黑龙江、河北以南至浙江、江西、湖南、贵州。常栽培作观赏树。

图 11-57 东京樱花　　　　　图 11-58 山樱花

本属在我国常见的还有云南樱花（*C. cerasoides*）和福建山樱花（*C. campanulata*）等种类，花红艳而美丽，均是优良园林观赏树种。

11.6.12 稠李属 *Padus* Mill.

落叶小乔木或灌木。叶在芽中对折状，叶柄顶端或叶片基部常具 2 腺体。花小，多数，组成总状花序；花白色，花瓣先端啮蚀状。核果表面无纵沟。

我国有 14 种。

稠李 *Padus racemosa*（Lam.）Gilib.（图 11-59）

识别特征 落叶乔木，高 15 m。叶椭圆形至长圆状倒卵形，长 4~10 cm，先端尾尖，边缘具不规则重锯齿，两面无毛。花白色。果卵球形，顶端有尖头，径 0.8~1 cm，成熟时红褐色至黑色。花期 4~5 月，果期 8~9 月。

习性分布与用途 产黑龙江、吉林、辽宁、内蒙古、山西、河北、河南、山东等地。枝繁叶茂，花白而密，常栽作绿化观赏树。

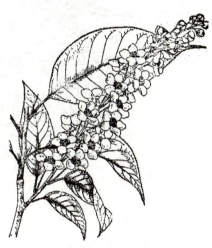

图 11-59 稠 李

11.6.13 蔷薇属 *Rosa* L.

灌木；茎直立或攀缘，常具皮刺。奇数羽状复叶；托叶常与叶柄连合。花单生或组成花序；花托壶状，萼片和花瓣 5(4)，或重瓣；雄蕊多数；心皮多数，均离生，包于壶状花托内，每心皮 1 室，1 胚珠。聚合瘦果包藏于花托内，称蔷薇果。

约 250 种，我国有 70 余种。月季 *R. chinensis*、玫瑰 *R. rugosa* 为常见栽培花卉。常见种类如下。

(1) 金樱子 *Rosa laevigata* Michx.

蔓生灌木。枝有皮刺。小叶 3。花托表面有刺毛，花白色，蔷薇果表面有刺。为秦岭—淮河流域以南山地灌丛常见种类。

(2) 黄刺玫 *Rosa xanthina* Lindl.（图 11-60）

落叶丛生灌木。枝有皮刺。小叶 7~13，花黄色，蔷薇果近球形，径约 1 cm，红色，表面无刺。为东北、华北和西北地区常见灌木。

11.6.14 悬钩子属 *Rubus* L.

灌木，稀草本；茎大多有皮刺。单叶、羽状复叶或掌状复叶。花单生或组成花序；花萼、花瓣 5；雄蕊多数；心皮常多数，离生，着生在凸起的花托上，子房 1 室。浆果状小核果组成聚合果。

约750种，我国约200种。多为森林下层植物，常见种类有复盆子 R. idaeus、高粱泡 R. lamberfianus、寒莓 R. buergeri、山莓 R. corchorifolius（图11-61）等。

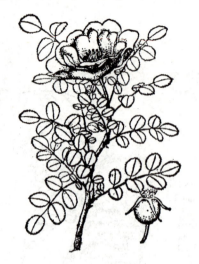

图11-60　黄刺玫

图11-61　山　莓

复习思考题

一、多项选择题

1. 蔷薇科具有的特征为(　　)。
   A. 单叶　　　　　B. 复叶　　　　　C. 整齐花　　　　D. 两侧对称花
2. 梨属的特征是(　　)。
   A. 离生心皮　　　B. 合生心皮　　　C. 子房上位　　　D. 子房下位
3. 杏属的特征是(　　)。
   A. 常绿　　　　　B. 落叶　　　　　C. 叶互生　　　　D. 叶对生
4. 下列种类具有单心皮、核果的是(　　)。
   A. 山楂　　　　　B. 李　　　　　　C. 梅　　　　　　D. 樱桃
5. 下列种类具有合生心皮、梨果的是(　　)。
   A. 枇杷　　　　　B. 苹果　　　　　C. 石楠　　　　　D. 稠李

二、简答题

1. 李亚科和苹果亚科的雌蕊构造特点与果实类型有什么区别？
2. 蔷薇科花冠有什么构造特点？
3. 梅花和樱花有哪些区别特征？

11.7　含羞草科 Mimosaceae

乔木或灌木。2回羽状复叶，叶序互生，叶轴上常有腺体；小叶多为全缘。花整齐，常两性；穗状或头状花序；花萼 5 齿裂，花瓣 5，镊合状排列，分离或合生成短筒状；雄蕊常多数，花丝长，分离或合生；子房上位，单心皮 1 室，边缘胎座。荚果。

约 64 属 2950 种。我国连同引栽的有 15 属约 66 种，在我国南方合欢属和金合欢属的种类分布较多。

含羞草科和苏木科、蝶形花科在哈钦松系统中都属于豆目，具有由单心皮、上位子房、边缘胎座发育而成的荚果，根部常具有根瘤等共同特征。根据花构造的区别分为 3 个科。其主要区别见表 11-1。

表 11-1 豆目各科植物主要区别

科名	特征				
	叶的特征	花冠特征	花冠排列式	花瓣间相互关系	雄蕊特征
含羞草科	叶多为 2 回羽状复叶	花为整齐花	花冠镊合状排列		雄蕊多数，离生或合生
苏木科	羽状复叶或单叶	花为两侧对称花	花冠覆瓦状排列	花冠上部近轴的一片包于其他花瓣之内	雄蕊常 10 或较少；花丝离生
蝶形花科	1 回羽状复叶或三出复叶	花为两侧对称花	花冠覆瓦状排列，有旗瓣、翼瓣、龙骨瓣的分化	花冠上部近轴的一片包于其他花瓣之外	雄蕊常 10 或较少，合生为单体或二体

分 属 检 索 表

1. 小叶对生；雄蕊多数。
　2. 花丝合生 ·· 合欢属
　2. 花丝分离 ·· 金合欢属
1. 小叶互生；雄蕊 10 ··· 海红豆属

11.7.1　合欢属 *Albizia* Durazz.

多为落叶乔木或灌木，稀为藤本。2 回羽状复叶，总叶柄下部具腺体，羽片和小叶均对生，小叶两侧常不对称，中脉偏生叶片的一侧。头状、穗状、簇生花序或组成圆锥花序；萼筒状，5 齿裂；花冠漏斗状，5 裂，雄蕊多数，花丝细长，基部合生。荚果带状。

约 150 种，我国有约 16 种。多为山地森林组成树种。

分 种 检 索 表

1. 羽片 3~20 对，每羽片有小叶 10~40 对，小叶长 1.5 cm 以下，宽 1 cm 以下。
　2. 小枝及叶均无毛；头状花序伞房状排列 ·· 合欢
　2. 小叶两面被短毛；穗状花序腋生或组成圆锥花序 ································· 南洋楹
1. 羽片 1~4 对，每羽片有小叶 3~14 对，小叶长 2 cm 以上，宽 1 cm 以上。
　3. 花黄绿色；荚果无果柄 ·· 大叶合欢
　3. 花白色或略带淡红色；荚果具果柄 ·· 山槐

(1) 合欢(马缨花、绒花树)*Albizia julibrissin* **Durazz.**(图 11-62)

识别特征 落叶乔木,高 16 m。小枝无毛。2 回羽状复叶有羽片 4~15 对;每羽片有小叶 10~30 对,小叶长 6~13 mm,宽 1.5~4 mm,先端急尖,中脉极偏斜。头状花序呈伞房状排列;花淡红色。荚果长 7~10 cm。花期 6~7 月。

习性分布与用途 我国北京、辽东以南至华南广大地区均有分布或栽培。适应性强,耐干瘠,可作荒山造林的先锋树种。树形及花色优美,常栽做庭园观赏及行道树。树皮名合欢皮,入药有安神功效。

(2) 南洋楹(马六甲合欢)*Albizia falcata*(Linn.)**Baker ex Merr.**(图 11-63)

识别特征 常绿乔木,高 45 m,胸径 1 m 以上。2 回羽状复叶有羽片 10~20 对;每羽片有小叶 18~20 对,小叶菱状长圆形,长 1~1.5 cm,宽 2~4 mm。穗状花序再组成圆锥花序,花白色。荚果扁带状。花期 4~6 月,果期 7~9 月。

习性分布与用途 原产印度尼西亚。喜暖热气候,为热带速生树种。我国华南地区有引种,在平原地区生长迅速。木材质地较为轻软,是家具用材和造纸、人造板原料。

(3) 大叶合欢(阔荚合欢)*Albizia lebbeck*(L.)**Benth.**(图 11-64)

识别特征 落叶乔木,高 8~12 m。2 回羽状复叶有羽片 2~4 对;每羽片有小叶 4~8 对,小叶长 2.5~4.5 cm,宽 9~17 mm,斜长圆形,两面无毛。头状花序,花黄绿色,果长 10~25 cm,宽约 3 cm。花期 7 月,果期 8~9 月。

图 11-62 合 欢

图 11-63 南洋楹

习性分布与用途 喜热树种,华南及台湾有分布或栽培。树形美观,树冠开展,花芳香,为华南地区优良庭园行道树,也作用材树种。

(4) 山槐(山合欢)*Albizia kalkora*(Roxb.)**Prain**(图 11-65)

识别特征 落叶乔木,高 15 m。叶柄及叶轴腺体密被茸毛;羽状复叶有羽片 2~3 对;每羽片有小叶 5~14 对,小叶条状长圆形,长 1.5~4.5 cm,宽约 1.2 cm,先端钝或圆形，两面被柔毛。花白色，荚果长 7~17 cm，宽 1.5~3 cm。花期 5~6 月，果期 10 月。

习性分布与用途 产华北、华东、华南、西南及陕西、甘肃。多生于海拔 1500 m 以下山地疏林中。木材纤维细长，是造纸、人造纤维原料；也可作家具及室内装修材。

图 11-64 大叶合欢

图 11-65 山 槐

11.7.2 金合欢属 *Acacia* Mill.

乔木、灌木或藤本；具托叶，或托叶刺状。2 回羽状复叶，或退化为叶状柄（单叶状）；羽片及小叶均对生。花小，组成头状或穗状花序；花瓣分离或合生；雄蕊多数，花丝分离，突出。荚果扁平，带状。800 余种，多数分布于澳洲和南美洲，我国连同引栽有 20 余种。多为优良的单宁树种及观赏植物。其中叶退化为叶状柄的一些种类人们俗称为相思。

(1) 黑荆树（澳洲金合欢）*Acacia mearnsii* De Wilde（图 11-66）

识别特征 常绿乔木，高 15 m。小枝被茸毛。2 回羽状复叶，羽片 8~20 对，叶轴上每对羽片间有腺体 1~2；每羽片有小叶 30~60 对，小叶细条形，长 1.5~4 mm，宽约 1.5 mm，被毛。头状花序组成总状复花序；花淡黄白色。荚果密被茸毛。花期 12 月至翌年 4 月，果期 5~10 月。

习性分布与用途 原产澳大利亚；我国浙江、福建、华南至西南引种栽培。同类引进的还有银荆等，树皮富含单宁，为重要的栲胶树种；也可作为能源材、蜜源及园林绿化树种。

(2) 台湾相思（相思树、相思柳）*Acacia confusa* Merr.（图 11-67）

识别特征 常绿乔木，高 16 m，胸径 1 m。叶常退化为单叶状的叶柄，披针形，稍弯曲呈镰刀状，革质；长 6~11 cm，宽 1~2 cm，具 3~7 条平行脉。头状花序 1~3 个生于叶腋；花黄色，花序绒球状。荚果条状，长 3~8 cm，无毛。花期 5~6 月，果期 9~10 月。

习性分布与用途 产华南、海南及台湾。耐干旱瘠薄，适应性广，萌发力强，在产区广栽为防护林、能源林、水土保持林及行道树。木材质地硬重，纹理略扭。

近年来我国南部地区还大量引种有马占相思 *A. mangium* 和大叶相思 *A. auriculaeformis* 等金合欢属相思类的树种用于造林和绿化，在华南地区表现颇佳。

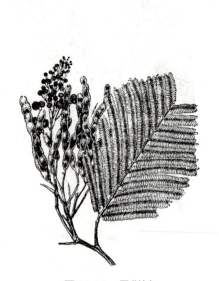

图 11-66 黑荆树

图 11-67 台湾相思

11.7.3 海红豆属 *Adenanthera* L.

乔木，植物体无刺。2 回奇数羽状复叶，小叶互生。总状圆锥花序；花小，花萼钟状，5 齿裂；花瓣 5；雄蕊 10，分离。荚果带状、扭曲，果皮革质，开裂；种皮鲜红色，具光泽。共 10 种，我国有 1 种。

海红豆（孔雀豆）*Adenanthera pavonina* L. var. *microsperma* **Nielen**（图 11-68）

识别特征 落叶乔木，高 20 m。羽片 4~12 对；小叶 8~14，长椭圆形或卵形，长 2.5~3.5 cm，先端钝圆或微凹，两面被短柔毛。荚果扭曲；种子扁圆形，朱红色，光亮。花期 5~7 月，果期 10~11 月。

习性分布与用途 产福建、广东、海南、广西、云南。多生于海拔 500 m 以下山地或村旁、路旁疏林中。材质坚重，耐腐，为珍贵用材树种。种子色红可爱，可作装饰品。

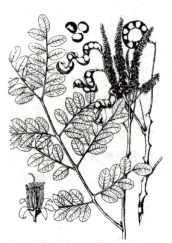

图 11-68 海红豆

复习思考题

一、多项选择题

1. 含羞草科具有（　　）。
   A. 整齐花　　　　　　　　　　　B. 两侧对称花
   C. 有托叶　　　　　　　　　　　D. 无托叶
2. 相思树具有（　　）。
   A. 离生雄蕊　　　　　　　　　　B. 合生雄蕊
   C. 叶状叶柄　　　　　　　　　　D. 掌状裂叶
3. 合欢属具有特征为（　　）。
   A. 雄蕊离生　　　　　　　　　　B. 雄蕊合生
   C. 子房上位　　　　　　　　　　D. 子房下位
4. 下列树种冬态落叶的是（　　）。
   A. 合欢　　　　　　　　　　　　B. 相思树
   C. 山槐　　　　　　　　　　　　D. 黑荆树

二、简答题

1. 含羞草科中合欢属与金合欢属的叶和花的主要区别有哪些？
2. 相思树的叶有什么特点？

11.8 苏木科 Caesalpiniaceae

乔木或灌木。1~2回羽状复叶，稀单叶；托叶常缺。花常两性，两侧对称；总状、穗状、圆锥花序或簇生；萼片1~5，花瓣5，覆瓦状排列，上部近轴的一片包于其他花瓣之内；雄蕊常10或较少；子房上位，单心皮，1室，边缘胎座。荚果。约180属3000种，我国连引栽有21属130种。多数产于热带和亚热带地区，许多种类为园林观赏和四旁绿化树种。

分属检索表

1. 叶为单叶，掌状脉。
　2. 花生于老枝干上；叶片不分裂，枝无卷须 ·· 紫荆属
　2. 花生于当年生枝上部；叶片2裂或不裂，多具卷须 ······························· 羊蹄甲属
1. 叶为1~2回羽状复叶，羽状脉。
　3. 花杂性或单性。
　　4. 小叶有锯齿；枝干常有分枝刺；荚果扁平 ·· 皂荚属
　　4. 小叶全缘；植株无刺；荚果肥厚 ·· 肥皂荚属
　3. 花两性。
　　5. 常绿性；小叶互生 ··· 格木属
　　5. 落叶性；小叶对生 ··· 凤凰木属

11.8.1　紫荆属 *Cercis* L.

落叶灌木或小乔木。单叶，2 列状互生，全缘，掌状脉；托叶早落。花簇生于老枝上或成总状花序；花瓣 5，假蝶形花。荚果扁平带状，沿腹缝线处具窄翅，稀无翅。我国有 5 种。

紫荆(满条红)*Cercis chinensis* **Bunge**(图 11-69)

识别特征　落叶丛生灌木状。枝叶无毛。叶近圆形，长 4～14 cm，先端短尖，基部心形。花先叶开放，5～9 朵簇生，紫红色。荚果长 3～10 cm，腹缝线有窄翅。花期 4 月，果期 10 月。

习性分布与用途　原产于湖北西部，现辽宁以南、陕西、甘肃以东各地广为栽培，适生范围较广，花色艳丽，观赏价值高，被广泛栽培于我国各地公园庭院以供观赏。

图 11-69　紫　荆

11.8.2　羊蹄甲属 *Bauhinia* L.

乔木、灌木或藤本，常有卷须。单叶，2 列状互生，全缘，沿中脉浅裂或全裂成 2 小叶状，掌状脉。总状花序常呈伞房状排列或圆锥状花序，生于当年枝上；花瓣 5，雄蕊 10 或退化为 3～5。荚果扁平带状，开裂或不开裂。约 600 种；我国有 40 种和 10 多个变亚种。

(1)红花羊蹄甲(紫荆花)*Bauhinia blakeana* **Dunn**(图 11-70)

识别特征　常绿乔木，高 10 m。叶近圆形或宽心形，长 9～13 cm，先端 2 裂，裂片先端钝圆，基部心形或近截平，下面疏被短柔毛；掌状脉 11～13 条。花大，花萼佛焰状；花瓣红紫色，长 5～8 cm；能育雄蕊 5，其中 3 枚较长。通常不结果。花期全年，3～5 月最盛。

习性分布与用途　产广东、广西和香港地区。花大而美丽，盛开时繁花满树，深受人们喜爱，已成为广东、香港、广西和福建南部主要的庭园树和行道树之一。香港地区人们称为紫荆花。是美丽的观赏树木，具有较好的园林绿化和旅游观赏价值。

(2)羊蹄甲(紫羊蹄甲)*Bauhinia purpurea* **L.**(图 11-71)

识别特征　常绿小乔木。叶宽圆形，长 5～11 cm，先端分裂达叶片的 1/3～1/2，裂片先端钝或微尖，掌状脉 9～13 条，两面无毛。花淡红色至淡紫红色，能育雄蕊 3。荚果长带状，宽约 2 cm。花果期 9～12 月。

习性分布与用途　产福建、云南及华南。花艳丽，供观赏，习性、分布及用途同红花羊蹄甲，但可播种繁殖。

图 11-70　红花羊蹄甲

图 11-71　羊蹄甲

本属栽培种还有白花羊蹄甲 *B. acuminata*、洋紫荆 *B. variegata* 及多种野生藤本。

11.8.3　皂荚属 *Gleditsia* L.

落叶乔木；具分枝的刺；侧芽常叠生。叶 1 回羽状或与 2 回羽状复叶并存；小叶互生或近对生，常具锯齿。花杂性或单性；总状花序。花萼裂片、花瓣各 3~5；雄蕊 6~10。荚果带状扁平，挺直或不规则扭曲，不开裂。

我国有 6 种。果皮常含皂素，可代皂去污。

(1) 皂荚(皂角)*Gleditsia sinensis* Lam.（异名：*G. officinalis* Hemsl.）（图 11-72）

识别特征　落叶乔木，高 30 m。枝刺圆棍形。羽状复叶有小叶 6~18，小叶卵形至卵状披针形，长 3~5 cm，宽 1.5~3 cm，基部偏斜，无毛。花黄白色。荚果皮厚，扁直或略弯曲，不扭曲。花期 5~6 月，果期 10 月。

习性分布与用途　产东北、华北、华东、华南及西南，多生于路旁、村旁，为四旁绿化树种。材质坚重，供家具、车辆用。其变种品系猪牙皂，果窄小，呈弯镰刀状，可作收敛药。

(2) 山皂荚 *Gleditsia melancantha* Tang et Wang（图 11-73）

识别特征　落叶乔木，高 25 m。与皂荚的区别：枝刺扁形。荚果稍弯或呈扭曲状，果皮薄革质。羽状复叶有小叶 6~20，小叶卵形或卵状披针形，长 3~7 cm，宽 1.5~3 cm，具钝圆锯齿。

习性分布与用途　产辽宁、河北、山东、江南、江苏、安徽、浙江等省份，多生于石灰岩山地或路旁。适应性颇广，可选为我国北方地区四旁绿化造林树种。

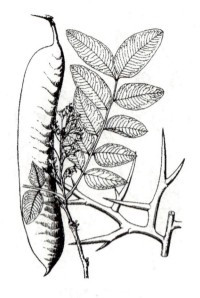

图 11-72 皂荚

图 11-73 山皂荚

11.8.4 肥皂荚属 *Gymnocladus* Lam.

落叶乔木。2回羽状复叶，小叶互生。花杂性或单性；总状或圆锥花序。萼裂片5，花瓣4~5；雄蕊10，5长5短。荚果肥厚，成熟时2瓣开裂。我国1种。果皮含皂素，可代皂去污。

肥皂荚 *Gymnocladus chinensis* Baill.（图 11-74）

识别特征 落叶乔木，高30 m。羽状复叶有羽片5~10对，每羽片有小叶8~15对，小叶长圆形，长3~5 cm，两端钝圆，两面有柔毛。总状花序，花白或紫色。荚果长圆形，肥厚，成熟时红褐色，长7~10 cm。花期5月，果期10月。

习性分布与用途 产江苏、浙江、安徽、福建、江西、湖北、湖南、广东、广西、贵州及四川等地，多生于海拔1000 m以下阔叶林中以及村旁、路旁，果皮含皂素，可代皂去污。

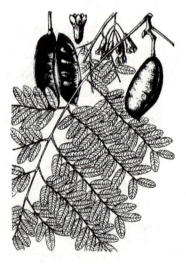

图 11-74 肥皂荚

11.8.5 格木属 *Erythrophleum* Afzel ex G. Don

常绿乔木。2回羽状复叶，羽片近对生；小叶互生，全缘。花小、两性，穗状花序；萼齿及花瓣各为5；雄蕊10；子房有柄；胚珠多数。荚果扁平带状，果皮厚革质。我国1种。

图 11-75 格 木

格木 *Erythrophleum fordii* Oliv.（图 11-75）

识别特征 常绿乔木，高 25 m。小枝密被锈黄色毛。羽状复叶有羽片 2~3 对，羽片近对生，每羽片有小叶 5~13，小叶卵形或卵状椭圆形，互生，基部偏斜，长 3~9 cm，宽 2~4 cm，无毛。花白色。荚果扁条形，熟时红褐色，长 6~10 cm。种子胶连。花期 3~5 月，果期 11 月。

习性分布与用途 产华南、贵州及台湾等地，多生于海拔 500 m 以下低山阔叶林中以及村旁、路旁，木材坚重，有"铁木"之称，为国产著名硬材之一；为建筑、造船、高级家具及雕刻优良用材。国家二级重点保护植物。

11.8.6 凤凰木属 *Delonix* Raf.

落叶大乔木。2 回偶数羽状复叶；小叶对生，多数，叶面窄小，全缘。花深红色，艳丽，伞房状总状花序，萼 5 深裂，镊合状排列；花瓣 5，圆形，具长爪；雄蕊 10，花丝分离；胚珠多数。荚果长带状，扁平，木质，开裂。2~3 种，原产非洲，我国引栽 1 种。

凤凰木 *Delonix regia*（Bojer）Raf.（图 11-76）

识别特征 落叶乔木，高 20 m；羽状复叶有羽片 10~23 对，每羽片有小叶 20~40 对，小叶长椭圆形，长 7~8 mm，基部偏斜，托叶大。花鲜红色，花瓣下部狭长。荚果硬革质，长 30~50 cm。花期 5~8 月，果期 10~12 月。

习性分布与用途 原产非洲；福建、广东、海南、广西、四川、云南及台湾等地引栽。喜热不耐寒，花大，盛开时红艳似火，铺盖树冠，为世界著名观赏树和行道树。

图 11-76 凤凰木

11.9 蝶形花科 Fabaceae (Papilionaceae)

木本或草本；单叶或复叶；互生，多全缘，常具托叶。花单生或组成总状、穗状或圆锥花序，常两性，两侧对称，萼筒状，4~5 齿裂；花冠蝶形，花瓣 5，覆瓦状排列，近轴一片常最大，称为旗瓣，侧面 2 片平行，称为翼瓣，下面 2 片在最内面，称为龙骨瓣；雄蕊常 10，合生为单体或二体，少数全部离生；子房上位，单心皮，1 室，胚珠 1 至多数，

— 331 —

边缘胎座。荚果；种子常无胚乳。

约 440 属 12 000 种，我国连引入共计 131 属 1380 多种。本科种类繁多，经济价值大，其中大豆、花生为油料作物；甘草、黄芪为著名中药；菜豆、大豆、豇豆等为重要蔬菜；紫云英、苜蓿、田菁、草木樨、紫穗槐为重要牧草或绿肥；国槐、刺槐为重要造林树种；紫藤、刺桐等为重要观赏花木。

分 属 检 索 表

1. 雄蕊全部分离或仅基部合生。
  2. 羽状复叶(在红豆树属中含有单叶)。
    3. 荚果种子间收缩呈念珠状 ·· 槐属
    3. 荚果种子间不收缩呈念珠状。
      4. 花仅具旗瓣 1，翼瓣及龙骨瓣均不存在；小叶片具透明油点 ·········· 紫穗槐属
      4. 花具旗瓣、翼瓣、龙骨瓣；小叶片无透明油点。
        5. 具顶芽，裸芽或鳞芽；果皮厚种子红色或黑褐色 ······················· 红豆树属
        5. 无顶芽；果薄而扁平。
          6. 叶柄下芽；小叶互生；果背腹缝线均具翅或缺 ······················· 香槐属
          6. 非叶柄下芽；小叶对生；果仅腹缝线具翅 ··························· 马鞍树属
  2. 掌状 3 小叶复叶或与单叶并存 ··· 沙冬青属
1. 雄蕊花丝合生成单体或二体。
  7. 乔木或灌木。
    8. 单叶；具枝刺；花序轴刺状 ·· 骆驼刺属
    8. 羽状复叶。
      9. 节荚果于种子间横裂或两侧收缩成 1 至数荚节；草本或半灌木 ········· 岩黄蓍属
      9. 不为节荚果；乔木或灌木。
        10. 小叶互生。
          11. 花药基着；荚果长条形 ·· 黄檀属
          11. 花药背着；荚果近圆形 ·· 紫檀属
        10. 小叶对生。
          12. 奇数羽状复叶，常具托叶刺 ······································· 刺槐属
          12. 偶数羽状复叶，叶轴常呈刺状。
            13. 花紫或紫红色；小叶 1~2 对 ··································· 盐豆木属
            13. 花白色或黄色；小叶 2~10 对 ································ 锦鸡儿属
  7. 藤本植物。
    14. 叶为羽状复叶 ··· 紫藤属
    14. 叶为三出复叶 ··· 葛藤属

11.9.1 红豆树属 *Ormosia* Jackson

常绿乔木(稀落叶)；裸芽，稀为鳞芽。奇数羽状复叶(稀单叶)，小叶对生，全缘。总状或圆锥花序，花萼钟形，5 齿裂，花冠蝶形；雄蕊 10，花丝分离，少数仅 5 个发育。荚果木质、革质或稍肉质；种皮红色或黑褐色。

约 120 种，我国约 30 余种。本属多数种类木材心材质地致密硬重，纹理美观，俗称

花梨木或鸡翅木，为高级家具良材。

分 种 检 索 表

1. 每荚果具种子1~2，种子大于1 cm ·· 红豆树
1. 荚果具种子2~10，种子小于1 cm。
   2. 荚果外面被有黄褐色毛 ·· 木荚红豆
   2. 荚果外面光滑无毛 ·· 花榈木

(1) 红豆树 *Ormosia hosiei* **Hemsl. et Wils.**（图 11-77）

识别特征 落叶乔木，高 20 m，胸径达 1.5 m。小枝暗绿色，幼时微被毛。羽状复叶有小叶 5~7，椭圆状卵形至倒卵形，长 5~10 cm，先端渐尖，基部宽楔形，两面无毛。圆锥花序密被黄棕色毛；花白色或淡红色。荚果木质，近扁圆形，先端尖，种子1~2，鲜红色，径约1.2 cm。花期4~5月，果期10~11月。

习性分布与用途 我国秦岭至淮河以南有分布。多生于河边或村旁，喜湿润肥沃土壤，不耐干旱瘠薄。材质坚重，纹理美观，为高级家具工艺雕刻用材；种子红色有光泽，用作装饰品。国家二级重点保护植物。在秦岭至淮河以南平原地区可选做造林树种。

(2) 木荚红豆 *Ormosia xylocarpa* **Chun et L. Chen**（图 11-78）

识别特征 常绿乔木，高 20 m。枝、芽、叶柄幼时密被灰褐色柔毛。羽状复叶有小叶 5~7，椭圆形至长椭圆形，长 5~14 cm。荚果椭圆形，外面密被黄褐色短毛。种子小，鲜红色，长 6~8 mm，有黏质。花期6~7月，果期11~12月。

图 11-77 红豆树

习性分布与用途 产福建、江西、湖南、广东、广西、海南及贵州等地。多生于海拔1000 m 以下山地阔叶林中。心材紫褐色，用途同红豆树，为高级家具材。

(3) 花榈木（花梨木）*Ormosia henryi* **Prain**（图 11-79）

识别特征 常绿乔木，高 10 m。小叶 5~9，椭圆形或长椭圆状卵形，长 6~10 cm，宽 2~5 cm。小枝、芽、小叶下面、叶柄、叶轴及花序被茸毛。荚果长圆形、扁平、无毛，长 7~11 cm；种子2~10，鲜红色，长约0.8 cm。花期6~7月，果期11~12月。

习性分布与用途 产长江流域以南各地。生于海拔 500 m 以下山地林缘或疏林中。木材用途与红豆树相近，但树形小，生长慢，不及红豆树价值高。

11.9.2 香槐属 *Cladrastis* Raf.

落叶乔木；顶芽缺，具柄下芽。1回奇数羽状复叶，小叶互生，全缘。圆锥花序；萼筒 5 齿裂，花冠蝶形，白色；雄蕊 10，花丝分离。荚果扁条形，两侧有时具翅。

图 11-78 木荚红豆

图 11-79 花榈木

我国有 5 种。

(1) 翅荚香槐 *Cladrastis platycarpa*(Maxim.) **Makino**(图 11-80)

识别特征 落叶乔木，高 20 m。羽状复叶有小叶 7~9，小叶卵状椭圆形或长椭圆形，长 4~10 cm，先端渐尖，基部圆形，无毛，具小托叶。萼钟状，密被黄棕色绢毛。荚果两侧具窄翅。

习性分布与用途 产浙江、安徽、湖南、广东、广西、贵州等地，生于海拔 1500 m 以下山地沟谷林缘。木材坚重致密，为用材树种。

(2) 香槐(山荆)*Cladrastis wilsonii* **Takeda**(图 11-81)

识别特征 落叶乔木，高 15 m。羽状复叶有小叶 7~11，小叶长椭圆形，长 4~12 cm，先端尖，基部近圆形，稍不对称，无毛，下面灰白色；无小托叶。荚果被黄色短柔毛，无翅。花期 6~7 月，果期 10~11 月。

图 11-80 翅荚香槐

图 11-81 香 槐

习性分布与用途 产浙江、安徽、江西、湖南、湖北、贵州。生于海拔 1000 m 以上的沟谷林缘。木材材性致密，可作为建筑、家具等用材。

11.9.3 马鞍树属 *Maackia* Rupr.

落叶乔木或灌木；顶芽缺。1 回奇数羽状复叶，小叶对生，无小托叶。花多而密集，组成总状花序；花冠蝶形；雄蕊 10，花丝分离，基部合生。荚果扁平，沿腹缝线有窄翅。共约 12 种，我国有 6 种。

(1) 怀槐（朝鲜槐）*Maackia amurensis* Rupr. et Maxim.（图 11-82）

识别特征 落叶乔木，高 15 m。羽状复叶有小叶 5~11，小叶卵形或倒卵状长圆形，长 4~8 cm，先端钝尖，基部近圆形，幼时被柔毛。荚果长 3~7 cm，疏被短柔毛，沿腹缝线具宽约 1 mm 的狭翅。花期 6~7 月，果期 8~9 月。

习性分布与用途 产东北及内蒙古、河北、山东。多生于海拔 800 m 以下山地疏林。喜光，耐寒，树皮可提取单宁或作黄色染料。木材纹理细致，可作建筑、家具等用材。

(2) 马鞍树 *Maackia hupehensis* Takeda（图 11-83）

识别特征 落叶乔木，高 20 m。幼叶银白色，具绢毛，羽状复叶有小叶 9~13，小叶椭圆形或卵状椭圆形，长 3~7 cm，沿中脉被毛。荚果椭圆形或条形，长 4~10 cm，疏被柔毛，具宽约 3~4 mm 的翅。花期 6~7 月，果期 9~10 月。

习性分布与用途 产浙江、安徽、江西、湖南、湖北、四川、陕西。多生于海拔 1000 m 以下山地林缘。树冠开展，树形美观，可作庭园观赏树。

图 11-82 怀 槐

图 11-83 马鞍树

11.9.4 槐属 *Sophora* L.

乔木或灌木，稀草本。1 回奇数羽状复叶，小叶对生或近对生，有托叶及小托叶。总状或圆锥花序；花萼 5 齿裂；雄蕊 10，分离或仅基部合生。荚果圆筒形，果皮肉质或革质，种子间呈念珠状缢缩，不开裂或有时开裂；种子 1 至多数。

50 余种，我国有约 23 种。

(1) 国槐(槐树、家槐)*Sophora japonica* **L.** (图 11-84)

识别特征 落叶乔木，高 25 m。树皮纵裂。小枝青绿色，皮孔明显，叶柄下芽。羽状复叶有小叶 7~15，小叶卵圆形或卵状椭圆形，长 2.5~7 cm，宽 1.5~4 cm，先端渐尖，下面粉白色。圆锥花序顶生；花黄白色。荚果长 2.5~8 cm，熟时黄色，有胶，不开裂，经冬不落。花期 6~8 月，果期 9~10 月。

习性分布与用途 我国各地广泛栽培，华北、西安一带尤多。在平原地区生长较快、寿命较长，可作我国北方四旁绿化造林树种。材质坚实、耐水湿，为北方优良用材，供建筑、家具等用；盛花时花繁蜜丰，也是优良蜜源树种。

(2) 龙爪槐(倒垂槐、蟠槐、盘槐)*Sophora japonica* var. *pendula* **Loud.**

国槐变异品种。树冠伞形，小枝弯曲下垂，树形优美，常栽为庭园观赏树种。多数用国槐作砧木，高接繁殖。

(3) 白刺花(马蹄针、狼牙刺)*Sophora davidii* (Franch) **Pavolini** (图 11-85)

识别特征 落叶灌木，高 1~2 m。有枝刺；嫩枝、叶轴被短柔毛。羽状复叶有小叶 11~21，小叶椭圆形，长 5~8 mm，先端钝，微凹或有小刺尖，上面无毛，下面疏生毛。花蓝白色。荚果长 2.5~6 cm，被白色伏毛。花期 5 月，果期 7~9 月。

习性分布与用途 产华北以南至长江流域及西南各地；多生于河谷中。为水土保持树种。

图 11-84 国 槐

图 11-85 白刺花

11.9.5 沙冬青属 *Ammopiptanthus* Cheng f.

常绿灌木。单叶或 3 小叶复叶，两面密被银灰色短柔毛；托叶与叶柄连生。总状花序顶生；萼筒钟状，5齿裂，上部2齿连生；花冠黄色，旗瓣与翼瓣等长，龙骨瓣分离；雄蕊10，离生。荚果扁平具皱纹，先端呈喙状。

2种，我国均产。

沙冬青 *Ammopiptanthus mongolicus* (Maxim.) **Cheng f.**（图11-86）

识别特征 灌木，高2 m。小枝密被灰色毛。掌状3小叶复叶，稀单叶；叶菱状椭圆形或近宽披针形，长2~3.8 cm，先端急尖、圆钝或微凹。荚果长圆形，长5~8 cm；种子2~5。花期3月，果期4月。

习性分布与用途 产内蒙古、宁夏、甘肃。为沙漠中唯一的常绿灌木，为西北地区防风固沙的可选树种。

11.9.6 刺槐属 *Robinia* L.

落叶乔木或灌木。1回奇数羽状复叶，小叶对生或近对生；托叶刺状，有小托叶。总状花序下垂；萼5齿裂；雄蕊10，(9)+1二体。荚果扁平；种子多粒。原产北美，我国引种。

刺槐（洋槐、德国槐）*Robinia pseudoacacia* L.（图11-87）

识别特征 落叶乔木，高25 m，胸径1 m。树皮粗糙纵裂。羽状复叶有小叶7~18，小叶卵形至长椭圆形，长1.5~4.5 cm，先端圆，具芒尖，基部圆形；节处有托叶刺2。花冠白色。荚果沿缝线有窄翅。花期4~5月，果期9月。

习性分布与用途 原产北美，我国各地广为栽培，华北地区最为普遍。生长快，适应性强。木材可供建筑、家具、矿柱用材。也为优良蜜源植物、水土保持树种、沙荒造林先锋树种、四旁绿化树种。有红花刺槐、无刺槐等变种。

图11-86 沙冬青

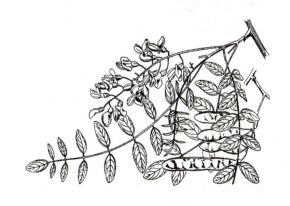

图11-87 刺槐

11.9.7 黄檀属 *Dalbergia* L. f.

乔木或攀缘灌木。奇数羽状复叶，2 列状互生；小叶互生，无小托叶。花小，多数，排成二歧聚伞花序或圆锥花序；萼钟状，5 齿裂；花瓣白色、黄色或紫色；雄蕊 10，稀为 9，单体或二体。荚果扁平而薄，不开裂；种子 1 至多粒。

约 100 种，我国有约 25 种。

分 种 检 索 表

1. 花序顶生，雄蕊为 5+5 二体 ··· 黄檀
1. 花序腋生，雄蕊为单体或 9+1 二体。
   2. 小叶 13～19；雄蕊 9+1 二体 ··· 南岭黄檀
   2. 小叶 9～13；雄蕊 9，单体 ··· 降香黄檀

(1) 黄檀(不知春、檀树) *Dalbergia hupeana* Hance (图 11-88)

识别特征 落叶乔木，高 20 m。树皮成窄长条片状剥落。羽状复叶有小叶 9～11，小叶椭圆形，长 3～6 cm，先端钝圆或微凹，基部圆形或宽楔形，下面微被柔毛。花序顶生或生于枝条近顶端叶腋，花白色，雄蕊为 5+5 二体。荚果扁平，长 3～7 cm，宽 1.3～2 cm。花期 7 月，果期 10 月。因春季放叶迟，故有"不知春"之称。

习性分布与用途 产华东、华中、华南及西南。散生于海拔 1000 m 以下山地林中。材质坚韧致密，多作为车辆、用具、家具用材。

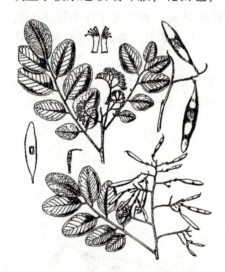

图 11-88 黄 檀

(2) 南岭黄檀 *Dalbergia balansae* Prain (图 11-89)

识别特征 落叶乔木，高 15 m。小枝无毛。羽状复叶有小叶 13～19，小叶长圆形或矩圆形，长 1.5～4 cm，先端钝圆或微凹，基部近圆形。花序腋生，花白色，雄蕊 9+1 二体。荚果椭圆形，长 5～6(13) cm。花期 6～7 月，果期 10～11 月。

习性分布与用途 产浙江、福建、江西、湖南及华南、西南。喜湿润肥沃土壤，在平原地区生长略快，适合作四旁绿化树种。

(3) 降香黄檀(降香檀、花梨木) *Dalbergia odorifera* T. Chen (图 11-90)

识别特征 落叶乔木，高 10～15 m。羽状复叶有小叶 9～13，小叶卵形或椭圆形，长 3.5～5.5 cm，先端急尖，基部宽楔形，两面被平伏柔毛。花序腋生，花黄色或乳白色，雄蕊 9，单体。荚果长 4.5～8 cm。花期 6 月，果期 10～11 月。

习性分布与用途 为海南特产的珍贵用材树种。喜暖热气候环境，心材纹理美观，有特殊香气，为高级家具、乐器、雕刻等用材；也作庭园观赏及行道树。

图 11-89 南岭黄檀　　　　图 11-90 降香黄檀

11.9.8 紫檀属 *Pterocarpus* Jacq.

乔木。奇数羽状复叶，小叶互生，无小托叶。圆锥花序；花萼倒圆锥状；花瓣黄色或紫色；雄蕊10，单体或两体。荚果扁平而圆，不开裂；种子常1粒。共20余种，我国1种。

紫檀 *Pterocarpus indicus* **Willd.**（图 11-91）

识别特征　落叶乔木，高 20 m。树皮成窄片状剥落。小叶 3～5 对，卵圆形，长 6～11 cm，先端渐尖，基部圆形，两面无毛。花序顶生或生于叶腋。化冠黄色，荚果圆形扁平，种子周围有翅。花期春季，果期10月。

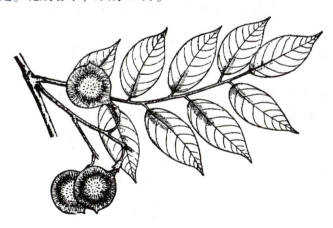

图 11-91　紫　檀

习性分布与用途　华南南部有栽培或野生。木材紫褐色，质坚韧致密，俗称红木，为世界著名高级建筑、雕刻、装饰和家具用材。树姿优美，近年也作行道及庭园观赏树。

11.9.9　盐豆木属 *Halimodendron* Fisch. ex DC.

落叶灌木。1回偶数羽状复叶，小叶 1~2 对，叶轴先端刺状。花较大，2~5 朵簇生或组成腋生总状花序，淡紫色；雄蕊(9)+1 二体。荚果肿胀，迟开裂，具子房柄。仅1种。

盐豆木(铃铛刺)*Halimodendron holodendron*(Pall.) **Voss.**(图11-92)

识别特征　落叶灌木，高 0.5~2 m。小枝被白粉。小叶倒卵形，长 1~2 cm，先端钝圆或近截形，具小刺尖，基部窄楔形，两面密被毛。荚果先端呈喙状，果皮革质。花期 5~7 月。

习性分布与用途　产新疆、内蒙古的荒漠及盐碱地上。耐干瘠，为西北地区固沙及改良盐碱土树种；因多刺，可栽作绿篱；花朵繁茂而艳丽，也可栽作观赏。

图 11-92　盐豆木

11.9.10　锦鸡儿属 *Caragana* Fabr.

落叶灌木，稀乔木。1回偶数羽状复叶，叶轴常刺状；托叶脱落或宿存为刺状，小叶 2~10 对，全缘，无小托叶。花单生，稀 2~3 组成小伞形花序，花冠黄色，稀白色、粉红色，花梗有关节。荚果条形，圆柱状，成熟时开裂。我国有约50种。

(1) 树锦鸡儿(蒙古锦鸡儿)*Caragana arborescens*(Amm.)**Lam.**(图11-93)

识别特征　落叶灌木，高 2~5 m。树皮光滑，灰绿色。小叶 4~8 对，卵形或长圆形，长 1~2.5 cm，无毛。花黄色，1朵或偶有2朵生于一花梗上。荚果长 3.5~6.5 cm，无毛。

习性分布与用途　产东北、华北、西北平原或沙丘地。耐旱、适应性强，在产地常作固沙造林树种。

(2) 柠条(小叶锦鸡儿)*Caragana microphylla* Lam.(图11-94)

识别特征　落叶灌木，高 0.5~1 m。小枝幼时被柔毛。小叶 5~10 对，倒卵形或椭圆形，长 0.3~1 cm，幼时两面密被丝质短柔毛，叶轴不硬化成刺，被毛。花单生，黄色。荚果条形，长 4~5 cm。

习性分布与用途　产东北、华北及陕西，耐旱瘠。在产地也常作固沙造林树种。

11.9.11　紫穗槐属 *Amorpha* L.

落叶灌木或半灌木；冬芽 2~3 叠生。1回奇数羽状复叶，小叶近对生；有托叶。穗状花序组成顶生圆锥花序；花萼钟形，花冠仅有旗瓣，翼瓣及龙骨瓣均退化；雄蕊10，花丝分离，仅基部合生。荚果不开裂；种子1~2。

图 11-93　树锦鸡儿　　　　图 11-94　柠　条　　　　图 11-95　紫穗槐

约 15 种，原产北美；我国引栽 1 种。

紫穗槐(紫花槐)*Amorpha fruticosa* L. (图 11-95)

识别特征　丛生落叶灌木，高 4 m。1 回羽状复叶有小叶 11~25，小叶长椭圆或长卵形，长 1.5~4 cm，先端圆或微凹，具小短尖，基部钝圆，叶片具透明油腺点，两面被短柔毛，有小托叶。花冠紫色。荚果镰形，长 7~9 mm，密生疣状腺点，萼宿存。花期 5~6 月，果期 9~10 月。

习性分布与用途　原产北美洲；我国东北至长江流域广泛引种栽培，已呈半野生状态。生长快，繁殖力强，枝叶茂密，为良好的绿化和绿肥树种。

11.9.12　岩黄芪属 *Hedysarum* L.

草本、稀为灌木或半灌木。1 回奇数羽状复叶。总状花序腋生；花萼 5 齿裂；花冠紫红色或白色；雄蕊(9)+1 二体。荚果扁平，1~6 节荚状，成熟时不开裂而各节断离。

我国有 25 种，多为沙地荒漠植被种类。

(1) 踏郎(踏落岩黄芪、三花子)*Hedysarum laeve* Maxim. (图 11-96)

识别特征　半灌木，高 1~2 m。茎多分枝，嫩枝密被平伏短柔毛，具纵沟。老枝皮纤维状剥裂。羽状复叶有小叶 9~17，多为互生，条状长圆形，长 1~2.5 cm，先端圆或钝尖，上面密被红褐色腺点，两面被短毛。花紫红色。果具 1~3 荚节，无毛。花期 7~9 月，果期 9~10 月。

习性分布与用途　分布于西北沙漠地区。耐旱，萌芽力强，耐沙埋，根系发达。为固沙造林的优良树种。

(2) 花棒(细枝黄芪、花柴)*Hedysarum scoparium* Fisch. et Mey. (图 11-97)

识别特征　半灌木，高 2 m。老枝紫红色，条片状剥落。羽状复叶有小叶 3~5，小叶长圆形至条状长圆形，长 1~4 cm，先端尖，下面有平伏柔毛，上部小枝的小叶多退化或只有绿色叶轴。花紫红色。荚果具 2~3 荚节，密被白色柔毛。花期 7~10 月，果期

10月。

习性分布与用途 产甘肃、宁夏、内蒙古、新疆等地的荒漠和干旱地带。优良固沙植物，能源材和饲料。

图 11-96 踏 郎

图 11-97 花 棒

11.9.13 骆驼刺属 *Alhagi* Desv.

落叶灌木；有枝刺。单叶，全缘；托叶小，无小托叶。总状花序腋生；花萼钟形，5齿裂；花红色；雄蕊9+1二体。荚果种子间收缩呈念珠状；种子肾形。

我国1种。

骆驼刺 *Alhagi pseudoalhagi* Desv.（图 11-98）

识别特征 矮小多刺灌木。枝刺密生，与枝成直角。叶片长圆形或倒卵形，长1.5~3 cm，先端钝圆，基部楔形，两面被平伏短柔毛。总状花序有花2~3。荚果长达3 cm。花期6~7月，果期9~10月。

习性分布与用途 产新疆、内蒙古、甘肃等地，以吐鲁番盆地生长最盛。耐盐碱，为重要固沙植物。

图 11-98 骆驼刺

11.9.14 紫藤属 *Wisteria* Nutt.

落叶藤本。1回奇数羽状复叶，叶序互生，小叶对生，有小托叶。总状花序顶生，花萼5裂，花瓣旗瓣开后反折，雄蕊9+1二体。荚果长条形。约10种，我国有5种。

紫藤 *Wisteria sinensis*(Sims)Sweet(图 11-99)

识别特征 落叶大藤本,茎粗壮,左旋,可长逾 20 m。嫩枝被白色绢毛。羽状复叶有小叶 9~13,小叶卵状椭圆形或披针形,长 5~8 cm,先端叶片较大,基部 1 对最小。总状花序长 15~30 cm,先叶开放;花瓣紫色,长 2~2.5 cm,旗瓣反折。荚果线状倒披针形,长 10~15 cm,宽 1.5~2 cm,被灰色茸毛。花期 4~5 月,果期 5~8 月。

习性分布与用途 产我国华北、华中和华东地区,现各地广为栽培,并被世界许多国家和地区广为引种。著名棚架观赏植物,多栽于庭院、公园、寺庙和风景区,春日紫花满架,夏天绿荫蔽日,景优色美。嫩叶及花可食用,鲜花加糖烙饼为"藤萝饼",是北京特产小吃之一。

11.9.15 葛藤属 *Pueraria* DC.

藤本,茎草质或基部木质。羽状 3 出复叶。总状花序;花萼钟状,花冠常蓝紫色,雄蕊为 9+1 二体。荚果扁平条形。种子扁圆形。

约 35 种,我国有 8 种,多为南方山地绿化和水土保持植物。

葛藤 *Pueraria lobata*(Willd.)Ohwi(图 11-100)

识别特征 藤本,有粗大块状根,茎基部木质,可长逾 10 m,全体被黄色长硬毛。三出复叶,小叶宽卵形或斜卵形,长 7~18 cm。总状花序长 15~30 cm;中上部密生花;花冠蓝紫色,长 1~1.2 cm,基部耳状。荚果长条形。长 5~9 cm,宽约 1 cm。花果期 9~12 月。

习性分布与用途 产辽宁以南、华北至华南广大地区山地,耐干瘠,藤叶繁茂,是一种良好的水土保持植物。葛根可供药用,有解表退热功能。

图 11-99 紫 藤

图 11-100 葛 藤

复习思考题

一、多项选择题

1. 适合我国北方绿化的树种是（　　）。
   A. 红豆树　　　　B. 刺槐　　　　C. 国槐　　　　D. 紫穗槐
2. 适合我国北方防风固沙的树种是（　　）。
   A. 沙冬青　　　　B. 骆驼刺　　　　C. 黄檀　　　　D. 树锦鸡儿
3. 蝶形花科花具有（　　）。
   A. 单体雄蕊　　　B. 多体雄蕊　　　C. 子房一室　　　D. 子房多室
4. 雄蕊花丝分离的树种是（　　）。
   A. 红豆树　　　　B. 刺槐　　　　C. 国槐　　　　D. 黄檀

二、简答题

1. 国槐果实有什么特点？
2. 刺槐枝叶有什么特征？
3. 蝶形花科中多数种类雄蕊合生成单体或二体，但少数具有离生雄蕊的属是哪些？

11.10　安息香科（野茉莉科）Styracaceae

乔木或灌木，常被星状茸毛或鳞片状茸毛。单叶互生，无托叶。花两性，稀杂性；组成总状、聚伞或圆锥花序，稀单生或簇生；整齐花，合瓣花，花萼4~5裂；花冠4~5(~8)裂；雄蕊为花冠裂片的2倍，稀同数，花丝常合生成筒；子房上位、半下位或下位，基部3~5室，上部一室，每室胚珠1至多数。核果或蒴果，稀浆果，萼宿存；种子有翅或无翅。约12属180种，我国有9属约50种，主要分布于长江流域以南及西南地区。

赤杨叶属（拟赤杨属）*Alniphyllum* Matsum.

落叶乔木。叶缘有锯齿。花梗与花托间有关节；雄蕊5长5短，花丝下部合生成管状；子房近上位，5室。蒴果室背5纵裂；种子多数，两端具翅。共3种，产我国长江以南，至华南、西南。

赤杨叶（拟赤杨）*Alniphyllum fortunei* (Hemsl.) **Makino**（图11-101）

识别特征　落叶乔木，高20 m。树皮不开裂。小枝初被褐色短柔毛。叶椭圆形、宽椭圆形或倒卵状椭圆形，长8~15(20) cm，宽4~7(11) cm，两面被星状茸毛。花序长8~15(20) cm，密被星状茸毛。花白色或粉红色。果长圆形，长10~18 mm，直径

图11-101　赤杨叶

6~10 mm。花期4~7月，果期8~10月。

习性分布与用途 产华东、华中、华南和西南，多生于海拔2200 m以下的常绿阔叶林中。木材纹理直，材质轻软，不耐腐，可作板料、家具、木模等用材，也可培养白木耳。

11.11 山矾科（灰木科）Symplocaceae

灌木或乔木。单叶互生，无托叶。花两性；组成穗状、总状、圆锥或团伞花序，稀单生；整齐花，花萼常5裂，花冠5裂，稀为3~11裂；雄蕊多数，花丝分离或呈各式合生；子房下位或半下位，2~5室，每室2~4胚珠，中轴胎座。核果，果顶具宿萼。

仅1属约300种，我国有约77种，主要分布于南部和西南部山地。

山矾属 *Symplocos* Jacq.

属的特征与科同。

山矾（山桂花、九里香）*Symplocos sumuntia* **Buch.-Ham. ex D. Don**（图11-102）

识别特征 常绿灌木或小乔木。嫩枝褐色。叶薄革质，卵形、狭倒卵形或倒披针状椭圆形，长3.5~8 cm，宽1.5~3 cm，先端尾状渐尖，边缘具浅锯齿或近全缘。总状花序长2.5~4 cm；花冠白色，5深裂至基部；子房3室。核果坛形，长7~10 mm。花期2~3月，果期6~7月。

图11-102 山矾

习性分布与用途 产华东、华中、华南和西南各地。为1500 m以下山地林中常见灌木。叶可作媒染剂；花芳香，可作庭园绿化树种。

11.12 山茱萸科 Cornaceae

乔木或灌木，稀草本。枝叶常被丁字毛。单叶对生，稀互生，全缘，常无托叶。花常两性；聚伞、头状或圆锥花序；萼4~5；花瓣4~5；雄蕊与花瓣同数互生；子房下位，1~5室，每室胚珠1。核果或浆果；种子1~5。

12属100余种，我国有10属约60种。

分 属 检 索 表

1. 叶互生或对生；伞房状聚伞花序无总苞片；核果球形或近于球形。
 2. 叶互生；核果球形，核顶端有1个方形孔穴 ·· 灯台树属
 2. 叶对生；核果球形或近于卵圆形，稀椭圆形，核顶端无孔穴 ·· 梾木属

1. 叶对生；伞形花序或头状花序有芽鳞状或花瓣状的总苞片。
    3. 伞形花序上有绿色芽鳞状总苞片；核果长椭圆形 ················· 山茱萸属
    3. 头状花序上有白色花瓣状的总苞片；果实为聚合状核果 ············· 四照花属

11.12.1 灯台树属 *Bothrocaryum* Koehne

落叶乔木或灌木。叶互生，全缘。伞房状聚伞花序；花萼管顶端4齿裂，花瓣、雄蕊各4枚；子房2室。核果球形，有种子2；果核顶端有1方形孔穴。我国1种。

灯台树(瑞木) *Bothrocaryum controversum* (Hemsl.) **Pojark.** (图11-103)

识别特征 落叶乔木，高20 m。树皮光滑。小枝无毛。叶宽卵形或宽椭圆形，长6~13 cm，下面被毛，侧脉6~7对；叶柄长2~6.5 cm。果近球形，紫红或蓝黑色。花期4~5月，果期9~10月。

图11-103 灯台树

习性分布与用途 产辽宁以南至华南、华东以至西南各地。木材供建筑用。树形美观，层次分明，有如灯台，可栽为园林观赏树。

11.12.2 梾木属 *Swida* Opiz

乔木或灌木；芽鳞2。叶对生，叶片全缘，羽状侧脉弧形上弯。花两性；伞房状或圆锥状聚伞花序；萼片、花瓣、雄蕊各4数；子房2室。核果。

30余种，我国有22种。

(1) 毛梾(黑椋子、车梁子) *Swida walteri* (Wangerin) **Sojak** (图11-104)

识别特征 落叶乔木，高10 m。树皮纵裂。叶对生，叶椭圆形至长椭圆形，长5~12 cm，先端渐尖，两面被毛。伞房状聚伞花序顶生，花白色；花柱棍棒形。果球形，黑色。花期4~5月，果期8~10月。

习性分布与用途 产辽宁以南至华南。多生于海拔300~1800 m的疏林中。材质坚重，供车辆等用材；为木本油料树种，种子含油率高，油可食用或供工业润滑油用。

(2) 红瑞木(凉子木) *Swida alba* Opiz (图11-105)

识别特征 落叶灌木，高3 m。树皮暗红色。小枝血红色，无毛，常被白粉。叶对生，椭圆形，稀卵圆形，长5~8 cm，背面灰白色，侧脉4~6对，叶柄长1~2.5 cm。花小，白色至黄白色。果白色或蓝白色。花期6~7月，果期8~10月。

习性分布与用途 产东北、华北、江苏、江西、陕西、甘肃及青海等地。多生于海拔600~1700 m的山地林中。耐寒，耐湿，也耐干瘠。种子含油30%，供工业用。常栽培供观赏。

图 11-104 毛梾

图 11-105 红瑞木

11.12.3 山茱萸属 Cornus L.

落叶乔木或灌木。枝条对生，具鳞芽。叶对生，纸质，全缘。伞形花序，总苞片4；花4数，花瓣黄色；子房2室。核果长椭圆形。

4种，我国有2种。

山茱萸(枣皮)*Cornus officinalis* Sieb. et Zucc.(图11-106)

识别特征 落叶小乔木，高 4~10 m。叶卵状披针形或卵状椭圆形，侧脉6~7对，弧形弯曲，下面脉腋密生淡褐色丛毛。总花梗长约 2 mm；萼裂片宽三角形。果长 1.2~1.7 cm，熟时红色。花期 3~4 月，果期 9~10 月。

习性分布与用途 产山西、陕西、甘肃、山东、江苏、浙江、安徽、江西、河南、湖南等地。生于海拔400~1500 m 的林缘或森林中。果皮即中药"山茱萸"，俗名枣皮，为收敛性强壮药，有补肝肾止汗的功效。

图 11-106 山茱萸

11.12.4 四照花属 Dendronbenthamia Hutch.

常绿或落叶乔木或灌木。单叶互生，全缘。花常两性；头状花序；基部具4片大型白色总苞片，花萼、花瓣、雄蕊均为4；核果聚生成球形果序。

约11种；我国有10种。

（1）尖叶四照花（窄叶四照花）*Dendrobenthamia angustata*(Chun)Fang

识别特征 常绿乔木或灌木，高 12 m。树皮灰色或灰褐色，平滑。幼枝灰绿色，贴生白色短毛。叶片革质，长圆状椭圆形，稀卵状椭圆形或披针形，长 7~10 cm，下面灰绿色，密被贴生短毛，侧脉 3~4 对，弧形弯曲。果序直径 2.5 cm，成熟时红色，贴生平伏细毛。花期 6~7 月，果熟期 10~11 月。

习性分布与用途 产陕西南部、甘肃南部及华东、华中、华南、西南海拔 340~1400 m 的山地。果实味甜，可食用；花、果均具观赏价值，可栽作庭园绿化树。

（2）四照花 *Dendrobenthamia japonica* Fang var. *chinensis*(Osborn)Fang（图 11-107）

识别特征 落叶小乔木，高 10 m。叶卵形或卵状椭圆形，长 5~11 cm，先端尾状渐尖，基部圆形，两面被细伏毛。头状花序基部具 4 片大型白色总苞片，核果球形。果序梗长 5~6 cm。花期 6 月，果期 9~10 月。

图 11-107 四照花

习性分布与用途 产内蒙古东南部、陕西南部、山西南部以南至长江流域海拔 2500 m 以下山地阔叶林中。花序总苞片鲜艳，可用于绿化观赏。果实有甜味可生食及酿酒用。

11.13 蓝果树科 Nyssaceae

落叶乔木或灌木。枝髓有片状隔膜。单叶，互生，羽状脉；无托叶。花单性或杂性，头状、总状或伞形花序；萼齿小或缺；花瓣 5 或更多或无；雄蕊 5~12；子房下位，1 室或 6~10 室，每室胚珠 1。核果或坚果。

3 属 10 余种，我国有 3 属 9 种。

分属检索表

1. 花序基部无花瓣状总苞片。
  2. 花杂性同株，花柱 2~3 裂；坚果具棱状窄翅 ································ 喜树属
  2. 花杂性异株，花柱单生；核果 ································ 蓝果树属
1. 花序基部具 2 枚白色花瓣状苞片；核果 ································ 珙桐属

11.13.1 喜树属 *Camptotheca* Decne.

乔木。叶全缘，稀有疏锯齿。头状花序，排成总状复花序；萼 5 齿裂；花瓣 5，雄蕊

10，有花盘，子房1室，花柱2~3裂。坚果，有棱状窄翅，聚合成头状果序。

仅1种，我国特产。

喜树(旱莲木)*Camptotheca acuminata* Decne.（图11-108）

识别特征 落叶乔木，高25 m。树皮纵裂。叶椭圆状卵形或椭圆形，长8~20 cm，先端渐尖，基部宽楔形或圆形，下面疏被短柔毛；叶柄常红色。果长1.5~3 cm，有棱翅。花期5~7月，果期10~11月。

习性分布与用途 分布长江以南各地区。生于海拔1000 m以下沟谷阔叶林中。材质轻软；供包装及人造板用材。树皮及根含喜树碱等，可提取抗癌药物；树干通直，常栽作行道树。

图11-108 喜 树

11.13.2 蓝果树属 *Nyssa* L.

落叶乔木。叶全缘，或偶有疏齿。花单性异株或杂性；聚伞花序伞房状或伞状；萼5~10齿裂，花瓣5~8，雄蕊5~16；子房1~2室，花柱1，核果。

10余种，我国有7种。

蓝果树(紫树)*Nyssa sinensis* Oliv.（图11-109）

识别特征 落叶乔木，高20 m。枝有明显皮孔。叶椭圆形或长圆形，长8~16 cm，下面疏生柔毛。花雌雄异株。果长圆状椭圆形，长1~1.5 cm，蓝黑色。花期4月，果期9月。

习性分布与用途 产华东、华中、华南、西南各地区。生于海拔1500 m以下山地阔叶林中。材质坚实，供建筑、家具等用。秋叶红色，有园林观赏价值。

11.13.3 珙桐属 *Davidia* Baill.

落叶乔木。叶在长枝上互生，短枝上簇生；叶缘有粗锯齿。花杂性；头状花序基部有2白色花瓣状苞片；雄花无花被，雄蕊1~7；子房6~10室。核果，仅2~5室发育。

仅1种1变种，我国特产。

(1) 珙桐(鸽子树、水梨子)*Davidia involucrata* Baill（图11-110）

识别特征 落叶乔木，高20 m。树皮薄片状脱落。叶宽卵形，长9~15 cm，先端渐尖，基部心形，下面密被茸毛，羽状侧脉伸达齿尖，叶柄长4~5 cm。果长圆形，径2 cm。花期4月，果期10月。

习性分布与用途 产陕西、湖北、湖南、四川、贵州、云南等地海拔1200~2600 m山地林中。花序和白色苞片形如白鸽栖息，为世界著名的观赏树种；国家一级重点保护植物。

图 11-109 蓝果树

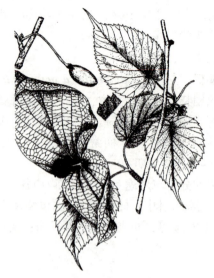

图 11-110 珙 桐

(2)光叶珙桐 *Davidia involucrata* **var.** *vilmoriniana*(Dode)**Wanger.**

与珙桐的区别：叶片上无毛或仅幼叶脉上有毛。产地同珙桐。国家二级重点保护植物。

11.14　五加科 Araliaceae

乔木、灌木或藤本，稀为草本。叶互生，单叶或复叶；托叶常鞘状。花两性或杂性；伞形、头状或总状花序组成复花序；萼 5 裂或不裂；花瓣 5，常离生，稀合生成帽状体；雄蕊与花瓣同数互生或为其倍数；子房下位，2~15 室，每室胚珠 1。浆果或核果。种子常具纵脊。

60 属约 1200 种，我国有 23 属 175 种。本科很多种类为名贵药材，如人参、三七、西洋参、刺五加等。有些种类可供观赏，如鹅掌柴、常春藤、南洋参等。

分属检索表

1. 单叶，掌状分裂 ··· 刺楸属
1. 叶为掌状复叶。
　　2. 子房 5~11 室；植物体无刺 ··· 鹅掌柴属
　　2. 子房 2~5 室；植物体有刺，稀无刺；小叶 3~5 ······································· 五加属

11.14.1　刺楸属 *Kalopanax* Miq.

落叶乔木；树干及枝上有粗大皮刺。单叶，掌状分裂，叶缘具锯齿。花两性，伞形花

序再排成顶生圆锥花序；花萼 5 裂；花瓣 5；雄蕊 5；子房 2 室，柱头 2 裂。浆果；种子 2，扁平。仅 1 种。

刺楸 *Kalopanax septemlobus*(Thunb.) **Koidz.** [异名：*K. pictus*(Thunb.)Nakai](图 11-111)

识别特征 落叶乔木，高 30 m。小枝粗壮，散生粗刺。叶掌状 5~7 裂，叶缘具细尖齿，幼时下面被毛，叶片与叶柄近等长。果小球形，径约 5 mm，成熟时蓝黑色。花期 7~10 月，果期 9~12 月。

习性分布与用途 除西北、华南外，多数地区有分布。生于海拔 1200 m 以下山地阔叶林中，木材细致，纹理美观，可供建筑、家具、雕刻等用材。

11.14.2 鹅掌柴属 *Schefflera* J. R. et G. Forst.

常绿乔木或灌木。枝叶无刺。掌状复叶。花两性；头状、穗状或伞形花序再组成圆锥状复花序；花萼全缘或 5 裂；花瓣 5~11；雄蕊 5~11；子房 5(11) 室。浆果；每室种子 1。

200 余种，我国有 35 种。

鹅掌柴(鸭母树) *Schefflera octophylla*(Lour.) **Harms**(图 11-112)

识别特征 常绿小乔木，高 15 m。掌状复叶有小叶 6~8，椭圆形或倒卵状椭圆形，长 9~17 cm，全缘，幼时有裂，被星状茸毛。果球形，径 4~6 mm，花柱粗短，宿存。花期 11~12 月，果期 12 月至次年 1 月。

习性分布与用途 产浙江、福建、广东、广西、海南、云南、西藏及台湾。生于海拔 1000 m 以下山地阔叶林中，常为森林中下层下木。材质轻软，可作器具。也为绿化或蜜源树种。

图 11-111 刺 楸

图 11-112 鹅掌柴

11.14.3 五加属 Acanthopanax Miq.

直立或蔓生落叶灌木，稀小乔木。枝常有刺。掌状复叶有小叶 3~5，托叶无或不明显。花常两性；伞形或头状花序常组成复伞形圆锥花序；花梗无关节或关节不明显；萼缘有 4~5 小齿，稀全缘；花瓣 5，稀 4，镊合状排列；雄蕊与花瓣同数；子房 2~5 室；花柱宿存。果球形或扁球形，具棱。

约 35 种，我国 20 余种。

刺五加（五加皮）Acanthopanax senticosus (Rupr. et Maxim.) Harms（图 11-113）

识别特征　落叶灌木，高 3~5 m。枝上通常密生细针刺。掌状复叶，小叶常为 5，有时 3，椭圆状倒卵形至长椭圆形，长 6~12 cm，叶缘有尖锐重锯齿。伞形花序，1 至数个着生于总梗上。花紫黄色，花瓣 5，雄蕊 5，子房 5 室，花柱合生；果近圆球形，熟时紫黑色。花期 6~7 月；果期 8~10 月。

习性分布与用途　产我国东北及华北地区。根皮可入药，有活血化瘀功效。

图 11-113　刺五加

11.15　忍冬科 Caprifoliaceae

灌木或木质藤本，稀为多年生草本。叶对生，稀轮生，单叶或奇数羽状复叶，多无托叶，有些托叶很小或退化成腺体。花两性；常为聚伞、伞房或圆锥花序，花萼 4~5(2) 裂，花冠 5(3) 裂，覆瓦状或稀镊合状排列，有时二唇形；雄蕊 5，或 4，常 2 强；子房下位，2~5(10) 室，中轴胎座，每室胚珠 1 至多数。浆果；核果或蒴果，种子有胚乳。

13 属约 500 种，我国有 12 属 203 种。

分属检索表

1. 叶为奇数羽状复叶；核果具核 3~5 ·· 接骨木属
1. 叶为单叶。
   2. 花柱极短；核果具核 1 ·· 荚蒾属
   2. 花柱细长；浆果 ·· 忍冬属

11.15.1 接骨木属 Sambucus L.

落叶灌木或小乔木，稀草本。枝具宽阔的髓。奇数羽状复叶对生。小叶有锯齿或分裂，托叶叶状或退化成腺体。聚伞花序组成伞房或圆锥状；花白色，花萼、花冠 5 裂，雄蕊 5，花药外向；子房 3~5 室。浆果状核果具 3~5 果核。共 20 余种，我国有 5 种。

接骨木 *Sambucus williamsii* Hance（图 11-114）

识别特征 落叶灌木，高 6 m。老枝皮孔长椭圆形，髓淡褐色。小叶 5~7(11)，小叶片卵状椭圆形，长 5~12 cm，边缘有锯齿。圆锥状聚伞花序顶生；花白色或淡黄色；子房 3 室，果红色，近球形。花期 4~5 月，果期 9~10 月。

习性分布与用途 产东北、华北以南至华南、西南及陕西、甘肃等地，多生于海拔 500~1600 m 山地。耐寒冷和干旱，萌蘖性强。叶、枝药用，有祛风湿，通筋络，活血止痛，利尿消肿等功效。

图 11-114　接骨木

11.15.2　荚蒾属 *Viburnum* L.

灌木或小乔木；裸芽或鳞芽。单叶对生，稀轮生。伞房状、圆锥状或伞形聚伞花序，全部结实或花序边缘具大型不孕花，花萼 5 裂，花冠 5 裂，整齐；雄蕊花药内向；子房 1 室，花柱较短。胚珠 1。核果，含种子 1。

约 200 种，我国有 74 种。

(1) 鸡树条荚蒾（鸡树条子）***Viburnum sargentii* Koehne**（图 11-115）

识别特征 落叶灌木，高 3 m。小枝具棱。叶卵圆形或宽卵形，长 6~12 cm，常 3 裂，掌状三出脉，叶缘有不规则大齿，上面无毛，下面被黄色长柔毛及暗褐色腺点；叶柄端两侧具 2~4 盘状大腺体，托叶钻形。复伞花序，花序外缘具不孕花；花冠乳白色，径约 1 cm。果近球形，成熟时红色，径约 1 cm；核无沟。花期 5~6 月；果期 9~10 月。

习性分布与用途 产东北、内蒙古、河北、甘肃等地；生于海拔 2200 m 以下山地林缘。叶及嫩枝可活血、消肿、镇痛，治腰关节酸痛；果可止咳及食用；也是美丽的观花赏果灌木。

(2) 珊瑚树 *Viburnum odoratissimum* Ker-Gawl.（图 11-116）

识别特征 常绿小乔木，高 10 m。叶椭圆形，长圆形，长圆状倒卵形或倒卵形，长 7~20 cm。边缘上部有浅锯齿或全缘。花冠白色，有时为淡红色，裂片长于花冠筒。果卵圆形或卵状椭圆形，熟时由红变黑色。花期 4~5 月，果期 7~9 月。

习性分布与用途 产福建、湖南、广东、广西和海南，生于海拔 200~1300 m 山地沟谷林中。枝叶翠绿，常在庭园栽植为高篱，供作观赏。

图 11-115 鸡树条荚蒾

图 11-116 珊瑚树

(3) 日本珊瑚树 *Viburnum odoratissimum* var. *awabuki* (K. Koch) **Zabel**

与珊瑚树的主要区别：花冠裂片比花冠筒短；果倒卵圆形或倒卵状椭圆形。长江流域各地广泛栽培。

11.15.3 忍冬属 *Lonicera* L.

灌木或缠绕藤本，鳞芽。单叶对生，稀轮生；通常无托叶。花成对腋生于总花梗顶端，稀单生；花冠 5 裂，整齐，或二唇形；雄蕊 5，花药丁字着生，子房 2~3(5)室。花柱细长。浆果。

约 200 种，我国有 98 种。

(1) 忍冬(金银花)*Lonicera japonica* **Thunb.** (图 11-117)

识别特征 半常绿缠绕藤本。幼枝密被粗毛和腺毛。叶片卵形或卵状披针形，长 3~5(9.5) cm，基部圆形或近心形，幼时两面被糙毛。苞片叶状；花冠白色略带紫色，后变为黄色，二唇形。浆果球形，黑色。花期 4~6 月，果期 10~11 月。

习性分布与用途 北起吉林，西至甘肃，南达广东，西南至四川，云南均有分布。海拔最高达 1500 m。花芳香，供药用，也作花茶，能解热、消炎；也为蜜源植物；还可栽作庭园垂直绿化。

(2) 金银忍冬(金银木)*Lonicera maackii* (Rupr.) **Maxim.** (图 11-118)

识别特征 落叶灌木，高 6 m。幼枝具微毛，中空。叶卵状椭圆形或卵状披针形，长 5~8 cm，两面脉上有毛，叶缘被纤毛。苞片条形，花冠白色后变黄色，二唇形；雄蕊长达花冠 2/3。果圆形，成熟时红色。花期 5~6 月，果期 8~10 月。

习性分布与用途 产东北、华北、华东、华中、西南和陕西、甘肃等地，茎皮可制人造棉；花可提取芳香油；树形美观，果色鲜红，常栽作庭园绿化树种。

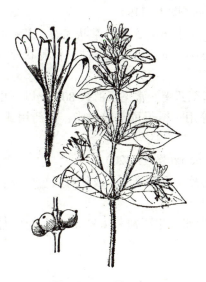

图 11-117 忍 冬　　　　图 11-118 金银忍冬

11.16 金缕梅科 Hamamelidaceae

乔木或灌木；常具星状茸毛。单叶互生，具羽状脉或掌状脉；常有托叶。花小，两性或单性，组成头状、穗状或总状花序；萼裂片 4~5；花瓣 4~5 或缺，稀无花被；雄蕊 4~5 或多；子房半下位或下位，2 室，花柱 2，每室胚珠 1 或多数。蒴果；种子 1 或多数。

28 属 140 余种，我国有 18 属约 80 种。

分 属 检 索 表

1. 托叶小，早落，小枝无环状托叶痕。
　　2. 落叶性；叶掌状 3~5 裂，掌状脉；蒴果有宿存花柱及萼齿 ………………………………… 枫香属
　　2. 常绿性；叶不分裂，羽状脉；蒴果无宿存花柱及萼齿 …………………………………… 蕈树属
1. 托叶大，包被冬芽，小枝有环状托叶痕。
　　3. 托叶 1，长筒状，包被幼芽呈圆锥形；肉质穗状花序 ……………………………………… 壳菜果属
　　3. 托叶 2，椭圆形，包被幼芽呈合掌状；头状花序 …………………………………………… 马蹄荷属

11.16.1 枫香属 *Liquidambar* L.

落叶乔木。叶掌状分裂，掌状脉，托叶线形。花单性同株；雄花序头状或穗状，再排成总状花序式，无花被，雄蕊多数；雌花序头状，萼齿刺状或短，无花瓣；子房半下位，每室胚珠多数，柱头线形。果序圆球形，蒴果 2 瓣裂，具宿存花柱及萼齿；种子多数。约 5 种，我国有 2 种。

(1) 枫香(枫树)*Liquidambar formosana* **Hance**(图 11-119)

识别特征 落叶乔木，高 30 m。树皮纵裂。叶长 6~12 cm，掌状 3 裂，基部心形，掌状脉 3~5。雌花序有花 24~43 朵。球状果序径 3~4 cm，具宿存花柱及针刺状萼齿；种子小。花期 2~4 月，果期 10 月。

习性分布与用途 产秦岭及河南、山东以南至西南。常见于海拔 800 m 以下山地。材质稍软，可作茶叶箱、胶合板、棕棚架、家具等用；树干可割取树脂，供药用或作香料；秋叶多红艳，供观赏。

(2) 缺萼枫香 *Liquidambar acalycina* **H. T. Chang**(图 11-120)

识别特征 本种与枫香相似，其区别：雌花及蒴果无萼齿，或仅有极短萼齿；头状花序有花 15~26 朵。果序松脆易碎；种子有棱。

习性分布与用途 产华东、华南、四川、贵州。生于海拔 600 m 以上的山林中。习性、用途同枫香。

图 11-119 枫 香

图 11-120 缺萼枫香

11.16.2 蕈树属(阿丁枫属)*Altingia* **Noronha**

常绿乔木；芽鳞多数。叶互生，革质，羽状脉；全缘或有锯齿；托叶小，早落。花单性同株；雄花序头状或穗状，组成总状花序，无花瓣，雄蕊多数，花丝极短；雌花排成头状花序，萼齿不明显，无花瓣，子房下位，胚珠多数。果序近球形；蒴果 2 瓣裂，无宿存花柱及萼齿；种子多数，具窄翅。

约 12 种，我国有 8 种。播种繁殖。

(1) 蕈树(阿丁枫)*Altingia chinensis*(Champ.)**Oliv. et Hance**(图 11-121)

识别特征 常绿乔木，高 20 m。树皮块状剥落。小枝无毛。叶长 5~12 cm，宽 3~4.5 cm，常集生枝顶，上面深绿色，两面无毛，网脉明显，边缘有钝锯齿。头状果序径 1.7~2.8 cm，宿存萼齿乳突状。花期 3~4 月，果期 12 月。

习性分布与用途 产浙江、福建、湖南、江西、广东、海南、广西、贵州、云南海拔 1200 m 以下亚热带常绿阔叶林中。木材坚重，供建筑及家具等用，也可提取蕈香油及培养香菇。

(2) 细柄蕈树(细柄阿丁枫)*Altingia gracilipes* **Hemsl.**（图 11-122）

识别特征 常绿乔木，高 25 m。树皮块状脱落。嫩枝有柔毛。叶卵状披针形，长 4~7 cm，宽 1.5~2.5 cm，先端尾状渐尖，两面无毛；叶柄纤细，长 2~3 cm。果序倒圆锥形，径约 2 cm，蒴果 5~6，木质。花期 3~4 月，果期 10~11 月。

习性分布与用途 产浙江南部、江西、福建及广东，生于海拔 1200 m 以下的常绿阔叶林中。用途同蕈树。

图 11-121 蕈 树

图 11-122 细柄蕈树

11.16.3 壳菜果属 *Mytilaria* Lec.

常绿乔木。小枝节部有环状托叶痕，枝髓片状分隔。叶互生，有长柄，全缘或先端 3 浅裂，基部心形，掌状脉；托叶包被芽体。花两性，组成肉质穗状花序；萼裂片 5~6；花瓣 5；雄蕊 10~13，花丝粗短；子房下位，2 室，每室胚珠 6。蒴果；种子无翅。仅 1 种。播种繁殖。

壳菜果(米老排)*Mytilaria laosensis* **Lec.**（图 11-123）

识别特征 常绿乔木，高 30 m。枝叶无毛。叶革质，宽卵圆形，长 10~13 cm，宽 7~10 cm，掌状脉 5；叶柄长 7~10 cm。蒴果聚生，卵圆形，长 1.5~2 cm，4 瓣

图 11-123 壳菜果

裂，外果皮厚，松脆易碎；种子褐色，长约 1 cm，有光泽。花期 3~4 月，果期 9~10 月。

习性分布与用途 产广东、广西、云南海拔 250~1000 m 山林中；浙江、江西、福建、湖南等省有引种。速生，萌芽力强，木材耐腐、抗虫蛀，材性与杉木相近似，供建筑、家具用。

11.16.4 马蹄荷属 *Exbucklandia* R. W. Br.

常绿乔木。小枝有环状托叶痕。叶互生，全缘或掌状浅裂，具掌状脉；叶柄长，托叶 2 片，革质，包住幼芽。头状花序腋生；花两性或杂性同株；萼齿不明显或鳞片状；花瓣 2~5，线形，或无花瓣；雄蕊 10~14；子房半下位，每室胚珠 6~8。蒴果木质，种子有翅。

约 4 种，我国有 3 种。

(1) 马蹄荷（白克木）*Exbucklandia populnea*（R. Br.）**R. Br.**（图 11-124）

识别特征 常绿乔木，高 20 m。叶革质，圆卵形，长 10~17 cm，宽 9~13 cm，先端渐尖，基部心形或楔形，全缘或幼叶掌状 3 浅裂，掌状脉 5~7；叶柄长 3~6 cm。头状花序径约 2 cm。果序有蒴果 6~10，果椭圆形，长 7~9 mm。花期 10 月至翌年 3 月，果期 4~10 月。

习性分布与用途 产广西、云南、贵州、西藏等地。生于海拔 1200 m 以下的山地林中。木材结构细致，为建筑、家具用材；可栽作庭园观赏。

(2) 大果马蹄荷（合掌木）*Exbucklandia tonkinensis*（Lec.）**Steenis**（图 11-125）

识别特征 常绿乔木，高 30 m。本种与马蹄荷的区别：叶较小，长 7~13 cm，基部宽楔形。蒴果较大，长 1~1.5 cm，表面有瘤点。花期 5~9 月，果期 8~11 月。

习性分布与用途 产我国南部江西、福建、湖南的南部，广东、海南、广西及云南的东南部的山地林中。生态习性与用途与马蹄荷相近。

图 11-124 马蹄荷

图 11-125 大果马蹄荷

复习思考题

一、多项选择题

1. 金缕梅科的特征为( )。
   A. 单叶　　　B. 复叶　　　C. 有托叶　　　D. 无托叶
2. 下列树种花单性的是( )。
   A. 枫香　　　B. 蕈树　　　C. 壳菜果　　　D. 马蹄荷
3. 金缕梅科具有掌状裂叶的种类是( )。
   A. 枫香　　　B. 蕈树　　　C. 壳菜果　　　D. 马蹄荷

二、简答题

1. 枫香属的叶缘、叶序、花序有什么特点？
2. 金缕梅科各属最一致的共同特征是哪一部分？

11.17 悬铃木科 Platanaceae

落叶乔木，枝、叶常有星状茸毛，顶芽缺，侧芽为柄下芽。单叶互生，有长柄，掌状脉，掌状分裂；托叶圆领状，枝有环状托叶痕。花小，单性同株，组成头状花序；萼片3~8；花瓣3~8，匙形；雄蕊3~8，花丝短；心皮3~8，离生。聚花果球形，由多数倒锥形小坚果组成，基部有长毛，种子1。

仅1属11种，分布东南欧、印度及美洲，我国引栽3种。

悬铃木属 *Platanus* L.

属的特征同科。

(1) 悬铃木(二球悬铃木)*Platanus acerifolia* (Ait.) **Willd.** (图11-126)

识别特征　落叶乔木，高30 m。树皮薄片状剥落。幼枝、幼叶密被灰黄色星状茸毛。叶宽卵形，径9~17 cm，上部5~7裂，中央裂片三角形，长宽近相等，边缘疏生粗齿；托叶长约1~1.5 cm。果序球形，下垂，通常2，稀1或3，生于同一果序梗上，径约2.5 cm。花期4~5月，果期9~10月。

习性分布与用途　本种是三球悬铃木与一球悬铃木的杂交种，为世界著名的行道树及庭园树，我国黄河及长江流域中下游一带的城乡广有栽培，生长快，耐修剪，寿命长。扦插或播种繁殖。

(2) 三球悬铃木(法国梧桐)*Platanus orientalis* L. (图11-127A)

本种与悬铃木的区别：叶5~7深裂，中央裂片长大于宽，托叶小，短于1 cm。果序3~5个生于同一果序柄上。原产欧洲东南部及亚洲西部，我国西北一带早有引栽。

(3) 一球悬铃木 Platanus occidentalis L.（图 11-127B）

本种与悬铃木的区别：叶 5 浅裂，中央裂片宽大于长，托叶大，长于 1.5 cm。果序 1 个生于果序柄上。我国中北部城乡有引种，用途均同悬铃木。

图 11-126 悬铃木

图 11-127 三球悬铃木（A）和一球悬铃木（B）

11.18 杨柳科 Salicaceae

落叶乔木或灌木。单叶，互生，有托叶。花单性异株，柔荑花序，无花被，花生于苞腋内；雄花有雄蕊 1 至多数；雌蕊由 2~4 心皮合生；子房 1 室，胚珠多数，柱头 2~4 裂。蒴果，2~4 瓣裂；种子多数，基部有白色丝状长毛，种子无胚乳。

3 属 620 余种；多数分布于温带、寒温带和亚热带地区。我国有 3 属 320 余种。其中杨属和柳属植物是我国北方地区人工用材林、园林绿化、防护林的重要组成种类，对我国林业事业的建设和发展具有重要意义，需要重点学习和了解。为方便学习，将杨属和柳属两个属的主要特征区别比较如下：

杨属 顶芽发达，芽鳞多；新枝髓心五角形，枝粗壮。叶常宽大，叶柄较长。雌雄花序均下垂，苞片边缘分裂；雌花基部具杯状花盘，雄花具雄蕊 4~40，花药红色。蒴果 2~4 瓣裂。

柳属 无顶芽，芽鳞 1；新枝髓心近圆形，枝较纤细。叶常窄长，叶柄短。雌雄花序均直立或斜展，苞片边缘全缘；雌花基部无花盘，雄花具雄蕊 2~14，花药黄色。蒴果 2 瓣裂。

11.18.1 杨属 Populus L.

多为乔木。全世界共有 100 余种；我国有 62 种，另有许多变种、变型和品种，分布以华北、西北及西南为主。杨属树种在我国分布广、生长快，为速生用材树种，是我国北方地区人工用材林、园林绿化、防护林的重要组成种类。扦插、根蘖或播种繁殖。根据形态差异和起源分为白杨组、大叶杨组、青杨组、黑杨组和胡杨组或若干派系。重要种类如下：

分种检索表

1. 叶两面不为灰蓝色；花盘不为膜质；萌枝叶分裂或有锯齿。
  2. 叶具裂片、缺刻或波状齿；苞片边缘具长毛。
    3. 长枝及萌枝叶 3~5 掌状分裂；叶下面及叶柄密生白色柔毛。
      4. 树冠宽大，树皮灰白色 ··· 银白杨
      4. 树冠圆柱形，树皮灰绿色 ·· 新疆杨
    3. 长枝及萌枝叶不为掌状分裂；叶下面及叶柄无毛。
      5. 叶具缺刻状或深波状齿；芽被毛 ··· 毛白杨
      5. 叶具浅波状齿；芽无毛 ··· 山杨
  2. 叶具锯齿；苞片边缘无长毛。
    6. 叶柄先端具 2 腺体。
      7. 芽无树脂；叶柄先端腺体瘤状突起 ··· 响叶杨
      7. 芽有树脂；叶柄先端腺体小 ··· 加拿大杨
    6. 叶柄先端无腺体。
      8. 叶片中部或中部以上最宽。
        9. 小枝、叶片均被柔毛 ··· 大青杨
        9. 小枝、叶片均无毛 ··· 小叶杨
      8. 叶片中部以下最宽。
        10. 小枝及叶被毛 ··· 辽杨
        10. 小枝无毛。
          11. 叶柄圆柱形。
            12. 叶菱状卵形，叶缘锯齿皱曲，不在一平面上 ····················· 小青杨
            12. 叶不为菱状卵形，叶缘锯齿平展 ··· 青杨
          11. 叶柄侧扁，叶缘具透明边。
            13. 树冠宽大；叶片菱状卵圆形 ··· 黑杨
            13. 树冠圆柱形。
              14. 叶片宽大于长；树皮灰黑色 ·· 钻天杨
              14. 叶片长大于宽；树皮灰白色 ·· 箭杆杨
1. 叶两面均为灰蓝色；花盘膜质；萌枝叶近全缘 ·· 胡杨

（1）银白杨 *Populus alba* L.（图 11-128）

识别特征 落叶乔木，高 15 m。树皮灰白色，基部常纵裂。芽及幼枝、幼叶密被白色茸毛。萌芽条叶掌状 3~5 浅裂，短枝叶卵圆形或椭圆形，边缘具不规则钝齿，老枝叶片上面浓绿色，无毛，长 6~12 cm。花期 4~5 月，果期 4~5 月。

习性分布与用途 为我国北方杨树广泛栽培种，从东北南部、华北、西北以至山东、江苏一带均有栽培，新疆额尔齐斯河一带有野生。欧洲、北非、亚洲西部和北部普遍分布。耐干寒，但不耐湿热，在沙荒及轻盐碱地也能生长。木材纹理直，质轻软，供建筑、家具、造纸等用；根系发达，可作固堤护岸及观赏用。用种子和插条繁殖。

图 11-128 银白杨

(2) 新疆杨 Populus alba L. var. pyramidalis Bunge

识别特征 落叶乔木，高 30 m。为银白杨变种，与原种的区别：树冠圆柱形，树皮灰绿色。本变种在新疆栽培最为普遍，为优良行道树及绿化树种。用途同银白杨。

(3) 毛白杨 Populus tomentosa Carr.（图 11-129）

识别特征 落叶乔木，高 30 m。树皮灰绿色，平滑，皮孔菱形，老树基部黑灰色，纵裂。幼枝和萌芽条密被茸毛，后几乎无毛。叶三角状卵形或卵圆形，长 7~15 cm，先端骤尖，基部心形或截形，边缘具不整齐波状或粗齿牙，上面无毛，下面初被短柔毛，后几乎脱净，叶柄侧扁，顶端具两腺体。苞片边缘有茸毛。

习性分布与用途 我国特有的优质乡土杨树种类，分布辽宁、内蒙古以南至长江，西至甘肃、宁夏，为华北地区主要造林绿化树种。树形高大，树干端直，适应性和抗逆性能力均较强。木材纹理直，供建筑、家具、造纸等用材；也做防护林树种。播种、埋条或根蘖繁殖。

(4) 山杨 Populus davidiana Dode（图 11-130）

识别特征 落叶乔木，高 25 m。幼树皮光滑，老时粗糙。小枝无毛。叶近圆形，长宽各 3~6.5 cm，先端短尖，基部近圆形，边缘波状浅钝齿，初被疏毛，后变无毛，叶柄纤细。花期 4 月，果期 5 月。

习性分布与用途 产东北、华北、西北、华中及西南高山，较耐干旱瘠薄，为采伐迹地和火烧迹地天然更新的先锋树种。木材色白质轻软，供建筑、家具、造纸等用。

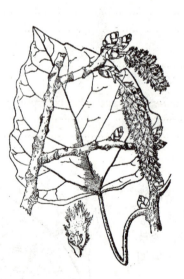

图 11-129　毛白杨

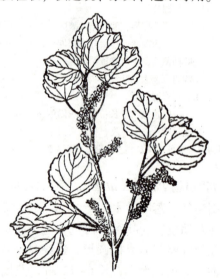

图 11-130　山　杨

(5) 响叶杨(炸皮杨) Populus adenopoda Maxim.（图 11-131）

识别特征 落叶乔木，高 30 m。幼枝皮灰绿色，不裂；大树皮深灰色，纵裂。嫩枝被柔毛，老枝无毛。叶卵状三角形或卵圆形，长 5~20 cm，先端长渐尖，基部宽楔形或近圆形，具腺质细锯齿，两面无毛，或幼时被柔毛；叶柄长 2~7 cm，顶端有瘤状腺体 2。花期 2 月下旬至 3 月，果期 4 月。

习性分布与用途 分布华东、华中、西南及陕西、甘肃海拔 100~2500 m 山地,成小片纯林或生于杂木林中,木材质轻软,供建筑、家具、造纸等用。播种繁殖,扦插不易成活。

(6)加拿大杨(加杨、欧美杨)***Populus canadensis* Moench**(图 11-132)

识别特征 落叶乔木,高 30 m,树冠卵圆形,侧枝开展。树皮灰绿色,基部粗糙。小枝常具棱。叶片近正三角形,长 7~10 cm,先端长渐尖,基部截形或宽楔形,具 1~2 腺点或缺。花期 4 月,果期 5 月。

习性分布与用途 本种为美洲黑杨与欧洲黑杨的杂交种,现广植于欧、亚、美洲各地。我国南岭以北广泛引栽。适应性强、耐寒,也能适应暖热气候,生长快,但寿命较短。木材轻软,供建筑、家具、造纸等用。因栽培历史较久,出现许多栽培品种,重要的有晚花杨、健杨、五月杨、格尔里杨、意大利214、新生杨、沙兰杨等。适于作行道树、庭荫树种及防护林,为华北及江淮平原习见的绿化树种,也是比较适合在南方栽培的杨树种类。

图 11-131 响叶杨

图 11-132 加拿大杨

(7)青杨 *Populus cathayana* **Rehd.**(图 11-133)

识别特征 落叶乔木,高 30 m。幼树皮光滑,老时纵沟裂。小枝圆柱形,有时具棱,幼时橄榄绿色,后变橙黄色至灰黄色,无毛。叶卵形或卵状矩圆形,长 5~10(20)cm,先端渐尖,基部圆形,边缘有细钝锯齿,上面亮绿色,下面绿白色;叶柄圆柱形。花期 3~5 月,果期 5~7 月。

习性分布与用途 产辽宁、华北、西北和四川各地。抗旱能力较强,生于海拔1500~2600 m,树龄可达 100 年,木材纹理直,结构细,供家具及建筑等用;可栽作行道树及防护林树种。

(8)小叶杨(山白杨、南京白杨)***Populus simonii* Carr.**(图 11-134)

识别特征 落叶乔木,高 20 m。树皮暗灰色,老树粗糙、纵沟裂。枝无毛,萌芽条和长枝具纵棱。叶片菱状卵形或菱状倒卵形,长 3~12 cm,下面苍白色、边缘有细钝锯齿;叶柄有时带红色。花期3~4 月,果期 4~6 月。

习性分布与用途 东北、华北、华东、西北、西南均有分布。生于海拔 2300 m 以下。

耐旱瘠，抗风力较强，生长较快，木材供建筑、胶合板、造纸、人造纤维等用材；广泛用于防风固沙、水土保持及绿化等。

图 11-133 青 杨

图 11-134 小叶杨

(9)辽杨(臭梧桐、阴杨)***Populus maximowiczii* Henry**(图 11-135)

识别特征 落叶乔木，高30 m。树皮深纵裂。小枝圆柱形，有短柔毛。叶椭圆形或椭圆状卵形，长6~12(20) cm，先端突尖，基部近心形，边缘具钝腺齿，上面微皱，下面苍白色，两面沿脉有短茸毛；叶柄被短茸毛。花期4~5月，果期5~7月。

习性分布与用途 产东北南部及内蒙古，河北、陕西有栽培。生于海拔500~2000 m的山坡、林内和溪旁。耐寒、速生。材质轻软，木材供建筑、胶合板、造纸、人造纤维等用材。

(10)小青杨 *Populus pseudo-simonii* Kitag.(图 11-136)

识别特征 落叶乔木，高20 m。老树皮下部浅沟裂。小枝圆柱形，淡绿带黄灰色。叶菱状卵圆形或卵状披针形，长5.5~9 cm，叶上面绿色有光泽，下面苍白色，无毛，叶缘呈波状皱曲，绿色或带红色。花期4~5月，果期5~6月。

图 11-135 辽 杨

图 11-136 小青杨

习性分布与用途　主产东北地区，多生于海拔500~2000 m 的山地。耐寒、耐旱瘠，为用材及绿化树种。

(11) 大青杨（乌苏里杨）*Populus ussuriensis* Kom.（图 11-137）

识别特征　落叶乔木，高 30 m。树皮幼时灰绿色，较光滑；老时暗灰色，纵沟裂。小枝有棱角，灰绿色至红褐色，被短柔毛，叶椭圆形或近圆形，长 5~12 cm，先端具短尖，基部近心形或圆形，下面苍白色，边缘圆锯齿，密生毛，两面沿脉密生或疏生柔毛；叶柄密被毛。花期 5 月，果期 6 月。

习性分布与用途　产长白山、小兴安岭林区海拔 300~1400 m 山地，新疆有引栽。木材供建筑、胶合板、造纸等用。

(12) 黑杨 *Populus nigra* L.（图 11-138）

识别特征　落叶乔木，高 20 m，树冠宽阔。树皮灰色，老树沟裂。小枝圆柱形，淡黄色，无毛。叶片菱形或三角形，长 5~10 cm，先端长渐尖，基部楔形或宽楔形；叶柄侧扁。花期 4~5 月，果期 6 月。

习性分布与用途　产新疆额尔齐斯河、乌伦河流域。耐寒，东北、华北各地有引栽。木材轻软，供建筑、造纸等用。

图 11-137　大青杨

图 11-138　黑　杨

(13) 钻天杨 *Populus nigra* L. var. *italica*（Muench.）Koehne（图 11-139）

识别特征　黑杨变种。落叶乔木，树冠圆柱形。树皮灰黑色。叶扁三角形，宽大于长，先端短渐尖，基部宽楔形或截形；叶柄侧扁。原产北美，我国各地早有栽培，由于抗病虫害能力较差，逐渐被淘汰。

(14) 箭杆杨 *Populus nigra* L. var. *thevestina* Bean

识别特征　黑杨变种。落叶乔木，树冠圆柱形。树皮灰白色，光滑。叶三角形或卵状三角形，先端渐尖至长尖，基部楔形；叶柄侧扁。分布于华北、西北。常作为行道树及农田防护林树种。

(15)胡杨(异叶杨、胡桐)***Populus diversifolia* Schrenk**(图 11-140)

识别特征 落叶乔木,稀成灌木状。叶形多样,幼树和萌芽枝叶披针形,全缘或有疏齿,成年树的叶卵形、扁圆形或肾形,长 2~5.5 cm,宽 3~7 cm,先端有粗齿牙,基部楔形或截形,有腺点,两面灰蓝色或蓝绿色,无毛;叶柄细。花期 5 月,果期 6~7 月。

习性分布与用途 产内蒙古西部、甘肃、青海、宁夏、新疆。能抗寒、抗风、抗盐碱,常形成纯林,生于水源附近,为沙漠地区绿洲的主要树种,沿塔里木河及其支流附近有上千万亩胡杨林,是我国西北地区分布最广的落叶阔叶树种。在产地作为各类用材。

我国各地杨属常见的种类还有:河北杨 *P. hopeiensis*、香杨 *P. koreana*、滇杨 *P. yunnanensis*、大叶杨 *P. lasiocarpa*。均为速生用材树种。

图 11-139 钻天杨

图 11-140 胡 杨

11.18.2 柳属 *Salix* L.

乔木或灌木,芽鳞 1,无顶芽。叶互生,稀对生,花序直立,苞片全缘,腺体 1(腹生)或 2(背生或腹生);雄蕊 2 或更多;花柱 1,全缘或 2 裂。蒴果 2 瓣裂,种子细小,基部有白色长毛。

520 余种,我国有 250 余种和一些变种、亚种,分布全国。喜水湿,水边分布较多,是防沙固堤的优良植物。木质较轻软,扦插繁殖较容易。

分 种 检 索 表

1. 花丝分离。
   2. 叶片条状披针形;子房无毛,几无柄。
      3. 小枝下垂;雌花仅具 1 腺体 ··· 垂柳
      3. 小枝直伸或斜展;雌花具两腺体 ··· 旱柳
   2. 叶片长圆状披针形;子房密被茸毛,具长柄 ···································· 皂柳

1. 花丝合生成单体。
    4. 枝叶有毛，叶缘有钝锯齿 ··· 簸箕柳
    4. 枝叶无毛，叶全缘，或顶端有细尖锯齿 ··· 杞柳

(1) 垂柳 *Salix babylonica* **L.**（图 11-141）

识别特征 落叶乔木，高 18 m。小枝细长下垂。叶披针形或条状披针形，长 8~15 cm，先端长渐尖，叶缘有细锯齿，下面有白粉，幼叶有柔毛，后无毛。花序长 2~5 cm，雄花腺体 2，雌花腺体 1，雄蕊 2，花丝基部有柔毛。花期 2~3 月，果期 4 月。

习性分布与用途 全国均有分布或栽培，喜水湿，也较耐寒。垂柳枝条细长柔垂，姿态优美，早春新叶翠绿喜人，常栽作行道树、园林观赏树或护堤树。开花期早，也为早春蜜源植物。

(2) 旱柳 *Salix matsudana* **Koidz.**（图 11-142）

识别特征 落叶乔木，高 20 m，胸径 80 cm。小枝直立或斜展，幼时有茸毛，后无毛。叶披针形或条状披针形，长 5~10 cm，叶缘有细齿，下面苍白色，幼叶疏被毛，后渐脱落。花序长 2~3 cm，苞片卵圆形，淡黄绿色，外面中下部被毛；雌雄花各具 2 腺体，雄蕊 2。花期 2~3 月，果期 4 月。

习性分布与用途 华北、东北、西北、华东都有栽培，天然林木仅见于北方少数河流沿岸。抗寒，喜湿润。木材白色，纹理直，质轻软但不耐腐，供建筑、农具、造纸等，枝条可编筐，花有蜜腺，是早春蜜源树种。园林上有其栽培种如龙爪柳、馒头柳、绦柳等。供绿化观赏、行道树等用。

图 11-141 垂 柳

图 11-142 旱 柳

(3) 皂柳 *Salix wallichiana* **Anders.**（图 11-143）

识别特征 落叶灌木或小乔木。幼枝有柔毛。叶长圆形或长圆状披针形，长 5~10 cm，全缘或有疏锯齿，上面被短柔毛或无，下面有白粉，被茸毛；腺体 1，腹生；雄花

图 11-143 皂 柳

序长 2~4 cm，径约 1 cm，雄蕊 2；雌花序长 3~6 cm，果时长至 10 cm；子房具长柄，密被灰茸毛。花期 4~5 月，果期 5~6 月。

习性分布与用途 分布广泛，内蒙古、甘肃、青海、陕西、河北以南至湖南、江西，以及西南均有产。多生于海拔 4000 m 以下山谷溪旁、林缘或山坡。习性、用途同旱柳。

(4) 簸箕柳 *Salix suchowensis* Cheng（图 11-144）

识别特征 落叶灌木。小枝初被短柔毛，后无毛。叶条状披针形，长 7~11 cm，边缘具细锯齿，下面苍白色，幼叶有短柔毛，下面沿脉尤密；托叶披针形至条形，长 1~1.5 cm，边缘有疏腺齿；花序长 3~5 cm，腺体 1，雄蕊 2，合生成单体；子房密被灰茸毛，无柄。花期 3 月，果期 4~5 月。

习性分布与用途 产河南、山东、江苏、浙江。喜水湿。枝条供编柳条箱、箩筐等用。

(5) 杞柳 *Salix integra* Thunb. (图 11-145)

识别特征 落叶灌木。小枝、芽无毛。叶近对生或对生，萌枝叶有时 3 叶轮生，椭圆状长圆形，长 2~5 cm，先端短渐尖，基部圆或微凹，全缘或上部有尖齿，幼叶带红褐色，老叶上面暗绿色，下面苍白色，两面无毛；叶柄短或近无柄而抱茎。花先叶开放，花序对生，长 1~2.5 cm，基部有小叶；苞片倒卵形，被柔毛；腺体 1，雄蕊 2，花丝合生；子房长卵圆形，有柔毛，几无柄，花柱短，柱头 2~4 裂。蒴果长 2~3 mm，有毛。花期 5 月，果期 6 月。

习性分布与用途 产黑龙江、吉林、辽宁、内蒙古、河北、河南、山东及安徽南部。生于海拔 2100 m 以下山地河边、湿草地。枝条可供编箱筐等用具。

图 11-144 簸箕柳

图 11-145 杞 柳

> 复习思考题

一、单项选择题

1. 杨柳科具有( )。
   A. 单性花　　　B. 两性花　　　C. 杂性花
2. 杨柳科的花序为( )。
   A. 穗状花序　　B. 总状花序　　C. 柔荑花序
3. 杨柳科的花为( )。
   A. 单被花　　　B. 两被花　　　C. 无被花
4. 杨柳科的叶序为( )。
   A. 对生　　　　B. 互生　　　　C. 轮生
5. 杨柳科的果实属于( )。
   A. 坚果　　　　B. 浆果　　　　C. 蒴果
6. 杨柳科的种子具有( )。
   A. 翅膀　　　　B. 长毛　　　　C. 假种皮

二、多项选择题

1. 杨属的特征是( )。
   A. 有花盘　　B. 无花盘　　C. 苞片全缘　　D. 苞片分裂
2. 垂柳的特征是( )。
   A. 常绿　　　B. 落叶　　　C. 单叶　　　　D. 复叶
3. 主要分布于我国西北地区的杨属树种是( )。
   A. 响叶杨　　B. 大青杨　　C. 新疆杨　　　D. 胡杨
4. 叶柄先端有2腺体、花苞片边缘无长毛的种类是( )。
   A. 响叶杨　　B. 毛白杨　　C. 加拿大杨　　D. 银白杨

三、简答题

1. 杨柳科植物具有什么样的花被特征？
2. 杨柳科植物果实和种子有什么特点？
3. 杨属和柳属有哪些主要区别？
4. 杨柳科植物一般用什么方法繁殖？

11.19　杨梅科 Myricaceae

常绿、落叶乔木或灌木。单叶互生，无或有托叶，花单性同株或异株，无花被，柔荑花序；雄花具苞片，雄蕊2至多数(常为4~8)；雌花具苞片1枚和2至多枚鳞片状小苞片，雌蕊由2心皮合生而成，子房1室，胚珠1。核果，有乳头状突起。

2属50余种，我国有1属4种。

杨梅属 *Myrica* L.

幼嫩部被有树脂质的盾状着生的腺体。无托叶。单性异株。核果。我国4种1变种。

杨 *Myrica rubra* Sieb. et Zucc.（图11-146）

识别特征 常绿乔木，高10 m。叶倒披针形或长椭圆状倒卵形，长5~14 m，先端钝，基部楔形，全缘或疏生锐锯齿，花雌雄异株。核果球形，有乳头状突起，成熟时深红色、紫红色或白色。花期3~4月，果期6~7月。

习性分布与用途 产长江流域以南各省。散生于海拔1200 m以下山地林中或林缘，核果味酸甜可口，常作果树栽培，品种多。木材质硬，做农用器具。树皮是优质栲胶原料。播种或嫁接繁殖。

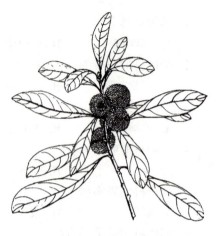

图11-146 杨 梅

11.20　桦木科 Betulaceae

落叶乔木或灌木。单叶，互生，羽状脉，多为重锯齿，托叶早落。花单性同株，柔荑花序，常圆柱形，雄花2~6朵生于苞腋，无萼；雌花子房2室，每室胚珠1，果序圆柱形或卵球形，每果苞具坚果2~3，坚果小，扁平，具翅。

2属140余种；我国有2属40余种。多数种类分布于温带地区，是温带、寒带及高山落叶阔叶林的重要组成树种。

11.20.1　桦木属 *Betula* L.

乔木或灌木，芽鳞3。叶缘多具重锯齿，雄花有雄蕊2，花丝顶端2裂，各具花药，顶端有毛；雌花每3朵生于苞腋，果苞小，薄革质，先端3裂，成熟时脱落，果序轴宿存，小坚果常具膜质翅。

约100种；我国有30余种，为温带、寒带及高山落叶阔叶林的重要组成树种。

分 种 检 索 表

1. 果翅较小坚果为宽。
    2. 叶片两面无毛 ·· 白桦
    2. 叶片两面被毛 ·· 亮叶桦
1. 果翅较小坚果为窄或等宽。
    3. 小坚果近无翅或翅极窄 ··· 坚桦
    3. 果翅宽为小坚果的一半或等宽。

4. 叶片具侧脉 6~8 对；果苞外具腺点 ·· 黑桦
4. 叶片具侧脉 8~16 对 ··· 红桦

(1) 白桦(粉桦)***Betula platyphylla* Sukats.**（图 11-147）

识别特征 落叶乔木，高 25 m，胸径 50 cm。树皮粉白色，纸片状分层剥落。叶三角状或菱状卵形，长 3~7 cm，先端渐尖，基部平截或宽楔形，侧脉 5~8 对。果序长 2.5~4.5 cm，果苞长 5~7 mm，中裂片三角形，极短，侧片横出，钝圆，果翅较果稍宽。花期 5~6 月，果期 8 月。

习性分布与用途 产东北、华北、西北及西南各地，耐瘠薄和寒冷，天然更新能力强，是东北大小兴安岭林区落叶阔叶林常见树种之一。木材黄白色，质地轻软，可作矿柱、胶合板、火柴梗等用；树皮可提取桦木油。白桦树汁还是良好的保健饮料。树皮可提取白桦油，供化妆品的香料用。

(2) 红桦(纸皮桦)***Betula albo-sinensis* Burkill**（图 11-148）

识别特征 落叶乔木，高 30 m。树皮橘红色。小枝无毛，具腺点。叶卵形或椭圆状卵形，长 5~10 cm，先端渐尖，基部圆形或宽楔形，叶缘有重锯齿。果序长 3~5.5 cm，果翅膜质，与果近等宽或较窄。花期 4~5 月，果期 7~8 月。

习性分布与用途 产河南、河北、山西、陕西、甘肃、青海、湖北、四川、云南等地，多生长在海拔 1000~3500 m 地带，组成纯林或针阔混交林。用途同白桦。

图 11-147 白 桦

图 11-148 红 桦

(3) 坚桦(杵桦)***Betula chinensis* Maxim.**（图 11-149）

识别特征 落叶灌木或小乔木，高 1~5 m。树皮黑灰色。小枝密生腺点及柔毛。叶卵形，长 1.5~5.5 cm，两面被长茸毛，侧脉 8~10 对。果序长 1~1.7 cm，果苞中裂片披针形，较长，边缘被茸毛，小坚果近于无翅或有狭翅。花期 6~7 月，果期 7~9 月。

习性分布与用途 产东北、华北、山东、河南、陕西、甘肃等地。多生长在海拔 700~2300 m 的山地林中。材质坚重致密，纹理略直，供制车轴、器具等用。

(4) 黑桦(棘皮桦、千层桦)***Betula dahurica* Pall.**(图 11-150)

识别特征 落叶乔木,高 20 m。树皮黑褐色,龟裂状。幼枝密被长毛。叶卵形、菱状卵形或长圆状卵形,长 6~8 cm,近无毛,下面密生腺点,侧脉 6~8 对;叶柄密生长柔毛。果序长 2~2.5 cm,果苞长 5~8 mm,果翅宽为果的 1/2。花期 5 月,果期 10 月。

习性分布与用途 产东北及内蒙古、河北、山西。在华北多生长在海拔 1000 m 以上、在东北海拔 200 m 以上山地林中。耐干瘠。木材供制车厢、车轴、胶合板及建筑等用。

图 11-149 坚桦

图 11-150 黑桦

(5) 亮叶桦(光皮桦)***Betula luminifera* H. Winkl.**(图 11-151)

识别特征 落叶乔木,高 25 m。树皮灰褐色或红褐色,不裂。小枝有毛。叶长圆形、卵形或长卵形,长 4.5~10 cm;两面被毛(幼时更密)。果序长 5~13 cm;果苞中裂片长三角形,果翅比小坚果宽。花期 3~4 月,果期 5 月。

习性分布与用途 产陕西、甘肃、华东、华中、华南、西南;生于海拔 500~2500 m 地带。耐旱瘠,常与其他树种组成混交林,天然更新良好。材质坚重,为建筑、家具等用材。

在我国东北、华北至西南,还分布有糙皮桦 *B. utilis*、硕桦 *B. costata*、岳桦 *B. ermanii* 和西南桦 *B. alnoides* 等一些桦木属种类,是当地较高海拔森林环境中落叶阔叶林的组成树种。

图 11-151 亮叶桦

11.20.2 桤木属 *Alnus* Gaerth.

乔木或灌木;冬芽含树脂。叶多具单锯齿,稀重锯齿,雄蕊 4,雌花每两朵生于苞腋。

果序小球果状，果苞厚木质，先端5波状浅裂，宿存。

约40种，我国有10种。多数种类耐水湿。根部有根瘤菌，能改良土壤。播种繁殖或天然更新。

(1) 桤木(水冬瓜)*Alnus crenastogyne* **Burkill**(图11-152)

识别特征 落叶乔木，高25 m。树皮斑块状开裂。小枝有棱。叶倒卵形或椭圆形，长4~14 cm，幼时下面被毛，后仅脉腋有毛。果序长1~3.5 cm，下垂；果序梗细，长4~8 cm。坚果卵形，扁平，果序宽约为果的1/2。花期4月，果期10~11月。

习性分布与用途 产陕西、甘肃、四川、贵州及云南，海拔1600 m以下地区，具根瘤菌，有改良土壤作用，适于河滩及堤岸造林。木材质较脆，供作坑木、矿柱、家具、火柴梗等用。

(2) 赤杨(日本桤木)*Alnus japonica*(Thunb.)**Steud.**(图11-153)

识别特征 落叶乔木，高25 m。小枝无毛。叶狭椭圆形、卵形或矩圆形，长3~12 cm，侧脉8~10对。果序长1~1.5 cm，果序梗长1.5~2 cm。花期2~3月，果期9~10月。

习性分布与用途 产东北南部、河北、山东、安徽、江苏等地。喜水湿，萌芽性强，多生于沟谷及河岸。木材淡红褐色，供建筑、器具等用。

本属在我国南北各地还分布有江南桤木 *A. trabeculosa*、辽东桤木 *A. sibirica* 和尼泊尔桤木 *A. nepalensis* 等一些局部常见种，习性用途均与桤木相近。

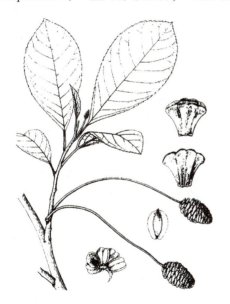

图11-152 桤 木

图11-153 赤 杨

复习思考题

1. 桦木属与桤木属在果序上有什么区别？
2. 白桦多分布于我国哪些地区？

11.21 壳斗科 Fagaceae

乔木，稀灌木。单叶，互生；托叶早落。花单性同株；无花瓣，花被 4~6 裂，雄花多为柔荑花序，稀头状花序，雄蕊 4~12；雌花单生或 2~3(5) 生于总苞内，总苞单生或呈穗状；子房下位，3~7 室，每室胚珠 2，花柱 3~7，仅 1 胚珠发育成种子。坚果 1，稀 3~5 生于总苞内，成熟总苞木质化，形成壳斗；种子无胚乳。

共 8 属 900 余种；我国有 7 属 320 余种。壳斗科植物因成熟果实外有木质化壳斗包被而得名，有的书也曾称其为山毛榉科。壳斗科植物分布广泛，树形多数较高大，木质坚韧，是我国南方亚热带常绿阔叶林、北方落叶阔叶林的重要组成树种。也是重要的用材树种、食用菌培养原料树种；坚果富含淀粉，多可食用或作工业淀粉用。

分属检索表

1. 雄花序头状，下垂；壳斗单生梗端，坚果三棱形 ················· 水青冈属
1. 雄花序为穗状或柔荑花序；壳斗无梗或有短梗。
  2. 雄花序穗状直立，雄花有退化雌蕊。
    3. 落叶性；无顶芽；子房 6 室 ················· 栗属
    3. 常绿性；有顶芽；子房 3 室。
      4. 叶通常二列状排列；壳斗常有刺 ················· 栲属
      4. 叶通常螺旋状排列；壳斗常无刺 ················· 石栎属
  2. 雄花序柔荑下垂，雌花无退化雌蕊。
    5. 常绿；壳斗苞片结合成同心圆环 ················· 青冈栎属
    5. 落叶，少数常绿；壳斗苞片不形成同心圆环 ················· 栎属

11.21.1 水青冈属 *Fagus* L.

落叶乔木。顶芽长尖，芽鳞多数。叶 2 列状互生，叶缘有锯齿。雄花序头状具长梗；雌花常成对生于具梗的总苞内，子房 3 室，壳斗 4 裂，苞片疣状或钻形，每壳斗内具坚果 2，坚果常三棱形。

约 12 种，我国有 5 种。多分布于山地森林环境。

(1) 水青冈(长柄山毛榉)*Fagus longipetiolata* Seem. (图 11-154)

识别特征 落叶乔木，高 25 m。叶卵形至卵状披针形，长 6~15 cm，先端渐尖，基部宽楔形，叶缘具疏锯齿，侧脉先端伸达齿尖，幼叶下面有贴生柔毛。壳斗苞片钻形，细长，弯曲，总梗长 1.5~7 cm。花期 4~5 月，果期 9~10 月。

习性分布与用途 产我国长江以南至西南，生于 1000~2500 m 的阴湿山坡上。喜凉爽湿润气候，常组成小片纯林。材质较坚重，为家具、建筑用材。种子可榨油。

(2) 亮叶水青冈(亮叶山毛榉)*Fagus lucida* Rehd. et Wils. (图 11-155)

识别特征 落叶乔木，高 25 m。叶卵形至长卵形，长 4.5~10 cm，叶缘疏生波状浅锯

齿，幼叶下面叶脉有平伏柔毛，老叶无毛；叶柄长 0.6~2 cm。壳斗苞片瘤状，总梗长 0.2~1(1.8)cm，坚果有柔毛。花期 5 月，果期 8~10 月。

习性分布与用途　产我国华东、华南至西南海拔 1000~2300 m 山地，常形成纯林。习性、用途同水青冈。

本属在我国中南至西南部还生长有一种米心水青冈 *F. engleriana*，其与水青冈、亮叶水青冈的区别：叶近全缘，壳斗苞片条形。分布于河南、浙江、安徽、湖北、四川、云南和陕西等地海拔 900~2500 m 山地。习性用途同水青冈。

图 11-154　水青冈

图 11-155　亮叶水青冈

11.21.2　栗属 *Castanea* Mill.

落叶乔木。枝髓星芒状；顶芽缺，芽鳞 2(3) 片。叶 2 列状互生，叶缘锯齿芒状。雄柔荑花序直立；雌花常 2~3 朵聚生于总苞内，生于雄花序基部或单独成花序；子房 6 室。壳斗近球形，密生分枝长刺，内有坚果 1~3，当年成熟，壳斗 2~4 裂。

10 余种，我国有 3 种，另引入 1 种。

(1) 板栗 *Castanea mollissima* Bl.（图 11-156）

识别特征　落叶乔木，高 20 m。树皮深纵裂。小枝被淡黄褐色茸毛。叶长圆形或长圆状披针形，长 9~18 cm，先端渐尖或短尖，基部圆形或宽楔形，下面被灰白色星状茸毛，老叶毛较少。壳斗径 7~10 cm，内有坚果 2~3，坚果半球形或扁球形。花期 5~6 月，果期 9~10 月。

习性分布与用途　我国多数省份有分布或栽培，以华北、长江流域各省栽培最多。我国重要干果树种，栽培历史悠久，品种多达 300 个以上。材质较坚重，供车船、矿柱等用。播种或嫁接繁殖。

(2) 锥栗 *Castanea henry*(Skan)Rend. et Wils.（图 11-157）

识别特征　落叶乔木，高 30 m。小枝无毛。叶披针形或卵状披针形，长 8~16 cm，先端渐尖，基部宽楔形，下面微具星状茸毛或无毛。雌花单独组成花序。壳斗径 2~2.5 cm，坚果卵圆形，单生于壳斗内。花期 5 月，果期 9～10 月。

习性分布与用途　产华东（除山东）、华中、华南、西南及陕西等地。多生于海拔 500～1500 m 山地阳坡，常混生于常绿阔叶林内。福建北部常见栽培。坚果富含淀粉，香甜可食。

图 11-156　板　栗

图 11-157　锥　栗

11.21.3　栲属（锥属）*Castanopsis* Spach

常绿乔木。芽鳞 2 列状。叶多为 2 列状互生，稀螺旋状。柔荑花序穗状直立，花或花序基部有明显宽大的大苞片，其与小苞片的形状、大小有明显区别；雌花子房 3 室。壳斗常全包坚果，稀先端露出，苞片刺形，稀鳞形或瘤状突起，成熟时开裂，稀不裂，内具 1～3 坚果；坚果翌年成熟。

约 120 种，我国有 63 种。多为亚热带常绿阔叶林的建群种和重要用材树种；多数种类坚果可食。

分 种 检 索 表

1. 壳斗苞片鳞片状或瘤状，不为针刺状。
   2. 叶纸质，全缘或顶端有少数锯齿，叶片狭小，宽 3 cm 以下 ………………………………… 米槠
   2. 叶革质，叶缘有锯齿，叶较宽大，宽 3 cm 以上。
      3. 嫩枝、叶背有鳞秕，叶缘有疏钝锯齿 ……………………………………………… 黧蒴栲
      3. 嫩枝、叶背无鳞秕，叶缘中部以上有锐锯齿 ……………………………………… 苦槠
1. 壳斗苞片呈针刺状。
   4. 枝叶无毛及鳞秕。
      5. 壳斗连刺直径 5 cm 以上，叶片长 8 cm 以上。
         6. 壳斗具细密针刺，每壳斗仅具 1 坚果；小枝常红褐色 ……………………… 吊皮栲
         6. 壳斗具鹿角状粗刺，每壳斗 2 个以上坚果 …………………………………… 鹿角栲
      5. 壳斗连刺直径 3 cm 以下；叶片长 6 cm 以下 ………………………………………… 甜槠
   4. 枝叶有毛或鳞秕。

7. 叶片长 13～30 cm, 叶缘中部以上有锯齿 ··· 钩栲
7. 叶片长 13 cm 以下, 叶缘常为全缘。
 8. 小枝, 叶背密被黄褐色茸毛, 叶几无柄 ··· 南岭栲
 8. 小枝, 叶背有疏柔毛或鳞秕, 叶柄明显。
  9. 叶缘有波状钝锯齿 ··· 高山栲
  9. 叶缘常为全缘。
   10. 小枝叶背密被黄棕色鳞秕, 无柔毛 ··· 栲树
   10. 小枝叶背有柔毛及灰黄色鳞秕 ··· 红锥

(1) 米楮(小红栲、小叶楮)*Castanopsis carlesii*(Hemsl.)**Hayata**(图 11-158)

识别特征 常绿乔木, 高 25 m。小枝纤细。叶卵形或卵状长椭圆形, 长 6～8 cm, 先端尾尖或渐尖, 基部楔形, 全缘或上部有细锯齿, 下面淡褐色或被灰白色蜡层, 无毛。壳斗苞片鳞片状, 径约 1 cm, 坚果卵球形, 径约 0.8 cm, 无毛。花期 3～4 月, 果期翌年 10 月。

习性分布与用途 产华东至华南地区山地, 为常绿阔叶林的主要组成树种, 在海拔 800 m 以下有时可形成小片纯林。木材结构略粗软; 可做家具、建筑等。种子味甜, 可食。

(2) 黧蒴栲 *Castanopsis fissa*(Champ. ex Benth.)**Rehd. et Wils.** (图 11-159)

识别特征 常绿乔木, 高 20 m。叶椭圆状长圆形至倒披针形, 长 17～25(40)cm, 先端钝尖, 基部楔形, 叶缘具疏钝齿或波状, 下面有红褐色鳞秕, 老叶下面灰棕色, 无毛。壳斗卵形至椭圆形, 径 1.5～2.2 cm, 苞片呈鳞状, 排成 4～6 环。坚果卵形, 径 1～1.5 cm, 无毛。花期 4～6 月, 果期 11～12 月。

图 11-158 米 楮

图 11-159 黧蒴栲

习性分布与用途 产福建、江西、湖南、广东、广西、贵州、云南等地。多生于海拔 200～1000 m 的山地阔叶林中, 生长迅速, 萌芽更新能力强, 为优良薪炭材树种。

(3) 苦楮(苦锥)*Castanopsis sclerophylla*(Lindl.)**Schott**(图 11-160)

识别特征 常绿乔木, 高 20 m。树皮浅纵裂。小枝无毛。叶长椭圆形或卵状椭圆形,

图 11-160 苦槠

长 7~15 cm，叶缘中部以上有锯齿，下面淡银灰色，无毛。壳斗近球形，全包或大部包被坚果，径 1.2~1.5 cm，成熟时常不规则 3 裂，瘤状苞片排成 5~7 环；坚果单生，径 1~1.2 cm，无毛。花期 4~5 月，果期 9~10 月。

习性分布与用途 产长江流域以南。多生于海拔 1000 m 以下常绿阔叶林中。适应性强，生长速度中等。木材淡黄褐色，坚韧、耐腐，可供建筑、家具、体育器材等用。

(4) 吊皮栲（格氏栲、青钩栲）*Castanopsis kawakamii* **Hayata**（图 11-161）

识别特征 常绿乔木，高 40 m。小枝无毛。叶卵形至卵状披针形，长 7~12 cm，先端渐尖，基部近圆形，全缘或上部有 1~3 对浅钝齿，无毛，两面同色，干后栗褐色。壳斗有密刺，全包坚果，连刺径 6~8 cm；坚果径 1.2~1.5 cm，可食。花期 4 月，果期 11 月。

习性分布与用途 产江西、福建、广东、广西及台湾等地。多生于海拔 200~1000 m 的常绿阔叶林中。局部可成小面积纯林。木材心材红褐色，坚重、耐腐，为造船、桥梁及家具良材。

(5) 鹿角栲（红钩栲、拉氏栲）*Castanopsis lamontii* **Hance**（图 11-162）

识别特征 常绿乔木，高 20 m。小枝无毛。叶椭圆形或长圆形，长 12~30 cm，宽 4~6 cm，全缘或上部疏生浅齿，无毛，两面近同色。壳斗全包有粗刺，刺基连成环带，呈鹿角状分枝，连刺径 4~5 cm，刺及壳斗密被棕色长茸毛。坚果每壳斗内 2，密被长茸毛。花期 4~5 月，果期翌年 9~11 月。

习性分布与用途 产福建、江西、湖南、贵州、广东、广西、云南等地。生于海拔 200~2500 m 山地的常绿阔叶林中。木材质地坚实，可作建筑、家具等用材。

图 11-161 吊皮栲

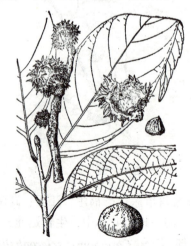

图 11-162 鹿角栲

(6) 甜槠(甜槠栲)*Castanopsis eyrei*(Champ.)**Tutch.**(图 11-163)

识别特征 常绿乔木，高 20 m。树皮纵裂。叶卵形，卵状长椭圆形或披针形，长 5.5~8 cm；全缘或上部有疏钝齿，先端尾尖，基部明显偏斜，无毛。壳斗刺，具连刺直径 2~3 cm，刺粗短，坚果单生，径 0.8~1 cm，无毛。花期 4~5 月，果期翌年 10~11 月。

习性分布与用途 产长江流域以南至西南。适应性广，较耐干旱瘠薄，多生于海拔 200~1300 m 山地林中，为南方常绿阔叶林的重要组成树种，在海拔 800~1500 m 处经常形成小片纯林。木材坚实，供建筑、矿柱、家具用材；坚果味甜可食。

(7) 钩栲(钩锥、钩栗)*Castanopsis tibetana* **Hance**(图 11-164)

识别特征 常绿乔木，高 30 m，胸径 1.5 m。小枝无毛。叶椭圆形或长椭圆形，长 15~30 cm，先端渐尖或短尖，叶缘中部以上有锯齿，幼叶下面被红褐色鳞秕，老时为银灰色或黄棕色。壳斗连刺径 6~8 cm，刺密生；坚果单生，径 1.2~1.5 cm，密被褐色茸毛。花期 4~5 月，果期翌年 11 月。

习性分布与用途 产浙江、安徽、江西、福建、湖北、湖南、广东、贵州、云南等地。喜阴湿，多生于海拔 200~1500 m 沟谷林中，有时形成小片纯林。木材供建筑、造船、矿柱等用。坚果可食。

图 11-163 甜 槠

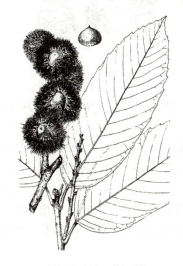

图 11-164 钩 栲

(8) 南岭栲(毛栲、毛槠)*Castanopsis fordii* **Hance**(图 11-165)

识别特征 常绿乔木，高 25 m。小枝密被黄褐色茸毛。叶椭圆形或长圆形，长 9~18 cm，先端钝或短尖，基部心形或圆形，全缘，近无柄。壳斗密被细刺，连刺径 4.5~6 cm，坚果单生，径 1.2~1.5 cm，密被茸毛。花期 4~5 月，果期翌年 11 月。

习性分布与用途 产浙江、福建、江西、湖南、广东、广西等地。多生于海拔 1200 m 以下山地，组成小片纯林或与其他常绿阔叶树种混生。木材红褐色，坚韧硬重，供建筑、家具和装修地板等用。

(9) 高山栲(丝栗、毛栗)*Castanopsis delavayi* **Franch.**(图 11-166)

识别特征 常绿乔木，高 20 m。小枝无毛。叶倒卵形或卵状椭圆形，长 5~13 cm，先端急尖，叶缘有波状钝锯齿，下面被褐色鳞秕，老时为银灰色蜡层。壳斗有刺，连刺径 1.5~3 cm；坚果单生，无毛。花期 5~6 月，果期翌年 10 月。

习性分布与用途 产四川、贵州、云南、广西等地。多生于海拔 1000 m 以上阔叶林中。木材坚韧，供建筑、造船、矿柱等用；坚果可食。

图 11-165 南岭栲

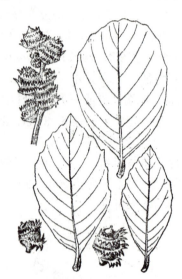

图 11-166 高山栲

(10) 栲树(丝栗栲)*Castanopsis fargesii* **Franch.**(图 11-167)

识别特征 常绿乔木，高 30 m。树皮浅裂。幼枝被红褐色鳞秕，无毛。叶长椭圆形至长椭圆状披针形，长 9~12 cm，全缘或顶端具 1~3 钝齿，先端尾尖，基部圆形，下面密被黄棕色鳞秕。壳斗有刺，连刺径 1.5~3.5 cm，苞刺疏生，不全部覆盖壳斗。坚果单生，径 1~1.2 cm，无毛。花期 4~5 月，果期翌年 11~12 月。

习性分布与用途 产长江以南至西南各地区。分布略广，多生于海拔 500~1800 m 的山地阔叶林中。木材坚实，供建筑、造船、车辆、家具用。枝干可做培养香菇等食用菌的原料。

(11) 红锥(刺栲、红栲)*Castanopsis hystrix* **A. DC.**(图 11-168)

识别特征 常绿乔木，高 30 m。幼枝有锈色毛。叶卵形或长椭圆状披针形，长 5~12 cm，先端渐尖，基部楔形，全缘或先端有数对浅钝齿，下面密生红棕色鳞秕及短柔毛，老时浅黄色。壳斗有刺，连刺径 3~4 cm，刺密被壳斗壁，成熟时 4 瓣裂；坚果单生，径 1~1.2 cm，无毛。花期 4~5 月，果期翌年 11~12 月。

习性分布与用途 产福建、广东、广西、云南、西藏及台湾等地，生于海拔 600~1300 m 的山地常绿阔叶林中。坚果可食；木材较粗，但耐腐，为家具、造船、建筑及农具用材。

图 11-167 栲 树

图 11-168 红 锥

11.21.4 石栎属(柯属)*Lithocarpus* Bl.

常绿乔木。芽鳞螺旋状排列。叶螺旋状互生。雄柔荑花序粗壮、直立；花及花序大小苞片的形状、大小相似；雌花子房3室。壳斗部分包围坚果，稀近全包；坚果单生于壳斗内，翌年成熟。

300余种，我国有120余种。主产长江流域以南各省份，为组成常绿阔叶林的主要树种。

分 种 检 索 表

1. 壳斗全部或大部包住坚果，果脐不呈凹陷状 ······ 烟斗石栎
1. 壳斗仅包围坚果基部，果脐凹陷。
　2. 小枝密被柔毛；坚果长圆形 ······ 石栎
　2. 小枝无毛。
　　3. 叶柄下延；壳斗浅碟状，包坚果基部，坚果圆锥形 ······ 硬斗石栎
　　3. 叶柄不下延；壳斗浅碗状，包坚果1/4以上，坚果扁圆形 ······ 东南石栎

(1) 烟斗石栎(烟斗柯)*Lithocarpus corneus*(Lour.) **Rehd.** (图11-169)

识别特征 常绿乔木，高15 m。幼枝被短茸毛。叶长椭圆形或椭圆状倒卵形，长6~20 cm，全缘，先端尾状，上面叶脉下陷，下面隆起，无毛或仅下面沿脉略被柔毛。壳斗径2.5~3.6 cm，苞片三角形或近菱形，壳斗与坚果紧密结合；坚果陀螺形或半球形，果脐凸起。花期5~6月，果期9~11月。

习性分布与用途 产福建、江西、湖南、广东、广西、贵州、云南及台湾等地海拔500~1500 m的山地常绿阔叶林中，是该生长环境的森林组成树种。木材供家具、

农具等用。

(2) 石栎(柯) *Lithocarpus glaber* (Thunb.) Nakai (图 11-170)

识别特征 常绿乔木,高 20 m。小枝密被灰黄色茸毛。叶长椭圆形,长 6~14 cm,先端尾尖,下面具灰白色蜡层。壳斗浅盘状;包果基 1/5,4/5 露出,椭圆状卵形或倒卵形,长 1.6~2 cm,果皮坚硬,略被白粉,果脐凹下。花期 9~10 月,果期翌年 9~10 月。

习性分布与用途 产长江流域以南,生于海拔 1000 m 以下山地林中。木材红褐色,质地坚重,耐腐,可作家具、车船、建筑、农具用材。

图 11-169 烟斗石栎

图 11-170 石栎

(3) 硬斗石栎 *Lithocarpus hancei* (Benth.) Rehd. (图 11-171)

识别特征 常绿乔木,高 20 m。树皮不规则浅纵裂。叶革质,长卵形或长椭圆形,长 7~14 cm,宽 2.5~4.5 cm,先端渐尖,基部楔形,叶柄下延,两面绿色,无毛,中脉两面凸起,侧脉 12~18 对,网脉明显;叶柄长 1~2 cm。壳斗浅碟状,高 3~5 mm,包坚果基部;坚果圆锥形、扁球形、椭圆形,径约 1.5 mm,无毛,果脐凹下。花期 4~6 月;果期 10~11 月。

习性分布与用途 产长江以南至西南。生于海拔 500~2600 m 山地常绿阔叶林中,在近山顶处也可形成小片纯林。木材坚实,供建筑、用具、农具等用。

(4) 东南石栎(绵柯) *Lithocarpus henryi* (Seem.) Rehd. et Wils. (图 11-172)

识别特征 常绿乔木,高 20 m。小枝无毛。叶厚革质,长椭圆状披针形或倒披针形,长 6.5~24 cm,全缘,无毛。果序轴较粗,果密集,壳斗盘状,包围坚果约 1/5,苞片密被毛;果扁球形,被白粉。花期 9~10 月,果期翌年 10~11 月。

习性分布与用途 产长江流域以南至西南。多生于海拔 800~1500 m 山地常绿阔叶林中。木材坚实硬重,供建筑、农具等用。

图 11-171　硬斗石栎

图 11-172　东南石栎

11.21.5　青冈栎属 *Cyclobalanopsis* Oerst.

常绿乔木。芽鳞整齐 4 列。叶螺旋状互生。雄柔荑花序下垂；雌花序为直立短穗状，雌花单生于总苞内，子房 3 室。壳斗之苞片紧密结合成同心圆环；不全包坚果，果单生。

150 余种，我国有约 77 种；为常绿阔叶林主要树种，木质多坚韧，多为优良用材树种。

分 种 检 索 表

1. 小枝无毛。
　2. 叶缘中部以上有粗锯齿，叶背有伏毛 ··· 青冈栎
　2. 叶缘基部以上有细锯齿，叶背无毛 ··· 细叶青冈
1. 小枝被柔毛或星状茸毛，至少幼枝被毛。
　3. 小枝密生茸毛或星状茸毛。
　　4. 小枝、叶柄及叶下面密被星状茸毛；壳斗盘状。
　　　5. 叶全缘或仅上部有疏浅锯齿 ··· 福建青冈
　　　5. 叶缘中部以上有明显尖锐锯齿 ··· 赤皮青冈
　　4. 幼嫩枝叶有弯曲星状毛，老叶无毛；壳斗杯状 ··· 毛果青冈
　3. 仅幼枝有毛，后即脱落 ··· 云山青冈

（1）青冈栎（青冈）***Cyclobalanopsis glauca***（Thunb.）**Oerst.**（图 11-173）

识别特征　常绿乔木，高 20 m。小枝无毛。叶长圆形，椭圆状倒卵形，长 8~14 cm，中部以上有锐锯齿，下面有平伏毛，被白粉。壳斗杯形，1/3~1/2 包围坚果；果卵形或椭圆形，径约 1.5 cm。花期 3~4 月，果期翌年 10 月。

习性分布与用途　产河南、陕西、甘肃、青海至长江流域以南。为本属中分布最广的

种类。木材坚重，富弹性，供建筑、桥梁、造船、家具、体育器材等用。

（2）细叶青冈（青栲）*Cyclobalanopsis myrsinaefolia*(Bl.)**Oerst.**（图 11-174）

识别特征 常绿乔木，高 25 cm。小枝无毛。叶卵状披针形或椭圆状披针形，长 5~12 cm，先端长渐尖或短尾状，下面灰绿色，无毛，叶缘基部以上有细锯齿。壳斗杯状，苞片环 5~6；包围坚果约 1/2；果卵形或椭圆形，径约 1.5 cm。花期 4 月，果期翌年 10 月。

习性分布与用途 产陕西、河南以南地区，西至四川、云南；混生于海拔 2500 m 以下山地常绿阔叶林中。用途同青冈栎。

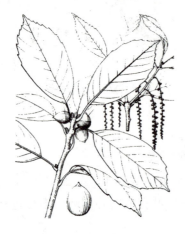

图 11-173　青冈栎　　　　　图 11-174　细叶青冈

（3）福建青冈（黄楮）*Cyclobalanopsis chungii*(Metcalf)**Chun**（图 11-175）

识别特征 常绿乔木，高 15 m。小枝被灰褐色茸毛。叶椭圆形，倒卵状椭圆形，长 6~10 cm，先端短尾尖，全缘或顶端有锯齿，下面被星状短茸毛。壳斗盘钵状，苞片环 6~7；坚果短圆柱状，径约 2 cm。花期 4 月，果期翌年 10 月。

习性分布与用途 产福建、江西、湖南、广东、广西等地。多生于海拔 1000 m 以下石山常绿阔叶林中。木材红褐色，材质坚重，为著名硬木，特种用材，是建筑、家具、器具的优良用材。

（4）赤皮青冈（石楮、黄楮）*Cyclobalanopsis gilva*(Bl.)**Oerst.**（图 11-176）

识别特征 常绿乔木，高 30 m。小枝、叶下面、叶柄密被黄褐色星状茸毛。叶倒卵状披针形或倒卵状长椭圆形，长 6~9.5(12) cm，叶缘中部以上有尖锯齿。壳斗杯状，苞片环 6~7；坚果长卵形，径约 1.5 cm。花期 5 月，果期 10 月。

习性分布与用途 产浙江、福建、湖南、广东、贵州及台湾等地。多生于海拔 500~1200 m 山地的常绿阔叶林中。木材淡红褐色，材质坚重，是建筑、家具、器具的优良用材。

（5）毛果青冈（薄叶青冈）*Cyclobalanopsis pachyloma*(Seem.)**Schott**（图 11-177）

识别特征 常绿乔木，高 17 m。小枝、叶柄有弯曲星状茸毛。叶倒卵状长椭圆形，长 7~14 cm，中部以上疏生锯齿。壳斗钟形，包围坚果 1/2~2/3，外面密被黄褐色茸毛，

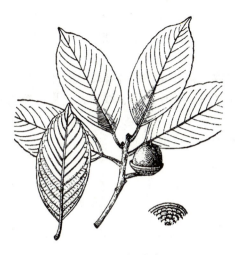

图 11-175 福建青冈　　　　　　　图 11-176 赤皮青冈

苞片环7~8，坚果长椭圆形至倒卵形，被黄褐色毛，长约 2.5 cm。花期 5 月，果期 10 月。

习性分布与用途　产江西、福建、广东、广西、贵州及台湾等地。多生于海拔 800 m 以下山地阔叶林中。木材红褐色，材质坚重，韧性强，是建筑、家具、农具的优良用材。

(6) 云山青冈(短柄青冈) *Cyclobalanopsis nubium* (Hand. -Mazz) **Chun**(图 11-178)

识别特征　常绿乔木，高 25 m。幼枝被毛，后渐脱落。叶长椭圆形至倒卵状披针形，长 5~12 (15) cm，叶缘上部有 1~4 细尖锯齿或近全缘，无毛，两面近于同色；叶柄长 0.3~1 cm。壳斗杯形，苞片环 5~7；果长椭圆状倒卵形，长约 1.5 cm。花期 4~5 月，果期10~11月。

习性分布与用途　产华东(除山东外)、湖北、湖南、广东、广西、四川、贵州等地。多生于海拔 500~1700 m 山地常绿阔叶林中。木材坚硬，供建筑、桥梁、器具用材。

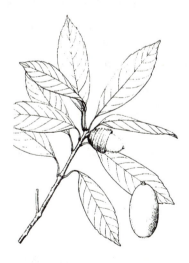
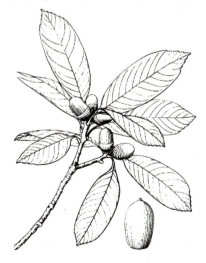

图 11-177 毛果青冈　　　　　　　图 11-178 云山青冈

11.21.6　栎属 Quercus L.

常绿或落叶乔木、稀灌木。有顶芽，芽鳞多数、整齐4列。叶螺旋状互生。雄柔黄花序下垂，子房3室。壳斗碗状或杯状，部分包住坚果，苞片鳞形、线形、钻形、覆瓦状排列；坚果单生，当年或翌年成熟。

300余种，我国约50种。多为温带落叶阔叶林重要组成树种。

分 种 检 索 表

1. 叶缘具芒尖状锯齿；壳斗苞片线形。
　　2. 叶下面绿色，无毛或微有毛。
　　　　3. 果径大于1.5 cm，壳斗苞片反曲 ··· 麻栎
　　　　3. 果径小于1.5 cm，壳斗苞片直伸 ··· 小叶栎
　　2. 叶下面密被灰白色星状茸毛 ··· 栓皮栎
1. 叶缘具粗锯齿或羽状缺裂。
　　4. 叶柄长不及1 cm。
　　　　5. 小枝无毛。
　　　　　　6. 侧脉8~15对；壳斗苞片瘤状突起 ··· 蒙古栎
　　　　　　6. 侧脉5~10对；壳斗苞片鳞形 ··· 辽东栎
　　　　5. 小枝密被毛。
　　　　　　7. 叶缘波状缺刻较浅；小枝较细；壳斗苞片鳞形 ······································· 白栎
　　　　　　7. 叶缘波状缺刻较深；小枝较粗；壳斗苞片长披针形，反曲 ······················· 槲树
　　4. 叶柄长1~3 cm。
　　　　8. 叶缘具波状钝齿 ··· 槲栎
　　　　8. 叶缘具粗锯齿 ··· 枹树

(1)麻栎(橡树、柴栎)***Quercus acutissima* Carr.**(图11-179)

识别特征　落叶乔木，高25 m。小枝初被毛，后光滑。叶形变化极大，通常为长椭圆状披针形，长8~18 cm，先端渐尖，基部圆形或宽楔形，叶缘锯齿芒状，幼叶有短茸毛，老叶下面无毛或仅脉腋有毛，侧脉12~18对，直达齿端。壳斗杯状，1/2包围坚果，苞片粗条形，被毛。坚果卵状短圆柱形。花期5月，果期翌年9~10月。

习性分布与用途　产辽宁、河北以南至广东、广西。喜光，耐干旱。为重要的硬材树种，木材供建筑、地板、车厢、体育器材等用；枯朽木可培养香菇、木耳、银耳等。

(2)栓皮栎(软木栎)***Quercus variabilis* Bl.**(图11-180)

识别特征　落叶乔木，高25 m。树皮栓皮层发达。小枝无毛。叶形与麻栎极相似，但下面密被灰白色星状茸毛，果顶端平圆为其区别点。花期3~4月，果期翌年10月。

习性分布与用途　产地与麻栎相似。栓皮可制软木，浮力大，比重轻，隔音、防震。也是水源涵养林、防火林等的重要树种。木材用途同麻栎。

(3)小叶栎 *Quercus chenii* Nakai(图11-181)

识别特征　落叶乔木，高25 m。叶披针形或卵状披针形，长7~12 cm，宽2~3 m，先端渐尖，具芒状锯齿，老叶两面无毛，侧脉12~16对，直达齿端；叶柄长1.5 cm。壳斗杯

状，包坚果约 1/3，高约 8 mm，壳斗上部苞片线形，直伸或微反曲，长约 5 mm，中下部的苞片为长三角形，长约 3 mm，被细毛；坚果椭圆形，径 1.3~1.5 cm，顶端有微毛。花期 4 月；果期翌年 10 月。

图 11-179　麻　栎

图 11-180　栓皮栎

习性分布与用途　产湖北、湖南东部至华东；生于海拔 500 m 以下低山疏林、荒地，多与马尾松、枫香等混生为次生林。习性、用途与麻栎相似。

(4) 蒙古栎(柞树、蒙栎)*Quercus mongolica* Fisch.（图 11-182）

识别特征　落叶乔木，高 30 m。小枝无毛。叶倒卵形，长 5~20 cm，叶缘具圆波状钝齿，侧脉 9~15 对，下面无毛或中脉疏生长毛。壳斗浅碗状，苞片具瘤状突起，坚果卵形或椭圆形。花期 5~6 月，果期翌年 9~10 月。

习性分布与用途　产东北及内蒙古、山西、河北、山东等地。耐寒，耐旱瘠，萌芽力强。木材供建筑、农具等用；树干可培养香菇、木耳；叶可饲养柞蚕，坚果淀粉可酿酒。

图 11-181　小叶栎

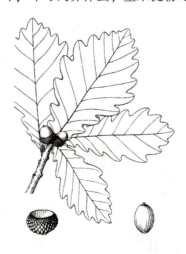

图 11-182　蒙古栎

(5)辽东栎(辽东柞)*Quercus liaotungensis* **Koidz.**(图 11-183)

识别特征 落叶乔木,高 15 m。小枝无毛。叶倒卵形,长 5~14 cm,叶缘具深波状圆钝齿,下面无毛或沿叶脉有毛,侧脉 5~10 对;叶柄长 2~4 mm。壳斗浅碗状,苞片鳞状,排列紧密;坚果椭圆形。花期 4 月;果期翌年 9~10 月。

习性分布与用途 产辽东半岛、华北及山东、陕西、甘肃等省份,为蒙古栎偏南的地理替代种。喜光、耐旱瘠。木质坚重,耐腐朽,用途同蒙古栎。

(6)白栎 *Quercus fabri* **Hance**(图 11-184)

识别特征 落叶乔木,高 20 m。小枝密被毛。叶椭圆状倒卵或倒卵形,叶缘有 6~10 波状钝圆形缺刻,下面被星状茸毛;叶柄长 3~5 mm。壳斗杯状,苞片鳞形,排列紧贴,有毛;坚果长卵形。花期 4 月;果期翌年 10 月。

习性分布与用途 产淮河流域以南,西至四川。萌芽性强,耐旱,为南方省份局部次生阔叶林的主要组成树种。木材坚硬,供建筑、能源等用材。

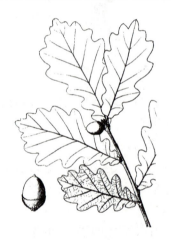

图 11-183 辽东栎

图 11-184 白 栎

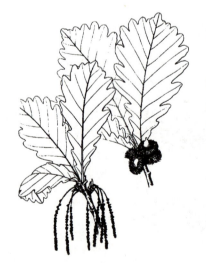

图 11-185 槲 树

(7)槲树(柞栎、大叶栎)*Quercus dentata* **Thunb.**(图 11-185)

识别特征 落叶乔木,高 25 m。小枝粗壮,具棱,被黄色星状茸毛。叶倒卵形,长 10~20(30) cm,先端钝圆,基部耳形或楔形,侧脉 4~10 对,叶缘具波状圆裂齿;叶近无柄。壳斗杯状,苞片长披针形,棕红色,反曲。花期 4~5 月,果期 9 月。

习性分布与用途 产东北南部、华北、华中、西南及台湾。喜光,耐旱瘠。木材供建筑、农具等用;坚果淀粉可酿酒;叶可饲养柞蚕。

(8)槲栎(细皮栎)*Quercus aliena* **Bl.**(图 11-186)

识别特征 落叶乔木,高 25 m。小枝无毛。叶倒卵状椭圆形,长 10~22 cm,基部宽楔形或圆形,叶缘具波状粗钝锯齿，侧脉 9~15 对。壳斗杯状，苞片鳞状；坚果椭圆状卵形。花期 4~5 月，果期 10 月。

习性分布与用途　分布广，适应性强，从辽宁以南、华北、华东、中南及西南各地区均有分布。木材质地坚硬，供建筑、家具等用。

(9) 枹树(枹栎、小橡树)*Quercus glandulifera* **Bl.** (图 11-187)

识别特征　落叶乔木，高 25 m。幼枝有毛，后无毛。叶椭圆状倒卵形，倒卵状披针形，长 6~15 cm，先端尖、钝尖或渐尖，基部楔形或圆形，粗锯齿具内弯的尖头，下面具平伏毛或近无毛，侧脉 9~15 对；叶柄长 0.5~1.5(3.2) cm。壳斗碗状，苞片排列紧密，有毛；坚果长卵形。

习性分布与用途　产山东、河南、陕西及长江流域各省，南至华南，西南达贵州，为栎属在南方的广布种。习性用途同白栎。

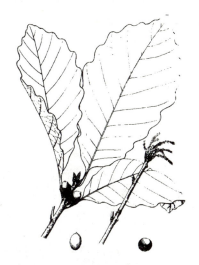
图 11-186　槲　栎

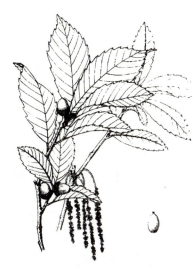
图 11-187　枹　树

(10) 短柄枹树 *Quercus glandulifera* var. *brevipetiolata* **Nakai**

识别特征　落叶乔木。与原种的区别点为叶柄短，长 2~6 mm，叶常集生枝顶。

习性分布与用途　产辽宁南部、山东沿海至长江流域以南；常生于山地杂木林间或林缘。习性、用途同枹树。

> 复习思考题

一、多项选择题

1. 壳斗科植物具有（　　）。
   A. 单叶　　　　　B. 复叶　　　　　C. 有花瓣　　　　D. 无花瓣
2. 壳斗全包果实的属有（　　）。
   A. 栲属　　　　　B. 栎属　　　　　C. 栗属　　　　　D. 水青冈属
3. 壳斗科植物花序穗状直立的属有（　　）。
   A. 栲属　　　　　B. 石栎属　　　　C. 栗属　　　　　D. 青冈栎属

4. 下列树种中具芒尖锯齿的是(　　)。
   A. 麻栎　　　　　B. 蒙古栎　　　　　C. 辽东栎　　　　　D. 栓皮栎

二、简答题

1. 壳斗科的壳斗是来自于植物体的哪一部分？
2. 通常哪类森林环境分布有较多的壳斗科植物？
3. 壳斗科植物各属的雄花序有什么特点？

11.22　榛科 Corylaceae

落叶乔木或灌木。单叶互生，羽状脉，侧脉常直伸叶缘。花单性同株，柔荑花序或雌花簇生枝顶；雄花无花被，雄蕊3~14，着生苞腋内；雌花有花被，与子房合生，子房下位，不完全2室，每室胚珠1，稀2。坚果或小坚果包在叶状或囊状的总果苞内。

4属80余种，我国有2属40种。

11.22.1　鹅耳枥属 *Carpinus* L.

乔木；髓心细，实心。芽鳞多数，常整齐4列；顶芽缺。叶2列互生，叶缘有细尖重锯齿，侧脉直出平行。雄花序下垂，雌花每2朵生于1个苞片和2个小苞片的腋内。小坚果有纵纹，着生于叶状果苞内，果苞有锯齿或缺刻，果序穗状下垂。

50余种，我国有30余种。

鹅耳枥 *Carpinus turczaninowii* Hance（图11-188）

识别特征　落叶小乔木，高10 m。芽无毛。叶卵形，长3~5 cm，先端尖，基部圆形或心形，侧脉8~12对，下面被柔毛，脉腋有簇生毛。花期5月，果期9月。

习性分布与用途　产华北、华东及陕西、甘肃、辽宁等地，为北方落叶阔叶林的常见树种。材质坚实，供农具等用，种子可榨油。

图 11-188　鹅耳枥

11.22.2　榛属 *Corylus* L.

灌木或小乔木。顶芽缺，侧芽芽鳞2列状互生。叶2列状互生，有不规则重锯齿或缺裂。雄花序下垂，无花被，每苞腋具雄蕊4~8；雌花包藏于芽鳞内，开花时出现红色花柱，子房不完全2室。坚果包藏于叶状或囊状果苞内，果苞单生或簇生。

我国7种。播种繁殖。

(1) 榛(毛榛子、平榛)*Corylus heterophylla* **Fisch. ex Bess.** (图11-189)

识别特征 落叶灌木或小乔木，高5 m。小枝有腺毛。叶近圆形或宽卵形，长5~12 cm，先端近截形，有短柔毛，叶柄长1~2 cm。总苞钟形，外被柔毛及刺状腺毛，上部有浅裂，裂片近于全缘。坚果球形，径7~15 mm。花期4~5月，果期8~9月。

习性分布与用途 产东北、华北、西北及山东等地。喜光，耐干寒。坚果富含淀粉，可食，种仁含油约48%，可榨油，为北方地区重要油料和干果树种。

(2) 华榛 *Corylus chinensis* **Franch**(图11-190)

识别特征 落叶乔木，高25 m。小枝有腺体。叶卵形或卵状椭圆形，长8~18 cm，边缘具不规则重锯齿，叶柄密被柔毛。总苞管形，长2~6 cm，外被柔毛及刺状腺体，在坚果以上缢缩。坚果卵球形，径1~15 cm。花期4~5月，果期9~10月。

习性分布与用途 产华北至西南地区。木材坚韧细致，供建筑、家具用材。坚果味美，可食，种仁含油约50%，可榨油，为优良用材和干果树种。

本属在各地森林中常见的还有刺榛 *C. ferox*、毛榛 *C. mandshurica* 等，坚果均可食。

图11-189 榛

图11-190 华 榛

11.23 胡桃科 Juglandaceae

乔木。幼嫩部常有橙黄色腺体。裸芽或鳞芽。羽状复叶，互生；无托叶。花单性，雌雄同株；雄花为柔荑花序，或雌花数朵簇生；雄花萼3~6裂，与苞片合生，稀缺，雄蕊3~40，插生于花托上；雌花萼与子房合生，顶端4裂，子房下位，稀无萼，1室，胚珠1，花柱短，柱头2，常呈羽毛状。核果、坚果或具翅坚果。

9属66种，我国有7属27种。其中核桃、薄壳山核桃等是世界著名干果和木本油料树种，核桃楸是重要用材树种，均具有较大的经济价值。

分属检索表

1. 枝髓实心。
    2. 雄花序柔荑下垂。
        3. 坚果基部具膜质叶状3裂果苞 .... 黄杞属
        3. 果实核果状，无果苞 .... 山核桃属
    2. 雌雄花序均为穗状直立，呈伞房状顶生；坚果具翅 .... 化香属
1. 枝条髓心片隔状。
    4. 果为核果，无翅 .... 核桃属
    4. 果为坚果，具2翅 .... 枫杨属

11.23.1　黄杞属 *Engelhardtia* Leschen ex Bl.

常绿乔木；枝髓实心；裸芽。偶数羽状复叶，小叶对生或近对生。雄花序集生成圆锥状花序束；雌花序单生或生于圆锥状花序束中央；苞片与小苞片合生，萼4裂。坚果球形，近基部与果苞愈合；果苞叶片状，膜质，3裂，中裂较长。

共15种，我国有8种。播种繁殖。

(1) 黄杞(黄榉)*Engelhardia roxburghiana* Wall. (图11-191)

识别特征　常绿乔木，高30 m；全体无毛。枝、芽常被橙黄色盾状腺鳞。羽状复叶有小叶4~10，椭圆状披针形至长椭圆形，长6~14(21) cm，先端渐尖，基部楔形、偏斜，全缘。果序下垂，长15~25 cm；坚果径约4 mm，果及果苞被锈黄色腺鳞。花期5~6月，果期8~9月。

习性分布与用途　产华南至西南及台湾等地，多生于海拔200~1500 m山地林中。木材结构细，纹理直，质地较轻软，加工容易，为优良家具、装修材。叶有毒。

(2) 少叶黄杞(黄榉)*Engelhardia fenzelii* Merr. (图11-192)

识别特征　常绿乔木，高18 m；全体无毛。老枝灰白色，有橙黄色腺鳞。羽状复叶有

图11-191　黄杞

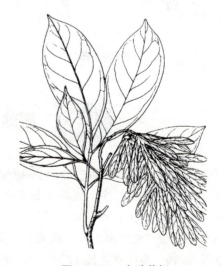

图11-192　少叶黄杞

小叶 2~4，椭圆形至长椭圆形，长 5~13 cm，全缘，下面疏生腺鳞。果序长 7~12 cm，坚果径 3~4 mm，密被橙黄色腺鳞。花期 6~7 月，果期 10 月。

习性分布与用途　产华东至华南各省区。多生于海拔 1000 m 以下山地阔叶林中。较黄杞耐寒。木材结构质地优良，用途同黄杞。

11.23.2　山核桃属 *Carya* Nutt.

落叶乔木；枝髓实心。奇数羽状复叶，小叶有锯齿。雄花为柔荑花序，3 条成 1 束，簇生于总梗上，下垂，腋生，雄花苞片 1 大 2 小，无花萼，雄蕊 3~10；雌花苞片 1 大 3 小，愈合成一个浅 4 裂的壶状总苞；通常 2~10 朵组成穗状，顶生。核果状（假核果），外果皮木质，成熟时 4 瓣裂，微具纵棱，核基部 4 室。

约 17 种，我国有 4 种，引入 1 种。

(1) 山核桃（小核桃）*Carya cathayensis* Sarg.（图 11-193）

识别特征　落叶乔木，高 30 m；树皮平滑；裸芽；芽、幼枝、叶下面、果皮均密被黄色腺鳞。小叶 5~7，椭圆状披针形，长 10~18 cm，叶缘具细锯齿。果卵球形，长 2.5~2.8 cm，具 4 纵棱。花期 4~5 月，果期 10 月。

习性分布与用途　产浙江、安徽等省区，多生于海拔 400~1200 m 山地。果仁炒熟供食用。木材质地坚韧，纹理美观，为优良建筑、家具用材。

(2) 美国山核桃（薄壳山核桃）*Carya illinoensis*（Wangenh.）**K. Koch**（图 11-194）

识别特征　落叶乔木，高 50 m；鳞芽。幼枝具淡灰黄色毛。小叶 9~17，长椭圆状披针形或近镰状弯曲，长 4.5~21 cm，先端长渐尖，基部偏斜，叶缘单锯齿或重锯齿，下面疏生毛或有淡色腺鳞。雌花 3~10 呈穗状。果长圆形或长椭圆形，长 3.5~5.7 cm，有 4 纵棱。花期 5 月，果期 10~11 月。

图 11-193　山核桃

图 11-194　薄壳山核桃

习性分布与用途 原产北美洲东南部。我国华北以南至华东地区引种栽培。种仁富含油脂，味香，可炒食或制成糕点食品食用；也可榨油食用。木材质地坚韧致密，不翘不裂，是建筑、家具、装饰的优良用材；树形高大，也常用作城市行道树和园林观赏树种。

11.23.3 化香属 *Platycarya* Sieb. et Zucc.

落叶小乔木；枝髓实心；鳞芽。奇数羽状复叶，互生。雄花序及两性花序共同形成直立的柔荑花序束，常排列于小枝顶端，呈伞房状，花无花被，生于苞腋；子房两侧与2小苞片合生。果序圆柱形，球果状；坚果小，扁平，两侧有狭翅。

2种。产我国。

化香（化香树）*Platycarya strobilacea* Sieb. et Zucc.（图11-195）

图 11-195 化 香

识别特征 落叶乔木，高5~10 m。小叶7~23，对生或上部小叶互生，椭圆状披针形，长4~14 cm，先端渐尖，基部偏斜，边缘有细尖重锯齿，下面被疏毛。果序长3~5 cm。花期5~6月，果期9~10月。

习性分布与用途 产华东、华中、华南及西南各省区，多生于海拔400~2000 m山地林中；适应性强，耐旱瘠，可为荒山造林先锋树种。

11.23.4 核桃属 *Juglans* L.

落叶乔木；髓心片状分隔；鳞芽。奇数羽状复叶。雄花具1大苞片2小苞片和1~4花萼，雄蕊多数；雌花序穗状，顶生，雌花具1个不明显的大苞片及2个小苞片，萼4裂，与子房贴生。果序直立或俯垂，果大，外果皮由苞片及小苞片形成的总苞及花被发育而成，未成熟时肉质，内果皮硬骨质，具皱纹及纵脊。

18种，我国有5种1变种；引栽2种。有的为著名干果及木本油料树种，多为珍贵用材树种，为世界著名商品材，通称核桃木。

分 种 检 索 表

1. 小叶全缘；果老熟时无毛 ··· 胡桃
1. 小叶有锯齿；果密被腺毛。
    2. 小叶下面被毛；果序长而下垂，有果6~10个 ··································· 胡桃楸
    2. 小叶成长后无毛；果序短而俯垂，有果4~5个 ···························· 山核桃

(1) 胡桃（核桃）*Juglans regia* L.（图11-196）

识别特征 落叶乔木，高25 m。树皮幼时平滑，老时纵浅裂。小叶5~9，椭圆形或椭圆

状倒卵形，长4.5~15 cm，先端钝尖，基部偏斜，全缘，幼树及萌芽枝的叶缘有锯齿。雄花序长5~10(15) cm，雌花序具1~3花。果序短，俯垂，具1~3果实，果球形，直径4~6 cm，无毛，果核径2.8~3.7 cm，两端平或钝，有不规则皱纹及二纵棱。花期4~5月，果期9~10月。

习性分布与用途 原产我国西部至中亚；在新疆伊宁等地还生长有成片的胡桃林，现辽宁以南至西南一带广为栽培。栽培历史悠久，品种多。核仁含有大量蛋白质、脂肪以及人体所必需的营养物质，含油率可达50%，可作高级食品工业用油；其果仁炒熟后香美可食，或制成糕点食品。木材坚韧，纹理美观，是航空、家具、体育器材的优良用材。树形高大，树冠开展，也常用作城市行道树和园林观赏树种。国家二级重点保护植物。

图11-196 胡 桃

(2) 胡桃楸(核桃楸)*Juglans mandshurica* **Maxim.**(图11-197)

识别特征 落叶乔木，高25 m。树皮纵裂。小叶15~23，椭圆形至长椭圆形，长6~18 cm，先端尖，基部偏斜，边缘有细锯齿，两面密被毛。雄花序长9~20 cm；雌花序有花4~10，密被腺毛。果球形或卵形，先端尖，长3.5~7.5 cm，密被腺毛，果核长2.5~5 cm，先端尖，具8条纵脊。花期5月，果期8~9月。

习性分布与用途 产东北和华北地区山地。抗寒力强，为东北地区落叶阔叶林和针阔混交林的重要组成树种，木材质地优良，与木樨科的水曲柳、芸香科的黄檗并称为我国东北地区三大珍贵阔叶用材树种。核仁较小，含油率可达50%，油可食用。常用作嫁接核桃的砧木。

(3) 山核桃(碧根果)*Juglans cathayensis* **Dode**(图11-198)

识别特征 落叶乔木，高25 m。树皮浅纵裂。小叶9~17，卵形或卵状矩圆形，边缘具细锯齿，先端渐尖，基部圆形或偏斜，两面密被星状茸毛，成长后无毛。雄花序长8.5~30 cm；雌花序有花5~10，密生红色腺毛。果卵圆形，长3~4.5(6) cm，外果皮密被腺毛；果核坚硬，有6~8条纵脊，壳厚，仁小。花期4~5月，果期9~10月。

图11-197 胡桃楸

图11-198 山核桃

习性分布与用途 产华东、华中、华南、西南及陕西、甘肃等地。多生于海拔500~1000 m的山谷地带。木材质地优良。果仁可食,但果仁偏小,常用作嫁接核桃砧木。

11.23.5 枫杨属 *Pterocarya* Kunth

落叶乔木;小枝髓心片状分隔;裸芽或鳞芽。奇数,稀偶数羽状复叶。雌雄柔荑花序下垂或俯垂;雄花有萼1~4,雄蕊6~18,基部具1个苞片及2个小苞片;雌花无柄,有1苞片及2小苞片各自分离,花萼4。果序下垂;坚果两侧具小苞片发育而成的2翅。

共9种,我国有7种。

枫杨 *Pterocarya stenoptera* C. DC. (图11-199)

识别特征 落叶乔木,高30 m;幼树皮平滑,老时深纵裂;裸芽,密被锈褐色腺鳞。叶轴具窄翅或具锯齿,小叶10~16(稀6~25),长圆形至长圆状披针形,长8~12 cm,先端短尖或钝,基部偏斜,具细锯齿。果序长20~45 cm;坚果具2翅。花期4~5月,果期8~9月。

习性分布与用途 产黄河以南地区,华北和东北多为栽培;在长江流域和淮河流域最为常见,生于海拔1500 m以下的沟谷河滩及平原低湿处;广泛用作庭园树和行道树;也用作水边护岸固堤及防风树种。木材质地轻软,供农具、茶叶箱及包装板等用材。多以播种繁殖。

图11-199 枫 杨

复习思考题

一、多项选择题

1. 胡桃科植物的特征是( )。
   A. 有托叶　　　B. 无托叶　　　C. 有花瓣　　　D. 无花瓣
2. 下列树种中冬态落叶的是( )。
   A. 黄杞　　　　B. 山核桃　　　C. 核桃楸　　　D. 化香
3. 枫杨具有的特征是( )。
   A. 常绿　　　　B. 落叶　　　　C. 果实有翅　　D. 种子有翅

二、简答题

核桃和山核桃在形态特征和用途上有哪些异同?

11.24 木麻黄科 Casuarinaceae

乔木或灌木。小枝绿色,纤细,节间短而明显。叶退化为鳞片状,4~16轮生于节上,基部合生。花单性,雌雄同株或异株;雄花呈柔荑花序状,着生于细长小枝顶端;每雄花具雄蕊 1，小苞片 4；雌花呈头状花序状，生于侧生短枝顶端，每雌花具小苞片 2，子房上位，1 室，胚珠 2，花柱短，柱头细长 2 分叉。果序球果状，密生宿存木质小苞片，成熟时开裂似蒴果状；坚果形小，上部具膜质翅。种子 1，无胚乳。

仅 1 属约 65 种，产大洋洲。我国引入 10 余种。

木麻黄属 *Casuarina* L.

形态特征与科相同。我国引入 10 余种，常见栽培 3 种。播种繁殖。

木麻黄（短枝木麻黄）*Casuarina equisetifolia* L.（图 11-200）

识别特征 常绿乔木，高 30 m。树皮条状剥落，内皮深红色。末级小枝长 10~22 cm，径约 1 mm，每节鳞叶 6~8。果序椭圆形，顶端平截，长约 2.5 cm，小坚果连翅长 4~7 mm。花期 4~5 月，果期 8~10 月。

习性分布与用途 原产澳大利亚及南太平洋群岛；我国浙江东南部沿海、福建、广东、广西、海南及台湾引种栽培，喜光、耐旱、抗风沙、耐盐碱、速生、萌芽力强，可用作东南沿海防护林树种，也可作行道树；木材可作电杆及能源材。

本属被广为栽种还有细枝木麻黄 *C. cunninghamiana*，其枝细长，果序短小，长 1~1.5 cm；粗枝木麻黄 *C. glauca*，末级小枝较粗，果序长约 1.5 cm。用途均同木麻黄。

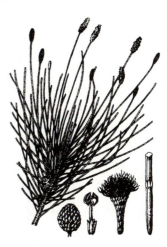

图 11-200 木麻黄

11.25 榆科 Ulmaceae

乔木或灌木。小枝细，顶芽缺。单叶，2 列状互生；托叶早落。花两性或单性同株；单花被，萼 4~8 裂，雄蕊常与萼片同数对生；心皮 2，合生，子房上位，1~2 室，每室胚珠 1，柱头二裂羽状。翅果、坚果或核果。

16 属约 230 种，我国有 8 属 50 余种。多数分布于温带和亚热带地区；其中榆属树种在我国北方地区较为常见，多为重要园林绿化景观树种；青檀的树皮是制造我国传统书法艺术材料——宣纸的重要原料。

分 属 检 索 表

1. 果为翅果；花两性 ·· 榆属
1. 果为核果或坚果；花杂性。
    2. 叶具羽状脉；果几无梗 ··· 榉属
    2. 叶具基生三出脉；果具梗。
        3. 核果 ·· 朴属
        3. 坚果有翅 ·· 青檀属

11.25.1 榆属 *Ulmus* L.

落叶乔木，稀灌木。枝髓实心。叶具羽状脉，侧脉先端伸达叶缘。花两性；簇生或成聚伞状序；萼钟形，浅裂。翅果，果核扁平，周围具薄翅，顶端有缺口。

共30余种，我国有25种6变种。

分 种 检 索 表

1. 春季开花结果；叶片较宽大。
　2. 果核位于翅果中部，不接近顶端的缺口。
　　3. 翅果无毛 ··· 白榆
　　3. 翅果全被毛 ··· 黄榆
　2. 果核位于翅果上部或接近缺口。
　　4. 翅果无毛 ··· 春榆
　　4. 翅果中部有疏毛 ··· 黑榆
1. 秋季开花结果；果及叶片均较小 ··· 榔榆

(1) 白榆（家榆、榆树）*Ulmus pumila* L. （图11-201）

识别特征 落叶乔木，高25 m。树皮纵裂。小枝灰白色。叶片椭圆形至长卵形，长2~8 cm，叶质薄，先端渐尖，基部略偏斜，叶缘不规则重锯齿或单锯齿，侧脉9~16对，叶无毛或下面脉腋有簇生毛。果近圆形或倒卵状圆形，长1~2 cm，无毛，成熟时黄白色。花期3~4月，果期4~5月。

习性分布与用途 产东北、华北、西北及华东地区。树形高大，萌芽力强，耐低温、干旱的气候，可栽为行道树、庭荫树及四旁绿化树，也可栽作防护林和水土保持林，还可做绿篱和盆景材料。木材坚韧，材质较粗，供家具、农具及建筑等用。树皮、果、叶均可入药。嫩叶、幼果均可食用；其嫩果俗称"榆钱"。

(2) 黑榆（山毛榆）*Ulmus davidiana* Planch. （图11-202）

识别特征 落叶乔木，高15 m。幼枝有毛，枝灰褐色；老枝常具木栓质翅。叶倒卵形或椭圆状倒卵形，长5~10 cm，先端突尖，基部偏斜，叶缘具重锯齿，上面具短硬毛，下面脉腋有簇生毛。果倒卵形，长1~2 cm，中部有疏毛。花期4~5月，果期5~6月。

习性分布与用途 产辽宁、陕西及华北，多生于石灰岩山地。略耐旱瘠。木材坚实，供建筑、家具、车辆等用材。

(3) 春榆 *Ulmus davidiana* var. *japonica* (Rehd.) **Nakai**

识别特征 落叶乔木，高30 m。树皮灰白色。与黑榆的区别：黑榆翅果中部有疏毛，春榆无毛。

习性分布与用途 产长江流域以北多数地区。与白榆、黑榆同为我国北方地区重要的绿化树种之一。生长习性和用途与白榆相似。

图 11-201 白 榆

图 11-202 黑 榆

(4) 黄榆(大果榆、毛榆) *Ulmus macrocarpa* **Hance**(图 11-203)

识别特征 落叶乔木,高 20 m。枝常有木栓质翅,幼枝被毛。叶倒卵形或椭圆形,长 3.5~13 cm,先端短突尖,基部近心形,叶缘具单锯齿或重锯齿,两面被短硬毛,粗糙。翅果倒卵形或倒卵状椭圆形,全被毛,长 2.5~3.5 cm。花期 4~5 月,果期 5~6 月。

习性分布与用途 产长江流域以北地区。材质坚硬致密,供家具、车辆、农具制作等用。幼果可食。与白榆等同为我国北方绿化造林树种。

(5) 榔榆(小叶榆) *Ulmus parvifolia* **Jacq**(图 11-204)

识别特征 落叶乔木,高 25 m。树皮不规则块状剥落。幼枝有深褐色毛,后渐脱落。叶椭圆形至倒卵形,长 2~5 cm,质厚,基部不对称,叶缘单锯齿,叶柄长 2~6 mm。翅果椭圆形,长 0.8~1 cm,成熟时褐色,无毛。花期 8~9 月,果期 10 月。

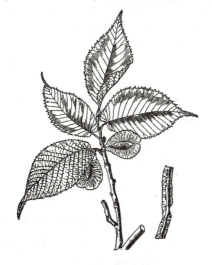

图 11-203 黄 榆

图 11-204 榔 榆

习性分布与用途 产我国华北至华南及四川、贵州等地。树冠开展，枝叶细密，树姿美观，常被栽为行道树和庭荫树，其树桩是我国许多地方盆景造型的首选材料之一。木材质地坚韧，可做家具、农具等用。

11.25.2 榉属 Zelkova Spach

落叶乔木。枝髓实心。羽状脉，侧脉先端伸达叶缘，单锯齿，桃尖形。花杂性同株，单生或簇生叶腋。坚果小，上部歪斜，果皮皱缩，无梗或具短梗。

约10种，我国有3种。

榉树（大叶榉） *Zelkova schneideriana* Hand.-Mazz.（图11-205）

识别特征 落叶乔木，高30 m。树皮光滑，或呈小块状薄片剥落。小枝被白色柔毛。叶卵形、椭圆状卵形或卵状披针形，长2~8 cm，先端尖，基部宽楔形或近圆形，锯齿钝尖，上面粗糙，下面被淡灰色毛，叶柄短。坚果歪斜，径约4 mm。花期3~4月，果期10~11月。

习性分布与用途 产秦岭—淮河以南至西南。常散生于平原及丘陵地带。在酸性、中性及钙质土壤均能正常生长。木材纹理美观，质地硬重，是家具、建筑、雕刻优良用材。

图 11-205 榉 树

11.25.3 朴属 Celtis L.

落叶乔木，稀灌木。枝髓细，片状分隔。叶具三出脉，侧脉向上弯曲，不达叶缘。花杂性同株。核果球形或卵圆形，单生或2~3簇生于叶腋，核具凹点或有网纹。

约60种，我国有约12种。

分 种 检 索 表

1.1年生枝有毛；果橙红色。
  2.果梗与叶柄等长或较短 ··· 朴树
  2.果梗长于叶柄 ··· 紫弹树
1.1年生枝无毛；果黑色 ··· 黑弹树

（1）朴树（沙朴） *Celtis sinensis* Pers.（图11-206）

识别特征 落叶乔木，高20 m。小枝密被柔毛。叶宽卵形或椭圆状卵形，长3~10 cm，先端渐尖、钝尖或微突尖，基部偏斜，中部以上具浅锯齿。核果近球形，红褐色，果梗长0.6~1 cm。核表面有凹点及棱脊。花期4~5月，果期10~11月。

习性分布与用途 产黄河流域以南至华南、西南各地；散生于平原及丘陵地区。为常见四旁绿化树种。木材质轻软，纹理略斜，可供建筑、家具、器具等用材。皮部纤维为绳、纸、人造棉原料。

(2) 紫弹树(紫弹朴)*Celtis biondii* **Pamp.** (图 11-207)

识别特征 落叶乔木，高 20 m。小枝密被红褐色柔毛。叶卵形或卵状椭圆形，长 3.5~8 cm，中部以上单锯齿，稀全缘。果球形，2 个腋生，径 4~6 mm，橙红色或带黑色，果梗长于叶柄 2 倍以上，有短柔毛，核具网纹。花期 4~5 月，果期 10~11 月。

习性分布与用途 产长江流域以南至华南及西南一带。木材作一般用材。树皮纤维作造纸、人造棉的原料。

(3) 黑弹树(小叶朴)*Celtis bungeana* **Bl.** (图 11-208)

识别特征 落叶乔木，高 20 m。小枝无毛。叶卵形或卵状椭圆形，长 3.5~8 cm，先端渐尖或尾尖，基部明显偏斜，中上部具锯齿，有时近全缘，下面仅脉腋有柔毛。果单生叶腋，球形，紫黑色，果梗长于叶柄 2~3 倍，核平滑。花期 4~5 月，果期 10 月。

习性分布与用途 产辽宁以南及西南，为四旁常见绿化树种。木材供建筑、家具等用。

图 11-206 朴 树

图 11-207 紫弹树

图 11-208 黑弹树

11.25.4 青檀属 *Pteroceltis* Maxim.

落叶乔木。叶具三出脉，侧脉先端上弯。花单性同株；花药顶端有长毛。坚果两侧具薄木质翅，果梗细长。

仅 1 种，我国特产。

青檀 *Pteroceltis tatarinowii* **Maxim.** (图 11-209)

识别特征 落叶乔木，高 20 m。树皮不规则薄片状脱落，内皮灰绿色。叶卵形、椭圆状卵形，长 3.5~13 cm，先端渐尖，基部宽楔形或近圆形，叶缘基部以下有锯齿，下面脉腋有簇生毛。果核近球形，果翅宽，先端凹缺，果梗纤细，长 1.5~2 cm。花期 4 月，果期 8~9 月。

图 11-209 青 檀

习性分布与用途　产华北以南、黄河流域、长江流域及西南，在天然分布区内多见于石灰岩山地，耐旱瘠，寿命颇长。茎皮为制造宣纸原料；木材供建筑、家具、细木工等用。国家二级重点保护植物。

复习思考题

一、多项选择题

1. 榆属植物的特征有（　　）。
   A. 单叶　　　　　B. 复叶　　　　　C. 常绿　　　　　D. 落叶
2. 朴树的特征有（　　）。
   A. 翅果　　　　　B. 核果　　　　　C. 有花瓣　　　　D. 无花瓣
3. 下列植物具羽状叶脉的有（　　）。
   A. 朴树　　　　　B. 榉树　　　　　C. 椰榆　　　　　D. 白榆

二、简答题

1. 榆科植物的花中雄蕊与花被之间有什么关系特征？
2. 榆属的叶脉和果实有什么特点？

11.26　桑科 Moraceae

乔木或灌木，稀草本。有乳汁。单叶互生，稀对生；具托叶。花小，单性同株或异株；组成头状、柔荑或隐头花序；萼片4（1~6）；雄蕊与萼片同数对生；子房上位或下位，1~2室，每室胚珠1。聚花果由瘦果、核果或坚果组成，常具宿存肉质花萼。

53属约1400种。我国有10属约150种。桑科是热带性科，其中以榕属的种类最为特殊，在热带雨林等环境中常形成独木成林、老茎开花、滴水叶尖和空中绞杀等多种奇特森林现象，是热带雨林的重要组成植物种类。

分属检索表

1. 柔荑花序或头状花序。
   2. 雌、雄花序为柔荑花序，或仅雌花为头状花序，花丝在芽内内曲。
      3. 聚花果圆筒形 ·· 桑属
      3. 聚花果球形 ·· 构属
   2. 雌、雄花序均为椭圆形或球形的头状花序，花丝在芽内直立 ················ 木波罗属
1. 隐头花序，花生于肉质中空的总花托内壁上 ·· 榕属

11.26.1　桑属 *Morus* L.

落叶乔木或灌木。叶2列状互生，有锯齿或分裂，基出脉3~5。雌、雄花均呈柔荑花序，雄花萼片4，雄蕊4；雌花萼片4。聚花果圆柱形，通称椹果，小瘦果具肉质花萼。

约 16 种，我国有 11 种。

(1) 桑树 *Morus alba* L.（图 11-210）

识别特征 落叶小乔木，高 15 m。枝芽无毛。叶卵形或宽卵形，长 5~18 cm，宽 4~12 cm，有粗锯齿，不裂或不规则分裂。雌雄异株。聚花果长 1~2.5 cm，紫黑色、红色或白色。花期 4 月，果期 5~7 月。

习性分布与用途 各地广泛栽培，历史悠久，品种亦多。生长快，萌芽力强，耐修剪。桑叶饲蚕；桑葚可生食或用于酿酒，茎皮纤维用于造纸；根皮、枝、叶、果入药；木材供农具、家具及工艺雕刻等用。

(2) 蒙桑（崖桑、刺叶桑）***Morus mongolica* Schneid.**（图 11-211）

识别特征 落叶小乔木。叶卵形至椭圆状卵形，长 8~18 cm，先端尾状渐尖，基部心形，不分裂或 3~5 分裂，有粗锯齿，齿尖芒状，上面无毛，下面脉腋有簇生毛。花果期 5~7 月。

习性分布与用途 产辽宁、内蒙古、华北及山东、湖南、湖北、四川、云南等地。多生于海拔 1000 m 以下山地沟谷地带。茎皮纤维用于造纸。果可酿造。

图 11-210　桑　树

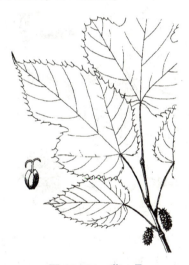

图 11-211　蒙　桑

11.26.2　构属 *Brossonetia* L. Herit ex Vent.

落叶乔木或灌木。枝髓节部有横隔膜。叶有锯齿或缺裂，具三基出脉。雌雄异株；雄花序柔荑下垂，雌花成头状花序。聚花果球形，有肉质花萼及肉质具柄的小核果。

共 7 种，我国有 4 种。

构树（楮树、谷树）***Broussonetia papyrifera*（L.）Vent.**（图 11-212）

识别特征 落叶乔木，高 16 m。树皮平滑。小枝密生粗毛。叶卵形或宽卵形，长 7~20 cm，互生或近对生，具粗锯齿或分裂，两面密被粗毛。聚花果球形，成熟时肉质红色。花期 4~5 月，果期 7~9 月。

习性分布与用途 产华北、黄河流域以南广大地区，分布广，适应性强，为四旁绿化常见树种。树皮纤维可造纸；叶可作饲料；木材质地轻软，可作包装箱板料等用。

11.26.3 木波罗属（桂木属）*Artocarpus* J. R. et G. Forst.

常绿乔木；有顶芽。叶全缘或羽状分裂。花单性同株；雄花序长圆形，雌花序球形，雌花萼管状，下部埋藏在花序轴内。聚花果球形，瘦果外被肉质花萼。

约50种，我国有15种。

木波罗（波罗蜜、树波罗）*Artocarpus heterophyllus* Lam.（图11-213）

识别特征 常绿乔木，高15 m。枝有环状托叶痕。叶椭圆形或倒卵形，长7~17(25) cm，革质，无毛。聚花果长25~60 cm，有六角形瘤状突起，果生于树干及主枝上。花期2~3月，果期7~8月。

图 11-212 构 树

图 11-213 木波罗

习性分布与用途 原产印度及马来西亚。我国福建、广东、广西、海南、云南及台湾等地南部有引种栽培。著名热带果树之一，具有老茎开花习性，聚花果挂生于大树枝上，老树干上，甚至树根头部，果实成熟时摘果剖开，果肉（实为宿存肉质花被）异常甜美；瘦果富含淀粉，可食。树冠开展，枝叶浓绿，树形美观，也常栽作庭园树和行道树。

11.26.4 榕属 *Ficus* L.

常绿或落叶，乔木、灌木或藤本。托叶包被芽体，脱落后枝上留有环状托叶痕。叶互生或对生，全缘，稀有锯齿或分裂。花单性，雌雄同株，隐头花序，花生于囊状中空顶端开口的总花托内壁上。总花托膨大为隐花果，瘦果藏于总花托内。

约1000种，我国有约120种。

本属多数种类树形高大，树冠开展，是优良的风景树和庭园观赏树。

分种检索表

1. 叶全缘，叶两面光滑无毛。
   2. 叶薄革质，上面无光泽，侧脉弧曲状。
      3. 叶长 4~10 cm，叶柄较短，长 0.7~1.5 cm ·· 榕树
      3. 叶长 5~16 cm，叶柄较长，长 2.5~5 cm。
         4. 雄花集生隐头花序上部；叶下面具钟乳体。
            5. 叶长 5~12 cm，先端钝尖，基部圆形 ··· 山榕
            5. 叶长 8~16 cm，先端短渐尖，基部浅心形 ·· 黄葛树
         4. 雄花散生隐头花序内壁；叶两面具钟乳体 ·· 高山榕
   2. 叶厚革质，上面光亮，侧脉多而密，直出平行，近叶缘处汇成边脉 ····················· 印度榕
1. 叶有粗锯齿或缺裂，叶上面粗糙，下面有柔毛 ··· 无花果

(1) 榕树(细叶榕)*Ficus microcarpa* L. f. (图 11-214)

识别特征 常绿大乔木；树冠大而开展，有下垂气生根。叶椭圆形或卵状椭圆形，先端钝尖，基部楔形，侧脉 5~6 对。隐花果球形，无梗，单生或对生，成熟时紫红色。花期 5 月，果期 11 月。

习性分布与用途 产浙江、福建、江西、广东、广西、贵州、云南及台湾等地，常见于低山及平原村庄附近。喜温暖多雨气候，生长快、寿命长。常栽作遮阴树、风景树、防风树及行道树，也是很好的盆景材料和树桩造型树种。

(2) 山榕(笔管榕)*Ficus virens* Ait. (*F. wightiana* Wall. ex Benth.) (图 11-215)

识别特征 落叶乔木，高 5~9 m。叶长椭圆形，先端钝，基部圆形，叶柄长 1.5~4.5 cm。隐花果球形，径 0.2~0.5 cm，有短梗，成熟时橙红色。花果期 4~12 月。

图 11-214 榕 树

图 11-215 山 榕

习性分布与用途 产华南至西南，多生于海拔 1000 m 以下山地林中。常栽为行道树。

(3) 黄葛树(黄果树)*Ficus virens* var. *sublanceolata* (Miq.) Corner (图 11-216)

识别特征 落叶乔木。与山榕的区别：叶先端急尖，基部钝或浅心形。隐花果近无

梗，成熟时黄色或红色。

习性分布与用途　产华南及西南。是我国西南地区的溪边、村边和山谷疏林地带的常见树种。树形高大，树冠开展，枝叶浓荫，是很好的村边风景树、庭荫树和行道绿化树种。

(4) 高山榕 Ficus altissima Bl.（图 11-217）

识别特征　常绿乔木，高 30 m。树干有下垂气生根。幼枝微被柔毛。叶革质，宽卵形或宽卵状椭圆形，长 10～20 cm，先端骤钝尖，基部宽楔形，全缘，两面无毛，侧脉 5～7 对；叶柄长 2～5 cm，托叶厚革质，长 2～3 cm，被灰色毛。榕果成对腋生，椭圆状卵圆形，径 1.7～2.8 cm，无总柄，幼时包于早落风帽状苞片内，熟时金黄色或红色。花期 3～4 月，果期 5～7 月。

习性分布与用途　产广东、海南、广西及云南，生于海拔 100～2000 m 山地或平原，云南西双版纳地区尤多，树形高大美观，在华南地区多引种栽作行道树和绿化风景树。

图 11-216　黄葛树

图 11-217　高山榕

(5) 印度榕(橡皮树)Ficus elastica Roxb.（图 11-218）

识别特征　常绿乔木。树干有下垂气生根；顶芽长，为红色托叶所包围。叶椭圆形，长 8～30 cm，先端有尾状尖头，基部近圆形，侧脉密生。隐花果成对腋生，无柄，成熟时黄绿色。花果期 5～10 月。

习性分布与用途　原产印度、缅甸及东南亚地区。我国华南至西南广泛引种栽培，长江流域以至北方地区则常盆栽作为观赏。有多种园艺栽培品种。枝叶含有丰富乳汁，可提取硬橡胶，因而又称印度橡胶树、橡皮树。

(6) 无花果 Ficus carica L.（图 11-219）

识别特征　落叶小乔木或灌木。叶互生，宽卵形，长 11～24 cm，掌状 3～5 裂，稀不裂，叶缘具粗锯齿，上面粗糙，下面有短毛。隐花果倒卵形，有短梗，径约 2.5 cm，单生叶腋，成熟时紫黑色。花果期 5～12 月。

习性分布与用途　原产地中海沿岸及亚洲中南部地区。我国各地常栽培，栽培历史已长达数千年，以新疆南部栽培最多。隐花果成熟时味道甜美，可作水果生食或加工成蜜饯、果干和罐头。根、叶入药，能消炎解毒。

本属常见引种用于园林的种类还有垂叶榕 *F. benjamina*、菩提树 *F. riligiosa* 等。

图 11-218 印度榕

图 11-219 无花果

复习思考题

一、多项选择题

1. 桑科的特征有（　　）。
   A. 单叶　　　　B. 复叶　　　　C. 常绿　　　　D. 落叶
2. 榕树的特征有（　　）。
   A. 常绿　　　　B. 落叶　　　　C. 无托叶　　　D. 有托叶
3. 下列植物叶有裂叶特征的种类是（　　）。
   A. 桑树　　　　B. 构树　　　　C. 无花果　　　D. 黄葛树

二、简答题

1. 桑科植物体有什么内含物？
2. 榕属的果实有什么特点？

11.27　杜仲科 Eucommiaceae

落叶乔木；体内有胶丝，枝髓片状分隔。单叶互生，有锯齿，无托叶。花单性异株，无花被；先叶开放，雄花簇生，有短柄，雄蕊 5~10，花药条形，花丝极短；雌花单生于小枝下部苞腋内，子房 1 室，扁平，顶端 2 裂，柱头位于裂口的内面，胚珠 2。翅果扁平，长椭圆形的果翅先端 2 裂。

仅 1 属 1 种，我国特产。

杜仲属 *Eucommia*

属特征与科同。

杜仲(丝棉树)*Eucommia ulmoides* Oliv. (图11-220)

识别特征 落叶乔木,高20 m。树皮粗糙。小枝无毛。叶片椭圆形或椭圆状卵形,长6~18 cm,先端渐尖,基部圆形或宽楔形,幼叶下面脉上有毛,网脉上面下陷,边缘有锯齿。翅果长3~4 cm。花期4~5月,果期9~10月。

习性分布与用途 产我国华东、中南、西北、西南等地;以陕西、湖北、湖南、四川、贵州等地最多。生于海拔300~2500 m山地林中,现各地多栽培。树皮是传统贵重中药,对高血压有疗效。枝叶、果、树皮富含胶丝,提取"杜仲胶",可作绝缘材料。木材质地坚韧,纹理细腻,是良好的家具和建筑用材。国家二级重点保护植物。

图11-220 杜 仲

11.28 天料木科 Samydaceae

乔木或灌木。单叶互生,常具透明小点;托叶小或缺。花两性,整齐,簇生叶腋,或为总状及圆锥花序;萼片4~5(2~10),花瓣与萼片同数或更多,或无花瓣;雄蕊多数或少数,常具退化雄蕊。子房上位或半下位,心皮2~5,合生,1室,侧膜胎座3~5,胚珠多数。蒴果状,花萼宿存。

我国有2属约17种。

天料木属 *Homalium* Jacq.

乔木或灌木。叶缘常具腺齿;托叶早落。总状或圆锥花序;萼4~8(12)裂;花瓣常与萼片同数;雄蕊1或与花瓣对生;花盘腺体与萼片同数对生;子房半下位。蒴果顶部2~5瓣裂;种子少数。

我国有10种。

红花天料木(母生、山红罗)*Homalium hainanense* Gagnep. (图11-221)

识别特征 常绿乔木,高40 m。树皮较平滑。枝叶无毛。叶椭圆形至长圆形,长6~10 cm,宽2.5~5 cm,革

图11-221 红花天料木

质，全缘或微波状。总状花序腋生，花小，外面淡红色，内面白色；萼裂片、花瓣及雄蕊各5(4~6)。果倒圆锥形，长约4 mm。花期6月至翌年2月，果期10~12月。

习性分布与用途 产海南和云南南部，为热带雨林主要树种，福建、广东、广西等地引栽，用作人工造林树种；不耐寒，在-3 ℃即出现冻害。木材坚韧，纹理美观，为造船、高级家具及细木工优良用材。

11.29 山龙眼科 Proteaceae

乔木或灌木。单叶，互生，稀对生或轮生，全缘或分裂；无托叶。花两性，稀单性；单生或排成各式花序；单被花，花被片4，花瓣状；雄蕊4，着生花被片上；单心皮，子房上位，1室，胚珠1至多数。坚果、核果、蓇葖果或蒴果；种子常具翅。

60属约1300种，我国包括引入共有4属24种。

银桦属 *Grevillea* R. Br.

叶互生，全缘或羽状分裂。花两性，不整齐，簇生或总状花序，花蕾时花被管状弯曲，开花时向外反卷；雄蕊无花丝，贴生于花被片上；子房有柄，胚珠2。蓇葖果；种子扁平。

约160种，主产澳洲。我国引入1种。

银桦 *Grevillea robusta* **A. Cunn.** (图11-222)

识别特征 常绿乔木，高40 m。树干通直，树皮纵裂。幼枝、芽及叶柄密被锈褐色粗毛。叶2回羽状深裂，裂片边缘背卷，下面密被银灰色绢毛。总状花序长7~14 cm；花被片橙黄色，管状，长约1.5 cm。果卵状长圆形，长约1.5 cm，具宿存花柱；种子边缘具窄薄翅。花期3~5月，果期6~8月。

习性分布与用途 原产澳大利亚；我国华南至西南有引栽。多用作行道树及园林绿化树种。喜温暖，不耐寒。木材纹理美观，结构略粗，可作家具、车辆、火柴杆等用。

图11-222 银桦

11.30 柽柳科 Tamaricaceae

落叶小乔木或灌木。小枝纤细。单叶、互生，鳞片状或肉质圆柱状条形；无托叶。花小，两性；穗状、总状或圆锥花序，稀单生；萼片与花瓣均为4~5；雄蕊4~5或多数，有花盘；子房上位，1室，胚珠常多数，花柱3~5。蒴果；种子常有毛。

3属约110种，我国有3属32种。多生于荒漠及盐碱地区，具有耐盐碱和防风固沙作用，为防风固沙，水土保持树种。

分属检索表

1. 花单生；种子全部有毛 ··· 红砂属
1. 花集生成总状或穗状花序；种子仅顶端芒柱被毛。
　2. 雄蕊4～5，等长，花丝分离；种子顶端芒柱全部被毛 ··· 柽柳属
　2. 雄蕊10，不等长，花丝基部合生；种子顶端芒柱仅上半部有毛 ································· 水柏枝属

11.30.1 红砂属 *Hololaelma* Ehrenb.

小灌木或半灌木。叶半圆柱形，常肉质。花单生叶腋；花瓣内侧有2枚附属物；雄蕊5～10(12)；花柱2～4，离生。果3～5瓣裂；种子全被长柔毛，顶端无芒柱。

我国1种。

红砂(海葫芦根、红柳) *Hololaelma soongoarica* Pall. (图11-223)

小灌木，高10～25(70) cm；枝、叶密生。叶长1～5 mm，先端钝，浅蓝灰色，4～6簇生。花小，白色或略带红色；雄蕊6～8(12)；花柱3。果纺锤形，长2～4 mm。

习性分布与用途 产东北及西北地区。耐寒，耐盐碱，为荒漠固沙植物，多生于湖岸盐碱地及戈壁。

图 11-223 红 砂

11.30.2 柽柳属 *Tamarix* L.

小乔木或灌木。非木质化纤细小枝于冬季凋落。叶鳞形。总状花序或圆锥花序，花瓣内侧无附属物；雄蕊4～5(8～10)，花丝分离；花盘具缺裂；花柱3～4。果3瓣裂；种子顶端芒柱自基部起被毛。

我国有18种。多生于温带干旱荒漠区。

(1)柽柳(三春柳、红荆条) *Tamarix chinensis* Lour. (图11-224)

识别特征 小乔木，高7 m。小枝细长，下垂。叶长1～3 mm，先端渐尖。总状花序多柔弱，下垂，常组成圆锥状；花粉红色，苞片线状披针形。果长3.5 mm。花期4～9月，果期10月。

习性分布与用途 辽宁以南多数省份有分布或栽培。耐盐碱能力强，耐旱耐湿。萌芽力强，生长迅速。是沙荒及盐碱地造林的重要树种，也是产区的重要能源材。枝叶纤秀，姿态优雅，花小而淡红，花期长，也被栽作观赏植物。

（2）多枝柽柳（红柳）*Tamarix ramosisssima* **Ledeb.**（图11-225）

识别特征　灌木，高1~3(6)m。小枝淡红或橙黄色。叶长0.5~2 mm；萼片5；花瓣5，雄蕊5，花盘5裂。果三角状圆锥形。花果期5~9月。

图11-224　柽　柳　　　　　图11-225　多枝柽柳

习性分布与用途　产西北、华北、东北，以新疆沙漠地区分布最普遍。耐盐碱能力强，为荒漠地区的优良固沙造林树种。

11.30.3　水柏枝属 *Myricaria* Desv.

灌木。叶小，密生。总状花序或圆锥花序；花萼5裂；花瓣5，无附属物；雄蕊10，花丝中部以下合生；无花柱，柱头3；胚珠多数。种子顶端芒柱上半部有毛。我国10种。

宽苞水柏枝（河柏、水柽柳）*Myricaria bracteata* Royle（图11-226）

识别特征　高0.5~3 m。叶卵形、卵状披针形或线状披针形，长1~6 mm，先端钝或锐尖。总状花序常顶生；苞片宽卵形，长0.5~1.3 cm，边缘有圆齿；花瓣淡红色。果狭圆锥形，长8~10 mm。花期6~7月，果期8~9月。

习性分布与用途　产华北、西北及西藏等地。喜水湿，耐盐碱，易生不定根，萌芽力强，为护堤保土、固沙树种。

图11-226　宽苞水柏枝

11.31　椴树科 Tiliaceae

乔木或灌木，稀草本。单叶，常互生，托叶常早落，稀缺。花两性或单性异株；聚伞或圆锥花序；萼片5(4)；花瓣5(4)或缺，内侧常有腺体；雄蕊常多数；子房上位，2~6

室或更多，每室胚珠 1 至多数。浆果、核果、坚果或蒴果。

52 属约 500 种，我国有 13 属约 85 种。

11.31.1 椴树属 *Tilia* L.

落叶乔木；顶芽缺，侧芽芽鳞 2。叶 2 列状互生，掌状脉 3~7。花两性；花序梗下部有 1 枚大而宿存的舌状或带状苞片连生；子房 5 室，每室胚珠 2。坚果，稀浆果；种子 1~2。

约 80 种，我国有 30 种，另引栽 2 种。多数种类产于温带或亚热带中山山地，东北地区最多，局部可形成特殊的椴树林森林景观；优良用材树种；也是优良蜜源植物。

分 种 检 索 表

1. 叶缘锯齿先端芒状，芒长 3~5 mm ·· 毛糯米椴
1. 叶缘锯齿先端芒长 2 mm 以下，或不为芒状齿。
   2. 叶缘具疏齿；果熟后开裂 ·· 白毛椴
   2. 叶缘锯齿细密整齐；果不开裂。
      3. 叶片下面脉腋有簇生毛，上面无毛 ··· 紫椴
      3. 叶片下面全被毛。
         4. 幼枝及芽均无毛或很快脱净 ··· 华椴
         4. 枝、芽均密被毛 ··· 辽椴

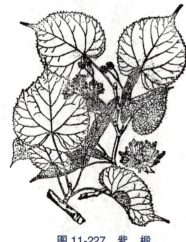

图 11-227 紫椴

(1) 紫椴（籽椴、阿穆尔椴）*Tilia amurensis* Rupr.（图 11-227）

识别特征 高 30 m。树皮浅纵裂。幼枝被毛，后脱净。叶阔卵形或卵圆形，长 4.5~6 cm，先端尾尖，基部心形，上面无毛，下面脉腋有簇生毛，叶缘有锯齿。果球形，被毛，有棱脊或不明显。花期 6~7 月，果期 8~9 月。

习性分布与用途 产我国东北地区及内蒙古、河北、山东等地。常组成纯林或与槭树、桦树等组成混交林，为东北地区落叶阔叶林和针阔混交林重要组成树种。良好蜜源植物，木材轻软，纹理通直，不易翘裂，是建筑、家具、胶合板的优良用材。

(2) 辽椴（糠椴、椴兵子、大叶椴）*Tilia mandsurica* Rupr. et Maxim.（图 11-228）

识别特征 高 20 m。枝、芽被毛。叶卵圆形，长 12 cm，基部斜心形或截形，下面密被灰色星状茸毛，锯齿先端芒状；果球形，长 9 mm，被毛，具不明显 5 棱脊。花期 7 月，果期 9 月。

习性分布与用途 产东北及内蒙古、河北、山东、江苏北部。常与槭树、桦树等组成混交林。萌芽力强。习性、分布、用途与紫椴相近。

(3) 华椴 *Tilia chinensis* Maxim.（图 11-229）

识别特征 高 15 m。枝、芽无毛。叶卵形或阔卵形，长、宽 5~10 cm，基部斜心形或近截形，叶下面初被星状茸毛，后脱落，叶缘具细锯齿。果椭圆形，长约 1 cm，被毛，具明显 5 棱脊。花期 6~7 月，果期 8~9 月。

图 11-228 辽 椴

图 11-229 华 椴

习性分布与用途 产河南、陕西、甘肃、湖北、四川、云南等地。习性、用途同紫椴。

(4) 白毛椴（湘椴、粉叶椴、浆果椴）***Tilia endochrysea* Hand.-Mazz.**（图 11-230）

识别特征 高 16 m。幼枝及芽无毛。叶卵形或阔卵形，长 9~16 cm，基部偏斜，上面无毛，下面被白粉及星状茸毛，边缘有疏齿。花有退化雄蕊。果球形，长约 1 cm，干后开裂。花期 7~8 月。果期 9~10 月。

习性分布与用途 产浙江、福建、江西、湖南、广东、广西等地。用途同紫椴。

(5) 毛糯米椴（粉椴、糯米椴）***Tilia henryana* Szysz.**（图 11-231）

识别特征 高 25 m，胸径达 2 m。叶近圆形，长 6~10 cm，基部心形或截形，下面被黄色星状茸毛，叶缘先端具芒状锯齿，长 3~5 mm。花有退化雄蕊。果倒卵形，径约 5 mm，

图 11-230 白毛椴

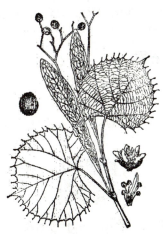

图 11-231 毛糯米椴

被毛。花期7~8月，果期9月。

习性分布与用途 产河南、陕西、湖北等地。用途与其他椴树相近。

11.31.2 蚬木属 *Excentrodendron* H. T. Chang et R. H. Miau

常绿乔木。叶革质，基出脉3，脉腋有腺体，全缘。花两性，稀单性；圆锥或总状花序，多腋生，花梗常有关节；花萼5片；花瓣4~5或更多；雄蕊多数，花丝连成5组；子房5室，每室胚珠2。蒴果，有5条纵翅。

共4种，我国均产。

蚬木 *Excentrodendron hsienmu*（Chun et How）**Chang et Miau**（图11-232）

识别特征 高40 m。小枝无毛。叶宽卵形或椭圆形，长8~14 cm，下面脉腋有簇生毛，3出脉。圆锥花序，花梗无关节。果长约2 cm。花期2~3月，果期6~7月。

习性分布与用途 产广西、云南南部；多生于石灰岩山地常绿阔叶林中，为喀斯特地区特有树种和造林树种。因其树根和树干生长过程中常受到石缝的挤压及向光生长等原因，树干横切面上的年轮常偏向一侧，形成一边宽一边窄的年轮纹理现象，有如蚬壳上的花纹，故称为蚬木。木材颜色微红，结构致密，既耐腐，又耐磨，坚重如石，为特种珍贵硬材树种，是高级家具、建筑、造船、砧板和特种工艺良材。国家二级重点保护植物。

图 11-232 蚬 木

复习思考题

一、单项选择题

1. 椴树属植物的花序梗下部有（　　）。
   A. 关节　　　　　B. 一枚大而宿存苞片连生　　　　　C. 腺体
2. 可作为华西南地区石灰岩山地造林树种的是（　　）。
   A. 辽椴　　　　　B. 华椴　　　　　C. 蚬木　　　　　D. 紫椴

二、简答题

1. 椴树属有哪些主要识别特征？具有哪些重要经济价值？
2. 蚬木有哪些主要识别特征？具有哪些重要经济价值？
3. 石灰岩山地造林树种必须具备哪些生态特性？

11.32 杜英科 Elaeocarpaceae

乔木或灌木。单叶，互生或对生；有托叶或缺。花两性或杂性；单生、总状或圆锥花序；萼片4~5；花瓣4~5或缺，先端撕裂或全缘；雄蕊8至多数，离生，花药顶孔开裂或短纵裂；具花盘，子房上位，2至多室。核果或蒴果。共12属约400种，我国有2属51种。多为亚热带常绿阔叶林组成树种。

11.32.1 杜英属 *Elaeocarpus* L.

常绿乔木。叶互生；通常有托叶。总状花序，腋生；花瓣先端常撕裂，雄蕊多数；子房2~5室。核果，内果皮常有沟纹；每室种子1。

200余种，我国有38种。老叶落叶前常变红色。播种繁殖。

(1) 山杜英（羊屎树）*Elaeocarpus sylvestris*（Lour.）**Poir.**（图11-233）

识别特征 高15 m。枝叶无毛，叶纸质，倒卵形，长4~8 cm，先端短急尖，基部楔形，叶缘钝锯齿，侧脉5~6对。花序长4~6 cm，花瓣上部10裂，外侧基部被毛；果椭圆形，长1~1.2 cm。花期4~5月，果期10~12月。

习性分布与用途 产长江流域以南，多生于海拔1200 m以下山地林中。木材供作建筑、家具等用。果可食。老叶红艳，挂存树上，近年在华东各省常栽做行道观赏树。

(2) 杜英（胆八树）*Elaeocarpus decipiens* **Hemsl.**（图11-234）

识别特征 高15 m。叶革质，披针形，长5~12 cm，先端渐尖，基部渐窄且下延，两面无毛，具钝齿，侧脉7~9对。花序长5~10 cm；花瓣上部10~12裂，内侧基部被毛。果椭圆形，长2~3 cm。花期6~8月，果期翌年6~7月。

习性分布与用途 产长江流域以南；生于海拔300~1200 m山地阔叶林中，果实较山杜英大，有如橄榄，成熟时可食。

图11-233 山杜英

图11-234 杜英

11.32.2 猴欢喜属 *Sloanea* L.

常绿乔木。叶互生。花单生或数朵簇生；花瓣先端全缘或齿裂，子房4~5室。蒴果；种子多具黄色假种皮。

约120种，我国有13种。主要分布于华南和西南。播种繁殖。

猴欢喜 *Sloanea sinensis*(Hance)**Hemsl.**（图11-235）

识别特征 高20 m；树皮不裂。叶薄革质，常为椭圆状长圆形或倒卵状长圆形，长7～9 cm，先端短尖，基部略圆，常全缘，偶有疏齿，无毛。花白色，多朵集生于枝顶叶腋，花萼4，花瓣4，先端齿状撕裂；果球形，径3～5 cm，外被长1～1.5 cm 针刺，3～6瓣裂，种子黑色有光泽，大小如黄豆，有黄色假种皮。花期9～11月，果期翌年6～7月。

习性分布与用途 产长江流域以南，多生于海拔1200 m以下山地阴湿沟谷林中。果形奇特，熟时红艳，挂存树上，令人遐想。可选做园林观赏树种。木材供作建筑、家具等用。

图11-235 猴欢喜

复习思考题

一、不定项选择题

猴欢喜属植物的果属于（　　）。
A. 核果　　　　B. 蓇葖果　　　　C. 蒴果　　　　D. 坚果

二、简答题

1. 杜英属树种有哪些优良的园林观赏特性？
2. 怎样区别山杜英和杜英？

11.33 梧桐科 Sterculiaceae

乔木、灌木，稀草本或藤本。树皮富含纤维。幼嫩枝叶常有星状茸毛。单叶，互生，稀掌状复叶；托叶早落。花两性、单性或杂性；聚伞或圆锥花序，稀单生或簇生；萼3～5裂，花瓣5或缺；雄蕊5至多数，花丝连成筒状，稀离生；子房上位，心皮2～5(10)，通常连合或分离，中轴胎座。蓇葖果、蒴果或核果。

68属约1100种，我国连同引种的有19属82种。

分 属 检 索 表

1. 花无花瓣；蓇葖果 ………………………………………………………………………… 梧桐属
1. 花有花瓣；蒴果或核果。
  2. 蒴果；种子有翅 ……………………………………………………………………… 翅子树属
  2. 核果；种子无翅 ……………………………………………………………………… 可可属

11.33.1 梧桐属 *Firmiana* Marsili

落叶乔木。小枝粗壮。单叶,掌状分裂或全缘。花单性,萼裂片5,花瓣状;花瓣缺;雄蕊10~15,花药聚生于花丝筒顶端;雌花心皮5,上部靠合,基部分离,每室胚珠2~4。蓇葖果未成熟前即开裂,果皮纸质或厚膜质;种子球形,2~4着生于蓇葖边缘。

约15种,我国有3种。

梧桐(青桐) *Firmiana simplex* (L.) **W. F. Wight** (图 11-236)

识别特征 高 16 m。树皮青绿色,老时灰绿色。叶掌状3~5裂,径15~30 cm,基部心形,3~7基出脉,叶柄长,圆锥花序顶生。果匙形,网脉明显。花期5~7月,果期10月。

习性分布与用途 除西北和东北外,南北各地均有栽培或野生。喜光,要求深厚土壤。材质轻软,白色,供乐器、箱盒等用,种子可炒食或榨油;常栽作庭园树或行道树。

图 11-236 梧 桐

11.33.2 可可属 *Theobroma* L.

常绿乔木。单叶,全缘。花小,两性;单生或成聚伞花序,常生于老枝或树干上,萼5深裂;花瓣5,有爪;雄蕊10,外轮具5退化雄蕊,呈花瓣状;子房无柄,5室。核果大;种子多数。

约30种,产美洲热带;我国引栽1种。

可可 *Theobroma cacao* L. (图 11-237)

识别特征 高 12 m。嫩枝有柔毛。叶卵形或倒卵状椭圆形,长20~30 cm。萼淡红色,上部外曲。果长椭圆状纺锤形,长15~30 cm,径约7 cm,外皮厚,有数条纵沟,淡黄色或淡红色,5室;每室种子12~14,种子卵形,长2.5 cm。几乎全年开花。

习性分布与用途 原产南美洲。喜热树种,我国广东南部、海南、云南南部及台湾南部有引种栽培。为热带特用经济树种,种子为制巧克力糖和可可粉的主要原料。

图 11-237 可 可

11.33.3 翅子树属 *Pterospermum* Schreber

常绿乔木或灌木。叶互生，掌状分裂或不分裂，常偏斜。花两性，单生或簇生叶腋；萼、花瓣各5；发育雄蕊15，每3枚集生；子房有短柄，5室，胚珠多数。蒴果木质，5瓣裂；种子顶端有膜质长翅。

约43种，我国有9种。

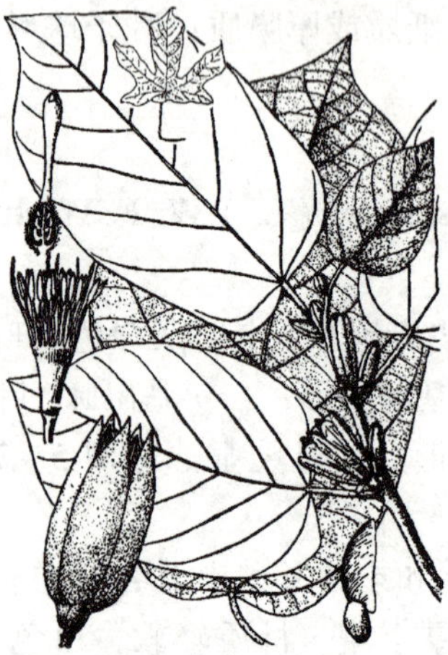

翻白叶树（翅子树）*Pterospermum heterophyllum* Hance（图11-238）

识别特征 乔木，高20 m。小枝、叶背有锈黄色柔毛。叶二型，幼树及萌生枝上的叶盾形，掌状3~5裂，老树上的叶长圆形至卵状长圆形，长7~15 cm；基部偏斜，全缘。花瓣白色。蒴果卵状长椭圆形，长4~6 cm，密被黄褐色星状茸毛。花期6~7月，果期8~12月。

习性分布与用途 产福建、广东、广西等地。多生于海拔500 m以下山地沟谷地带，喜温暖湿润的气候环境，木材质地轻软，供建筑、家具、板料等用。可作石灰岩山地造林树种。

图 11-238 翻白叶树

复习思考题

一、不定项选择题

1. 叶背有锈黄色柔毛、被风吹翻过来后远看近白色的是（　　）。
   A. 翻白叶树　　B. 梧桐　　C. 可可树
2. 梧桐具有以下特征（　　）。
   A. 树皮青绿色　　B. 掌状复叶　　C. 单叶掌状开裂　　D. 花药聚生
3. 梧桐的果实类型是（　　）。
   A. 蒴果　　B. 核果　　C. 蓇葖果　　D. 翅果

二、简答题

1. 梧桐有哪些优良的园林观赏特性？
2. 可可树的主要经济用途是什么？

11.34 木棉科 Bombaceae

乔木。单叶或掌状复叶，互生；托叶早落。花两性；单生或簇生；萼3~5裂或不裂，常具副萼；花瓣5，稀缺；雄蕊5至多数，花丝分离或连合成管状；子房上位，中轴胎座。蒴果，果皮内壁有长毛。

20属约180种，我国产1属2种，引入栽培5属5种。

木棉属 *Bombax* L.

落叶大乔木。幼树树干及枝常有粗肥皮刺。小枝粗壮。掌状复叶。花萼肉质杯状，5裂；花瓣5；雄蕊多数，5束；子房5室，每室有胚珠多数。

约50种，我国有2种。

木棉(红棉、英雄树、攀枝花)*Bombax malabaricum* DC.（图11-239）

识别特征　高40 m。大枝轮生，平展。小叶5~7，椭圆形，长10~20 cm，全缘。花大，红色。蒴果木质，长椭圆形，长10~15 cm，果瓣内有棉毛。花期3~4月，果期5~6月。

习性分布与用途　产西南、华南及台湾，喜暖热气候，为热带季雨林的代表树种。树形高大，先花后叶，花红艳丽，可栽作观赏树；果内的长毛即木棉，为垫褥、枕头的优良填充物。

图11-239　木　棉

复习思考题

一、不定项选择题

1. 木棉有以下特征（　　）。
   A. 落叶乔木　　B. 先花后叶　　C. 有粗壮皮刺　　D. 大枝轮生平展
2. 木棉叶是（　　）。
   A. 掌状复叶　　B. 羽状复叶　　C. 单叶　　D. 单身复叶
3. 木棉的果实类型是（　　）。
   A. 蒴果　　B. 核果　　C. 菁荚果　　D. 浆果

二、简答题

木棉有哪些经济用途？

11.35　锦葵科 Malvaceae

草本、灌木或乔木；常具星状茸毛、鳞秕及黏液细胞。单叶互生，常为掌状脉；有托叶。花两性，整齐；单生或组成复伞花序；花萼5裂，基部常有副萼；花瓣5片，旋转状排列，雄蕊多数，单体雄蕊，花药1室；子房上位，2至多室，每室1至多个胚珠。蒴果或分果，或浆果状。

50余属约1000种，我国连引种的有18属80余种。

木槿属 Hibiscus L.

草本、灌木或乔木。叶互生，掌状分裂或不裂。花通常单生叶腋；副萼5至多数；花萼5裂，宿存；花瓣5；子房5室，胚珠每室2至多个。蒴果。200余种，我国包括引种共有24种。多为观赏花木。

分 种 检 索 表

1. 叶缘具锯齿或缺刻；花常下垂，雄蕊柱常伸出花冠外 .... 朱槿
1. 叶掌状5~7裂或3浅裂；花直立，雄蕊柱不伸出花冠外。
  2. 叶掌状5~7裂，密被星状茸毛；花梗长于5 cm .... 木芙蓉
  2. 叶3浅裂或不裂，两面几无毛；花梗长约1 cm .... 木槿

图 11-240 朱 槿

(1) 朱槿（扶桑、大红花）*Hibiscus rosa-sinensis* L.（图 11-240）

识别特征 常绿灌木，高3 m。叶宽卵形或长卵形，长5~9 cm，宽3~6 cm，边缘具粗锯齿或缺刻，两面几无毛；托叶线形。花单生叶腋，下垂，红色或黄色，单瓣或重瓣；雄蕊柱长8 cm 以上。花大色艳，品种多，花期近全年。

习性分布与用途 原产我国，华南部分省份常有栽培，北方宜栽于温室。花大色艳，花色多，花期长，为美丽的观赏花木，多栽为园林观赏，南方园林多用。

(2) 木芙蓉（山芙蓉、芙蓉花）*Hibiscus multibilis* L.（图 11-241）

识别特征 落叶灌木。枝叶密生星状茸毛。叶近圆形，长、宽各10~15 cm，5~7裂；叶柄长5~15 cm。花单生叶腋，初开时白色或淡红色，后渐变深红色，单瓣或重瓣，直径约8 cm，雄蕊柱长2~3 cm，果径约2.5 cm。

习性分布与用途 原产我国，栽培历史悠久，我国传统十大名花之一。现黄河流域以南各地广泛栽培；四川、湖南一带最多，花大而美丽，花色、花型、品种多样，除花瓣有单瓣和重瓣变化外，还有花色多变的"醉芙蓉"。广泛栽培供观赏。

(3) 木槿 *Hibiscus syriacus* L.（图 11-242）

识别特征 落叶灌木。叶菱状卵形，长4~8 cm，宽3~4 cm，3浅裂或不分裂，边缘具不规则齿缺，两面几无毛；叶柄长1~2 cm，花单生叶腋，淡紫或白至粉红色，径约5 cm，雄蕊柱长约3 cm。

习性分布与用途 从东北南部至华南广泛栽培，以长江流域一带最多。花期长，花色品种多，分枝繁茂，可作观赏花木或绿篱。茎皮、枝叶、花等均可入药，有清热、凉血、利尿等功效；花瓣鲜嫩可食。

图 11-241　木芙蓉

图 11-242　木　槿

> **复习思考题**

一、不定项选择题

1. 锦葵科的主要特征有（　　）。
   A. 单叶互生　　　　B. 花有花萼、副萼　　　C. 单体雄蕊　　　　D. 核果
2. 叶大、近圆形的是（　　）。
   A. 朱槿　　　　　　B. 木槿　　　　　　　　C. 木芙蓉　　　　　D. 单身复叶

二、简答题

如何区别朱槿、木芙蓉和木槿？

11.36　蒺藜科 Zygophyllaceae

多年生草本、半灌木或灌木。枝条常具关节。叶对生或互生，单叶、2~3 小叶或羽状复叶；托叶宿存，常刺状。花两性；单生或成各种花序；萼片 5，稀为 4；花瓣 4~5；常具花盘；雄蕊与花瓣同数或为其 2~3 倍。花丝基部或中部具 1 小鳞片；子房上位，中轴胎座。蒴果或核果。

27 属约 350 种，我国 6 属 31 种。

11.36.1　白刺属 *Nitraria* L.

灌木。枝常具刺。单叶，肉质，全缘；托叶小。花小，蝎尾状聚伞花序腋生，萼裂片 5，肉质，宿存；花瓣 5；雄蕊 10~15。核果，种子 1。共 11 种，我国有 6 种。

白刺（泡泡刺、酸胖）*Nitraria sibirica* **Pall.**（图 11-243）

识别特征　落叶灌木，高 1~2 m。多分枝，灰白色，顶端刺化。叶 6~8 枚簇生，肉质，倒卵状匙形，长 1.6~3 cm；无柄。花黄绿色。果卵形，熟时深红色。花期 5~6 月，果期 7~8 月。

习性分布与用途 产西北。耐干旱，耐盐碱，抗风沙，为典型荒漠植物，可数千亩连成一片，有防风固沙作用。

11.36.2 霸王属 *Zygophyllum* L.

灌木、半灌木或草本。偶数羽状复叶，稀单叶；托叶革质或膜质。花腋生，单生或成对；萼 4~5 裂；花瓣 4~5；雄蕊 8~10。蒴果，具 3~5 翅或无翅，稀核果；每室种子 1 至多数。我国有 2 种。

霸王 *Zygophyllum xanthoxylom* **Maxim.**（图 11-244）

识别特征 落叶灌木，高 0.7~1.5 m。枝端刺化，小枝灰白色。叶对生或簇生，小叶 2，叶倒卵圆形，肉质，长 0.2~2 cm。花单生，黄白色；萼裂片 4；花瓣 4；雄蕊 8，生于花瓣；子房 3 室。蒴果具 3 宽翅，近圆形，径 1.5~2.5 cm。

习性分布与用途 产新疆、甘肃、青海、内蒙古、宁夏。耐旱，为典型旱生植物。叶为骆驼的饲料。可作为防风固沙植物。

图 11-243 白刺

图 11-244 霸王

复习思考题

1. 旱生植物有哪些典型特征？
2. 哪些植物可作为防风固沙植物？

11.37 大戟科 Euphorbiaceae

草本或木本；常有乳汁。单叶或复叶，常互生；常有托叶。花单性同株或异株；花序各式；单被、两被或无被花；有花盘或退化为腺体；雄蕊1至多数；子房上位，通常3室，中轴胎座。蒴果、核果或浆果。

300属约5000种，我国70属约460种。其中橡胶是著名的工业原料植物，木薯富含淀粉可供食用，油桐、乌桕是我国特有工业油料树种，一品红和变叶木等可供庭园观赏；麻风树是热带地区海岛上的特有景观树种；有些则可供药用。

分 属 检 索 表

1. 叶为单叶。
 2. 花有花瓣。
  3. 常绿性；枝叶有星状茸毛 ··· 石栗属
  3. 落叶性；枝叶无星状茸毛 ··· 油桐属
 2. 花无花瓣。
  4. 花无花被，雄花雄蕊1，多朵雄花和1朵雌花同生于萼状总苞内 ················· 大戟属
  4. 花被萼片状，雄花雄蕊2~3 ·· 乌桕属
1. 叶为三出复叶。
 5. 小叶全缘；蒴果 ·· 橡胶树属
 5. 小叶有锯齿；浆果 ·· 重阳木属

11.37.1 油桐属 *Vernicia* Lour.

落叶乔木。单叶互生，全缘或3~5裂，掌状脉，叶柄顶端常有2腺体。聚伞花序顶生，花萼2~3裂；花瓣5；雄蕊8~20；子房3~8室，每室胚珠1。核果大，种子大。

3种，我国有2种。播种繁殖。

(1) 油桐(三年桐、光桐)***Vernicia fordii***(Hemsl.) **Airy-Shaw**(图11-245)

识别特征 高12 m。枝、叶无毛。叶卵形或阔卵形，全缘，稀3裂，长10~20 cm；叶柄顶端腺体扁平无柄，红色。雌雄同株；花瓣白色，有淡红色斑纹；子房3~8室。果球形或扁球形，径4~6 cm，果皮平滑；种子3~8。花期3~4月，果期8~10月。

习性分布与用途 产秦岭—淮河流域以南，品种多。种仁含油量52%~62%，为工业用干性油，供涂料、油漆、油墨、塑料用；木材白色，稍软，一般用材；果皮可制活性炭。

(2) 木油桐(千年桐、皱桐、木油树)***Vernicia montana* Lour.**(图11-246)

识别特征 高15 m。枝、叶无毛。叶阔卵形，常3~5深裂，裂口底部有腺体；叶柄顶端腺体杯状有柄。花雌雄异株；子房3~5室。果卵球形，果皮具3(4)纵棱和网状皱纹。花期4~5月，果期10月。

习性分布与用途 产华东、华南及西南等省份。重要的木本油料树种；习性分用途与油桐相似，木材质地轻软，可做用具和培养食用菌。

图 11-245 油 桐

图 11-246 木油桐

11.37.2 石栗属 Aleurites J. R. et G. Forst.

形态特征与油桐属近似,但为常绿性,花较小,子房2室,叶下面被星状茸毛为主要区别点。

2种,我国引入1种。

石栗(烛果树)*Aleurites moluccana*(L.)**Willd.**(图11-247)

识别特征 高20 m。叶卵形至阔披针形,长10~18 cm,基部宽楔形,全缘或3~5裂,叶下面被星状茸毛。花白色,单性同株;圆锥花序被星状茸毛。果卵形,外被星状茸毛;种子1~2。花期春夏间,果期10~11月。

习性分布与用途 原产马来西亚和夏威夷群岛。喜热树种,树形美观,树冠开展,福建、广东、海南、广西、云南等地引种,栽作庭园观赏和行道树。

11.37.3 大戟属 Euphorbia L.

草本或灌木,或具肉质茎。单叶,互生、对生或轮生。花无花被,常多朵雄花和1朵雌花同生于总苞内,形成大戟花序,再组成杯状聚伞花序,雄花仅具1雄蕊,雌花单生于总苞的中央;子房3室,每室1胚珠。蒴果。

约2000种,我国有60多种。

一品红(圣诞树)*Euphorbia pulcherrima* **Willd. ex Klotzsch.**(图11-248)

识别特征 常绿灌木,高5 m,有丰富乳汁。叶互生,椭圆形至披针形,长7~20 cm,下部叶全缘、波状或浅裂,绿色;顶部叶开花时呈朱红色,全缘,近轮生状。花多数,聚生于枝顶。花期冬季。

习性分布与用途 原产美洲;现世界各地广泛栽培。我国各地也多有栽培。花冬季开，花色叶鲜红艳丽，花期长，可大量盆栽汇成花景供观赏。注意乳汁有毒，不可误食。

图 11-247 石 栗

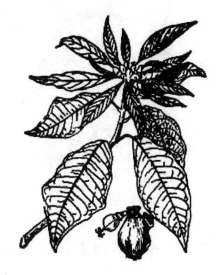

图 11-248 一品红

11.37.4 乌桕属 *Sapium* P. Br.

乔木或灌木；无毛，有乳汁。单叶，互生，全缘；叶柄顶端具 2 腺体。花单性，雌雄同株或同序；雄花生于花序上部，雌花生于花序下部；萼 2~3 裂，无花瓣及花盘；雄蕊 2~3；子房 2~3 室，花柱 2~3。蒴果，种子外被白色蜡层。

共 120 余种，我国有 9 种。播种或嫁接繁殖。

(1) 乌桕(蜡子树) *Sapium sebiferum*(L.) Roxb. (图 11-249)

识别特征 落叶乔木，高 15 m。树皮纵裂。叶菱形或菱状卵形，长 5~9 cm，先端急尖，基部宽楔形；叶柄长 2.5~4 cm。穗状花序长 6~12 cm，花黄绿色。果扁球形，径 1~1.5 cm；种子黑色。花期 5~7 月，果期 10~11 月。

习性分布与用途 产秦岭—淮河流域以南至西南。为重要油料树种，种子含油率达 50%~65%，种仁可榨取干性柏油(清油)，供制油漆、油墨、机械润滑油等用，种子外的白色蜡质可提取皮油(柏蜡)，供制蜡烛、蜡纸、肥皂等用；木材供家具、农具等用。秋叶红艳，是优良的秋季观叶树种，常作为景观树应用。

(2) 山乌桕 *Sapium discolor*(Champ.) Muell.-Arg. (图 11-250)

识别特征 落叶乔木，高 12 m。叶卵形或长卵形，长 5~10 cm，先端急尖，基部圆形；叶柄长 2~4 cm。穗状花序长 5~10 cm。果近球形，径约 1 cm；种子黑色。花期 5~7 月，果期 10~11 月。

习性分布与用途 产长江流域以南至西南。多生于海拔 1200 m 以下山地林中。木材灰白色，材质较差，供家具、农具等用。

图 11-249 乌桕

图 11-250 山乌桕

11.37.5 橡胶树属 *Hevea* Aublet

常绿乔木；多乳汁。三出复叶，小叶全缘；叶柄顶端有腺体。花单性，雌雄同序；圆锥状聚伞花序，花序中央为雌花；萼5裂；无花瓣；雄蕊5~10，花丝连合成筒状；子房3室，每室胚珠1。蒴果3裂；种子大。

约20种，产热带美洲；我国华南及西南引栽1种。

橡胶树（巴西橡胶、三叶橡胶）*Hevea brasiliensis* (H.B.K.) Muell.-Arg.（图 11-251）

图 11-251 橡胶树

识别特征 高30 m。小叶椭圆形或椭圆状倒披针形，长10~30 cm，无毛。花序腋生，长达25 cm，密被白色茸毛；雄蕊10，排成两轮。果近球形，径约5 cm；种子椭圆形，长2~3 cm，有深色斑纹和光泽。花、果期1年两次：花期4月及7月，果期8月及11~12月。

习性分布与用途 原产巴西亚马孙河流域热带雨林中。福建、广东、广西、云南、四川及台湾均有引种栽培。喜湿热气候。乳汁供制轮胎、机器配件、绝缘材料、胶鞋、雨衣等。

11.37.6 重阳木属 *Bischofia* Bl.

乔木。三出复叶，互生，叶缘具锯齿。花雌雄异株；总状或圆锥花序，腋生，萼片5；无花瓣；无花盘；雄蕊5，与萼片对生；子房3室，每室胚珠2。浆果球形。2种，我国均产。

(1) 秋枫 *Bischofia javanica* Bl.（图 11-252）

识别特征 常绿乔木，高40 m。枝、叶无毛。小叶厚纸质，卵形或长椭圆形，长7~

15 cm，锯齿粗钝。圆锥花序；果径 8～15 mm，成熟时蓝黑色。花期 4～5 月，果期 8～10 月。

习性分布与用途　产华南及西南，北至长江三峡的巫山县城仍可引种栽培。树形高大，树冠浓密，常栽作行道树；耐水湿，可作低湿地带绿化树种。木材红褐色，质地坚重，供建筑、器具、车辆、造船用。

（2）重阳木 *Bischofia polycarpa*（Levl.）**Airy-Shaw**（图 11-253）

识别特征　落叶乔木，高 15 m。小叶纸质，圆卵形或椭圆状卵形，长 5～9 cm，具细锯齿。总状花序；果径 5～7 mm，熟时红褐色。花期 4～5 月，果期 10～11 月。

习性分布与用途　产秦岭—淮河流域以南至广东、广西北部地区。树形高大，树冠开展，常栽为行道树；木材红褐色，耐水湿，可作建筑、家具等用材。

图 11-252　秋　枫

图 11-253　重阳木

> 复习思考题

一、多项选择题

1. 大戟科具有的特征是（　　）。
　　A. 常绿性　　　　B. 落叶性　　　　C. 有托叶　　　　D. 有乳汁
2. 大戟科具有复叶的种类是（　　）。
　　A. 油桐　　　　　B. 乌桕　　　　　C. 重阳木　　　　D. 橡胶树
3. 下列树种冬态落叶的是（　　）。
　　A. 油桐　　　　　B. 乌桕　　　　　C. 重阳木　　　　D. 一品红
4. 具有优良观赏特性的树种有（　　）。
　　A. 橡胶树　　　　B. 乌桕　　　　　C. 重阳木　　　　D. 一品红
5. 可作为木本油料树种的有（　　）。
　　A. 油桐　　　　　B. 乌桕　　　　　C. 木油桐　　　　D. 一品红
6. 具有特有（特用）经济价值的树种有（　　）。
　　A. 橡胶树　　　　B. 乌桕　　　　　C. 油桐　　　　　D. 木油桐

7. 耐水湿的树种有（　　）。
　　A. 橡胶树　　　　B. 重阳木　　　　C. 油桐　　　　D. 秋枫

二、简答题

1. 油桐有什么特点和经济价值？
2. 油桐和千年桐有哪些区别特征？
3. 怎样区别秋枫与重阳木？

11.38 山茶科 Theaceae

常绿或落叶，乔木或灌木。单叶互生；无托叶。花两性，稀单性，通常大而整齐，单生、簇生，稀排成聚伞或圆锥花序；萼片常5；花瓣5，稀4~9或多数；雄蕊多数，稀5或10；花丝有时基部连合或成束；子房上位，稀半下位，3~5(10)室，中轴胎座。蒴果、浆果或核果状。

36属700余种，我国有15属约500种。主要产于长江流域以南，为亚热带常绿阔叶林重要组成树种。

分 属 检 索 表

1. 蒴果；花两性。
　　2. 外轮雄蕊花丝合生；种子多角形，无翅 ··· 山茶属
　　2. 雄蕊花丝分离；种子扁平有翅 ··· 木荷属
1. 浆果，不开裂，花单性 ·· 柃木属

11.38.1 山茶属 Camellia L.

常绿小乔木或灌木。叶革质，有锯齿。花两性；通常单生叶腋；苞片早落，萼片5，花瓣5，基部多少连生；雄蕊多数，排成2轮，外轮花丝合生，花药丁字着生，子房3~5(10)室，每室胚珠4~6，花柱3~5，基部连合或分离。蒴果，室背开裂；种子大，多角形。

约280种，我国有240余种，许多种类花大色美，是组成森林、园林观赏或特用经济树种。

分 种 检 索 表

1. 花较大，径4~10 cm，无花梗或近于无梗；萼片常早落；果皮厚。
　　2. 花白色 ·· 油茶
　　2. 花红色。
　　　　3. 子房无毛。
　　　　　　4. 苞片及萼片14~16片；果径4~6 cm，每室种子8 ································· 红花油茶

        4. 苞片及萼片 7~10 片；果径 2~3 cm，每室种子 1~2 ·· 山茶花
    3. 子房多少被毛。
        5. 叶片下面无毛 ··· 云南山茶花
        5. 叶片下面疏被长毛，上面中脉凹陷 ·· 宛田红花油茶
1. 花较小，径 4 cm 以下，有花梗；萼片宿存；果皮薄。
    6. 花金黄色，子房无毛 ··· 金花茶
    6. 花白色，子房被毛。
        7. 叶长 5~10 cm；嫩枝及幼叶有柔毛 ·· 茶
        7. 叶长 10~16 cm；枝叶少毛 ··· 普洱茶

（1）油茶 *Camellia oleifera* Abel（图 11-254）

识别特征 小乔木。树皮平滑，淡黄褐色。芽鳞密被长毛；嫩枝有粗毛。叶革质，卵状椭圆形或卵形，长 4~10 cm，叶两面中脉常有毛，下面侧脉不明显。花白色，近无柄，径 4~8 cm；花瓣 5，先端凹缺；子房密被茸毛。果球形，径 3~5 cm，果皮厚；种子有棱角。花期 10~12 月，果期翌年 10~11 月。

习性分布与用途 产秦岭—淮河流域以南，现多栽培。为重要木本油料树种。种子含油 30% 以上，油可供食用，茶子饼可作肥料；果壳可烧制活性炭等；材质较坚重、耐腐，供工具柄、农具柄及细木工用。

（2）茶（茶叶树）***Camellia sinensis* O. Ktze.**（图 11-255）

识别特征 小乔木或灌木状。叶卵状椭圆形或椭圆形，长 5~10 cm，幼枝、幼叶微有毛，后渐落，侧脉明显。花白色，径 2~3 cm；花梗下弯；子房有长毛。蒴果 3 连球形，果皮较薄，萼宿存；种子近球形，径 1~1.6 cm。花期 10~12 月，果期翌年 9~10 月。

习性分布与用途 原产我国，秦岭—淮河流域以南各地广泛栽培；安徽、浙江、福建、湖南、四川、云南及台湾等地是主要产区。叶富含单宁、多种维生素、咖啡碱、茶碱等多种物质，具有提神强心、帮助消化等功能，为优良饮料。我国栽培茶树的历史悠久，品种制法很多，有重要经济价值。

图 11-254 油 茶

图 11-255 茶

(3) 普洱茶(野茶树)*Camellia assamica* (Mast.) **H. T. Chang**(图 11-256)

识别特征　乔木，高 17 m。叶形与茶相似，但较宽长，长可达 10~22 cm，叶缘有不显著锯齿或波状，下面沿中脉有毛。也有人将其作为单独的种。

习性分布与用途　产广东、海南、广西、云南等地。用途同茶。国家二级重点保护植物。

(4) 红花油茶(浙江红花油茶)*Camellia chekiangoleosa* **Hu.** (图 11-257)

识别特征　灌木或小乔木。小枝灰白色。叶长椭圆形、椭圆形至倒卵状椭圆形，长 8~12 cm，边缘浅锯齿，无毛。花单生枝顶，苞片 9~11，密生柔毛，花瓣 5~7，红色，子房无毛。果球形，果皮光滑，径 4~6 cm。花期 2~3 月，果期 8~9 月。

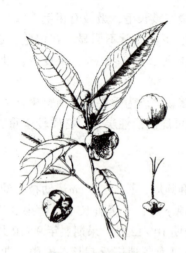

图 11-256　普洱茶

图 11-257　红花油茶

习性分布与用途　产浙江、安徽、江西、福建、湖南等地，多生于海拔 800~1800 m 的山地。种子含油 25% 以上，可榨油供食用或工业用。也可用于园林观赏。

(5) 金花茶 *Camellia nitidissima* Chi[*C. chrysantha* (Hu) Tuyama] (图 11-258)

识别特征　灌木或小乔木。嫩枝无毛。叶长椭圆形，与茶相似，长 17 cm。花单生；苞片及萼片各 5，花瓣 8~10，金黄色；子房无毛，3 室，花柱 3(4)，离生，蒴果 3 连球形，径 3~4 cm。

习性分布与用途　产广西南部，多生于海拔 600 m 以下低山常绿阔叶林中。分布范围小，数量稀少，花色稀有，被称为"茶族皇后"，为园艺珍品。国家一级重点保护植物。

(6) 山茶花(山茶、茶花)*Camellia japonica* **L.** (图 11-259)

识别特征　灌木或小乔木。小枝无毛。叶卵形、倒卵形或椭圆形，长 5~12 cm，叶缘有尖或钝锯齿，上面光亮。花大，单生或成对腋生或顶生；萼片密被茸毛；花瓣 5~6 或为重瓣，常为红色；子房无毛。蒴果近球形，径 2~3 cm。花期 2~4 月，果秋季成熟。

习性分布与用途　原产我国东部及日本，现全国各地均有栽培。我国传统十大名花之一，也是世界性的名贵观赏植物，其花大色艳，品种繁多，花期从每年 11 月至翌年 3 月，是珍贵的冬季观赏花木。栽培历史悠久，品种已达 3000 多个，花色花型因品种各异。

图 11-258 金花茶

图 11-259 山茶花

(7) 宛田红花油茶(多齿红山茶)*Camellia polyodonta* How(图 11-260)

识别特征 小乔木。嫩枝初被毛后无毛。叶厚革质，椭圆形至卵圆形，长 8~14 cm，先端尾状渐尖，下面疏被长柔毛，叶脉在上面凹陷，边缘密生尖锐细锯齿。花单生枝顶或叶腋，径 5~10 cm；萼片 15，密被柔毛；花瓣红色，外被毛；子房 3 室，密被白毛。果大，梨形或球形，黄褐色，径 4.5~10 cm，果皮厚 1~2 cm。

习性分布与用途 产江西、湖南、广东、广西、四川等地，种子含油量高，可榨油供食用或工业用。花色鲜艳，也可作绿化观赏树。

(8) 云南山茶花(云南山茶)*Camellia reticulata* Lindl. (图 11-261)

识别特征 小乔木。小枝灰色，无毛，叶椭圆形或卵状披针形，长 7~12 cm，先端渐尖，基部钝圆或宽楔形，叶缘细尖锯齿，侧脉明显。花大，单生枝顶，浅红色至紫红色，通常多为重瓣；子房密被茸毛。蒴果扁圆形、黄褐色。花期长，自 12 月至翌年 3 月。

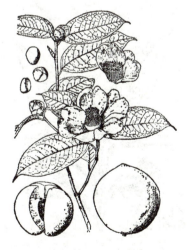
图 11-260 宛田红花油茶

图 11-261 云南山茶花

习性分布与用途 产云南，是我国西南地区著名花木。普遍栽培，品种极多，驰名中外。

11.38.2 木荷属 *Schima* Reinw.

常绿乔木。树皮内含针状晶体，触及后皮肤有痛痒感。叶全缘或有锯齿。花两性，有长梗，单生或成总状花序；萼片、花瓣均为 5；雄蕊多数；子房 5 室。蒴果，室背开裂，果皮木质，萼片及中轴常宿存；种子扁，肾形，边缘具翅。约 30 种，我国有 19 种。播种繁殖。

(1) 木荷(荷树、荷木)*Schima superba* Gardn. et Champ.（图 11-262）

识别特征 高 30 m。顶芽尖，圆锥形，被白色长毛。小枝初被柔毛，后无毛。叶卵状椭圆形或长椭圆形，长 6~15 cm，无毛，有钝锯齿或全缘。花瓣白色；子房基部密被细毛。果近球形，径约 1.5 cm，果柄长 3.5~6 cm。花期 5~7 月，果期 9~11 月。

习性分布与用途 产我国秦岭—淮河流域以南，南岭以北多数省份，是亚热带地区常绿阔叶林的重要组成树种。木材质地坚韧，结构细致，是建筑、家具等的优良用材。叶片革质，燃点高，萌芽力强，耐火烧，因此也是长江流域以南山地造林和防火林带的主要树种。

(2) 银木荷 *Schima argentea* Pritz.（图 11-263）

识别特征 高 30 m。小枝及芽被银白茸毛。叶椭圆形，长 7~14 cm，全缘，下面有白色柔毛，后渐脱落。花 4~6 朵生于叶腋或簇生枝顶，花瓣 5，1 片白色，其余红色或略带黄白色；子房被白毛。果球形，径约 1.5 cm，果梗长 1.5~3 cm。花期 7~9 月，果期翌年 2~3 月。

习性分布与用途 产江西、湖南、广西、四川、贵州。木材淡红色，用途同木荷。

图 11-262 木 荷

图 11-263 银木荷

11.38.3 柃木属 *Eurya* Thunb.

常绿灌木或小乔木。叶2列状互生。花小，单性异株；密生于枝上，小苞片宿存；萼片及花瓣各5；雄花具雄蕊多数。浆果。我国80种，主产长江流域以南。多数为常绿阔叶林下层树种。

细齿柃 *Eurya nitida* Korth.（图11-264）

识别特征 灌木，高2~4 m。嫩枝有棱。叶长椭圆形、椭圆形或倒卵状披针形，钝细锯齿，下面淡绿色。花柱长2~2.5 mm，顶端3浅裂。果径约3 mm。

习性分布与用途 产长江以南各地。为山地灌木层的组成树种之一。

图11-264 细齿柃

复习思考题

一、不定项选择题

1. 下列树种具有园林观赏价值的是（　　）。
   A. 木荷　　　　B. 山茶花　　　　C. 金花茶　　　　D. 云南山茶花
2. 下列树种花冠属于红色的种类有（　　）。
   A. 茶　　　　　B. 油茶　　　　　C. 山茶花　　　　D. 云南山茶花
3. 茶科植物的特征是（　　）。
   A. 单叶　　　　B. 复叶　　　　　C. 有托叶　　　　D. 无托叶
4. 可作为木本油料树种的有（　　）。
   A. 茶　　　　　B. 油茶　　　　　C. 山茶花　　　　D. 云南山茶花
5. 可作为重要饮料树种的有（　　）。
   A. 茶　　　　　B. 油茶　　　　　C. 山茶花　　　　D. 云南山茶花
6. 被称为茶族皇后的植物是（　　）。
   A. 宛田红花油茶　B. 金花茶　　　　C. 山茶花　　　　D. 云南山茶花
7. 木荷属植物树皮含有（　　）。
   A. 芳香油　　　B. 针状晶体　　　C. 乳汁　　　　　D. 树脂

二、简答题

1. 木荷属与茶属有哪些主要区别？怎样区别木荷与银木荷？
2. 如何区别茶、山茶花、油茶？

11.39 猕猴桃科 Actinidiaceae

常绿或落叶藤本。单叶互生，无托叶。花雌雄异株或两性，常组成聚伞花序，花萼

2~5片，花瓣5或更多，覆瓦状排列，分离或基部合生，雄蕊多数，子房5至多室，胚珠多数，中轴胎座。浆果或蒴果。种子多数。

2属75种。我国有2属73种。

猕猴桃属 *Actinidia* Lindl.

落叶藤本。枝条髓心多为片层状，冬芽隐藏于叶座之内或裸露于外。单叶，互生，无托叶。雌雄异株，花萼2~5片，花瓣5或更多，雄蕊多数，子房5至多室，花柱分离，胚珠多数，中轴胎座。浆果，种子多数，细小。

约64种。我国有57种，是猕猴桃科植物的集中分布区。主产于长江流域、珠江流域和西南地区。许多猕猴桃属的种类在森林中常攀缘其他树上，结满累累硕果，山中猴类喜欢采食，故称猕猴桃。猕猴桃类的果实富含维生素C，而且甜酸适度，风味特美，鲜果和加工产品已进入国内国际市场，有的种可以作药用。

图 11-265　中华猕猴桃

中华猕猴桃(猕猴桃)*Actinidia chinensis* Planch.（图 11-265）

识别特征　幼枝被茸毛，老枝近无毛。叶倒阔卵形，长6~8 cm，宽7~8 cm，先端大多截平形并中间凹入，边缘具睫状小齿；上面几无毛或散被短糙毛，下面密被星状茸毛，侧脉5~8对。聚伞花序具1~3朵花，花开时白色，后变淡黄色。果近球形、椭圆形或倒卵形，长约4~5 cm，密生棕色长毛。花期4~5月，果期8~10月。

习性分布与用途　产我国秦岭、大别山以南，南岭以北，西达四川等省份，多生于海拔200~1200 m的灌丛或林缘。本种果实是猕猴桃属中最大的一种，单果重可达200 g，鲜果食用，还可酿酒、加工成罐头、果汁、果酱、果脯等，是猕猴桃属中在生产上经济意义最大的一种，也是优良的园林棚架植物和蜜源植物。

11.40　龙脑香科 Dipterocarpaceae

乔木，木质部有芳香树脂；植物体常具星状茸毛或盾状鳞片；小枝常具环状托叶痕。单叶互生，有托叶。花两性，总状或圆锥花序；花萼5裂；花瓣5，旋转状，分离或稍合生；雄蕊通常多数；子房上位或下位，3心皮，3室，每室胚珠2，中轴胎座。坚果或蒴果，具2至数枚翅状宿存萼裂片。共16属约529种，我国有5属13种。龙脑香科是典型的热带性科，多数分布于东南亚热带雨林中，是热带雨林的特有标志树种，我国仅云南、广西、广东、海南等省的热带地区有分布。树形特别高大，多为优良用材和森林树种。

分属检索表

1. 小枝具环状托叶痕；宿存萼片基部合生成坛状，完全包围果实 ······················· 龙脑香属
1. 小枝不具环状托叶痕；宿存萼裂片基部分离或稍合生，不包围果实。
    2. 蒴果，萼裂片镊合状排列 ·· 青梅属
    2. 坚果，萼裂片覆瓦状排列 ·· 柳安属

11.40.1 龙脑香属 *Dipterocarpus* Gaertn. f.

识别特征 常绿大乔木；具星状茸毛。叶片大，全缘或波状，侧脉伸达叶缘；托叶大，包被芽体，脱落后小枝有环状托叶痕；总状花序，花大，芳香；雄蕊多数。坚果包藏于宿存萼管中，萼裂片 2 枚增大成长翅。

我国 3 种。播种繁殖。

东京龙脑香(云南龙脑香、盈江龙脑香)*Diterocarpus retusus* Bl.（图 11-266）

识别特征 高 45 m。树皮不裂或仅基部纵裂。叶广圆形或卵圆形，长 16~28 cm，宽 10~15 cm，全缘或近波状圆齿，侧脉 16~19 对；果卵圆形，暗褐色，径达 4 cm，密被黄灰色短茸毛，萼翅长 19~23 cm，宽 3~4 cm。花期 5~6 月，果期 12 月至翌年 1 月。

习性分布与用途 产云南南部和西藏东南部海拔 1100 m 以下山地。为热带雨林中的上层林木。木材坚硬，耐腐；供建筑、造船、家具等用，为热带优良用材树种。

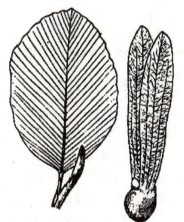

图 11-266 东京龙脑香

11.40.2 柳安属(望天树属)*Parashorea* Kurz

常绿乔木。侧脉先端上弯；托叶条形至戟形。总状或圆锥花序，花或花序下面具宿存苞片；萼裂片 5，仅基部合生；花瓣 5；雄蕊 12~15；子房小，3 室，被毛。坚果大，宿存萼裂片 5 增大成翅，3 长 2 短或近等长。

我国 1 种 1 变种。

(1)望天树(麦撑伞)*Parashorea chinensis* Wang Hsie（图 11-267）

识别特征 高 40~65 m，胸径 60~150 cm。幼枝被星状茸毛。叶椭圆形或椭圆状披针形，长 6~20 cm，宽 3~8 cm，被星状茸毛和柔毛，侧脉 14~19 对。花瓣黄白色；果长卵形，长约 2.5 cm，密被毛；萼翅长 5~8 cm。花期 5~6 月，果期 8~9 月。

图 11-267 望天树

习性分布与用途 产云南南部。常生于低山下部及沟谷地带。木材坚硬、耐腐,纹理直,结构均匀,为建筑、家具、胶合板等良材。热带珍贵树种,国家一级保护植物。

(2) 擎天树 *Parashorea chinensis* var. *kwangsiensis* Lin Chi

识别特征 本变种与望天树的区别:叶下面星状茸毛及柔毛很少或近无毛,花柱长为子房1.5倍;果较大,长约3 cm,萼翅狭长,长7~10 cm。

习性分布与用途 产广西西部及西南部。国家二级重点保护植物。

11.40.3 青梅属(青皮属)*Vatica* L.

常绿乔木。枝、叶各部常有星状茸毛。叶全缘;托叶小。圆锥花序;萼片5,镊合状排列;花瓣5;雄蕊15(10),不等长;子房3室。蒴果,宿存萼裂片增大成翅状,长短不等,其中2枚常扩大成长翅。

我国3种。

青梅(青皮)*Vatica mangachapoi* Blanco(图11-268)

识别特征 高30 m。小枝、叶柄、花序和花被均被星状茸毛。叶片革质,长椭圆形至披针形,长5~13 cm,宽2~5 cm,侧脉7~12对。花瓣白色。果球形,径约6 mm,宿存萼裂片不等长,其中2枚最长,有纵脉5条。花期5~6月,果期8~9月。

习性分布与用途 产海南,为低海拔旱生热带雨林的主要组成树种。木材坚韧耐腐,纹理美观,少翘裂,为造船、建筑、家具、工艺良材。国家二级重点保护植物。

图11-268 青 梅

11.41 杜鹃花科 Ericaceae

灌木,稀乔木。单叶互生,稀对生或轮生;无托叶。花两性;单生、总状或圆锥花序;萼4~5裂,花冠常4~5裂,雄蕊通常为花冠裂片的2倍或同数,花药常有芒,孔裂;子房上位,数室,每室胚珠多数,中轴胎座,花柱1。蒴果、浆果或核果。

103属约3350种,我国15属约757种。

杜鹃花属 *Rhododendron* L.

常绿或落叶灌木,稀乔木。叶互生,全缘。常为顶生伞形总状花序,萼5裂;花冠漏斗状、钟状、管状或高脚碟状,两侧对称或稍歪斜,5裂,常有斑点,雄蕊5~10,稀更多,无芒;子房5~10室或更多。蒴果,室间开裂。种子多数,细小。

约960种,我国有542种。为重要观赏花木。

(1) 兴安杜鹃（达子香）*Rhododendron dauricum* L. （图 11-269）

识别特征 半常绿灌木，高 1~2 m。多分枝；小枝有鳞片及柔毛。叶椭圆形，长 1.5~3.5 cm，两面有鳞片。花冠粉红色。

习性分布与用途 产东北、内蒙古。多生于山坡、山脊地带，为东北山地常见灌木种类。

(2) 照山白 *Rhododendron micranthum* Turcz.（图 11-270）

识别特征 常绿灌木，高 1~2 m。幼枝、叶被鳞片。叶片倒披针形。花小，白色。

习性分布与用途 产东北、华北及甘肃、四川、湖北、山东。植物体有毒，不可误食。

(3) 杜鹃花（映山红）*Rhododendron simsii* Planch.（图 11-271）

识别特征 落叶灌木。高 1~3 m；枝多而纤细，密被亮棕褐色扁平糙伏毛。叶倒卵形至卵状椭圆形，上面疏生糙伏毛，下面毛密生。花冠辐状漏斗形，鲜红色、水红色或玫瑰红色，上部裂片有深红色斑点。

习性分布与用途 产长江流域及西南。为山地丘陵常见灌木种类，喜酸性土壤。

图 11-269　兴安杜鹃

图 11-270　照山白

图 11-271　杜鹃花

11.42　越橘科 Vaccinaceae

灌木。单叶互生，无托叶。花两性；萼筒与子房贴生，4~5 裂；花冠裂片 4~5，覆瓦状排列；雄蕊为花冠裂片的 2 倍，花药孔裂，常有芒；子房下位，2~10 室，胚珠多数，中轴胎座。浆果或核果。

我国 2 属 142 种。

越橘属 *Vaccinium* L.

常绿灌木。花排成腋生或顶生总状花序或单生;花冠钟形,雄蕊内藏,花药背面有时具芒刺2;子房4~5室。浆果,萼宿存。

约450种,我国有91种。

(1) 乌饭(南烛)***Vaccinium bracteatum* Thunb.**(图11-272)

识别特征 幼枝有柔毛。叶椭圆状卵形或卵形,先端渐尖,叶缘有细锯齿,中脉两面疏生细毛,下面网脉明显。总状花序,下垂;花冠白色。果球形,径5~8 mm,熟时紫黑色。

习性分布与用途 产长江流域以南。为产区山地常见灌木种类。果味甜,可生食,可入药;采摘枝、叶渍汁浸米,可煮成"乌饭"。

(2) 越橘(牙疙瘩)***Vaccinium vitis-idaea* L.**(图11-273)

识别特征 常绿矮生半灌木。地下茎匍匐,地上茎直立。叶椭圆形或倒卵形,先端圆或微凹,边缘有细睫毛,上部具微波状锯齿。短总状花序,稍下垂;花白色。果球形,径约7 mm,红色。

习性分布与用途 产东北、内蒙古、新疆等地。株形低矮,耐严寒,多生长于亚寒带地区,为亚寒带地区的地带性森林组成种类。常成片生长,为东北山地常见灌木种类。

图11-272 乌 饭

图11-273 越 橘

11.43 桃金娘科 Myrtaceae

常绿乔木或灌木。单叶对生或互生,全缘,常有透明油腺点,无托叶。花两性,有时杂性,单生、簇生或成各式花序;萼筒与子房合生,萼4~5或更多,宿存;花瓣4~5,稀缺;雄蕊多数,药隔顶端常有1腺体;子房下位或半下位,1至多室。蒴果、浆果、核果或坚果状。

约100属3000种以上，我国原产和引种的共有9属120余种。

11.43.1 桉属 *Eucalyptus* L'Hérit.

乔木，稀灌木。叶革质，幼态叶多为对生，有短柄或无柄或兼有腺毛；成熟叶互生，具柄，具边脉。花数朵排成伞形花序，腋生或多枝集成顶生或腋生圆锥花序；萼筒钟形、倒圆锥形或半球形，先端平截；花瓣与萼片合生成一帽状体，开花时帽状体脱落；雄蕊多数，分离；子房与萼筒合生，3~6室，胚珠多数。蒴果。种子微小，多数。

约600种，原产澳大利亚；我国引种近100种。本属不少种类为优良速生用材树种，也是南方地区短周期工业用材林主要造林树种，近年在华南地区大量引种尾巨桉、巨尾桉等桉树杂交种，生长非常迅速，已逐步推广。

分 种 检 索 表

```
1. 花单生或2~3朵簇生，近于无梗 ················································ 蓝桉
1. 花多朵排成伞形或圆锥花序。
   2. 圆锥花序；枝叶有浓郁的气味 ················································ 柠檬桉
   2. 伞形花序。
      3. 树皮光滑，片状剥落。
         4. 花瓣梗扁；果瓣内陷 ······················································· 尾叶桉
         4. 花序梗圆形。
            5. 帽状体顶端收缩成喙状，长为萼筒的1~2倍 ········· 赤桉
            5. 帽状体圆锥形，顶端不为喙状，长为萼筒的3~4倍 ···· 细叶桉
      3. 树皮纵裂，宿存。
         6. 花序梗扁平；果圆筒形；叶片宽大 ···························· 大叶桉
         6. 花序梗圆形；果圆形；叶片狭小 ······························· 隆缘桉
```

(1) 蓝桉（灰杨柳）*Eucalyptus globulus* Labill.（图11-274）

识别特征 高60 m。树皮光滑、灰蓝色，呈长条片状脱落。幼态叶卵形，基部心形，无柄，蓝绿色、被白粉；成熟叶披针形，镰状，长15~30 cm，两面有腺点，侧脉不甚明显。花单生或2~3朵集生叶腋；帽状体较萼筒短，2层，外层平滑早落。果杯状，有4棱和小瘤状体或沟纹，果缘平而宽，果瓣不突出。花期9~10月，果期翌年3~5月。

习性分布与用途 广西、云南、四川西部栽培较多；华南、西南也有栽培。木材结构较粗，纹理交叉，耐腐，易翘裂，供建筑、桥梁、枕木等用材；花为蜜源植物，叶含油，可供药用。

(2) 柠檬桉 *Eucalyptus citriodora* Hook. f.（图11-275）

识别特征 高40 m。干形通直，树皮光滑，灰白色至淡红灰色，片状脱落。幼态叶片披针形，有腺毛，叶柄盾状着生；成熟叶狭披针形，长10~20 cm，稍弯曲，两面有黑腺点。圆锥花序，帽状体圆锥形，先端有1小尖突。果壶形或坛状，果缘薄，果瓣深藏。

习性分布与用途 广东、海南、广西及福建南部栽培较多，有"林中仙女"之美称，多

栽作行道树，生长良好。喜光，不耐阴；喜湿热和肥沃土壤，耐轻霜。木材红褐色，纹理较直，供建造船、家具等用；枝叶可提取桉油。

图 11-274 蓝 桉

图 11-275 柠檬桉

(3) 赤桉 *Eucalyptus camaldulensis* **Dehnh.**（图 11-276）

识别特征 高 50 m；树皮平滑，呈条片状脱落，基部宿存。成熟叶狭披针形至披针形，长 6~30 cm，两面有黑腺点。伞形花序有花 5~8 朵，花序梗圆柱形，帽状体近顶端急剧收缩呈长喙状，较萼筒长 1~2 倍。果近球形，果缘明显突起，果瓣 4，突出。花期 12 月至翌年 8 月。

习性分布与用途 我国华南及西南广为栽培。耐高温、干旱及 -9 ℃ 的低温，适应能力较其他桉树强，生长快。木材桃红色，材质坚重、耐腐；可供枕木、桩柱、造船、家具等用。

(4) 细叶桉 *Eucalyptus tereticornis* **Smith**（图 11-277）

识别特征 高 25 m。树皮平滑，灰白色，呈长薄片状剥落，干基部宿存。枝纤细，下

图 11-276 赤 桉

图 11-277 细叶桉

垂。幼态叶卵形至阔披针形，长 6～16 cm；成熟叶条状狭披针形，长 10～25 cm，稍弯曲，两面有细腺点。伞形花序有 5～8(12) 朵，花序梗圆柱形，粗壮；萼筒半球形，帽状体圆锥形，渐尖，长于萼筒 2～4 倍。果近球形，果缘宽而隆起，果瓣 4，突出。

习性分布与用途　长江以南多数省区引种栽培，但耐寒力较赤桉差。用途同赤桉。

(5) 大叶桉(桉) *Eucalyptus robusta* **Smith**(图 11-278)

识别特征　高 30 m。树皮条状纵裂。嫩枝有棱。成熟叶卵状披针形，厚革质，长 8～18 cm，两面有腺点。伞形花序粗大，具花 5～10 朵，花序轴压扁状；帽状体圆锥形，顶端喙状，短于萼筒或与萼筒等长。果卵状壶形，果瓣 3～4，先端黏合。花期 4～9 月，果期 6～12 月。

习性分布与用途　长江流域以南多数省份引种栽培，木材红色，纹理扭曲，可作矿柱、桥梁用材。叶供药用。

(6) 窿缘桉(粗皮细叶桉) *Eucalyptus exserta* **F. Muell.** (图 11-279)

识别特征　高 20 m。树皮浅纵裂。嫩枝纤细，下垂。幼态叶狭窄披针形，有短柄；成熟叶狭披针形，长 8～20 cm，稍弯曲。伞形花序有花 3～8 朵，帽状体圆锥形，先端渐尖，长为萼筒的 2 倍。果近球形，果盘阔，明显突起，果瓣 4，突出。花期 5～9 月，果期 10～12 月。

习性分布与用途　长江流域以南各地栽培，雷州半岛有较大面积造林。木材坚硬耐腐，供建筑、家具等用。

图 11-278　大叶桉

图 11-279　窿缘桉

(7) 尾叶桉 *Eucalyptus urophylla* **S. T. Blakely**

识别特征　高 30 m。树皮红棕色，上部剥落，基部宿存。幼态叶披针形；成熟叶披针形或卵形。伞形花序顶生，花序梗扁，帽状体等腰圆锥形，先端突尖。果近球形，果瓣内陷。花期 12 月至翌年 5 月。

习性分布与用途　原产于印度尼西亚。我国广东、广西有栽培。习性及用途同大叶桉。其与巨桉杂交的杂交种尾巨桉或称巨尾桉，生长非常迅速，被广泛栽种推广。

11.43.2 蒲桃属 *Syzygium* Gaertn.

常绿乔木或灌木。叶对生，稀轮生，革质，羽状脉。花3至多朵，常排成聚伞花序式再成圆锥花序；萼筒4~5齿裂；花瓣4~5，稀更多，分离或连合成帽状体；雄蕊多数，分离；子房下位，2室或3室，每室胚珠多数。浆果或核果状，顶端有萼檐。

500余种，我国约有72种。播种繁殖。

蒲桃(水蒲桃)*Syzygium jambos*(L.)**Alston**(图11-280)

识别特征 乔木，高12 m。主干极短，多分枝，老枝红褐色。叶革质，披针形或长圆状披针形，长10~25 cm，先端长渐尖，基部阔楔形，侧脉12~16对，以45°角斜向上，靠近叶缘处汇合。聚伞花序顶生；花绿白色。果球形或卵形，径2.5~4 cm，成熟时黄色，有油腺点。花期3~4月，果期5~6月。

习性分布与用途 产华南、贵州、云南及台湾等地。喜光，喜温湿气候，耐水湿。常为绿化观赏树。果可食。

图 11-280 蒲 桃

复习思考题

一、多项选择题

1. 桃金娘科植物具有的特征为（　　）。
   A. 单叶　　　B. 复叶　　　C. 常绿　　　D. 落叶
2. 下列树种花具有帽状体结构的是（　　）。
   A. 蓝桉　　　B. 赤桉　　　C. 蒲桃　　　D. 细叶桉
3. 下列具有光滑树皮的种类是（　　）。
   A. 大叶桉　　B. 柠檬桉　　C. 赤桉　　　D. 窿缘桉
4. 桉属植物具有以下特征（　　）。
   A. 叶片有透明油腺点　　　　B. 具边脉
   C. 花瓣与萼片合生成帽状体　D. 蒴果

二、简答题

1. 桃金娘科植物体含有哪种内含物？
2. 桃金娘科植物多数具有什么叶序？
3. 桉树属植物长大后的叶序是什么类型？
4. 帽状体是桃金娘科哪类植物的哪一部分特征？
5. 南方地区短周期工业用材林主要造林树种有哪些？
6. 什么是边脉？
7. 什么是浆果核果状？

11.44 八角枫科 Alangiaceae

落叶乔木或灌木。小枝有时略呈"之"字形。单叶互生，全缘或掌状分裂，基部常不对称，羽状脉或 3~5(~7)掌状脉。花序聚伞状，稀伞形或单生；花两性，白或淡黄色；萼管与子房合生，萼齿 4~10；花瓣 4~10，镊合状排列，基部黏合，开花后上端外卷；雄蕊与花瓣同数或 2~4 倍，有花盘；子房下位，1(2)室，花柱位于花盘中部，胚珠单生。核果，顶端宿存萼齿及花盘。种子 1。

1 属 30 余种，我国有 9 种。

八角枫属 *Alangium* Lam.

属特征与科同。

(1) 瓜木（白锦条）*Alangium platanifolium*（Sieb. et Zucc.）**Harms**（图 11-281）

识别特征 灌木或小乔木，高 5~7 m。小枝近无毛。叶近圆形或阔卵形，长 11~18 cm，3~7 裂，叶两面仅叶脉或脉腋被疏毛，基出脉 3~5；叶柄长 3.5~10 cm。花序具 3~5 花；花瓣 6~7，紫红色，外侧被短柔毛；雄蕊与花瓣同数，药隔无毛或外侧有疏柔毛。果长椭圆形，长 0.8~1.2 cm，花期 5~6 月，果期 8~9 月。

习性分布与用途 产吉林、河北以南，西至云南、西藏、四川、甘肃等地，生于海拔 2000 m 以下山地疏林中。根药用，有祛风除湿、舒筋活络的功效。

(2) 毛八角枫（长毛八角枫）*Alangium kurzii* **Craib**（图 11-282）

识别特征 小乔木，高 10 m。小枝被淡黄色茸毛及短柔毛。叶宽卵形或近卵形，长 12~14 cm，先端长渐尖，基部微偏斜，幼时上面沿脉被微柔毛，下面被黄褐色丝状茸毛，

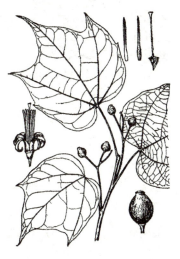

图 11-281 瓜 木

图 11-282 毛八角枫

基出脉 3~5；叶柄长 2.5~4 cm。花序具 5~7 花；萼齿、花瓣、雄蕊均 6~8，花瓣白或黄色，雄蕊药隔有长柔毛。果长椭圆形，长 1~1.5 cm，成熟时紫黑色。花期 5~6 月，果期 9~10 月。

习性分布与用途 产淮河以南，西至贵州、云南南部及西藏南部，常生于海拔 1600 m 以下疏林中。木材质地轻软，可作家具、纤维板材原料。

11.45 石榴科 Punicaceae

落叶灌木或小乔木。小枝顶端常刺状；芽小，具 2 芽鳞。单叶，对生或近簇生，全缘，无托叶。花两性；单生或数朵簇生；萼筒钟状或管状，与子房贴生，质厚，5~9 裂；花瓣 5~9；雄蕊多数；子房下位，上部 5~9 室，下部 3 室，中轴胎座，胚珠多数，花柱 1。浆果，顶端具宿萼；种子多数，外种皮肉质多汁。

1 属约 2 种，我国有 1 属 1 种。

石榴属 *Punica* L.

属特征与科同。

石榴（安石榴）*Punica granatum* L.（图 11-283）

识别特征 灌木或小乔木，高 3~5 m，稀达 10 m。小枝有棱。叶倒卵形至长椭圆形，纸质，长 2~8 cm，顶端尖或钝，基部楔形，无毛，具光泽。花朱红色，径约 3 cm；花萼钟形，紫红色，质厚；花瓣有皱褶。果近球形，径 6~12 cm。种钝角形，红色至乳白色。花期 5~6(7) 月。果期 9~10 月。栽培变型较多。

习性分布与用途 原产伊朗、阿富汗。我国自汉代引入，现黄河流域及以南地区均有栽培。为著名果树，又可作园林观赏或作盆景栽培。果皮、花、根皮均可药用。果皮含单宁，可作工业原料。

图 11-283 石　榴

复习思考题

单项选择题

1. 石榴花期为（　　）。
   A. 春季　　　　B. 夏季　　　　C. 秋季　　　　D. 冬季
2. 石榴属于（　　）树种。
   A. 纤维　　　　B. 用材　　　　C. 果用　　　　D. 油料
3. 石榴果实属于（　　）。
   A. 核果　　　　B. 坚果　　　　C. 浆果　　　　D. 荚果

4. 在民间，石榴具有以下象征意义( )。
   A. 福如东海　　　B. 寿比南山　　　C. 多子多福　　　D. 吉祥如意

11.46 冬青科 Aquifoliaceae

常绿或落叶乔木、灌木。单叶互生；托叶早落。花小，整齐；单性异株或杂性；单生、簇生或组成聚伞花序。萼片3~6裂；花瓣4~8；雄蕊与花瓣同数且互生；子房上位，3至多室，每室胚珠1~2，核果，有3至多个分核，每分核有种子1粒。

共4属400~500种，我国1属约204种。

冬青属 *Ilex* L.

乔木或灌木。单叶互生，稀对生，全缘、有锯齿或尖刺状齿。花各部通常4；单性异株；雌花子房4~6室，胚珠生于中轴胎座上。浆果状核果，通常具4核，萼宿存。本属多数种类的鲜叶被火苗灼烤后显现黑圈。部分种类果鲜红久存树上，有园林观赏价值，如铁冬青、枸骨、猫儿刺等。

400种以上，我国200余种。

分 种 检 索 表

1. 叶薄革质，叶长5~11 cm。
   2. 花紫色；叶缘有锯齿 ··· 冬青
   2. 花白色；叶全缘 ··· 铁冬青
1. 叶厚革质，叶长10~15 cm ·· 大叶冬青

(1) 冬青 *Ilex chinensis* Sims（异名：*Ilex purpurea*）（图11-284）

识别特征　常绿乔木，高15 m。树皮灰黑色，平滑不裂。枝、叶无毛。叶椭圆形，长5~11 cm，先端渐尖，基部楔形，叶缘具钝锯齿。花紫色，果椭圆形，熟时深红色。花期5~6月，果期10~11月。

习性分布与用途　产长江流域以南各省份；生于海拔1000 m以下山地林中或村旁，果红色，可作庭园观果树种；木材质地细白，供工艺、细木工用材。

(2) 铁冬青(救必应)***Ilex rotunda* Thunb.**（图11-285）

识别特征　常绿小乔木，高12 m。树皮灰色，平滑不裂。枝、叶无毛。叶椭圆形或长椭圆形、卵圆形，长4~10 cm，先端短渐尖，基部钝圆，全缘。花白色，雌

图11-284　冬　青

雄异株，腋生聚伞花序。果近球形，径 6~8 mm，熟时红色，花期 5~6 月，果期 9~10 月。

习性分布与用途 分布于长江流域以南及台湾。生于海拔 1200 m 以下路旁或村旁，果红色，可作庭园观果树种，人们称"万紫千红"；叶入药，具清热、消肿止痛之功效。

(3) 大叶冬青(苦丁茶) *Ilex latifolia* Thunb. (图 11-286)

识别特征 常绿乔木，高 20 m。叶长椭圆形至长圆形，厚革质，叶缘疏生粗尖锯齿，长 8~18 cm，宽 5~8 cm，两面无毛。花黄绿色至绿白色，簇生于叶腋。果球形，径 5~8 mm，熟时红色。花期 4 月，果期 11 月。

习性分布与用途 产华东及湖北、广西等地。喜阴湿的森林环境，多生于海拔 1200 m 以下沟谷林中。枝叶茂密浓绿，果实红色，也常栽作观赏；嫩叶味苦，代茶称"苦丁茶"。

图 11-285 铁冬青

图 11-286 大叶冬青

复习思考题

一、不定项选择题

1. 嫩叶可作为茶叶应用，被称为"苦丁茶"的是(　　)。
   A. 铁冬青　　　　B. 大叶冬青　　　　C. 冬青

2. 铁冬青属于(　　)树种。
   A. 观赏　　　　B. 用材　　　　C. 果用　　　　D. 药用

3. 冬青属的果实属于(　　)。
   A. 核果　　　　B. 坚果　　　　C. 浆果　　　　D. 荚果

4. 铁冬青在园林应用中具有以下象征意义(　　)。
   A. 紫气东来　　　　B. 万紫千红　　　　C. 庭桂流芳　　　　D. 玉堂富贵

5. 冬青属植物体内具有(　　)。
   A. 甜味　　　　B. 酸味　　　　C. 辣味　　　　D. 苦味

二、简答题

1. 什么是核果浆果状或浆果状核果？
2. 怎样区别冬青、铁冬青和大叶冬青？

11.47 卫矛科 Celastraceae

乔木、灌木或藤本。单叶，对生或互生；托叶小。花小，整齐；两性或单性；聚伞花序；萼片与花瓣均为4~5；雄蕊与花瓣同数互生，具花盘；子房上位，1~5室，每室胚珠1~2，花柱短。蒴果，稀核果或翅果；种子常具假种皮。

60属约850种，我国12属201种。

卫矛属 *Euonymus* L.

落叶或常绿，灌木、乔木或藤本。小枝绿色，常具棱。叶常对生。花两性，聚伞花序腋生；雄蕊4~5，花丝短；子房3~5室，与花盘结合。蒴果。种子外具红色或黄色肉质假种皮。

约220种，我国有约110种。

(1) 白杜(丝棉木)*Euonymus maackii* Rupr. （图11-287）

识别特征 落叶小乔木。树皮纵裂。叶卵状椭圆形或卵状披针形，长3~8 cm，具细锯齿。花淡白绿色或黄绿色；果倒圆心状，4浅裂；种子假种皮橘红色。花期5~6月，果期9~10月。

习性分布与用途 自辽宁经华北至长江流域均有分布。材质致密，供雕刻工艺用材。

(2) 冬青卫矛(正木、大叶黄杨)*Euonymus japonicus* Thunb. （图11-288）

识别特征 常绿灌木或小乔木。小枝绿色，略具棱。叶倒卵形或椭圆形，长2~7 cm，先端钝尖，基部楔形，具钝锯齿。花淡绿色。果球形。花期5~6月，果期9~10月。

图 11-287 白 杜

图 11-288 冬青卫矛

习性分布与用途 我国庭园广泛栽培，供花坛布置或作绿篱。播种或扦插繁殖。在园艺上栽培变种很多，常见的有金心、银心、金边、银边黄杨等。

11.48 胡颓子科 Elaeagnaceae

灌木或乔木；有刺或无刺；全体被银白色或黄褐色盾状鳞片或星状茸毛。单叶互生，稀对生，全缘；无托叶。花两性或单性；单生、簇生或总状花序；萼筒状，2~4裂；无花瓣；雄蕊着生于萼筒内，与裂片同数或倍数；子房上位，1室，胚珠1。瘦果或坚果，为肉质萼管所包藏，核果状。

3属80余种，我国有2属60种。播种繁殖。根与固氮细菌共生形成根瘤，具有固氮能力。

11.48.1 沙棘属 *Hippophae* L.

落叶灌木或小乔木。枝具刺。叶互生或近对生，有短柄。花单性异株，短总状生于叶腋；萼2裂；雄蕊4。坚果。4种，我国有4种。

沙棘（银柳）*Hippophae rhamnoides* L.（图11-289）

识别特征 棘刺多，粗壮。芽大，金黄色或锈色。叶近对生，叶条形至条状披针形，长3~8 cm，两面被银白色鳞片，后上面变光滑。花黄色。果橘黄色。花期4~5月，果期9~10月。

习性分布与用途 产华北、西北、西南多数省份。耐干瘠，为防风固沙树种。果味酸甜，可制糕点、果酱、饮料或酿酒。

图11-289 沙棘

11.48.2 胡颓子属 *Elaeagnus* L.

灌木或小乔木；常具枝刺。叶互生。花两性或杂性；单生或几朵簇生叶腋；萼筒钟形，4裂；雄蕊4。坚果被增大的肉质萼筒所包藏，核果状。

80余种，我国有55种。

（1）**沙枣**（银柳、桂香柳）*Elaeagnus angustifolia* L.（图11-290）

识别特征 落叶灌木。枝有时具刺；全体均被银白色鳞片。叶椭圆状披针形或条状披针形，长4~8 cm，下面银白色。花两性；1~3朵腋生，表面银白色，里面黄色。果椭圆形或近圆形，黄色或红色，长1~2 cm，被银白色鳞片。花期6月，果期10月。

习性分布与用途 产东北南部、华北、西北。耐干旱，抗风沙；有根瘤。果可食；叶可作饲料；木材可作农具、家具；沙区保土固沙的重要先锋树种。

(2) 翅果油树 *Elaeagnus mollis* Diels（图 11-291）

识别特征 落叶小乔木。叶卵形，长 6~9 cm，上面疏生星状茸毛，下面密被银白色星状茸毛。果椭圆形、卵形，有翅状棱脊 8，外部被毛层，干棉质。

习性分布与用途 产山西、陕西等地，较耐旱瘠。种仁含油率达 51%，榨油供食用；为优良木本油料树种和蜜源植物。

图 11-290 沙 枣

图 11-291 翅果油树

复习思考题

1. 胡颓子科植物全体被哪种附属物？
2. 胡颓子属的果实属于哪种类型？

11.49 鼠李科 Rhamnaceae

乔木或灌木。单叶互生或近对生；托叶小。花两性，稀单性；聚伞花序或圆锥花序；萼 4~5 裂，花瓣 4~5 或缺，雄蕊与花瓣同数而对生，花盘肉质，子房上位或埋藏于花盘内，2~4 室，每室胚珠 1~2。核果、浆果状核果或蒴果。共 58 属 900 余种，我国有 14 属 133 种。

11.49.1 枣属 *Ziziphus* Mill.

灌木或小乔木。叶互生，3~5 出脉，叶柄短；托叶刺状。花两性；聚伞花序腋生；萼片、花瓣、雄蕊各 5；子房上位，基部与花盘合生。核果，果核骨质。

约 100 种，我国有 13 种。

(1) 枣(枣树)*Ziziphus jujuba* Mill. (图 11-292)

识别特征 落叶小乔木，高 10 m。具长、短枝，长枝呈"之"字形曲折；托叶刺长短各 1，长刺直伸，短刺钩曲。叶卵形至椭圆状卵形，长 3~8 cm，有圆钝锯齿，基出三出脉。果椭圆形、卵形，熟时深红色，果核两端尖。花期 5~6月，果期 8~9 月。

习性分布与用途 我国多数省份栽培，历史悠久，品种多。果营养丰富，可生食或加工蜜饯、果脯或酿酒；木材坚重细致，供高级家具、雕刻及细木工等用；优良蜜源植物。

(2) 酸枣 *Ziziphus jujuba* Mill. var. *spinosa*(Bunge) Hu ex H. F. Chow

与枣的区别：托叶刺细长；叶较小。果近于球形，较小，味酸，核两端钝。产东北、华北、华东地区山地、路边。

图 11-292 枣

11.49.2 枳椇属 *Hovenia* Thunb.

落叶乔木。单叶互生，基出脉 3，有锯齿；托叶早落。花小，两性；聚伞花序或组成圆锥花序状；花各部 5，子房下部埋藏于花盘中，3 室。核果球形，外果皮革质，内果皮膜质；花序轴在结果时膨大、扭曲、肥厚肉质；种子扁球形，有光泽。

3 种，我国均产。

(1) 北枳椇(枳椇子、拐枣、鸡爪梨)*Hovenia dulcis* Thunb. (图 11-293)

识别特征 高 25 m。树皮深纵裂。小枝无毛。叶宽卵形，稀卵状椭圆形，长 8~15 cm，先端短渐尖，基部近圆形，锯齿较粗钝，无毛或仅叶下面叶脉上疏生柔毛。不对称聚伞圆锥花序，生于枝顶。果近球形，熟时黑褐色。

习性分布与用途 产黄河流域和长江流域。木材纹理美观，供家具、器具、工艺等用；肉质果序梗富含糖分，可食或酿酒。可选作庭园风景树和行道树。

图 11-293 北枳椇

(2) 枳椇(拐枣、南枳椇、鸡爪树、万字果、金钩子)*Hovenia acerba* Lindl.

识别特征 与枳椇的区别：嫩枝、幼叶背面、叶柄初有柔毛；叶片锯齿较尖细。花序顶生或腋生，对称二歧式聚伞圆锥花序。果近球形，熟时黄褐色。花期 5~7月，果期 9~10 月。

习性分布与用途 产长江流域以南至西南及甘肃、陕西、河南。用途同北枳椇。

复习思考题

一、不定项选择题

1. 枣具有以下特征(　　)。
   A. 长枝呈"之"字形曲折　　　　B. 托叶刺2，长刺直伸，短刺钩曲
   C. 基出三出脉　　　　　　　　D. 核果深红色，果核两端尖
2. 枳椇可食用的肉质膨大部分是(　　)。
   A. 花萼　　　　B. 花序轴　　　　C. 果皮　　　　D. 花萼

二、简答题

1. 枣和酸枣如何区别？
2. 可作为"木本粮食"的枣有何经济价值？
3. 枣和酸枣有怎样的生态习性？

11.50　葡萄科 Vitaceae

多为攀缘木质藤本，稀草质藤本，常具卷须。单叶或复叶，有锯齿或裂叶；托叶早落。花小，单性、两性或杂性；聚伞或圆锥花序；花各部4~5，花瓣分离或顶部连合成盖状，开花时脱落；雄蕊与花瓣同数对生，具花盘；子房上位，2~6室。每室胚珠1~2。浆果。

16属约700种，我国有9属150余种。葡萄科的许多种类为垂直绿化、园林棚架和攀缘景观植物，如葡萄属和爬山虎属的部分种类；还有一些是我国森林中较为常见的攀缘景观植物，如扁担藤、蛇葡萄和爬山虎属的一些种类，是构成森林景观多样性的重要组成部分。

11.50.1　葡萄属 Vitis L.

木质藤本，卷须与叶对生，节部有横隔。多为单叶，有锯齿，常浅裂，稀为掌状复叶。花单性或杂性；聚伞花序常呈圆锥花序式排列；花部5出，花瓣顶部连合成盖状，开花时脱落；子房2室。种子2~4。

60余种，我国约38种。

葡萄 *Vitis vinifera* L.（图11-294）

识别特征　落叶藤本，卷须有分枝。叶近圆形，宽、长7~15 cm，基部深心形，掌状3~5浅裂，裂缘具粗锯齿，两面无毛或下面被毛。果球形或椭圆形。花期5~6月，果期8~9月。

图11-294　葡　萄

习性分布与用途　原产亚洲西部，现全国各地普遍栽培，品种很多。为著名水果和酿酒原料。有专供酿酒、果用或果干的各种类型。嫁接或扦插繁殖。

11.50.2　爬山虎(地锦)属 *Parthenocissus* Planch.

木质藤本，卷须顶端扩大成吸盘。单叶或掌状复叶，花两性，稀杂性；聚伞或圆锥花序；花各部5数，花盘不明显；子房2室。每室胚珠2。浆果小。

约15种，我国10种。

地锦(爬山虎) *Parthenocissus tricuspidata* (Sieb. et Zucc.) **Planch.**（图11-295）

识别特征　落叶藤本，卷须短而多分枝。叶广卵形，长8~18 cm，通常3裂，基部心形，叶缘有粗齿，仅背面脉上有柔毛，幼苗期叶常较小，多不分裂，下部枝的叶偶有分裂成3小叶。聚伞花序通常生于短枝顶端两叶之间，花淡黄绿色。浆果球形，径6~8 mm，熟时蓝黑色，有白粉。花期6月；果10月成熟。

习性分布与用途　我国北起吉林、南到广东广泛分布。常攀附于岩壁、墙垣和树干上。同属相近种还有异叶爬山虎 *P. heterophyllus*，植株有异形叶，幼芽新叶为单叶，下部老枝的叶则全为3小叶复叶。攀附能力较强。习性用途均同爬山虎。

图 11-295　地　锦

复习思考题

1. 葡萄属植物的花有何特点？
2. 葡萄属与爬山虎属植物的卷须有何不同？
3. 葡萄有哪些重要的经济价值？

11.51　柿(树)科 Ebenaceae

乔木或灌木。单叶互生，稀对生，全缘，无托叶。花单性异株或杂性，常腋生；萼3~7裂，宿存，花后增大；花冠3~7裂；雄蕊为花冠裂片的2~4倍，着生于花冠基部；子房上位，2至多室，每室胚珠1~2。浆果。

3属500余种，我国有1属57种。

柿(树)属 *Diospyros* L.

落叶或常绿。叶2列状互生。雄花为聚伞花序，雌花常单生叶腋；萼4裂；花冠壶形或钟形，4~5(7)裂；雄花雄蕊常16(4)；雌花子房2~16室。浆果，萼增大、宿存。

(1) 柿树(柿)*Diospyros kaki* **Thunb.** (图11-296)

识别特征 落叶乔木，高25 m。树皮小块状开裂。叶宽椭圆形或卵状椭圆形，长6~18 cm。花冠钟状，黄白色，常4裂。果成熟时橙黄色或朱红色，形状大小因品种而异。

习性分布与用途 分布很广，产辽宁以南至华南、西南。全国各地广泛栽培，历史悠久，而以华北最多。果甜味美，可供鲜食，制作柿饼、糕点、蜜饯等。

(2) 野柿 *Diospyros kaki* **Thunb. var.** *sylvestris* **Makino**

识别特征 与柿子的区别：小枝、叶柄、叶下面密生黄褐色短柔毛。果较小，直径不超过5 cm。产长江流域至华南、西南。

(3) 君迁子(软枣)*Diospyros lotus* **L.** (图11-297)

识别特征 落叶乔木，高15 m。树皮暗灰色。小枝无毛或被疏毛；芽尖卵形，黑褐色。叶椭圆形，长5~14 cm，宽3~6 cm，上面密生柔毛，后脱落，下面近白色，脉上微被柔毛。花淡红色；萼密生柔毛。果椭圆形或近球形，熟时蓝黑色，被白粉。花期4~5月，果期9~10月。

习性分布与用途 产辽宁、陕西及华北、华中、华南、西南。耐寒、抗旱，适应性强，除盐碱地外，几乎都能适应。果熟时可食用、酿酒；也常作嫁接柿树的砧木。

图11-296 柿 树

图11-297 君迁子

> 复习思考题

一、不定项选择题

1. 民间称柿子果上的"柿子盖"是指柿的(　　)。
   A. 宿存、增大的花萼　　B. 果柄　　　　C. 果核　　　　D. 果皮
2. 柿树在民间的象征意义是(　　)。
   A. 事事如意　　　　B. 万事胜意　　C. 好事多磨　　D. 诸事不利
3. 柿树的果实类型是(　　)。
   A. 核果　　　　　　B. 浆果　　　　C. 蒴果　　　　D. 瘦果

二、简答题

1. 柿树可否作为"木本粮食"应用？
2. 柿树有哪些重要的经济价值？

11.52 芸香科 Rutaceae

木本，稀草本；体内有芳香油。叶互生或对生，复叶，稀单叶；叶具透明油腺点，无托叶。花两性，稀单性，聚伞花序，稀总状、穗状花序或单生；萼片4~5或4~5裂；花瓣4~5；雄蕊与花瓣同数或倍数，着生于花盘基部；子房上位，心皮3~5离生或合生成4~5室（稀1或多室），每室胚珠1~2。蓇葖果、蒴果、核果、浆果、柑果或翅果。

约150属1600种，我国连引种有28属150余种。本科许多种类都具有较大的经济价值，如柠檬、柑橘、甜橙、蜜柚、金橘是我国或世界著名水果；黄檗、枸橘、香橼、佛手、吴茱萸等是重要药用植物。

分属检索表

1. 花单性；蓇葖果或核果。
   2. 具皮刺；复叶在枝上互生；蓇葖果 ································ 花椒属
   2. 无刺；复叶在枝上对生。
      3. 小叶全缘或近全缘；裸芽；蓇葖果 ························· 吴茱萸属
      3. 小叶有油锯齿；柄下芽；核果 ··························· 黄檗属
1. 花两性，心皮合生；柑果。
   4. 叶具3小叶复叶；果皮有毛 ································· 枸橘属
   4. 叶为单身复叶；果皮无毛。
      5. 子房2~5室，每室胚珠2 ······························· 金橘属
      5. 子房8~15室，每室胚珠4~12 ························· 柑橘属

11.52.1 花椒属 *Zanthoxylum* L.

乔木、灌木或木质藤本；具皮刺。奇数羽状复叶，互生。花单性；萼片5或3~8，花瓣与萼片同数，或缺，心皮1~5，离生，胚珠各2。蓇葖果，外果皮熟时红色，有油点；成熟时内外果皮分离；种子1。

约250种，我国有约45种。播种繁殖。

花椒（秦椒、蜀椒）*Zanthoxylum bungeanum* Maxim.（图11-298）

识别特征 落叶小乔木。小叶5~9, 卵状长圆

图11-298 花椒

形或椭圆形，叶缘有钝锯齿，叶轴具窄翅。聚伞圆锥花序顶生。果2~3聚生；种子圆卵形，径约3.5 mm，黑色。花期4~5月，果期8~10月。

习性分布与用途　产东北南部、华北、华东、华中及西南；四川、陕西、甘肃、湖北等省份栽培较多，果实富含花椒油，为著名调味香料。是川菜麻辣风味和各地各种椒盐食品的主要调味料。枝干多刺，也用栽作围墙绿篱。

11.52.2　吴茱萸属 *Evodia* J. R. et G. Forst.

乔木或灌木。奇数羽状复叶、3小叶复叶或单叶，对生。花单性，稀两性；聚伞或伞房状圆锥花序；花瓣及萼片各4~5；雄蕊4~5，心皮中部以下合生，每室胚珠2。蓇葖果，外果皮具油腺点；每果瓣具种子1~2。

约150种，我国有约20种。播种繁殖。

(1) 楝叶吴茱萸 *Evodia meliiaefolia* (Hance ex Walp.) **Benth.**（图11-299）

识别特征　落叶乔木，高20 m。枝近无毛。1回羽状复叶，小叶5~9(3~11)，卵状椭圆形或卵状披针形，长5~13 cm，叶缘具钝锯齿，稀全缘，无毛。聚伞圆锥花序顶生，花轴疏生短柔毛。果紫红色，表面有网纹；每果瓣具种子1。

习性分布与用途　产福建、广东、广西、云南及台湾等地。生于海拔500 m以下低山疏林中。木材结构粗，纹理直，材质轻，供家具、农具用材。

图11-299　楝叶吴茱萸

(2) 吴茱萸 *Evodia rutaecarpa* (Juss.) **Benth.**（图11-300）

识别特征　落叶灌木或小乔木，高3~10 m。幼枝、叶轴及花序轴均被灰褐色柔毛。1回羽状复叶，小叶5~9，椭圆形至卵形，长6~15 cm，顶端渐尖，全缘或有细锯齿，两面被长柔毛，有粗大腺点。果紫红色，有大油点；每果瓣具种子1。

习性分布与用途　产长江以南各地。多生于海拔1000 m以下山地疏林中。叶可提取芳香油或作黄色染料；果为中药"吴茱萸"，有理气、止痛功效。

(3) 臭檀(臭檀吴萸) *Evodia daniellii* (Benn.) **Hemsl.**（图11-301）

识别特征　落叶乔木，高15 m。小枝、花轴及花梗密被短毛。1回羽状复叶，小叶5~11，卵形至矩圆状卵形，长5~13 cm，宽3~6 cm，顶端渐尖，基部圆形，叶缘有明显的钝锯齿，下面沿中脉被长柔毛。果紫红色，有腺点，长6~8 mm，顶端有尖喙；每果瓣具种子2。

习性分布与用途　产辽宁以南至湖北，西至甘肃；朝鲜、日本也有分布。生山地疏林及沟边，或栽培。种子可入药并榨油；木材供制农具、家具。也可栽作绿化观赏树。

图 11-300 吴茱萸

图 11-301 臭 檀

11.52.3 黄檗属 *Phellodendron* Rupr.

落叶乔木。树皮内皮层黄色。奇数羽状复叶，对生；叶缘具油腺点。花雌雄异株，聚伞或伞房状圆锥花序顶生；萼片、花瓣 5(8)；雄花具雄蕊 5(6)；雌花具退化雄蕊，心皮合生，子房 5 室，每室胚珠 1；核果，具 5 核；种子各 1。

4 种，我国有 2 种。

图 11-302 黄檗

黄檗（黄波罗、黄柏）*Phellodendron amurense* Rupr. （图 11-302）

识别特征 高 22 m。树皮深纵裂。枝无毛。小叶 5~13，卵状披针形或卵形，长 5~13 cm，锯齿细钝，常具缘毛，下面中脉基部有长柔毛。花黄绿色。果圆球形，紫黑色。花期 5 月，果期 10 月。

习性分布与用途 产东北、华北，为东北地区三大著名阔叶用材树种之一。在自然分布区中常与红松、兴安落叶松、花曲柳等混交，耐寒力强，木材坚实而有弹性，纹理美丽而有光泽，加工容易，是制造家具、建筑及胶合板的良材。树皮即中药黄柏，有清热泻火、祛湿解毒之效；根亦可入药。国家二级重点保护野生植物。

11.52.4 枸橘（枳）属 *Poncirus* Raf.

落叶灌木或小乔木。小枝扁，具纵棱，深绿色，具腋生粗壮的枝刺。3 小叶复叶，互

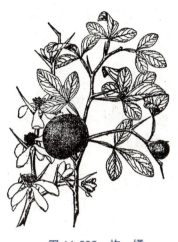

图 11-303 枸橘

生；叶柄有翅。花两性，单生或成对生于叶腋；萼片、花瓣各 5；雄蕊 3~10，花丝分离；子房 6~8 室，每室胚珠 4~8。柑果黄色，密被毛。

仅 2 种，我国特产。播种繁殖。

枳（枸橘、枳壳）*Poncirus trifoliata* (L.) **Rafin.**（图 11-303）

识别特征 高 7 m。小叶椭圆形或倒卵形，先端钝圆或凹缺，基部楔形，叶缘具钝锯齿。果径 3~5 cm。花期 4 月，果期 10 月。

习性分布与用途 产我国秦岭—淮河流域以南。在黄河流域以南地区多有栽培。果是重要中药，称为"枳实"和"枳壳"，有破气消积之效。枝条绿色而多刺，可栽作绿篱；耐旱瘠，常作嫁接柑橘的砧木。

11.52.5 柑橘属 *Citrus* L.

常绿小乔木或灌木。常具枝刺；小枝具纵脊，深绿色。单身复叶，互生，有叶柄翅（翼叶）。花两性，单生、簇生或聚伞花序；萼 3~5 裂；花瓣 4~8；雄蕊 15~16，花丝合生，或呈多体雄蕊；子房 8~14 室或更多，每室胚珠 4~12。柑果，表面密生油点。

约 20 种，我国连引栽有约 15 种。为亚热带著名果树。播种、嫁接、扦插或压条繁殖。

(1) 柑橘（橘子）*Citrus reticulata* **Blanco**（图 11-304）

识别特征 小乔木，高 6 m。枝刺短小或无刺；小枝无毛。叶椭圆形或椭圆状披针形，长 4~8 cm，先端钝，全缘或有不明显锯齿；叶柄翅极窄或无。花单生或 2~3 簇生于叶腋。果扁球形或球形，径 5~7 cm，橙黄色或橙红色，果皮疏松，易与果瓣分离；子叶及胚多深绿色。花期 4~5 月，果期 10~12 月。

习性分布与用途 我国长江流域以南至西南广泛栽培。栽培历史悠久，品种极多，可分柑和橘两大类：柑类果大、皮粗糙；橘类果较小，皮较薄而平滑。鲜果除生食外，可加工成橘子汁、橘子酱、橘子罐及橘饼等；果皮、橘络供药用，有祛痰健胃之效；木材供雕刻等用。

图 11-304 柑橘

(2) 柚（文旦）*Citrus grandis* (L.) **Osbeck**（异名：*C. maxima*）（图 11-305）

识别特征 乔木，高 10 m。小枝被柔毛，有刺。叶椭圆形或卵状椭圆形，长 6~17 cm，叶缘具钝锯齿，叶柄翅宽，倒三角状。花单生或簇生叶腋。果大，近球形或卵球形，径 15~25 cm，黄色，中果皮厚，白色，海绵质，难与果瓣剥离，果瓣 12~18；子叶及胚白色。花期 5 月，果期 9~11 月。

习性分布与用途 亚热带重要果树。我国长江流域以南至西南地区广泛栽培。品种多，其中以福建的琯溪蜜柚、文旦柚、坪山柚、广西的沙田柚等品种最为著名。果型巨大，鲜果除生食外，可加工成柚子汁、柚子糕等；果皮供药用，有祛痰健胃之效；木材供作乐器柄、农具等用。

(3) 甜橙(橙、广柑)*Citrus sinensis* (L.) Osb. (图 11-306)

识别特征 小乔木。枝刺短小或无。叶椭圆形或卵状椭圆形，长 6~11 cm，全缘或具不明显钝锯齿；叶柄有窄翅。花总状或簇生；子叶及胚白色。果近球形或卵形，橙黄色或带红色，果皮与果瓣不易剥离，果心实。花期 4~5 月，果期 11~12 月或延至翌年 4~5 月。

习性分布与用途 我国长江流域以南广泛栽培，为我国南方著名果树，习性与柑橘相近，但更耐贮藏，果实品质好，商品价值高。多优良品种，著名的有广东新会甜橙、潮州雪柑、四川广柑等。世界著名的华盛顿脐橙（花旗蜜橘）*C. sinensis* var. *brasiliensis* Tanaks，原生种源也出自本种。果可鲜食、作饮料、果酱等，橙汁是世界性著名饮料。

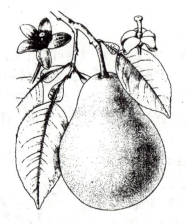

图 11-305 柚

图 11-306 甜 橙

11.52.6 金橘属 *Fortunella* Swingle

本属与柑橘属极相似，其主要区别：子房室较少，3~7 室，每室胚珠 2。柑果较小。

5 种，我国均产。可播种或嫁接繁殖。

金橘(金枣、牛奶橘)*Fortunella margarita* (Lour.) Swingle(图 11-307)

识别特征 小乔木，高 3 m。常无枝刺。叶椭圆形或长圆形，长 5~9 cm，锯齿不明显或全缘；叶柄有窄翅。花单生或 2~3 朵簇生叶腋。果长圆形至卵圆形，长 2.5~3.5 cm，金黄色，果皮甜，果肉酸，有香味。花期 5~6 月，果期 11~12 月。

图 11-307 金 橘

习性分布与用途 长江流域以南广泛栽培。习性与柑橘相近，果可鲜食，或腌制作蜜饯；也可作盆景栽培。

复习思考题

一、不定项选择题

1. 果实为柑果的是(　　)。
   A. 吴茱萸属　　　　B. 枸橘属　　　　C. 金橘属　　　　D. 柑橘属
2. 芸香科植物的特征是(　　)。
   A. 有托叶　　　　B. 无托叶　　　　C. 互生叶序　　　　D. 对生叶序
3. 芸香科植物具有单性花的是(　　)。
   A. 柑橘属　　　　B. 吴茱萸属　　　　C. 黄檗属　　　　D. 花椒属
4. 柑橘属植物具有以下特征(　　)。
   A. 单身复叶　　　　B. 羽状复叶　　　　C. 柑果　　　　D. 核果
5. 花椒的果实有(　　)味。
   A. 酸　　　　B. 甜　　　　C. 苦　　　　D. 麻辣
6. 黄檗的树皮具有(　　)味。
   A. 酸　　　　B. 甜　　　　C. 苦　　　　D. 辣

二、简答题

1. 芸香科植物具有什么内含物？
2. 柑果是芸香科特有的果实类型吗？
3. 如何区别柑橘、柚、橙？
4. 吴茱萸属与花椒属如何区别？
5. 芸香科有哪些重要的经济树种？它们分别有何用途？
6. 什么叫单身复叶？

11.53　苦木科 Simaroubaceae

乔木或灌木。常为羽状复叶，互生，稀对生；无托叶。花单性或杂性；圆锥或总状花序；萼3~5裂；花瓣3~5，稀缺；雄蕊与花瓣同数或倍数，分离，有花盘；子房上位，2~5室，或心皮2~5离生，每室胚珠1，稀2或更多。聚合翅果、浆果或核果。

20属120种，我国有5属11种。

臭椿属 *Ailanthus* Desf.

落叶乔木。奇数羽状复叶，小叶近对生，全缘或基部两侧各具少数腺齿；花杂性；圆锥花序顶生；萼 5 裂；花瓣 5~6；雄蕊 10；心皮 2~6 离生，仅花柱连合，胚珠各 1。聚合翅果。

约 10 种，我国有 5 种。

图 11-308 臭 椿

臭椿（樗、椿树）*Ailanthus altissima*（Mill.）**Swingle**（图 11-308）

识别特征 落叶乔木，高 30 m。小叶 13~25(43)，卵状披针形，长 7~13 cm，先端长尖，基部圆形，两侧具 1~2(3) 腺齿，无毛或沿中脉有毛。果长椭圆形，长 3~4 cm，扁平。花期 6~7 月，果期 9~10 月。

习性分布与用途 从辽宁南部至新疆南部以南各地均有分布。耐干冷瘠薄，可为北方地区造林先锋树种，生长较快。木材质轻而韧，作一般家具用材；叶可饲养樗蚕、蓖麻蚕；根皮、树皮及果可入药。播种繁殖。

11.54 橄榄科 Burseraceae

乔木或灌木，多具芳香树脂或油脂。奇数羽状复叶，稀单叶，常互生；无托叶或有。花小，两性、单性或杂性；圆锥或总状花序；萼片、花瓣 3~6，具花盘；雄蕊与花瓣同数或为其倍数，花丝分离；子房上位，(1)3~5 室；每室胚珠 2(1)。核果。共 16 属约 550 种，我国有 3 属 13 种。

橄榄属 *Canarium* L.

常绿乔木。奇数羽状复叶互生；小叶对生或近对生，常全缘。圆锥花序；萼 3(5) 裂；花瓣 3(5)，雄蕊 6，稀 10，子房 2~3 室，其中 1~2 室常不发育。果具硬核 1，种子 1~3。我国 7 种。

(1) 橄榄（青果、白榄）*Canarium album*（Lour.）**Raeusch.**（图 11-309）

识别特征 高 20 m。小叶 7~11，革质，长椭圆形或卵状披针形，长 6~15 cm，宽 3~5 cm，基部偏斜，无毛，网脉明显，下面具小瘤状突起；有托叶。果卵形或椭圆形，长 2.5~3.5 cm，熟时黄绿色，果核两端尖。花期 4~5 月，果期 9~11 月。播种或嫁接繁殖。

习性分布与用途 产我国福建、广东、广西、海南、云南及台湾等地南部，多生于海拔 1000 m 以下山地常绿阔叶林中。栽培历史悠久，栽培品种多，果实生食味道独特、还可榨汁或入药，加工成蜜饯更具多种风味。树形高大、树冠优雅，常栽作风景树、行道树和庭园观赏树。木材轻软，不耐腐，供建筑、家具、板料等用。

(2) 乌榄(黑榄) *Canarium pimela* Leenh. (图 11-310)

识别特征 高 20 m。叶长 30~60 cm，有小叶 7~9，小叶对生，革质，椭圆形，长 4~13 cm，宽 2~5.5 cm，先端急尖，基部歪斜，两面无毛，叶脉凸起，网脉在下面无窝点。花序比叶长。果卵形，长 3~3.5 cm，熟时紫黑色，果核两端钝。花期 4 月，果期 9~11 月。

习性分布与用途 产我国华南及西南，在海拔 1000 m 以下低山次生林中常见。果可生食、榨果汁或加工蜜饯。树形高大、树冠开展、枝繁叶茂，景观优美，常栽作风景树、行道树和庭园观赏树。木材灰黄褐色，材质颇坚硬，结构细致，供建筑、家具等用。

图 11-309 橄 榄

图 11-310 乌 榄

> 复习思考题

一、不定项选择题

1. 橄榄属的果实为( )。
   A. 柑果　　　　　B. 核果　　　　　C. 浆果　　　　　D. 蒴果
2. 橄榄、乌榄枝叶有芳香的橄榄气味，其来源于植物体内的( )。
   A. 树脂或油脂　　B. 乳汁　　　　　C. 蜜汁　　　　　D. 腺体

二、简答题

1. 如何区别橄榄、乌榄两种植物？
2. 橄榄、乌榄分别有什么经济价值？

11.55 楝科 Meliaceae

木本,稀草本。叶互生,通常为羽状复叶,稀3小叶复叶或单叶;无托叶。花两性,整齐,常组成圆锥花序;萼4~5裂;花瓣与萼裂片同数;雄蕊4~12,花丝合生成筒状,具各式花盘;子房上位,2~5室,每室胚珠2,稀1或较多。浆果、蒴果、稀核果。

50属约1400种,我国有15属62种。多数种类产于热带、亚热带地区,许多种类材质优良,桃花心木、非洲楝等均为世界著名高级家具用材树种;楝属、麻楝属和米兰属的种类则多为绿化观赏树种。

分属检索表

1.1回羽状复叶;果为蒴果。
  2.雄蕊5,花丝分离 ··· 香椿属
  2.雄蕊8~10,花丝合生。
    3.花药突出 ··· 麻楝属
    3.花药内藏。
      4.种子周围有翅 ··· 非洲楝属
      4.种子顶端具翅 ··· 桃花心木属
1.2~3回羽状复叶;果为核果 ·· 楝属

11.55.1 香椿属 *Toona* Roem.

落叶乔木,芽有鳞片。1回羽状复叶,小叶对生,全缘或具疏齿。萼5裂;花瓣、雄蕊各5,退化雄蕊5或不存在,花丝分离;子房5室,每室胚珠8~12。蒴果,5裂,胎座大,种子一端或两端具翅。

15种,我国有4种。

(1)香椿 *Toona sinensis* (A. Juss) Roem. (图11-311)

识别特征 高25 m。干通直,树皮窄条片状开裂。小枝粗壮,幼枝、叶略被白蜡粉。偶数羽状复叶,稀奇数;小叶8~10对,椭圆状披针形或长椭圆形,长8~15 cm,全缘或有不明显钝锯齿。花小,白色,顶生大而下垂的圆锥花序。蒴果椭圆形,长1.5~2.5 cm,种子上端具膜质翅。花期5~6月,果期10~11月。

习性分布与用途 我国辽宁南部至广东、广西以至西南都有分布或栽培。速生珍贵用材树种,树干挺拔通直,木材红色,纹理美观,有香气,不易遭虫蛀,为建筑、造船及高级家具用材,被誉为中国的"桃花心木"。树形高大,枝繁叶茂,是良好的园林景观树种。幼芽、嫩叶可作蔬菜。播种或分蘖繁殖。

(2)红椿(红楝子) *Toona ciliata* Roem. (图11-312)

识别特征 本种与香椿相似,其区别:小枝初被柔毛,后无毛,小叶7~8对,全缘,

叶柄较长。蒴果有苍白色稀疏皮孔；种子两端有翅。

习性分布与用途　产华南至西南。为我国南方重要速生用材树种。用途同香椿。

图 11-311　香　椿

图 11-312　红　椿

11.55.2　桃花心木属 *Swietenia* Jacq.

常绿乔木。1回偶数羽状复叶，小叶对生或近对生。花小，排成圆锥花序；萼5裂；花瓣5；雄蕊10，花丝合生成坛状，花药内藏；花盘环状。蒴果大，木质，5瓣裂，胎座大，中轴宿存；种子上端具翅。

7~8种，原产美洲热带；我国引栽2种。

桃花心木（美洲红木）*Swietenia mahagoni*（L.）**Jacq.**（图11-313）

识别特征　高25 m。小叶4~6对，革质，卵形或卵状披针形，长10~16 cm，全缘，先端长渐尖，基部偏斜，下面网脉明显。圆锥花序腋生，长6~15 cm；花瓣白色。果大，卵形，径约8 cm，成熟时5瓣开裂；种子多数，具翅。花期3~4月，果期翌年3~4月。

习性分布与用途　原产加勒比海地区；我国福建、广东、海南、广西有引种栽培。不耐寒。心材深红褐色，纹理美观，欧、美一带誉之为"红木"，是高级家具、造船、建筑、车辆、装饰良材。

图 11-313　桃花心木

11.55.3　非洲楝属 *Khaya* A. Juss.

常绿乔木。1回偶数羽状复叶；小叶对生。顶生圆锥花序；萼4~5裂，花瓣4或5；

雄蕊8~10，花丝合生呈壶形，花药内藏，花盘杯状；子房4(5)室，柱头圆盘状。蒴果木质，种子多数，扁平。

8种，原产非洲；我国引栽1种。播种繁殖。

非洲楝（塞楝、非洲桃花心木）*Khaya senegalensis*（Desr.）A. Juss.（图11-314）

识别特征　高30 m。小叶5~6对，革质，椭圆形，长5~6 cm，网脉明显，两面有光泽。果木质，球形，径达5 cm，成熟时4~5瓣裂；种子周围具薄翅。花期3~6月，果期翌年6月。

习性分布与用途　原产非洲热带；我国华南地区有引栽，生长良好。为热带速生珍贵用材树种。木材纹理美观、坚韧耐腐朽，是家具、室内装饰的良材，被誉为"非洲红木"；也为优良行道树种。

图11-314　非洲楝

11.55.4　麻楝属 *Chukrasia* A. Juss.

高大乔木；芽有鳞片，被粗毛。1回偶数羽状复叶；小叶互生，全缘。花两性；圆锥花序顶生；萼短，4~5裂；花瓣5；雄蕊10，花丝合生成筒状，花药突出，花盘不发达或缺；子房3~5室，具柄。蒴果近球形，木质，成熟时3瓣裂；种子下部有翅。

仅1种。播种繁殖。

麻楝 *Chukrasia tabularis* A. Juss.（图11-315）

识别特征　常绿乔木，高38 m。小叶5~8对，纸质，卵形至长椭圆状披针形，长7~12 cm，基部偏斜，先端渐尖，下面脉腋有簇生毛。果径3~4 cm。花期4~5月，果期7月至翌年1月。

习性分布与用途　产海南、云南、西藏等省份南部，为热带季雨林常见树种。华南有引种栽培。喜热，不耐寒，生长迅速。木材黄褐色至暗红褐色，坚硬而有光泽，纹理美观，可作优良家具、建筑和雕刻用材。树形高大，主干通直，枝叶茂密，是很好的行道绿化树种。

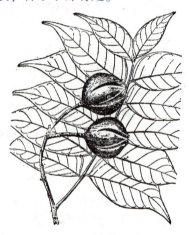

图11-315　麻楝

11.55.5　楝属 *Melia* L.

落叶乔木。2~3回奇数羽状复叶。圆锥花序，生于枝顶叶腋；萼5~6裂；花瓣5~6；雄蕊10~12，花丝连合成筒状，花药内藏或部分突出；子房3~6室，每室胚珠2。核果，核骨质。

3种，我国有2种。

(1) 楝（苦楝、楝树）*Melia azedarach* L.（图11-316）

识别特征　高20 m。树皮浅纵裂。幼枝叶被星状茸毛。小叶卵圆形至卵状披针形，长3~7 cm，先端渐尖，基部略偏斜，叶缘粗锯齿，稀全缘。花淡紫色。果椭圆形，熟时淡黄色，长 1~2 cm。花期 2~5 月，果期 11 月。

习性分布与用途　产黄河流域以南。适应性强，是华北南部至华南、西南低山、平原，特别是江南地区四旁绿化和速生用材树种。木材纹理直，结构较粗，供家具、建筑、农具、乐器等用材；种仁油供制油漆、润滑油及肥皂。

（2）川楝 *Melia toosendan* **Sieb. et Zucc.**（图 11-317）

识别特征　本种与楝树相似，主要区别：小叶全缘，稀具疏锯齿。花序较楝树长，核果较楝树大，长 2 cm 以上。

习性分布与用途　产湖北及西南，东南各省份引种栽培。习性、用途与楝树相近。

图 11-316　楝

图 11-317　川　楝

复习思考题

一、多项选择题

1. 楝科的重要特征有（　　）。
   A. 无托叶　　　　B. 有托叶　　　　C. 有花盘　　　　D. 无花盘
2. 楝科植物种子有翅的是（　　）。
   A. 香椿属　　　　B. 麻楝属　　　　C. 楝属　　　　　D. 非洲楝属
3. 香椿的特征是（　　）。
   A. 常绿　　　　　B. 落叶　　　　　C. 花丝合生　　　D. 花丝离生

二、简答题

1. 楝科植物花的构造有什么重要特点？
2. 楝科植物的主要经济价值有哪些？
3. 被誉为中国"桃花心木"的是哪个树种？其木材有何特性？
4. 怎样区别香椿属和楝属植物？

11.56 无患子科 Sapindaceae

乔木或灌木。羽状复叶，稀单叶或掌状复叶，互生，稀对生；常无托叶。花小，两性或单性，有时杂性；圆锥或总状花序；萼片4~5，分离或连合；花瓣4~5，或缺；雄蕊8~10，着生于花盘内或偏于一侧，花丝分离；子房上位，通常3室，每室胚珠1~2，稀多数，中轴胎座；花柱单一或分裂。蒴果、核果或浆果或荔果。

150属约2000种；我国有25属53种，多数种类产于热带和亚热带地区。其中荔枝、龙眼、红毛丹为热带和亚热带著名果树；文冠果为北方著名油料树种；栾树属许多种类为森林或园林景观树种。

分属检索表

1. 子房每室胚珠1；浆果或荔果。
    2. 果皮薄革质；种子具肉质假种皮。
        3. 无花瓣；果皮有瘤状突起；小叶侧脉不明显 ·············· 荔枝属
        3. 有花瓣；果皮幼时有瘤状突起，熟时平滑，小叶侧脉明显 ·············· 龙眼属
    2. 果皮肉质；种子无肉质假种皮 ·············· 无患子属
1. 子房每室胚珠2~8；蒴果。
    4. 每室胚珠2；果皮薄膜质 ·············· 栾树属
    4. 每室胚珠7~8；果皮厚木质 ·············· 文冠果属

11.56.1 荔枝属 *Litchi* Sonn.

常绿乔木。一回偶数羽状复叶；小叶2~4对，全缘，侧脉不明显。花杂性，圆锥花序顶生。萼浅裂；无花瓣；花盘环状；雄蕊6~8；子房2~3室，每室胚珠1。荔果，由2~3心皮组成，通常仅1个发育成熟，外果皮薄革质，外具瘤状突起；种子具肉质、白色、多汁的假种皮。

2种，我国1种。

荔枝 *Litchi chinensis* Sonn. (图11-318)

识别特征 高30 m。树冠伞形，树皮不开裂。小叶披针形至椭圆状披针形，长6~15 cm，上面具光泽，下面粉绿色。果卵形或近球形，径2~3.5 cm，熟时红色，果皮有小瘤状突起，种子卵状椭圆形。花期2~4月，果期5~8月。

习性分布与用途 产华南至西南，以广东、广西、福建、四川、云南及台湾等地栽培最多。在海南岛和广东，还分布有野生原始荔枝林。为著名热带果树。栽培品种多。果可鲜食或制成干果、罐头、果脯、酿酒等；木材坚重，心材暗红色，为造船、车辆及家具等的良材。

图11-318 荔 枝

11.56.2 龙眼属 *Dimocarpus* Lour.

常绿乔木。一回偶数羽状复叶；小叶 3~6 对，全缘，少有疏齿。侧脉在叶下面明显。花杂性同株；圆锥花序腋生或顶生；花萼 5 深裂；花瓣 5；雄蕊 8；子房 2~3 室，2~3 裂，每室胚珠 1，荔果幼时具瘤状突起，老时近平滑；种子具肉质、白色、多汁的假种皮。

约 20 种，我国有 4 种。

龙眼（桂圆）*Dimocarpus longan* Lour.（图 11-319）

识别特征 高 5~10 m，树冠伞形。树皮网状浅裂。幼枝及花序被星状茸毛。小叶椭圆状披针形，薄革质，长 6~15（20）cm，基部稍偏斜，上面有光泽。果球形，径 1.2~2.5 cm，熟时黄褐色；种子褐黑色。花期 4~5 月，果期 7~8 月。

习性分布与用途 产华南及贵州、云南、四川。为著名果树。耐旱及耐寒能力较荔枝略强。栽培品种甚多。材质坚重，供制家具、造船、运动器械、车轴及细木工等用。

11.56.3 无患子属 *Sapindus* L.

常绿或落叶乔木或灌木；偶数羽状复叶；小叶 2 至多对，对生或互生，全缘，基部偏斜。花杂性，圆锥花序；萼片、花瓣均 4~5；雄蕊 8~10；子房 3 室，每室胚珠 1，核果状浆果近球形，果皮肉质，内果皮厚纸质，种子黑色，有光泽，无假种皮。

约 14 种，我国有 4 种。

无患子（木患树）*Sapindus mukorossi* Gaertn.（图 11-320）

识别特征 落叶乔木，高 10~15 m。小叶 5~8 对，对生或近对生，椭圆状披针形，长 5~15 cm，基部偏斜，无毛，侧脉纤细，两面同色。花瓣 5，整齐，有长爪，绿白色。果球形，径 1.5~2.0 cm，果皮肉质，熟时黄褐色，基部常有 2 个不发育的心皮；种子黑色，硬骨质。

图 11-319 龙 眼

图 11-320 无患子

习性分布与用途 产秦岭以南至华南，多生于村庄房前屋后。木材黄白色，供箱板、器具等用材。果皮含皂素，可代皂洗涤用。树形美观，秋叶黄色，可作绿化观赏。播种繁殖。

11.56.4 栾树属 *Koelreuteria* Laxm.

落叶乔木；叶互生，1~2回奇数羽状复叶。花杂性；圆锥花序；萼为不等的5深裂；花瓣5~4，两侧对称；花盘偏于一侧；雄蕊8或更少；子房3室，每室胚珠2。蒴果，膨大如囊状，果皮膜质，3裂，种子球形。

我国产3种1变种。

(1)栾树(灯笼花、灯笼树)*Koelreuteria paniculata* Laxm.（图11-321）

识别特征 高15 m。奇数羽状复叶，有时为2回；小叶7~15，卵形或卵状披针形，长5~10 cm，具不规则粗锯齿或羽状分裂。花瓣4，淡黄色，基部紫红色；雄蕊8。蒴果三角状长卵形，长4~6 cm，先端尖。花期6~7月，果期9~10月。

习性分布与用途 产东北南部至华东、西南及陕西、甘肃等地，以华北地区较为常见。适应性强，分布广。树形美观，春季嫩叶多为红色，夏季开花，满树金黄，入秋叶色转黄；在我国北方适宜栽作公园和风景区的庭荫树、行道树及风景树，也可用作防护林、水土保持及荒山绿化树种。木材较脆，供小型家具及农具用材。种子可榨油，供制肥皂及润滑油。

(2)复羽叶栾树(西南栾树)*Koelreuteria bipinnata* Franch.（图11-322）

识别特征 高20 m以上。2回羽状复叶，羽片5~10对，每羽片有小叶5~15，小叶卵状披针形或椭圆状卵形，长4~8 cm，边缘有尖粗锯齿，下面叶脉及脉腋具毛；叶轴及羽轴均有毛。顶生圆锥花序，花黄色，果椭圆形或近球形，淡紫红色，长约4 cm，先端钝圆，有小突尖。花期7~9月，果期9~10月。

习性分布与用途 产浙江南部及华中、华南、西南各地。常栽作观赏树和行道树。习性、用途与栾树相近。

图11-321 栾树

图11-322 复羽叶栾树

(3) 全缘叶栾树(黄山栾树) *K. bipinnata* Franch. var. *integrifoliola* (Merr.) T. Chen

与复羽叶栾树的区别：大树的小叶全缘(但在萌生枝及幼龄树的小叶有锯齿)。果形较宽圆，果皮初为淡紫红色。分布于长江流域各省及华南。用途同栾树。

11.56.5 文冠果属 *Xanthoceras* Bunge

落叶灌木或小乔木。1回奇数羽状复叶，互生；小叶对生。花杂性同株；顶生总状花序，在花序下部和侧生的花均为不孕性花；萼片5；花瓣5，有爪；花盘5裂，各裂片上有1角柱状的附属物；雄蕊8；子房3室，每室有胚珠7~8枚。蒴果，果皮木质，熟时3裂。种子无假种皮。

仅1种，我国特产。

文冠果(文官果) *Xanthoceras sorbifolia* Bunge (图11-323)

识别特征　落叶乔木，高8 m。树皮条状裂。小叶9~19，狭椭圆形至披针形，长2~6 cm，叶缘有锐锯齿。花冠白色，基部具黄色或红色斑点，花冠径约1.7 cm。果球形，径4~6 cm；种子径约1 cm。果期7~8月。

习性分布与用途　产东北南部、内蒙古至长江中下游地区，西至陕西、甘肃。适应性强，耐旱瘠。种仁含油率达50%~70%，榨油可供食用，也可供作化工及医药原料，为木本油料树种，花色美观，是北方地区优良的观赏树和蜜源植物。木材供小型家具、器具等用。

图 11-323　文冠果

复习思考题

一、不定项选择题

1. 种子具有肉质假种皮的是(　　)。
   A. 荔枝　　　　B. 无患子　　　　C. 龙眼　　　　D. 栾树
2. 无患子科植物的重要特征为(　　)。
   A. 有托叶　　　B. 无托叶　　　　C. 有花盘　　　D. 无花盘
3. 下列树种冬态常绿的是(　　)。
   A. 荔枝　　　　B. 文冠果　　　　C. 龙眼　　　　D. 栾树
4. 果实含油率高，可以作为油料树种应用的是(　　)。
   A. 无患子　　　B. 文冠果　　　　C. 龙眼　　　　D. 栾树
5. 栾树属的果实类型是(　　)。
   A. 核果　　　　B. 蒴果　　　　　C. 浆果　　　　D. 荚果

二、简答题

1. 荔枝、龙眼果实中可食的是哪一部分？

2. 栾树与文冠果的果实有什么区别？
3. 如何区别荔枝和龙眼？

11.57 漆树科 Anacardiaceae

木本，稀草本。树皮常含有乳液。羽状复叶、3 小叶复叶或单叶；互生，无托叶。花小，整齐，两性或单性，圆锥花序；萼 3~5 裂；雄蕊与花瓣同数或为其 2 倍，稀较少或较多，具花盘；子房上位，1 室，稀 2~5 室或心皮分离，每室胚珠 1。核果。

60 属 600 余种，我国连引栽有 18 属 56 种。其中杧果、腰果为热带著名果树，漆树、盐肤木为特用经济树种；黄栌、火炬树为著名森林和园林树种。

分属检索表

```
1. 单叶。
    2. 核果大，果序上无羽毛状花梗延伸物 ·················································· 杧果属
    2. 核果小，果序上有不育性花梗形成羽毛状延伸物 ································ 黄栌属
1. 羽状复叶。
    3. 花无花瓣，单被花 ··········································································· 黄连木属
    3. 花有花瓣。
        4. 子房 4~5 室；果核顶部有 5 个小孔 ··············································· 南酸枣属
        4. 子房 1 室；果核顶部无小孔。
            5. 顶芽缺，柄下芽；圆锥花序顶生，中果皮和外果皮合生 ············· 盐肤木属
            5. 顶芽发达，非柄下芽；花序腋生，中果皮和内果皮合生 ············· 漆树属
```

11.57.1 杧果属 *Mangifera* L.

常绿乔木，有芳香气味。单叶，全缘。花杂性；圆锥花序顶生；萼 4~5 裂；花瓣 4~6；雄蕊 1~5，1~2 个发育；子房 1 室。核果大，肉质，中果皮多粗纤维。

约 50 种，我国有 5 种。

杧果 *Mangifera indica* L.（图 11-324）

识别特征 高 25 m。叶长椭圆形至披针形，长 10~20 cm，侧脉两面隆起，叶柄基部膨大。花黄色，芳香。花序被毛。果肾形，压扁，长 8~20 cm，熟时黄绿色。花期 2~4 月，果期 6~8 月。

习性分布与用途 原产印度及马来西亚；我国华南至西南有栽培。世界著名热带果树，杧果树冠宽阔，直径可达 30 m，树形优美，其寿命很长，可达三四百年，结果年龄长达百年之久。果可生食或加工成蜜饯，或制

图 11-324 杧 果

果酱、酿酒；是优良的庭园绿化和观赏树种。

11.57.2 黄栌属 *Cotinus*(Tourn.)Mill.

落叶灌木或小乔木。单叶，全缘。花杂性同株；圆锥花序顶生；萼4~5裂；花瓣4~5；雄蕊4~5；子房1室。果序上有许多不育性的花梗，伸长成羽毛状；核果肾形。

5种，我国3种。播种繁殖。其中黄栌分布最广，亚洲、欧洲均有分布，被分为几个变种。

(1)毛黄栌(黄栌、红叶)*Cotinus coggygria* Scop. var. *pubescens* Engl.（异名：*C. coggygria* var. *cinerea* Engl.）（图11-325）

识别特征 高5m。小枝有毛。叶倒卵形或阔椭圆形，长3~8 cm，先端圆或微凹，基部圆或宽楔形，两面或下面被灰色柔毛；叶柄长1~4 cm，密被毛。花序被柔毛。果扁肾形，径3~4 mm，成熟时红色。花期4~6月，果期5~8月。

图 11-325 毛黄栌

习性分布与用途 产我国华北、华东、西北、西南及湖北，多生于海拔1600 m以下阳坡灌丛中。深秋时叶变红色，鲜艳夺目，是组成著名的北京香山红叶的最主要树种；在长江三峡两岸山上也很常见。每值深秋，红叶夺目，景色壮观，是我国北方地区最重要的森林和园林彩叶树种。木材可提制黄色染料，并可作家具及雕刻用材等，树皮及叶可提制栲胶，枝叶入药，能消炎、清湿热。

(2)粉背黄栌(黄栌)*Cotinus coggygria* Scop. var. *glaucophylla* C. Y. Wu

识别特征 灌木，与毛黄栌的主要区别：叶两面无毛，下面被白粉；花序近无毛。

习性分布与用途 产陕西、甘肃、河北、河南、贵州、四川及云南等地，多生于海拔2400 m以下山坡或沟边灌丛中。秋叶红艳，有森林或园林景观价值。

11.57.3 黄连木属 *Pistacia* L.

常绿或落叶。羽状复叶、3小叶，稀单叶；小叶对生，全缘。花单性异株；圆锥或总状花序；单被花；萼3~7裂；无花瓣；雄蕊3~5；雌花子房1室，柱头3裂。核果。

10种，我国有3种。播种繁殖。

(1)黄连木(楷木)*Pistacia chinensis* Bunge(图11-326)

识别特征 落叶乔木，高30 m。树皮鳞片状剥落。枝、芽近无毛。小叶10~14，披针形或卵状披针形，长4~9 cm，基部偏斜。雄花密集，雌花疏生，先花后叶。果倒卵状扁球形，径5~6 mm。花期3~4月，果期9~11月。

图 11-326 黄连木

习性分布与用途 我国河北以南，西至四川、云南等地均有分布。在海拔 1500 m 以下山地、平原均有分布。早春嫩叶红色，入秋叶又再变成深红或橙黄色，是秋色红叶林景观树种。也适宜作庭荫树、行道树、风景树、四旁绿化及低山地区造林树种。木材坚韧致密，易加工，可供建筑、家具、雕刻等用。

(2) 阿月浑子 *Pistacia vera* L.

识别特征 落叶乔木，高 8 m。小叶 3~7(11)，卵形，先端圆钝，微有突尖，基部圆楔形，革质。果卵形至椭圆形，内果皮外露；种子绿白色。

习性分布与用途 产中亚及西亚的干旱山坡、半沙漠地区；新疆多栽培。种子富含脂肪，香酥可口，带内果皮炒熟后可食用，商品名称为"开心果"。

11.57.4　南酸枣属 *Choerospndias* Burtt et Hill

落叶乔木。1 回奇数羽状复叶。花杂性异株；圆锥花序；萼 5 裂；花瓣 5；雄蕊 10；心皮 5，子房 5 室。核果，果核顶部有小孔 5。

仅 1 种。播种繁殖。

南酸枣(酸枣、五眼果)*Choerospondias axillaris*(Roxb.)**Burtt et Hill**(图 11-327)

识别特征 高 30 m。小叶 7~19，卵状披针形，长 4~14 cm，全缘，苗期或萌芽枝上的小叶有粗锯齿，先端渐尖，下面脉腋有簇生毛。花紫红色。果椭圆形，长 2~2.7 cm。花期 4 月，果期 9~10 月。

习性分布与用途 产长江流域以南及西南。多生于海拔 1500 m 以下山地林中或林缘。生长迅速，材质轻软，心材红褐色，纹理美观，供做家具和各种器具。可作为南方山地造林树种或用材树种。果味酸甜，可食用。

11.57.5　盐肤木属 *Rhus* L.

落叶乔木或灌木；顶芽缺。奇数羽状复叶或 3 小叶，稀单叶。圆锥花序顶生；花各部 5 数；子房 1 室。核果红色，略压扁，成熟时外果皮与中果皮合生，与内果皮分离。

约 250 种，我国 6 种。播种繁殖。

盐肤木(五倍子树)*Rhus chinensis* Mill. (图 11-328)

识别特征 高 2~6 m。叶轴具翅，小叶 7~13，卵形或椭圆形，长 5~12 cm，有粗锯齿，下面密被灰褐色柔毛。果橘红色，密被白色短柔毛，有盐霜。花期 8 月，果期 10~11 月。

习性分布与用途 我国北自辽宁、南至华南、西达四川、甘肃等地均有分布。叶被五倍子蚜虫取食刺激后，叶肉细胞组织膨大形成虫瘿，称为五倍子，内含单宁达 30% 左右，可用于提取单宁(也称鞣酸)，用作医药、制墨水、染料、鞣革、造纸等工业原料。

图 11-327　南酸枣

图 11-328　盐肤木

11.57.6　漆树属 *Toxicodendron*(Tourn.) Mill.

落叶性；体内含有乳液；有顶芽。奇数羽状复叶或 3 小叶；小叶对生。花单性异株；圆锥花序腋生；花各部多 5 数；子房 1 室。核果熟时淡黄色，外果皮分离，中果皮与内果皮合生。

20 余种，我国有 15 种。

(1) 漆树 *Toxicodendron verniciflum*(Stokes)**F. A. Barkley**(图 11-329)

识别特征　乔木，高 20 m。树皮纵裂。小枝及叶柄被毛。1 回羽状复叶，小叶 7~19，长卵形或椭圆形，长 7~15 cm，基部偏斜，下面脉上有短柔毛。花序被毛。果扁圆形或肾形，径 6~8 mm。花期 5~6 月，果期 10 月。

习性分布与用途　我国北起东北南部、南至华南均有分布。树干割取的乳液称"生漆"，为优良天然涂料，有防腐绝缘作用，广泛用于建筑、家具涂料及制作工艺用品。但乳液有刺激性，有的人会引起过敏，要注意预防。

(2) 野漆树(木蜡树)*Toxicodendron succedaneum*(L.)**O. Kuntze**

识别特征　乔木，高 10 m。植株全体无毛。1 回羽状复叶，小叶 7~15，革质，长 5~10 cm，全缘，下面被白粉。果扁平，菱状圆形。花期 5~6 月，果期 10 月。

习性分布与用途　产长江流域及以南地区。多生于海拔 1500 m 以下山地林中。木材质地细腻，纹理明显，耐腐，是家具、农具、细木工良材。

(3) 木蜡树(野漆树)*Toxicodendron sylvestre*(Sieb. et Zucc.)**O. Kuntze**(图 11-330)

识别特征　乔木，高 10 m。1 回羽状复叶，小叶 7~13。外形与漆树很相似，但本种小叶上侧脉较多(18~25 对)上面被短柔毛或近无毛，下面密被黄色短柔毛，嫩枝、花序及小叶柄被毛为主要区别点。

习性分布与用途　产长江中下游以南地区，海拔 1500 m 以下山地林中或林缘常见。其乳液也有刺激性，有的人也会引起过敏，需加注意。

图 11-329　漆　树

图 11-330　木蜡树

复习思考题

一、不定项选择题

1. 漆树科植物体常含有的是(　　)。
   A. 液汁　　　　　B. 油细胞　　　　C. 树脂　　　　D. 蜜汁
2. 核果，内果皮顶端有5个小孔的是(　　)。
   A. 杧果　　　　　B. 毛黄栌　　　　C. 南酸枣　　　　D. 漆树
3. 下列树种果序上有不育性的花梗，伸长成羽毛状的是(　　)。
   A. 杧果　　　　　B. 毛黄栌　　　　C. 南酸枣　　　　D. 漆树
4. 体内含有人类容易过敏物质的树种是(　　)。
   A. 杧果　　　　　B. 黄连木　　　　C. 漆树　　　　D. 南酸枣
5. 杧果的中果皮含有丰富的(　　)。
   A. 粗纤维　　　　B. 树脂　　　　　C. 乳汁
6. 可作为"五倍子"寄主树种的是(　　)。
   A. 南酸枣　　　　B. 黄连木　　　　C. 漆树　　　　D. 盐肤木

二、简答题

1. 漆树属植物的主要经济用途是什么？
2. 你是否了解杧果的习性？你的家乡能种植杧果吗？
3. 构成著名的北京"香山红叶"景观的树种主要有哪些？

11.58　槭树科 Aceraceae

落叶乔木或灌木，稀常绿；冬芽具鳞片。叶对生，单叶或复叶；无托叶。花单性、两性或杂性，整齐；簇生或排成各式花序；萼片、花瓣常4~5，稀无花瓣；雄蕊4~12，通常 8；子房上位，心皮 2，2 室，每室胚珠 2，花柱 2，柱头常反卷。翅果。

2 属 200 余种，我国有 2 属 140 余种。多数分布于我国北方地区，以槭树属种类占多数，其中多数具有掌状裂叶的落叶种类，秋冬季落叶前叶色变红，人们习称为红枫或枫树，是北方森林和园林秋冬季节一大景观特色。

槭(树)属 *Acer* L.

乔木或灌木；顶芽发达。单叶或羽状复叶。花杂性或单性异株；花瓣与萼片均为 5，稀无花瓣。翅果由 2 个一端具翅的小坚果组成。

200 余种，我国约有 140 种。

分 种 检 索 表

1. 单叶。
   2. 叶 5(~9)掌状分裂。
      3. 裂片全缘。
         4. 叶片基部近心形，果翅长约为小坚果的 2 倍 ·· 五角槭
         4. 叶片基部近截形，果翅与小坚果近等长 ·· 元宝槭
      3. 裂片边缘有锯齿。
         5. 叶片 7~9 裂，边缘有尖锯齿 ··· 鸡爪槭
         5. 叶片 5 裂，边缘近基部全缘，上部有锯齿 ···································· 中华槭
   2. 叶片不分裂至 3 裂，或 3~5 羽状分裂。
      6. 叶片 3~5 羽裂，边缘有疏锯齿 ··· 茶条槭
      6. 叶片 3 裂或不裂。
         7. 叶片常 3 裂，叶背有白粉 ·· 三角槭
         7. 叶片不裂或浅分裂，叶背无白粉。
            8. 叶全缘，不分裂或上部具 2 不发育裂片 ······························· 梓叶槭
            8. 叶缘具锯齿，不分裂 ··· 青榨槭
1. 羽状复叶。
   9. 小叶 3~7(9) ··· 羽叶槭
   9. 小叶 3。
      10. 嫩枝有柔毛 ·· 建始槭
      10. 嫩枝无毛 ·· 东北槭

(1) 五角槭(五角枫、色木槭)*Acer mono* Maxim. (图 11-331)

识别特征 落叶乔木，高 20 m。树皮纵裂，皮层内常有乳汁。单叶 5(3~7)裂，基部心形，长 6~8 cm，宽 9~11 cm，下面脉腋有簇生毛；叶柄长 4~6 cm。花杂性，顶生圆锥状伞房花序；萼片 5，花瓣 5。果翅张开成锐角或近于钝角。花期 4~5 月，果期 9~10 月。

习性分布与用途 产我国东北、华北及长江流域各省，是我国槭树种类中分布最广的一种；多生于海拔 1500 m 以下山地林中。树形优美，枝叶浓密，叶、果秀丽，叶裂别致，入秋叶色变为红色或黄色，常用作庭荫树、行道树或防护林树种。木材坚韧细致，可作建筑、车辆、家具、乐器和胶合板等用。

(2) 元宝槭(平基槭、元宝枫)*Acer truncatum* Bunge(图 11-332)

识别特征 落叶乔木,高 10 m。树皮深纵裂。叶通常 5 裂,稀 7 裂,基部截形或近心形。果序伞房状下垂,果翅张开成锐角或钝角,果核压扁状,常与翅等长。花期 4~5 月,果期 8~9 月。

习性分布与用途 产我国长江流域以北地区,多生于海拔 800 m 以下的低山丘陵和平地。树冠开展,树姿优美,春天时嫩叶红色,秋季叶色转为橙黄色或红色,是北方重要的秋色叶树种;广泛栽作庭荫树和行道树。木材坚硬细致,纹理美,有光泽,是优良的建筑、家具及雕刻用材。还是良好的蜜源植物。

图 11-331　五角槭

图 11-332　元宝槭

(3) 三角槭(三角枫)*Acer burgerianum* Miq.(图 11-333)

识别特征 落叶乔木,高 20 m。树皮长条片状剥落。叶纸质,卵圆形至倒卵形,通常 3 浅裂或不分裂,全缘或有锯齿。花杂性;花序顶生;萼片 5,花瓣 5。果翅张开成锐角或近于直立。花期 4 月,果期 8~9 月。

习性分布与用途 产我国长江中下游地区,北到山东,南至广东及台湾均有分布。树形高大,枝叶茂密,适宜作公园、风景区的庭荫树、行道树及护岸树栽植;也可栽作绿篱或制成盆景观赏。木材坚实,可供器具、家具及细木工用。

(4) 梓叶槭 *Acer catalpifolium* Rehd.(图 11-334)

识别特征 落叶乔木,高 25 m。树皮平滑。叶纸质,卵形或长圆形,长 10~20 cm,不分裂或中部以下具微发育 2 裂。花杂性,伞房花序。果翅长 3.5~4 cm,开成锐角或近于直角。花期 4 月,果期 8~9 月。

习性分布与用途 产四川成都平原各县,树形高大,树干端直,树冠伞形,在四川常栽作行道树和观赏树。木质颇佳,为优良用材树种。

(5) 青榨槭(青蛤蟆)*Acer davidii* Franch.(图 11-335)

识别特征 落叶乔木,高 15 m。叶卵形或长卵形,长 6~15 cm,先端尾状渐尖,基部近心形或圆形,叶缘不整齐钝齿。花杂性;总状花序顶生。果翅展开成钝角或几成水平。花期 4 月,果期 9 月。

图 11-333 三角槭

图 11-334 梓叶槭

习性分布与用途 产华北至华南及西南各地。多生于海拔 2000 m 以下山地林中。新枝嫩叶翠绿，姿态优雅，可作庭园绿化树种；木材坚实细致，做家具、建筑等用。

(6) 茶条槭（茶条）*Acer ginnala* **Maxim.**（图 11-336）

识别特征 落叶小乔木，高 10 m。树皮微纵裂。叶卵形或长圆卵形，长 6~10 cm，常 3~5 羽状深裂，叶缘不整齐重锯齿。花杂性；伞房花序顶生。小坚果，连翅长 2.5~3 cm，果翅几相靠叠或成锐角。果期 9 月。

习性分布与用途 产东北、华北及陕西、甘肃。多生于海拔 1000 m 以下山地林中。木材质地较细，供细木工和工艺品等用，嫩叶可代茶叶。

图 11-335 青榨槭

图 11-336 茶条槭

(7) 鸡爪槭（鸡爪枫、枫树）*Acer palmatum* **Thunb.**（图 11-337）

识别特征 落叶小乔木，高 7 m。小枝细瘦；当年生枝紫色或紫绿色。叶纸质，径 6~10 cm，基部 5~9 裂，通常 7 裂，边缘具紧贴的尖锐锯齿，裂片深达 1/3~1/2，下面脉腋有簇毛。花紫色，杂性，伞房花序。小坚果球形，果翅幼时紫红色，张开成直角至钝角。花期 5 月，果期 9 月。

习性分布与用途 产我国山东、河南以南多数省份，现各地广泛栽培。世界上许多国家和地区都有引种栽培，变种和变型很多，如红枫、羽毛枫、红羽毛枫等，叶形美丽，树姿优雅，是非常珍贵的观叶景观树种。制成盆景或盆栽用于室内美化也很适宜。

(8) 中华槭(华槭、丫角槭)*Acer sinense* Pax(图 11-338)

识别特征 落叶小乔木，高 15 m。树皮平滑。叶片径 10~17 cm，常 5 裂，深达叶片的 1/2，下面脉腋有黄簇毛。圆锥花序顶生；花瓣 5，白色。小坚果椭圆形，特别凸起，果翅张开成直角，稀近于锐角或钝角。花期 5 月，果期 9 月。

习性分布与用途 产华中、华东至华南。多生于海拔 2000 m 以下山地林中。可作园林观赏树。用途与其他槭树属种类相近。

图 11-337　鸡爪槭

图 11-338　中华槭

(9) 东北槭(白牛槭、关东槭)*Acer mandshuricum* Maxim. (图 11-339)

识别特征 落叶乔木，高 20 m。树皮粗糙。3 小叶复叶，小叶披针形或长圆状披针形，长 5~10 cm，具钝齿，基部偏斜。花杂性，聚伞花序。果翅张开成锐角或近于直角。花期 6 月，果期 9 月。

习性分布与用途 产东北各省。木材质地细腻，颜色较白，供建筑、车辆、家具等用。

(10) 梣叶槭(复叶槭、白蜡槭、糖槭)*Acer negundo* L.

识别特征 落叶乔木，高 20 m。羽状复叶具小叶 3~7(9)，小叶长 5~10 cm，叶缘具粗锯齿，仅下面脉腋有丛毛。花单性异株。果翅稍向内弯，翅张开成锐角或近直角。花期 4~5 月。

习性分布与用途 原产北美；我国辽宁以南、长江流域以北引种栽培。用途与其他槭树属种类相近。也作行道树或庭园树。

(11) 建始槭 *Acer henryi* Pax(图 11-340)

识别特征 落叶小乔木，高 10 m。3 小叶复叶，小叶椭圆形或长椭圆形，先端渐尖或尾尖，全缘或近顶端有 3~5 疏钝齿。单性异株；花序穗状下垂。果翅张开成锐角或近于直立。花期 4 月，果期 9 月。

习性分布与用途 产黄河流域和长江流域。用途与其他槭树种类相近。可栽作行道树。

图 11-339　东北槭

图 11-340　建始槭

复习思考题

一、不定项选择题

1. 槭树属植物的主要特征有(　　)。
   A. 单叶或复叶　　B. 叶对生　　C. 核果　　D. 坚果对生，有翅
2. 叶为 3 小叶的树种有(　　)。
   A. 建始槭　　B. 中华槭　　C. 白牛槭　　D. 元宝槭
3. 叶为单叶的树种有(　　)。
   A. 三角槭　　B. 元宝槭　　C. 鸡爪槭　　D. 中华槭

二、简答题

槭树属植物有哪些突出的园林景观特性？

11.59　七叶树科 Hippocastanaceae

落叶乔木或灌木，稀常绿。掌状复叶，对生；无托叶，叶柄长。花杂性，圆锥花序，两性花生于花序基部，雄花生于上部；萼 4~5 裂；花瓣 4~5，大小不等，与萼片互生，基部爪状；雄蕊 5~9，长短不一；具花盘，子房上位，3 室，每室有胚珠 2。蒴果，种子 1~2。

2 属约 30 余种，我国有 1 属 9 种。

七叶树属 *Aesculus* L.

落叶乔木，稀灌木。小枝粗壮，髓心大；顶芽发达，芽鳞交互对生，含树脂。小叶 3~9，通常 5~7，有锯齿。

我国产10余种；另引入2种。

（1）七叶树 *Aesculus chinensis* **Bunge**（图11-341）

识别特征 乔木，高25 m。小叶5~7，长椭圆状披针形或长圆形，长8~16 cm，先端渐尖，基部楔形，叶缘尖细锯齿。花瓣4，白色，边缘有纤毛。蒴果扁球形或倒卵形，径3~5 cm。花期4~5月，果期10月。

习性分布与用途 我国黄河流域至长江流域多数省份有栽培，陕西秦岭有野生。树形高大，树冠开阔，树姿雄伟，叶大而形美，寿命长，是世界著名的观赏树种之一。我国许多名刹古寺，如杭州灵隐寺、北京大觉寺、卧佛寺、潭柘寺等处都有不少七叶树大树。种子可入药，有理气解郁之功效。

（2）天师栗（猴板栗）*Aesculus wilsonii* **Rehd.**（图11-342）

识别特征 外形与七叶树相似。主要区别：嫩枝密被长柔毛；小叶下面密被茸毛或长柔毛；花序密被毛；蒴果壳薄，顶端有短尖头。产华中至西南。习性用途与七叶树相似。

图11-341 七叶树

图11-342 天师栗

11.60 木樨科 Oleaceae

乔木、灌木，稀为藤本。单叶或复叶，对生，稀互生或轮生；无托叶。花两性，稀单性异株或杂性；常组成各式花序或簇生；花萼4(~16)齿裂，或顶部截平；花冠通常4(2~9)裂，雄蕊2(4~10)，着生于花冠上；子房上位，2室，每室胚珠2(4~10)。蒴果、浆果、核果或翅果。

27属400余种，我国有11属约150种。木樨科许多种类材质优良，是高级家具、装修良材，如水曲柳、花曲柳、白蜡树；而丁香、连翘、茉莉、迎春花等则为著名观赏花木。

分 属 检 索 表

1. 翅果、核果或浆果；不为蒴果。
   2. 翅果；羽状复叶，稀单叶 ·· 白蜡属
   2. 核果或浆果；单叶，稀为复叶。
      3. 核果。
         4. 花冠裂片在芽内为覆瓦状排列 ·· 木樨属
         4. 花冠裂片在芽内镊合状排列。
            5. 花序顶生；内果皮膜质或纸质 ··· 女贞属
            5. 花序腋生，稀顶生；内果皮骨质或硬壳质。
               6. 花冠浅裂，花冠裂片常短于花冠筒 ·· 木樨榄属
               6. 花冠深裂至近基部 ·· 流苏树属
      3. 浆果，并常为双生 ·· 素馨属
1. 蒴果。
   7. 花冠裂片较花冠筒短或近等长，花色少有黄色 ··· 丁香属
   7. 花冠裂片较花冠筒长，花色多为黄色 ·· 连翘属

11.60.1 白蜡树(梣)属 *Fraxinus* L.

落叶乔木，稀灌木。1 回奇数羽状复叶，稀为单叶，小叶对生。花小，杂性或单性；常组成圆锥或总状花序；花萼 4 裂或缺；花冠 4(2~6)裂或分离，稀缺；雄蕊 2(3~4)；子房每室胚珠 2。翅果，上部具长翅。60 余种，我国有约 20 种。多为森林中的乔灌木树种。

分 种 检 索 表

1. 圆锥花序顶生或腋生于当年生枝上。
   2. 具鳞芽。
      3. 小叶 5~7；花无花冠。
         4. 小叶常为 7(5~9)，椭圆形或椭圆状卵形，有锯齿；果倒披针形 ············ 白蜡树
         4. 小叶常为 5~7，宽卵形或倒卵形，近全缘或具钝齿；果线形 ················ 花曲柳
      3. 小叶 3~5；花具花瓣；果狭条形 ·· 苦枥木
   2. 裸芽 ·· 光蜡树
1. 圆锥花序腋生于 2 年生枝上。
   5. 小叶长 7~16 cm，叶片下面被茸毛 ··· 水曲柳
   5. 小叶长 3~6 cm，叶片无毛 ·· 天山梣

(1) 白蜡树(蜡条、梣) *Fraxinus chinensis* Roxb. (图 11-343)

识别特征 高 15 m。小枝无毛。小叶常 7(5~9)，长 3~10 cm，先端渐尖，有锯齿，仅下面中脉有毛。萼钟形；无花冠。果倒披针形，长 3~4.5 cm。花期 3~5 月，果期 10 月。

习性分布与用途 我国从东北中南部至华南，西至四川的大部分省份都有分布或栽培；华北地区尤多。枝叶茂密，树冠开展，树形美观，广泛栽作风景树、庭荫树和行

道树，是优良的园林绿化树种。木材质地坚韧，纹理直，供制农具、家具、车辆、胶合板、运动器材等用；枝、叶用以放养白蜡虫，提取白蜡。树皮可入药，为传统中药"秦皮"。

(2) 花曲柳(大叶白蜡树、大叶梣) *Fraxinus rhynchophylla* Hance(图 11-344)

识别特征 高 12~15 m。小枝无毛。小叶通常 5~7，近全缘或具钝齿。花序轴上常有淡褐色短柔毛，无花冠；果线形，长约 3.5 cm。花期 4~5 月，果期 9~10 月。分布用途与白蜡相近。

图 11-343 白蜡树

图 11-344 花曲柳

(3) 水曲柳(大叶梣) *Fraxinus mandschurica* Rupr. (图 11-345)

识别特征 高 30 m。小枝无毛。叶轴具窄翅；小叶 7~11(13)，无柄，长圆状卵形或披针形，长 7~16 cm，先端长渐尖，叶缘尖锯齿。无花冠。果长圆状披针形，长 2.4~4 cm。花期 5~6 月，果期 9~10 月。

习性分布与用途 产我国东北和华北地区，以小兴安岭林区最多。木材坚韧细密，纹理通直美观，为东北地区著名珍贵阔叶用材树种，为建筑、造船、车辆、航空器材、胶合板、室内装修良材。与胡桃楸、黄檗同为东北地区三大阔叶名材之一。国家二级重点保护植物。

(4) 光蜡树 *Fraxinus griffithii* C. B. Clarke(图 11-346)

识别特征 高 10~20 m。树皮剥落，光滑。小枝被柔毛或无毛。小叶 5~7，卵形至长圆形，长 5~13 cm，全缘，有时上部有不明显的小锯齿。萼杯状；花瓣 4。果阔披针状匙形，长 2.5~3 cm。花期 4 月，果期 10 月。

习性分布与用途 产湖南、湖北、广东、广西、海南及台湾等地。优良用材树种。

(5) 苦枥木 *Fraxinus insularis* Hemsl. (图 11-347)

识别特征 高 20 m。小叶 3~5，卵形或卵状披针形，长 5~12 cm，叶缘有锯齿或全缘，无毛。萼杯形，花瓣 4。果狭条形，长 2~4 cm，先端微凹。花期 4~5 月，果期 7~9 月。

习性分布与用途 产华东、华中、华南及四川。木质细白，用途与白蜡相近。

图 11-345 水曲柳

图 11-346 光蜡树

(6) 天山梣(新疆小叶白蜡、艾力木冬)*Fraxinus sogdiana* **Bunge**(图 11-348)

识别特征 高 10~20 m。枝、叶无毛。小叶 7~11,卵状披针形,长 3~6 cm,先端渐尖,叶缘有不整齐而稀疏的三角形齿尖,小叶柄长 5~15 cm。果倒披针形,长 3 cm,果翅常扭曲。花期 4 月,果期 10 月。

习性分布与用途 产新疆伊犁河谷,也称天山白蜡;东北、甘肃及青海等地有引栽。材质坚韧,为用材、防护林及绿化树种。

图 11-347 苦枥木

图 11-348 天山梣

11.60.2 木樨属 *Osmanthus* Lour.

常绿乔木或灌木。单叶对生,全缘或有锯齿。花两性或杂性;短圆锥花序或簇生叶腋或成总状花序;萼短,4 裂,花冠筒短,4 裂,在芽内覆瓦状排裂,雄蕊 2,稀 4。核果。

约 30 种,我国有 25 种。

图 11-349 桂 花

桂花(木樨)***Osmanthus fragrans***(Thunb.)**Lour.**(图 11-349)

识别特征 乔木，高 18 m。小枝黄褐色，无毛；侧芽 2～3 叠生。叶椭圆形或椭圆状披针形，长 4～12 cm，革质，先端短尖或渐尖，全缘或上半部疏生细锯齿。花序簇生叶腋，橙黄色或黄白色。果椭圆形，长 1～1.5 cm，熟时紫黑色。花期 9～10 月，果期翌年 4～5 月。

习性分布与用途 产长江流域以南，多生于海拔 1000 m 以下山地阔叶林中。现各地广为栽培。优良庭园观赏树种，"桂"通"贵"，有吉祥寓意；花芳香浓郁，常供制作糕点、糖果及饮料的香料，或提取芳香油。栽培变种甚多，以花色分有丹桂、金桂、银桂等多种品种类型。

11.60.3 女贞(水蜡树)属 *Ligustrum* L.

灌木或小乔木。单叶对生，全缘。花两性，白色；圆锥花序顶生，萼钟形，4 齿裂；花冠漏斗状，4 裂，在芽内镊合状排列；雄蕊 2；子房每室胚珠 2。浆果状核果，内果皮膜质或纸质。

约 45 种，我国有约 29 种。

女贞(冬青)***Ligustrum lucidum* Ait.**(图 11-350)

识别特征 常绿乔木，高 25 m。枝、叶无毛。叶革质而脆，卵形、卵状披针形或椭圆形，长 6～17 cm，宽 3～8 cm，先端渐尖，基部楔形，上面有光泽。花白色。果肾形、近肾形或矩圆形，长约 1 cm，成熟时紫黑色，被白粉。花期 5～7 月，果期 11～12 月。

习性分布与用途 产秦岭—淮河流域以南。生于海拔 2500 m 以下山地林中。常栽培作庭园绿化观赏、绿篱等用；也可放养白蜡虫，取蜡供工业及医药用；木材细密，可作细木工、雕刻用材。果实为中药"女贞子"，药用能安神。新鲜枝叶燃烧时"劈啪"作响，广西民间有代炮竹用。

本属的小蜡 *L. sinense*、蜡子树 *L. leucanthum* 为我国南北各地常见绿篱树种。

图 11-350 女 贞

11.60.4 木樨榄(齐墩果)属 *Olea* L.

常绿灌木或小乔木。单叶对生，全缘或具锯齿。花两性或单性；圆锥花序或簇生；萼 4 浅裂；花冠筒短，4 裂，在芽内镊合状排列；雄蕊 2。核果，内果皮骨质或硬壳质。

40 余种，我国有 15 种，引入 1 种。

木樨榄（油橄榄、齐墩果）*Olea europaea* **L.**（图 11-351）

识别特征 小乔木，高 6.5 m。叶椭圆状披针形，长 1.5~5 cm，革质，下面被银灰色鳞秕，先端微钝有小凸尖，全缘，侧脉不明显。花两性，白色。核果椭圆形或卵形，熟时亮黑色。花期 4~5 月，果期 11 月。

习性分布与用途 原产欧洲地中海区域；为南欧著名木本油料树种，果实含油率高，榨取可作为食用油。我国长江流域以南有引栽。

11.60.5 流苏树属 *Chionanthus* L.

乔木或灌木。单叶对生，全缘或具小锯齿。圆锥花序，疏松；花较大，两性或单性异株；花萼小，裂片 4；花冠白色，裂片 4，深裂至近基部，花蕾时内向镊合状排列；雄蕊 2(4)；子房 2 室，花柱短。核果。

2 种，我国有 1 种。

流苏树 *Chionanthus retusus* **Lindl.**（图 11-352）

识别特征 落叶乔木，高 20 m。幼枝、叶被柔毛。叶长圆形或椭圆形，长 3~12 cm，先端圆钝，基部圆或宽楔形，幼时两面被长柔毛，叶缘具睫毛，老时仅沿脉具长柔毛。聚伞状圆锥花序顶生；花冠裂片线状倒披针形，长 1.5~2.5 cm；雄蕊内藏或稍伸出。果椭圆形，长 1~1.5 cm，成熟时蓝黑色。花期 3~6 月，果期 6~11 月。

习性分布与用途 产辽宁、河北以南，南岭以北，西至陕西、四川及云南等广大地区，生于海拔 3000 m 以下林内或灌丛中。各地有栽培。花、嫩叶可代茶；果可提取芳香油。

图 11-351 木樨榄

图 11-352 流苏树

11.60.6 丁香属 *Syringa* L.

落叶灌木或乔木。小枝近圆柱形或带四棱形。单叶对生，全缘，稀羽状复叶。花两性；圆锥花序顶生或腋生；花萼钟状，4齿或不规则齿裂；花冠漏斗状或高脚碟状，4裂，裂片较花冠筒短；雄蕊2；子房每室胚珠2。蒴果2裂；种子扁平具翅。约19种，我国有16种。

(1) 紫丁香(华北紫丁香、紫丁白) **Syringa oblata Lindl.** (图11-353)

识别特征 高5 m；全株无毛。叶片革质或厚纸质，卵圆形至肾形，通常宽大于长，长4~8 cm，宽4~10 cm，先端渐尖，基部心形或截形。花萼4裂；花冠紫色，漏斗状；花药内藏。果压扁状，先端尖。花期4月，果期9月。

习性分布与用途 产东北、华北、西北和四川等广大地区。北方各省份广泛栽培，是我国北方园林绿化中应用最普遍的花木之一。枝叶茂密，花美而香，供庭园观赏，广泛栽植于庭园、机关、厂矿、居民区等地。花可提取芳香油。

(2) 暴马丁香(暴马子) **Syringa reticulata Hara var. amurensis Pringla** (图11-354)

识别特征 乔木，高8 m。叶卵形或宽卵形，长5~12 cm，先端渐尖，基部圆楔形，无毛或疏生短柔毛。花白色；花丝细，伸长。果长椭圆形，先端钝，平滑或有疣状凸起。花期6~7月，果期8~10月。

习性分布与用途 产东北、华北及陕西、甘肃等省份。与紫丁香同为我国北方省份园林绿化中应用较普遍的观赏花木之一，但花期比紫丁香迟。木材供器具、细木工等用；花为蜜源，也可提取芳香油。

图11-353 紫丁香

图11-354 暴马丁香

11.60.7 连翘属(金钟花属) *Forsythiva* Vahl

直立或蔓性落叶灌木。枝中空或具片状髓。单叶，对生，稀3裂或3出复叶。花两性，先叶开放(先花后叶)，腋生；花萼4深裂，花冠黄色，钟状，4深裂，裂片较花冠筒长；雄蕊2；花柱异长，具长花柱的花，雄蕊短于雌蕊，具短花柱的花，雄蕊长于雌蕊。蒴果具喙，2裂，每室种子多枚。种子一侧具翅。

约 11 种，我国有 7 种。

连翘 *Forsythiva suspensq* (Thunb.) **Vahl**（图 11-355）

识别特征 灌木，高 3 m；髓中空。枝细长开展或拱形下垂，略呈四棱形。单叶或有时为 3 出复叶，卵形或椭圆状卵形，长 3～10 cm，无毛，先端锐尖，基部圆形至宽楔形，边缘有粗锯齿。花通常单生，稀 3 朵腋生；花萼绿色，边缘具睫毛；花径约 2 cm。果卵圆形、卵状椭圆形或长椭圆形，表面散生疣点。花期 4～5 月，果期 8～9 月。

图 11-355 连 翘

习性分布与用途 产我国东北、华北和华中，现各地多有栽培。药用植物和园林观赏景观树种。其枝条拱形开展，早春花先叶开放，满枝金黄，艳丽可爱，是北方早春常见的优良观花灌木，根系发达，可作护堤固岸树种。果实入药，中药名即"连翘"，常与金银花配伍，有清热解毒之效，"银翘解毒丸"、"银翘解毒片"之类的常见中成药都含有金银花和连翘。

本属常见种类还有金钟花 *F. viridissima*，与连翘同为落叶丛生灌木，区别为金钟花枝髓心具片状髓，叶不裂，果柄较连翘短。产我国长江流域以南海拔 300～2500 m 山地沟谷灌丛中，也常作园林树种栽培。

11.60.8 素馨属 *Jasminum* L.

常绿或落叶小乔木、灌木或攀缘状灌木。单叶，3 出复叶或奇数羽状复叶；对生、互生，稀轮生。花两性，聚伞花序组成圆锥状、总状、伞房状或头状复花序；花萼杯状或漏斗状，具 4～12 齿；花冠白或黄色，稀红或紫色，高脚碟状或漏斗状，裂片 4～12，栽培种常有重瓣现象；雄蕊 2，花柱常异长，丝状。浆果双生或其中 1 个不育而单生，成熟时黑或蓝黑色。

约 200 种，我国有 40 余种。

(1) 茉莉花（茉莉）*Jasminum sambac* (L.) **Aiton**（图 11-356）

识别特征 常绿灌木，高 0.5～3 m。幼枝有短柔毛，枝细长呈藤本状。单叶对生，薄纸质，椭圆形或宽卵形，长 3～8 cm，先端急尖或钝圆，基部圆形，全缘，仅背面脉腋有簇毛。聚伞花序，通常有花 3 至多朵，花萼裂片 8～9，线形，花冠白色，栽培种花冠常为重瓣类型，香味浓，花后多不结实。花期 5～11 月，7～8 月为盛花期。

习性分布与用途 原产印度、伊朗。我国广东、福建及长江流域的江苏、湖南、湖北、四川等地有栽培。福建省栽培最多。不耐寒，华南、西双版纳可露地栽培；长江流域及以北地区多盆栽观赏；茉莉花香气浓郁而持久，是有名的香花树种；主要用于采花窨制茉莉花茶和提制茉莉花油。

(2) 迎春花（金腰带、小黄花）*Jassminum nudiflorum* Lindl.（图 11-357）

习性分布与用途 落叶灌木，高 0.4～5 m。枝拱形下垂，绿色，小枝四棱，棱上多少具狭翼。叶对生,三出复叶(幼枝基部有单叶),小叶卵形至长圆状卵形,长 1~3 cm,先端急尖,叶缘有短睫毛,表面有基部突起的短刺毛。花先叶开放,苞片小,花萼裂片 5~6,花冠黄色,直径 2~2.5 cm,裂片 6,约为花冠长度的1/2。通常不结果。花期 2~4 月。

习性分布与用途 产我国东北、华北、西北以至西南。现长江流域以北各地庭院广泛栽培。为我国北方地区重要园林观赏景观树种。迎春植株呈丛生,枝条细软下垂,每年早春开花,黄花璀灿可爱,故名迎春。

同属相近种野迎春(云南黄素馨、南迎春)*J. mesneyi* Hance,树形与迎春花相近,但为常绿性,花、叶较大,为南方庭园中常见观赏树种,用途同迎春。

图 11-356　茉莉花

图 11-357　迎春花

复习思考题

一、不定项选择题

1. 木樨科植物的特征是(　　)。
　　A. 单叶　　　　B. 复叶　　　　C. 有托叶　　　　D. 无托叶
2. 木樨科植物花的特征多为(　　)。
　　A. 离生花冠　　B. 合生花冠　　C. 两性花　　　　D. 单性花
3. 桂花的特征是(　　)。
　　A. 单叶　　　　B. 复叶　　　　C. 浆果　　　　　D. 核果
4. 白蜡树属的果实类型是(　　)。
　　A. 翅果　　　　B. 坚果　　　　C. 核果　　　　　D. 蒴果
5. 丁香属的特征是(　　)。
　　A. 常绿　　　　B. 落叶　　　　C. 核果　　　　　D. 蒴果
6. 园林绿化树种中,有"庭桂流芳"之寓意的树种是(　　)。
　　A. 桂花　　　　B. 女贞　　　　C. 茉莉花　　　　D. 紫丁香
7. 可作为芳香原料树种提取芳香物质的有(　　)。
　　A. 桂花　　　　B. 迎春花　　　C. 茉莉花　　　　D. 女贞

二、简答题

1. 木樨科植物花构造有什么特点？
2. 白蜡树属果实有什么特点？
3. 木樨属有哪些主要特征？
4. 木樨属和女贞属的花果有什么区别特征？
5. 什么是先花后叶？先花后叶的植物有哪些？
6. 迎春花与野迎春有哪些区别特征？

11.61 夹竹桃科 Apocynacease

乔木、灌木或藤本，稀草本；具乳汁或水液。单叶对生或轮生，稀互生，全缘；无托叶。花两性，整齐；常组成聚伞花序，花萼 5(4) 裂，花冠合瓣，高脚碟状或漏斗状等，5(4) 裂，喉部有毛或副花冠，旋转状排列；雄蕊 5(4)，生于花冠筒上，花丝短，花药分离或靠合于柱头上；子房上位。浆果、核果或蓇葖果。

约 250 属 2000 种，多数产热带；我国有 46 属 176 种。其中许多种类均为我国南方的园林树种，常见的有夹竹桃、黄花夹竹桃、鸡蛋花、黄蝉等。

11.61.1 夹竹桃属 *Nerium* L.

常绿灌木或小乔木。叶轮生，稀对生，革质，侧脉纤细，平行而密生。伞房状聚伞花序顶生；萼 5 裂；花冠漏斗状，花冠筒圆形，上部扩大为钟状，喉部有撕裂状鳞片 5，花冠裂片在芽内右旋，雄蕊 5。蓇葖果；种子有毛。

约 4 种，我国引入栽培 2 种。

夹竹桃(红花夹竹桃) *Nerium indicum* Mill. (图 11-358)

识别特征 常绿大灌木，高 5 m。枝叶无毛。叶 3~4 枚轮生或对生，革质，窄披针形，长 8~22 cm，宽 2~3 cm；先端渐尖，基部下延，侧脉细密，两面绿色；叶柄粗短。花深红色或粉红色，栽培演变有白色或黄色。花期几乎全年。

习性分布与用途 原产印度及伊朗；我国长江流域以南及华南广泛栽培。喜温暖湿润气候，不耐寒，耐旱力强，具有较强的抗烟尘及有毒气体能力，枝叶繁茂、四季常青，花期长，从初夏到秋末，花色艳丽，是城乡绿化的较好园林观赏树种和厂矿区较好的环保绿化树种。植株有毒，应避免误食。

图 11-358 夹竹桃

11.61.2 鸡骨常山属(鸭脚树属)*Alstonia* R. Br.

常绿乔木或灌木，具乳汁。枝条常4~5轮生。叶轮生，稀对生；侧脉多数，具边脉。聚伞花序组成圆锥状或复伞形花序，顶生；花白、黄或粉红色；花萼裂片基部合生；花冠高脚碟状，花冠筒圆筒形，上部膨大，内面被柔毛；雄蕊内藏，着生花冠筒近中部；花药与柱头离生；有花盘或无，心皮2；胚珠多数。蓇葖果2，离生或合生。种子两端具冠毛。

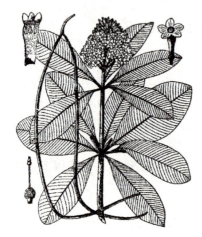

图 11-359 糖胶树

约60种，我国有6种。

糖胶树(灯架树、灯台树、面条树、鸭脚木)*Alstonia scholaris* (L.) **R. Br.** (图 11-359)

识别特征 乔木，高40 m，胸径1 m。叶3~10片轮生，倒卵形、倒披针形或匙形，先端钝圆，基部楔形，革质，侧脉25~50对，与中脉成80°~90°角。顶生聚伞花序密集，被短柔毛；花序梗长4~7 cm；花冠白色，花冠筒长约1 cm，裂片宽卵形，长约4 mm，向左覆盖，子房和果均离生。果线形，长达50 cm，直径2~5 mm；种子两端具长1.5~2 cm须毛。花期6~10月，果期11至翌年3月。

习性分布与用途 产我国广西和云南南部地区，华南各地多有栽培。亚洲热带地区至大洋洲也有分布。树形高大，枝条匀称，叶色翠绿，树姿优美，是华南地区城市绿化和园林的良好树种。根、树皮、叶均含多种生物碱，供药用，可治疟疾和发汗；乳汁丰富，可提制口香糖原料。

本属相近种盆架树 *A. calophylla*，也为常绿乔木，形态特征、分布、用途与糖胶树相似，但蓇葖果为合生。本科常见的种类还有黄花夹竹桃 *Thevetia peruviana*，叶为互生，花黄色，果为核果。均为园林树种。

11.62 茜草科 Rubiaceae

乔木、灌木、藤本或草本。单叶，对生或轮生，全缘；有托叶。花两性，稀单性，整齐；单生或排成各种花序，萼筒与子房合生，全缘或分裂；花冠4~6(10)裂；雄蕊与花冠裂片同数互生；子房下位，通常2室，每室胚珠1至多数。蒴果、浆果或核果。

约500属6000种。我国有98属约680种。多数分布于热带、亚热带地区。本科的咖啡树是世界著名的特用经济植物；黄梁木是最速生的用材树种之一，还有栀子、龙船花、钩藤等多种药用和园林观赏植物。

分 属 检 索 表

1. 头状花序；聚花果由坚果组成 ··· 黄梁木属
1. 花单生，簇生或聚伞花序。
  2. 落叶性，蒴果，花萼裂片有时有 1 片扩大成白色大苞片 ····························· 香果树属
  2. 常绿性，浆果，花萼裂片不扩大成白色大苞片。
    3. 子房 1 室，侧膜胎座 ··· 栀子属
    3. 子房 2 室，中轴胎座 ··· 咖啡属

11.62.1　黄梁木属(团花属)*Anthocephalus* A. Rich.

乔木。叶对生；托叶大，早落。头状花序，单生枝顶；萼 5 裂；花冠漏斗状，5 裂，覆瓦状排列；雄蕊 5，花丝短；子房上部 4 室，下部 2 室，每室胚珠多数。聚花果由坚果组成。

2 种，我国有 1 种。

黄梁木(团花)*Anthocephalus chinensis*(Lam.) Rich. ex Walp.（图 11-360）

识别特征　常绿乔木，高 20~30 m。嫩枝四棱形，无毛。叶椭圆形或椭圆状长圆形，长 15~25(40) cm，宽 8~15 cm，幼时下面密被柔毛。果球形，径 3.5~4 cm，成熟时金黄色。花期 8~9 月，果期 12 月至翌年 2 月。

习性分布与用途　产广西、云南，生于海拔 1000 m 以下山地阔叶林中，福建、广东等地有引栽。速生用材树种，喜温暖湿润气候和土层深厚的土壤环境。材质略轻软，可作建筑、家具及胶合板用材。

11.62.2　香果树属 *Emmenopterys* Oliv.

落叶乔木，顶芽芽鳞 1。叶对生；托叶早落。复聚伞花序顶生；花萼 5 裂，其中 1 裂片有扩大成白色叶片状，具长柄，花后宿存；花冠漏斗状，被茸毛；雄蕊 5，内藏；柱头 2 裂，子房 2 室。蒴果；种子多数，扁平，周围有阔翅。

2 种，我国产 1 种。

香果树 *Emmenopterys henryi* Oliv.（图 11-361）

识别特征　高 30 m，胸径 3 m。小枝常带红色，有皮孔，节部略扁。叶片薄革质，椭圆形或宽卵形，长 10~20 cm；宽 6~12 cm；托叶三角状卵形。花白色。果近纺锤形，长 3~5 cm，具纵棱，熟时红色。花期 8 月，果期 10~12 月。

习性分布与用途　产华东、华中、西南及河南、陕西、甘肃、广西，生于海拔 700~1500 m。喜光，喜土层深厚湿润而肥沃的土壤。材质轻，供建筑、家具等用材，树形美，可选为园林绿化树种。国家二级重点保护植物。

图 11-360　黄梁木

图 11-361　香果树

11.62.3　栀子属 *Gardenia* Elis

常绿灌木，稀小乔木。叶对生或3叶轮生；托叶鞘状，生于叶柄内。花大，腋生或顶生，单生或稀为伞房花序；萼筒有棱，裂片宿存；花冠高脚碟状或漏斗状，5~11裂，芽时旋转状排列；雄蕊5~11；子房1室，胚珠多数，侧膜胎座。浆果，常具棱。

约250种，我国有5种。

栀子（黄栀子、栀子花）*Gardenia jasminoides* Ellis（图11-362）

识别特征　灌木，高3 m。叶椭圆状倒卵形或长圆状倒卵形，长5~14 cm。花单生枝顶，花冠白色，高脚碟状，芳香。果卵形或长椭圆形，具5~9纵棱，熟时黄色。花期3~7月，果期月至翌年2月。

习性分布与用途　产我国长江流域以南地区山地，为海拔1000 m以下山地常见灌木。栀子果实为传统中药，入药有消炎解毒、清凉止血功效，或作黄色染料。优良庭园观赏树种。花芳香，其变种大花栀子 *G. jasminoides* var. *grandiflora*，花大而重瓣，花大而重瓣，芳香艳丽，被广泛栽培用作庭园观赏或作绿篱。

11.62.4　咖啡属 *Coffea* L.

常绿灌木或小乔木。叶对生，稀3叶轮生；托叶宽大，宿存。花单生或簇生叶腋；萼筒全缘或4~6裂；花冠漏斗状，4~8(11)裂，旋转状排列，雄蕊4~8(11)；子房2室，每室胚珠1。浆果，种子2。

90多种，主产亚洲热带和非洲；我国引入栽培5种。播种或嫁接繁殖。

小粒咖啡（咖啡、小果咖啡）*Coffea arabica* L.（图11-363）

识别特征　小乔木，高4~7 m。枝灰白色，常对生，节部膨大。叶薄革质，长圆形或披针形，长6~14 cm，宽3.5~5 cm。花白色，果椭圆形，长1.2~1.6 cm，熟时红色。花期 3~4 月，果期 10~11 月。

习性分布与用途　原产非洲；现广植于世界许多热带地区。我国福建、广东、广西、海南、云南及台湾等地南部地区有引种栽培。适生于高温、湿润环境。种子含咖啡因和多种营养物质，为咖啡饮料原料，为世界重要经济树种。

图 11-362　栀　子

图 11-363　小粒咖啡

复习思考题

一、多项选择题

1. 栀子的果的可作(　　)。
   A. 饮料　　　　　B. 药用　　　　　C. 油用　　　　　D. 染料
2. 栀子的果属于(　　)。
   A. 核果　　　　　B. 浆果　　　　　C. 坚果　　　　　D. 蒴果
3. 咖啡树的主要经济用途是(　　)。
   A. 饮料树种　　　B. 木本油料树种　C. 木本粮食树种　D. 染料树种

二、简答题

1. 栀子属有哪些主要识别特征？
2. 咖啡树在我国哪些地区有栽培？

11.63　紫葳科 Bignoniaceae

常绿或落叶乔木、灌木或藤本，稀为草本。单叶或复叶，叶对生或轮生，无托叶。花两性，两侧对称，大而美丽；单生、簇生或组成圆锥花序，花萼钟状，截平或 2~5 裂；花冠管状、漏斗状或钟状，5(4)裂，二唇形，上唇 2 裂，下唇 3 裂；雄蕊 5，常仅 2 或 4 正常发育；子房上位，2 室，胚珠多数。蒴果或浆果状。种子常有翅或毛。

约 120 属 650 种，我国连引种有 28 属 54 种。本科楸树和梓树是我国北方重要的用材树种，还有许多种类为药用和园林观赏植物，如木蝴蝶、猫尾木、凌霄花、炮仗花等。

11.63.1 梓属 *Catalpa* Scop.

落叶乔木。单叶对生或3叶轮生，全缘或略分裂，3~5出脉，下面脉腋常有块状腺斑；叶柄长。圆锥或总状花序顶生；花萼2~3深裂；发育雄蕊2；子房2室，中轴胎座。蒴果细长，豇豆荚状，2瓣裂；种子两端有丝状毛。

约13种，我国连引入栽培共5种。

分 种 检 索 表

1. 叶及花序无毛或有柔毛，无簇状毛及分枝毛。
  2. 枝、叶平滑无毛，叶片基部脉腋有紫色腺斑2。
    3. 总状花序；果长25~50 cm ··· 楸树
    3. 聚伞状圆锥花序；果长70~100 cm ··· 滇楸
  2. 枝、叶多少被柔毛，叶下面脉腋有腺斑4。
    4. 花白色；叶片脉腋有淡黄色腺斑 ··· 黄金树
    4. 花淡黄色；叶片脉腋有紫色腺斑 ··· 梓树
1. 叶片、花萼、花梗及花序轴均被簇状毛及分枝毛；叶基部脉腋有紫色腺斑2 ············· 灰楸

(1) 楸树(楸、金丝楸、梓桐)***Catalpa bungei* C. A. Mey.**（图11-364）

识别特征 高15 m，胸径2 m。树皮浅纵裂。叶三角形卵形或卵状长圆形，长6~16 cm，宽6~12 cm，基部截形或心形，两面无毛，总状花序具花5~20朵；花冠白或淡红色，内有紫斑。果线形，长25~50 cm。花期4~5月，果期9~10月。

图 11-364 楸 树

习性分布与用途 分布华北、华东及陕西。适生于肥沃、深厚、排水良好的土壤环境。木材坚实，心材金黄色，不易翘裂，色泽、纹理美观，耐腐性强，材质优良，可作建筑、雕刻、高档家具用材。在华北地区也常用作四旁绿化树种。

(2) 灰楸(糖楸)***Catalpa fargesii* Bureau**

识别特征 高25 m。嫩枝有星状茸毛。叶卵形，幼树常3浅裂，先端尾尖，基部平截或略心形，基部脉腋有紫色腺斑。叶及圆锥花序被簇状毛及分枝毛。花冠淡红色至紫色，内有紫斑。果细圆柱形，长55~80 cm。花期3~5月，果期6~11月。

习性分布与用途 产华北以南及西北。习性、用途同楸树。

(3) 滇楸 ***C. fargesii* f. *duclouxii***

与灰楸的区别：枝、叶、花序无毛。果较长，达70~100 cm。主产西南。习性、用途同楸树。

(4) 梓(梓树、黄花楸、水桐)***Catalpa ovata* G. Don**（图11-365）

识别特征 高15~20 m。嫩枝无毛或具长柔毛。叶宽卵形或近圆形，长10~25 cm。

圆锥花序具花 100 余朵，花冠淡黄色，径 1.5~3.2 cm。果线形，长 20~30 cm。花期 5~6 月，果期 9~10 月。

习性分布与用途　我国多数省份有分布或栽培。速生树种，木材坚实，耐腐性强，材质优良，可作建筑、家具用材。也常作行道及四旁绿化树。

(5) 黄金树（白花梓树、美国楸树）*Catalpa speciosa*（Ward. ex Barney）**Engelm.**（图 11-366）

识别特征　高 20 m。叶宽卵形，长 15~35 cm，下面密生弯曲柔毛。圆锥花序具花 10 余朵；花冠白色，径 3~4 cm。果圆柱形，长 30~55 cm。花期 5~6 月，果期 9~10 月。

习性分布与用途　原产美国中北部；我国长江及黄河流域各地均有引栽，木材坚实，纹理美观，材质优良，可作建筑、家具用材。在华北地区也常栽作绿化树种。

图 11-365　梓　树

图 11-366　黄金树

11.63.2　菜豆树属 *Radermachera* Zoll. et Mor.

乔木。1~3 回羽状复叶，对生，小叶具柄，全缘。总状或圆锥花序；萼筒先端平截或浅裂；花冠漏斗状或高脚碟状，多少呈二唇形，上唇 2 裂、下唇 3 裂；发育雄蕊 4。蒴果长柱状，常卷曲或旋扭；种子扁平，两端具膜质翅。

我国 7 种。播种繁殖。

菜豆树（牛尾木）*Radermachera sinica*（Hance）**Hemsl.**（图 11-367）

识别特征　落叶乔木，高 15 m。全株无毛。2 回羽状复叶，小叶卵圆形或卵状披针形，长 3~7 cm。圆锥花序顶生，花冠黄白色。果长达 70 cm，粗约 7 mm，常扭曲。花期 5~9 月，果期 10~12 月。

习性分布与用途　产广东、海南、广西、云南，可生长于石灰岩山地。材质稍轻，供建筑用材；根、叶、果均可入药。枝叶茂密翠绿，为园林观赏优良树种。

图 11-367　菜豆树

复习思考题

一、单项选择题

1. 紫葳科植物花通常为(　　)。
   A. 离生花冠　　　　B. 合生花冠　　　　C. 单被花
2. 紫葳科植物花的子房位置为(　　)。
   A. 上位　　　　　　B. 下位　　　　　　C. 半下位
3. 紫葳科植物花的果实类型为(　　)。
   A. 核果　　　　　　B. 蒴果　　　　　　C. 瘦果
4. 紫葳科植物花的雄蕊通常为(　　)。
   A. 4~5个　　　　　B. 10个　　　　　　C. 多数

二、多项选择题

1. 紫葳科植物种子的特征是(　　)。
   A. 有毛　　　　B. 有假种皮　　　　C. 有蜡质　　　　D. 有翅膀
2. 紫葳科植物叶的特征为(　　)。
   A. 单叶　　　　B. 复叶　　　　　　C. 对生　　　　　D. 互生
3. 梓树属的特征为(　　)。
   A. 单叶　　　　B. 复叶　　　　　　C. 常绿　　　　　D. 落叶

三、简答题

1. 紫葳科植物具有什么叶序？
2. 紫葳科植物的果实和种子有什么重要特征？

11.64　马鞭草科 Vebenaceae

草本或木本。单叶或复叶，对生，稀轮生；无托叶。花两性；穗状、聚伞或圆锥花序；萼筒状，4~5裂，宿存；花冠4~5裂；雄蕊通常4(2~5)，2强；子房上位。核果，稀蒴果。80余属3000余种，我国21属175种。

11.64.1　柚木属 *Tectona* L. f.

落叶乔木。小枝被星状柔毛。单叶大，对生或3叶轮生，羽状脉。二岐聚伞花序组成顶生圆锥花序；萼5~6裂，花后增大；花冠5~6裂；雄蕊5~6；子房4室，每室胚珠1。核果，包藏于增大的花萼内。

约3种，我国引入栽培1种。播种繁殖。

柚木(麻栗、脂树)*Tectona grandis* L. f. (图11-368)

识别特征　高50 m，胸径2.5 m。树皮浅纵裂。小枝四棱形，具4槽；密被星状茸毛。叶厚纸质，倒卵形或卵状椭圆形，长 20~30(60) cm，全缘，下面密被灰黄色星状短茸毛，网脉明显；叶柄长 3~4 cm，花黄白色。果近球形，径 1.5~1.8 cm，密被黄褐色茸毛。花期 6~8 月，果期 10 月。

习性分布与用途 产云南；华南至西南地区有引栽。适合生长于雨旱季明显的季雨林气候和土层深厚肥沃的土壤环境。木材纹理直，不易翘裂变形，耐腐性好，珍贵用材树种，特类商品材，世界著名的优良造船材和家具材。

11.64.2　石梓属 *Gmelina* L.

落叶乔木或灌木；无刺或具刺。单叶，对生，全缘或分裂；羽状三出脉。总状或聚伞花序；萼 5 裂，具腺点；花冠唇形，4~5 裂；雄蕊 4，2 强；子房 2~4 室，每室胚珠 1。核果。

约 35 种，我国有 7 种。

(1) 海南石梓(苦梓)*Gmelina hainanensis* Oliv. (图 11-369)

识别特征 乔木，高 15 m。叶宽卵形，长 7~16 cm，全缘，下面白色。聚伞花序；花萼顶端 5 裂，密被毛，有腺点；花冠淡黄色或淡紫红色。花期春季，果期 7~9 月。

习性分布与用途 产海南，生于海拔 800 m 以下热带季雨林中。华南地区有引种栽培。木材较坚重，性能与柚木相似，供建筑、高级家具、造船等用。

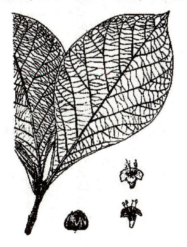

图 11-368　柚　木

图 11-369　海南石梓

(2) 石梓 *Gmelina chinensis* Benth.

本种与海南石梓的区别：花萼顶端截形或不明显 4 齿。产华南至云南。用材树种，习性、用途与海南石梓相似。

11.64.3　黄荆属(牡荆属) *Vitex* L.

灌木或乔木；小枝通常四棱形，无毛或有微柔毛。叶对生，掌状复叶，小叶 3~8。花小，聚伞圆锥状花序；花萼钟状，常5齿裂；花冠5裂，二唇形，雄蕊4，2强；子房4室，每室胚珠1。核果。

250余种，我国有14种。播种繁殖或萌蘖更新。

图11-370 黄荆

(1) 黄荆 *Vitex negundo* L. （图11-370）

识别特征 落叶灌木或小乔木。小枝密被灰白色茸毛。小叶5(3)，椭圆状卵形至披针形，长6~10 cm，全缘或有少数锯齿，下面密被灰白色茸毛。花冠淡紫色，被茸毛。果近球形，径2 mm。花期4~6月，果期7~10月。

习性分布与用途 分布几遍全国。果、根供药用；嫩枝叶可作绿肥；也为优良蜜源植物。

(2) 牡荆 *Vitex negundo* L. var. *cannabifolia* (Sieb. et Zucc.) Hand. –Mazz.

灌木。与黄荆的区别：小叶片披针形或椭圆状披针形，边缘具粗锯齿，下面淡绿色或灰白色，通常被柔毛。

习性分布与用途 产华东、华南及河北、湖南、四川、贵州。习性、用途同黄荆。

(3) 荆条 *Vitex negundo* L. var. *heterophylla* (Franch.) Rehd.

灌木。与黄荆的区别：小叶片边缘有缺刻状锯齿，浅裂至深裂。产东北南部至华东及陕西、甘肃、四川。习性、用途同黄荆。

复习思考题

一、不定项选择题

1. 叶片基部有腺斑的是（　　）。
   A. 海南石梓　　　B. 黄荆　　　C. 石梓　　　D. 柚木
2. 可作为珍贵用材树种的是（　　）。
   A. 海南石梓　　　B. 黄荆　　　C. 石梓　　　D. 柚木
3. 可作为药材树种的是（　　）。
   A. 海南石梓　　　B. 黄荆　　　C. 荆条　　　D. 牡荆

二、简答题

1. 什么是二强雄蕊？哪些植物具有二强雄蕊？
2. 马鞭草科植物有哪些主要的形态特征？
3. 怎样区别黄荆、牡荆和荆条？

11.65 蓼科 Polygonaceae

草本，稀木本；茎节部常膨大。单叶互生，稀对生，全缘；托叶膜质鞘状。花小，常两性；穗状、总状或圆锥花序；稀单生或簇生；单被花，萼片3~6，常为花瓣状，并在结果时增大，膜质宿存；雄蕊6~9(2~18)，与萼片对生；子房上位，1室，胚珠1。瘦果3~4棱形或两面突起，有时具翅，包于宿存的萼片内；种子1。

约50属1150种，我国连引栽有13属235种。其中蓼属种类为常见杂草，何首乌、大黄为著名中药。

沙拐枣属 *Calligonum* L.

灌木。多分枝，枝常呈之字形曲折，具关节。叶互生，极小，狭条形或退化成鳞片状。花两性，单生或簇生；萼片4~5；雄蕊10~16；花柱4，子房具4棱，棱上具翅、刺毛，或呈鸡冠状突起。

我国20余种。典型的沙生植物。枝、叶可为牲畜饲料。也为能源材树种。

(1) 泡果沙拐枣 *Calligonum junceum* (Fisch. et Mey) **Litw.** (图11-371)

识别特征　高0.4~1 m。老枝黄灰色或淡褐色。叶线形，长3~7 mm；花白色，干后淡黄色。果圆球形，径8~10 mm，具钝而宽的肋状突起，每肋上有柔软而密生的刺毛3行，外有一层淡红色泡状薄膜包围整个瘦果。花期4~6月，果期5~7月。

习性分布与用途　产新疆、内蒙古等地荒漠地带。植物体被沙埋后能生不定根及不定芽，继续生长，固定流沙。

(2) 沙拐枣 *Calligonum mongolicum* **Turcz.** (图11-372)

识别特征　高0.25~1.5 m。老枝灰白色或淡黄色。叶线形，长2~4 mm。花白色或淡红色。果宽椭圆形，连刺毛径约1 cm，肋状突起不明显，每肋具分枝的刺毛2~3行。

习性分布与用途　产内蒙古、甘肃、新疆等地荒漠地带。可为固沙植物。

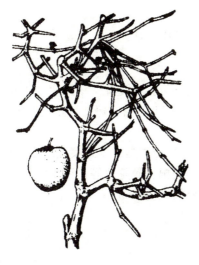

图 11-371　泡果沙拐枣

图 11-372　沙拐枣

11.66 藜科 Chenopodiaceae

草本或木本。单叶互生，稀对生；无托叶。花小，两性或单性；单生或成穗状，聚伞花序；单被花，萼常5裂，宿存；雄蕊2~5，与萼片对生；子房上位，1室，胚珠1。胞果或瘦果，外包有宿存的花萼。

约100属1400余种，我国有39属186种。多为盐生或旱生植物。

梭梭属（琐琐树属、盐木属）*Haloxylon* Bunge

灌木或小乔木。枝有关节。叶对生，鳞形。花两性；单生或穗状腋生；萼5裂；雄蕊2~5。胞果宿存。萼背部增大为近圆形或肾形翅状。

约11种，我国2种。

梭梭（盐木、梭梭柴）*Haloxylon ammodendron* (C. A. Mey.) **Bunge**（图11-373）

识别特征 高1~9 m；幼枝纤细，绿色。叶退化成鳞片，宽三角形，腋间有绵毛。花单生叶腋；萼片长圆形，果时自背部横生膜质翅，翅具纵脉，基部心形。果扁球形，花柱宿存。

习性分布与用途 产西北。根系发达，枝条稠密，耐沙埋，具防风固沙作用；木材供作燃料；枝、叶为牧区牲畜的好饲料，又是重要药材肉苁蓉的寄主。

图11-373 梭 梭

11.67 茄科 Solanaceae

草本或灌木。单叶或羽状复叶，互生，全缘或分裂；无托叶。花两性，整齐；单生或聚伞花序；花萼、花冠常5裂；雄蕊5，着生于花冠筒上并与花冠裂片互生；子房上位，2室，稀3~5室，胚珠多数，中轴胎座。浆果或蒴果。

约80属3000种，我国有24属105种。其中有些种类是重要蔬菜或水果，如马铃薯、茄子、辣椒、蕃茄等；有些种类可药用，如颠茄、枸杞、曼陀罗等；还有些种类是观赏植物，如二色茉莉、金银茄、五色椒等；烟草是重要的经济作物。

枸杞属 *Lycium* L.

落叶灌木；具枝刺。单叶互生或簇生短枝上，全缘。花单生或簇生叶腋；萼2~5裂；

花冠 4~5 裂，在芽内镊合状排列。浆果。我国 7 种。播种繁殖。

宁夏枸杞（山枸杞、中宁枸杞）*Lycium barbarum* L.（图 11-374）

识别特征 高 2.5 m。分枝细密。叶披针形或长椭圆状披针形，长 2~4 cm，基部常下延成柄状。萼常 2 片裂；花冠筒稍短于裂片，粉红色或淡紫色，无缘毛。果红色，长 1~2 cm。

习性分布与用途 产我国西北和华北，耐盐碱、沙荒和干旱。果实为著名中药"枸杞"，具有滋肝补肾、益精明目、养生延寿之功效。宁夏地区栽培历史悠久，有大麻叶枸杞、扎扎次枸杞及小麻叶枸杞等优良品种。是重要的药用植物和水土保持树种。

图 11-374 宁夏枸杞

11.68 玄参科 Scrophulariaceae

草本、稀为木本植物。单叶，对生、互生或轮生；无托叶。花两性，两侧对称；单生或组成各式花序；花萼 4~5 裂；花冠 4~5 裂，裂片通常二唇形；雄蕊 4，2 强；子房上位，2 室或不完全 2 室，胚珠多数，中轴胎座。蒴果，稀浆果状；种子多数。

约 220 属 4500 种，我国有 61 属 680 余种。其中泡桐属为重要用材树种；地黄、玄参可供药用；蒲包花、金鱼草、柳穿鱼为观赏花卉，婆婆纳、阴行草、马先蒿等为常见草本植物。

泡桐属 *Paulownia* Sieb. et Zucc.

落叶乔木。小枝粗壮，节间髓心中空。叶对生，全缘或 3~5 浅裂，三出脉，叶柄长。聚伞花序组成圆锥状，顶生，以花蕾越冬，密被毛；萼 5 裂；花冠大，二唇形，5 裂；雄蕊 4，2 强，不伸出，花柱细长。蒴果大，背缝开裂；种子小，两侧具透明膜质翅。共 7 种，均产我国。速生树种；木材质轻软，纹理直，结构均匀，纹理美观，易加工，可为箱柜、家具及胶合板等用材；也可栽作庭园观赏树，淮河以北常用作平原林粮间作及四旁绿化树种。播种、分根或分蘖繁殖。

分 种 检 索 表

1. 组成圆锥花序的聚伞花序有较长总梗，通常总梗与花梗等长。
    2. 花序圆筒形或狭圆锥形，花蕾倒卵形。
        3. 叶片长卵形；花白色；果椭圆形。
            4. 花冠长 8~12 cm；果长 6~10 cm，径 3~4 cm ································· 白花泡桐
            4. 花冠长 7~8 cm，果长 4.5~5.5 cm，径 1.8~2.4 cm ························ 楸叶泡桐

3. 叶片宽卵形或卵形；花紫色；果长 3~5 cm，果卵形 ·· 兰考泡桐
  2. 花序宽圆锥形，花蕾圆球形 ··· 毛泡桐
1. 组成圆锥花序的聚伞花序无总梗或总梗远较花梗为短，花序宽圆锥形。
  5. 萼浅裂，仅及萼长的 1/3~2/5；聚伞花序总梗短 ··· 南方泡桐
  5. 萼深裂，超过萼长的 1/2；聚伞花序无总梗。
    6. 叶片两面有毛，花冠长 3.5~5 cm；果卵圆形，长 2.5~4 cm ·································· 台湾泡桐
    6. 叶片下面密被毛，花冠长 5.5~7.5 cm，果椭圆形，长 3~4.5 cm ························· 川泡桐

(1) 白花泡桐（泡桐、大果泡桐）*Paulownia fortunei*(Seem) **Hemsl.** (图 11-375)

识别特征　高 30 m，胸径 1~3 m。植株幼嫩部均被黄褐色星状茸毛，后渐脱落。叶长卵状心形或椭圆状长卵心形，长 10~25 cm，先端渐尖，全缘。花冠近白色，长 8~12 cm，内部有大小两种不同的紫斑。果长椭圆形，长 6~10 cm，萼宿开展或漏斗状。花期 3~4 月。果期 10~11 月。

图 11-375　白花泡桐

习性分布与用途　产长江流域以南及台湾，南达越南、老挝；黄河中下游地区多为引种栽培。为本属分布最广的种类。喜土层深厚、排水良好的山坡或平原环境。树形高大，生长快。材质好，是重要的造林树种和用材树种；材质轻韧，不翘不裂，可供建筑、家具、胶合板、箱板、乐器、模型等用材。花、叶、皮、种子均可入药，主治肺炎、气管炎等症。

(2) 楸叶泡桐（小叶泡桐）*Paulownia catalpifolia* **Gong Tong**(图 11-376)

识别特征　高 20 m；干通直。叶长卵状心形，长 12~34 cm，约为宽的 2 倍，上面无毛，下面密被星状茸毛。花冠浅紫色，管状漏斗形，花序狭圆锥形，内部常密布紫色细斑点。果椭圆形，长 4.5~5.5 cm。花期 4 月，果期 7~8 月。

习性分布与用途　产黄河中下游地区。生长快，8 年生树高可达 16 m，胸径达 40 cm。木材洁白、纹理美观，是本属中材质最优者，为我国传统出口商品材。

(3) 兰考泡桐（长叶泡桐、河南泡桐）*Paulownia elongata* **S. Y. Hu**(图 11-377)

识别特征　高 20 m，胸径 1 m；全体有星状茸毛。叶宽卵状心形，有时具不规则的角，长 15~34 cm。花冠漏斗状钟形，紫色。果卵形，稀卵状椭圆形。花期 4~5 月，果期 9~10 月。

习性分布与用途　产黄河中下游及长江流域以北地区，以河南最多。木材用途同楸叶泡桐。

(4) 毛泡桐（紫花泡桐）*Paulownia tomentosa*(Thunb.) **Steud.** (图 11-378)

识别特征　高 20 m。叶宽卵状心形，长 20~40 cm，全缘或波状浅裂，上面毛疏生，下面较密。花冠鲜紫色。果卵圆形，幼时密生粘质腺毛，长 3~4.5 cm，萼宿不反卷。花期 4~5 月，果期 9 月。

习性分布与用途　分布辽宁南部至长江流域以北。为本属分布最北的种类，生长较慢。

图 11-376　楸叶泡桐

图 11-377　兰考泡桐

(5) 南方泡桐 *Paulownia australis* Gong Tong

识别特征　高 23 m。叶卵状心形，全缘或浅波状，先端锐尖头，下面密生粘毛或星状茸毛。花冠紫色，长 5~7 cm，里面有紫斑，腹部稍带白色并有 2 条明显纵褶。果椭圆形，长 3~5 cm。花期 3~4 月，果期 7~8 月。

习性分布与用途　产长江流域以南。多生于海拔 500 m 以下山地疏林或荒野。

(6) 台湾泡桐（华东泡桐、水桐木）***Paulownia kawakamii* Ito**

识别特征　高 8~12 m；主干较矮。叶心形，两面均有粘毛。花淡紫色至蓝紫色；小花序无总梗。果卵圆形，长 2.5~4 cm，宿萼反卷。花期 4~5 月，果期 9~10 月。

习性分布与用途　产华东、华中、华南、四川及台湾。多生于海拔 500~1500 m 的山地疏林或路旁。

(7) 川泡桐（小叶泡桐、川桐）***Paulownia fargesii* Franch.**（图 11-379）

识别特征　高 20 m；全体被星状茸毛，后渐落。叶下面毛具柄和短分枝，疏密变化大。

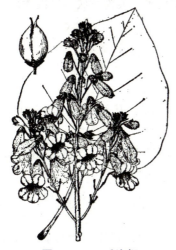

图 11-378　毛泡桐

图 11-379　川泡桐

花冠白色有紫色条纹至紫色。果椭圆形或卵形，萼宿存，直立紧贴果基。花期4~5月，果期9~10月。

习性分布与用途　产华中至西南地区。多生于海拔1000~3000 m的山地疏林或荒野。

> 复习思考题

一、单项选择题

1. 泡桐属的叶序特征是（　　）。
   A. 互生　　　　　　　B. 对生　　　　　　　C. 轮生
2. 泡桐属的种子具有（　　）。
   A. 假种皮　　　　　　B. 毛　　　　　　　　C. 翅膀
3. 泡桐属的果实类型为（　　）。
   A. 核果　　　　　　　B. 蒴果　　　　　　　C. 瘦果
4. 泡桐属的雄蕊特征是（　　）。
   A. 单体雄蕊　　　　　B. 二强雄蕊　　　　　C. 四强雄蕊

二、简答题

1. 泡桐属花的构造有什么重要特点？
2. 泡桐常用的繁殖方法有哪些？

11.69　毛茛科 Ranunculaceae

草本，稀灌木或藤本。叶互生或基生，稀对生，单叶或复叶，全缘或分裂。花常两性，辐射对称或左右对称；萼片3至多数；花瓣3至多数；雄蕊多数；心皮1至多数，离生，由瘦果，蓇葖果组成聚合果。种子有胚乳。

约50属2000余种，我国有42属720余种。金莲花属、银莲花属、铁线莲属、乌头属多生于森林环境。黄连、乌头、白头翁等为重要药材。

11.69.1　毛茛属 *Ranunculus* L.

草本。叶互生，全缘或裂叶。花黄色，萼片5，花瓣5，基部常有蜜腺；雌雄蕊多数，离生，螺旋状排列，瘦果，组成聚合果。

约400种，我国有78种。常见种有毛茛 *R. japonicus*（图11-380）、茴茴蒜 *R. chinensis* 等。

11.69.2　白头翁属 *Pulsatilla* Adans

多年生草本。叶多基生，裂叶或为复叶。花大而美丽；单生，单被花；雄蕊短于花被；心皮多数，瘦果顶部有羽毛状宿存的花柱。

约 43 种，我国约有 11 种。常见种白头翁 *P. chinensis*（图 11-381），多生长在向阳山坡或平地，根可药用。

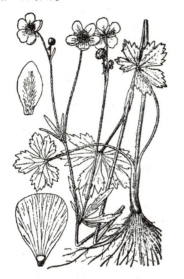

图 11-380 毛 茛

图 11-381 白头翁

11.70 十字花科 Cruciferae

草本。单叶，稀为复叶，全缘或羽状分裂，互生，无托叶。花两性，辐射对称，总状或伞房花序；萼片常 4，花瓣常 4，十字形；雄蕊常 6，四强；雌蕊 2 心皮合生成 1~2 室，侧膜胎座，胚珠 1 至多数。角果。

300 属以上约 3200 种，我国有 95 属 425 种。萝卜、白菜、甘蓝等均为重要蔬菜。常见属种有：

11.70.1 荠属 *Capsella* Medik

一、二年生草本。基生叶莲座状，羽状分裂或全缘，茎生叶具牙齿或全缘，基部抱茎。花小，白色；短角果倒三角形。

约 5 种，我国有 1 种。常见种荠菜 *C. bursa-pastoris*（图 11-382），分布几遍全国，多生于路旁或野地，全草可入药或食用。

11.70.2 独行菜属 Lepidium L.

一年生至多年生草本。叶全缘，锯齿或羽状深裂。花小，花瓣比萼片短，短角果卵圆形。

图 11-382 荠 菜

约 150 种，我国约有 15 种。常见种独行菜 L. apefalum，多生于山坡野地。

11.71 伞形科 Umbelliferae

草本，茎常中空。叶互生，多为复叶，叶缘常分裂，叶鞘基部呈鞘状。花小，两性，辐射对称，组成复伞形花序或单伞形花序；萼小或不明显，花瓣 5；雄蕊 5，与花瓣互生；雌蕊由 2 心皮合生，子房下位，2 室。双悬果，常沿腹缝线开裂为 2，分果具肋或翅。

280 属 2500 多种，我国有 97 属约 600 多种。防风、独活、当归、白芷、柴胡（图 11-383）为常用药材，芫荽、芹菜、胡萝卜为蔬菜。

11.71.1 前胡属 Peucedanum L.

多年生草本。叶为 1～3 回羽状分裂或三出式分裂。复伞形花序，伞幅多数；总苞片多数；花常杂性；萼齿不显。果背向压扁。

约 120 种，我国有 30 余种。常见种有前胡 P. decursivum（图 11-384）、白花前胡 P. praeruptorum，生于山地林缘，可药用。

图 11-383 柴 胡

图 11-384 前 胡

11.71.2 窃衣属 Torilis Adans

一年生草本。叶 1～2 回羽状分裂或多裂。复伞形花序；总苞片存在或无，小总苞片线形；萼齿小；花瓣倒卵形。果圆卵形或长圆形，表面有皮刺。

约 20 种，我国有 2 种。窃衣 T. scabra、小窃衣 T. japonica，各地较常见。

11.72 唇形科 Labiatae

多为草本，稀木本；植物体常含芳香油；茎常四棱形。单叶对生或轮生。花常两性，两侧对称；总状、圆锥状轮伞花序或聚伞花序，再排列成总状、穗状、圆锥状或头状。花萼(4)5裂，宿存；花冠2唇形，(4)5裂；雄蕊常4枚，二强雄蕊，着生于花冠筒上，稀为2；子房上位，2心皮合生，裂为4室；每室1胚珠。果通常4裂为4小坚果。

220余属3500余种，我国约99属800余种。唇形科植物大多数含芳香油，是高级的芳香植物，可提取香精的重要种类有薄荷、留兰香、薰衣草；有些种类是药用植物，如活血丹、藿香、紫苏、香薷等；有些种类供观赏，如一串红等。常见代表性属种有：

11.72.1 益母草属 *Leonurus* L.

草本。叶羽状或掌状裂。轮伞花序多花，腋生，排成长穗状花序，小苞片钻形或刺状；花萼5齿裂，具5脉；花冠2唇形；雄蕊4；小坚果锐三棱形。

约20种，我国有12种。常见种益母草 *L. japonicus*（图11-385），多生于路旁及撩荒地，可药用。

11.72.2 鼠尾草属 *Salvia* L.

草本。叶为单叶或复叶。总状、圆锥或穗状花序；花萼2唇形；能育雄蕊2，后对雄蕊退化。约700种，我国有78种。丹参 *S. miltiorrhiza*（图11-386）多生于山沟林缘、野地，可供药用。一串红 *S. splendens* 为观赏花卉。

图11-385 益母草

图11-386 丹 参

11.73　菊科 Compositae

一年生或多年生草本，稀木本；有些种类具乳汁。单叶或复叶，互生，稀对生或轮生，无托叶。花两性或单性，组成头状(篮状)花序，有总苞；花序中有的花同型，即全为舌状花或全为管状花；有的异型，即外围为舌状花，中央为管状花；花萼常变为冠毛状、鳞片状或刺芒状，花冠合生成管状、舌状或漏斗状；雄蕊4~5，聚药雄蕊；子房下位，2心皮合生成1室，1胚珠。瘦果，顶端常有冠毛或鳞片。

约1000属25 000~30 000种，我国有230属约2300种。许多种类有观赏、药用或食用价值，如向日葵、菊花、莴苣等。向日葵是重要的干果和油料作物；有些种类是蔬菜，如茼蒿、莴苣等；有些种类有药用价值，如菊花、白术、蒲公英等；而大多数种类则为野生，是森林或田野的地被植物。常见属种有：

11.73.1　蒿属 *Artemisia* L.

草本或灌木。叶互生，常分裂，揉之常有香味，头状花序小，排成圆锥或总状花序；花全部管状，边花雌性；盘花两性。果无冠毛。

300多种，我国有186种。常见种有艾蒿 *A. argyi*（图11-387）、黄花蒿 *A. annua*、青蒿 *A. apiacea*、茵陈蒿 *A. capillaris*，多生于林缘、野地或路旁。

图11-387　艾蒿

11.73.2　紫菀属 *Aster* L.

草本。单叶互生。头状花序排成伞房花序式或圆锥花序式；总苞片数层；花序托扁平或凸；边花1列，雌性；舌状；盘花两性，管状。瘦果扁，有冠毛。常见种有紫菀 *A. tataricus*，多生于山地林缘。

11.73.3　蒲公英属 *Taraxacum* Weber.

多年生草本，具乳汁；叶基生，羽状分裂，稀全缘。花两性，头状花序生于花枝顶端，全为舌状花，黄色或白色，总苞片2列。果顶端喙状，喙端冠毛丰富。

图11-388　蒲公英

2000 多种，我国有 70 种。常见种有蒲公英 *T. mongolicum*（图 11-388），多生于长江流域以北荒地、路边，全草入药，有清热解毒之功效。

实训 11-1　木兰科、樟科、蔷薇科的观察与识别

一、实训目标

熟悉双子叶植物的基本特征，熟悉木兰科、樟科、蔷薇科的主要内容，学会木兰科、樟科、蔷薇科的识别方法；具有现场识别当地重要木兰科、樟科、蔷薇科植物种类的能力。

二、实训场所

森林植物实验室、植物标本园或树木园。

三、实训形式

每个学生利用所学知识在教师指导下，对实验室的木兰科、樟科、蔷薇科植物腊叶标本和标本园的相关木兰科、樟科、蔷薇科植物进行观察。

四、实训备品与材料

按组配备：放大镜、立体显微镜各 2 台；修枝剪、高枝剪、标本夹、本地区各类木兰科、樟科、蔷薇科植物腊叶标本各 1 套；检索表、参考书籍自备。

五、实训内容与方法

①观察双子叶植物的基本特征。观察双子叶植物生长型、叶形、叶脉、花方面的特点，掌握双子叶植物的识别特征。

②观察木兰科、樟科、蔷薇科植物生长型及外形特征。观察木兰科、樟科、蔷薇科等的外观，比较在生活型（乔木、灌木、草本）、冬态、树形、树皮、气味、叶形、叶脉、花序方面各科的特点。

③以科为单位，分别观察木兰科、樟科、蔷薇科植物当地重要代表种类标本的特征。如叶形、叶序、叶缘、果实、种子等，并进行归纳比较。

④观察木兰科、樟科、蔷薇科植物花的特征。借助放大镜或实体镜观察一些科代表种的花序、花萼花冠、雄蕊、雌蕊构造，并加以比较。

⑤观察木兰科标本树特征。生长型、枝条环状托叶痕、叶缘、花被、聚合蓇葖果等是木兰科植物重要识别特征；而枝叶毛被、花着生位置、花色、果实类型等是该科属种的重要区别特征。

⑥观察樟科标本树特征。生长型、气味、枝条芽鳞痕、叶脉、叶缘、花序、花被、果等是樟科植物重要识别特点；而叶脉、花序形状和果实类型等是该科属种的重要区别特征。

⑦观察蔷薇科标本树特征。生长型、芽鳞、叶缘、花序、花被、果实类型等是蔷薇科植物重要识别特点；而单复叶类型、花构造和果实类型等是该科属种的重要区别特征。

六、注意事项

树种的实验材料需根据当地具体情况加以选择，实验内容和顺序也可根据季节进行增减或调整。

七、实训报告要求

①归纳整理本次实训所观察到的木兰科、樟科、蔷薇科植物特征。

②将木兰科、樟科、蔷薇科所观察的植物编制分种检索表。

实训 11-2　含羞草科、苏木科、蝶形花科、五加科的观察与识别

一、实训目标

进一步熟悉含羞草科、苏木科、蝶形花科、五加科的主要内容，学会含羞草科、苏木科、蝶形花科、五加科形态特征的识别方法；具有现场识别当地重要含羞草科、苏木科、蝶形花科、五加科植物种类的能力。

二、实训场所

森林植物实验室、植物标本园或树木园。

三、实训形式

每个学生利用所学知识在教师指导下，对实验室的含羞草科、苏木科、蝶形花科、五加科植物腊叶标本和标本园的相关含羞草科、苏木科、蝶形花科、五加科植物进行观察。

四、实训备品与材料

按组配备：放大镜、立体显微镜各2台；修枝剪、高枝剪、标本夹、本地区各类含羞草科、苏木科、蝶形花科、五加科植物腊叶标本各1套；检索表、参考书籍自备。

五、实训内容与方法

①观察含羞草科、苏木科、蝶形花科、五加科植物生长型及外形特征。观察含羞草科、苏木科、蝶形花科、五加科等的外观，比较在乔木、灌木、草本；树形、树皮、叶形、花序、花、果实方面各科的特点。注意含羞草科、苏木科、蝶形花科3科共有的荚果特征。

②以科为单位，分别观察含羞草科、苏木科、蝶形花科、五加科植物当地重要科代表种类标本的特征。如叶组成、叶形、叶序、叶缘、果实、种子等，并进行归纳比较。

③观察含羞草科、苏木科、蝶形花科、五加科植物花的特征。借助放大镜或实体镜观察一些科代表种的花序、花萼花冠、雄蕊、雌蕊构造，并加以比较。

④观察含羞草科标本树特征。二回复叶结构、小叶及中脉、花序形状、整齐花、花丝等是含羞草科植物重要识别特点；而叶形大小与变态与否和花丝形态等是该科属种的重要区别特征。

⑤观察苏木科标本树特征。假蝶形花冠构造、离生雄蕊等是苏木科植物重要识别特点；而单复叶、叶脉、叶缘、花色等是该科属种的重要区别特征。

⑥观察蝶形花科标本树特征。生长型、复叶类型、蝶形花冠、二体雄蕊和果实形状等是蝶形花科植物重要识别特点；而生长型、复叶类型、花色、雄蕊特征和果实形状等是该科属种的重要区别特征。

⑦观察五加科标本树特征。生长型、皮刺、单复叶类型、叶柄特征、花序、果实类型等是五加科植物重要识别特点；而有无皮刺、单复叶形状、叶缘特征等是该科属种的重要区别特征。

六、注意事项

本实训的具体内容各校可根据当地具体情况加以选择增减。

七、实训报告要求

①归纳整理本次实训所观察到的含羞草科、苏木科、蝶形花科、五加科植物特征。

②将含羞草科、苏木科、蝶形花科、五加科所观察的植物编制分种检索表。

实训11-3 金缕梅科、杨柳科、桦木科的观察与识别

一、实训目标

进一步熟悉金缕梅科、杨柳科、桦木科的主要内容，学会金缕梅科、杨柳科、桦木科形态特征的识别方法；具有现场识别当地重要金缕梅科、杨柳科、桦木科植物种类的能力。

二、实训场所

森林植物实验室、植物标本园或树木园。

三、实训形式

在教师指导下，学生利用所学知识对实验室的金缕梅科、杨柳科、桦木科植物腊叶标本和标本园的相关植物进行观察。

四、实训备品与材料

按组配备：放大镜、立体显微镜各2台；修枝剪、高枝剪、标本夹、本地区各类金缕梅科、杨柳科、桦木科植物腊叶标本各1套；检索表、参考书籍自备。

五、实训内容与方法

①观察金缕梅科、杨柳科、桦木科植物外形特征。观察金缕梅科、杨柳科、桦木科等的外观，比较在生长型、树形、树皮、叶形、叶脉、花序

等特征上各科的特点。

②以科为单位，分别观察金缕梅科、杨柳科、桦木科植物当地重要科代表种类标本的特征。如叶形、叶序、叶缘、叶脉、果实、种子等，并进行归纳比较。

③观察金缕梅科、杨柳科、桦木科植物花的特征。借助放大镜或实体镜观察一些科代表种的花序、花构造，并加以比较。

④观察金缕梅科标本树特征。植物体有星状茸毛、具单叶、有托叶、花性、花被多变、子房2室等是金缕梅科植物重要识别特点；而花序形状和果实类型等是该科属种的重要区别特征。

⑤观察杨柳科标本树特征。单叶互生、有托叶、单性花、无花被、种子有毛等是杨柳科植物重要识别特点；而叶形、叶缘和花序苞片形状等是该科属种的重要区别特征。

⑥观察桦木科标本树特征。单叶互生、有托叶、单性花、无花被、果序有苞片等是桦木科植物重要识别特点；而花序形状和果实类型等是该科属种的重要区别特征。

六、注意事项

本实训的内容各校可根据当地具体情况加以选择增减。

七、实训报告要求

①归纳整理本次实训所观察到的金缕梅科、杨柳科、桦木科植物特征。

②将金缕梅科、杨柳科、桦木科所观察的植物编制分种检索表。

实训 11-4　壳斗科、胡桃科、榆科、桑科的观察与识别

一、实训目标

进一步熟悉壳斗科、胡桃科、榆科、桑科的主要内容，掌握壳斗科、胡桃科、榆科、桑科形态特征的识别，学会区别壳斗科、胡桃科、榆科、桑科植物。具备现场识别当地重要壳斗科、胡桃科、榆科、桑科植物种类的能力。

二、实训场所

森林植物实验室、植物标本园或树木园。

三、实训形式

每个学生利用所学知识在教师指导下，对实验室的壳斗科、胡桃科、榆科、桑科植物腊叶标本和标本园的相关植物进行观察。

四、实训备品与材料

按组配备：放大镜、立体显微镜各2台；修枝剪、高枝剪、标本夹、本地区壳斗科、胡桃科、榆科、桑科植物腊叶标本各1套；参考书籍自备等。

五、实训内容与方法

①观察壳斗科、胡桃科、榆科、桑科外形特征。观察壳斗科、胡桃科、榆科、桑科等的外观，比较在乔木、灌木、草本；树形、树皮、叶形、叶脉、花序等特征上各科的特点。

②以科为单位，分别观察壳斗科、胡桃科、榆科、桑科植物当地重要科代表种类标本的特征。如叶形、叶序、叶缘、果实、种子等，并进行归纳比较。

③观察壳斗科、胡桃科、榆科、桑科植物花的特征。借助放大镜或实体镜观察一些科代表种的花序、花构造，并加以比较。

④观察壳斗科标本树特征。有壳斗、有托叶、单性花、子房下位等是壳斗科植物重要识别特点；而叶缘、花序生长形式、壳斗类型等是该科属种的重要区别特征。

⑤观察胡桃科标本树特征。具羽状复叶、无托叶、单性花、柔荑花序等是胡桃科植物重要识别特点；而花序形状和果实类型等是该科属种的重要区别特征。

⑥观察榆科标本树特征。具单叶、有托叶、单性花、雄蕊与花被片同数对生等是榆科植物重要识别特点；而花序形状和果实类型等是该科属种的重要区别特征。

⑦观察桑科标本树特征。有乳汁、有托叶、单性花、雄蕊与花被片同数对生、子房1室等是

桑科植物重要识别特点；而花序形状和果实类型等是该科属种的重要区别特征。

六、注意事项

本实训的内容各校可根据当地具体情况加以选择增减。

七、实训报告要求

①归纳整理本次实训所观察到的壳斗科、胡桃科、榆科、桑科植物特征。

②将壳斗科、胡桃科、榆科、桑科所观察的植物编制分种检索表。

实训 11-5　椴树科、大戟科、茶科、桃金娘科、鼠李科的观察与识别

一、实训目标

进一步熟悉含椴树科、大戟科、茶科、桃金娘科、鼠李科的主要内容，学会椴树科、大戟科、茶科、桃金娘科、鼠李科特征的识别，学会区别椴树科、大戟科、茶科、桃金娘科、鼠李科植物。具有现场识别当地重要椴树科、大戟科、茶科、桃金娘科、鼠李科植物种类的能力。

二、实训场所

森林植物实验室、植物标本园或树木园。

三、实训形式

每个学生利用所学知识在教师指导下，对实验室的椴树科、大戟科、茶科、桃金娘科、鼠李科植物腊叶标本和标本园的相关植物进行观察。

四、实训备品与材料

按组配备：放大镜、立体显微镜各2台；修枝剪、高枝剪、标本夹、本地区椴树科、大戟科、茶科、桃金娘科、鼠李科植物腊叶标本各1套；检索表、参考书籍自备。

五、实训内容与方法

①观察椴树科、大戟科、茶科、桃金娘科、鼠李科植物外形特征。观察椴树科、大戟科、茶科、桃金娘科、鼠李科等的外观，比较在生长型、树形、树皮、叶形、花序等特征上各科的特点。

②以科为单位，分别观察椴树科、大戟科、茶科、桃金娘科、鼠李科植物当地重要代表种类标本的特征。如叶形、叶序、叶缘、叶脉、果实、种子等，并进行归纳比较。

③观察椴树科、大戟科、茶科、桃金娘科、鼠李科植物花的特征。借助放大镜或实体镜观察一些科代表种的花序和花构造，并加以比较。

④观察椴树科标本树特征。树皮多纤维、单叶、互生叶序、多雄蕊、中轴胎座等是椴树科植物重要识别特点；而叶缘、花序苞片和果实类型等是该科属种的重要区别特征。

⑤观察大戟科标本树特征。有乳汁、互生叶序、有托叶、单性花、子房3室等是大戟科植物重要识别特点；而单复叶、叶缘叶裂、花序形状和果实类型等是该科属种的重要区别特征。

⑥观察茶科标本树特征。单叶、互生叶序、多雄蕊、中轴胎座等是茶科植物重要识别特点；而花色、果实、种子类型、毛被等是该科属种的重要区别特征。

⑦观察桃金娘科标本树特征。叶有透明油腺点、闭合叶脉、下位子房、中轴胎座等是桃金娘科植物重要识别特点；而叶序、花序形状、花瓣帽状体有无和果实类型等是该科属种的重要区别特征。

⑧观察鼠李科标本树特征。单叶、雄蕊与花瓣同数对生、子房埋生花盘等是鼠李科植物重要识别特点；而叶序、叶脉、花序形状、果实类型和果梗形态等是该科属种的重要区别特征。

六、注意事项

本实训的内容各校可根据当地具体情况加以选择增减。

七、实训报告要求

①归纳整理本次实训所观察到的椴树科、大戟科、茶科、桃金娘科、鼠李科植物特征。

②将椴树科、大戟科、茶科、桃金娘科、鼠李科所观察的植物编制分种检索表。

实训 11-6 芸香科、楝科、无患子科、漆树科、槭树科的观察与识别

一、实训目标

熟悉芸香科、楝科、无患子科、漆树科、槭树科的主要内容;学会芸香科、楝科、无患子科、漆树科、槭树科特征的识别方法,具有现场识别当地重要芸香科、楝科、无患子科、漆树科、槭树科植物种类的能力。

二、实训场所

森林植物实验室、植物标本园或树木园。

三、实训形式

每个学生利用所学知识在教师指导下,对实验室的芸香科、楝科、无患子科、漆树科、槭树科植物腊叶标本和标本园的相关植物进行观察。

四、实训备品与材料

按组配备:放大镜、立体显微镜各 2 台;修枝剪、高枝剪、标本夹、本地区芸香科、楝科、无患子科、漆树科、槭树科植物腊叶标本各 1 套;检索表、参考书籍自备。

五、实训内容与方法

①观察芸香科、楝科、无患子科、漆树科、槭树科植物外形特征。观察芸香科、楝科、无患子科、漆树科、槭树科等的外观,比较在生长型、树形、树皮、叶组成、花序、果实等特征上各科的特点。

②以科为单位,分别观察芸香科、楝科、无患子科、漆树科、槭树科植物当地重要代表种类标本的特征。如叶组成、叶形、叶序、叶缘、果实、种子等,并进行归纳比较。

③观察芸香科、楝科、无患子科、漆树科、槭树科植物花的特征。借助放大镜或立体镜观察一些科代表种的花冠、雄蕊构造,并加以比较。

④观察芸香科标本树特征。叶具透明油点、单身复叶、羽状复叶和柑果等是芸香科植物重要识别特点;而皮刺有无、复叶类型、叶序、果实类型等是该科属种重要区别特征。

⑤观察楝科标本树特征。楝科植物具有羽状复叶、雄蕊花丝合生、部分种子有翅的重要识别特点;复叶回数类型、果实类型等是该科属种的重要区别特征。

⑥观察无患子科标本树特征。无患子科具有羽状复叶、子房 3 室、部分种子有假种皮的重要识别特点;而复叶回数类型、果实类型、假种皮有无等是其属种的重要区别特征。

⑦观察漆树科标本树特征。漆树科具有羽状复叶、子房 1 室、部分种类植物体有树脂乳液的重要识别特点;而单复叶、果实类型、种皮合生类型等是其属种的重要区别特征。

⑧观察槭树科标本树特征。槭树科具有单复叶、对生叶序、子房 2 室、翅果的重要识别特点;而单复叶、叶缘、裂叶情况、果实之间夹角等是其属种的重要区别特征。

六、注意事项

本实训的内容各校可根据当地具体情况加以选择增减,实验顺序也可根据季节进行调整。

七、实训报告要求

①归纳整理本次实训所观察到的芸香科、楝科、无患子科、漆树科、槭树科植物特征。

②将芸香科、楝科、无患子科、漆树科、槭树科所观察的植物编制分种检索表。

实训 11-7 木樨科、紫葳科、玄参科、菊科的观察与识别

一、实训目标

熟悉木樨科、紫葳科、玄参科、菊科的主要内容;学会木樨科、紫葳科、玄参科、菊科特征的识别方法,具有现场识别当地重要木樨科、紫葳科、玄参科、菊科植物种类的能力。

二、实训场所

森林植物实验室、植物标本园或树木园。

三、实训形式

每个学生利用所学知识在教师指导下,对实验室的木樨科、紫葳科、玄参科、菊科植物腊叶标本和标本园的相关植物进行观察。

四、实训备品与材料

按组配备:放大镜、立体显微镜各2台;修枝剪、高枝剪、标本夹、本地区木樨科、紫葳科、玄参科、菊科植物腊叶标本各1套;参考书籍自备等。

五、实训内容与方法

①观察木樨科、紫葳科、玄参科、菊科植物生长型及外形特征。观察木樨科、紫葳科、玄参科、菊科等的外观,比较在乔木、灌木、草本;树形、树皮、叶形、叶脉、花序等特征上各科的特点。

②以科为单位,分别观察木樨科、紫葳科、玄参科、菊科植物当地主要代表种类标本的特征。如叶形、叶序、叶缘、叶脉、果实、种子等,并进行归纳比较。

③观察木樨科、紫葳科、玄参科、菊科植物花的特征。借助放大镜或实体镜观察一些代表种的花序、花构造,并加以比较。

④观察木樨科标本树特征。对生叶序、整齐合生花冠,花冠4裂,2个雄蕊等是木樨科植物重要识别特点。单叶或复叶、花序生长位置、果实类型等是该科属种重要区别特征。

⑤观察紫葳科标本树特征。对生叶序、合生花冠,两侧对称花,花冠5裂,4~5个雄蕊等是紫葳科植物重要识别特点。根据单叶、复叶、花序大小、果实长短、粗细等特征识别该科重要种。

⑥观察玄参科标本树特征。玄参科主要识别泡桐属植物,其与木樨科、紫葳科均具合生花冠,对生叶序。但泡桐属具5裂不整齐唇形花冠,雄蕊多为2强,雌蕊胚珠数较多;与木樨科整齐合生花冠,花冠4裂,2个雄蕊有明显区别。与紫葳科区别在于泡桐属果粗短。

⑦观察菊科标本植物特征。菊科植物有特殊的篮状花序特征,雄蕊聚药特化,种子有冠毛为其主要特点等。根据单复叶、叶序、叶缘、花序形状、舌状花、管状花特点识别其重要属和种。

六、注意事项

各院校可根据需要对一些草本植物增加实训内容。

七、实训报告要求

①归纳整理本次实训所观察到的木樨科、紫葳科、玄参科、菊科植物特征。

②将木樨科、紫葳科、玄参科、菊科所观察的植物编制分种检索表。

Ⅱ. 单子叶植物纲 Monocotyledoneae

本节学习目标:掌握单子叶植物的基本特征;熟悉单子叶植物各科及重要属、种的形态特征、生物学特性;掌握本地区单子叶植物各科及重要属、种的形态特征、系统分类、生物学特性和生态学特性、分布和主要用途;学会识别本地区单子叶植物主要科及其属、种。

多数为草本,稀为木本植物。须根系;茎内维管束散生,通常无形成层,一般不呈年轮状生长;叶多具平行状叶脉;花部常为3出数;种子子叶1。

69科约5万种,我国有47科4200多种。在林业上以棕榈科和竹亚科的经济价值最高。

11.74 棕榈科 Palmae (Arecaceae)

常绿乔木、灌木或藤本。茎干常不分枝，单生或丛生。叶大型，常聚生于干顶，羽状或掌状分裂；叶柄基部常扩大成纤维质叶鞘，脱落后树干常具宿存叶基或环状叶痕。花小，辐射对称，两性、单性或杂性；圆锥状肉穗花序，生于叶丛中或叶丛下，外具1至多片佛焰苞；花被6，分离或合生；雄蕊常6；子房上位，1~3（稀为4~7）室，稀离生，每室胚珠1。浆果、核果或坚果。

约220属2500多种，我国连引种的有30余属100多种。

棕榈科是单子叶植物中最重要的木本植物科，多产于热带，具有重要的经济价值和园林观赏价值。如椰子、伊拉克海枣的果实可食，油棕种仁、椰子胚乳含油量高，可榨油食用或做工业用油；棕榈、蒲葵的叶鞘纤维可编织棕绳、蓑衣或制棕床；桄榔和鱼尾葵等种类茎内富含淀粉，可提取加工后供食用；槟榔的果入药；白藤或黄藤等各种藤本植物的茎，是编织藤椅、藤席等上等藤器制品的原料。棕榈科许多种类树形优美、景观独特，更是热带、南亚热带各地城镇绿化观赏的主要园林树种。

分属检索表

1. 叶为掌状分裂。
    2. 叶柄两侧有刺，花两性。
        3. 叶裂片整齐，边缘和裂隙无丝状纤维 ·· 蒲葵属
        3. 叶裂片不整齐，边缘和裂隙至少在幼树上具丝状纤维 ························· 丝葵属
    2. 叶柄无刺，花单性异株。
        4. 茎单生，粗6 cm以上，小羽片20以上，先端2裂或不裂 ····················· 棕榈属
        4. 茎丛生，粗1~3 cm，小羽片2~20片，先端常有几个细尖齿 ················ 棕竹属
1. 叶为羽状分裂。
    5. 乔木或灌木，茎直立。
        6. 叶为1回羽状分裂，裂片狭长带状。
            7. 叶柄近基部两侧的裂片退化成针刺状。
                8. 小羽片在芽中或基部向内对折；花单性异株，花序梗长而扁 ········ 刺葵属
                8. 小羽片在芽中或基部向外对折；花单性同株，花序梗短而圆 ········ 油棕属
            7. 叶柄无刺。
                9. 叶裂片在叶轴上成多行排列 ·· 王棕属
                9. 叶裂片在叶轴上成2行排列。
                    10. 花序生于叶丛中，果径15 cm以上 ································ 椰子属
                    10. 花序生于叶丛下；果径5 cm以下。
                        11. 叶裂片顶端不分裂，叶背无鳞秕 ···················· 槟榔属
                        11. 叶裂片顶端通常2分裂，叶背有鳞秕 ·············· 假槟榔属
        6. 叶为2~3回羽状全裂叶，裂片菱形 ··· 鱼尾葵属
    5. 藤本状；叶柄及叶鞘具刺 ··· 省藤属

11.74.1　蒲葵属 *Livistona* R. Br.

乔木。叶掌状分裂；叶柄长，两侧有倒刺。花两性；花序长自叶丛中；雄蕊 6；心皮 3，几分离。核果。种子胚乳均匀。

约 30 种，我国有 4 种。

蒲葵（扇叶葵）*Livistona chinensis*（Jacq.）**R. Br.**（图 11-389）

识别特征　高 20 m，胸径 30 cm。叶掌状深裂至中部，裂片先端下垂，叶柄长 2 m，两侧下部有刺。肉穗花序长 1 m。核果椭圆形，长 1.8~2 cm，熟时蓝黑色。花期 3~4 月，果熟期 10~12 月。

习性分布与用途　产华南；喜暖热气候和肥沃土壤，不耐寒。树形美观，为优良绿化观赏树；叶可制蒲扇及编织器具。

11.74.2　丝葵属 *Washingtonia* H. Wendl.

乔木。叶掌状分裂，裂片先端 2 裂，边缘及裂片间有丝状纤维；叶柄两侧具刺；老叶凋枯后不落，下垂覆于茎干周围。花两性，花丝长，花序长自叶丛中。核果。

2 种，产美国及墨西哥；我国引种。

丝葵（丝棕、华盛顿棕）*Washingtonia filifera*（Lind. ex Andre）**H. Wendl.**（图 11-390）

识别特征　高 25 m，胸径 40 cm；茎基部略膨大。叶掌状圆扇形，径可达 2 m，裂片先端边缘及裂隙具灰白色丝状纤维；叶柄两侧具锐刺。花序多分枝，花小几无梗，白色。核果椭圆形，熟时黑色。花期 6~8 月。

习性分布与用途　原产美国及墨西哥；我国长江以南地区均有栽培。喜温暖、湿润环境，但较蒲葵耐寒，抗风抗旱力均很强。树冠优美，叶大如扇，四季常青，为优良绿化观赏树。

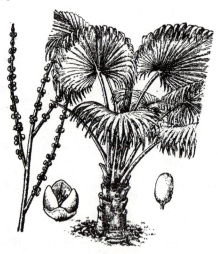

图 11-389　蒲 葵

图 11-390　丝 葵

11.74.3 棕榈属 *Trachycarpus* H. Wend.

乔木或灌木。叶片掌状分裂，裂片先端不下垂；叶柄无刺，有细齿。花单性异株；花序自叶丛中发出；雄蕊 6；心皮 3，基部合生。核果；种子腹面有凹槽，胚乳嚼烂状。

约 8 种，我国有 3 种。

棕榈(棕树、棕) *Trachycarpus fortunei* (Hook.) **H. Wendl.** (图 11-391)

识别特征 高 15 m，胸径 15 cm。叶片径 0.5~0.8 m，裂片条形，坚硬；叶柄长 0.5~1 m。花小，黄绿色。果肾形，长约 1 cm，径 6~9 mm。花期 4~6 月，果熟期 10~11 月。

习性分布与用途 产秦岭—淮河流域以南各省区。适生于山地和平原地区。叶鞘(棕皮)纤维坚韧，耐水性强，可制绳索、棕垫、棕床、蓑衣等。树形美观，常栽作园林绿化树种。

11.74.4 棕竹属 *Rhapis* L. f.

丛生灌木。茎上部常为纤维状叶鞘包围。叶扇形，掌状深裂几达基部；裂片 2 至多数；叶脉显著；叶柄纤细。花单性异株，花序自叶丛中抽出；花萼和花冠 3 齿裂；雄蕊 6，雌花中具退化雄蕊；心皮分离，胚珠 1 枚。浆果，种子近球形。

约 15 种，我国有 7 种。

棕竹(筋头竹) *Rhapis Humilis* **Bl.** (图 11-392)

识别特征 高 2~3 m。茎节间略长。叶片径 30~50 cm，掌状 4~10 裂；叶柄长 8~20 cm。花序长 30 cm，多分枝；佛焰苞有毛，果近球形，径 8~10 mm；种子球形。花期 4~5 月，果期 11~12 月。

习性分布与用途 产海南、广东、广西、贵州、云南等地，北方盆栽需温室越冬。喜温暖、阴湿环境，萌蘖力强。株形美观，可盆栽或地栽供园林观赏，分株或播种繁殖。

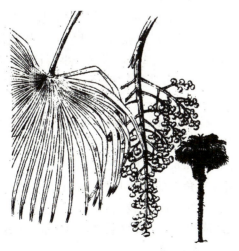

图 11-391 棕 榈

图 11-392 棕 竹

11.74.5 油棕属 *Elaeis* Jacq.

乔木。叶1回羽状全裂,裂片芽时外向折叠;叶轴近基部的裂片退化成针刺状。花序自叶丛中发出;雄花序穗状;雌花序头状;子房3室,常只1室发育。核果外果皮光滑,中果皮肉质含纤维,内果皮骨质,顶端有3个发芽孔。共2种,我国引种1种。

油棕(油椰子)*Elaeis guineensis* Jacq.(图11-393)

识别特征 高10 m。羽状裂叶长3~6 m,裂片宽2~4 cm。雄花序长7~12 cm;雌花序径20~30 cm。果序头状,核果卵球形或倒卵形,长4~5 cm,径约3 cm,熟时橘红色。全年开花结果,果多在7~12月成熟。

习性分布与用途 原产非洲热带,我国热带地区有引栽。重要木本油料植物。果实和种子含油量高,有"世界油王"之称,油可食用或供工业用。

图11-393 油 棕

11.74.6 刺葵属 *Phoenix* L.

灌木或乔木。茎单生或丛生。叶羽状全裂;裂片条状披针形,最下部裂片常退化为坚硬的针状刺。佛焰花序自叶丛中发出;结果时下垂;花序轴扁;花单性异株;雄花花萼3齿裂,花瓣3片,雄蕊常6枚,花丝极短;雌花有退化雄蕊6枚或连合呈杯状而有6齿裂,心皮3枚,分离,无花柱,柱头钩状。核果长圆形,种子1。

约17种,我国有2种,产广东南部和云南南部。

(1)海枣(伊拉克蜜枣、枣椰子)*Phoenix dactylifera* L.(图11-394)

识别特征 高20 m。茎单生,基部萌蘖丛生。叶长达6 m,羽状全裂,裂片2~3枚聚生,条状披针形,在叶轴两侧常呈V字形上翘,基部裂片退化成坚硬锐刺。雄花序长约60 cm;佛焰苞鞘状,花序轴扁平,小穗短而密集。果序长2 m,直立,小穗长58~70 cm,果时被压下弯。果长圆形,长4~5 cm,宽1.7~2 cm,熟时深橙红色,果肉厚,味极甜。种子长圆形。

习性分布与用途 原产伊拉克、非洲撒哈拉沙漠及印度西部;我国广东、广西、福建、云南等地引种栽培。为良好的行道树、庭荫树及园景树。萌蘖和播种繁殖均可。

(2)美丽针葵(软叶刺葵)*Phoenix roebelenii* Obrien.(图11-395)

识别特征 高1~3 m。茎单生,茎上有宿存三角形的叶柄基部。叶羽状全裂,长1~2 m,稍弯曲下垂;裂片狭条形,长20~30 cm,宽约1 cm,较柔软,在叶轴上排成2列,背面沿中脉被白色鳞秕,叶轴下部两侧具裂化而成的针刺。花序长30~50 cm。果矩圆形,长1.5 cm,直径5~6 mm,具尖头,熟时枣红色,果肉薄。

习性分布与用途 原产印度及中印半岛;我国华南广泛栽植为庭园观赏树。

图 11-394　海　枣

图 11-395　美丽针葵

11.74.7　王棕属 *Roystonea* O. F. Cook

乔木；树干近基部或中部常膨大。叶片羽状全裂，裂片在叶轴上成多行排列。花单性同株；花序生于叶丛下，佛焰苞2；雄花有雄蕊6~12，雌花子房3室；核果，种子1。

约17种，产热带美洲，我国引种2种。

王棕（大王椰子）*Roystonea regia*（Kunth）**O. F. Cook**（图 11-396）

识别特征　高20 m。羽状裂叶长3~4 m，裂片宽2~4 cm，不整齐4行排列。花小，雄花长6~7 mm，雌花长3~4 mm。果近球形，径8~13 mm。花期3月，果熟期10月。

习性分布与用途　原产古巴；现广植于世界各热带地区。我国华南及台湾有栽培，树形优美独特，常栽为行道树或庭园观赏树。

11.74.8　椰子属 *Cocos* L.

乔木。叶片1回羽状全裂，叶裂片芽时外向折叠，在叶轴上2行排列。花单性同株同序；花序自叶丛中发出。核果大，中果皮厚，纤维质，内果皮骨质；近顶部有3个发芽孔；种子1，胚乳（椰肉）白色，贴生于种皮和内果皮，内有1空腔贮藏液汁。

仅1种，广布于热带海岸。

椰子 *Cocos nicifera* L.（图 11-397）

识别特征　高30 m。羽状裂叶长3~8 m，裂片宽3~4 cm。核果近球形，径达25 cm，顶端微具3棱。全年开花，花后约1年果熟，7~9月为果熟盛期。

习性分布与用途　产全球热带地区海滨；我国海南、台湾栽培较多，经济价值高。椰汁为优良饮料；椰肉可加工糕饼食品或榨油；椰壳可制工艺品及用具，椰棕（中果皮）可制成人造板。树形优美，也是良好的庭园绿化树种和沿海防护林树种。

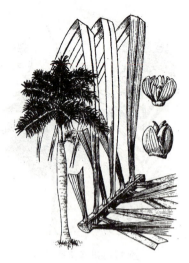

图 11-396 王棕

图 11-397 椰子

11.74.9 槟榔属 *Areca* L.

乔木或丛生灌木；树干有明显的环状叶痕。叶羽状全裂，裂片在叶轴两侧排成整齐 2 列，羽片顶端不分裂或具截平裂齿；叶鞘圆筒形，光滑。花序生于叶丛下；花单性，雌雄同序；子房 1 室，胚珠 1 个。核果卵形、球形或长圆形，基部有宿存的花被片，果皮纤维质；种子卵形或纺锤形。

约 60 种，分布于亚洲热带地区和大洋洲。我国有 2 种，其中 1 种为引种栽培。

槟榔 *Areca catechu* L. (图 11-398)

识别特征 高 10~20 m。叶长 1.5~2 m，羽片长线状披针形，两面光滑，无毛，长 30~60 cm，宽 2.5~4 cm，上部的羽片合生，顶端有不规则的齿裂。肉穗花序长 25~30 cm。核果卵形至长椭圆形，长 4~6 cm，基部有宿存的花被片，成熟时橙黄色，外果皮角质，中果皮厚，纤维质。花期 3~6 月，果期翌年 3~6 月。

习性分布与用途 分布于我国海南、云南及台湾等热带地区。亚洲热带地区广泛栽培。喜热树种。果实在我国华南及台湾常作为特殊刺激食品，入药有驱蛔虫之效。树形美观，也常栽作行道树或庭园观赏树。

11.74.10 假槟榔属 *Archontophoenix* H. Wendl et Drude

乔木，树干环状叶痕较明显，基部略膨大。叶 1 回羽状全裂，裂片在叶轴上成 2 行整齐排列，羽片顶端常 2 裂。花单性同株，花序生于叶丛下；雄花有雄蕊 9~24；雌花子房 1 室，1 胚珠。核果小。

约 14 种，原产澳大利亚，我国引栽 1 种。

假槟榔 *Archontophoenix alexandrae* H. Wendl. et Drude (图 11-399)

识别特征 高 25 m。羽状裂叶长 2~3 m，裂片宽 1~2.5 cm，2 行排列，下面被灰白色鳞秕。花序长约 0.5 m。果卵球形，长 1~1.5 cm，熟时红色，种子径约 8 mm。花果期 4~10 月。

习性分布与用途 原产澳大利亚东部。我国华南至西南部分地区有引栽，树形非常美观，为优良的行道树和庭园观赏树。

图 11-398 槟 榔

图 11-399 假槟榔

11.74.11 鱼尾葵属 *Caryota* L.

乔木，树干环状叶痕明显。叶 2~3 回羽状全裂，裂片菱形或披针形，有如鱼尾状，顶端极偏斜，有不整齐的啮蚀状细齿或缺齿，具放射状平行脉。花单性同株，花序生于叶丛中，下垂；雄花有雄蕊 6 至多数；雌花子房 3 室。浆果；种子 1~2。

约 12 种，我国 4 种。

(1) 鱼尾葵(青棕、假桃榔)*Caryota ochlandra* **Hance**(图 11-400)

识别特征 高 20 m。茎干单生，绿色，有茸毛。叶 2 回羽状全裂，长 3~4 m，裂片厚而硬，菱形似鱼尾，长 15~30 cm。花序长达 3 m。果球形，径 1.8~2 cm，熟时红色。花期 5~7 月，果熟期 8~11 月。

习性分布与用途 产福建、广东、广西、海南、云南等地，生于山地沟谷林中，各地常见栽培。树形优美，优良绿化观赏植物；茎髓含淀粉，可供食用。

(2) 短穗鱼尾葵(丛生鱼尾葵)*Caryota mitis* **Lour.** (图 11-401)

识别特征 丛生小乔木。干竹节状，近地面有棕褐色肉质气根。叶鞘较短，长 50~70 cm，肉穗花序密而短，长仅 60 cm，小穗长仅 30~40 cm。果熟时蓝黑色。花果期 5~11 月。

习性分布与用途 分布福建、广东、广西、海南、云南及台湾。多被栽做绿化观赏植物。可播种或分株繁殖。同属还有董棕 *C. urens*，茎干单生，黑褐色，无茸毛。原产广西、云南热带森林中，也被引种栽培观赏。

图 11-400 鱼尾葵

图 11-401 短穗鱼尾葵

11.74.12 省藤属 *Calamus* L.

有刺藤本。叶羽状全裂，裂片披针形或条状披针形，叶轴和叶鞘常有刺，花序或叶轴顶端延伸成具刺纤鞭。花单性异株；雄花雄蕊6；雌花子房3室。核果，外被鳞片，种子1。约370种，我国约30种。

图 11-402 白藤

白藤（鸡藤）*Calamus tefradactylus* Hance（图 11-402）

识别特征 藤本。茎长3 m，径连叶鞘粗1~1.5 cm。叶轴顶端不延伸成纤鞭；叶裂片在顶端4~6聚生，两侧单生或2~3片聚生，披针形或倒披针形，长10~20 cm，宽1.7~6 cm；叶鞘无刺或有疏短刺，有纤鞭。果球形，径7~10 mm。花期5~7月，果期翌年4月。

习性分布与用途 产福建、广东、广西、海南等地。茎藤坚韧耐用，是高档藤器原料，可编织藤椅，藤包等各类藤器用品。

本科常见野生或栽培的种类还有：桄榔 *Arenga pinnata*、金山葵 *Arecastrum romanzofianum*、散尾葵 *Chrysalidocarpus lutescens*、三药槟榔 *Areca triandra* 等多种，均用于园林绿化或观赏。

复习思考题

一、多项选择题

1. 棕榈科植物具有（　　）。
   A. 掌状复叶　　B. 掌状裂叶　　C. 羽状复叶　　D. 羽状裂叶

2. 下列属于棕榈科的特征有（　　）。
   A. 常绿　　　　　　　　　　　B. 落叶
   C. 枝上具环状托叶痕　　　　　D. 干上具环状叶痕
3. 下列树种具有掌状裂叶的是（　　）。
   A. 棕榈　　　B. 油棕　　　C. 椰子　　　D. 蒲葵

二、简答题

1. 棕榈科叶有什么特点？
2. 棕榈和蒲葵主要有哪些区别？
3. 你认识哪些有经济价值的棕榈科植物？

11.75 禾本科 Gramineae (Poaceae)

草本，或木本状。地上茎秆多为圆筒形，稀扁平或方形；节明显，节间中空，稀实心。单叶互生，2列状，叶可分成叶鞘、叶片、叶舌、叶耳等部分。花常两性，由多数小穗排成各式花序；小穗由颖及1至多朵小花组成，小花由外稃、内稃、鳞被（浆片）、雄蕊及雌蕊组成；鳞被2~3，稀6或缺；雄蕊3（稀1~6）；子房上位，1室，1胚珠，花柱常2(1~3)，柱头通常羽毛状。颖果、稀坚果、浆果。

约700属10 000种，我国有200余属1500余种。根据特征区别，分为竹亚科和禾亚科2个亚科。简要区别如下。

多年生木本状植物，有秆箨与叶鞘的区别，其箨叶退化而无显著的中脉，叶片具短柄，与叶鞘相连处成一关节，易自叶鞘断落 ·· 竹亚科
草本，稀木质，无秆箨与叶鞘的区别，其箨叶即是普通的叶片，具发达而显著之中脉，叶片通常无柄，直接与叶鞘相连，相连处无关节，不易自叶鞘断落 ·· 禾亚科

竹亚科 Bambusoideae

乔木或灌木，稀藤本状。地下茎分3种类型：①合轴型（地下茎形成多节的假鞭，节上无芽无根，由顶芽出土成秆。其中秆柄极短，秆密集丛生者为合轴丛生亚型；而秆柄细长延伸，秆呈散生者为合轴散生亚型）；②单轴型（地下茎具横走的竹鞭，节上生芽生根或具瘤状突起，芽可发育成秆，也可形成新竹鞭，地面秆为散生）；③复轴型（具以上两种地下茎的混合型，秆既有丛生也有散生）。地下茎或秆基上的芽发育出土成笋，笋脱箨成秆。秆通常为圆筒形，节明显，每节有2环，下环称箨环，上环称秆环，两环之间称为节间，秆内的箨环秆环之间有横隔板。秆的每节上着生有枝条1、2、3或多数。主秆所生的叶称为秆箨，秆箨通常由箨鞘、箨舌、箨片及箨耳所组成。叶由叶鞘、叶片、叶柄、叶舌、繸毛（或叶耳）所组成（图11-403至图11-406竹亚科形态图）。花两性或小穗下部为雄花或不

孕花；颖1至数片；鳞被通常3，果多为颖果，少为坚果或浆果。

有70余属1000种左右，我国有37属500余种。

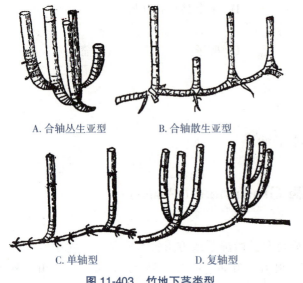

A. 合轴丛生亚型　B. 合轴散生亚型　C. 单轴型　D. 复轴型

图11-403　竹地下茎类型

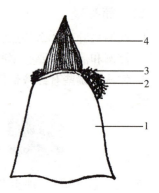

1. 箨鞘；2. 箨耳；3. 箨舌；4. 箨片。

图11-404　秆箨构造

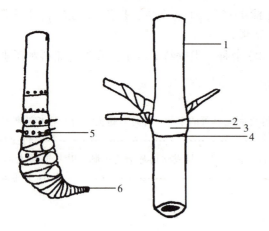

1. 节间；2. 秆环；3. 节内；4. 箨环；5. 秆基；6. 秆柄。

图11-405　竹秆的各部分

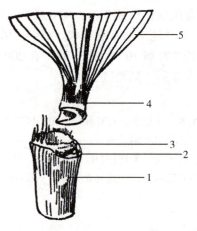

1. 叶鞘；2. 外叶舌；3. 内叶舌；4. 叶柄；5. 叶片。

图11-406　竹的叶部特征

竹类适应性强，繁殖容易，生长迅速，用途广泛，竹秆可供建筑、交通、农具、家具、造纸等用；竹笋可食用。有的竹类还可选作庭园观赏、水土保持、固堤护岸等用。我国是世界上竹子种类最多的国家，主产长江流域以南，以长江流域、珠江流域为最多。在长江流域，由毛竹等散生竹种常形成大片的竹林森林景观；如四川蜀南竹海、福建武夷山大竹岚、江西井冈山、浙江西天目山等地。在西南高山，则分布有比较耐寒的散生竹和矮生竹类，成为大熊猫的聚居地。丛生竹因耐寒力较差，主产华南，形成华南地区低山平原、河岸、村旁的特有景色。

禾本科是单子叶植物种类繁多的大科；竹亚科又是禾本科中较为特殊的一个类群，在我国南部的森林中占有重要地位。禾本科植物叶子和花的构造比较特化，竹亚科植物具有特殊的地下茎生长类型。地下茎生长类型是几大类竹子区别的关键；在大类区别的基础上进一步根据每节的分枝习性、花果特征进行属的区别。而属以下分种则要以秆箨特征和竹叶特征为依据。由于我国竹类资源丰富，必要时需查找资料进行深入研究。

分 属 检 索 表

1. 地下茎为合轴型；秆丛生；秆每节分枝多数。
　　2. 花序侧生，小穗几无柄；雄蕊 6；平原或低山（海拔 1000 m 以下）生长的竹类。
　　　　3. 箨片直立，基部与箨鞘顶部略等宽；箨耳常显著；小穗绿色 ……………………………… 箣竹属
　　　　3. 箨片外翻，基部较箨鞘顶端为窄；箨耳缺或不明显；小穗带紫色。
　　　　　　4. 秆节上通常无明显粗壮主枝，叶片中型。
　　　　　　　　5. 箨鞘顶端宽截形，2~3 倍宽于箨鞘基部；小穗轴在各小花之间逐节脱落 ……… 单竹属
　　　　　　　　5. 箨鞘顶端截形或近圆形，1~2 倍宽于箨片基部；小穗成熟时整个脱落 ……… 慈竹属
　　　　　　4. 秆每节上通常具 1~3 粗壮主枝，叶片大型。
　　　　　　　　6. 鳞被存在，柱头 3，秆环隆起 ……………………………………………………… 绿竹属
　　　　　　　　6. 鳞被缺，柱头 3，秆环较平 ………………………………………………………… 牡竹属
　　2. 花序顶生，小穗显著具柄；雄蕊 3；中山或高山（海拔 1000 m 以上）生长的竹类，节间常实心 …… 箭竹属
1. 地下茎为单轴型或复轴型；秆散生；秆每节分枝 1~10。
　　7. 秆节间在分枝一侧扁平或具纵沟槽。
　　　　8. 秆每节分枝 2，节上不具气生根刺；箨片较大 …………………………………………… 刚竹属
　　　　8. 秆每节分枝 3，中部以下节上常具气生根刺；箨片微小 ……………………………… 寒竹属
　　7. 秆节间圆筒形或在分枝一侧下部微扁平，但不为沟槽。
　　　　9. 秆每节分枝 2 到 10，粗细远小于主干。
　　　　　　10. 秆中部每节分枝为 2~3(5)；箨环不具箨鞘基部残留物 茶秆竹属。
　　　　　　10. 秆中部每节分枝 3~7；箨环常具箨鞘基部残留物 ……………………………… 苦竹属
　　　　9. 秆每节分枝 1，粗细与主秆相近，秆小型，叶片大型 …………………………………… 箬竹属

11.75.1　箣竹属（簕竹属）*Bambusa* Schreb.

地下茎为合轴型，秆丛生，节间圆筒形，每节分枝多数，具 1~3 粗壮主枝，部分种小枝有时硬化成刺。箨鞘顶端与箨片基部近等宽；箨耳发达，箨片直立。叶片小型，小横脉常不明显。小穗簇生，淡黄绿色，无柄，小穗轴在各花之间易于逐节断落；颖 1~4；鳞被 3；雄蕊 6；子房具柄。颖果。

90 余种，我国有 50 余种。

分 种 检 索 表

1. 秆小型，灌木状，箨耳缺或微小 …………………………………………………………………… 孝顺竹
1. 秆中型，乔木状，箨耳发达。
　　2. 秆梢端直立；箨耳大小不等 ………………………………………………………………… 撑篙竹
　　2. 秆梢端弓曲或下垂；箨耳近等大 …………………………………………………………… 青皮竹

(1) 孝顺竹（凤凰竹）*Bambusa multiplex*(Lour.) **Raeuschevl**（图 11-407）

识别特征　秆高 2~7 m，径 0.5~3 cm，节间幼时被白粉和小刺毛。箨鞘脆硬，背面

图 11-407 孝顺竹

无毛；箨耳缺或微有纤毛；箨舌高约 1 mm；箨片基部与箨鞘顶端近等宽。叶片长 5~15 cm，宽 0.8~1.5 cm。笋期 9~11 月。

习性分布与用途 产长江流域以南。秆材柔韧，可用于编织和造纸等。有多种栽培品种如凤尾竹（cv. 'Fernleaf'）、观音竹、银丝竹、琴丝竹等，作绿篱或庭园观赏用。

(2) 撑篙竹（油竹、白眉竹）*Bambusa pervariabilis* Mcclure（图 11-408）

识别特征 秆高 15 m，径 5~6 cm，秆梢直立，节间密被棕色小刺毛，秆基部节间常有白色条纹，节内常有一圈白色毛环。箨鞘背面无毛。秆分枝习性低矮。叶片长 9~14 cm，宽 1~1.5 cm。笋期 5~9 月。

习性分布与用途 产华南，多生于溪河岸边及村旁。华南主要用材竹种，秆壁厚，材质坚韧，作农具、棚架及造纸原料，也可编织各种用具。

(3) 青皮竹（广宁竹）*Bambusa textilis* Mcclure（图 11-409）

识别特征 秆高 10 m，径 5~6 cm，秆梢弓曲或略下垂，节间长可达 1 m，微被白粉和刺毛，秆壁厚 3~5 mm；箨环倾斜。箨鞘背面初时具紧贴的柔毛，后脱落，箨耳小，近等大。秆分枝习性较高，分枝略等粗。叶片长 11~20 cm，宽 1~2 cm，有叶耳和繸毛。笋期 5~9 月。

习性分布与用途 产广东、广西；西南、华中、华东地区有引栽。适生于河岸、丘陵和低山缓坡地、村旁。秆材柔韧，拉力强，为优良篾用材，供编织、绳索、农具、建筑、造纸等用。

图 11-408 撑篙竹

图 11-409 青皮竹

大佛肚竹 *Bambusa vulgaris* Schrad. 'Waminii'、黄金间碧玉竹 *Bambusa vulgaris* Schrad. 'Striata' 等也是本属在华南地区著名的栽培观赏竹种。

11.75.2 单竹属 *Lingnania* Mcclure

地下茎为合轴型；秆丛生，梢端下垂或弯曲，节间长 0.5~1 m，秆壁较薄；每节分枝多数，枝条近等粗。秆箨迟落，箨鞘顶端极宽，箨片基部为其 1/3~2/3，常外翻；箨耳缺。叶不具小横脉。小穗紫色；小穗轴节间易逐节断落；鳞被 3；雄蕊 6。

我国约 10 种。

粉单竹（单竹）*Lingnania chungii*(Mcclure) Mcclure（图 11-410）

识别特征 秆高 18 m，径 6~8 cm，节间长 0.5~1 m 或更长，幼时密被白粉；箨环极隆起，密被倒向棕色刺毛。每节分枝多数，枝条短而近等粗；箨片外翻，基部的宽度约为箨鞘顶端的 1/5。叶片长 10~20 cm，宽 1~3 cm。笋期 6~9 月。

习性分布与用途 产福建、广东、广西、湖南等地，西南有引种，常栽于村旁、路旁、河岸。秆材柔韧，可编织竹蓆、绳索及其他用具。

11.75.3 绿竹属 *Dendrocalamopsis*(Chia et Fung) Keng f.

地下茎合轴型，秆丛生，秆梢常弯曲或下垂；每节分枝多数，有 1~3 粗壮主枝。秆箨早落；箨耳小，箨片常直立，基部较箨鞘顶端为窄。叶片较大，小横脉多少可见。小穗轴较短缩，老熟时能逐节折断。颖片 2，外稃和内稃均具多条纵脉。鳞被 3，雄蕊 6。

9 种，我国产 8 种。

绿竹 *Dendrocalamopsis oldhami*(Munro) Keng f.（图 11-411）

识别特征 秆高 10 m，径 5~9 cm，节间长 20~30 cm，幼时被白粉。箨鞘外被褐色刺

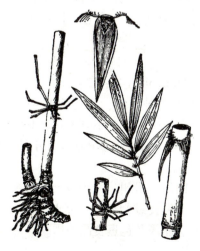

图 11-410 粉单竹

图 11-411 绿竹

毛，箨耳小，箨片直立。秆环较隆起，秆每节多分枝，其中有 3 枝较粗。叶片长 17~30 cm，宽 2.5~6 cm，两面无毛，叶耳小，边缘有䍁毛。笋期 5~10 月。

习性分布与用途　产福建、广东、广西、海南及台湾等地，常栽于低山丘陵、溪河两岸及村旁。-5 ℃以下低温易受冻。笋细嫩甘美，为著名的笋用竹种；秆可造纸或编织用。

11.75.4　慈竹属 *Neosinocalamus* Keng f.

地下茎合轴型，秆丛生，梢端弓曲或下垂；每节分枝多，枝条近等粗。秆箨迟落，箨鞘顶端较窄，两肩宽圆；箨耳缺，箨舌具䍁毛；箨片外翻。叶片常宽大。小穗紫色或紫红色，成熟时整个脱落；颖 1~3；鳞被 3~4；雄蕊 6；果皮薄，易与种皮分离，为囊果状。

2 种，特产我国。

慈竹（钓鱼慈）*Neosinocalamus affinis* (Rendle) **Keng f.**（图 11-412）

识别特征　秆高 8~13 m，径 3~8 cm，节间长 30~60 cm，幼时具灰色小刺毛；秆下部数节节内常有白色毛环。箨鞘背面被棕黑色刺毛，顶端呈山字形；箨片腹面密生白色刺毛。叶片长 10~30 cm，宽 1~3 cm，小横脉清晰。笋期 6~9 月。

习性分布与用途　广泛分布我国西南，华南有引栽。四川盆地栽培最广，多见于房前屋后，平原及低山丘陵地。秆材柔韧，篾性良好，用途广泛，可作造纸、编织、绳索、建筑、家具、农具及作竹麻、竹胶板等用。笋味苦，但煮后漂去苦汁仍能食用。

11.75.5　牡竹属 *Dendrocalamus* Nees

地下茎合轴型，秆丛生，每节分枝多数，常具 1~3 枚粗壮主枝。箨鞘迟落，箨耳缺或有时不明显；箨片外翻。叶片通常宽大。小穗无柄，簇生于花枝各节上，每小穗含 1 至数花；颖 1 至数枚；鳞被缺；雄蕊 6；子房具短柄，被毛，柱头 1。坚果或囊果状。

40 余种，我国有约 30 种。

麻竹（甜竹、大叶乌竹）*Dendrocalamus latiflorus* Munro（图 11-413）

识别特征　秆高 16~25 cm，径 20 cm，无毛，幼时微被白粉，节间长 45~60 cm，节内有棕色毛环；秆壁厚 1~3 cm，主枝常单一。箨鞘背面疏生易落小刺毛；箨耳微小。叶片宽大，长 15~35(50) cm，宽 3~7(13) cm，次脉 11~15 对，小横脉明显。小穗暗紫色，含 6~8 朵小花。果为囊果状。笋期 6~9 月。

习性分布与用途　产福建、广东、广西、海南、四川、贵州、云南及台湾等地。多栽于村旁、河岸及低山丘陵土壤肥沃之地。笋味鲜美，可鲜食或制酸笋、笋干、罐头等；秆供建筑、家具、水管、鱼筏、编织等用；叶可制斗笠、船篷及包裹食品等用。

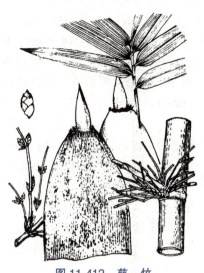
图 11-412 慈 竹

图 11-413 麻 竹

11.75.6 刚竹属 *Phyllostachys* Sieb. et Zucc.

地下茎单轴散生型。秆的节间在分枝一侧具沟槽；每节分枝 2。秆箨早落，箨耳明显或缺；箨片平直或皱折，直立或外翻。叶片小横脉明显。假花序穗状或头状，基部具叶片状佛焰苞；小穗轴节间易折断；颖 1~3 或缺，雄蕊 3；柱头 3。颖果。

50 余种，均产我国。为经济价值较大的种群。

分种检索表

1. 箨鞘背面有斑点；假花序穗状。
　2. 箨耳及鞘口繸毛缺；箨鞘背面常无毛。
　　3. 秆表面有白色晶状小点或小穴；箨舌边缘常有纤毛 ················· **刚竹**
　　3. 秆表面无白色晶状小点或小穴；箨舌截平 ························· **淡竹**
　2. 箨耳存在；箨鞘背面多少具硬毛。
　　4. 箨耳小或近于缺，具长达 5 mm 以上的繸毛 ····················· **毛竹**
　　4. 箨耳明显，常呈镰形；繸毛较短。
　　　5. 新秆具白粉；箨环初时有毛；箨片皱折 ····················· **紫竹**
　　　5. 新秆无白粉；箨环无毛；箨片平直或皱折 ················· **桂竹**
1. 箨鞘背面无斑点；假花序头状；小枝仅具 1 叶 ························· **篌竹**

(1) 毛竹(南竹)***Phyllostachys heterocycla***(Carr.) **Mitford cv. 'Pubescens'** (*P. heterocycla* var. *pubescens*)（图 11-414）

识别特征 秆高 20 m，径可达 20 cm，基部节间较短，中部节间长 40 cm，幼秆密被白粉和柔毛，后变无毛；箨环隆起，初时具一圈毛；分枝以下秆环不明显。箨鞘革质，长于节间；密被棕色刺毛和深褐色斑点；箨耳小，边缘具长繸毛；箨舌弧形；箨片初直立，后外翻。小枝具叶 2~3；叶片长 4~11 cm，宽 0.5~1.2 cm，次脉 3~5 对。笋期 1~4 月。

习性分布与用途 产秦岭、汉水流域至长江流域以南各省，黄河流域已有引种栽培。是我国栽培历史悠久，面积最大，经济价值最高的竹种。适生于海拔 1400 m 以下土层肥沃湿润的山谷地带，常组成大面积竹林。用途广泛，笋可鲜食或加工笋干、笋片等；秆供建筑、梁柱、棚架或制做家具、农具、雕刻及编织等用，也是重要的造纸和竹胶板原料。

（2）刚竹 *Phyllostachys sulphurea*(Carr.) **A. et C. Riv. cv. Viridis**[异名：*P. viridis*(Young) Mcclure]（图 11-415）

识别特征 秆高 10~15 m，径 4~10 cm，节间长 20~45 cm，幼秆微被白粉，秆表面在放大镜下可见晶体状小点或小穴；分枝以下的秆环不明显。箨鞘浅黄色，具淡棕色或褐色斑块或小点，箨舌边缘具淡绿色或白色纤毛；箨片外翻，多少皱折。小枝具叶 2~6，叶片长 6~16 cm，宽 1.2~2.2 cm；叶耳及鞘口䍁毛均发达。笋期 5 月。

习性分布与用途 黄河至长江流域及福建均有分布或栽培。较耐寒，耐 -18 ℃ 低温。山地、平原、河滩均可见生长。笋味微苦，水浸后可食用；竹秆坚韧，可做小型建材及各种家具、器具。

图 11-414 毛 竹

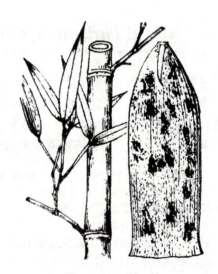

图 11-415 刚 竹

（3）淡竹（粉绿竹、红淡竹）*Phyllostachys glauca* **Mcclure**（图 11-416）

识别特征 秆高 10~12 m，径 2~5 cm，中部节间长 30~40 cm，幼秆密被白粉。箨鞘淡红褐色或黄褐色，具稀疏褐紫色小斑点或斑块；无箨耳及䍁毛；箨舌紫色，截平或微波折，边缘具短纤毛；箨片平直或微皱曲，开展或外翻。小枝具叶 2~3；叶片长 8~16 cm，宽 1.2~2.5 cm；叶耳及鞘口䍁毛存在但早落。笋期 4~5 月。

习性分布与用途 产黄河流域至长江流域及华东地区，山东、河南、江苏较多，为常见栽培竹种之一。耐寒性较强，多见于平原、丘陵及河滩地。笋味鲜美，供食用；竹材优良，篾性好，为优良篾用竹种，可编制凉席及各种器具、用具。

（4）紫竹（黑竹）*Phyllostachys nigra*(Lodd. ex Lindl.) **Munro**（图 11-417）

识别特征 秆高 3~6 m，径 2~4 cm，幼秆密被短柔毛和白粉，后变无毛而秆呈紫黑色，箨环初时密被刺毛。箨鞘红褐带绿色，无斑点或具极微小褐色斑点，密被淡褐色刺毛；箨耳镰形，有繸毛，箨舌长，紫色；箨片皱折或波状。小枝具叶 2~3；叶长 7~10 cm，宽约 1.2 cm，叶耳不明显。笋期 4 月。

习性分布与用途　原产我国南部，现各地常有栽培。秆坚韧，可制器具、乐器及工艺品；也栽作园林观赏用。

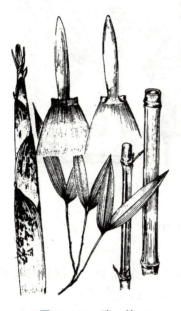

图 11-416　淡　竹

图 11-417　紫　竹

(5) 毛金竹 *Phyllostachys nigra* var. *henonsis* Stapf ex Rendle

本变种与紫竹的区别：秆不为紫黑色，较高大，高 18 m，径 10 cm，秆壁较厚达 5 mm。产黄河流域以南各地。笋供食用；秆供建筑或编织用。也可提取竹沥、竹茹供药用。

(6) 桂竹（斑竹、刚竹）*Phyllostachys bambusoides* Sieb. et Zucc.（图 11-418）

识别特征　秆高 20 m，径 14~15 cm，中部节间长 40 cm，幼秆无白粉，无毛；秆环与箨环均隆起，箨鞘黄褐色，有黑色斑点和斑块，疏生直立脱落性刺毛；箨耳小，有弯曲的繸毛；箨片外翻。叶片长 5.5~15 cm，宽 1.5~2.5 cm，有叶耳及长繸毛。笋期 5 月。

习性分布与用途　产黄河流域及其以南各地，为我国分布极广的一个竹种。耐寒性较强，对土壤要求不严。秆材坚韧，篾性好，为优良的材用竹种；笋可食。

(7) 篌竹（花竹、油竹）*Phyllostachys nidularia* Munro（图 11-419）

识别特征　秆高 10 m，径约 4 cm，秆壁厚约 3 mm，幼秆被白粉，节下有倒毛，老时脱落；秆环隆起。箨鞘有淡黄色条纹，多少有毛，基部较密；箨耳大；箨片直立，绿紫色。末级小枝仅有 1 叶，稀 2；叶片长 4~13 cm，宽 1~2 cm；叶耳及鞘口繸毛均不明显。小穗丛密集成头状。笋期 4~5 月。

习性分布与用途　产陕西、河南及长江流域以南各地，耐寒性稍强，多为野生。笋味鲜美，供鲜食或制笋干。

图 11-418 桂 竹

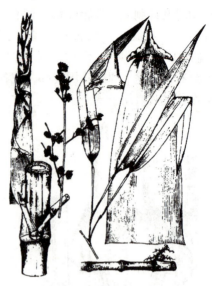
图 11-419 篌 竹

11.75.7 寒竹属 *Chimonobambusa* Makino

灌木状，地下茎为复轴型。秆梢端直立，节间长通常在 20 cm 以内，圆筒形或下部节间呈四方形，分枝一侧扁平或具浅沟槽，中部以下各节上具一圈气生根刺；每节分枝 3。秆箨迟落或宿存；箨耳缺；箨片微小，直立，不易脱落。叶片具小横脉。小穗通常在花枝上簇生，呈紫色，无柄或近无柄，含小花少数至多数；鳞被 3；雄蕊 3；柱头 2。颖果，果皮厚。

约 20 种，我国均产。

方竹（四方竹）*Chimonobambusa quadrangularis* (Fenzi) Makino（图 11-420）

识别特征　秆高 2~8 m，径 1~4 cm，节间中部以下略呈四方形，幼时有小刺毛，毛脱落后留有疣基而显粗糙。箨鞘短于节间，背面无毛或疏生刺毛。末级小枝具叶 2~5；叶片长 8~22 cm，宽 1~2.7 cm。

习性分布与用途　产华东、华中，生于阴湿林下。笋味鲜美，供食用；秆形奇特，常栽作庭园观赏。

11.75.8 箭竹属 *Fargesia* Franch.

灌木状或稀为乔木状。地下茎合轴型。秆柄粗短，两端不等粗，前端直径大于后端，节间长<5 mm，实心。秆丛生，节间圆筒形，每节分枝多数，秆环较平。秆箨迟落或宿存；箨耳存在或缺。叶具小横脉。总状或圆锥花序顶生，有的花序基部具佛焰苞；小穗具柄，颖 2；内稃背部具 2 脊，先端具 2 齿裂；鳞被 3；雄蕊 3。颖果瘦小。

约 80 种，主产我国西南部中山和亚高山地带。

箭竹（华桔竹、拐棍竹）*Fargesia spathacea* Franch.（图 11-421）

识别特征　秆高 2~4 m，径 0.5~2(4) cm，中部节间长 15~24 cm，幼时无白粉，箨环隆起，幼时有短刺毛。箨鞘迟落或宿存，革质，背面具棕色刺毛；箨耳缺；箨片直立。末级小枝具叶 2~3(6)，鞘口具繸毛；叶长 6~10 cm，宽 5~9 mm，次脉 3~4 对。圆锥花序有佛焰苞。笋期 4~5 月。

习性分布与用途　产四川东部至湖北西部海拔 1300~2400 m 的林下或林缘。笋可食用；秆作作物支架、围篱或编织农具等用。

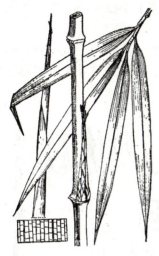

图 11-420　方　竹

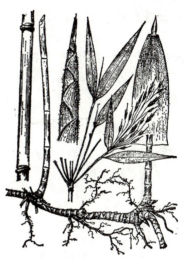

图 11-421　箭　竹

11.75.9　苦竹属 *Pleioblastus* Nakai

灌木状或稀为乔木状。地下茎单轴型、稀复轴型。秆圆筒形，分枝一侧下部略扁平，每节分枝 3~7，与秆成 40°~50°夹角；秆环显著隆起；箨环常具一圈箨鞘残留物。秆箨常宿存；大多数种类无箨耳和鞘口繸毛，稀明显；箨片披针形，常外翻。叶具小横脉。圆锥花序，侧生或稀顶生于叶枝上；小穗含花多数，小穗轴节间被微毛；颖 2~5；鳞被 3，雄蕊 3。颖果。

50 余种，我国有 20 余种。

苦竹(伞柄竹)*Pleiblastus amarus*(Keng)Keng f.（图 11-422）

识别特征　秆高 5~6 m，径 2~3 cm，中部节间长 30~50 cm，幼秆密被白粉；箨环呈木栓质隆起；秆环隆起。箨鞘革质，无斑点，基部密被棕色刺毛；箨耳不明显；箨片带状披针形，外翻并下垂。小枝具叶 2~4；叶片长 10~28 cm，宽 1.2~3 cm。笋期 5~6 月。

习性分布与用途　产华东至西南。生于低山、丘陵或平原。秆做农具等用；笋味苦，处理后可食用。

11.75.10　茶秆竹属 *Pseudosasa* Makino ex Nakai

灌木状或稀为乔木状。地下茎为复轴型。秆圆筒形，节间较长，髓常海绵状；秆环较平，每节分枝 1~3。秆箨迟落或宿存；箨耳缺。叶片具小横脉。总状或圆锥花序，花序轴明显；小穗具柄，含2~16朵小花；颖2；内稃背部具2脊；鳞被3；雄蕊3(5)。颖果。

30余种，我国有23种。

茶秆竹(青篱竹、沙白竹)*Pseudosasa amabilis*(Mcclure)**Keng f.**(图11-423)

识别特征　秆高5~10 m，径2~6 cm，节间长50 cm，幼时疏被棕色小刺毛和灰色蜡粉；髓在幼时呈横片状，以后变成粉末状。箨鞘迟落，背面密被棕色刺毛；鞘口两侧具刚毛状繸毛；箨片直立。叶片厚而坚韧，长16~35 cm，宽1.6~3.5 cm，次脉7~9对。笋期3~5月。

习性分布与用途　产福建、江西、湖南、广东等地，江苏、浙江、四川等地有引种。秆坚韧挺拔，秆壁厚，节间长，可做钓鱼竿、滑雪杖、运动器材及工艺用具等用；笋味苦，需处理后食用。

图11-422　苦　竹

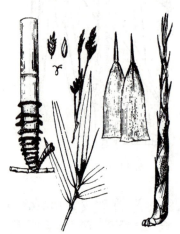

图11-423　茶秆竹

11.75.11　箬竹属 *Indocalamus* Nakai

灌木状。地下茎复轴型。秆圆筒形，节间细长，每节分枝1，与主秆近等粗。箨鞘软骨质，常宿存；箨耳有或缺；箨片直立或外翻。叶片通常大型，次脉多数，小横脉显著。圆锥花序，生于具叶小枝顶端；小穗具柄，小花少数至多数；鳞被3；雄蕊3；柱头2。颖果。

约22种，我国均产。

(1)箬叶竹(簝叶竹、长耳箬竹)*Indocalamus longiauritus* **Hand-Mazz.**(图11-424)

识别特征　秆高1~2 m，径5~10 mm，中部节间长10~50 cm，幼秆具蜡粉和白毛，中空。箨鞘背面密被棕色刺毛；箨耳显著，半圆形或镰形，具放射状繸毛；箨片卵状三角形，抱茎，直立。小枝具叶1~3，叶片长15~39 cm，宽4~8 cm，下面淡绿色，次脉7~13对。小穗紫绿或淡绿色。笋期4~5月。

习性分布与用途　产河南、华东、华中、华南至西南山地林下或林缘。秆可做毛笔杆或竹筷；叶可制斗笠、船篷和包粽子等用。

(2)阔叶箬竹 *Indocalamus latifolius*(Keng)**Mcclure**(图11-425)

识别特征　秆高1.5 m，径5~15 mm，中部节间长5~20 cm，被微毛。箨鞘近纸质，背面具棕色刺毛；箨耳不明显；箨舌上部具繸毛；箨片狭小，基部不作圆形收缩，不抱茎。叶片长 10~45 cm，宽 4~9 cm，下面灰白色，次脉 6~12 对。小穗紫色。笋期 4~5 月。

习性分布与用途 产山东、华东、华中、华南至西南山地。用途与箬叶竹相同。

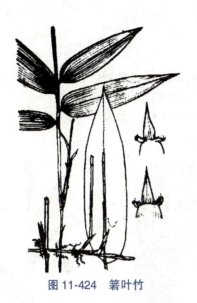

图 11-424 箬叶竹

图 11-425 阔叶箬竹

禾亚科 Gramindeae

草本，秆通常为草质，稀为木质。叶片中脉明显，通常无叶柄，无明显关节，不从叶鞘脱落。

600 多属 9000 余种。本亚科植物有许多种类具有重要的经济价值，如属于粮食作物的有水稻、小麦、玉米、高粱、粟、大麦、燕麦等；制糖的有甘蔗；蔬菜有茭白；药用的有芦苇、薏苡、淡竹叶等；纤维植物有芦苇和芒；更有许多种类是重要牧草以及草坪植物结缕草、狗牙根、假俭草等；另外在水土保持、固堤防沙、绿化环境方面也有重要意义。

11.75.12　画眉草属 *Eragrostis* Beauv.

多年生或一年生丛生草本。叶片条形。圆锥花序，小穗有数朵至多朵小花，常两侧压扁，小穗脱节于颖上，颖不等长或等长；外稃具 3 脉，内稃具 2 脉；颖果。

常见种有画眉草 *E. pilosa*、大画眉草 *E. cilianensis*（图 11-426）、知风草 *E. ferruginea* 等。多生于路旁及撂荒地。

11.75.13　芒属 *Miscanthus* Adans

多年生高大草本，秆丛生，常有白色质软的髓所填满。叶片长而扁平。圆锥花序顶生，大型，小穗含1朵小花，成对生于穗轴上，小穗柄不等长，基盘常有长丝毛；外稃透明质，短于颖，具芒或无芒。常见种有芒 *M. sinensis*（图11-427），秆高可达1.5 m，圆锥花序较短缩。五节芒 *M. floridulus*，秆高2~4 m，圆锥花序主轴延伸。多生于山地。

11.75.14 狗尾草属 Setaria Beauv.

一年生或多年生草本。圆锥花序圆柱状或疏展呈塔状，小穗无芒，含1~2小花，全部或部分小穗下托以1至数枚刚毛，第一小花雄性或中性，第二小花两性。

常见种有狗尾草 *S. palmifolia*（图11-428），花序呈圆柱状和皱叶狗尾草 *S. plicata*，花序疏展呈塔状，叶面宽皱，多见于路旁野地及撂荒地。

图11-426 大画眉草

图11-427 芒

图11-428 狗尾草

复习思考题

一、多项选择题

1. 竹亚科植物具有的特征是（　　）。
   A. 常绿　　　　B. 落叶　　　　C. 单叶　　　　D. 复叶
2. 下列竹种秆具有2分枝的是（　　）。
   A. 孝顺竹　　　B. 毛竹　　　　C. 刚竹　　　　D. 苦竹
3. 下列竹种地下茎具有合轴型的是（　　）。
   A. 苦竹　　　　B. 麻竹　　　　C. 毛竹　　　　D. 慈竹

二、简答题

1. 禾亚科和竹亚科有哪些主要区别？
2. 禾本科植物花有哪些特征？
3. 竹类植物笋壳具有哪些特点？

11.76 莎草科 Cyperaceae

多年生或一年生草本，茎实心，常三棱形，无节，花序以下不分枝。叶常3列，长条形，叶鞘闭合。花小，两性或单性，排列成小穗，再组成各式花序，每朵小花通常具1苞片(称为鳞片或颖)，花被完全退化或为鳞片状，刚毛状；雄蕊3(1)，子房上位，1室，柱头2~3裂。果为瘦果或坚果。

我国30余属600多种。多生于林下、潮湿地或沼泽边缘。

11.76.1 薹草属 *Carex* L.

多年生草本。茎通常为三棱形。叶多基生3列。花单性，小穗排成穗状、总状、少有圆锥状；雌雄同序或异序；无花被；雄蕊3；子房外由苞片形成的囊苞所包围。小坚果生于囊苞内。

本属种类多达1500种以上，我国约400种。常见的有皱果薹草 *C. dispalata*(图11-429)和东北的乌拉草 *C. meyeriana* 等。

11.76.2 莎草属 *Cyperus* L.

多年生或一年生草本。茎常三棱形，叶基生。辐射状聚伞花序或头状花序，花序下具叶状总苞片数枚。小穗稍压扁，不脱落；颖片2列；花两性，无下位刚毛；雄蕊3。小坚果三棱形。

常见有香附 *C. rotundus*、碎米莎草 *C. iria*(图11-430)等。

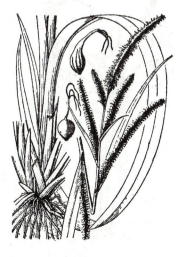

图11-429 皱果薹草

图11-430 碎米莎草

11.77 百合科 Liliaceae

多年生草本，稀木本。通常具鳞茎、根状茎或块茎。叶基生或互生，少对生或轮生。花两性，稀单性，辐射对称；花被花瓣状，通常6，稀4或更多，2轮，离生或合生；雄蕊与花被同数；子房上位，稀半下位，通常3室，稀1室而为侧膜胎座，胚珠多数；蒴果或浆果。约175属2000余种，我国有55属300余种。许多种类花大而美丽，可供观赏，如百合、郁金香、萱草、玉簪、芦荟等；贝母、黄精、知母、藜芦有重要药用价值。重要属种有：

11.77.1 百合属 *Lilium* L.

多年生高大草本，有鳞茎，鳞瓣肉质；茎具叶，不分枝；花大，单生或排成总状花序；花被漏斗状，6裂，裂片基部有蜜槽；雄蕊6；子房每室多胚珠，柱头头状或3裂；果为蒴果。常见种类有百合 *L. brownii* var. *viridulum*（图11-431）、卷丹 *L. lancifolium* 多生于山地，也栽作观赏。

11.77.2 山麦冬属 *Liripe* Lour.

多年生簇生草本，有短而厚的根茎；叶狭如禾草状；花白色或蓝紫色，排成总状花序式，花被片6，分离；雄蕊6，花药基着；子房上位，3室；浆果。

常见种类有山麦冬 *L. spicata*、禾叶山麦冬 *L. graminifolia*（图11-432），多生于山地林下。

图11-431 百 合

图11-432 山麦冬

11.78 天南星科 Araceae

草本，稀为附生藤本或攀缘灌木状植物；**具块茎或根状茎**；**多有乳状汁液**。叶基生或互生，基部有的具鞘。**花小，两性或单性**；排成肉穗花序，整齐，无花被或为 4~8 个鳞片状体，雄蕊 1 至多数，分离或合生而成为雄蕊柱；**子房下位**，1 至多室，胚珠 1 至多数。果为浆果状。

115 属 2000 余种。主要分布热带和亚热带地区，为热带森林中重要的阴生和附生草本植物。我国有 35 属 200 余种（包括引种），主产南方。天南星科植物有重要经济价值，如供食用的芋头、磨芋等；供药用的菖蒲、半夏、天南星等，供庭园观赏的广东万年青、麒麟叶、花叶万年青、五彩芋、喜林芋、花烛、马蹄莲等以及以上各属中的形形色色的园艺品种系列。森林环境常见的有：

11.78.1 海芋属 *Alocasia* (Schott) G. Don

多年生草本，茎粗。**叶柄痕明显，叶幼时通常盾状着生**，成长植株叶多为箭状心形，全缘、浅波状或羽状深裂；叶柄长，下部多少具长鞘。**佛焰肉穗花序**，肉穗花序短于佛焰苞，圆柱形，**花单性，无花被**；雄花有雄蕊 3~8 枚；雌花有心皮 3~4 枚，1 室或有时 3~4 室，胚珠少数。**浆果大多红色**。

常见种海芋 *A. macrorrhizos*（图 11-433），广布于长江流域以南，为沟谷森林环境的巨型叶代表植物。

11.78.2 天南星属 *Arisaema* Mart.

多年生草本，具块茎。叶 1~3 叶，叶片常 3 浅裂、3 深裂、3 全裂或鸟足状或放射状全裂；叶柄具长鞘，具斑纹。佛焰苞管部席卷，**肉穗花序单性或两性**，雌花序花密，雄花序大多花疏，两性花序接雌花序之上，雄花有雄蕊 2~5 枚，子房 1 室，胚珠 1~9 个。浆果。

图 11-433 海芋

约 150 种，主产于亚洲热带、亚热带地区。我国约有 82 种。多为森林环境中的草本植物。常见种类有：一把伞天南星 *A. erubescens*（图 11-434），植株高 1 m，块茎扁球形，叶 1 枚，辐射状全裂，小叶 3~20 以上；异叶天南星 *A. heterophylla*，叶 1 枚、鸟足状分裂，裂叶 7~15。

与天南星属相近的还有魔芋 *Amorphophyllus rivieri*（图 11-435），植株高可达 1.5 m，具肉质块茎。叶具 3 小叶，小叶 2 歧分叉，裂片再羽状深裂，叶柄有暗紫色或白色斑纹，生于长江流域以南疏林下，林缘或溪谷两旁湿地。块茎富含淀粉，可作豆腐或加工成食品，入药能解毒消肿，各地已栽培。

图 11-434 一把伞天南星

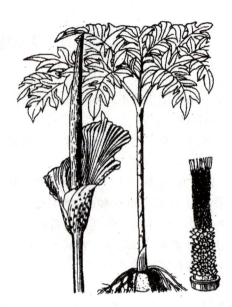
图 11-435 魔芋

11.79 薯蓣科 Dioscoreaceae

草质或木质缠绕藤本；有块茎或根状茎。茎左旋或右旋。叶为单叶或掌状复叶，互生，稀对生或轮生；叶通常为心形、卵形或椭圆形，基出脉3~9条，侧脉网状。花小，单性或两性，雌雄异株；花单生、簇生，或排成穗状花序、总状花序或圆锥花序；雄花花被（或花被裂片）6片，排成2轮，基部合生或离生，雄蕊6，着生于花被的基部或花托上，全部发育或其中3枚退化；雌花花被片和雄花相似，子房下位，3室，胚珠通常每室2个，花柱3枚，分离。蒴果三棱形，或棱翅状，或为浆果或翅果；种子通常有翅。

约9属650种，我国仅薯蓣1属约50种。

薯蓣属 *Dioscorea* L.

缠绕藤本，常有肉质块茎或根状茎。叶为单叶或掌状复叶，互生。叶腋内常生有珠芽。蒴果三棱形，每棱翅状，成熟时顶端开裂；种子有膜质翅。有600多种。常见的有参薯（淮山）*D. alata* L.、薯蓣（也称山药）*D. opposita*（图11-436）等可供食用和药用；森林环境常见的有黄独 *D. bulbifera*（图11-437）、穿龙薯蓣 *D. nipponica*、日本薯蓣 *D. japonica* 等。有不少种类是合成避孕药和激素药物的重要原料。

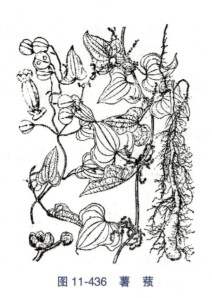

图 11-436 薯 蓣

图 11-437 黄 独

11.80 兰科 Orchidaceae

陆生、附生或腐生的多年生草本，稀为藤本状，常具根状茎、块茎或假鳞茎。叶通常互生，2 列或螺旋状排列，或生于假鳞茎顶端或近顶端，基部有的具鞘和关节。花两性，两侧对称，子房常作 180° 扭转而使唇瓣位于下方；花被片 6，排列成 2 轮，外轮 3 片称萼片，离生或部分合生；内轮侧生的 2 片称花瓣，中央的 1 片特化而称唇瓣；雄蕊和花柱、柱头合生而形成蕊柱；子房下位，常 1 室，侧膜胎座，胚珠多数。果多为蒴果。种子微小，粉末状。

兰科是单子叶植物中最大的科，全世界有 1000 属约 20 000 种，我国有 160 余属 1100 多种，多生于森林环境，公园、花圃也常有栽培。兰科许多种类花美丽奇特，具有较大的观赏价值，可供栽培观赏的多达 2000 种以上，如蝴蝶兰属、卡特兰属、兜兰属、石斛兰属和兰属的种类；天麻、石斛则是重要药用植物。按生态习性可分为陆生兰类，附生兰类和腐生兰类。

11.80.1 兰属 *Cymbidium* Sw.

陆生或附生草本，常具假鳞茎。叶长带状，常无柄，附生种类基部常有关节。花葶从叶丛中发出；总状花序具少数至多数花；花萼和花瓣各 3 片，花瓣中有 1 片特化为唇瓣，唇瓣 3 裂，具 2 条纵褶片。兰属许多种类一般习称为兰花，因植株形态优雅，花清丽芳香，深受我国人民喜爱，因此也被习称为国兰。栽培历史极为悠久，品种也很繁多，但以下列种类较为常见，价值较高。

(1) 建兰（四季兰）*Cymbidium ensifolium* (L.) Sw. （图 11-438）

识别特征 地生兰类。叶剑形，长 30~50 cm，宽 1.2~1.7 cm，略有光泽。总状花序高 25～35 cm，较叶短，有花 5～12 朵，香味浓，花黄绿色，有暗紫色条纹，唇瓣宽圆形，三裂不明显；中裂片黄绿色，反卷。花期 6～10 月，有的类型从夏到秋不断开花，被称为四季兰。

建兰因盛产于福建而得名。主产我国华南至西南海拔 300～600 m 的常绿阔叶林下阴凉山谷环境。长江流域以南广为栽培。是我国重要兰花种类之一。

(2) 春兰（草兰、山兰）*Cymbidium goeringii* **Rochb. f.**（图 11-439）

识别特征　地生兰类。叶狭剑形，长 20～40 cm，宽 0.6～1.1 cm，边缘有细齿，叶脉明显。花单生，稀 2 朵；花葶高 5～20 cm，具 4～5 片鞘状苞片，花色多为黄绿，也有白色或紫色类型，香味浓郁。花期 1～3 月。

我国重要兰花种类之一，因春季开花而得名，又因叶片狭小而称草兰。主产我国长江流域至西南海拔 1500 m 以下的常绿阔叶林下，以阴凉山谷环境居多，较建兰耐寒。各地广为栽培，以浙江、江苏栽培最普遍。品种很多，在四川、云南有一春兰重要变种春剑 var. *longibracteatum*，其叶片直立如剑，一葶常有 2～4 朵花。

图 11-438　建　兰

图 11-439　春　兰

图 11-440　墨　兰

(3) 墨兰（报岁兰）*Cymbidium sinense*（Andr.）**Willd.**（图 11-440）

识别特征　地生兰类，叶剑形，长 50～80 cm，宽 2.5～3.5 cm，深绿色而有光泽。总状花序高 60～100 cm，有花 6～16 朵，明显高出叶面；花黄褐色，花瓣有紫褐色条纹，香味淡。花期 1～3 月。

因叶色墨绿而得名，又因春节前后开花而称为报岁兰。主产我国华南至西南海拔 200～600 m 的阴湿山谷常绿阔叶林下。福建、广东及台湾等地多栽培。品种很多。

此外蕙兰 *C. faberi* Rolfe 也是我国重要兰花种类之一，主产我国长江流域至西南。叶为狭长剑形，长 20～80 cm，宽 0.6～1.4 cm，叶缘粗糙，基部常对褶，横切面常呈 V 字形；

叶脉明显，有透明感。总状花序有花 6~12 朵，花期 4~5 月。各地广为栽培，以浙江、江苏栽培最普遍。品种很多，品种分类基本参照春兰分类方法。

11.80.2 石斛属 *Dendrobium*

附生兰类；茎丛生，具多节，节间明显，具 1 至多叶。叶扁平，螺旋状排列或 2 列，革质或肉质，顶端不等侧 2 圆裂，基部具鞘或无鞘，有时具关节，花期叶片凋落或宿存。总状花序侧生于茎上，具 1 至多数花；花萼片近相似，中萼片离生，与花瓣相似或不相似，侧萼片在基部较宽，与蕊柱足合生而形成囊状的萼囊；唇瓣贴生于蕊柱足的末端，不裂或 3 裂；花药生于蕊柱后侧近顶端处，向前弯，2 室；花粉块 4 块，离生。约 1500 种，主要分布于热带地区。我国约有 80 种。本属植物大多数种都可供药用，有滋阴养胃、清热明目之效。重要种类有：

(1) 石斛 *Dendrobium nobile* Lindl.（图 11-441）

识别特征 附生兰类；茎直立丛生，具纵槽纹，长 10~60 cm，节间长 1.5~2.5 cm。叶近革质，长椭圆形，长 8~11 cm，宽 1~3 cm，顶端钝，不等长的 2 圆裂，具关节，叶鞘抱茎。总状花序自茎上部的节上生出，具 1~2 朵花；花梗连子房长约 4 cm，花大，白色，顶端带紫色；直径 4 cm 以下，花萼片近等大，长约 3.5 cm，宽约 1.2 cm；花瓣椭圆形，与萼片近等长。花期 4~5 月。

习性分布与用途 分布湖北、广东、广西、云南、贵州、四川、西藏及台湾等地。全株可药用，有清肝明目、滋阴养肾、益胃、生津除烦之效。另产自热带地区本属的一类园艺观赏石斛兰具有形态优雅、花色艳丽的特点，近年在我国南部地区引种栽培较多，已成为重要的园林观赏花卉。

(2) 天麻 *Gastrodia elata* Bl.（图 11-442）

识别特征 为腐生兰类天麻属植物，高 30~150 cm。块茎椭圆形或卵圆形，横生，肉

图 11-441 石 斛

图 11-442 天 麻

质。茎黄褐色，无明显叶片，节上具鞘状鳞片。总状花序长 5~20 cm，花苞片膜质，披针形，长约 1 cm；花淡绿黄色或肉黄色，萼片与花瓣合生成斜筒状，长 1 cm，直径 6~7 mm，偏斜，顶端 5 裂，裂片三角形；子房倒卵形，子房柄扭转。

习性分布与用途 分布我国吉林、辽宁、河北、陕西、河南、湖南、湖北、四川、贵州、云南、西藏等地。块茎为著名中药，入药有熄风镇痉作用，可治头痛、头昏、眼花、风寒湿痹、小儿惊风等症。是著名传统药用植物。

本科的大花蕙兰 *Cymbidium* × ssp.、蝴蝶兰 *Phalaenopsis* × spp.、卡特兰（加德利亚兰）*Cattleya* × spp. 等则均为近年在国内和国外流行的园林观赏花卉。

实训 11-8　单子叶植物的观察与识别

一、实训目标

进一步熟悉单子叶植物的主要内容，学会单子叶植物基本特征的识别方法；学会区别辨认棕榈科、禾本科、天南星科、百合科、兰科植物特征；具有现场识别当地重要单子叶植物种类的能力。

二、实训场所

森林植物实验室和植物标本园或树木园。

三、实训形式

每个学生利用所学知识在教师指导下，对实验室的单子叶植物腊叶标本和标本园的相关单子叶植物进行观察。

四、实训备品与材料

按组配备：放大镜、立体显微镜各 2 台；修枝剪、高枝剪、标本夹、本地区各类单子叶植物腊叶标本各 1 套；检索表、参考书籍自备。

五、实训内容与方法

①观察单子叶植物生长型及外形特征。观察棕榈科、禾本科、天南星科、百合科、兰科等单子叶植物重要科的外观；比较在乔木、灌木、草本，树形、树皮、叶形、叶脉、花序等部分各科的特点。

②以科为单位，分别观察单子叶植物当地重要科代表种类标本的特征。如叶形、叶序、叶缘、叶鞘、中脉、果实、种子等，并进行归纳比较。

③观察单子叶植物花的特征。借助放大镜或实体镜观察一些科代表种的花序、花构造，并加以比较。

④观察棕榈科标本树特征。单干不分枝树形，树干环状叶痕、羽状裂叶、掌状裂叶、佛焰花序等。根据羽状裂叶、掌状裂叶；花序生长在叶丛中和叶丛下识别重要种。

⑤观察禾本科标本树特征。禾本科植物则有特殊的根状茎、叶鞘、叶舌结构，花具小穗、颖及稃的特化，颖果特点等。另外，竹亚科还需观察生长型、分枝情况、节环结构及竹箨特征。根据以上特征识别重要种。

⑥识别其他单子叶植物科重要种类。

六、注意事项

因我国各地单子叶植物种类的分布存在地区差异，本实训科、属、种实验材料各校可根据当地具体情况加以选择。

七、实训报告要求

归纳整理本次实训所观察到的单子叶植物特征，按所处南方或北方地区选择单子叶植物各 1 科 1 种，要求写出识别步骤和判断结果。

拓展知识 11

被子植物与阔叶林

被子植物是植物界分化程度最高、结构最复杂、适应性最强、经济价值最大的高等植物类群。被子植物的树种大多叶形宽阔，人们通常把这类树种称为阔叶树。以阔叶树为主要树种所组成的各种森林群落习称为阔叶林。阔叶林分布非常广泛，我国南北各地都有阔叶林分布，根据其树种组成、外貌特征和群落结构的不同，可分为落叶阔叶林、常绿阔叶林、热带雨林、季风常绿阔叶林和竹林等5大类型。

(1) 落叶阔叶林

落叶阔叶林的乔木树种都具有较宽的叶片，冬季落叶、夏季绿叶，所以又称夏绿林。落叶阔叶林属于温带植被类型，多数分布于北纬30°~50°的温带地区，是我国秦岭—淮河流域以北直至东北的广大地区的主要森林类型。

落叶阔叶林的特点是层次结构比较简单，由乔木层、灌木层和草本层3层组成，苔藓地被层很少。组成我国落叶阔叶林的乔木树种，通常是以壳斗科的栎属、水青冈属，桦木科的桦木属，杨柳科的杨属，槭树科的槭树属，椴树科的椴树属以及榆科的榆属的一些落叶树种占优势。较为典型的森林类型有：东北、华北地区的蒙古栎林、辽东栎林、槲树林、槲栎林、麻栎林、白桦林、椴树林、山杨林和新疆地区的胡杨林等。

(2) 常绿阔叶林

常绿阔叶林又称照叶林，其特点是森林的外貌四季常绿，林中乔木层多数树种叶质较为坚硬革质，叶面光滑，具明显的蜡质层，在阳光照射下可反射出闪亮的光泽。群落的乔木层一般为1~2层，林下有较发达的灌木层和草本层，藤本植物也颇常见。

在我国，常绿阔叶林主要分布于长江流域以南至南岭山脉南坡，西至青藏高原东坡的广大地区，是我国分布广泛、种类最多的地带性森林植被类型。常绿阔叶林分布的地区通常具有明显的季风气候特征，水热条件比较丰富，气候温暖湿润，四季明显，年平均气温14~22 ℃，年降水量1000~2200 mm。植物种类较为丰富。

在我国的常绿阔叶林中，壳斗科、樟科、山茶科和木兰科的树种是其基本的组成成分。根据森林类型的种类组成、结构和生态特点，我国的常绿阔叶林可划分为中亚热带常绿阔叶林、南亚热带常绿阔叶林和山地常绿阔叶苔藓林等一些类型，其主要特征和分布有以下特点：

① 中亚热带常绿阔叶林。分布范围在北纬23°~32°的中亚热带地区，大体在长江以南至福建、广东、广西、云南北部之间的中亚热带地区，分布的海拔高度，东部地区在1500 m以下，西南部高原可达2500 m。以闽浙山地、南岭山地、江南丘陵、川鄂山地、川西南山地、云贵高原山地等为其集中分布区。

② 南亚热带季风常绿阔叶林。主要分布于台湾玉山山脉南部、福建戴云山脉、广东、广西的南岭山脉以南、云南中南部和贵州南部等地区的盆地、河谷地区。

③ 山地常绿阔叶苔藓林。山地常绿阔叶苔藓林主要分布于我国亚热带和热带地区中山山地的上部至顶部。分布区的环境较为特殊，气温低、湿度大、云雾缭绕，林中树木多弯曲矮化，苔藓植物特别丰富。在海拔1800 m以上的山地顶峰地带是其典型分布地。

(3) 热带雨林

热带雨林是在热带或亚热带暖热湿润地区，由高大常绿阔叶树构成茂密林冠，具有多层结构，并包含有丰富的木质藤本和附生植物的森林类型。其主要特征是：雨林中植物种类成分特别丰富，上层乔木高可达30~60 m，多为典型的热带树种组成，树干基部常有板状根,有的具有支柱根或气生根;有老茎开花现象;下层植物叶具滴水叶尖结构;林内附生、寄生植物发达;藤本植物多,常见木质或扁茎大藤,并有绞杀植物。

我国的热带雨林是印度—马来雨林类型的一部分,主要分布在台湾的南部、海南岛、广东和广西的南部、云南的南部及西藏的东南部地区。一般年平均气温在 22 ℃ 以上,极端最低气温在 5 ℃ 以上,最冷月均温在 18 ℃ 上下,年积温在 8000 ℃ 以上,年降水量在 2000 mm 以上,局部地区可高达 4000 mm,是我国年平均气温最高、雨量最充沛的地区。海南岛六连岭、尖峰岭、霸王岭,云南的西双版纳等地是我国面积最大,分布最集中的热带雨林区域。

(4) 季雨林

季雨林是亚洲亚热带季风气候区的一种雨绿林,较接近于雨林,但上层树冠是旱季落叶或半落叶的高大热带乔木树种为主,下层杂生落叶树或常绿树,藤本植物和附些植物种类十分丰富,但比雨林少。例如,缅甸和我国云南瑞丽的柚木林、木棉林等。我国季雨林主要分布在海南、广西南部及云南海拔 1000 m 以下干热河谷两侧山坡和开阔的河谷盆地,尤以海南北部、西南部,云南的德宏自治区及南汀河下游,分布较为集中。

(5) 竹林

竹林是由竹类植物构成的单优势种群,是一种独具特色的森林类型。在我国四川的卧龙和湖北的大巴山区,就分布有几十万亩成片的箭竹林和巴山木竹林;在四川蜀南竹海、福建武夷山大竹岚、江西井冈山等地则分布有由毛竹林组成的几万亩以至几十万亩的毛竹林;在华南的珠江、漓江两岸丛生竹林连绵几十甚至几百千米。各种竹林是我国重要的植被资源,也是重要的经济和森林资源。

根据竹林的种类组成、外貌特征和生境特点,我国竹林的主要类型有:毛竹林、箭竹林、箸竹林、玉山竹林、刚竹林、淡竹林、慈竹林、麻竹林等 30 多种,其中毛竹林约占 80%,中小型的散生竹林,混生竹和丛生竹林各占 10% 左右。

我国国土辽阔,植物种类丰富,森林类型多样,除了上述的六大森林类型之外,在我国许多地区还分布有各种类型的灌木林和其他森林类型,如在西北、华北、东北的干旱荒漠地区,分布有由柽柳、梭梭、沙棘、沙冬青、骆驼刺等组成的荒漠灌丛;在福建、广东、广西、海南及台湾等地沿海一带的海湾沿岸尚有为海潮经常淹浸的热带红树林群落和南海诸岛上的珊瑚岛常绿林群落,这些都是比较特殊的森林类型。

> 复习思考题

一、填空题

1. 被子植物可分为( )和( )两个纲。
2. 木兰科的果实类型有( )和( )。
3. 木兰科中叶具裂叶,果为聚合翅果的是( )属。
4. 木兰科植物托叶脱落后小枝有( )现象。
5. 樟科植物叶序常为( ),( )托叶。
6. 樟科植物花药为( )裂,果实类型为( )或( )。
7. 樟属、楠木属的花为( )性,组成( )花序。

8. (　　　)科植物常见的种类有桃、李、枇杷等。
9. 具有梨果的应是(　　　)科植物。
10. 具有荚果的应是(　　　)科、(　　　)科和(　　　)科植物。
11. 杨柳科植物的冬态一般为(　　　)，具有(　　　)花序。
12. 壳斗科植物果实类型为(　　　)，果实外有(　　　)包被。
13. 桑科植物体通常具(　　　)，花为(　　　)性花。
14. 杨柳科中花苞片分裂的是(　　　)属，花苞片全缘的是(　　　)属。
15. 茶科山茶属的果实为(　　　)，花为(　　　)性花。
16. (　　　)科部分植物果实类型具有柑果。
17. 榆属植物通常冬态为(　　　)，果实类型为(　　　)。
18. 梧桐的叶具有(　　　)状脉。
19. 叶退化成鳞片状，小枝绿色，节密而明显的是(　　　)科植物。
20. 叶具边脉，花有帽状体结构的是(　　　)科(　　　)属植物。
21. 槭树科植物通常叶序为(　　　)，果实类型为(　　　)。
22. 木樨科植物花冠通常(　　　)裂，雄蕊(　　　)个。
23. 泡桐属的叶序为(　　　)，果实类型为(　　　)。
24. 枫香属于(　　　)科植物，栎属应是(　　　)科植物。
25. 果实具有壳斗，壳斗鳞片组成同心圆环的是(　　　)属植物。
26. 具有篮状花序，聚药雄蕊的应是(　　　)植物。
27. 花多为三出数，根为须根系的是(　　　)植物。
28. 果为颖果的应是(　　　)科植物。
29. 禾本科植物的叶可分为(　　　)、(　　　)、(　　　)和(　　　)四部分。
30. 竹亚科地下茎的生长类型可分为(　　　)、(　　　)、(　　　)和(　　　)。
31. 树单干不分枝，叶集生树顶，叶柄基部有纤维质鞘的是(　　　)科植物。
32. 棕榈科植物叶具(　　　)和(　　　)两种裂叶形式。

二、选择题

1. 木兰科植物的叶为(　　)。
   A. 单叶　　　　　　B. 羽状复叶　　　　　C. 掌状复叶
2. 木兰科的植物具有(　　)。
   A. 单被花　　　　　B. 两被花　　　　　　C. 无被花
3. 木兰科植物的花通常为(　　)。
   A. 总状花序　　　　B. 圆锥花序　　　　　C. 单生
4. 木兰科植物花通常为(　　)。
   A. 单性花　　　　　B. 两性花　　　　　　C. 杂性花
5. 樟科植物叶缘多为(　　)。
   A. 全缘　　　　　　B. 裂叶　　　　　　　C. 锯齿
6. 樟科植物花通常为(　　)。
   A. 无被花　　　　　B. 两被花　　　　　　C. 单被花

7. 樟科植物的花药开裂方式为( )。
   A. 纵裂　　　　　　B. 孔裂　　　　　　C. 瓣裂

8. 下列植物属于樟科的有( )。
   A. 楠木、檫木　　　B. 山楂、枇杷　　　C. 玉兰、含笑

9. 下列植物中花冠为两侧对称的是( )。
   A. 玉兰　　　　　　B. 樟树　　　　　　C. 国槐

10. 具有1回羽状复叶、荚果的树种是( )。
    A. 合欢　　　　　　B. 国槐　　　　　　C. 羊蹄甲

11. 含羞草科植物通常具有( )。
    A. 单叶　　　　　　B. 1回羽状复叶　　　C. 2回羽状复叶

12. 杨柳科植物通常具有( )。
    A. 单性异株　　　　B. 单性同株　　　　C. 杂性同株

13. 杨柳科植物通常具有( )。
    A. 总状花序　　　　B. 圆锥花序　　　　C. 柔荑花序

14. 杨柳科植物通常具有( )。
    A. 蒴果　　　　　　B. 瘦果　　　　　　C. 坚果

15. 桑科植物体通常含有( )。
    A. 树脂　　　　　　B. 乳汁　　　　　　C. 芳香油

16. 桑科植物通常具有( )。
    A. 单果　　　　　　B. 聚合果　　　　　C. 聚花果

17. 壳斗科植物花通常为( )。
    A. 有花瓣　　　　　B. 无花瓣　　　　　C. 无花被

18. 壳斗科植物的壳斗是由( )组成的。
    A. 花萼　　　　　　B. 花被　　　　　　C. 总苞

19. 果实具有假种皮构造的是( )。
    A. 核桃、板栗　　　B. 荔枝、龙眼　　　C. 苹果、柑橘

20. 壳斗科植物壳斗有刺的是( )。
    A. 栎属、青冈栎属　B. 石栎属、栲属　　C. 栗属、栲属

21. 大戟科植物花通常为( )。
    A. 单性花　　　　　B. 两性花　　　　　C. 杂性花

22. 枣属于( )植物。
    A. 蔷薇科　　　　　B. 漆树科　　　　　C. 鼠李科

23. 泡桐的花冠构造是( )。
    A. 合瓣整齐　　　　B. 合瓣不整齐　　　C. 离瓣整齐

24. 泡桐的叶序是( )。
    A. 互生　　　　　　B. 对生　　　　　　C. 轮生

25. 桉属植物大树具有( )叶序。
    A. 互生　　　　　　B. 对生　　　　　　C. 轮生

26. 桑科榕属植物具有（　　）。
    A. 头状花序　　　　B. 穗状花序　　　　C. 隐头花序
27. 下列植物中种子具有毛的是（　　）。
    A. 杨柳科　　　　　B. 桦木科　　　　　C. 蓝果树科
28. 五角枫、红枫应是（　　）植物。
    A. 金缕梅科　　　　B. 槭树科　　　　　C. 漆树科
29. 楝科、漆树科、无患子科植物多具有（　　）。
    A. 单叶　　　　　　B. 掌状复叶　　　　C. 羽状复叶
30. 梧桐科、楝科植物雄蕊多组成（　　）。
    A. 具药雄蕊　　　　B. 单体雄蕊　　　　C. 多体雄蕊
31. 花具有旗瓣、翼瓣、龙骨瓣之分的是（　　）。
    A. 玄参科　　　　　B. 伞形科　　　　　C. 蝶形花科
32. 下列植物属于单子叶植物的一组是（　　）。
    A. 百合科、毛茛科　B. 百合科、棕榈科　C. 兰科、菊科
33. 雄花序下垂的壳斗科植物是（　　）。
    A. 栗属、栎属　　　B. 栎属、栲属　　　C. 栎属、青冈栎属
34. 榕属植物的果实应是（　　）。
    A. 聚合果　　　　　B. 聚花果　　　　　C. 浆果
35. 棕榈的叶应为（　　）。
    A. 掌状裂叶　　　　B. 掌状复叶　　　　C. 羽状复叶
36. 竹亚科植物的叶序是（　　）。
    A. 互生　　　　　　B. 对生　　　　　　C. 轮生
37. 竹亚科植物具有（　　）。
    A. 颖果无胚乳种子　B. 颖果有胚乳种子　C. 瘦果无胚乳种子
38. 下列植物具有芳香油的是（　　）。
    A. 樟科、芸香科　　B. 木樨科、杨柳科　C. 蔷薇科、木兰科
39. 下列植物中含有乳汁的一组是（　　）。
    A. 木兰科、樟科　　B. 桑科、大戟科　　C. 楝科、菊科
40. 下列树种适合做防护林的是（　　）。
    A. 国槐　　　　　　B. 枣树　　　　　　C. 木麻黄

三、判断题

1. 木兰科、樟科均为单被花，聚合果。　　　　　　　　　　　　　　　　（　　）
2. 樟科植物具有芳香油，因而叶具有透明油点。　　　　　　　　　　　　（　　）
3. 蔷薇科植物花具两被花，整齐花，雄蕊多数。　　　　　　　　　　　　（　　）
4. 木兰科植物花均单生枝顶而不组成花序。　　　　　　　　　　　　　　（　　）
5. 苏木科、含羞草科、蝶形花科的种类均具有荚果。　　　　　　　　　　（　　）
6. 杨柳科的果实被有长毛。　　　　　　　　　　　　　　　　　　　　　（　　）
7. 苏木科、含羞草科、蝶形花科花均为两被花，不整齐花。　　　　　　　（　　）

8. 枫香的叶对生，果为蒴果。（   ）
9. 梧桐具有掌状裂叶，掌状叶脉。（   ）
10. 壳斗科中壳斗有刺，冬态为落叶性的均为栗属树种。（   ）
11. 桑科植物体多具有乳汁。（   ）
12. 桑科植物果实常组成聚合果。（   ）
13. 大戟科植物通常具有上位3室子房。（   ）
14. 泡桐叶序为对生，果实为蒴果。（   ）
15. 泡桐的花冠唇形合生，四强雄蕊。（   ）
16. 杨柳科、桦木科、壳斗科、胡桃科的花均为单性。（   ）
17. 荔枝、龙眼的果实具有白色、肉质多浆假种皮。（   ）
18. 桑科植物均具有隐头花序。（   ）
19. 单子叶植物的花均为单性。（   ）
20. 棕榈科植物的树干多不分枝，叶集生枝顶。（   ）
21. 棕榈科植物具掌状复叶或羽状复叶，叶序互生。（   ）
22. 柑橘叶为单身复叶，果为柑果。（   ）
23. 百合科植物均具有地下鳞茎。（   ）
24. 棕榈科植物树干具有环状托叶痕，叶柄基部有纤维质鞘。（   ）
25. 木樨科植物具合生花冠，二强雄蕊。（   ）
26. 槭树科、木樨科植物叶多为对生。（   ）
27. 毛竹地下茎为单轴散生型，秆每节2分枝。（   ）
28. 竹类植物茎干无形成层，无维管束，因而没有年轮。（   ）
29. 芸香科、桃金娘科植物叶片有透明油点。（   ）
30. 橡胶树属于大戟科植物。（   ）

四、简答题

1. 被子植物有哪些重要特征？
2. 双子叶植物和单子叶植物有哪些主要区别？
3. 学会观察区别被子植物的主要特征：冬态、单复叶、叶序、托叶、花序、花被、果实等。
4. 举例说明你所在地区有哪些重要的被子植物科。
5. 举例说明你所在地区被子植物重要种类的用途，如用材、绿化观赏、水果、花卉、药材等。
6. 选择1~3种被子植物，试描述其枝、叶、花、果的形态特征。
7. 选择20种被子植物，试编制一个检索表。

参 考 文 献

北京林学院，1981. 植物生理学[M]. 北京：中国林业出版社.
曹慧娟，等. 1992. 植物学[M]. 北京：中国林业出版社.
陈家宽，杨继，1994. 植物进化生物学[M]. 武汉：武汉大学出版社.
陈灵芝，1993. 中国的生物多样性——现状及保护对策[M]. 北京：科学出版社.
陈汝民，1995. 现代植物科学引论[M]. 广州：广东高等教育出版社.
陈之瑞，冯曼，1998. 植物系统学进展[M]. 北京：科学出版社.
陈忠辉，2001. 植物与植物生理[M]. 北京：中国农业出版社.
崔玲华，2004. 植物学基础[M]. 北京：中国林业出版社.
方炎明，2006. 植物学[M]. 北京：中国林业出版社.
傅立国，陈潭清，等，1999. 中国高等植物：第3卷[M]. 青岛：青岛出版社.
金鉴明，1992. 中国植物红皮书：第1册[M]. 北京：科学出版社.
何国生，2002. 森林植物[M]. 北京：高等教育出版社.
何国生，2006. 森林植物[M]. 北京：中国林业出版社.
金根银，2006. 植物学[M]. 北京：科学出版社.
李合生，2002. 现代植物生理学[M]. 北京：高等教育出版社.
李星学，周志炎，郭双兴，1981. 植物界的发展和演化[M]. 北京：科学出版社.
李扬汉，1984. 植物学[M]. 上海：上海科学技术出版社.
陆时万，等，1991. 植物学：上册[M]. 北京：高等教育出版社.
路安明，诺·达格瑞，1984. 被子植物分类系统介绍和评注[J]. 植物分类学报，22(6)：497-508.
潘瑞炽，2012. 植物生理学[M]. 7版. 北京：高等教育出版社.
强胜，2006. 植物学[M]. 北京：高等教育出版社.
王沙生，高荣孚，吴贯明，等，1991. 植物生理学[M]. 2版. 北京：中国林业出版社.
王忠，2000. 植物生理学[M]. 北京：中国农业出版社.
吴征镒，1980. 中国植被[M]. 北京：科学出版社.
徐汉卿，等，1995. 植物学[M]. 北京：中国农业出版社.
许鸿川，2006. 植物学[M]. 北京：中国林业出版社.
杨世杰，等，2000. 植物生物学[M]. 北京：科学出版社.
张景钺，梁家骥，1965. 植物系统学[M]. 北京：人民教育出版社.
张宪政，陈凤玉，1996. 植物生理学[M]. 长春：吉林科学技术出版社.
张新中，章玉平，2009. 植物生理学[M]. 北京：化学工业出版社.
张运山，钱拴提，2008. 林木种苗生产技术[M]. 北京：中国林业出版社.
郑湘如，王丽，2001. 植物学[M]. 北京：中国农业大学出版社.

参考文献

《植物生理学》编写组，1999. 植物生理学[M]. 北京：中国林业出版社.

中国科学院植物研究所，1972—1976. 中国高等植物图鉴：第1~5册[M]. 北京：科学出版社.

中国科学院植物研究所，1978. 中国高等植物科属检索表[M]. 北京：科学出版社.

中国科学院植物研究所，1980—1982. 中国高等植物图鉴：补编第1~2册[M]. 北京：科学出版社.

中国科学院中国植物志编辑委员会，1959—2001. 中国植物志[M]. 北京：科学出版社.

中国树木志编委会，1981—1998. 中国树木志：第1~3册[M]. 北京：中国林业出版社.

邹良栋，吕冬霞，2010. 植物生长与环境[M]. 北京：高等教育出版社.

中文名索引

（按拼音字母顺序排列）

A

阿丁枫 356
阿丁枫科 252
阿丁枫属 356
阿穆尔椴 412
阿月浑子 472
艾蒿 508
艾力木冬 483
安石榴 444
安息香科 344
桉 441
桉属 439
凹叶厚朴 294
澳洲红豆杉属 288
澳洲金合欢 325

B

八角 300
八角枫科 443
八角枫属 443
八角茴香 300
八角科 299
八角属 300
八月瓜属 252
巴西橡胶 426
霸王 422
霸王属 422
白刺 421
白刺花 336
白刺属 421
白杜 447
白骨松 270
白果树 257
白果松 270
白花泡桐 502
白花前胡 506
白花羊蹄甲 329

白花梓树 495
白桦 371
白锦条 443
白克木 358
白蜡槭 478
白蜡树 481
白蜡树属 481
白兰 296
白兰花 296
白榄 460
白梨 314
白栎 388
白毛椴 413
白眉竹 526
白牛槭 478
白皮松 270
白杆 265
白松 260
白藤 522
白头翁 505
白头翁属 504
白榆 398
白玉兰 293
百合 538
百合科 538
百合属 538
百华花楸 312
柏科 277
柏木 278
柏木属 278
斑竹 531
板栗 375
报岁兰 542
暴马丁香 488
暴马子 486
北美鹅掌楸 298
北美圆柏 280
北五味子 299

北枳椇 450
被子植物亚门 247
崩松 287
鼻涕楠 305
笔管榕 405
避火蕉 256
扁柏 279
扁柏属 279
槟榔 520
槟榔属 520
波罗蜜 404
薄壳山核桃 393
薄叶青冈 384
薄叶润楠 305
簸箕柳 368
不知春 338

C

菜豆树 495
菜豆树属 495
参薯 540
糙皮桦 372
草兰 542
侧柏 278
侧柏属 278
箣竹属 525
梣 481
梣叶槭 478
梣属 481
茶 429
茶杆竹 534
茶杆竹属 533
茶花 430
茶条 477
茶条槭 477
茶叶树 429
檫木 307
檫木属 307

檫树 307	串果藤属 252	大叶白蜡树 482
柴栎 386	垂柳 337	大叶榉 482
长白落叶松 266	垂丝柏 278	大叶冬青 446
长苞铁杉 262	垂叶榕 407	大叶椴 412
长柄山毛榉 374	垂枝云杉 264	大叶合欢 324
长耳箬竹 534	春剑 542	大叶黄杨 447
长毛八角枫 443	春兰 542	大叶榉 400
长毛松 272	春榆 398	大叶栎 388
长叶泡桐 502	椿树 460	大叶楠 305
朝鲜槐 335	唇形科 507	大叶乌竹 528
车梁子 346	慈竹 528	大叶樟 302
沉水樟 304	慈竹属 528	丹参 507
柽柳 410	刺柏 281	担子菌纲 240
柽柳科 409	刺柏属 281	单维管束亚属 268
柽柳属 410	刺槐 337	单竹 527
撑篙竹 526	刺槐属 337	单竹属 527
橙 458	刺栲 380	单子叶植物纲 514
池柏 276	刺葵属 518	胆八树 415
池杉 276	刺楸 351	淡竹 530
赤桉 440	刺楸属 350	倒垂槐 326
赤皮青冈 384	刺梣椤 245	德国槐 337
赤杨 373	刺五加 352	灯架树 490
赤杨叶 344	刺叶桑 403	灯笼花 468
赤杨叶属 344	刺榛 391	灯笼树 468
翅果油树 449	丛生鱼尾葵 521	灯台树 346
翅荚香槐 334	粗皮细叶桉 441	灯台树属 346
翅子树 418	粗枝木麻黄 397	地锦 452
翅子树属 418		地锦属 452
稠李 321	**D**	地钱属 242
稠李属 321	达子香 437	滇楸 494
臭椿 460	大佛肚竹 527	吊皮栲 378
臭椿属 459	大果马蹄荷 358	钓鱼慈 528
臭冷杉 260	大果泡桐 502	蝶形花科 331
臭松 260	大果山楂 310	丁香属 485
臭檀 455	大果榆 399	东北红豆杉 285
臭檀吴萸 455	大红花 420	东北槭 478
臭梧桐 364	大花蕙兰 544	东京龙脑香 435
樗 460	大花栀子 492	东京樱花 320
杵桦 371	大茴香 300	东南石栎 382
楮树 403	大戟科 422	冬青 445
川楝 465	大戟属 424	冬青科 445
川泡桐 503	大青杨 365	冬青卫矛 447
川桐 503	大王椰子 519	冬青属 445
穿龙薯蓣 540	大叶桉 441	董棕 521

豆梨　315
独行菜　506
独行菜属　505
杜鹃花　437
杜鹃花科　436
杜鹃花属　436
杜梨　314
杜松　281
杜英　415
杜英科　414
杜英属　415
杜仲　408
杜仲科　407
杜仲属　408
短柄枹树　389
短柄青冈　385
短穗鱼尾葵　521
短叶罗汉松　283
短叶松　270
短枝木麻黄　397
椴兵子　412
椴树科　411
椴树属　412
多齿红山茶　431
多枝怪柳　411

E

峨嵋含笑　298
鹅耳枥　390
鹅耳枥属　390
鹅掌柴　351
鹅掌柴属　351
鹅掌楸　298
鹅掌楸属　298
二球悬铃木　359

F

法国梧桐　359
翻白叶树　418
方竹　532
芳樟　302
非洲楝　464
非洲楝属　463
非洲桃花心木　464

肥皂荚　330
肥皂荚属　330
榧树　285
榧树属　285
榧子木　284
粉背黄栌　471
粉单竹　527
粉椴　413
粉桦　371
粉绿竹　530
粉叶椴　417
枫香　356
枫香属　355
枫杨　396
枫杨属　396
凤凰木　331
凤凰木属　331
凤凰竹　525
凤尾蕉　256
凤尾松　256
芙蓉花　420
扶桑　420
枹栎　389
枹树　389
福建柏　288
福建柏属　279
福建青冈　384
福建山樱花　321
复盆子　322
复叶槭　478
复羽叶栾树　468

G

干香柏　278
柑橘　457
柑橘属　457
橄榄　460
橄榄科　460
橄榄属　460
刚桧　281
刚竹　530
刚竹属　529
高粱泡　322
高山栲　380

高山榕　406
鸽子树　349
格木　331
格木属　330
格氏栲　378
葛藤　343
葛藤属　343
公孙树　257
珙桐　349
珙桐属　348
钩栲　379
钩栗　379
钩锥　379
狗脊　245
狗脊蕨　245
狗尾草　536
狗尾草属　536
枸橘　457
枸橘属　456
枸杞属　500
构树　403
构属　403
谷树　403
瓜木　443
拐棍竹　532
拐枣　450
关东槭　478
观音杉　284
观音竹　526
贯众　245
光蜡树　482
光皮桦　372
光桐　423
光叶珙桐　350
桄榔　522
广柑　458
广宁竹　526
广玉兰　294
贵州杉　262
桂花　484
桂木属　404
桂香柳　448
桂圆　467
桂竹　531

国槐 336
果松 269

H

海红豆 326
海红豆属 326
海葫芦根 410
海南石梓 497
海松 269
海棠果 316
海芋 539
海芋属 539
海枣 518
含笑 297
含笑花 297
含笑属 295
含羞草科 322
寒莓 322
寒竹属 532
旱莲木 349
旱柳 367
蒿属 508
禾本科 523
禾亚科 535
合欢 324
合欢属 323
合掌木 358
河柏 411
河南泡桐 502
荷花玉兰 294
荷木 432
荷树 432
核桃 394
核桃楸 395
核桃属 394
黑弹树 401
黑根霉属 240
黑桦 372
黑荆树 325
黑壳楠 308
黑榄 461
黑棕子 346
黑松 271
黑杨 365

黑榆 398
黑竹 530
红椿 462
红淡竹 530
红豆杉 284
红豆杉科 284
红豆杉属 284
红豆树 333
红豆树属 332
红杜梨 315
红钩栲 394
红果树 308
红花夹竹桃 489
红花木莲 292
红花天料木 408
红花羊蹄甲 328
红花油茶 430
红桦 371
红荆条 410
红栲 380
红楝子 462
红柳 410
红棉 419
红楠 304
红皮臭 264
红皮松 270
红皮云杉 264
红瑞木 346
红润楠 304
红砂 410
红砂属 410
红松 269
红心楠 308
红叶 471
红锥 380
猴板栗 480
猴欢喜 416
猴欢喜属 415
猴樟 304
篌竹 531
厚朴 294
胡桃 394
胡桃科 391
胡桃楸 395

胡桐 366
胡颓子科 448
胡颓子属 448
胡杨 366
葫芦藓 242
槲栎 388
槲树 388
蝴蝶兰 544
虎尾松 264
花棒 341
花柴 341
花盖梨 313
花红 316
花椒 454
花椒属 454
花梨木 338
花桐木 333
花旗蜜橘 458
花楸 312
花楸属 312
花曲柳 482
花桃 317
花竹 531
华北落叶松 266
华北珍珠梅 310
华北紫丁香 486
华东泡桐 503
华东润楠 305
华椴 413
华桔竹 532
华椴 413
华山松 269
华盛顿脐橙 458
华盛顿棕 516
华榛 391
化香 394
化香树 394
化香属 394
画眉草属 535
桦木科 370
桦木属 370
怀槐 335
淮山 540
槐树 336

中文名索引

槐属 335
黄柏 456
黄波罗 456
黄檗 456
黄檗属 456
黄楮 384
黄刺玫 321
黄独 540
黄葛树 405
黄狗头 244
黄果树 405
黄花蒿 508
黄花夹竹桃 490
黄花落叶松 266
黄花楸 494
黄金间碧玉竹 527
黄金树 495
黄荆 498
黄荆属 497
黄桦 392
黄兰 296
黄兰花 296
黄连木 471
黄连木属 471
黄梁木 491
黄梁木属 491
黄栌 471
黄栌属 471
黄缅桂 296
黄杞 392
黄杞属 392
黄山栾树 469
黄山松 271
黄杉 261
黄杉属 261
黄檀 338
黄檀属 338
黄心夜合 297
黄榆 399
黄樟 302
黄栀子 492
灰木科 345
灰楸 494
灰杨柳 439

茴茴蒜 504
桧柏 280
桧柏 280
蕙兰 542
火炬松 272
火力楠 297

J

鸡骨常山属 490
鸡毛松 282
鸡树条荚蒾 353
鸡树条子 353
鸡藤 522
鸡爪枫 477
鸡爪梨 450
鸡爪槭 477
鸡爪树 450
棘皮桦 372
蒺藜科 421
加德利亚兰 544
加拿大杨 363
加杨 363
夹竹桃 489
夹竹桃科 489
夹竹桃属 489
家槐 336
家榆 398
荚蒾属 353
假槟榔 520
假槟榔属 520
假桄榔 521
假花板 262
尖叶四照花 348
坚桦 371
建柏 280
建兰 541
建始槭 478
箭杆杨 365
箭竹 532
箭竹属 532
江南桤木 373
江南油杉 258
浆果楝 413
降香黄檀 338

降香檀 338
接骨木 353
接骨木属 352
接合菌纲 240
金钩子 450
金合欢属 325
金花茶 430
金橘 458
金橘属 458
金缕梅科 355
金毛狗 244
金毛狗脊 244
金钱松 267
金钱松属 267
金山葵 522
金丝楸 494
金松 267
金腰带 487
金银花 354
金银木 354
金银忍冬 354
金樱子 321
金枣 458
金钟花 487
金钟花属 486
筋头竹 517
锦鸡儿属 340
锦葵科 419
荆条 498
九里香 345
救必应 445
菊科 508
橘子 457
榉树 400
榉属 400
卷丹 538
蕨 244
蕨菜 244
蕨类植物门 242
蕨铁科 256
君迁子 453

K

卡特兰 544

— 557 —

咖啡树 490	冷杉 260	柳属 366
咖啡属 492	冷杉属 259	龙柏 280
楷木 471	梨亚科 309	龙脑香科 434
糠椴 412	梨属 313	龙脑香属 435
栲树 380	藜科 500	龙眼 467
栲属 376	鱀蕄栲 377	龙眼属 467
柯 382	李 319	龙爪槐 336
柯属 381	李亚科 309	窿缘桉 441
壳菜果 357	李属 319	鹿角蕨 246
壳菜果属 357	里白 244	鹿角栲 378
壳斗科 374	荔枝 466	鹿梨 315
可可 417	荔枝属 466	绿竹 527
可可属 417	栎属 386	绿竹属 527
孔雀豆 326	栗属 375	栾树 468
苦丁茶 446	连翘 487	栾树属 468
苦枥木 482	连翘属 486	罗汉杉 282
苦楝 464	连香树 301	罗汉松 282
苦木科 459	连香树科 300	罗汉松科 282
苦槠 377	连香树属 301	罗汉松属 282
苦竹 533	楝 464	椤木 311
苦竹属 533	楝科 462	椤木石楠 311
苦锥 377	楝树 644	裸子植物 255
苦梓 497	楝叶吴茱萸 455	裸子植物亚门 246
宽苞水柏枝 411	楝属 464	骆驼刺 342
阔荚合欢 324	凉子木 346	骆驼刺属 342
阔叶箬竹 534	亮叶桦 372	落叶松 266
	亮叶山毛榉 374	落叶松属 265
L	亮叶水青冈 374	落羽杉 276
拉氏栲 378	辽东冷杉 260	落羽杉属 275
蜡条 481	辽东栎 388	落羽松 276
蜡子树 425,484	辽东桤木 373	
楝木属 346	辽东柞 388	**M**
兰考泡桐 502	辽椴 412	麻黄科 286
兰科 541	辽杨 364	麻黄属 286
兰属 541	簝叶竹 534	麻栎 386
蓝桉 439	蓼科 498	麻栗 496
蓝果树 349	林檎 316	麻楝 464
蓝果树科 348	柃木属 433	麻楝属 464
蓝果树属 349	铃铛刺 340	麻竹 528
狼牙刺 326	流苏树 485	马鞍树 335
榔榆 399	流苏树属 485	马鞍树属 335
乐昌含笑 298	柳安属 435	马鞭草科 496
乐东拟单性木兰 295	柳杉 274	马褂木 298
箭竹属 525	柳杉属 274	马六甲合欢 324

马蹄荷　358
马蹄荷属　358
马蹄针　336
马尾松　271
马缨花　324
麦撑伞　435
麦吊云杉　264
满条红　328
芒　536
芒萁　244
芒萁骨　244
芒属　535
杧果　470
杧果属　470
莽草　300
猫儿屎属　252
毛八角枫　443
毛白杨　362
毛茛　504
毛茛科　504
毛茛属　504
毛果青冈　384
毛黄栌　471
毛金竹　531
毛栲　379
毛梾　346
毛栗　380
毛糯米椴　413
毛泡桐　502
毛榆　399
毛榛　391
毛榛子　391
毛楮　379
毛竹　529
玫瑰　321
梅　318
梅花衣属　241
美国楸树　495
美国山核桃　393
美丽红豆杉　284
美丽针葵　518
美洲红木　463
蒙古锦鸡儿　340
蒙古栎　387

蒙栎　387
蒙桑　403
猕猴桃　434
猕猴桃科　433
猕猴桃属　434
米老排　357
米心水青冈　375
米槠　377
密叶杉属　288
绵柯　382
面条树　490
闽楠　306
魔芋　539
茉莉　487
茉莉花　487
墨兰　542
母生　408
牡丹属　253
牡荆　498
牡荆属　497
牡竹属　528
木笔　293
木波罗　404
木波罗属　404
木芙蓉　420
木荷　432
木荷属　432
木患树　467
木荚红豆　333
木姜子　307
木姜子属　307
木槿　420
木槿属　420
木蜡树　473
木兰　293
木兰科　291
木兰属　293
木莲　292
木莲属　291
木麻黄　286，397
木麻黄科　396
木麻黄属　397
木棉　419
木棉科　418

木棉属　419
木通属　252
木樨　484
木樨科　480
木樨榄　485
木樨榄属　484
木樨属　483
木油树　423
木油桐　423
木贼纲　243
木贼麻黄　286

N

南方红豆杉　284
南方泡桐　503
南方铁杉　262
南京白杨　363
南岭黄檀　338，339
南岭栲　379
南酸枣　472
南酸枣属　472
南洋楹　324
南迎春　488
南枳椇　450
南竹　529
南烛　438
楠木　306
楠木属　305
尼泊尔桤木　373
拟赤杨　344
拟赤杨属　344
拟单性木兰属　295
黏楠　305
鸟巢蕨　246
宁夏枸杞　501
柠檬桉　439
柠条　340
牛奶橘　458
牛尾木　495
女贞　484
女贞属　484
糯米椴　413

O

欧美杨　363

P

爬山虎 452
爬山虎属 452
攀枝花 419
盘槐 336
蟠槐 336
刨花润楠 305
泡果沙拐枣 499
泡泡刺 421
泡桐 502
泡桐属 501
盆架树 490
披针叶八角 300
枇杷 312
枇杷属 312
平基槭 476
平榛 391
苹果 316
苹果属 315
菩提树 407
葡萄 451
葡萄科 451
葡萄属 451
蒲公英 509
蒲公英属 508
蒲葵 516
蒲葵属 516
蒲桃 442
蒲桃属 442
朴树 400
朴属 400
普洱茶 430

Q

七叶树 480
七叶树科 479
七叶树属 479
桤木 373
桤木属 372
漆树 473
漆树科 470
漆树属 473
槭树科 474

槭树属 475
槭属 475
齐墩果 485
齐墩果属 484
杞柳 368
荠菜 505
荠属 505
千层桦 372
千年桐 423
铅笔柏 280
前胡 506
前胡属 506
茜草科 490
蔷薇科 309
蔷薇亚科 309
蔷薇属 321
茄科 500
窃衣 506
窃衣属 506
秦椒 454
青冈 383
青冈栎 383
青冈栎属 383
青篱竹 534
青蛤蟆 476
青钩栲 378
青果 460
青蒿 508
青栲 384
青梅 436
青梅属 436
青霉属 240
青皮 436
青皮竹 526
青皮属 436
青杆 264
青松 269, 271
青檀 401
青檀属 401
青桐 417
青杨 363
青榨槭 476
青棕 521
擎天树 436

秋枫 426
秋子梨 313
楸 494
楸树 494
楸叶泡桐 502
楸子 316
全缘叶栾树 469
缺萼枫香 356

R

忍冬 354
忍冬科 352
忍冬属 354
日本扁柏 279
日本黑松 271
日本花柏 279
日本冷杉 261
日本柳杉 274
日本落叶松 266
日本桤木 373
日本珊瑚树 354
日本薯蓣 540
日本樱花 320
绒花树 324
榕树 405
榕属 404
肉桂 302
乳源木莲 292
软木栎 386
软叶刺葵 518
软枣 453
瑞木 346
润楠属 304
箬叶竹 534
箬竹属 534

S

塞楝 464
三春柳 410
三花子 341
三尖杉 283
三尖杉科 283
三尖杉属 283
三角枫 476

中文名索引

三角槭 476	山合欢 324	石斛属 543
三棱栎属 252	山核桃 393, 395	石栎 382
三年桐 423	山核桃属 393	石栎属 381
三球悬铃木 359	山红罗 408	石栗 424
三桠乌药 308	山胡椒 308	石栗属 424
三药槟榔 522	山胡椒属 308	石榴 444
三叶橡胶 426	山槐 324	石榴科 444
伞柄竹 533	山鸡椒 307	石榴属 444
伞形科 506	山荆 344	石楠 312
散尾葵 522	山荆子 316	石楠属 311
桑科 402	山兰 541	石蕊属 241
桑树 403	山里红 310	石松纲 243
桑属 402	山龙眼科 409	石韦 246
色木槭 475	山麦冬 538	石梓 497
沙白竹 534	山麦冬属 538	石梓属 497
沙冬青 337	山毛榉 398	柿(树)科 452
沙冬青属 336	山莓 332	柿(树)属 452
沙拐枣 499	山榕 405	柿 453
沙拐枣属 499	山桃 317	柿树 453
沙果 316	山乌桕 425	鼠李科 449
沙棘 448	山杨 362	鼠尾草属 507
沙棘属 448	山药 540	薯蓣 540
沙梨 314	山樱花 320	薯蓣科 540
沙朴 400	山皂荚 329	薯蓣属 540
沙树 273	山楂 310	树波罗 404
沙枣 448	山楂属 310	树锦鸡儿 340
砂梨 314	山茱萸 347	树蕨 245
莎草科 537	山茱萸科 345	栓皮栎 386
莎草属 537	山茱萸属 347	双维管束亚属 268
山白杨 363	杉科 273	双子叶植物纲 291
山苍子 307	杉木 273	水柏枝属 411
山茶 430	杉木属 273	水柽柳 411
山茶花 430	杉松 260	水冬瓜 373
山茶科 428	珊瑚树 353	水蜡树属 484
山茶属 428	扇叶葵 516	水梨子 349
山定子 316	少叶黄杞 392	水蒲桃 442
山杜英 415	深山含笑 298	水青冈 374
山矾 345	圣诞树 424	水青冈属 374
山矾科 345	省藤属 522	水曲柳 482
山矾属 345	湿地松 272	水杉 276
山槭树 283	十字花科 505	水杉属 276
山芙蓉 420	石楮 384	水松 275
山枸杞 501	石耳属 241	水松属 275
山桂花 345	石斛 543	水桐 494

水桐木　503
水榆　312
水榆花楸　312
硕桦　372
丝葵　516
丝葵属　516
丝栗　380
丝栗栲　380
丝棉木　447
丝棉树　408
丝棕　516
四方竹　532
四季兰　541
四照花　348
四照花属　347
松柏　271
松科　257
松萝属　241
松梧　258
松属　268
苏木科　327
苏铁　256
苏铁科　255
苏铁属　256
素馨属　487
酸梨　313
酸胖　421
酸枣　450，472
碎米莎草　537
桫椤　245
梭梭　500
梭梭柴　500
梭梭属　500
琐琐树属　500

T

塔杉　260
踏郎　341
踏落岩黄蓍　341
台桧　281
台湾泡桐　503
台湾杉　274
台湾杉属　274
台湾松　271

台湾相思　325
苔纲　242
苔藓植物门　242
薹草属　409
太德松　272
檀树　338
棠梨　314
糖胶树　490
糖槭　478
糖楸　494
桃　317
桃花心木　463
桃花心木属　463
桃金娘科　438
桃属　317
天料木科　408
天料木属　408
天麻　543
天南星科　539
天南星属　539
天女木兰　294
天山梣　481，483
天师栗　480
甜橙　458
甜槠　379
甜槠栲　379
甜竹　528
铁冬青　445
铁坚杉　258
铁坚油杉　258
铁芒萁　244
铁杉　262
铁杉属　262
铁树　256
铁油杉　262
秃杉　274
团花　491
团花属　491

W

宛田红花油茶　431
万字果　450
王棕　519
王棕属　519

网衣属　241
望天树　435
望天树属　435
卫矛科　447
卫矛属　447
尾叶桉　441
文旦　457
文官果　469
文冠果　469
文冠果属　469
文字衣属　241
乌饭　438
乌桕　425
乌桕属　425
乌拉草　537
乌榄　461
乌苏里杨　365
无花果　406
无患子　467
无患子科　466
无患子属　467
吴茱萸　455
吴茱萸属　455
梧桐　417
梧桐科　416
梧桐属　417
五倍子树　472
五加科　350
五加皮　352
五加属　352
五角枫　475
五角槭　475
五节芒　536
五君树　301
五味子　299
五味子科　299
五味子属　299
五眼果　472

X

西伯利亚冷杉　260
西南桦　372
西南栾树　468
喜马拉雅雪松　268

喜树 349	小橡树 389	盐木 500
喜树属 348	小叶锦鸡儿 340	盐木属 500
细柄阿丁枫 357	小叶栎 386	羊屎树 415
细柄蕈树 357	小叶泡桐 503	羊蹄甲 328
细齿柃 433	小叶朴 401	羊蹄甲属 328
细菌门 239	小叶杨 363	杨柳科 360
细皮栎 388	小叶榆 399	杨梅 370
细叶桉 440	小叶槠 377	杨梅科 369
细叶青冈 384	孝顺竹 525	杨梅属 370
细叶榕 405	辛夷 293	杨属 360
细叶云杉 264	新疆冷杉 260	洋槐 337
细枝黄耆 341	新疆小叶白蜡 483	洋玉兰 294
细枝木麻黄 397	新疆杨 362	洋紫荆 329
蚬木 414	兴安杜鹃 437	椰子 519
蚬木属 414	兴安落叶松 266	椰子属 519
藓纲 242	杏 318	野茶树 430
相思柳 325	杏属 318	野茉莉科 344
相思树 325	绣线菊亚科 309	野木瓜属 252
香椿 462	玄参科 501	野漆树 473
香椿属 462	悬钩子属 321	野柿 453
香榧 285	悬铃木 359	野迎春 488
香附 537	悬铃木科 359	一把伞天南星 539
香桂 303	悬铃木属 359	一串红 507
香果树 491	雪松 268	一品红 424
香果树属 491	雪松属 268	一球悬铃木 360
香槐 334	蕈树 356	伊拉克蜜枣 518
香槐属 333	蕈树属 356	异叶天南星 539
香叶树 308		异叶杨 366
香油果 308	**Y**	益母草 507
香樟 302		益母草属 507
湘椴 413	丫角槭 478	意气松 266
响叶杨 362	鸭脚木 490	阴香 304
橡胶树 426	鸭脚树属 490	阴杨 364
橡胶树属 426	鸭母树 351	茵陈蒿 508
橡皮树 406	鸭掌树 257	银白杨 361
橡树 386	牙疙瘩 438	银桦 409
小核桃 393	崖桑 403	银桦属 409
小红栲 377	雅楠 306	银柳 448
小花木兰 294	烟斗柯 381	银木荷 432
小黄花 487	烟斗石栎 381	银杏 257
小蜡 484	岩黄耆属 341	银杏科 256
小粒咖啡 492	盐豆木 340	银杏属 257
小窃衣 506	盐豆木属 340	印度榕 406
小青杨 364	盐肤木 472	应春花 293
	盐肤木属 472	

— 563 —

英雄树 419
璎珞柏 278
樱桃 320
樱属 219
迎春花 487
盈江龙脑香 435
映山红 437
硬斗石栎 382
油茶 429
油橄榄 485
油杉 258
油杉属 258
油松 270
油桐 423
油桐属 423
油椰子 518
油竹 526, 531
油棕 518
油棕属 518
柚 457
柚木 496
柚木属 496
鱼鳞松 263
鱼鳞云杉 263
鱼尾葵 521
鱼尾葵属 521
榆科 397
榆树 398
榆属 398
玉桂 302
玉兰 293
元宝枫 476
元宝槭 476
圆柏 280
圆柏属 280
月季 321
岳桦 372
越橘 438
越橘科 437
越橘属 438
云南黄素馨 488
云南龙脑香 435
云南山茶 431
云南山茶花 431

云南松 272
云南樱花 321
云南油杉 259
云南樟 304
云山青冈 385
云杉属 263
芸香科 454

Z

枣 450
枣皮 347
枣树 450
枣椰子 518
枣属 449
皂荚 329
皂荚属 329
皂角 329
皂柳 367
泽米铁科 256
炸皮杨 362
窄叶四照花 348
獐子松 270
樟科 301
樟树 302
樟属 302
樟子松 270
照山白 437
浙江红花油茶 430
浙江油杉 258
珍珠梅 310
珍珠梅属 310
真蕨纲 243
真菌门 240
桢楠 306
榛 391
榛科 390
榛属 390
正木 447
栀子 492
栀子花 492
栀子属 492
脂树 496
纸皮桦 371
枳 457

枳椇 450
枳椇属 450
枳壳 457
枳属 457
中华猕猴桃 434
中华槭 478
中宁枸杞 501
种子植物门 246
重阳木 427
重阳木属 426
皱果薹草 537
皱桐 423
皱叶狗尾草 536
朱槿 420
竹柏 283
竹亚科 523
烛果树 424
锥栗 375
锥属 376
子囊菌纲 240
籽槭 412
梓 494
梓树 494
梓桐 494
梓叶槭 476
梓属 494
紫弹朴 401
紫弹树 401
紫丁白 486
紫丁香 486
紫椴 412
紫花槐 341
紫花泡桐 502
紫金楠 306
紫荆 328
紫荆花 328
紫荆属 328
紫楠 306
紫杉 285
紫树 349
紫穗槐 341
紫穗槐属 340
紫檀 339
紫檀属 339

紫藤　343	紫竹　530	棕竹　517
紫藤属　342	棕　517	棕竹属　517
紫菀　508	棕榈　517	钻天杨　365
紫菀属　508	棕榈科　515	醉香含笑　297
紫葳科　493	棕榈属　517	柞栎　388
紫羊蹄甲　328	棕树　517	柞树　387
紫玉兰　293		

学名索引
（按字母顺序排列）

A

Abies　259
Abies fabri　260
Abies firma　261
Abies holophylla　260
Abies nephrolepis　260
Abies sibirica　260
Acacia　325
Acacia confusa　325
Acacia mearnsii　325
Acanthopanax　352
Acanthopanax senticosus　352
Acer　475
Acer burgerianum　476
Acer catalpifolium　476
Acer davidii　476
Acer ginnala　477
Acer henryi　478
Acer mandshuricum　478
Acer mono　475
Acer negundo　478
Acer palmatum　477
Acer sinense　478
Acer truncatum　476
Aceraceae　474
Actinidia　434
Actinidia chinensis　434
Actinidiaceae　433
Adenanthera pavonina　326
Adenanthera　326
Aesculus chinensis　480
Aesculus wilsonii　480
Aesculus　479
Ailanthus altissima　460
Ailanthus　459
Akebia　252
Alangiaceae　443

Alangium　443
Alangium kurzii　443
Alangium platanifolium　443
Albizia　323
Albizia falcata　324
Albizia julibrissin　324
Albizia kalkora　324
Albizia lebbeck　324
Aleurites　424
Aleurites moluccana　424
Alhagi　342
Alhagi pseudoalhagi　342
Alniphyllum fortunei　344
Alniphyllum　344
Alnus　372
Alnus crenastogyne　373
Alnus japonica　373
Alnus nepalensis　373
Alnus sibirica　373
Alnus trabeculosa　373
Alocasia　539
Alocasia macrorrhizos　539
Alstonia　490
Alsophila spinulosa　245
Alstonia calophylla　490
Alstonia scholaris　490
Altingia　356
Altingia chinensis　356
Altingia gracilipes　357
Altingiaceae　252
Ammopiptanthus mongolicus　337
Ammopiptanthus　336
Amorpha　340
Amorpha fruticosa　341
Amorphophyllus rivieri　539
Amygdalus davidiana　317
Amygdalus persica　317
Amygdalus　317
Anacardiaceae　470

Angiospermae　247
Anthocephalus chinensis　491
Anthocephalus　491
Apocynacease　489
Aquifoliaceae　445
Araceae　539
Araliaceae　350
Archontophoenix alexandrae　520
Archontophoenix　520
Areca　520
Areca catechu　520
Areca triandra　522
Arecaceae　515
Arecastrum romanzofianum　522
Arenga pinnata　522
Arisaema　539
Arisaema erubescens　539
Arisaema heterophylla　539
Armeniaca　318
Armeniaca mume　318
Armeniaca vulgaris　318
Artemisia　508
Artemisia annua　508
Artemisia apiacea　508
Artemisia argyi　508
Artemisia capillaris　508
Artocarpus　404
Artocarpus heterophyllus　404
Ascomycetes　240
Aster　508
Aster tataricus　508
Athrotaxis　288
Austrotaxus　288

B

Bacteriophyta　239
Bambusa multiplex　525
Bambusa pervariabilis　526

学名索引

Bambusa textilis 526
Bambusa vulgaris 'Striata' 527
Bambusa vulgaris 'Waminii' 527
Bambusa 525
Bambusoideae 523
Basidiomycetes 240
Bauhinia 328
Bauhinia acuminata 329
Bauhinia blakeana 328
Bauhinia purpurea 328
Bauhinia variegata 329
Betula 370
Betula albo-sinensis 371
Betula alnoides 372
Betula chinensis 371
Betula costata 372
Betula dahurica 372
Betula ermanii 372
Betula luminifera 372
Betula platyphylla 371
Betula utilis 372
Betulaceae 370
Bignoniaceae 493
Bischofia 426
Bischofia javanica 426
Bischofia polycarpa 427
Bombaceae 418
Bombax 419
Bombax malabaricum 419
Bothrocaryum 346
Bothrocaryum controversum 346
Brossonetia 403
Broussonetia papyrifera 403
Bryophyta 242
Burseraceae 460

C

Caesalpiniaceae 327
Calamus 522
Calamus tefradactylus 522
Calligonum 499
Calligonum junceum 499
Calligonum mongolicum 499
Camellia 428

Camellia assamica 430
Camellia chekiangoleosa 430
Camellia chrysantha 430
Camellia japonica 430
Camellia nitidissima 430
Camellia oleifera 429
Camellia polyodonta 431
Camellia reticulata 431
Camellia sinensis 429
Camptotheca 348
Camptotheca acuminata 349
Canarium 460
Canarium album 460
Canarium pimela 461
Caprifoliaceae 352
Capsella 505
Capsella bursa-pastoris 505
Caragana 340
Caragana arborescens 340
Caragana microphylla 340
Carex 537
Carex dispalata 537
Carex meyeriana 537
Carpinus 390
Carpinus turczaninowii 390
Carya 393
Carya cathayensis 393
Carya illinoensis 393
Caryota 521
Caryota mitis 521
Caryota ochlandra 521
Caryota urens 495
Castanea 375
Castanea henry 375
Castanea mollissima 375
Castanopsis 376
Castanopsis carlesii 377
Castanopsis delavayi 380
Castanopsis eyrei 379
Castanopsis fargesii 380
Castanopsis fissa 377
Castanopsis fordii 379
Castanopsis hystrix 380
Castanopsis kawakamii 378

Castanopsis lamontii 378
Castanopsis sclerophylla 377
Castanopsis tibetana 379
Casuarina 397
Casuarina cunninghamiana 397
Casuarina equisetifolia 397
Casuarina glauca 398
Casuarinaceae 396
Catalpa 494
Catalpa bungei 494
Catalpa fargesii f. *duclouxii* 494
Catalpa fargesii 494
Catalpa ovata 494
Catalpa speciosa 495
Cattleya×spp. 544
Cedrus 268
Cedrus deodara 268
Celastraceae 447
Celtis 400
Celtis biondii 401
Celtis bungeana 401
Celtis sinensis 400
Cephalotaxaceae 283
Cephalotaxus 283
Cephalotaxus fotunei 283
Cerasus 319
Cerasus campanulata 321
Cerasus cerasoides 321
Cerasus pseudocerasus 320
Cerasus serrulata 320
Cerasus yedoensis 320
Cercidiphyllaceae 300
Cercidiphyllum 301
Cercidiphyllum japonicum 301
Cercis 328
Cercis chinensis 328
Chamaecyparis 279
Chamaecyparis obtusa 279
Chamaecyparis pisifera 279
Chenopodiaceae 500
Chimonobambusa 532
Chimonobambusa quadrangularis 532
Chionanthus 485

Chionanthus retusus　485
Choerospndias　472
Choerospondias axillaris　472
Chrysalidocarpus lutescens　522
Chukrasia　464
Chukrasia tabularis　464
Cibotium barometz　244
Cinnamomum　302
Cinnamomum bodinieri　304
Cinnamomum burmanii　304
Cinnamomum camphora　302
Cinnamomum cassia　302
Cinnamomum glanduliferum　304
Cinnamomum micranthum　304
Cinnamomum parthenoxylum　302
Cinnamomum subavenium　303
Citrus　457
Citrus grandis　457
Citrus maxima　457
Citrus reticulata　457
Citrus sinensis var. *brasiliensis*　458
Citrus sinensis　458
Cladrastis　333
Cladrastis platycarpa　334
Cladrastis wilsonii　334
Cocos　519
Cocos nicifera　519
Coffea　492
Coffea arabica　492
Compositae　508
Cornaceae　345
Cornus　347
Cornus officinalis　347
Corylaceae　390
Corylus　391
Corylus chinensis　391
Corylus ferox　391
Corylus heterophylla　391
Corylus mandshurica　391
Cotinus　471
Cotinus coggygria var. *cinerea*　471
Cotinus coggygria var. *glaucophylla*　471

Cotinus coggygria var. *pubescens*　471
Crataegus　310
Crataegus pinnatifida var. *major*　310
Crataegus pinnatifida　310
Cruciferae　505
Cryptomeria　274
Cryptomeria fortunei　274
Cryptomeria japonica　274
Cunninghamia lanceolata　273
Cunninghamia　273
Cupressaceae　277
Cupressus　278
Cupressus duclouxiana　278
Cupressus funebris　278
Cycadaceae　255
Cycas　256
Cycas revoluta　256
Cyclobalanopsis chungii　384
Cyclobalanopsis gilva　384
Cyclobalanopsis glauca　383
Cyclobalanopsis myrsinaefoli　384
Cyclobalanopsis nubium　385
Cyclobalanopsis pachyloma　384
Cyclobalanopsis　252，383
Cymbidium　541
Cymbidium ensifolium　541
Cymbidium faberi　542
Cymbidium goeringii　542
Cymbidium sinense　542
Cymbidium var. *longibracteatum*　542
Cymbidium × ssp.　544
Cyperaceae　537
Cyperus iria　537
Cyperus rotundus　537
Cyperus　537
Cyrtomiun fortunei　245

D

Dalbergia　338
Dalbergia balansae　338
Dalbergia hupeana　338

Dalbergia odorifera　338
Davidia involucrata　349
Davidia involucrata var. *vilmoriniana*　350
Davidia　349
Decaisnea　252
Delonix　331
Delonix regia　331
Dendrobenthamia angustata　348
Dendrobenthamia japonica var. *chinensis*　348
Dendrobium　543
Dendrobium nobile　543
Dendrocalamopsis　527
Dendrocalamopsis oldhami　527
Dendrocalamus　528
Dendrocalamus latiflorus　528
Dendronbenthamia　347
Dicotyledeneae　291
Dicranopteris dichotomz　244
Dimocarpus　467
Dimocarpus longan　467
Dioscorea alata
Dioscorea　540
Dioscorea bulbifera
Dioscorea japonica
Dioscorea nipponica
Dioscorea opposita
Dioscoreaceae　540
Diospyros　452
Diospyros kaki　453
Diospyros kaki var. *sylvestris*　453
Diospyros lotus　453
Dipterocarpaceae　434
Dipterocarpus　435
Diterocarpus retusus　435

E

Ebenaceae　452
Elaeagnaceae　448
Elaeagnus　448
Elaeagnus angustifolia　448
Elaeagnus mollis　449
Elaeis　517

Elaeis guineensis 518
Elaeocarpaceae 414
Elaeocarpus 415
Elaeocarpus decipiens 415
Elaeocarpus sylvestris 415
Emmenopterys 491
Emmenopterys henryi 491
Engelhardia fenzelii 392
Engelhardia roxburghiana 392
Engelhardtia 392
Ephedra equisetina 286
Ephedra 286
Ephedraceae 286
Equisetinae 243
Eragrostis 535
Ericaceae 436
Eriobotrya 312
Eriobotrya japonica 312
Erythrophleum 330
Erythrophleum fordii 331
Eucalyptus 439
Eucalyptus camaldulensis 440
Eucalyptus citriodora 439
Eucalyptus exserta 441
Eucalyptus globulus 439
Eucalyptus robusta 441
Eucalyptus tereticornis 440
Eucalyptus urophylla 441
Eucommia ulmoides 408
Eucommia 408
Eucommiaceae 407
Eumycophyta 240
Euonymus 447
Euonymus japonicus 447
Euonymus maackii 447
Euphorbia 424
Euphorbia pulcherrima 424
Euphorbiaceae 422
Eurya 433
Eurya nitida 433
Evodia 455
Evodia daniellii 455
Evodia meliiaefolia 455
Evodia rutaecarpa 455

Exbucklandia 358
Exbucklandia populnea 358
Exbucklandia tonkinensis 358
Excentrodendron 414
Excentrodendron hsienmu 414

F

Fabaceae 331
Fagaceae 374
Fagus engleriana
Fagus longipetiolata 374
Fagus 374
Fagus lucida 374
Fargesia 532
Fargesia spathacea 532
Ficus 404
Ficus altissima 406
Ficus benjamina
Ficus carica 406
Ficus elastica 406
Ficus microcarpa 405
Ficus riligiosa 407
Ficus virens 405
Ficus virens var. *sublanceolata* 405
Ficus wightiana 405
Filicinae 243
Firmiana 417
Firmiana simplex 417
Fokienia 279
Fokienia hodginsii 280
Forsythiva 486
Forsythiva suspensq 487
Forsythiva viridissima
Fortunella 458
Fortunella margarita 458
Fraxinus chinensis 481
Fraxinus 481
Fraxinus griffithii 482
Fraxinus insularis 482
Fraxinus mandschurica 482
Fraxinus rhynchophylla 482
Fraxinus sogdiana 483
Funaria hygrometrica 242

G

Gardenia 492
Gardenia jasminoides 492
Gardenia jasminoides var. *grandiflora* 492
Gastrodia elata 543
Ginkgo 257
Ginkgo biloba 257
Ginkgoaceae 256
Gladonia 241
Gleditsia 329
Gleditsia melancantha 329
Gleditsia officinalis
Gleditsia sinensis 329
Glyptostrobus 275
Glyptostrobus pensilis 275
Gmelina 497
Gmelina chinensis 497
Gmelina hainanensis 497
Gramindeae 535
Gramineae 523
Graphis 241
Grevillea 409
Grevillea robusta 409
Gymnocladus 330
Gymnocladus chinensis 330
Gymnospermae 234, 246, 255
Gyrophora 241

H

Halimodendron 340
Halimodendron holodendron 340
Haloxylon 500
Haloxylon ammodendron 500
Hamamelidaceae 355
Hedysarum 341
Hedysarum laeve 341
Hedysarum scoparium 341
Hepaticae 242
Hevea 426
Hevea brasiliensis 426
Hibiscus 420
Hibiscus multibilis 420

Hibiscus rosa-sinensis 420
Hibiscus syriacus 420
Hicriopteris glauca 244
Hippocastanaceae 479
Hippophae 448
Hippophae rhamnoides 448
Holboellia 252
Hololaelma 410
Hololaelma soongoarica 410
Homalium 408
Homalium hainanense 408
Hovenia 450
Hovenia acerba 450
Hovenia dulcis 450

I

Ilex 445
Ilex chinensis 445
Ilex latifolia 446
Ilex purpurea 445
Ilex rotunda 445
Illiciaceae 299
Illicium 300
Illicium lanceolata 300
Illicium verum 300
Indocalamus 534
Indocalamus latifolius 534
Indocalamus longiauritus 534

J

Jasminum 487
Jasminum sambac 487
Jassminum mesneyi 488
Jassminum nudiflorum 487
Juglandaceae 391
Juglans 394
Juglans cathayensis 395
Juglans mandshurica 395
Juglans regia 394
Juniperus 281
Juniperus formosana 281
Juniperus rigida 281

K

Kalopanax 350

Kalopanax pictus 351
Kalopanax septemlobus 351
Keteleeria 258
Keteleeria cyclolepis 258
Keteleeria davidiana 258
Keteleeria evelyniana 259
Keteleeria fortunei 258
Khaya 463
Khaya senegalensis 464
Koelreuteria bipinnata 468
Koelreuteria bipinnata var. *integrifoliola* 469
Koelreuteria 468
Koelreuteria paniculata 468

L

Labiatae 507
Larix 265
Larix gmelini 266
Larix kaempferi 266
Larix olgensis 266
Larix principis-rupprechtii 266
Lauraceae 301
Lecidea 241
Leonurus 507
Leonurus japonicus 509
Lepidium 505
Lepidium apefalum 506
Ligustrum 484
Ligustrum leucanthum 484
Ligustrum lucidum 484
Ligustrum sinense 484
Liliaceae 538
Lilium 538
Lilium brownii var. *viridulum* 538
Lilium lancifolium 538
Lindera 307
Lindera communis 308
Lindera glauca 308
Lindera megaphylla 308
Lindera obtusiloba 308
Lingnania 527
Lingnania chungii 527
Liquidambar 252, 355

Liquidambar acalycina 356
Liquidambar formosana 356
Liriodendron 298
Liriodendron chinense 298
Liriodendron tulipifera 298
Liripe 538
Liripe graminifolia 538
Liripe spicata 538
Litchi 466
Litchi chinensis 466
Lithocarpus 381
Lithocarpus corneus 381
Lithocarpus glaber 382
Lithocarpus hancei 382
Lithocarpus henryi 382
Litsea 307
Litsea cubeba 307
Livistona 515
Livistona chinensis 516
Lonicera 354
Lonicera japonica 354
Lonicera maackii 354
Lycium 501
Lycium barbarum 501
Lycopodinae 243

M

Maackia 335
Maackia amurensis 335
Maackia hupehensis 335
Machilus 304
Machilus leptophylla 305
Machilus pauhoi 305
Machilus thunbergii 304
Magnolia 293
Magnolia denudata 293
Magnolia grandiflora 294
Magnolia liliflora 293
Magnolia officinalis 294
Magnolia officinalis ssp. *biloba* 294
Magnolia sieboldii 294
Magnoliaceae 291
Malus 315

学名索引

Malus asiatica 316
Malus baccata 316
Malus prunifolia 316
Malus pumila 316
Malvaceae 419
Mangifera 470
Mangifera indica 470
Manglietia 291
Manglietia fordiana 292
Manglietia insignis 292
Manglietia yuyuanensis 292
Marchantia 242
Melia 464
Melia azedarach 464
Melia toosendan 465
Meliaceae 462
Metasequoia 276
Metasequoia glyptostroboides 276
Michelia 295
Michelia alba 296
Michelia champaca 296
Michelia chapensis 298
Michelia figo 297
Michelia macclurei 297
Michelia martinii 297
Michelia maudiae 298
Michelia wilsonii 298
Mimosaceae 322
Miscanthus 535
Miscanthus floridulus 536
Miscanthus sinensis 536
Monocotyledoneae 514
Moraceae 402
Morus 402
Morus alba 403
Morus mongolica 403
Musci 242
Myrica 370
Myrica rubra 370
Myricaceae 369
Myricaria 411
Myricaria bracteata 411
Myrtaceae 438
Mytilaria 357

Mytilaria laosensis 357

N

Neosinocalamus affinis 528
Neosinocalamus 528
Neottopteris nidus 246
Nerium 489
Nerium indicum 489
Nitraria 421
Nitraria sibirica 421
Nyssa 349
Nyssa sinensis 349
Nyssaceae 348

O

Olea 484
Olea europaea 485
Oleaceae 480
Orchidaceae 541
Ormosia 332
Ormosia henryi 333
Ormosia hosiei 333
Ormosia xylocarpa 333
Osmanthus 483
Osmanthus fragrans 484

P

Padus racemosa 321
Padus 321
Paeonia 253
Palmae 515
Papilionaceae 331
Parakmeria 295
Parakmeria lotungensis 295
Parashorea 435
Parashorea chinensis 435
Parashorea chinensis var. *kwangsiensis* 436
Parmelia 241
Parthenocissus 452
Parthenocissus tricuspidata 452
Paulownia 501
Paulownia australis 503
Paulownia catalpifolia 502

Paulownia elongata 502
Paulownia fargesii 503
Paulownia fortunei 502
Paulownia kawakamii 503
Paulownia tomentosa 502
Penicillium 240
Peucedanum 506
Peucedanum decursivum
Peucedanum praeruptorum
Phalaenopsis× spp. 544
Phellodendron 456
Phellodendron amurense 456
Phoebe 305
Phoebe bournei 306
Phoebe sheareri 306
Phoebe zhennan 306
Phoenix 518
Phoenix dactylifera 518
Phoenix roebelenii 518
Photinia 311
Photinia davidsoniae 311
Photinia serrulata 312
Phyllostachys 529
Phyllostachys bambusoides 531
Phyllostachys glauca 530
Phyllostachys heterocycla 529
Phyllostachys heterocycla var. *pubescens* 529
Phyllostachys nidularia 531
Phyllostachys nigra 530
Phyllostachys nigra var. *henonsis* 531
Phyllostachys sulphurea 530
Phyllostachys viridis 530
Picea 263
Picea brachytyla 264
Picea jezoensis var. *microsperma* 263
Picea koraiensis 264
Picea meyeri 265
Picea wilsonii 264
Pinaceae 257
Pinus 268
Pinus armandi 269

— 571 —

Pinus bungeana 270
Pinus elliottii 272
Pinus koraiensis 269
Pinus massoniana 271
Pinus sylvestris var. *mongolica* 270
Pinus tabulaeformis 270
Pinus taeda 272
Pinus taiwanensis 271
Pinus thunbergii 271
Pinus yunnanensis 272
Pistacia 471
Pistacia chinensis 471
Pistacia vera 472
Platanaceae 359
Platanus 359
Platanus acerifolia 359
Platanus occidentalis 360
Platanus orientalis 359
Platycarya 394
Platycarya strobilacea 394
Platycerium wallichii 246
Platycladus 278
Platycladus orientalis 278
Pleioblastus 533
Pleioblastus amarus 533
Poaceae 523
Podocarpaceae 282
Podocarpus 282
Podocarpus imbricatus 282
Podocarpus macrophyllus 282
Podocarpus macrophyllus var. *maki* 283
Podocarpus nagi 283
Polygonaceae 498
Poncirus 456
Poncirus trifoliata 457
Populus 360
Populus adenopoda 362
Populus alba 361
Populus alba var. *pyramidalis* 362
Populus canadensis 363
Populus cathayana 363
Populus davidiana 362

Populus diversifolia 366
Populus maximowiczii 364
Populus nigra 365
Populus nigra var. *italica* 365
Populus nigra var. *thevestina* 365
Populus pseudo-simonii 364
Populus simonii 363
Populus tomentosa 362
Populus ussuriensis 365
Proteaceae 409
Prunus 319
Prunus salicina 319
Pseudolarix 267
Pseudolarix amabilis 267
Pseudosasa 533
Pseudosasa amabilis 534
Pseudotsuga 261
Pseudotsuga sinensis 261
Pteridium aquilinum var. *latiusculum* 244
Pteridophyta 242
Pterocarpus 339
Pterocarpus indicus 339
Pterocarya 396
Pterocarya stenoptera 396
Pteroceltis 401
Pteroceltis tatarinowii 401
Pterospermum 418
Pterospermum heterophyllum 418
Pueraria 343
Pueraria lobata 343
Pulsatilla 504
Pulsatilla chinensis 505
Punica 444
Punica granatum 444
Punicaceae 444
Pyrrosia lingua 246
Pyrus 313
Pyrus betulaefolia 314
Pyrus bretschneideri 314
Pyrus calleryana 315
Pyrus pyrifolia 314
Pyrus ussuriensis 313

Q

Quercus 252, **386**
Quercus acutissima 386
Quercus aliena 388
Quercus chenii 386
Quercus dentata 388
Quercus fabri 388
Quercus glandulifera 389
Quercus glandulifera var. *brevipetiolata* 389
Quercus liaotungensis 388
Quercus mongolica 387
Quercus variabilis 386

R

Radermachera 495
Radermachera sinica 495
Ranunculaceae 504
Ranunculus 504
Ranunculus chinensis 504
Ranunculus japonicus 504
Rhamnaceae 449
Rhapis 517
Rhapis humilis 517
Rhizopus 240
Rhododendron 436
Rhododendron dauricum 437
Rhododendron micranthum 437
Rhododendron simsii 437
Rhus 472
Rhus chinensis 472
Robinia 337
Robinia pseudoacacia 337
Rosa 321
Rosa chinensis 321
Rosa laevigata 321
Rosa rugosa 321
Rosa xanthina 321
Rosaceae 309
Roystonea 519
Roystonea regia 519
Rubiaceae 490
Rubus 321

学名索引

Rubus buergeri　322
Rubus corchorifolius　322
Rubus idaeus　322
Rubus lamberfianus　322
Rutaceae　454

S

Sabina　280
Sabina chinensis 'Kaizuca'　280
Sabina chinensis　280
Sabina virginiana　280
Salicaceae　360
Salix　366
Salix babylonica　367
Salix integra　368
Salix matsudana　367
Salix suchowensis　368
Salix wallichiana　367
Salvia　507
Salvia miltiorrhiza　507
Salvia splendens　507
Sambucus　352
Sambucus williamsii　353
Samydaceae　408
Sapindaceae　466
Sapindus　467
Sapindus mukorossi　467
Sapium　425
Sapium discolor　425
Sapium sebiferum　425
Sassafras　307
Sassafras tzumu　307
Schefflera　351
Schefflera octophylla　351
Schima　432
Schima argentea　432
Schima superba　432
Schisandra　299
Schisandra chinensis　299
Schisandraceae　299
Scrophulariaceae　501
Setaria　536
Setaria palmifolia　536
Setaria plicata　536

Simaroubaceae　459
Sinofranchetia　252
Sloanea　415
Sloanea sinensis　416
Solanaceae　500
Sophora　335
Sophora davidii　336
Sophora japonica　336
Sophora japonica var. *pendula*　336
Sorbaria　310
Sorbaria kirilowii　310
Sorbus　311
Sorbus aloifolia　312
Sorbus pohuashanensis　312
Spermathophyta　246
Stangeriaceae　256
Stauntonia　252
Sterculiaceae　416
Styracaceae　344
Swida　346
Swida alba　346
Swida walteri　346
Swietenia　463
Swietenia mahagoni　463
Symplocaceae　345
Symplocos　345
Symplocos sumuntia　345
Syringa　485
Syringa oblata　486
Syringa reticulata var. *amurensis*　486
Syzygium　442
Syzygium jambos　442

T

Taiwania　274
Taiwania cryptomerioides　274
Taiwania flousiana　274
Tamaricaceae　409
Tamarix　410
Tamarix chinensis　410
Tamarix ramosisssima　411
Taraxacum　508
Taraxacum mongolicum　509

Taxaceae　284
Taxodiaceae　273
Taxodium　275
Taxodium ascendens　276
Taxodium distichum　276
Taxus　284
Taxus chinensis　284
Taxus cuspidata　285
Taxus mairei　284
Taxus wallichiana var. *mairei*　284
Tectona　496
Tectona grandis　496
Theaceae　428
Theobroma　417
Theobroma cacao　417
Thevetia peruviana　490
Tilia　412
Tilia amurensis　412
Tilia chinensis　413
Tilia endochrysea　413
Tilia henryana　413
Tilia mandsurica　412
Tiliaceae　411
Toona　462
Toona ciliata　462
Toona sinensis　462
Torilis　506
Torilis　506
Torilis japonica　506
Torreya　285
Torreya grandis　285
Toxicodendron　473
Toxicodendron succedaneum　473
Toxicodendron sylvestre　473
Toxicodendron verniciflum　473
Trachycarpu　517
Trachycarpus fortunei　517
Trigonobalanus　252
Tsuga　262
Tsuga chinensis　262
Tsuga chinensis var. *tchekiangensis*　262
Tsuga longibracteata　262

U

Ulmaceae 397
Ulmus 398
Ulmus davidiana 398
Ulmus davidiana var. *japonica* 398
Ulmus macrocarpa 399
Ulmus parvifolia 399
Ulmus pumila 398
Umbelliferae 506
Usnea 241

V

Vaccinaceae 437
Vaccinium 438
Vaccinium bracteatum 438
Vaccinium vitis-idaea 438
Vatica 436
Vatica mangachapoi 436
Vebenaceae 496

Vernicia 423
Vernicia fordii 423
Vernicia montana 423
Viburnum 353
Viburnum odoratissimum 353
Viburnum odoratissimum var. *awabuki* 354
Viburnum sargentii 353
Vitaceae 451
Vitex 497
Vitex negundo 498
Vitex negundo var. *cannabifolia* 498
Vitex negundo var. *heterophylla* 498
Vitis 451
Vitis vinifera 451

W

Washingtonia 516
Washingtonia filifera 516

Wisteria 342
Wisteria sinensis 343
Woodwardia japonica 245

X

Xanthoceras 469
Xanthoceras sorbifolia 469

Z

Zamiaceae 256
Zanthoxylum 454
Zanthoxylum bungeanum 454
Zelkova 400
Zelkova schneideriana 400
Ziziphus 449
Ziziphus jujuba 450
Ziziphus jujuba var. *spinosa* 450
Zygomycetes 240
Zygophyllaceae 421
Zygophyllum xanthoxylom 422
Zygophyllum 422